电子商务系列教材

数据结构（C/C++版）

熊回香　编著

科学出版社

北　京

内 容 简 介

  本书结合编著者多年教学经验，从计算机学科发展和相关应用的实际需求出发，对各种常用的数据结构，从逻辑结构、存储结构、数据处理等方面进行深入细致的解剖和分析，使读者更容易理解基本概念和知识，能够轻松地设计算法以便对相关信息进行处理。全书共分 10 章，第 1 章作为全书的综述和基础，介绍数据结构的基本概念、算法分析的方法及与算法描述有关的 C++知识；2~7 章分别讨论线性表、栈与队列、串、数组和广义表、树与二叉树和图等数据结构的定义、表示和实现；第 8 章~9 章分别介绍查找和内部排序的各种方法和实现算法；第 10 章为文件，介绍各类文件的组织结构及其操作。书末附录介绍一个用 C++描述的顺序表类。全书采用 C/C++语言作为数据结构和算法的描述语言，书中所有算法和程序代码均在 VC++6.0 环境下调试通过。

  本书可作为高等学校计算机类、信息类及相近专业本科生的数据结构课程教材，也可供从事计算机软件开发和工程应用的人员学习和参考。

图书在版编目(CIP)数据

数据结构：C/C++版/熊回香编著. —北京：科学出版社，2020.11
电子商务系列教材
ISBN 978-7-03-066766-3

Ⅰ. ①数… Ⅱ. ①熊… Ⅲ. ①数据结构－教材 ②C 语言－程序设计－教材 Ⅳ. ①TP311.12 ②TP312

中国版本图书馆 CIP 数据核字（2020）第 218942 号

责任编辑：闫　陶/责任校对：高　嵘
责任印制：彭　超/封面设计：苏　波

科　学　出　版　社 出版
北京东黄城根北街 16 号
邮政编码：100717
http://www.sciencep.com
武汉中科兴业印务有限公司印刷
科学出版社发行　各地新华书店经销
*

2020 年 11 月第 一 版　开本：787×1092　1/16
2020 年 11 月第一次印刷　印张：32 1/2
字数：762 000

定价：89.00 元

（如有印装质量问题，我社负责调换）

《电子商务系列教材》
编　委　会

丛 书 序

近些年，国际竞争日益激烈，人才培养与人才争夺成为焦点。十八大以来，习近平总书记多次强调人才对创新的重要性，并指出创新是引领发展的第一动力，创新驱动实质上是人才驱动，要重视人才的培养。教育部"十三五"规划也提出，人才培养是国家可持续发展的重要驱动力，必须要优先发展教育，培养大批创新人才。

随着计算机、互联网以及云计算技术的飞速发展，我国逐渐进入信息化社会。信息技术渗入到各行各业，对个人生活、企业与政府的管理和运行均产生重要影响，尤其对企业经营活动的选择与组织产生着越来越关键的作用。数据、信息和知识已成为社会的主要资源，如何应用该类资源创造价值成为当代社会的主要课题。

因此，根据当今时代的要求与社会的发展，信息化与学科知识结合，逐渐衍生出电子商务与信息管理类相关的专业。高校长久以来承担着人才培养、发展科技与服务社会的重要职责，如何培养出符合时代发展的人才是高校始终在思考的问题。新型复合人才的培养对高校教育提出了更高的要求，其中，教材在人才培养中起着至关重要的作用。教材不仅体现了丰富的专业知识和教学方法，也从侧面折射出教育思想的变革。为此，我们以教育素质为核心组织相关教材，力求处理好知识、能力与素质三者的辩证统一关系，实现教材内容和体系的创新。

我们根据高校课程设置，编写电子商务专业本科专业的系列教材。我们对本套教材也提出了较高的要求。①系统性。本套教材注重系统性，便于读者对各知识层次有准确的理解，以帮助读者深入掌握相关知识模块，并构建知识体系。②前沿性。本套教材不断地与时俱进，及时地将新理论、新技术、新成果与新趋势补充在教材中，使读者能紧随社会发展的脚步，掌握前沿知识。③实用性。结合实际，注意案例教学，本套教材由教学经验丰富的高校教师编写，了解本科生的实际教学与专业需求，并通过案例教学，加深学生对相关理论知识的理解与掌握。

本套丛书共22本，其中《学会阅读》《信息素养修炼教程》和《创新理论与方法》帮助读者为后续的专业学习奠定基础，其余教材大致可分为三类。

第一类，电子商务类基础课程，包括《电子商务概论》《电子支付与网络金融》《电子商务安全》《市场调查理论与方法》《客户关系管理》《管理学》《管理信息系统》，共7本教材，主要是帮助读者掌握信息技术在商业领域的应用，了解商务过程中的电子化、数字化和网络化。

第二类，电子商务与信息管理相结合类课程，包括《信息组织》《信息管理学》《信息经济学》《信息分析与预测》《信息采集学教程》《数字图书馆》，共6本教材，主要是帮助对信息技术在管理学与经济学等领域的应用有所掌握。

第三类，电子商务技术类课程，包括《数据库系统实验》《云数据管理与服务》《大数据技术与原理应用教程》《数据结构 C/C++》《面向对象程序设计 Java》《数据分析技术》，共 6 本教材，主要帮助广大读者学习与掌握信息化的前沿技术。

　　本套教材在高校教师、专家学者、科学出版社的共同努力下，陆续出版并与读者见面。我们希望，凝聚我们多年教学成果的系列教材可以为我国信息化人才的培养贡献力量，推动我国信息化工程的建设。同时，对参与教材编写以及出版的各位专家学者表示感谢。

　　本套教材适用于电子商务、信息管理与信息系统、信息资源管理专业的本科生、研究生教学，也可供其他相关学科、专业教学使用，或作为有关人员的培训教材和自学参考书。我们的目标是尽善尽美，但限于我们的水平，书中难免有不妥和疏漏之处，恳请广大读者批评指正，帮助我们不断地提高本套教材的质量。

编委会

于华中师范大学信息管理学院

2020 年 3 月

前　　言

　　"数据结构"是普通高校计算机专业及其相关应用专业的一门必修的核心课程。它的主要任务是讨论现实世界中数据（事物的抽象描述）的各种逻辑结构、在计算机中的存储表示及进行各种操作的算法，目的是使学生掌握数据组织、存储和处理的常用方法，为以后进行软件开发（包括信息系统的开发）和后续相关专业课程的学习打下基础。

　　本书共有 10 章，第 1 章为绪论，介绍数据结构的基本概念、算法分析的方法及与算法描述有关的 C++ 知识；第 2 章为线性表，主要介绍线性表的逻辑结构、存储结构——顺序表和链表及其基本操作的算法实现；第 3 章为堆栈与队列，介绍这两种特殊线性结构的概念、操作与应用；第 4 章为串，介绍串的概念、串的存储结构及其基本操作的实现、串的模式匹配算法；第 5 章为数组和广义表，介绍数组、稀疏矩阵和广义表的概念、存储结构与相关操作的算法实现；第 6 章为树和二叉树，介绍树和二叉树的概念、存储结构与各种操作的算法实现，其中特别突出二叉树的各种递归算法；第 7 章为图，介绍图的概念、图的存储结构及各种操作的算法实现、图的典型应用；第 8 章为查找，介绍各种查找算法的思想及其实现过程；第 9 章为排序，介绍各种内排序和外排序算法的思想及其实现过程；第 10 章为文件，介绍各类文件的组织结构及其操作。附录介绍用 C++ 描述的顺序表类。

　　作者一直从事"数据结构"课程的教学和相关研究工作，在长期的教学和研究工作中，阅读了大量已出版的《数据结构》教材，并进行认真的分析和对比，发现大部分的教材在内容的组织和阐述上都有不尽如人意的地方，主要表现在：①有些教材在内容的组织上不够全面，如有的没有串，有的没有广义表，有的没有外排序，有的没有文件等；②有的教材在算法的描述上太过于抽象，这给初学者的学习增加了难度；③有的教材在数据的存储结构的表示上方法比较陈旧；④有些教材在对相关操作的算法设计中存在不太合理的地方。鉴于以上问题，本书作者在吸收众家之长的基础上，结合自己多年的教学经验和科研成果，力求使本书成为易懂、系统、详细、实用的数据结构教材和参考书。具体体现在以下几个方面。

　　第一，本书在内容的组织上除介绍线性表、堆栈与队列、数组、树、图、查找、内排序外，还会介绍串、广义表、外排序及文件，因而内容体系比较全面和系统，读者可根据自己的情况有选择地学习。

　　第二，本书在内容编排方面注意数据结构本身的内在联系和从易到难的学习规律，同时，为了便于读者理解，书中对数据结构众多知识点的来龙去脉都会做详细的解释和说明，并配有大量的算法实例。另外，在内容的阐述上，力求全书写作风格上的一致性。例如，若在后面章节中用到了堆栈与队列的结构和操作，就直接引用堆栈与队列的相关内容，而不需要重新定义，这既简化了相关算法的描述，又使前面讲述的结构得到了合理的应用。

　　第三，在对数据的存储结构和算法进行描述时，本书中将 C/C++ 语言作为数据结构和算法的描述语言。这是因为：一方面，目前"面向对象程序设计"并非数据结构的先修课程，故本书未直接采用类和对象来描述相关结构，而采用传统的结构体类型来定义抽象数据类型中的数据（或称数据结构）部分，采用普通函数格式来对抽象数据类型中的每个操作进行描述，即将数据和操作分开，这就使得本书能够面向广泛的熟悉 C/C++ 语言的读者对象群；另一方面，C++ 的引用参数对模块间的数据传递简单有效，C++ 中的默认参数可以简化函数参数表的描述，C++ 中的输入和输出不需要指定输出对象的类型等，这些措施使对数据结构及其相关操作的算法描述更加简明清晰，通用性和可读性更好，所以本书将在 C 语言的基础上添加引用参数、默认参数和 cout、cin 等，并在本书 1.6 节中对与算法描述有关的 C++ 知识进行简单介绍，这就使得只有 C 语言基础的读者也能非常快地适应和理解书中所有的 C/C++ 算法的描述。同时，为了让读者了解如何用面向对象的方法描述数据结构，本书在附录中给出用 C++ 中的类描述的顺序表类，读者对比本书中有关顺序表的相关描述，能够非常清晰地理解和把握两者之间的区别与联系，在此基础上也能够将本书中的其他数据结构改写成相应的类。

第四，本书在数据的顺序存储结构的阐述上，以动态顺序存储结构为主，充分运用 C/C++ 中的动态分配和释放内存顺序存储结构空间的函数，既保证了知识的时效性，又保证了实际应用中利用数据的灵活性和通用性。

第五，本书在对现有许多已出版教材相关知识的充分分析基础上，对许多相关操作的算法进行修改和完善，如字符串的相关操作、哈夫曼树及其编码、图的应用、哈希查找等；同时还增加一些数据结构的基本操作的算法描述，如数组的基本操作、稀疏矩阵的基本操作、树的基本操作、图的基本操作等。总之，本书中关于各种基本操作的算法较目前已出版的教材而言，相对全面，并且所有算法都利用 C/C++ 语言给出具体的实现，还会对每一类相关操作和应用举例精心设计数据实例并进行主函数测试。因此，算法的正确性和有效性得到了实际的检验，使本书更便于教学，特别是自学，克服了以往同类教材只重视理论而轻视算法具体实现的缺陷。

第六，本书是根据计算机专业和信息管理相关专业本科培养目标对"数据结构"课程教学的要求而编写的。考虑到计算机技术的发展和进步，在内容的编排方面尽量做到推陈出新，实例也力求新颖，以适应技术发展的潮流。因而，在精选目前已有的经典实例的基础上，针对专业学习的需要，本书将增添网络信息组织与检索中的相关实例，如汉语自动分词、分词词典中的语词二叉树等，这些实例不仅有助于读者加强对相关知识的理解和把握，而且能充分领会到数据结构在本专业中的最新应用，从而将"数据结构"课程的学习与专业知识进行融合，完善其知识结构。当然这些实例也适合其他相关专业的学生。

第七，本书作者对课后习题进行精心的选择，为本书配备大量习题，习题类型丰富，难度各异，具有广泛的代表性和实践性。

本书既适用于信息管理专业的大专生、本科生、研究生，又适合计算机及其相关应用专业的大专生、本科生、研究生使用，讲授学时为 50~80，教师可根据学时、专业和学生的实际情况，选讲或不讲带"*"的章节内容。同时，本书在编写方面以通俗易懂为宗旨，特别注意技术细节的交代，以便于学生自学，因此也可作为从事计算机应用等工作的科技人员的参考和查阅用书，以及全国计算机等级考试的参考书。

　　本书作者在 VC＋＋6.0 环境中实现书中所有算法和应用举例，这些源程序、书中的所有图片文件、教学课件及全部习题解答都可以通过 E-mail（hxxiong@mail.ccnu.edu.cn）与作者本人联系获取。

　　本书作者为本书的撰写花费了大量心血，为了保证质量，全书所有内容由作者一人完成。当然，由于作者水平所限，书中仍可能存在不足之处，敬请读者和同行赐教。

　　本书在撰写过程中引用和参考了大量相关资料，并在书末一并列出，在此表示感谢。

作　者

2020 年 8 月于武汉桂子山

目　　录

第 1 章　绪论 ·· 1

1.1　数据结构的产生和发展 ··· 1

　1.1.1　数据结构的产生 ··· 1

　1.1.2　数据结构的发展 ··· 1

1.2　数据结构的研究对象 ·· 2

1.3　基本概念和术语 ··· 4

1.4　数据结构与算法的关系 ··· 9

1.5　算法与算法分析 ··· 10

　1.5.1　算法概述 ··· 10

　1.5.2　算法的描述方法 ··· 11

　1.5.3　算法设计目标 ·· 12

　1.5.4　算法效率的度量 ··· 13

1.6　与算法描述有关的 C＋＋ 知识 ·· 16

　1.6.1　C＋＋ 的输入和输出 ·· 16

　1.6.2　函数 ·· 18

　1.6.3　对象和类 ··· 20

　1.6.4　变量的引用类型 ··· 24

　1.6.5　运算符重载 ·· 25

　1.6.6　数据类型相关说明 ·· 27

　1.6.7　两个相关的头文件 ·· 28

本章小结 ··· 30

习题 1 ·· 31

第 2 章　线性表 ··· 34

2.1　线性表的基本概念 ·· 34

　2.1.1　线性表的定义 ·· 34

　2.1.2　线性表的抽象数据类型 ··· 35

2.2　线性表的顺序存储和基本操作 ·· 39

　2.2.1　线性表的顺序存储——顺序表 ··· 39

　2.2.2　顺序表的基本操作 ·· 41

　2.2.3　顺序表基本操作的算法分析 ·· 47

2.3　线性表的链式存储和基本操作 ·· 48

　2.3.1　链式存储的概念 ··· 48

2.3.2　单链表概述 ··· 49

2.3.3　单链表的基本操作 ·· 51

2.3.4　单链表基本操作的算法分析 ·· 59

2.3.5　双向链表 ··· 59

2.3.6　循环链表 ··· 63

2.4　顺序表和链表的综合比较 ··· 66

2.4.1　存储分配方式 ··· 66

2.4.2　时间性能比较 ··· 66

2.4.3　空间性能比较 ··· 66

2.5　静态链表 ··· 67

2.6　线性表算法设计举例 ··· 69

2.6.1　顺序表算法设计举例 ·· 69

2.6.2　单链表算法设计举例 ·· 72

本章小结 ·· 78

习题 2 ·· 78

第 3 章　堆栈与队列 ·· 81

3.1　堆栈 ·· 81

3.1.1　堆栈的基本概念 ··· 81

3.1.2　堆栈的顺序存储和基本操作 ··· 82

3.1.3　堆栈的链式存储和基本操作 ··· 91

3.2　堆栈的应用举例 ··· 95

3.3　队列 ·· 104

3.3.1　队列的基本概念 ··· 104

3.3.2　队列的顺序存储和基本操作 ··· 106

3.3.3　队列的链式存储和基本操作 ··· 114

3.3.4　其他队列 ··· 119

3.4　队列的应用举例 ··· 120

习题 3 ·· 131

第 4 章　串 ·· 133

4.1　串的基本概念 ··· 133

4.1.1　串的定义 ··· 133

4.1.2　串的抽象数据类型 ·· 134

4.2　串的顺序存储和基本操作 ··· 136

4.2.1　串的顺序存储——顺序串 ··· 136

4.2.2　顺序串的基本操作 ·· 137

4.3　串的链式存储和基本操作 ··· 146

4.3.1　串的链式存储——链式串 ··· 146

4.3.2　链式串的基本操作 ·· 147

4.4　串的模式匹配算法 ··· 156
　　4.4.1　Brute-Force 算法 ··· 156
　　4.4.2　KMP 算法 ·· 157
4.5　串的应用举例 ··· 162
本章小结 ··· 173
习题 4 ··· 173

第 5 章　数组和广义表 ··· 175
5.1　数组的基本概念 ··· 176
　　5.1.1　数组的定义 ··· 176
　　5.1.2　数组的抽象数据类型 ·· 176
5.2　数组的存储结构 ··· 177
　　5.2.1　一维数组的存储 ··· 177
　　5.2.2　多维数组的存储 ··· 178
5.3　数组的顺序存储表示和基本操作 ·· 179
　　5.3.1　数组的顺序存储表示 ·· 179
　　5.3.2　数组的基本操作 ··· 180
　　5.3.3　数组的应用举例 ··· 184
5.4　矩阵的压缩存储 ··· 188
　　5.4.1　特殊矩阵的压缩存储 ·· 188
　　5.4.2　稀疏矩阵的压缩存储 ·· 191
5.5　广义表 ··· 208
　　5.5.1　广义表的基本概念 ·· 208
　　5.5.2　广义表的存储结构 ·· 211
　　5.5.3　广义表的基本操作 ·· 214
本章小结 ··· 223
习题 5 ··· 223

第 6 章　树和二叉树 ··· 227
6.1　树 ··· 227
　　6.1.1　树的基本概念 ··· 227
　　6.1.2　树的存储结构 ··· 233
　　6.1.3　树的基本操作 ··· 238
6.2　二叉树 ··· 246
　　6.2.1　二叉树的基本概念 ·· 246
　　6.2.2　二叉树的存储结构 ·· 251
　　6.2.3　二叉树的遍历 ··· 254
　　6.2.4　二叉树的其他操作 ·· 260
6.3　线索二叉树 ··· 270
　　6.3.1　线索二叉树的基本概念 ·· 270

6.3.2　线索二叉树的存储结构 ··· 271

6.3.3　线索二叉树的线索化 ··· 272

6.3.4　线索二叉树的基本操作 ··· 275

6.4　哈夫曼树 ··· 279

6.4.1　哈夫曼树的基本概念 ··· 279

6.4.2　构造哈夫曼树 ··· 282

6.4.3　哈夫曼编码 ··· 285

6.5　树、森林与二叉树的转换 ··· 289

6.5.1　树与二叉树的转换 ··· 289

6.5.2　森林与二叉树的转换 ··· 291

6.6　树的应用举例——PATRICIA tree ·· 292

本章小结 ··· 296

习题 6 ··· 297

第 7 章　图 ··· 301

7.1　图的基本概念 ··· 301

7.1.1　图的基本定义 ··· 301

7.1.2　图的基本术语 ··· 302

7.1.3　图的抽象数据类型 ··· 306

7.2　图的存储结构 ··· 307

7.2.1　邻接矩阵 ·· 308

7.2.2　邻接表 ··· 310

7.2.3　十字邻接表 ··· 312

7.2.4　邻接多重表 ··· 313

7.2.5　边集数组 ·· 314

7.3　图的实现 ·· 315

7.3.1　邻接矩阵存储结构下图基本操作的实现 ·· 315

7.3.2　邻接表存储结构下图基本操作的实现 ·· 326

7.4　图的遍历 ·· 336

7.4.1　深度优先遍历 ··· 337

7.4.2　广度优先遍历 ··· 339

7.5　最小生成树 ·· 344

7.5.1　最小生成树的概念 ··· 344

7.5.2　普里姆算法 ··· 346

7.5.3　克鲁斯卡尔算法 ··· 353

7.6　最短路径 ·· 357

7.6.1　最短路径的概念 ··· 357

7.6.2　从一顶点到其余各顶点的最短路径 ·· 358

7.6.3　每对顶点之间的最短路径 ·· 364

7.7　拓扑排序 ·· 369

　　7.7.1　拓扑排序的概念 ·· 369

　　7.7.2　拓扑排序的算法 ·· 371

7.8　关键路径 ·· 374

　　7.8.1　关键路径的概念 ·· 374

　　7.8.2　顶点事件的发生时间 ·· 375

　　7.8.3　求关键路径的算法 ·· 376

　　7.8.4　求关键路径的算法描述 ·· 379

本章小结 ·· 383

习题 7 ·· 383

第 8 章　查找 ·· 389

8.1　查找的基本概念 ·· 389

8.2　静态查找 ·· 390

　　8.2.1　顺序查找 ·· 390

　　8.2.2　二分查找 ·· 392

　　8.2.3　索引查找 ·· 394

8.3　动态查找 ·· 397

　　8.3.1　二叉排序树 ·· 398

　　8.3.2　平衡二叉树 ·· 406

　　8.3.3　B_树和B$^+$树 ·· 411

8.4　哈希表查找 ·· 420

　　8.4.1　哈希表查找的基本概念 ·· 420

　　8.4.2　哈希函数的构造方法 ·· 421

　　8.4.3　哈希冲突的解决方法 ·· 423

　　8.4.4　哈希表的操作 ·· 426

　　8.4.5　哈希表查找的性能分析 ·· 436

本章小结 ·· 437

习题 8 ·· 438

第 9 章　排序 ·· 441

9.1　排序的基本概念 ·· 441

9.2　插入排序 ·· 443

　　9.2.1　直接插入排序 ·· 443

　　9.2.2　谢尔排序 ·· 445

9.3　选择排序 ·· 447

　　9.3.1　直接选择排序 ·· 447

　　9.3.2　堆排序 ·· 449

9.4　交换排序 ·· 455

　　9.4.1　冒泡排序 ·· 455

9.4.2　快速排序 ……………………………………………………………… 457

9.5　归并排序 ………………………………………………………………… 460

9.6　基数排序 ………………………………………………………………… 463

9.7　各种内排序方法的性能比较 …………………………………………… 466

9.8　外排序 …………………………………………………………………… 468

9.8.1　外存信息的存取 ……………………………………………………… 468

9.8.2　外排序的过程 ………………………………………………………… 469

9.8.3　多路平衡归并 ………………………………………………………… 471

9.8.4　初始归并段的生成 …………………………………………………… 473

9.8.5　最佳归并树 …………………………………………………………… 474

本章小结 ……………………………………………………………………… 476

习题 9 ………………………………………………………………………… 476

第 10 章　文件 ………………………………………………………………… 481

10.1　文件概述 ………………………………………………………………… 481

10.1.1　文件的存储介质 ……………………………………………………… 481

10.1.2　文件的基本概念 ……………………………………………………… 482

10.2　顺序文件 ………………………………………………………………… 484

10.3　索引文件 ………………………………………………………………… 486

10.4　ISAM 文件 ……………………………………………………………… 487

10.5　VSAM 文件 ……………………………………………………………… 490

10.6　哈希文件 ………………………………………………………………… 491

10.7　多关键字文件 …………………………………………………………… 493

10.7.1　多重表文件 …………………………………………………………… 493

10.7.2　倒排文件 ……………………………………………………………… 494

10.8　文件的应用举例 ………………………………………………………… 494

本章小结 ……………………………………………………………………… 495

习题 10 ………………………………………………………………………… 496

参考文献 ……………………………………………………………………… 499

附录　用面向对象的方法（C++的类）描述顺序表类 ……………………… 500

第1章 绪 论

1.1 数据结构的产生和发展

计算机的主要功能是处理数据,这些数据绝不是杂乱无章的,而是有着某种内在联系。只有分清楚数据的内在联系,合理地组织数据,才能对它们进行有效的处理。尤其是目前大型程序的出现、软件的相对独立、结构化程序设计和面向对象程序设计方法的应用,使人们越来越重视数据的有效组织和处理。程序设计的实质就是对确定的问题选择出一种好的数据结构和一种好的算法。由此可见,"数据结构"是计算机学科和相关应用学科的学习中一门必不可少的课程。

1.1.1 数据结构的产生

数据结构是随着电子计算机的产生和发展而发展起来的一门较新的计算机学科。计算机的发展,在最近 20 年来是非常快的,这种发展体现在计算机本身硬件特性的优化上,如运算速度不断提高、信息存储量日益扩大、价格逐步下降,而且更重要的是其应用范围的拓广。早期计算机主要用于科学计算,其处理对象是纯数值型的信息,20 世纪 60 年代后,计算机广泛用于情报检索、企业管理、系统工程,乃至人类社会活动的一切领域,处理对象除了纯数值型的信息外,还有非数值型的信息,如字符、图像、声音和视频等。因此,为了设计出效率高、可靠性好的程序,不仅需要对程序设计方法进行系统研究,而且需要研究程序加工的对象,即各种数据的特性及相互之间的关系,这样,就促进了数据结构的产生和发展。

1968 年,Knuth 所著《计算机程序设计艺术》第一卷"基本算法"较系统地阐述了数据的逻辑结构和存储结构及其操作,开创了"数据结构"的课程体系。同年,"数据结构"作为一门独立的课程在计算机科学的学位课程中开始出现。20 世纪 70 年代中期到 80 年代初,各种版本的数据结构著作相继出现。

1.1.2 数据结构的发展

数据结构的发展与程序设计密切相关。

1)程序设计的实质是数据表示和数据处理

例如,学生成绩管理系统,需要将学生的成绩信息存储到计算机中,并实现增、删、改、查、统计等功能。实现这个系统需要考虑两个关键问题:

(1)数据表示。如何将数据从机外表示转化为机内表示,存储在计算机(内存)中。

（2）数据处理。如何处理机内表示的数据，实现问题求解（或完成处理要求）。

"数据结构"课程主要讨论数据表示和数据处理过程中的基本问题。

2）数据结构起源于程序设计，并随着程序设计的发展而发展

程序设计和数据结构的发展阶段分为无结构化阶段、结构化阶段和面向对象阶段，在各种阶段，计算机处理的对象和数据间的关系都在发生着变化，主要体现在表 1.1 中。

表 1.1   程序设计和数据结构的发展

阶段	应用领域	处理的数据	数据之间的关系
无结构化阶段	科学计算	数值型数据	数学方程或数学模型
结构化阶段	科学计算与非数值处理（数据处理）	数值型数据和非数值型数据	产生了数据结构，提出了程序结构模块化，开始注意数据表示和操作的结构化
面向对象阶段	更多地应用于非数值处理	更多地处理非数值型数据	数据结构发展到面向对象阶段，用类来表示数据结构，类的属性表示数据之间的关系，类的方法表示数据的基本操作

由以上数据结构的发展过程可以看出，数据结构随着程序设计的发展而发展，并且始终是程序设计的基础与核心。

3）数据结构的未来发展

数据结构将继续随着程序设计的发展而发展，同时面向各专门领域的数据结构也会得到研究和发展，如多维图形数据结构等，各种实用的高级数据结构被研究出来，各种空间数据结构也在探索和研究中。

1.2   数据结构的研究对象

就像生物学把自然界的所有生物作为自己的研究对象一样，计算机科学把问题作为自己的研究对象，研究如何用计算机来解决人类所面临的各种问题。

用计算机求解问题的一般过程如图 1.1 所示。

图 1.1   计算机求解问题的一般过程

其中关键的环节如下：

（1）抽象出问题的模型；

（2）求该模型的解。

抽象是一种思考问题的方式，它隐藏了复杂的细节，只保留实现目标所必需的信息。

模型就是为了理解事物而对事物进行的抽象，是对事物的一种无歧义的书面描述。通常，模型由一组图形符号和组织这些符号的规则组成。模型是对一个想法或问题进行形式化、特征化、可视化的思维方法，以便更好地理解问题。

总体来说，可以将问题分为两类：

（1）数值问题。

抽象出的模型是数学方程，问题求解的核心是数值计算。例如，给定利率，计算如何存款才能得到较多的利息？其模型是一元二次方程。

（2）非数值问题。

例 1.1 学籍管理问题。

如图 1.2 所示，学籍管理中每个学生的信息由学号、姓名、性别、出生日期和政治面貌组成，计算机的主要操作就是按照某个特定要求对学籍文件进行处理（如给定学号查询某个学生的相关信息等）。在这类文档管理的数学模型中，计算机处理的对象之间存在着的是一种最简单的线性关系，即一对一的关系，这类数学模型可称为线性的数据结构。

学 号	姓 名	性 别	出生日期	政治面貌
0001	陆宇	男	1986/09/02	团员
0002	李明	男	1985/12/25	党员
0003	汤晓影	女	1986/03/26	团员
…	…	…	…	…

图 1.2 学籍管理问题及其模型

例 1.2 人-机对弈问题。

计算机之所以能和人对弈是因为有人将对弈的策略事先存入了计算机。因为对弈的过程是在一定规则下随机进行的，所以为使计算机能灵活对弈，就必须对对弈过程中所有可能发生的情况及相应的对策都加以考虑，并且一个"好"的棋手在对弈时不仅要看棋盘当时的状态，还应能预测棋局发展的趋势，甚至最后的结局。因此，在对弈问题中，计算机操作的对象是对弈过程中可能出现的棋盘状态——格局。如图 1.3 所示，每一个方框为一个格局，而格局之间的关系是由比赛规则决定的。通常，这个关系不是线性的，因为从一个棋盘格局可以派生出几个格局。例如，从图 1.3 所示的顶层格局可以派生出 5 个格局，而

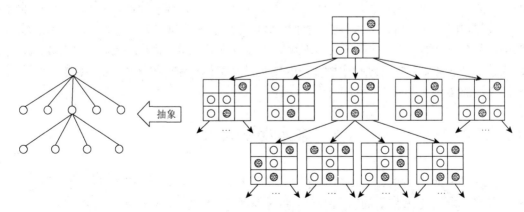

图 1.3 人-机对弈问题及其模型

从每一个新的格局又可以派生出 4 个可能出现的格局。因此，若将从对弈开始到结束整个过程中所有可能出现的格局都画在一张图上，可以得到一棵倒长的"树"。"树根"是对弈开始之前的棋盘格局，而所有的"叶子"就是可能出现的结局，对弈的过程就是从"树根"沿"树权"到某个"叶子"的过程。"树"可以是某些非数值计算问题的数学模型，它也是一种数据结构，反映的是数据之间一对多的关系。

例 1.3　教学计划编排问题及其模型。

在教学编排问题中，排课必须考虑到课程的先后关系，某门课程可能需要学完几门先修课程后才能开设，如图 1.4 中，"数据结构"的先修课程有"离散数学"和"程序设计语言"；而这门课程又可能是其他课程的先修课程，如"数据结构"是"数据库原理"的先修课程，如何排课才是可行的？

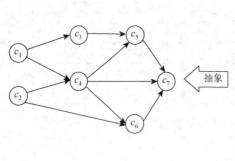

课程编号	课程名称	先修课程
c_1	高等数学	无
c_2	计算机导论	无
c_3	离散数学	c_1
c_4	程序设计语言	c_1、c_2
c_5	数据结构	c_3、c_4
c_6	计算机原理	c_2、c_4
c_7	数据库原理	c_4、c_5、c_6

图 1.4　教学计划编排问题及其模型

通常，这类问题的数学模型是一种称为"图"的数据结构，它反映的是数据之间的多对多的关系。例如，在此例中，可以用图中的一个顶点表示一门课程，而课程之间的关系以两个顶点之间的带箭头的连线表示，如 $c_1 \rightarrow c_4$ 表示 c_1 是 c_4 的先修课程，排课的问题转化为在有向图中寻求一条可以通行的路径。

诸如此类的问题很多，在此不再一一列举。总的来说，这些问题的数学模型都不是用通常的数学分析的方法得到的，因而无法用数学的公式或方程来描述，这就是计算机求解问题过程中的"非数值计算"，而这些非数值问题抽象出的模型是表、树、图之类的数据结构，而不是数学方程，非数值问题求解的核心是数据处理，而不是数值计算。数据结构讨论的正是这类问题求解过程中所涉及的现实世界实体对象的描述、信息的组织方法及其相应操作的实现。

1.3　基本概念和术语

数据　数据（data）是客观事物的符号表示，在计算机科学中是指输入计算机中被计算机程序加工处理的符号的总称，它是计算机加工的原料的总称。因此，对计算机科学而言，数据的含义极为广泛，如一个数值、一个单词、一句话、一篇文章、一幅图画、一段声音、一段视频等都被称为数据。

数据元素 数据元素（data element）是数据的基本单位，即数据这个集合中的一个客体。在计算机中通常将数据元素作为一个整体进行考虑。每一个数据元素可以只有一个数据项［内存中称为域（field）］，也可以由若干个数据项组成。例如，一个整数"6"或一个字符"A"都是一个数据元素，只有一个数据项；而如图 1.2 所示的学籍管理问题中，每个学生的情况就用一个数据元素表示，其中的学号、姓名、性别、出生日期、政治面貌则分别为一个数据项。

数据项 数据项是数据的不可分割的最小单位。

数据元素的同义语有结点（node）、顶点（vertex）和记录（record）等。它们的名称虽然不同，但所表示的意义却是一样的，都代表着数据的基本单位。不过，顺序结构中多用"元素"，链式结构中多用"结点"，而在图和文件中又分别使用"顶点"和"记录"。

总结：（1）一般来说，能独立、完整地描述客观世界的一切实体都是数据元素，如一个通讯录、一场球赛、一场报告会等；

（2）数据元素是讨论数据结构时涉及的最小数据单位，其中的数据项一般不予考虑；

（3）数据、数据元素、数据项之间是包含关系，数据由数据元素组成，数据元素由数据项组成。

数据对象 数据对象（data object）是性质相同的数据元素的集合，它是数据的一个子集。例如，整数数据对象是集合$\{0, \pm 1, \pm 2, \cdots\}$；图 1.2 所示的学籍管理中的所有学生的信息是数据对象。数据对象可以是有限的，也可以是无限的。

关系 关系指的是数据元素之间的某种相关性。例如，教师和学生之间存在"教学"关系，某两个学生之间存在"互为同桌"的关系等。在表示每个关系时，用尖括号表示有向关系，如$<a, b>$表示存在结点 a 到结点 b 之间的关系，也就表示了 a 相对于 b 的"顺序"关系；用圆括号表示无向关系，如(a, b)表示既存在结点 a 到结点 b 之间的关系，又存在结点 b 到结点 a 之间的关系。

数据结构 数据结构（data structure）是相互之间存在一种或多种特定关系的数据元素的集合。在任何问题中，数据元素不是孤立存在的，而是在它们之间存在着某种关系，这种数据元素之间的相互关系称为结构。因而，数据结构是带"结构"的数据元素的集合。

数据结构的形式定义如下：数据结构是一个二元组

$$Data\_Structure = (D, R)$$

其中，D 是数据元素的有限集，R 是 D 上关系的有限集，即 R 是由有限个关系所构成的集合，而每个关系都是从 D 到 D 的关系。

例如，一个城市表，如表 1.2 所示，就是一个数据结构，它由很多记录（这里的数据元素就是记录）组成，每个元素又包括多个字段（数据项）。那么表 1.2 的数据结构可以表示如下：

City=(D, R)

D={Beijing,Shanghai,Wuhan,Xi'an,Nanjing}

R={r}

r={<Beijing, Shanghai>,<Shanghai, Wuhan>,<Wuhan,Xi'an>,<Xi'an,Nanjing>}

表 1.2 城市表

城市	区号	说明
Beijing	010	首都
Shanghai	021	直辖市
Wuhan	027	湖北省省会
Xi'an	029	陕西省省会
Nanjing	025	江苏省省会

数据的逻辑结构 数据元素之间的相互关系称为数据的逻辑结构。相互关系是指数据元素之间的关联方式或邻接关系。数据的逻辑结构是从逻辑关系上描述数据，它与数据的存储无关，是独立于计算机的。因此，数据的逻辑结构可以看作从具体问题抽象出来的数学模型。

（1）学籍管理问题中，表项之间的逻辑关系指的是某种顺序关系，如学号的顺序、姓名的字典序等；

（2）人-机对弈问题中，格局之间的逻辑关系指的是按照对弈规则的某种棋局（或中间状态）；

（3）教学计划编排问题中，课程之间的逻辑关系指的是课程之间的先后修关系。

数据的逻辑结构一般分为四类：

（1）集合。结构中的数据元素之间除了"同属于一个集合"的关系外，别无其他关系。

（2）线性结构。结构中的数据元素之间存在着一对一的关系。

（3）树形结构。结构中的数据元素之间存在着一对多的关系。

（4）图形结构。结构中的数据元素之间存在着多对多的关系，也称网状结构。

图 1.5 即上述四种基本结构的关系图。

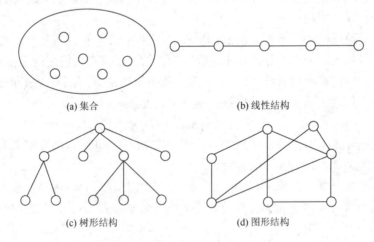

(a) 集合   (b) 线性结构

(c) 树形结构   (d) 图形结构

图 1.5 四种基本结构的关系图

数据的物理结构 数据及其逻辑结构在计算中的存储表示，又称为存储结构。根据数据在计算机中存储形式的不同又分为**顺序存储结构**和**链式存储结构**两种。

顺序存储结构　用一组连续的存储单元依次存储数据元素,数据元素之间的逻辑关系是由元素的存储位置来(隐式)表示的。对于前面的数据结构 City,假定每个元素占用 30 个存储单元,数据从 100 号单元开始由低地址开始向高地址方向存储,对应的顺序存储结构如图 1.6 所示。

地址	城市名	区号	说明
100	Beijing	010	首都
130	Shanghai	021	直辖市
160	Wuhan	027	湖北省省会
190	Xi'an	029	陕西省省会
210	Nanjing	025	江苏省省会

图 1.6　顺序存储结构

顺序存储结构的主要优点是节省存储空间。因为分配给数据的存储单元全用于存放结点的数据值,数据元素之间的逻辑关系没有占用额外的存储空间。用这种方法来存储线性结构的数据元素时,可实现对各数据元素的随机访问。这是因为线性结构中每个数据元素都对应一个序号(开始元素的序号为 1,它的后继元素的序号为 2,…),可以根据元素的序号 i 计算出它的存储地址:

$$\text{Loc}(i) = q + (i-1) \times p$$

其中,p 是每个元素所占的单元数,q 是第一个元素所占单元的首地址。

顺序存储结构的主要缺点是不便于修改,在对元素进行插入、删除运算时,可能要移动一系列的元素。

链式存储结构　用一组任意的存储单元来存储数据元素,数据元素之间的逻辑关系借助于指示元素存储地址的指针来(显式)表示。为了表示数据元素之间的关系,需要附加指针字段,用于存放相邻元素的存储地址。其特点是逻辑上相邻的元素的物理位置不一定相邻。

例如,City 的链式存储中,每个结点(一个结点表示一个数据元素)附加一个"下一个结点地址",即后继指针字段,用于存放后继结点的首地址,如图 1.7 所示。

地址	城市名	区号	说明	下一个结点地址
100	Beijing	010	首都	210
130	Nanjing	025	江苏省省会	∧
160	Xi'an	029	陕西省省会	130
190	Wuhan	027	湖北省省会	160
210	Shanghai	021	直辖市	190

图 1.7　链式存储结构

为了更清楚地反映链式存储结构，可采用更直观的图来表示，即用箭头表示地址的指向关系，而不必关心内存中的实际存储地址，如图 1.8 所示。

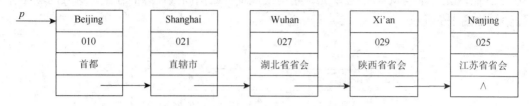

图 1.8　链式存储结构示意图

链式存储结构的主要优点是在进行插入、删除运算时不必移动结点，仅需修改结点的指针字段值。

与顺序存储结构相比，链式存储结构的主要缺点是存储空间的利用率较低，因为结点中需要额外的存储空间来表示结点之间的逻辑关系。另外，用这种方法存储的线性结构中不能对结点进行随机访问。

顺序存储结构和链式存储结构是两种最基本、最常用的存储结构。除此之外，将顺序存储结构和链式存储结构进行组合，还可以实现一些更复杂的存储结构。

数据运算　数据运算就是施于数据的操作，对一种数据类型的数据进行的所有操作称作数据的操作集合。常用的操作有存储、查找、插入、删除、修改、合并、排序等。

数据类型　数据类型是程序设计语言中的一个基本概念，它是一组值的集合及定义于这个集合上的一组操作的总称。数据类型规定了该类型数据的取值范围和对这些数据所能采取的操作。例如，在 C/C++ 语言中，变量声明"int a, b;"意味着：

（1）在给变量 a 和 b 赋值时不能超出 int 的取值范围；

（2）变量 a 和 b 之间的运算只能是 int 类型所允许的运算。

数据类型可以看作程序设计语言中已经实现了的数据结构。

抽象数据类型　抽象数据类型（abstract data type，ADT）是一个数学模型及定义在该模型上的一组操作。抽象数据类型的定义仅取决于它的一组逻辑特性，而与其在计算机内部如何表示和实现无关，即无论其内部结构如何变化，只要它的数学特性不变，都不影响其外部的使用。

抽象数据类型和数据类型实质上是一个概念。例如，各种高级程序设计语言中都拥有的"整数"类型是一个抽象数据类型，尽管它在不同处理器上的实现方法可以不同，但由于其定义的数学特性相同，在用户看来都是相同的。因此，"抽象"的意义在于数据类型的数学抽象特性。

另外，抽象数据类型的范畴更广，它不再局限于现有程序设计语言中已定义并实现的数据类型（通常称为固有数据类型），还包括用户在设计软件系统时自己定义的数据类型。为了提高软件的复用率，在近代程序设计方法学中指出，一个软件系统的框架应建立在数据之上，而不是建立在操作之上（后者是传统的软件设计方法所为）。也就是，在构成软件系统的每个相对独立的模块上，定义一组数据和施于这些数据上的一组操作，并在模块内部给出这些数据的表示及其操作的细节,而在模块外部使用的只是抽象的数据和抽象的操作。显然,所定义的数据类型的抽象层次越高,含有该抽象数据类型的软件模块的复用程度也就越高。

本书对抽象数据类型的定义采用如下格式:

ADT 抽象数据类型名{

　Data:

　　数据元素之间的逻辑关系定义

　Operation:

　　基本操作的定义

}ADT 抽象数据类型名

其中,基本操作的定义格式如下。

　基本操作名（参数表）

　初始条件：<初始条件描述>

　操作结果：<操作结果描述>

基本操作有两种参数,即赋值参数和引用参数,赋值参数只为操作提供输入值,引用参数以&打头,除可提供输入值外,还将返回操作结果;初始条件描述了操作执行之前数据结构和参数应满足的条件,若不满足,则操作失败,并返回相应出错信息;操作结果说明了操作正常完成之后,数据结构的变化状况和应返回的结果,若初始条件为空,则省略之。

总结:（1）抽象数据类型可理解为对数据类型的进一步抽象;

（2）数据类型和抽象数据类型的区别在于,数据类型一般指的是高级程序设计语言支持的基本数据类型,而抽象数据类型指的多是自定义的数据类型;

（3）数据模型 + 一组基本操作 = 抽象数据类型。

1.4 数据结构与算法的关系

假定有一个职工通讯录,记录了某单位全体职工的姓名和相应的地址。现要求对此数据结构做"查找"操作,即当给定任何一位职工姓名时,计算机能查出该职工的住址,若查不到,则报告"查无此人"。

可以用两种算法来解决此问题,但算法的设计依赖于通讯录中职工的姓名和相应住址在计算机内的存储方式。

结构1

一种存储方式是通讯录中职工的姓名是随意排列的,其次序没有任何规律,根据这种方式设计算法1:

当给定一个姓名时,就只能从通讯录中第一个姓名开始,逐个查找,若找到,则打印他的地址;若查完整个通讯录还没找到,则给出相应的标志。这种方法的缺点就是效率太低。

结构 2

另一种存储方式是按字母的顺序排列姓名和相应的住址，而且还可以再造一个索引表，用这个表来登记每个字母开头的第 1 个姓名在通讯录中的起始位置，根据这种方式设计算法 2：

若查找某个职工，可先从索引表中找到以该字母开头的姓名是从何处开始的，然后就从此处开始查找，而不用去查找另外 25 个字母开头的职工姓名。这样大大提高了查找效率。

由此可见，计算机的算法与数据结构密切相关——每一个算法无不依赖于具体的数据结构，数据结构直接影响着算法的选择和效率。

上面只是对职工通讯录进行查找运算，但在实际生活中，职工通讯录是经常变动的，如新职工进厂、老职工调离、住址的变更等，这就需要对职工通讯录进行插入、删除、修改等运算。同时，插入、删除、修改等运算都与具体的存储结构有关，在不同的存储结构上需要设计不同的算法，而且在链式存储结构上进行插入和删除操作的效率远高于在顺序存储结构上。

总结：（1）数据的逻辑结构与存储结构是密切相关的两个方面。①数据的逻辑结构是数据的机外表示，数据的存储结构是数据的机内表示；②一种数据的逻辑结构可以用多种存储结构来存储；③数据的基本操作定义于逻辑结构，实现于存储结构。

（2）数据的结构决定算法的实现。

（3）数据结构的研究对象包含以下几个方面的内容。①数据元素之间的相互关系（逻辑结构）；②数据元素之间关系的存储表示（物理结构）；③不同结构下的操作实现。

1.5　算法与算法分析

1.5.1　算法概述

算法（algorithm）是对特定问题求解步骤的一种描述，它是指令的有限序列，其中每一条指令表示一个或多个操作。此外，一个算法还必须具有下列五个重要特性。

（1）有穷性。一个算法必须总是（对任何合法的输入值）在执行有穷步之后结束，且每一步都可在有穷时间内完成。

说明：此处有穷的概念不是纯数学的，而是指在实际应用中是合理的、可接受的。

（2）确定性。算法中每一条指令必须有确切的含义，读者理解时不会存在二义性。并且在任何条件下，算法只有唯一的一条执行路径，即对于相同的输入只能得出相同的输出。

（3）可行性。一个算法是可行的，即算法中描述的操作都是可以通过已经实现的基本运算执行有限次来实现的。

（4）输入。一个算法有零个或多个输入。这些输入取自某个特定的对象的集合。

（5）输出。一个算法有一个或多个输出。这些输出是与输入有某些特定关系的量。

在计算机领域，一个算法实质上是针对所处理问题的需要，在数据的逻辑结构和存储结构的基础上施加的一种运算。因为数据的逻辑结构和存储结构不是唯一的，在很大程度上可以由用户自行选择和设计，所以处理同一个问题的算法也不是唯一的。另外，即便对于具有相同逻辑结构和存储结构的数据，其算法的设计思想和技巧不同，编写出的算法也大不相同。学习"数据结构"课程的目的，就是学会根据数据处理问题的需要，为待处理的数据选择合适的逻辑结构和存储结构，进而按照结构化、模块化及面向对象的程序设计方法设计出比较满意的算法（程序）。

注意：算法≠程序。

（1）程序是对一个算法使用某种程序设计语言的具体实现，是对算法的精确描述，可在计算机上执行。原则上，任一算法可以用任何一种程序设计语言实现。

（2）算法的有穷性意味着不是所有的计算机程序都是算法。例如，操作系统是一个在无限循环中执行的程序而不是一个算法。

（3）程序设计的核心是算法设计。例如，操作系统是现代计算机系统中不可缺少的系统软件，操作系统的各个任务都是一个单独的问题，每个问题由操作系统中的一个子程序根据特定的算法来实现。

1.5.2 算法的描述方法

构思和设计了一个算法之后，必须清楚、准确地将所设计的求解步骤记录下来，即描述算法。常用的描述算法的方法有自然语言、程序流程图、程序设计语言、伪代码等。

例如，欧几里得算法（用辗转相除法求两个自然数 m 和 n 的最大公约数，假设 $m \geqslant n$）的几种算法描述分别如下。

1. 自然语言

（1）输入 m 和 n；
（2）求 m 除以 n 的余数 r；
（3）若 r 等于 0，则 n 为最大公约数，算法结束，否则执行第（4）步；
（4）将 n 的值放在 m 中，将 r 的值放在 n 中。

2. 程序流程图

程序流程图如图 1.9 所示。

3. 伪代码

（1）$r = m \% n$；
（2）循环直到
　　1.1 $m = n$；
　　1.2 $n = r$；

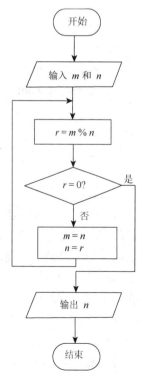

图 1.9 用程序流程图描述算法

1.3 $r = m\%n$；

（3）输出 n；

伪代码是介于自然语言和程序设计语言之间的方法，它采用某一种程序设计语言的基本语法（主要指控制结构），操作指令中可以出现自然语言。算法中自然语言的成分有多少，取决于算法的抽象级别，在抽象级别高的伪代码中自然语言的成分多一些。

4. 程序设计语言（C++）

```
# include "iostream.h"
int commonFactor(int m，int n)
{
    int   r=m%n;
    while(r!=0)
    {
      m=n;
      n=r;
      r=m%n;
    }
    return n;
}
void main()
{ int r;
    r=CommonFactor(63,54);
    cout<<r<<endl;
}
```

1.5.3　算法设计目标

通常设计一个"好"的算法应考虑达到以下目标。

（1）正确性。算法应满足具体问题的需求，这是需求设计的基本目标。通常一个大型问题的需求以特定的规格说明方式给出，这种问题的需求一般包括对于输入、输出、处理等的明确的无歧义性的描述，设计的算法应当能正确地实现这种需求。

"正确"一词的含义在通常的用法中有很大差别，大体可分为以下四个层次：①程序不含语法错误；②程序对几组输入数据能够得出满足规格说明要求的结果；③程序对于精心选择的典型、苛刻而带有刁难性的几组输入数据能够得出满足规格说明要求的结果；④程序对于一切合法的输入数据都能产生满足规格说明要求的结果。显然，达到第④层意义下的正确是极为困难的，所有不同输入数据的数量大得惊人，逐一验证的方法是不现实的。对于大型软件，需要进行专业测试，而一般情况下，将第③层意义的正确性作为衡量一个程序是否合格的标准。

（2）可读性。即使算法已转变成机器可执行的程序，也需考虑人能较好地阅读理解。可读性有助于人对算法的理解，这既有助于算法中隐藏错误的排除，又有助于算法的交流和移植。

（3）健壮性。当输入数据非法时，算法应能做出适当的处理，而不应产生不可预料的结果。

（4）高时间效率。算法的时间效率是指算法的执行时间。对于同一个问题，如果有多个算法可供选择，应尽可能选择执行时间短的算法。执行时间短的算法也称作高时间效率的算法。算法的时间效率也称作**算法的时间复杂度**。

（5）低存储量需求。算法的存储量需求是指算法执行过程中所需要的最大存储空间。对于同一个问题，如果有多个算法可供选择，应尽可能选择存储量需求低的算法。算法的存储量需求也称作**算法的空间复杂度**。通常，算法的高时间效率和低存储量需求是互相矛盾的。

1.5.4 算法效率的度量

算法效率的度量是对算法所需要的两种计算机资源——时间和空间进行估算，分别称为时间复杂度和空间复杂度，其目的是对给定的问题设计和选择复杂度尽可能低的算法。当然，随着计算机硬件性能的提高，一般情况下，算法所需要的额外空间已不是关注的重点，而对算法时间效率的要求是计算机科学不变的主题。

1. 度量方法

方法一

事后统计的方法，是对算法所消耗的资源的实验测量方法。因为很多计算机内部都有计时功能，有的甚至可以精确到毫秒级，不同算法的程序可以通过一组或若干组相同的统计数据来分辨优劣。但这种方法有两个缺陷：一是必须先运行依据算法编制的程序，而编写程序实现算法将花费较多的时间；二是实验结果依赖于计算机的硬件、软件等环境因素，有时容易掩盖算法本身的优劣。

方法二

事前分析估算的方法，是对算法所消耗的资源的一种估算方法。主要是分析算法的时间复杂度和空间复杂度。

2. 算法的时间复杂度

算法的执行时间是指根据该算法编制的程序在计算机上运行时所消耗的时间总量。例如：

```
for(i=1;i<=n;i++)
for(j=1;j<=n;j++)
x++;
```

$$算法的执行时间 = 每条语句执行时间之和 \tag{1.1}$$

$$每条语句执行时间 = 执行次数×执行一次的时间 \quad\quad (1.2)$$

某条语句执行一次的时间取决于实现算法的程序设计语言、机器执行指令的速度、编译产生的代码质量等软件、硬件因素。公平起见，抛开计算机系统的软件、硬件环境，假设每个简单语句执行一次的时间都是单位时间1，则式（1.1）表述为

$$算法的执行时间 = 每条语句执行次数之和 \quad\quad (1.3)$$

然而，要精确地计算出每条语句执行次数之和常常是很困难的，考虑到算法分析的主要目的在于比较求解同一个问题不同算法的效率，为了客观地反映一个算法的运行时间，可以用算法中基本语句的执行次数来度量算法的工作量。

基本语句：执行次数与整个算法的执行次数成正比的语句，多数情况下它是最深层循环内的语句。

用基本语句的执行次数来度量算法的工作量，则式（1.3）转换为

$$算法的执行时间 = 基本语句的执行次数 \quad\quad (1.4)$$

一个显然的事实是，几乎所有的算法，对于规模更大的输入都需要运行更长的时间。例如，需要更多的时间来对更大的数组排序，需要更长的时间来对更大的矩阵进行转置。因此，基本语句的执行次数与问题规模有关。

问题规模：问题规模是指输入量的多少，一般可以从问题描述中得到，如数组元素的个数、矩阵的阶数等。

例如，在如下所示的矩阵 a[n][n] 与矩阵 b[n][n] 相乘的算法中，语句"c[i][j] + = a[i][k]*b[k][j]；"是"矩阵相乘问题"的基本语句。整个算法的执行时间与该基本语句的重复执行次数 n^3 成正比，记作 $T(n) = O(n^3)$[①]。

```
for(i=1;i<=n;i++)
  for(j=1;j<=n;j++)
    {
     c[i][j]=0;
     for(k=1;k<=n;k++)
       c[i][j]+=a[i][k]*b[k][j];
```

一般情况下，算法中基本语句的重复执行的次数是问题规模 n 的某个函数 $f(n)$，则算法的时间度量记作

$$T(n) = O[f(n)] \quad\quad (1.5)$$

它表示随问题规模 n 的增大，算法执行时间的增长率和 $f(n)$ 的增长率相同，称作算法的**渐进时间复杂度**，简称**时间复杂度**。

算法分析举例如下。

① ++x;　　　　　　　　　　　　　　//基本语句的执行次数：1
　　　　　　　　　　　　　　　　　　//时间复杂度：$O(1)$
②for(i=1;i<=n;i++)　　　　　　　　//基本语句的执行次数：n

---

① "O"的形式定义如下：若 $f(n)$ 是正整数 n 的一个函数，则 $x_n = O[f(n)]$ 表示存在一个正的常数 M，使得当 $n \geqslant n_0$ 时，都满足 $|x_n| \leqslant M|f(n)|$。

```
    ++x;                                  //时间复杂度：O(n)
③for(i=1;i<=n;i++)                         //基本语句的执行次数：n²
    for(j=1;j<=n;j++)                      //时间复杂度：O(n²)
        x++;
④for(i=1;i<=n;i++)                         //基本语句的执行次数：n(n-1)/2
    for(j=1;j<=i-1;j++)                    //时间复杂度：O(n²)
        x++;
⑤for(i=1;i<=n;i=2*i)                       //基本语句的执行次数：log₂n
    x++;                                  //时间复杂度：O(log₂n)
```

一般来说，一个没有循环算法的基本语句的执行频率与问题规模 n 无关，记作 $O(1)$，也称作常数阶；一个只有一重循环算法的基本操作的执行频率随问题规模 n 的增大呈线性增大趋势，记作 $O(n)$，也称作线性阶；其余常用的还有平方阶 $O(n^2)$、立方阶 $O(n^3)$、对数阶 $O(\log_2 n)$、指数阶 $O(c^n)$ 等。

常见的算法时间复杂度由小到大排列如下：

$$O(1)<O(\log_2 n)<O(n)<O(n\log_2 n)<O(n^2)<O(n^3)<\cdots<O(c^n)<O(n!)$$

总结：记号"O"用来描述增长率的上限，这种衡量效率的方法得出的不是时间量，而是一种增长趋势的度量，只考察当**问题规模充分大**时，算法中基本语句的执行次数在渐进意义下的阶。

最好、最坏和平均情况：

实际上算法效率不仅依赖于问题的规模，还与问题的初始输入数据集有关。对于某些算法，即使问题规模相同，如果输入数据不同，其时间开销也不同。

例如，在一维整型数组 a[n]中顺序查找与给定值 k 相等的元素（假设该数组中有且仅有一个元素值为 k），若查找成功，返回 k 所在的下标；否则，返回–1。顺序查找算法如下：

```
int Find(int a[ ],int n)
{
    for(i=0;i<n;i++)
        if(a[i]==k)break;
    if(i<n)return I;else return-1;
}
```

算法中的比较语句为基本语句，其执行次数取决于被查找元素在数组中的位置。

（1）最好情况。如果查找的是数组的第一个元素，算法只需比较一次。

（2）最坏情况。如果查找的是数组的最后一个元素，算法需要比较 n 次。

（3）平均情况。如果查找的是数组中的不同元素，假设数据是等概率分布的，则平均要比较 $n/2$ 次，其平均时间复杂度为 $O(n)$。

一般来说，最好情况不能作为算法性能的代表。当最好情况出现的概率较大时，需要着重分析最好情况的时间性能；最差情况描述了算法的运行时间最坏能坏到什么程度，这一点在实时系统中尤其重要；通常需要分析平均情况的时间性能，特别是算法要处理不同的输入时，但它要求知道输入数据是如何分布的，通常假设输入数据为等概率分布。

3. 算法的空间复杂度

算法的空间复杂度是对一个算法在运行过程中临时占用存储空间大小的度量，它也是衡量算法有效性的一个指标。一个算法在执行过程中所需要的存储空间包括以下三个部分：

（1）算法本身占用的空间，取决于算法的长度；

（2）输入输出数据占用的空间，取决于问题规模，与算法无关；

（3）辅助存储空间，即算法临时开辟的存储空间，与算法有关。

算法的空间复杂度是对算法执行过程中需要的辅助空间的度量，通常记作

$$S(n) = O[f(n)]$$

其中，n 为问题的规模（或大小），表示随着问题规模 n 的增大，算法运行所需存储量的增长率与 $f(n)$ 的增长率相同。

1.6 与算法描述有关的 C++ 知识

下面仅对在描述算法时涉及的与 C++ 有关的内容进行简要描述，详细内容请参阅有关 C++ 的书籍。

1.6.1 C++ 的输入和输出

在 C 语言中文件不是由记录构成的，对文件的存取是以字节为单位的，对一个 C 文件的输入和输出是一个字节流。输入和输出的数据流的开始和结束只受程序控制，而不受物理符号（如回车换行符）的控制。这种文件称为**流式文件**。在输入操作中，字节从输入设备（如键盘、磁盘、网络连接等）流向内存；在输出操作中，字节从内存流向输出设备（如显示器、打印机、磁盘、网络连接等）。C++ 为了方便使用，除了可以利用 scanf 函数和 printf 函数进行输入与输出外，还增加了标准输入、输出流 cin 及 cout。cin 是由 c 和 in 两个单词组成的，代表 C 的输入流；cout 是由 c 和 out 两个单词组成的，代表 C 的输出流。它们是在头文件"iostream.h"中定义的。键盘和显示器是计算机的标准输入、输出设备，所以在键盘和显示器上的输入、输出称为标准输入输出，标准流是不需要打开和关闭文件即可直接操作的流式文件。

1. 用 cin 进行输入

输入流是指从输入设备向内存流动的数据流。标准输入流 cin 是从键盘向内存流动的数据流。用">>"运算符从输入设备（键盘）取得数据送到输入流 cin 中，然后送到内存，在 C++ 中，这种输入操作称为"提取"（extracting）或"得到"（getting）。">>"常称为**提取运算符**。

cin 要与输入运算符"＞＞"配合使用,"＞＞"在这里不作为位运算的右移运算符。例如:

int a;

float b;

cin＞＞a＞＞b;//输入一个整数和一个实数。注意不要写成 cin＞＞a,b;

可以从键盘输入:

20 32.45↙(数据间以空格分隔,按回车键结束输入)

a 和 b 分别获得值 20 与 32.45。

可以看到用 cin 和"＞＞"输入数据时并未指定数据的类型(如整型、实型等),而用 scanf 函数输入时要指定输入格式符,如"%d""%f"等。

2. 用 cout 进行输出

cout 必须和输出运算符"＜＜"一起使用。同样,"＜＜"在这里不作为位运算的左移运算符,而是起插入的作用。例如:

cout＜＜"Heno!\n";

其作用是将字符串"Hello! \n"插入输出流 cout 中,也就是输出在标准输出设备上。

也可以不用"\n"控制换行,在头文件"iostream. h"中定义了控制符"endl",代表回车换行操作,作用与"\n"相同,"endl"的含义是 end of line,表示结束一行。

可以在一个输出语句中使用多个运算符"＜＜"将多个输出项插入输出流 cout 中,"＜＜"运算符的结合方向为自左向右,因此各输出项按自左向右的顺序插入输出流中。例如:

for(i=1;i<=3;i++)

　　cout＜＜"count="＜＜i＜＜endl;

输出结果为

count=l

count=2

count=3

注意: 每输出一项要用一个"＜＜"符号。不能写成"cout＜＜a,b,c,"A";"的形式。

用 cout 和"＜＜"可以输出任何类型的数据。例如:

float a=3.45;

int b=5;

char c='A';

cout＜＜"a="＜＜a＜＜","＜＜"b="＜＜b＜＜","＜＜"c="＜＜c＜＜endl;

输出结果为

a=3.45,b=5,c=A

可以看到在输出时也不需要指定数据的类型,系统会自行输出。这比用 printf 函数方便,在 printf 函数中要指定输出格式符(如"%d""%f"等)。

如果要指定输出所占的列数，可以用 setw（）函数设置（注意若使用 setw（），必须包含头文件"iomanip.h"），如 setw（5）的作用是为其后面一个输出项预留 5 列，如输出项的长度不足 5 列，则数据向右对齐，若超过 5 列则按实际长度输出。例如，将上面的输出语句改为

cout<<"a="<<setw(5)<<a<<endl<<"b="<<setw(5)<<b<<endl<<"c="<<setw(5)<<c<<endl;

输出结果为

a=3.45

b=5

c=A

在 C++中将数据送到输出流称为"插入"（inserting）或"放到"（putting）。因而，"<<"常称为**插入运算符**。

1.6.2　函数

C++中有两种类型的函数：常规函数和成员函数。常规函数用于完成一个特定的功能；成员函数用于类方法的定义，因此，只有该类的对象才能调用其成员函数。

无论是常规函数还是成员函数，其函数的基本形式都与 C 语言中的函数是类同的。

1. 函数参数

在 C++中函数的参数分为输入型参数和输出型参数两大类。**输入型参数**是指调用函数只通过该参数传送数据给被调用函数，因为调用函数只向被调用函数传送数据，所以称为输入型参数；**输出型参数**是指调用函数只通过该参数把被调用函数处理后得到的结果数据传送给调用函数，因为这样的参数是从被调用函数得到数据的，所以称为输出型参数。

C++中函数（包括常规函数和成员函数）的参数有四种，即值参数、常值参数、引用参数和常值引用参数。其中，值参数、常值参数和常值引用参数属于输入型参数，引用参数属于输出型参数。**引用**是指给变量或对象起一个别名，即引用引入了一个变量或对象的同义词。因为函数被调用时，任何给引用参数的赋值就是给实际参数的赋值，所以引用参数能实现输出型参数的功能。关于引用参数的应用见 1.6.4 小节。

常值参数是在参数的前边加保留字 const，指明参数的值在函数运行时不会也不能改变；常值引用参数是给参数同时加符号&和保留字 const，因为引用参数是实际变量的别名，所以函数运行时实际参数的值放到了对应的形式参数的位置，但保留字 const 指明引用参数的值在函数运行时不会也不能改变。

2. 带默认形参值的函数

在 C++中，在定义函数时可以预先定义出默认的形参值。调用时如果给出实参，则用实参初始化形参；如果没有给出实参，则预先定义出默认形参值。例如：

```
int add(int x=5,int y=6)        //定义默认形参值
```

```
{    return x+y;
}
void main()
  {add(10,20);                //用实参来初始化形参,实现 10+20
   add(10);                   //形参 x 采用实参值 10,y 采用默认值 6,实现 10+6
   add();                     //x 和 y 采用默认值,分别为 5 和 6,实现 5+6
}
```

默认形参值必须按从右向左的顺序定义。在有默认值的形参右面,不能出现无默认值的形参。因为在调用时,实参初始化是按从左向右的顺序进行的。例如:

```
int add(int x,int y=5,int z=6)     //正确
int add(int x=1,int y=5,int z)     //错误
int add(int x=1,int y,int z=6)     //错误
```

3. 函数的返回值

C++ 中任何函数都有返回值(即使函数的返回值为空,也可看作有 void 类型的返回值),函数的返回值可以带回函数的处理结果。因为函数是定义在其他函数之外的,所以函数的返回值属于全局变量。

和函数参数相同,函数的返回值也有值方式、常值方式、引用方式和常值引用方式四种。函数的返回值的四种方式的功能和函数参数的四种方式的功能类似,唯一的不同之处是函数的返回值是全局变量,而函数的参数是局部变量。

但是要特别说明的是成员函数的返回值。当成员函数的返回值为值方式时,允许改变该对象的私有成员数据。

注意: 成员函数的返回值为无 const 标识符的任何数据类型(包括 void 类型)时即值方式。

当成员函数的返回值为常值方式时,const 标识符使该对象的私有成员不能被改变。

当成员函数的返回值为引用方式时,因为引用型变量不是单独定义的,所以该成员函数的返回值是一个已存在变量(或对象)的别名。当该成员函数被重新赋值时,其对应的变量(或对象)值将改变。

当成员函数的返回值为常值引用方式时,其返回值与引用方式的成员函数的返回值类似,只是该成员函数的返回值不能被重新赋值。当成员函数被调用后,引用方式的成员函数名所对应的变量(或对象)值不能改变时,应加 const 标识符限定其为常值引用方式。当成员函数的返回值为常值方式或常值引用方式时,const 标识符一般放在最后。

4. 重载

重载就是两个或两个以上的函数(或运算符)使用相同的名字。C++ 允许函数重载,即允许两个或两个以上的函数使用相同的函数名。在函数被调用时,编译系统将根据被调用函数的参数类型或参数个数来确定具体的被调用函数。常规函数和成员函数都允许重载。

例 1.4 一个常规函数重载的例子。

```
# include "iostream.h"                        //该文件包含标准输入、输出流 cin 和 cout
int max(int a，int b)                         //函数 1
{
    return(a>b？a:b);
}
float max(float a,float b,float c)            //函数 2
  {float t=a;
    if（t<b）t=b;
    if（t<c）t=c;
    return t;
  }
void main()
{
  cout<<"max(2,3)=" <<max(2,3)<<endl;
  cout<<"max(2.3,5.6,3.1)="<<max(2.3,5.6,3.1)<<endl;
}
```

例 1.4 中两个 max 函数的返回类型不同，参数的个数和参数的类型也不同。主函数中第一次调用的是函数 1，第二次调用的是函数 2。重载功能可以增强函数设计和类设计的灵活性与通用性。

运行此程序后输出结果为

max(2,3)=3

max(2.3,5.6,3.1)=5.6

1.6.3　对象和类

1. 对象

客观世界中的任何一个事物都可以看成一个对象，或者说，客观世界是由千千万万个对象组成的，它们之间通过一定的渠道相互联系。例如，学校是一个对象；一个班级也是一个对象。从计算机的角度，一个对象应该包括两个要素：一是数据，相当于班级中的学生；二是要进行的操作，相当于学生进行的活动。**对象**就是一个包含数据及与这些数据有关的操作的集合。

传统的面向过程的程序设计是围绕功能进行的，用一个函数实现一个功能。所有的数据都是公用的，一个函数可以使用任意一组数据，而一组数据又能被多个函数所使用。程序设计者必须考虑每一个细节，知道什么时候对什么数据进行操作。当程序规模较大、数据很多、操作种类繁多时，程序设计者往往感到难以应付。面向对象的程序设计采用新的思路，它面对的是一个个对象。所有的数据分别属于不同的对象。实际上，每一组数据都有特定的用途,是某种操作的对象。把相关的数据和操作放在一起,形成一个整体,与外界相分隔,也就是把对象"封装"起来,各自相互独立,互不干扰。这是面向对象的程序设计的一个重要特点。

2. 类

每一个实体都是一个对象,有一些对象是具有相同结构和特性的,它们属于同一类型,在 C++中对象的类型称为"类"(class)。类代表了某一批对象的共性和特征。可以说,类是具有相同属性和相同方法的一组对象的抽象,而对象是类的具体实例。正如结构体类型和结构体变量的关系一样,人们先声明一个结构体类型,然后用它去定义结构体变量。同一个结构体类型可以定义出多个不同的结构体变量。

在 C++中也是先声明一个"类"类型,然后用它去定义若干个同类型的对象。对象就是一个"类"类型的变量。例如,先声明了"首都"这样一个"类",那么北京、东京、华盛顿、莫斯科都是属于"首都"类的对象。类是用来定义对象的一种抽象数据类型,或者说它是产生对象的模板。它的性质和其他数据类型(如整型、实型、结构体类型等)相同。

1)类定义的一般形式

```
class   类名  {
private:
        私有数据和成员函数;
public:
        公有数据和成员函数;
};
```

例 1.5　定义一个学生类。

```
class stud {
  private:                              //声明以下部分为私有的
      int num;
      char name[10];
      char sex;
public:
      stud()                           //定义构造函数,函数名与类名相同
        {num=10010;
          strcpy(name,"Wang Lin");
          sex='F';}
      ~ stud()                         //定义析构函数
      { }
      void display()                   //定义成员函数
      {cout<<"num:" <<num<<endl;
       cout<<" name:"<<name<<endl;
```

```
            cout<<"sex:" <<sex<<endl;}
```
```
    };
    stud stud1;                              //定义一个对象
```

2）访问权限

对类的成员变量和成员函数进行访问时，其访问权限有三种，即私有（private）、公有（public）和保护（protected）。

在 private 后定义的成员变量和成员函数都是外部程序不可见的，因此它们称为私有的。私有部分中的成员变量和成员函数只能由该类对象的成员函数及被声明为友元的函数或被声明为友元的类的对象的成员函数访问。

在 public 后定义的成员变量和成员函数都是外部程序可见的，因此它们称为公有的。公有部分中的成员变量和成员函数既允许该类对象的成员函数访问，又允许程序中其他函数或其他类的对象的成员函数访问。这样的一个类的公有部分就构成了这个类的操作界面。外部函数和别的对象通过该操作界面对该类的对象进行操作。这就和基本数据类型中 int 类数据均通过加（+）、减（-）、乘（*）、除（/）等操作界面来对该数据类型的所有数据进行操作一样。

在 protected 后定义的成员变量和成员函数与在 private 后定义的成员变量及成员函数一起构成类的私有部分，但在 protected 后定义的成员变量和成员函数允许该类的派生类访问。关于派生类的概念将在后面进一步讨论。

3）构造函数和析构函数

构造函数是定义对象时被自动调用的特殊成员函数，它是在内存中建立类的具体对象（在内存中为该对象分配适当的空间），并对其进行初始化赋值的成员函数。构造函数的名字必须和类的名字相同，构造函数没有返回值。构造函数允许有默认形参值，当构造函数有默认形参值时，若定义该类的对象时没有给出初始化值，按默认形参值处理。一个类允许有多个构造函数，当一个类有多个构造函数时，系统将根据定义对象时的参数类型和参数个数选择恰当的构造函数来建立对象并对该对象进行初始化。

如果用户没有编写构造函数，编译系统会自动生成一个默认的构造函数，该函数没有参数，不进行任何操作。

例 1.5 的定义中 stud（）为构造函数，构造函数不需要用户调用，而是在定义一个对象时由系统自动执行，而且只能执行一次。构造函数一般声明为 public，无返回值，也不需要加 void 类型声明。例如，有下列调用：

```
    stud1.display();                         //从对象外调用 display 函数
```

因为系统自动执行了构造函数 stud（），所以对象中的数据成员均被赋了值，执行 display（）函数输出以下信息：

```
    num:10010
    name:Wang lin
    sex:F
```

析构函数是当对象被撤销时被自动调用的特殊成员函数。当一个对象被撤销时，析构函数提供了释放该类对象占用内存空间的方法。析构函数的名字是在类的名字前面加上波浪符"～"。析构函数没有返回值。如果对象的内存空间是用非动态方法建立的,该类对象被撤销时系统能自动识别出这些对象占用的内存空间,此种情况下析构函数的函数体为空。当析构函数的函数体为空时,C＋＋允许省略析构函数。如果对象的内存空间是用动态方法建立的,该类对象被撤销时系统不能识别出这些对象占用的内存空间,需要通过系统自动调用析构函数来释放此类对象占用的内存空间,此种情况下析构函数的函数体不能为空。每个类只能有一个析构函数。

如果用户没有编写析构函数,编译系统会自动生成一个默认的析构函数,它也不进行任何操作。

4)继承与派生

类允许设计成像双亲和孩子一样的层次结构关系,这时双亲类称作**基类**,孩子类称作**派生类**。

派生类继承基类时,派生类可以使用基类的 protected 成分。派生类使用基类成分的方法由派生类的继承方式决定。派生类的继承方式主要有 public 继承方式和 private 继承方式两种。

在 public 继承方式中,基类的公有成分成为派生类的公有成分,基类的保护成分成为派生类的保护成分;在 private 继承方式中,基类的公有成分和保护成分都成为派生类的私有成分。无论是 public 继承方式还是 private 继承方式,基类的私有成分都是派生类的不可访问成分(或称不可见成分)。public 继承方式是最常用的派生类继承方式。

定义派生类的一般形式如下。

class 派生类名:[引用权限]基类名

{

　　派生类新增加的数据成员

　　派生类新增加的成员函数

}

引用权限可以是 private 和 public,引用权限可以不写,此时系统默认它为 private。例如,在基类 stud 的基础上建立一个派生类 student:

```
class student: public stud {
private:
    int age;
char addr[30];
public:
    void display_1()
 {
      cout<<" age:"<<age<<endl;
      cout<<" address:"<<addr<<endl;}
};
```

派生类包括基类成员和自己增加的成员,派生类的成员函数在引用派生类自己的数据成员时,按前面介绍的规则处理(私有成员只能被同一类中的成员函数引用,公用成员可以被外界引用）。而对从基类继承来的成员的引用并不是简单地把基类的私有成员和公有成员直接作为派生类的私有成员与公有成员，而要由基类成员的引用权限和派生类声明的引用权限共同决定。

5）友元

友元提供了不同类或对象的成员函数之间、类的成员函数与一般函数之间进行数据共享的机制。也就是说，通过友元的方式，一个普通函数或者类的成员函数可以访问封装于某一类中的数据，这相当于给类的封装挖了一个小小的孔，把数据的隐藏掀开了一个小小的角，通过它，可以看到类内部的一些属性。从这个角度讲，友元是对数据封装和数据隐藏的破坏。但是考虑数据共享的必要性，为了提高程序的效率，很多情况下这种小的破坏也是必要的，关键是一个度的问题。只要在共享和封装之间找到一个恰当的平衡，使用友元可以大大提高程序的效率。

在一个类中，可以利用关键字 friend 将别的模块（一般函数、其他类的成员函数或其他类）声明为它的友元，这样这个类中本来隐藏的信息（私有成员、保护成员）就可以被友元访问。如果友元是一般函数或类的成员函数，称为友元函数；如果友元是一个类，则称为友元类，友元类的所有成员函数都称为友元函数。

6）作用域分辨符

作用域分辨符为"∷"，它用来限定要访问的成员所在类的名称，一般的使用形式是

基类名∷成员名；　　　　　　　　　　　//数据成员

基类名∷成员名（参数表）　　　　　　　//函数成员

当类的定义部分只声明函数的原型，函数的实现部分在类外定义时，在实现部分的成员函数名前使用分辨符是必需的，否则系统将无法知道该成员函数属于哪个类。

例如，上述类定义中函数 display 如果在类外实现，则应该为

void stud::display()　　　　　　　　　　//定义成员函数

```
{ cout<<"num:"<<num<<endl;
  cout<<" name:"<<name<<endl;
  cout<<"sex:"<<sex<<endl;}
```

7）内联函数

C++类成员函数的实现部分包括在定义部分的称为内联函数。编译系统在遇到内联函数时将会把其实现部分的所有语句直接插入调用程序中，因而减少了与函数调用和参数传递有关的系统开销，从而可以帮助 C++克服在某些面向对象的开发环境或开发工具中遇到的执行速度低的难题。但内联函数也会增加函数调用的空间开销，因此通常只在实现部分语句较少或在要求系统的响应速度较高时才使用内联函数。

1.6.4　变量的引用类型

1. 引用的概念

"引用"是 C++的一种新的变量类型，是对 C 语言的一个重要扩充。它的作用是为

一个变量起一个别名。假如有一个变量 a，想给它起一个别名 b，可以写成

  int a;

  int &b=a;

这样就声明了 b 是 a 的"引用"，即 a 的别名。经过这样的声明后，使用 a 和 b 的作用相同，都代表同一变量。声明引用并不另开辟内存单元，b 和 a 都代表同一变量单元。在声明一个引用变量时，必须同时使之初始化，即声明它代表哪一个变量。在声明一个变量的引用后，在本函数执行周期内，该引用一直与其代表的变量相联系，不能再作为其他变量的别名。

注意：在上述声明中，&是"引用声明符"，并不代表地址，不要理解为"把 a 的值赋给 b 的地址"。

2. 引用作为函数参数

C++之所以增加引用，主要是把它作为函数参数，以扩充函数传递的功能。

例 1.6 引用作为函数参数进行数据传递。

```
# include "stdio.h"
void swap(int &p1,int &p2)
{ int temp;
   temp=p1;
   p1=p2;
   p2=temp;}

void main()
{
   int a=5,b=9;
   if(a<b)swap(a,b);
printf("\na=%d，b=%d\n",a,b);
}
```

程序运行后输出结果为

a=9,b=5

在 swap 函数的形参列表中声明 p1 和 p2 是整型的引用变量，但此时并未对它们进行初始化，即未指定它们是哪个变量的别名。当 main 调用函数 swap 时，由实参把变量名传给形参，这样 p1 和 p2 就是变量 a 与 b 的别名，a 和 p1 代表同一个变量，b 和 p2 代表同一个变量。在被调用函数 swap 中，p1 和 p2 的值进行了对调，也就是把变量 a 和 b 进行了对调。

1.6.5 运算符重载

在 C++中预定义的运算符的操作对象只能是基本数据类型，实际上，对于很多用户

自己定义的类型（如结构体类型），也需要有类似的运算操作（如结构体元素间的比较等）。要实现这样的功能，可以利用 C++ 的**运算符重载机制**。

运算符重载就是对已有的运算符赋予多重含义，使同一运算符作用于不同类型的数据，导致不同类型的行为。运算符重载的实质就是函数重载。在实现过程中，首先把指定的运算表达式转化为对运算符函数的调用，把运算对象转化为运算符函数的实参，然后根据实参的类型来确定需要调用的函数，这个过程是在编译过程中完成的。

运算符重载的规则：（1）C++ 中的运算符除了少数几个之外，全部可以重载，而且只能重载 C++ 中已有的运算符。

（2）重载之后运算符的优先级和结合性都不会改变。

（3）运算符重载是针对新类型数据的实际需要，对原有运算符进行适当的改造。一般来讲，重载的功能应当与原有功能相类似，不能改变原运算符的操作对象的个数，同时至少要有一个操作对象是自定义类型。

运算符的重载形式有两种，即重载为类的成员函数和重载为类的友元函数。运算符重载为类的成员函数的一般语法形式为

函数类型 operator 运算符（形参表）

{

　　函数体；

}

运算符重载为类的友元函数的一般语法形式为

friend 函数类型 operator 运算符（形参表）

{

　　函数体；

}

在上述定义中，函数类型指定了重载运算符的返回值类型，也就是运算结果类型；operator 是定义运算符重载函数的关键字；要重载的运算符名称，必须是 C++ 中可重载的运算符，如要重载加法运算符，这里就写"+"；形参表中给出重载运算符所需要的参数和类型；对于运算符重载为类的友元函数的情况，还要在函数类型说明之前使用 friend 关键字来声明。

例 1.7　复数结构体加减运算重载。

```
# include "iostream.h"            //该文件包含标准输入、输出流cin和cout
struct complex {
int real;
int imag;
complex&operator+(complex &s)     //重载"+",函数直接写在结构体内
{
    complex c;
    c.real=real+s.real;
    c.imag=imag+s.imag;
```

```
        return c;
    }
    complex&operator+=(complex &s);              //重载"+=",函数在结构体外部
    friend ostream&operator<<(ostream &output,complex &s);
                                                 //以友元函数方式重载
};
complex &complex::operator+=(complex &s)
{
    real+=s.real;
    imag+=s.imag;
    return *this;
}
ostream&operator<<(ostream &output,complex &s)
{
    output<<" a.real="<<s.real<<"    a.imag="<<s.imag<<endl;
    return output;
}
void main()
{
    complex c={0,0},a,b={1,5};
    a=b+b;
    c+=b;
    cout<<a;
    cout<<" c.real="<<c.real<<"    c.imag="<<c.imag<<endl;
    cout<<" b.real="<<b.real<<"    b.imag="<<b.imag<<endl;
}
```

程序运行后输出结果为

a.real=2   a.imag=10

c.real=1   c.imag=5

b.real=1   b.imag=5

1.6.6 数据类型相关说明

C 语言中的数据类型在 C++ 中都是适用的，但 C++ 在基本类型中增加了布尔类型（也称逻辑类型），它只有两个值 "0" 和 "1"，分别用符号常量 false 和 true 表示，即逻辑值 "假" 和 "真"。

另外，面向对象的程序设计中的类是结构化程序设计中结构体的进一步发展。为了使习惯于使用 C 语言结构体的编程人员能习惯于使用 C++ 语言中的类，C++ 语言规定：

在 C++ 语言中，结构体的概念和类的概念基本相同，唯一的不同之处是结构体中的所有成分都是公有成分。

1.6.7　两个相关的头文件

1. iostream.h

要在程序中使用标准输入设备（键盘）流对象 cin、标准输出设备（显示器）流对象 cout 和标准错误输出设备（显示器）流对象 cerr，以及用于输入的提取操作符"＞＞"和用于输出的插入操作符"＜＜"进行数据输入、输出操作时，必须在程序的开头包含文件"iostream.h"。对于基本类型为 char、short、int、long、char*（字符串型）、float、double、long double 的数据，能够直接进行输入和输出；对于非字符指针类型的指针型数据，能够直接输出指针（操作数地址）；对于其他类型的数据，只有对"＞＞"和"＜＜"操作符重载后才能直接输入和输出，当然若数据中的元素为基本数据类型，则可对其元素直接进行输入和输出。例如，一种结构体类型为

struct worker {
int id;
char　name[20];
float wage;}
　　若有定义
worker wk;
则可用如下输入和输出语句：

cin>>wk.id>>wk.name>>wk.wage;

cout<<"wk.id="<<wk.id<<"wk.name="<<wk.name<<"wk.wage="<<wk.name<<endl;
　　若要对结构体整体进行输入或输出，则必须对该类型进行提取或插入操作符的重载。关于运算符的重载在此不再描述，请参阅相关资料。

2. stdlib.h

在"stdlib.h"头文件中含有 void exit（int）、int rand（void）、void srand（unsigned）等函数的原型。exit(int)函数的作用是结束程序的执行，一般用整数值"0"调用该函数表示正常结束，用整数值"1"调用该函数表示非正常结束。当利用 new 操作符没有分配到所需要的存储块时，应输出"存储分配失败！"错误信息，并调用 exit(l)函数终止程序运行。rand()函数的作用是返回 0~32767 的一个随机整数。利用 rand()%n 可以产生 0~$n-1$ 的一个随机整数。srand(unsigned)函数的作用是初始化随机数发生器，当参数不同时，接着由 rand()函数所产生的随机数序列也不同。若在 rand()函数前没有执行过 srand()函数，则产生的是参数值为 1 的随机数序列，相当于调用了一次 srand(l)函数。下面是一个产生随机数的程序。

　　例 1.8　随机函数的应用。

```
# include "iostream.h"        //该文件包含标准输入输出流 cin 和 cout
# include "stdlib.h"
void main()
{
 int i;
 for(i=0;i<10;i++)
     cout<<rand()%100<<" ";
 cout<<endl;
 srand(2);
 for(i=0;i<10;i++)
     cout<<rand()%100<<" ";
 cout<<endl;
 srand(1);
 for(i=0;i<10;i++)
     cout<<rand()%100<<" ";
 cout<<endl;
}
```
程序运行后输出结果为

41 67 34 0 69 24 78 58 62 64

45 16 98 95 84 50 90 31 5 16

41 67 34 0 69 24 78 58 62 64

在"stdlib.h"头文件中还包含有 void *calloc（unsigned int n，unsigned int size）、void *malloc（unsigned int size）、void *realloc（void *p，unsigned int size）、void free（void *p）等函数的原型。calloc()函数用来动态分配 n 个数据项的内存连续空间，每个数据项的大小为 size 个字节，整个动态存储空间的大小为 n×size 个字节，用来最多存储 n 个数据元素；malloc()函数用来动态分配大小为 size 个字节的存储空间；realloc()函数的功能是将指针 p 所指向的已分配内存区的大小改为 size，函数返回该内存区的首地址，size 既可以比原来分配的内存区大，也可以比原来分配的内存区小，当新分配的内存区小于原分配的内存区时，新分配的内存区中原样保存原分配的内存区中前面的数据。上述三个函数都返回新分配的动态存储空间的首地址，若存储分配失败，则都将返回空指针 NULL。free()函数释放由参数 p 所指向的动态存储空间。以上四个函数在 C 语言或 C＋＋语言环境中都可以使用。另外，在 C＋＋语言中还能够使用 new 和 delete 运算符来非常方便地进行动态存储空间的分配与释放。

new 运算符的语法格式为

new 类型名（初始值）

其中，类型名指定了要分配存储空间的类型。当动态申请单个对象时，可以有初始值，也可以没有初始值；当动态申请数组对象时，不允许有初始值，而是使用构造函数的默认值。当动态内存空间申请成功时，new 运算符按要求申请到一块连续的内存单元，并返回指向该内存单元起始地址的指针；当动态内存空间申请不成功时，new 运算符返回空指针 NULL。例如：

　　new int;　　　　　　//开辟一个存放整数的空间,返回一个指向整型数据的指针

　　new int(100);　　　　//开辟一个存放整数的空间,并指定该整数的初值为 100

　　new char[10];

//开辟一个存放字符数组的空间,该数组有 10 个元素，返回一个指向字符数据的指针

　　float *p=new float(3.14259)　　　　　　//开辟一个存放实数的空间

对于程序中用动态内存分配方法申请的内存空间，当程序运行结束时，系统是不负责其内存空间释放的，要由程序自己负责。因此，当程序中包含有用 new 运算符动态申请的内存空间时，在程序运行结束前，一定要进行内存空间的动态释放，否则，系统的内存空间就会越来越少，最终有可能导致系统因内存空间不够而崩溃。

delete 运算符用于释放由 new 运算符分配的动态内存空间，并用于释放单个对象。

delete 运算符的语法格式为

delete [ ]指针变量

其中，方括号表示释放数组空间，指针变量指向的必须是先前用 new 运算符分配的动态内存空间。例如，要撤销上面用 new 开辟的存放实数的空间（假设指针变量 p 指向了该实数的空间），则应该用以下形式进行撤销：

delete p;

前面用 new char[10];开辟的空间，如果把返回的地址赋给指针变量 pt，则应该用以下形式进行撤销：

delete []pt;

和 C 语言的函数方法相比，C++语言的运算符方法有以下三个优点：

（1）C++语言的运算符方法会进行类型检查，这可防止很多可能的错误。

（2）C++语言的运算符方法自动计算要分配类型的大小，这样使用更简单。

（3）运算符属于 C++语言的一部分，这样使用起来不用像 C 语言那样用文件包含（# include）语句把这部分函数包含进来。

抽象数据类型在 C++语言中是通过"类"类型来实现的，其数据部分通常定义为类的私有（private）或保护（protected）的数据成员，它只允许让该类或派生类直接使用；操作部分通常定义为类的公共（public）的成员函数，它既可以让该类或派生类使用，又可以让其他的类或函数使用，操作部分只给出操作说明（函数声明），操作的具体实现通常在一个单独文件中给出，使它与类的定义（声明）相分离，当然在编译时它们将被连接一起，类的声明通常被存放在一个专门的头文件（其扩展名为.h）中，这样能够较好地实现信息的隐藏和封装，符合面向对象的程序设计的思想。

本 章 小 结

对本章的学习要抓住两条主线：一条主线是数据结构的内涵，包括数据结构的研究对象及相关概念；另一条主线是算法，包括算法的相关概念、描述方法及时间复杂

度和空间复杂度的分析方法。

数据结构部分，从问题的求解过程入手，理解"数据结构＋算法＝程序"，注意数据结构和程序设计之间的关系。数据结构部分的核心概念是数据元素，要充分理解数据元素的抽象性。数据结构部分的重要概念是数据的结构，要抓住两个方面：逻辑结构和存储结构，其中逻辑结构是指数据元素之间的抽象化关系，分为三类，即线性结构、树形（层次）结构和图形（网状）结构；存储结构是指数据元素及其关系在计算机存储器中的存储方式。

算法部分，主要是重点掌握算法的特性及算法时间性能的分析，要将注意力集中在增长率上，即基本语句执行次数的数量级，包括三个要点，即基本语句、执行次数、数量级，算法时间性能分析的结果是用记号"O"表示的数量级。

习 题 1

一、选择题

1. 算法的计算量的大小称为计算的_____。

A. 效率　　　　　　B. 复杂性　　　　　　C. 现实性　　　　　　D. 难度

2. 算法的时间复杂度取决于_____。

A. 问题的规模　　　B. 待处理的数据　　C. A 和 B

3. 算法是解决问题的步骤序列，它必须具有_____这 3 个特性。

A. 可执行性，可移植性，可扩充性　　　　B. 可执行性，确定性，有穷性

C. 确定性，有穷性，稳定性　　　　　　　D. 易读性，稳定性，安全性

4. 下面关于算法的描述错误的是_____。

A. 算法最终必须由计算机程序实现

B. 为解决某问题的算法同为该问题编写的程序含义是相同的

C. 算法的可执行性指的是指令不能有二义性

D. 上述均错

5. 从逻辑上可以把数据结构分为_____两大类。

A. 动态结构和静态结构　　　　　B. 顺序结构和链式结构

C. 线性结构和非线性结构　　　　D. 初等结构和构造性结构

6. 以下数据结构中，哪一个是线性结构_____。

A. 广义表　　　　　　B. 二叉树　　　　　　C. 稀疏矩阵　　　　　D. 串

7. 以下_____术语与数据的存储结构无关。

A. 栈　　　　　　　　B. 哈希表　　　　　　C. 线索树　　　　　　D. 双向链表

8. 下面的程序段中，对 x 赋值的语句频度为_____。

```
for(i=0;i<n;i++)
    for(j=0;j<n;j++)    x=x+1;
```

A. O(2n)　　　　　　B. O(n)　　　　　　C. O(n^2)　　　　　D. O($\log_2 n$)

二、填空题

1. 数据的物理结构包括＿＿＿＿＿＿＿的表示和＿＿＿＿＿＿＿的表示。

2. 数据的逻辑结构是指＿＿＿＿＿＿＿＿＿＿＿＿＿＿＿＿＿＿＿＿＿＿＿。

3. 一个算法具有 5 个特性:＿＿＿＿＿＿、＿＿＿＿＿＿、＿＿＿＿＿＿,有零个或多个输入、有一个或多个输出。

4. 数据结构中评价算法的两个重要指标是＿＿＿＿＿＿＿＿＿＿＿＿＿＿＿＿＿＿。

5. 对于给定的 n 个元素,可以构造出的逻辑结构有＿＿＿＿＿＿,＿＿＿＿＿＿,＿＿＿＿＿＿,＿＿＿＿＿＿。

三、简述题

1. 数据元素之间的关系在计算机中有几种表示方法？各有什么特点？

2. 数据类型和抽象数据类型是如何定义的？二者有何相同和不同之处,抽象数据类型的主要特点是什么？使用抽象数据类型的主要好处是什么？

3. 评价一个好的算法,应该从哪几方面来考虑的？

4. 对于一个数据结构,一般包括哪三个方面的讨论？

5. 当为解决某一问题而选择数据结构时,应从哪些方面考虑？

6. 运算是数据结构的一个重要方面。试举一例,说明两个数据结构的逻辑结构和存储方式完全相同,只是对于运算的定义不同。因而两个结构具有显著不同的特性,是两个不同的结构。

7. 试举一例,说明对相同的逻辑结构,同一种运算在不同的存储方式下实现,其运算效率不同。

8. 有实现同一功能的两个算法 A1 和 A2,其中 A1 的时间复杂度为 T1=O(2^n),A2 的时间复杂度为 T2= O(n^2),仅就时间复杂度而言,请具体分析这两个算法哪一个好。

9. 设 n 为正整数,分析下列各算法中加下划线语句的执行次数,并给出各算法的时间复杂度 T(n)。

（1）int i=1,k=0;

　　while(i<n-1)

　　{

　　　 k=k+10*i; i=i+1;

　　}

（2）int i=1,k=0;

　　do

　　{

　　　 k=k+10*i; i=i+1;

　　}while(i!=n);

（3）int i=1,j=1;

　　while(i<=n&&j<=n)

　　{

　　　 i=i+1;　 j=j+1;

```
    }
（4） int x=n;                              // n>1
    int y=0.;
    while(x>=(y+1)*(y+1))
     y++;
（5） int i,j,k,x=0;
    for(i=0;i<n;i++)
     for(j=0;j<i;j++)
       for(k=0;k<j;k++)
        x=x+2;
```

第 2 章 线 性 表

2.1 线性表的基本概念

2.1.1 线性表的定义

在现实生活中，经常会看到一些二维表格，如学生成绩登记表 [图 2.1（a）]、职工工资登记表 [图 2.1（b）]。

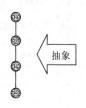

学 号	姓 名	离散数学	英语	高数
0101	丁一	78	96	87
0102	李二	90	87	78
0104	张三	86	67	86
0103	孙红	81	69	96

(a) 学生成绩登记表及其数据模型

职工号	姓 名	基本工资	岗位津贴	奖金
0123	李红梅	278	600	200
0256	张长胜	190	300	100
1005	王冬梅	186	300	100
1012	孙佳亮	218	500	200

(b) 职工工资登记表及其数据模型

图 2.1　二维表格

在图 2.1（a）和（b）这样的表格中，每一行是一个数据元素，但行与行之间（数据元素之间）的相互关系只是先后的位置关系，即一对一的关系，它们抽象出来的数据模型是一致的，这就是线性结构，即线性表。

当然，这样的结构还有很多。例如，英文字母表（A，B，C，…，Z）是一个线性表，表中的数据元素是单个字母。又如，一个班级中所有学生某门课的成绩按次序排列起来的表（98，96，…，56）是一个线性表，表中的数据元素是整数。再如，一本书，也可以看成一个线性表，其中的每一页便是这个线性表中的一个数据元素。

综合上述例子，可以定义线性表如下。

线性表（linear list）　线性表是 n $(n \geq 0)$个相同类型的数据元素构成的有限序列。其中，称 n 为线性表的长度，当 $n = 0$ 时，表示线性表是一个空表，即表中不包含任何数据元素。

一个有 n 个数据元素的线性表通常可以表示为

$$(a_1, a_2, \cdots, a_n)$$

其中：①下标表示元素在线性表中的位置，对于所有的 $i>1$，下标为 i 的元素紧跟着下标为 $i-1$ 的元素，即对任意一对相邻元素 $<a_i, a_{i+1}>$ $(1 \leqslant i < n)$，a_i 称为 a_{i+1} 的**前驱**，a_{i+1} 称为 a_i 的**后继**；②表中元素的值与它的位置之间可以有联系，也可以没有联系，如有序线性表的元素按照值的递增顺序排列，而无序线性表的元素的值与位置之间就没有特殊的联系。

由上述例子可知，线性表中数据元素 a_i 的具体含义在不同情况下可以不同，它可以是一个数、一个符号、一页书，也可以是一个学生的信息，甚至是其他更复杂的信息，但同一线性表中的元素必须具有相同特性，即属于同一数据对象。

为了相关操作的实现，常把线性表中使用的元素类型用 ElemType 进行抽象，即它作为一种通用数据类型标识符，可以通过 typedef 语句在使用前把它定义为任何一种具体类型。若线性表中的元素为整数，则可通过下列语句把它定义为整数类型：

typedef int ElemType;

注意：在有些情况下并不反对线性表中具有不同类型的数据元素，如广义表，但在本章讨论的线性表中，都是基于相同类型的数据元素。

总结：理解线性表的定义要把握以下要点。

（1）序列——顺序性。元素具有线性顺序，第一个元素无前驱，最后一个元素无后继，其他每个元素有唯一的前驱和唯一的后继。

（2）有限——有限性。元素个数有限，在计算机中处理的对象都是有限的。

（3）相同类型——相同性。元素取自同一个数据对象，这意味着每个元素占用相同数量的存储单元。

（4）元素类型不确定——抽象性。数据元素的类型是抽象的、不具体的，需要根据具体问题确定。

（5）线性表的逻辑特征。元素之间具有前驱后继关系，如图 2.2 所示。

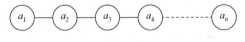

图 2.2　线性表的逻辑结构图

2.1.2　线性表的抽象数据类型

线性表是一个非常灵活的数据结构，它的长度可根据需要增长或缩短，可以在线性表的任意位置插入或删除元素，可以获得线性表中任意位置的元素的值并可以对此元素的值进行修改等。

ADT List{

　　Data：

线性表中的数据元素具有相同类型，相邻元素具有前驱和后继的关系。

Operation：

InitList(&L，maxsize，incresize)

　　操作结果：构造一个容量为 maxsize 的空线性表 L。

ClearList(&L)

　　初始条件：线性表 L 已存在。

　　操作结果：将 L 重置为空表。

ListEmpty(L)

　　初始条件：线性表 L 已存在。

　　操作结果：若 L 为空表，则返回 true；否则返回 false。

ListLength(L)

　　初始条件：线性表 L 已存在。

　　操作结果：返回 L 中元素个数，即线性表 L 的长度。

LocateElem(L，e)

　　初始条件：线性表 L 已存在。

　　操作条件：返回 L 中第 1 个值与 e 相等的元素的位序,若这样的元素不存在,
　　　　　　　则返回值为 0。

PriorElem(L，cur_e，&pre_e)

　　初始条件：线性表 L 已存在。

　　操作条件：若 cur_e 是 L 的元素，但不是第一个，则用 pre_e 返回它的前驱；
　　　　　　　否则操作失败，pre_e 无定义。

NextElem(L，cur_e，&next_e)

　　初始条件：线性表 L 已存在。

　　操作条件：若 cur_e 是 L 的元素，但不是最后一个，则用 next_e 返回它的
　　　　　　　后继；否则操作失败，next_e 无定义。

ListInsert(&L，i，e)

　　初始条件：线性表 L 已存在，$1 \leqslant i < $ LengthList(L)。

　　操作结果：在 L 的第 i 个元素之前插入新的元素 e，L 的长度增 1。

ListDelete(&L，i，&e)

　　初始条件：线性表 L 已存在且非空，$1 \leqslant i \leqslant $ LengthList(L)。

　　操作结果：删除 L 的第 i 个元素，并用 e 返回其值，L 的长度减 1。

GetElem(L，i，&e)

　　初始条件：线性表 L 已存在，且 $1 \leqslant i \leqslant $ LengthList(L)。

　　操作结果：用 e 返回 L 中第 i 个元素的值。

ListTraverse(L)

　　初始条件：线性表 L 已存在。

　　操作结果：依次输出 L 中的每个数据元素。

DestroyList(&L)

初始条件：线性表 L 已存在。

操作结果：撤销线性表 L。

}ADT List

在上面定义的线性表的抽象数据类型定义中，只给出了对线性表的一些基本操作和典型操作，因为线性表的实际应用是非常丰富广泛的，所以不可能也没有必要给出其所有操作，况且实际问题中涉及的一些复杂操作可以用这些基本操作的组合来实现。

例 2.1 假设利用两个线性表 La 和 Lb 分别表示两个集合 A 和 B（线性表中的数据元素即集合中的成员），求一个新的集合 $A=A\cup B$。

这个问题相当于对线性表做如下操作：扩大线性表 La，将存在于线性表 Lb 中而不存在于线性表 La 中的数据元素插入线性表 La 中去。

算法思想：

（1）从线性表 Lb 中取得一个数据元素，并把这个数据元素从 b 中删除；

（2）依该数据元素的值在线性表 La 中进行查访；

（3）若线性表 La 中不存在和其值相同的数据元素，则将从 Lb 中删除这个数据元素并将其插入线性表 La 中，重复以上操作直至 Lb 为空表为止。下面用以上定义的线性表的基本操作来实现这个算法（假定线性表中数据元素的类型为 List）。

算法 2.1

```
void union(List &La, List Lb)
{//将线性表 Lb 中所有在 La 中不存在的数据元素插入 La 中,算法执行结束后,线性表
Lb 不再存在
    int   La_len=ListLength(La);           //求线性表 La 的长度
    while(!ListEmpty(Lb))                   //Lb 表的元素尚未处理完
      { ListDelete(Lb,1,e);                 //从 Lb 中删除第一个数据元素赋给 e
          if(!LocateElem(La,e))ListInsert(La,++La_len,e);
//若 La 中不存在值和 e 相等的数据元素,则将它插到 La 中最后一个数据元素之后
      }
    DestroyList(Lb);                        //撤销线性表 Lb
}//union
```

例 2.2 已知一个非纯集合 B（集合 B 中可能有相同元素），试构造一个纯集合 A，使 A 中只包含 B 中所有值各不相同的成员。

假设仍以线性表表示集合，则此问题和例 2.1 类似，即构造线性表 La，使其只包含线性表 Lb 中所有值不相同的数据元素。与例 2.1 不同的是，操作施行之前，线性表 La 不存在，则操作的第一步是构造一个空的线性表，之后的操作步骤和例 2.1 相同。

算法思想：

（1）构造一个空的线性表 La；

（2）从线性表 Lb 中取得一个数据元素，并把这个数据元素从 b 中删除；

（3）依该数据元素的值在线性表 La 中进行查访；

（4）若线性表 La 中不存在和其值相同的数据元素，则将从 Lb 中删除这个数据元素

并将其插入线性表 La 中；

（5）重复（2）～（4）的操作直至 Lb 为空表为止。

算法 2.2

```
void purge(List &La,List Lb)
{      //构造线性表 La,使其只包含 Lb 中所有值不相同的数据元素,操作完成后,线性
       表 Lb 不再存在
    int   La_len=0;
    InitList(La);                    //创建一个空的线性表 La
    While(!ListEmpty(Lb))            //Lb 表的元素尚未处理完
      {ListDelete(Lb,1,e);          //从 Lb 中删除第一个数据元素赋给 e
        if(!LocateElem(La,e))       ListInsert(La,++La_len,e);
//若 La 中不存在值和 e 相等的数据元素,则插入之
      }
    DestroyList(Lb);                 //撤销线性表  Lb
}//purge
```

例 2.3   判别两个集合 *A* 和 *B* 是否相等。

两个集合相等，指的是这两个集合中包含的成员相同。当以线性表表示集合时，要求分别表示这两个集合的线性表 La 和 Lb 不仅长度相等，所含数据元素也必须一一对应相等。值得注意的是，两个"相同"的数据元素在各自的线性表中的"位序"不一定相同。因此，如果在一个线性表中找不到和另一个线性表的某个数据元素相同的数据元素，则立刻可以得出"两个集合不等"的结论；反之，只有当判别出"其中一个线性表只包含和另一个线性表相同的全体成员"时，才能得出"两个集合相等"的结论。

算法思想：

先构造一个和线性表 La 相同的线性表 Lc，然后对 Lb 中每个数据元素，在 Lc 中进行查询，若存在，则从 Lc 中删除之，显然，当 Lb 中所有元素检查完毕时，"Lc 为空"是两个集合相等的标志。上述算法中构造的线性表 Lc 是一个辅助结构，它的引入是为了在程序执行过程中不破坏原始数据 La，因此在算法的最后应撤销 Lc 这个辅助结构。

算法 2.3

```
bool isequal(List La，List Lb)
{//若线性表 La 和 Lb 不仅长度相等,且所含数据元素也相同,则返回 true,否则返回 false
    int La_len,Lb_len;
    La_len=ListLength(La);Lb_len=ListLength(Lb);     //求表长
    if(La_len!=Lb_len)return false;
    else
      {InitList(Lc);                                 //构造空线性表 Lc
       for(k=1;k<=La_len;k++=                         //生成线性表 La 的"复制品"Lc
          {GetElem(La,k,e);
            ListInsert(Lc,k,e);
```

```
        }
        found=true;
        for(k=1;k<=Lb_len&&found;k++)
          {GetElem(Lb,k,e);                       //取 Lb 中第 k 个数据元素
           i=LocateElem(Lc,e);                     //在 Lc 中进行查询
            if(i==0) found=false; //La 中不存在和该数据元素相同的元素
            else ListDelete(Lc,I,e);               //从 Lc 中删除该数据元素
        }
        if(found&&ListEmpty(Lc))return true;
        else return false;
        DestroyList(Lc);
        }
}//isequal
```

说明：上述例子中假定了线性表的类型为 List，算法中所涉及的部分变量的类型也未给出定义，它只是一个类 C 语言的描述，如要在计算机上实现，还必须进行相关代码的细化。

另外，上述各种操作的定义仅是对抽象的线性表而言的，定义中尚未涉及线性表的存储结构及实现这些操作所使用的编程语言。因此，部分典型操作的具体实现在存储部分加以讨论。

2.2　线性表的顺序存储和基本操作

在计算机内，可以用不同的方式来存储线性表，其中最常用的方式有顺序存储（sequential list）和链式存储（linked list）两种。

2.2.1　线性表的顺序存储——顺序表

在计算机中表示线性表的最简单的方法是用一段地址连续的存储单元依次存储线性表中的各个元素。换句话说，就是将线性表中的数据元素一个挨着一个地存放在某存储区域中，称线性表的这种存储方式为线性表的顺序存储结构，相应地，把采用这种存储结构的线性表称为**顺序表**。

由于程序设计语言（本书选用 C/C++）中的一维数组在内存中占据的也是一段地址连续的区域，且线性表中每个数据元素的类型相同，故可用一维数组来描述顺序表中数据元素的存储区域，也就是把线性表中相邻的元素存储在数组中相邻的位置，如图 2.3 所示。

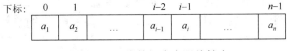

图 2.3　用一维数组来实现线性表

因为 C/C++ 语言中数组的下标是从 0 开始的，所以在图 2.3 中，线性表中的第 i 个元素存储在数组下标为 $i-1$ 的位置，即数组元素的序号和存放它的数组下标之间存在对应关系。

用数组存储线性表意味着要分配固定长度的数组空间，而线性表可以进行插入和删除操作，即线性表的长度是可变的，因此在描述顺序表时，一方面，分配的数组空间要大于线性表的长度；另一方面，还必须设立一个变量（或成员）表示线性表的当前长度，如图 2.4 所示（其中 L 为顺序表）。

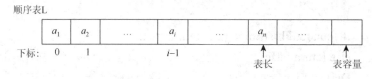

图 2.4　顺序表存储结构示意图

在图 2.4 中，假设每个数据元素占用 k 个存储单元，$loc(a_i)$ 表示数据元素 a_i 的存储首址，则线性表中相邻的两个元素 a_i 和 a_{i+1} 的存储首址 $loc(a_i)$ 与 $loc(a_{i+1})$ 满足下面的关系：

$$loc(a_{i+1}) = loc(a_i) + k \quad (1 \leqslant i \leqslant n)$$

线性表中第 i 个元素 a_i 的存储首址为

$$loc(a_i) = loc(a_1) + (i-1) \times k \quad (1 \leqslant i \leqslant n)$$

此式表明，线性表中每个元素的存储首址都与第一个元素的存储首址 $loc(a_1)$ 相差一个与序号成正比的常数。因为表中每个元素的存储首址都可由上面的公式计算求得，且计算所需的时间也是相同的，所以访问表中任意元素的时间都相等，具有这一特点的存储结构称为**随机存取结构**。

用 C/C++ 描述顺序表时，根据存储分配的不同顺序表可分为静态存储分配的顺序表和动态存储分配的顺序表。

1. 静态存储分配的顺序表

对于静态存储分配的顺序表，需要预先确定顺序表的最大容量，其结构描述为

```
# define LIST_INIT_SIZE    100                    //顺序表的最大容量(假定为 100)

typedef struct {
    ElemType    elem [LIST_INIT_SIZE];            //存储数据元素的一维数组
    int length;                                   //线性表的当前长度
} SSqList;                                         //静态顺序表
```

对于静态存储分配的顺序表，表空间的大小固定，对表的插入、连接等操作带来不便。

2. 动态存储分配的顺序表

对于动态存储分配的顺序表，可以指定默认的增补空间大小，其结构描述为

```
# define LISTINCREMENT    10                      //(默认的)增补空间的大小

typedef struct {
```

ElemType *elem;	//存储数据元素的一维数组的首地址
int length;	//线性表的当前长度
int listsize;	//当前分配的数组容量(以 ElemType 为单位)
int incrementsize;	//增补空间量(以 ElemType 为单位)
} SqList;	//动态顺序表

在上面的定义中，成员 elem 是一个准备存放一段连续的存储空间（一维数组）首地址的指针成员，其空间是在顺序表初始化时动态申请的，一旦空间分配成功后，elem 的用法与数组成员一样；成员 length 用来指定线性表的当前长度；成员 listsize 记下当前分配的数组的长度，这个长度可能发生改变，因为当进行插入操作而空间不足时，可重新申请增补空间。

动态顺序存储与静态顺序存储相比最大的优点是不需要预先确定存储空间的长度，可以根据实际需要来决定存储空间的大小，而且在操作过程中可以随时向系统重新申请增补空间，这在实际操作中非常灵活。例如，在插入操作中，若出现"表满"，可以按需要增补空间，继续进行插入操作，而不必中止模块的运行。因此，动态存储分配的顺序表是目前使用较多的一种顺序存储结构，本书在有关顺序表的操作实现中，均采用动态顺序存储结构。

注意：（1）在上述定义中，数据元素类型 ElemType 是一个抽象的类型，不是一个标准类型，不能直接在程序设计中使用，在实际应用中，应根据实际问题中出现的数据元素的特性具体定义，如为 int、char、float、结构体类型等。

（2）在上述定义中，elem、length、listsize 和 incrementsize 都是结构体中的成员，不能单独使用。若有定义 SqList L;，则 L 表示一个顺序表，elem、lengt、listsize 和 incrementsize 的引用方式分别为 L.elem、L.length、L.listsize 和 L.incrementsize。

（3）因为 C/C++ 语言中，数组的下标是从 0 开始的，所以线性表中"第 i 个位置的元素"存放在数组元素 L.elem[$i-1$]中，在其后有关顺序存储结构的各操作实现中，除特别说明之外，元素的位序都从 0 开始。

（4）线性表的长度和数组的长度是两个不同的概念，如图 2.4 所示，数组的长度是存放线性表的存储空间的大小，一旦存储空间分配后，这个量是确定不变的，除非重新向系统申请增补空间；而线性表的长度是线性表中数据元素的个数，随着线性表插入和删除操作的进行，这个量是变化的。

（5）存储结构和存取结构是两个不同的概念：①存储结构是数据及其逻辑结构在计算机中的表示；②存取结构是在某种数据结构上对存取操作时间性能的描述。

"顺序表是一种随机存取的存储结构"的含义为，在顺序表这种存储结构上进行存取操作，其时间性能为 $O(1)$。

2.2.2　顺序表的基本操作

操作的实现就是设计出该操作功能的算法，也就是用 C/C++ 语言给出求解方法和步骤的完整描述。因此，操作的实现必须以存储结构的描述为前提。上面已经给出顺序表的各种存储结构的描述，在此基础上可以进一步讨论顺序表的基本操作的实现。以下算法均以动态存储分配的顺序表为例。

1. 初始化操作

顺序表的初始化就是构造一个空的顺序表，也就是说顺序表有一定的相邻空间，但目前无数据元素。因此，首先要按需为其动态分配一段存储区域，并让指针成员 elem 指向它，然后设置顺序表的当前长度为 0，如算法 2.4 所示。动态存储分配的顺序表的存储区域可以更有效地利用系统的资源，当不需要该线性表时，可以使用撤销操作及时释放掉占用的存储空间。如前所述，在 SqList 中，规定顺序表目前允许的最大容量为 LIST_INIT_SIZE，需要扩容时的增量为 LISTINCREMENT。

算法 2.4

```
void InitList_Sq(SqList &L,int maxsize=LIST_INIT_SIZE,int incresize=LISTINCRE
MENT)
{   //构造一个最大容量为 maxsize 的顺序表 L
  L.elem=(ElemType *)malloc(maxsize*sizeof(ElemType));
//为顺序表分配一个最大容量为 maxsize 的数组空间
  if(!L.elem)exit(1);                 //存储分配失败
    L.length=0;                       //顺序表中当前所含元素个数为 0
    L.listsize=maxsize;               //该顺序表可以容纳 maxsize 个数据元素
    L.incrementsize = incresize;      //需要时可扩展 incresize 个元素空间
}//InitList_Sq
```

2. 求表长操作

此操作是求出顺序表 L 当前元素的个数。

算法 2.5

```
int ListLength_Sq(SqList L)
{
    return L.length;
}//ListLength_Sq
```

3. 查找元素操作

要在顺序表 L 中查找其值与给定值 e 相等的数据元素，最简单的方法是，从第一个元素起，依次和 e 比较，直至找到第一个值与 e 相等的数据元素，则函数返回该元素在 L 中的位序，表明查找成功；否则函数的返回值为–1，表明查找失败。

算法 2.6

```
int LocateElem_Sq(SqList L,ElemType e)
{
    for(int i=0;i<L. length;i++)
        if(L.elem[i]==e)return i;        //找到的满足判定的数据元素为第 i 个元素
```

　　　　return-1;　　　　　　　　　　　　//该线性表中不存在满足判定的数据元素
　　}//LocateElem_Sq
　　注意：（1）当元素 ElemType 为结构体类型时，在比较两个元素是否相等时不能简单地使用运算符"＝＝"，而应该修改 if 条件表达式，使比较在相应的域上进行，并且此域为简单类型。当然，也可利用 C＋＋的重载机制对运算符"＝＝"进行重载，使之可以进行两个结构体的比较。另外，若用于比较的元素为字符串，则需要使用字符串比较函数 strcmp()。
　　（2）因为 C/C＋＋中数组的下标是从 0 开始的，所以当查找失败时不能返回 0，而应该返回一个有效下标之外的整数。

4. 插入元素操作

　　顺序表的插入元素操作的形式有多种，如在顺序表的第 i 个元素之前插入一个元素、在顺序表的第 i 个元素之后插入一个元素、在一个递增有序表中插入一个元素、在一个递减有序表中插入一个元素等。不同的插入形式，其操作实现有所不同，但共同点是：①找到插入元素的位置（插入位置可能由参数 i 决定，也可能通过比较查找来确定）；②将从插入位置到顺序表最后位置的所有元素后移一个位置，以空出待插位置；③将待插元素 e 插入指定位置。不失一般性，本书选取的插入方式是在顺序表的第 i 个元素之前插入一个元素。
　　算法思想：
　　假设顺序表中已有 length 个数据元素，在第 i（$0 \leqslant i \leqslant \text{length}$）个数据元素之前插入一个新的数据元素 e 时，需将第 length–1 个至第 i 个存储位置（共 length–i 个）的数据元素依次后移，然后把 e 插到第 i 个存储位置，并使顺序表当前长度 length 加 1，最后返回 true；若插入位置 i<0 或 i>length，则无法插入，此时返回 false。
　　插入元素操作的具体过程如图 2.5 所示。

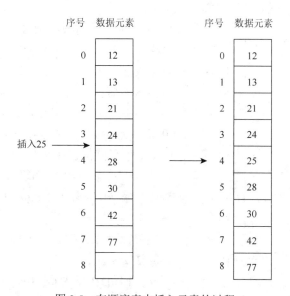

图 2.5　在顺序表中插入元素的过程

算法 2.7

bool ListInsert_Sq(SqList &L，int i,ElemType e)

{ //在顺序表 L 的第 i 个元素之前插入新的元素 e,若表中当前容量不足,则按预定义的增量扩容

　　　int j;

　　　if(i<0||i>L.length)return false;　　　　　　　　//i 值不合法

　　　if(L.length>=L.listsize){　　　　　　　　　　//当前存储空间已满，增补空间

　　　　　L.elem=(ElemType *)realloc(L.elem,(L.listsize+L.incrementsize)*sizeof(ElemType));

　　　　　if(!L.elem)exit(1);　　　　　　　　　　//存储分配失败

　　　　　L.listsize+=L.incrementsize;　　　　　　//当前存储容量增加

　　　}

　　　for(j=L.length;j>i;j--)　　　　　　　　　　//被插入元素之后的元素左移

　　　　　L.elem[j]=L.elem[j-1];

　　　　　L.elem[i]=e;　　　　　　　　　　　　//插入元素 e

　　　　　L.length++;　　　　　　　　　　　　//表长增 1

　　　　　return true;

}//ListInsert_Sq

总结：（1）插入元素操作时要判断插入的位置是否合理和是否表满两种特殊情况。

（2）插入时，元素依次后移，同时线性表的长度加 1。

5. 删除元素操作

　　与插入元素操作一样，顺序表的删除元素操作的形式也有多种，如删除顺序表的第 i 个元素、删除顺序表中值为 x 的元素等。不同的删除形式，其操作实现有所不同，但共同点是：①找到删除元素的位置（删除位置可能由参数 i 决定,也可能通过比较查找来确定）；②将从删除位置到顺序表最后位置的所有元素前移一个位置，以覆盖待删元素的位置。不失一般性，本书选取的删除方式是删除顺序表的第 i 个元素。

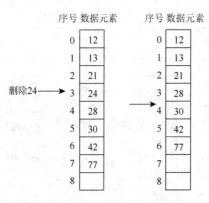

图 2.6　在顺序表中删除元素的过程

算法思想：

　　假设顺序表中已有 length 个数据元素，要删除第 i（$0 \leq i \leq$ length−1）个数据元素，需将第 i 个至第 length−1 个存储位置（共 length−i 个）的数据元素依次前移，并使顺序表当前长度减 1，然后返回 true；若删除位置 i<0 或 i>length−1，则无法删除，返回 false。

　　删除元素操作的具体过程如图 2.6 所示。

算法 2.8

bool ListDelete_Sq(SqList &L,int i,ElemType &e)

{//在顺序表 L 中删除第 i 个元素,并用 e 返回其值

```
    int   j;
    if(i<0||i>=L.length)return false;                     //i 值不合法
    if(L.length<=0)return false;                          //表空,无数据元素可删
    e=L.elem[i];                                          //被删除元素的值赋给 e
    for(j=i+1;j<=L.length-1;j++)                          //被删除元素之后的元素前移
        L.elem [j-1]=L.elem [j];
    L.length--;                                           //表长减 1
    return true;
}//ListDelete_Sq
```

总结: (1) 删除元素操作时要判断删除的位置是否合理和是否表空两种特殊情况。
(2) 删除时,元素依次前移,同时线性表的长度减 1。

6. 取元素操作

取元素操作是取出顺序表 L 中第 i ($0 \leqslant i \leqslant$ L.length-1)个元素,它与删除元素操作相同的是也需要判断 i 的位置是否合理和表是否为空这两种特殊情况,不同之处是取数据元素不需要移动元素,同时表长不变。

算法 2.9

```
bool GetElem_Sq(SqList L, int i,ElemType &e)
{       //取出顺序表 L 中第 i 个元素,并用 e 返回其值。
    if(i<0||i>=L.length)return false;                     //i 值不合法
    if(L.length<=0)return false;                          //表空, 无数据元素可取
    e=L.elem[i];                                          //被取元素的值赋给 e
    return true;
}//GetElem_Sq
```

7. 顺序表的遍历操作

顺序表的遍历操作就是从头到尾扫描顺序表,输出顺序表中各个数据元素的值。

算法 2.10

```
void ListTraverse_Sq(SqList L)
{
    int i;
    for(i=0;i<L.length;i++)
        cout<<setw(6)<<L.elem[i];
    cout<<endl;
}//ListTraverse_Sq
```

8. 顺序表的撤销操作

和初始化相对应,当不再需要程序中的数据结构时,应该及时进行"撤销",并释放

它所占的全部空间，以便使存储空间得到充分利用。

算法 2.11

```
void DestroyList_Sq（SqList &L）
{   //释放顺序表 L 所占存储空间
    free(L.elem);
    L.elem=NULL;
    L.listsize=0;
    L.length=0;
}//DestroyList_Sq
```

说明： 如果是用类来描述顺序表，那么以上所有操作都可以作为类的成员而与数据封装在一起，成为顺序表类，这样顺序表的所有对象都可以使用其中的操作。在本书中，没有把类作为抽象数据类型的描述工具，数据和操作是分开的，如果在相关程序设计中要使用以上描述的操作，可以把以上描述的数据对象及所有操作放在一个文件中（文件名可以命名为 SqList.h），则任何软件一旦需要使用顺序表，就可以通过包含命令"#include"把该文件包含在自己的文件中，从而可以直接调用其中已经实现的操作（函数），完成程序设计。

假设顺序表的结构描述和相关操作存放在头文件"SqList.h"中，则可用下面的程序测试顺序表的有关操作。

```
    typedef int ElemType;              //顺序表中元素类型为 int
    # include "stdlib.h"               //该文件包含 malloc()、realloc()和 free()等函数
    # include "iomanip.h"              //该文件包含标准输入、输出流 cin 和 cout 及 setw()
    # include "SqList.h"               //该文件中包含顺序表数据对象的描述及相关操作

    void main()
    {
        SqList mylist;
        int i;
        int i,x,a[]={6,8,16,2,34,56,7,10,22,45};
        InitList_Sq(mylist,50,10);                      //初始化顺序表 mylist
        for(i=0;i<10;i++)
            if(!ListInsert_Sq(mylist,i,a[i]))           //将 a[i]插到顺序表中第 i+1 个元素之前
            {   cout<<"插入失败!"<<endl;
                return;
            }
        cout<<"删除前的顺序表为:";
        ListTraverse_Sq(mylist);                        //调用遍历函数显示 mylist
        if(!ListDelete_Sq(mylist,4,x))                  //删除顺序表中第 5 个元素
        {   cout<<"删除失败!"<<endl;
            return;
```

```
        }
        cout<<"被删除的元素是:"<<x<<endl;
        cout<<"删除后的顺序表为:";
        ListTraverse_Sq(mylist);                           //调用遍历函数显示 mylist
        DestroyList_Sq(mylist);              //调用撤销函数撤销 mylist 以释放空间
}
```

程序执行后输出结果如下:

删除前的顺序表为:6　　8　16　　2　34　56　　7　10　22　45

被删除的元素是:34

删除后的顺序表为:6　　8　16　　2　56　　7　10　22　45

说明:(1)在调用初始化函数 InitList_Sq()时,应该给出顺序表的初始分配的最大空间量和增补空间量(本例分别为50和10),未给出时以默认值(100,10)为准。

(2)在设计抽象数据类型时,可以使用 ElemType。但在设计程序时,必须定义 ElemType 为具体的数据类型,否则,系统将因 ElemType 未定义而出错(C/C++语言要求任何标识符都要有具体的定义)。

(3)程序设计语言要求所有标识符(包括数据类型名和变量名等)要先定义后使用,所以主函数的预处理命令中,语句"typedef int ElemType;"必须放在语句"# include "SqList.h""前面,且语句"#include "SqList.h""必须放在所有预处理命令的后面,否则,系统将因某些标识符未定义而出错。因此,语句次序为(中间 2 个语句次序任意)

```
typedef int ElemType;
# include "stdlib.h"
# include "iomanip.h"
# include "SqList.h"
```

2.2.3　顺序表基本操作的算法分析

在顺序表上的各种操作中,多数算法的时间开销与顺序表的长度有关,后面的相关分析中均假定顺序表的长度为 n。插入和删除元素操作是顺序表的相关操作中时间复杂度最高的操作,因此,首先分析插入和删除元素操作的时间复杂度。

很显然,在顺序表中插入或删除一个数据元素时其时间主要耗费在移动数据元素上,并且所需移动数据元素的个数和两个因素有关:其一是顺序表的长度;其二是被插入或被删除元素在顺序表中的位置。当元素插到顺序表中最后一个元素之后或者被删除的元素是顺序表中最后一个元素时,不需要移动线性表中的元素;反之,当元素插到顺序表中第一个元素之前或者被删除的元素是顺序表中第一个元素时,需要将顺序表中的所有元素均向表尾或表头移动一个位置。由于插入和删除可能在顺序表中的任何位置上进行,从统计意义上讲,考虑在顺序表中的任一位置上进行插入和删除的"平均时间特性"更有实际意义。因此,需要分析它们的平均性能,即分析在表中任何一个合法位置上进行插入或删除元素操作时"需要移动元素个数的平均值"。

以插入为例，假设 $P_i\,(0{\leqslant}i{<}n)$ 为在第 $i\,(0{\leqslant}i{<}n)$ 个数据元素之前插入一个数据元素的概率，则在顺序表中插入一个数据元素时所需移动数据元素的平均次数为

$$E = \sum_{i=0}^{n} P_i(n-i)$$

假设在顺序表的任何位置上插入数据元素都是等概率的，即

$$P_i = \frac{1}{n+1}$$

则有

$$E = \frac{1}{n+1}\sum_{i=0}^{n}(n-i) = \frac{n}{2}$$

同理，可推出在顺序表中删除一个数据元素的平均移动次数为

$$E = \frac{n-1}{2}$$

由此可见，在顺序表中插入和删除一个数据元素时，平均约需移动一半的数据元素，即插入和删除元素的时间复杂度均为 $O(n)$。这在线性表的长度较大时，是很可观的。这个缺陷完全是由顺序存储要求线性表的元素依次紧挨存放造成的。因此，这种顺序存储结构仅适用于不经常进行插入和删除元素操作的线性表。

顺序表的其他操作中，查找元素操作的执行时间主要用于"进行两个元素之间的比较"，若顺序表 L 中存在和元素 e 相同的元素 $a_i\,(0{\leqslant}i{<}n)$，则比较次数为 $i\,(0{\leqslant}i{<}n)$，否则为 n，即算法 LocateElem_Sq 的时间复杂度为 $O(n)$，而"求表长"和"取第 i 个数据元素"的操作的时间复杂度均为 $O(1)$，遍历顺序表的操作的时间复杂度为 $O(n)$。

2.3　线性表的链式存储和基本操作

从 2.2 节的讨论得知，顺序表较适用于不常进行插入和删除的线性表。因为在顺序表中插入或删除一个数据元素，平均约需移动表中一半的元素，造成这个缺陷的原因是顺序存储要求线性表中的元素必须依次紧挨存放。因此，对于经常需要进行插入和删除元素操作的线性表，就需要选择其他的存储方式。本节讨论线性表的另一个存储表示方法——链式存储。由于它不要求逻辑上"相邻"（如 a_i 和 a_{i+1}）的两个数据元素在存储位置上也"相邻"，故它没有顺序存储结构所具有的弱点，但同时它也失去了顺序表所具有的优点（如随机存取）。实际应用中，可根据需要选取存储结构的类型。

2.3.1　链式存储的概念

用一组任意的存储单元存储线性表里的各元素（这组存储单元可以是连续的，也可以是不连续的），为了反映出各元素在线性表中的逻辑关系（前后位置关系），除了存储元素

本身的信息外，还需要添加一个或两个指针域，用来指示另一个数据元素在内存中的存储首址，这称为**线性表的链式存储结构**，简称**链表**。

例如，有三个元素（a_1，a_2，a_3）的线性表的链式存储示意图如图 2.7 所示。

存储数据元素的**数据域**和存储另一数据元素的地址的**指针域**组成了数据元素的存储映像，称为**结点**，其结点的结构如图 2.8 所示。

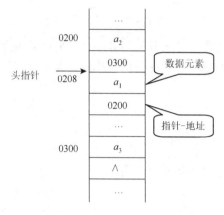

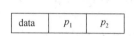

图 2.7 线性表（a_1，a_2，a_3）的链式存储示意图 　　图 2.8 链式存储中结点的结构

其中，data 表示**数据域**，用来存储数据元素的信息，p_1、p_2 均为**指针域**，每个指针域的值为其对应的后继元素或前驱元素所在结点的存储位置，通过结点的指针域（又称为链域）可以访问到对应的后继结点或前驱结点，若一个结点中的某个指针域不需要指向任何结点，则它的值为 NULL（空指针），即数值为 0。空指针在画图时用"∧"表示。

在链式存储结构中，由于每个元素的存储位置是保存在它的前驱结点或后继结点中的，故只有当访问到其前驱结点或后继结点时才能够按指针访问到该结点，这是一种顺序存取机制，也就是说，链表是一种非随机存取的存储结构。

根据每个结点中指针的个数可将链表分为**单链表**与**双向链表**，单链表中每个结点只含一个指针域，而双向链表中每个结点含有两个指针域；根据结点中指针的链接方式，链表又可分为**普通链表**与**循环链表**。

说明： 实际上，链表不仅仅可以用来实现线性结构，也可以用来实现像树和图等非线性结构，如二叉链表、三叉链表、邻接表、邻接多重表、十字邻接表等多用于实现非线性结构，同时，在这些链表中结点的结构中可能包含有多个指针域。

2.3.2 单链表概述

单链表是最简单的一种链式存储结构，其中每个结点只含有 1 个指针域，这个指针域用来存放其后继结点的地址，正是通过这个指针域将线性表的数据元素按其逻辑次序链接在了一起。如图 2.7 所示的链式存储中，结点结构如图 2.9 所示。

图 2.9　单链表中的结点结构

1. 结点结构的描述

由图 2.9 可以看出，单链表中的结点至少包含两部分，其一是 data（用来存放数据元素的信息），其二是 next（用来存放下一个结点的地址），把这两部分构成一个整体，正好可以用 C/C++ 语言中的结构体实现。

```
typedef struct Node {
    ElemType data;
    struct   Node *next;
}LNode，*LinkList;                //LinkList 为结构体指针类型
```

2. 单链表的逻辑表示

用内存的实际存储状态表示一个单链表（图 2.7）非常不方便，而且在使用单链表时，关心的只是它们所表示的线性表中的数据元素之间的逻辑关系，而不是每个数据元素在内存中的实际位置。因此，在逻辑上，一般把单链表画成用箭头相连的结点序列，结点之间的箭头表示指针域中的指针（地址）。例如，图 2.7 的链式存储可画成如图 2.10 所示的形式。

图 2.10　单链表的逻辑状态

在图 2.10 中，a_1 是单链表中的**第一个结点**，它也是 a_2 结点的直接前驱，或简称前驱；a_2 结点称为 a_1 结点的直接后继，或简称后继，其余类推。变量 L 是一个指针变量，存放的是单链表中第一个结点的地址（也可以说它指向单链表的第一个结点），有时为了叙述方便，将"指针变量"简称为"指针"，所以说 L 是单链表的**表头指针**，简称头指针。a_3 结点是单链表中最后一个结点，它没有后继，所以它的指针域为空，称为**表尾结点**。在图中用符号"∧"表示空指针，**空指针**不指向任何结点，只起标志作用，标识链的结束，空指针在算法描述中用 NULL 表示。NULL 在 C/C++ 语言中宏定义为 0，因此，空指针在 C/C++ 语言中也就是 0 地址。

为了算法实现上的方便，通常在单链表的第一个结点之前附设一个称为**头结点**的结点，头结点的数据域中可以不存放任何数据，也可以存放链表的结点个数等类的附加信息。图 2.11（a）表示的是一个带头结点的空单链表，图 2.11（b）表示的是一个带头结点的非空单链表（$a_1, a_2, \cdots, a_n$）。

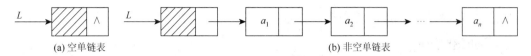

图 2.11 带头结点的单链表

在图 2.11 中，表头指针 L 指向头结点，头结点的指针域存储指向表中第一个结点的指针（第一个结点的存储首址），若线性表为空，则头结点的指针域为空，如图 2.11（a）所示。

若有定义 LinkList p;，并且 p 指向线性表中第 i $(1 \leqslant i \leqslant n)$ 个结点，则 p->data[或 (*p).data]表示的是第 i 个结点的数据域（线性表的第 i 个元素），p->next[或(*p).next]表示的是第 i 个结点的指针域（第 $i+1$ 个地点的地址）。有时为了叙述方便，将"指针 p 所指的结点"简称为"结点 p"。

注意：头结点在链表中并不是必需的，仅仅是为了操作上的方便。在加了头结点的链表中，线性表中的第一个元素存储在头结点的后继中。在其后的内容中，把存放线性表的第一个元素的结点称为**开始结点**（线性表的第一个结点），以此与头结点进行区分。

2.3.3 单链表的基本操作

因为在单链表中用结点的数据域来存储线性表中元素的信息,而单链表中除表头指针外，没有任何变量名，访问单链表中的数据只能进行间接访问，所以在实现单链表的基本操作时，就离不开指针变量，而表头指针在操作过程中是不能随便移动的，否则会丢失相关信息。一般另外定义指针变量为工作指针，如 LinkList p, q;，图 2.12 展示了若干指针赋值语句及这些语句执行前后指针值的变化状况。

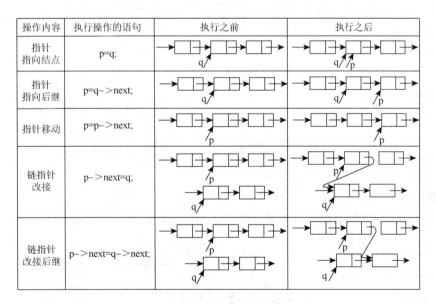

图 2.12 单链表中指针的基本操作示例

说明：在单链表的操作实现中，同一算法根据有无头结点，其算法描述是有区别的。

除特别说明之外，本书中的算法都基于带有头结点的单链表。

1. 初始化操作

单链表的初始化就是构造一个带有头结点的空单链表 L。因此，首先要申请一段存储空间，以存放头结点，并让表头指针指向头结点，同时把表头指针的地址返回给调用函数。

算法 2.12

```
void InitList_L（LinkList &L）
{
    L=(LNode *)malloc(sizeof(LNode));    //申请存放一个结点数据所需要的存储空间
    if(!L)exit(1);                       //存储空间分配失败
    L->next=NULL;                        //表头结点的指针域置空
}//InitList_L
```

2. 求表长操作

在顺序表中，线性表的长度是它的一个属性，因此很容易求得。但当以链表表示线性表时，整个链表由一个"头指针"来表示，线性表的长度即链表中结点的个数，只能通过"遍历"链表来实现，由此需要一个指针 p 从表头顺链向后扫描，同时设一个整型变量 k 进行"计数"，p 的初值是第一个结点的地址。若 p 非空，则 k 增 1，p 指向其后继，如此循环直至 p 为"空"，此时 k 值即表长。

算法 2.13

```
int ListLength_L(LinkList L )
{ //L 为带头结点的单链表的头指针,函数返回 L 所指单链表的长度
    LinkList   p;
    int k=0;
    p=L->next;                           //p 指向单链表中的第一个结点
    while(p)
    {   k++;p=p->next;                   //k 计非空结点数
    }
    return k;
}//ListLength_L
```

注意：在单链表中，p＋＋ 操作只能指向相邻的下一个存储位置，而不一定能指向其后继，要使指针指向其后继，只能通过操作 p = p->next 来实现，如图 2.13 所示。

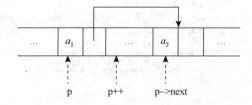

图 2.13　p＋＋ 与 p = p->next 的执行结果

3. 查找元素操作

查找元素操作就是在单链表 L 中查找具有特定值的结点,若查找成功,则返回该结点的指针;否则继续向后比较。若查遍整个链表都不存在这样的元素,则返回空指针(NULL)。

要在单链表 L 中查找值与给定值 e 相等的数据元素,最简单的方法是,设置一个指针变量 p 顺链扫描,直至 p 为 NULL,或者 p->data 和 e 相同为止。

算法 2.14

```
LNode *LocateElem_L(LinkList L,ElemType e)
{ //在 L 所指的单链表中查找第一个值和 e 相等的结点,若存在,则返回其指针;否则返
  回空指针
    LinkList   p;
    p=L->next;                              //p 指向链表中的第一个结点
    while(p&&p->data!=e )p=p->next;
    return p;
}//LocateElem_L
```

4. 插入元素操作

由于在单链表中不要求两个互为"前驱"和"后继"的数据元素紧挨存放,在单链表中插入一个数据元素时,不需要移动数据元素,而只需要在单链表中添加一个新的结点,并修改相应的指针链接,改变其前驱和后继的关系。

算法思想:

在带头结点的单链表 L 中第 $i(1 \leqslant i \leqslant n)$ 个数据元素之前插入一个数据元素 e:①在单链表中寻找到第 $i-1$ 个结点并用指针 p 指示;②申请一个由指针 s 指示的结点空间,并置 e 为其数据域值;③修改结点 p 的指针域,使结点 s 成为其后继(原来是 a_i 所在的结点),并使第 i 个结点(a_i 所在的结点)成为结点 s 的后继。其插入过程如图 2.14 所示。

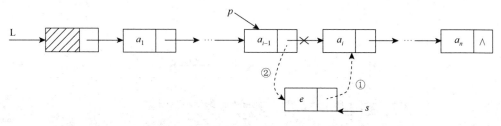

图 2.14 单链表插入元素操作示意图

在图 2.14 中,修改指针的链接的主要操作语句为
①s->next=p->next;   //把结点 p 的后继作为结点 s 的后继
②p->next=s;   //把结点 s 作为结点 p 的后继

注意：这两个语句的先后顺序不能改变，否则不但不能进行插入元素操作，而且会丢失单链表中 a_i 结点的地址，从而丢失了 a_i 及其后面所有结点的信息。

算法 2.15

```
bool ListInsert_L(LinkList L，int i，ElemType e)
{        //在带有头结点的单链表 L 中的第 i 个结点之前插入元素 e
  LinkList p,s;
  int j;
  p=L;j=0;
  while(p->next&&j<i-1){ p=p->next;j++;}        //寻找第 i-1 个结点,并让 p 指向此结点
  if(j!=i-1)return false;                           //i 的位置不合理
  if((s=(LNode *)malloc(sizeof(LNode)))==NULL)return false;
                                                    //存储空间分配失败
  s->data=e;
  s->next=p->next;p->next=s;                        //插入新结点
  return true;
}//ListInsert_L
```

注意：while 中的条件表达式"p->next&&j<i-1"不能写成"p&&j>i-1"，这主要是保证第 $i-1$ 个结点存在，否则当 i 大于表长加 1 时容易出错。

5. 删除元素操作

和插入类似，在单链表中删除一个结点时，也不需要移动元素，仅需修改相应的指针链接，改变其前驱和后继的关系。

算法思想：

删除带头结点的单链表 L 中第 i $(1 \leqslant i \leqslant n)$个数据元素：①在单链表中寻找到第 $i-1$ 个结点并用指针 p 指示，同时让指针变量 q 指向待删除的结点；②修改结点 p 的指针域，使结点 q 的后继成为结点 p 的后继；③取出被删元素的值，并释放 q 所指结点的空间。其删除过程如图 2.15 所示。

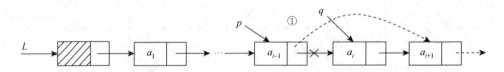

图 2.15　单链表删除元素操作示意图

在图 2.15 中，主要操作语句为

①p->next=q->next;   //结点 q 的后继成为结点 p 的后继
②e=q->data;   //被删元素的值赋给 e
③free(q);   //释放被删除结点的空间

算法 2.16

```
bool ListDelete_L(LinkList &L，int i，ElemType &e)
{       //删除带有头结点的单链表 L 中的第 i 个结点，并让 e 返回其值
    LinkList p,q;
    int j;
    p=L;j=0;
    while(p->next&&p->next->next&&j<i-1){ p=p->next;j++;}
    //寻找第 i-1 个结点，并让 p 指向此结点
        if(j!=i-1)return false;                    //i 的位置不合理
        q=p->next;                                 //q 指向其后继
        p->next=q->next;                           //删除 q 所指结点
        e=q->data;free(q);
        return true；
}//ListDelete_L
```

注意： while 中的条件表达式中的"p->next->next"是为了保证第 i 个结点存在。

6. 取元素操作

取元素操作是取出单链表中第 i $(1 \leqslant i \leqslant n)$ 个元素，需要从单链表的表头出发，沿 next 域往后搜索，找到第 i 个结点，并让指针变量 p 指向它。

算法 2.17

```
bool GetElem_L(LinkList L，int i,ElemType &e)
{       //取出单链表 L 中第 i 个元素，并用 e 返回其值
    LinkList p;
    int j;
    p=L;j=0;
    while(p->next&&j<i){ p=p->next;j++;}        //寻找第 i 个结点，并让 p 指向此结点
    if(j!=i)return false;                        //i 的位置不合理
    e=p->data;                                   //被取元素的值赋给 e
    return true;
}//GetElem_L
```

说明： 取元素操作与删除元素操作基本相同，主要差别是取数据元素时指针定位在第 i 个结点，并且不删除 a_i 所在的结点。

7. 创建单链表操作

单链表是一种动态存储管理的结构，它和顺序表不同，单链表中每个结点占用的存储空间不需要预先分派划定，而是在运行时刻由系统根据需求即时生成。因此，建立单链表的过程是一个动态生成的过程，即从"空表"起，依次建立每个结点，并逐个插到单链表中。创建单链表有两种插入结点的方法：一种是将新结点作为表尾结点

的后继插入，称为"尾插法"；另一种是将新结点作为表头结点的后继插入，称为"头插法"。

1）尾插法建表

算法 2.18

```
void CreateList_L_Rear(LinkList &L,ElemType a[],int n )
{       //已知一维数组 a[n]中存有线性表的数据元素,利用尾插法创建单链表 L
    LinkList p,q;int i;
    L=(LinkList)malloc(sizeof(LNode));                  //创建头结点
    q=L;                              //q 始终指向尾结点,开始时尾结点也是头结点
    for(i=0;i<n;i++)
    {   p=(LinkList)malloc(sizeof(LNode));              //创建新结点
    p->data=a[i];                                        //赋元素值
    q->next=p;                                          //插在尾结点之后
    q=p;                                                //q 指向新的表尾
    }
     q->next=NULL;                                      //表尾结点 next 域置空
}//CreateList_L_Rear
```

2）头插法建表

算法 2.19

```
void CreateList_L_Front(LinkList &L，ElemType a[]，int n )
{       //已知一维数组 a[n]中存有线性表的数据元素,利用头插法创建单链表 L
    LinkList p;int i;
    L=(LinkList)malloc(sizeof(LNode));                  //创建头结点
    L->next=NULL;
    for(i=n-1;i>=0;i--)
    {   p=(LinkList)malloc(sizeof(LNode));              //创建新结点
        p->data=a[i];                                   //赋元素值
        p->next=L->next;                        //插在头结点和第一个结点之间
        L->next=p;
    }
}//CreateList_L_Front
```

8. 单链表的遍历操作

与遍历顺序表操作一样，遍历单链表就是从头到尾扫描单链表，输出单链表中各个数据元素的值。

算法 2.20

```
void ListTraverse_L(LinkList L)
{
```

```
    LinkList p=L->next;
    while(p)
    {   cout<<setw(6)<<p->data;
        p=p->next;
    }
    cout<<endl;
}//ListTraverse_L
```

9. 单链表的撤销操作

单链表的撤销操作就是释放单链表中每个结点的空间,因为单链表中每个结点的存储位置不一定相邻,所以撤销单链表比撤销顺序表复杂,它必须遍历每个结点,释放其空间,直至表尾结点。

算法 2.21

```
void DestroyList_L(LinkList &L )
{
    LinkList p,p1;
    p=L;
    while(p)
    {   p1=p;
        p=p->next;
        free(p1);
    }
    L=NULL;
}//DestroyList_L
```

总结: 单链表算法设计的模式如下。

(1)设立工作指针并初始化。

在单链表中,一般要从头结点出发扫描单链表。由于头指针具有标识单链表的作用,故一般不能修改头指针(除非要修改表头),而设工作指针。如果将工作指针 p 初始化在头结点处,则用 p = L; 实现,如果把工作指针 p 初始化在开始结点处,则用 p = L->next 实现。

(2)通过工作指针的反复后移将整个单链表扫描一遍。

在单链表的结点结构中没有定义表长,因此不能用表长来控制循环,而要用工作指针 p 来控制,其一般形式为

```
while(p)
{   p=p->next;}
```

单链表算法的核心操作是"工作指针后移"。扫描是单链表的一种常用技术,在很多算法中都要用到。

　　说明： 与顺序表一样，为了方便在相关程序设计中使用以上描述的操作，可以把以上描述的数据对象及所有操作放在文件"LinkList.h"中，则任何软件一旦需要使用单链表，就可以通过包含命令"#include"把该文件包含在自己的文件中，从而直接调用已经实现的函数，完成程序设计。

　　假设单链表的结构描述和相关操作存放在头文件"LinkList.h"中，则可用下面的程序测试单链表的有关操作。

```
typedef int ElemType;              //单链表中元素类型为 int
# include "stdlib.h"               //该文件包含 malloc()、realloc()和 free()等函数
# include "iomanip.h"              //该文件包含标准输入、输出流 cin 和 cout 及 setw()
# include "LinkList.h"             //该文件中包含单链表数据对象的描述及相关操作


void   main()
{
   LinkList head;
   Int,i;
   Elem Type x,a[]={6,8,16,2,34,56,7,10,22,45};
   InitList_L(head);                              //初始化单链表
   for(i=1;i<=10;i++)
      if(!ListInsert_L(head,I,a[i-1]))            //将 a[i-1]插到单链表中第 i 个元素之前
      {   cout<<"插入失败!"<<endl;
          return;
      }
   cout<<"删除前的单链表为:";
   ListTraverse_L(head);                          //显示单链表中的数据元素
   if(!ListDelete_L(head,4,x))                    //删除第 4 个元素
   {   cout<<"删除失败!"<<endl;
       return;
   }
   cout<<"被删的除元素是:"<<x<<endl;
   cout<<"删除后的单链表为:";
   ListTraverse_L(head);                          //显示单链表中的数据元素
   DestroyList_L(head);                           //撤销单链表
   }
```

程序执行后输出结果如下：

删除前的单链表为:6   8   16   2   34   56   7   10   22   45

被删除的元素是:2

删除后的单链表为:6   8   16   34   56   7   10   22   45

2.3.4　单链表基本操作的算法分析

在长度为 n 的单链表中进行插入和删除元素操作不需要移动数据元素,但不管是在第 $i\,(1{\leqslant}i{\leqslant}n)$ 个结点之前插入结点还是删除第 $i\,(1{\leqslant}i{\leqslant}n)$ 个结点,都必须首先找到第 $i-1$ 个结点。而要找到第 $i-1$ 个结点,在算法 2.15 和算法 2.16 中的基本操作都是比较 j 和 i 并后移指针 p,while 循环体中的语句频度与被查元素在表中的位置有关,若 $1{\leqslant}i{\leqslant}n$,则频度为 $i-1$,否则频度为 n,因此算法 2.15 和算法 2.16 的时间复杂度为 $O(n)$。

需要说明的是,虽然在单链表中插入和删除元素操作的时间复杂度与在顺序表中插入和删除元素操作的时间复杂度相同,但是在顺序表中插入和删除元素操作的时间复杂度指的是移动数据元素的时间复杂度,当数据元素占据的内存空间比较大时,这要比在单链表中插入和删除元素操作的比较数据元素花费的时间大一个常数倍。

单链表的其他操作,如求表长、查找元素、创建单链表、遍历单链表和撤销单链表的时间复杂度均为 $O(n)$。

2.3.5　双向链表

在单链表中,由于每个结点只存储了其后继结点的地址,尾标志(空指针)停止了向后链接的操作,由此,从某个结点出发只能顺指针往后寻找其他结点。若要寻找某结点的直接前驱,则需从头指针出发。换句话说,在单链表中,求"后继"的执行时间为 $O(1)$,而求"前驱"的执行时间可能达到 $O(n)$。为了克服单链表这种单向性的特点,可以在结点中增加一个指针域,用来存放其前驱结点的地址,这就是**双向链表**。

1. 双向链表的结点结构及描述

在双向链表的结点中有两个指针域,一个指向其前驱,另一个指向其后继,其结点结构如图 2.16 所示。

prior	data	next

图 2.16　双向链表的结点结构

在图 2.16 中,data 为数据域,存放数据元素的信息;prior 为前驱指针域,存放该结点的前驱结点的地址;next 为后继指针域,存放该结点的后继结点的地址。

在 C/C ＋＋ 语言中,双向链表的结点结构可描述如下:

```
typedef struct DuNode {
    ElemType data;
    struct    DuNode *prior;
    struct    DuNode *next;
```

}DuLNode,*DuLinkList;

与单链表类似，双向链表由头指针唯一确定，附设头结点可以使双向链表的某些操作变得方便。图 2.17（a）表示的是一个带有头结点的空双向链表，图 2.17（b）表示的是一个带有头结点的非空双向链表。

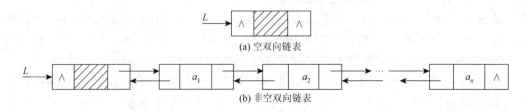

(a) 空双向链表

(b) 非空双向链表

图 2.17　双向链表存储示意图

在双向链表中，若 p 指向表中任意一个结点，则有

p->next->prior=p=p->prior->next

上式表明：结点 p 的存储地址既存放在其前驱结点的后继指针域中，也存放在其后继结点的前驱指针域中。因此，可随意在其上向前或向后移动，使插入和删除工作变得容易，但存储空间开销大。

2. 双向链表的操作

在双向链表中，有些操作（如求长度、取元素、查找元素等）算法中仅涉及后继指针，此时双向链表的算法和单链表的算法均相同。但对插入、删除元素操作，双向链表需同时修改后继和前驱两个指针，因而操作比在单链表中稍微复杂一些。另外，双向链表的初始化操作中，既要对结点的后继指针域置空，又要对结点的前驱指针域置空。下面仅介绍双向链表的初始化、插入和删除元素操作。

1）初始化操作

双向链表的初始化，首先需要申请一段存储空间，以存放头结点，并让表头指针指向头结点，同时把表头指针的地址返回给调用函数。

算法 2.22

```
void InitList_DuL(DuLinkList &L)
{
    L=(DuLNode *)malloc(sizeof(DuLNode));//申请存放一个结点数据所需要的存储空间
    If(!L)exit(1);                        //存储空间分配失败
    L->next=NULL;                         //表头结点的后继指针域置空
    L->prior=NULL;                        //表头结点的前驱指针域置空
}//InitList_DuL
```

2）插入元素操作

在带头结点的双向链表 L 中的第 i（$1 \leq i \leq n$）个结点之前插入数据元素 e，首先必须要在双向链表中寻找到第 i $(1≤i≤n)$个结点并用指针 p 指示，然后申请一个由指针 s 指示的结点空间，并置 e 为其数据域值，最后修改相应的指针域（需要修改四个指针），把结点 s 插入双向链表中去。其操作过程如图 2.18 所示。

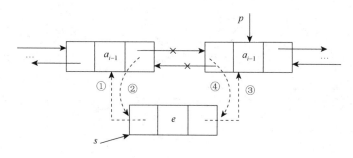

图 2.18　双向链表插入元素操作示意图

基本操作语句为
①s->prior=p->prior;　　　　　　　　　　//结点 p 的前驱作为结点 s 的前驱
②p->prior->next=s;　　　　　　　　　　//结点 s 作为结点 p 的前驱结点的后继
③s->next=p;　　　　　　　　　　　　　//结点 p 作为结点 s 的后继
④p->prior=s;　　　　　　　　　　　　　//结点 s 作为结点 p 的前驱

注意：（1）在上面语句中，语句④不能放在最前面，否则会丢失数据信息，其他语句的顺序任意。

（2）在双向链表中进行插入操作，应该注意插入位置是否在表尾（插入位置上无结点），若插入位置不在表尾，则工作指针可以定位在**第 i 个结点处**（如算法 2.23 中的指针 p），插入操作如图 2.18 所示；但如果插入的位置是表尾，则工作指针应该定位在**第 $i-1$ 个结点处尾结点**（如算法 2.23 中的指针 q），插入元素操作稍有不同。

算法 2.23

```
bool ListInsert_DuL(DuLinkList L，int i，ElemType e)
{     //在带头结点的双向链表 L 中第 i 个结点之前插入元素 e
    DuLinkList p,s,q;
    int j;
    q=L;j=0;
    while(q->next&&j<i-1){ q=q->next;j++;}//寻找第 i-1 个结点，并让 q 指向此结点
    if(j!=i-1)return false;                    //i 的位置不合理
    s=(DuLNode *)malloc(sizeof(DuLNode));
    if(!s)exit(1);                            //存储空间分配失败
    s->data=e;
    if(q->next)                              //插入位置的结点不为空
    { p=q->next;                             //p 指向待插入的位置
```

```
            s->prior=p->prior;                              //修改指针

            p->prior->next=s;

            s->next=p;

            p->prior=s;

        }

        else                                                //插入位置的结点为空

        { q->next=s;                                        //结点 s 作为表尾结点的后继

        s->prior=q;                                         //表尾结点作为 s 的前驱

        s->next=NULL;                                       //结点 s 的后继为空

        }

        return true;

}//ListInsert_DuL
```

3）删除元素操作

删除带头结点的双向链表 L 中的第 $i(1{\leqslant}i{\leqslant}n)$ 个结点，首先必须要在双向链表中寻找到第 $i(1{\leqslant}i{\leqslant}n)$ 个结点并用指针 p 指示，然后修改相应的指针域（需要修改两个指针），删除结点 p，最后释放结点 p 的空间。其操作过程如图 2.19 所示。

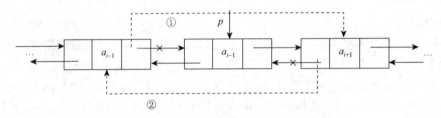

图 2.19　双向链表删除元素操作示意图

基本操作语句为

①p->prior->next=p->next;　　//结点 p 的后继作为结点 p 的前驱结点的后继

②p->next->prior=p->prior;　　//结点 p 的前驱作为结点 p 的后继结点的前驱

注意：（1）虽然执行上述语句后结点 p 的两个指针域仍指向其前驱结点和后继结点，但在双向链表中已经找不到结点 p 了，因为在双向链表中没有任何结点的指针域存放了结点 p 的地址。但结点 p 确实还在内存中，所以执行完删除元素操作之后，还要调用函数 free()释放结点 p 所占的空间。另外，上面两个语句的顺序任意。

（2）在双向链表中进行删除元素操作，工作指针 p 定位在删除的位置 $i(1{\leqslant}i{\leqslant}n)$，但也应该注意删除位置是否在表尾，若删除位置不在表尾，则删除元素操作如图 2.19 所示；若删除的位置在表尾（p 指向表尾），则只需要将表尾结点的后继（此时为 NULL）作为表尾结点的前驱结点的后继，即只需要执行语句 "p->prior->next = p->next；" 即可。

算法 2.24

bool ListDelete_DuL(DuLinkList L，int i，ElemType &e)

{　　//删除带有头结点的双向链表 L 中的第 i 个结点，并让 e 返回其值

```
  DuLinkList p;
  int j;
   p=L;j=0;
   while(p->next&&j<i){ p=p->next;j++;}    //寻找第 i 个结点，并让 p 指向此结点
  if(j!=i)return false;                    //i 的位置不合理
  if(p->next)                              //待删除的不是表尾结点
   p->next->prior=p->prior;                //结点 p 的前驱作为结点 p 的后继的前驱
  p->prior->next=p->next;                  //结点 p 的后继作为结点 p 的前驱的后继
  e=p->data;
   free(p);
 return true;
 }//ListDelete_DuL
```

总结：（1）空间性能。与单链表的结点相比，双向链表的存储密度更低。

（2）操作复杂性。与单链表的插入和删除元素操作相比，在双向链表中的操作变得更复杂，因为还要维护 prior 指针。

（3）时间性能。虽然在双向链表中插入和删除的时间复杂度也均为 $O(n)$，但由于双向链表具有对称性，故在某些情况下（如对结点 p 的前后结点进行操作）会提高算法的时间性能。

2.3.6 循环链表

循环链表是另一种形式的链式存储结构，它的基本思想是利用结点的空指针域，在链尾和链头之间增加链接，从而给某些操作带来方便。例如，将一个链表的表尾链接到另一个链表的表头，从而链接成一个链表、约瑟夫环（要处理的数据元素序列具有环形结构特点）等。一般有两种形式的循环链表，即**单向循环链表**和**双向循环链表**，在单向循环链表中，表尾结点的指针域不为空，回指第一个结点，整个链表形成一个环；在双向循环链表中，除了表尾结点的后继指针域回指第一个结点外，表头结点的前驱指针域回指表尾结点，这样在链表中构成了两个环。与非循环链表类似，循环链表也有带头结点和不带头结点两种形式，在带头结点的循环链表中实现插入和删除元素操作较为方便。图 2.20 和图 2.21 分别是带头结点的单向循环链表和带头结点的双向循环链表。

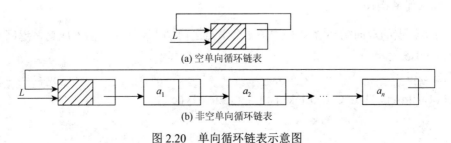

(a) 空单向循环链表

(b) 非空单向循环链表

图 2.20 单向循环链表示意图

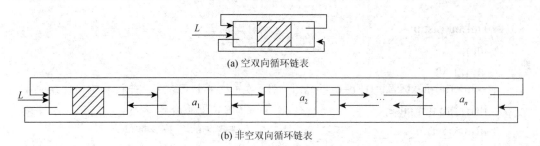

(a) 空双向循环链表

(b) 非空双向循环链表

图 2.21   双向循环链表示意图

循环链表的操作与非循环链表基本一致，差别仅在于：

（1）在初始化操作中，将语句"L–>next = NULL；L–>prior = NULL；"改为"L–>next = L；L–>prior = L；"。

（2）在其他操作中，循环控制条件不是判断 p、p–>next 或 p->next–>next 是否为空，而是判断它们是否等于头指针。

注意：在循环链表的操作中，工作指针 p 的初值应与循环控制条件相对应，也就是说，若赋值语句为"p = L；"，则循环控制表达式为"p–>next！= L"；若赋值语句为"p = L–>next；"，则循环控制表达式为"p！= L"。如果两者没有配合好，则循环体有可能一次也不执行。

下面仅给出双向循环链表的初始化、插入和删除元素操作，以便与双向非循环链表对比。

1. 初始化操作

双向循环链表的初始化就是构造一个带有头结点的空双向循环链表 L。

算法 2.25

```
void InitList_DuL_C(DuLinkList &L)
{
    L=(DuLNode *)malloc(sizeof(DuLNode)); //申请存放一个结点数据所需要的存储空间
    if(!L)    exit(1)                      //存储空间分配失败
    L->next=L;                             //表头结点作为表头结点的后继
    L->prior=L;                            //表头结点作为表头结点的前驱
}//InitList_DuL_C
```

2. 插入元素操作

在带头结点的双向循环链表 L 中第 i 个结点之前插入元素 e。插入成功，返回 true，否则返回 false。

算法 2.26

```
bool ListInsert_DuL_C(DuLinkList L,int i,ElemType e)
{
```

```
    DuLinkList p,s;
    int j;
    p=L->next;j=1;
    while(p!=L&&j<i){p=p->next;j++;}          //寻找第 i 个结点,并让 p 指向此结点
    if(j!=i)    return false;                  //i 的位置不合理
    s=(DuLNode *)malloc(sizeof(DuLNode));
    if(!s)    exit(1);                          //存储分配失败
    s->data=e;
    s->prior=p->prior;                          //修改指针
    p->prior->next=s;
    s->next=p;
    p->prior=s;
    return true;
}//ListInsert_DuL_C
```

3. 删除元素操作

删除带有头结点的双向循环链表 L 中的第 *i* 个结点,并让 *e* 返回其值。删除成功,返回 true,否则返回 false。

算法 2.27

```
bool ListDelete_DuL_C(DuLinkList L,int i,ElemType &e)
{
    DuLinkList p;
    int j;
    p=L;j=0;
    while(p->next!=L&&j<i){ p=p->next;j++;} //寻找第 i 个结点,并让 p 指向此结点
    if(j!=i)    return false;                //i 的位置不合理
    e=p->data;                               //被删元素的值赋给 e
    p->prior->next=p->next;                  //修改指针
    p->next->prior=p->prior;
free(p);                                     //释放结点 p 的空间
return true;
}//ListDelete_DuL_C
```

说明:因为在双向循环链表中没有空指针域,这样就不用考虑插入和删除元素操作的特例,而使工作指针都定位在插入和删除的位置,不过为了兼顾 *i*≤0 的特殊位置,所以在算法 2.26 和算法 2.27 中的初始化语句为"p = L->next; j = 1;"。

在图 2.20 所示的单向循环链表中,开始结点由指针 L->next 指示,则查找开始结点的时间复杂度为 $O(1)$,查找表尾结点需要将单链表扫描一遍,时间复杂度为 $O(n)$。为了方便地查找开始结点和表尾结点,有时用指示表尾结点的指针来指示单向循环链表,

如图 2.22 所示，这样，查找开始结点和表尾结点的时间复杂度都是 $O(1)$。

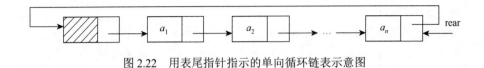

图 2.22　用表尾指针指示的单向循环链表示意图

2.4　顺序表和链表的综合比较

2.4.1　存储分配方式

　　顺序表采用顺序存储结构，即用一段连续的存储单元依次存储线性表的数据元素，数据元素之间的逻辑关系通过存储位置来实现，其结构特点是，逻辑上相邻的元素其物理位置也相邻。

　　链表采用链式存储结构，即用一组任意的存储单元存放线性表的数据元素，数据元素之间的逻辑关系通过指针来指示，其结构特点是，逻辑上相邻的元素其物理位置不一定相邻。

2.4.2　时间性能比较

　　时间性能是指实现基于某种存储结构的基本操作（算法）的时间复杂度。

1. 存取元素操作

　　（1）顺序表是随机存取结构，存取元素操作的时间性能为 $O(1)$。
　　（2）链表是顺序存取结构，存取元素操作的时间性能为 $O(n)$。

2. 插入和删除元素操作

　　（1）顺序表平均需要移动表长一半的元素，时间性能为 $O(n)$。
　　（2）链表不需要移动元素，在给出某个合适位置的指针后，插入和删除元素操作所需的时间仅为 $O(1)$。

2.4.3　空间性能比较

　　空间性能是指某种存储结构所占用的存储空间的大小。
　　结点的**存储密度**定义为

$$存储密度 = \frac{数据域占用的存储量}{整个节点占用的存储量}$$

1. 结点的存储密度

（1）顺序表中每个结点只存储数据元素本身的信息，不需要额外的空间开销，因而其存储密度为 1。

（2）链表中每个结点除存储数据元素本身的信息外，还需要额外的空间存储其他结点的地址，因而其存储密度＜1。

2. 整体结构

（1）顺序表需要预分配存储空间，如果预分配得过大，将造成浪费，若预分配得过小，又将发生上溢，需要重新申请空间。

（2）链表不需要预分配存储空间，只要有内存空间可以分配，链表中的元素个数就没有限制。

总结：（1）若线性表需要频繁查找却很少进行插入和删除元素操作，或其操作和元素在表中的位置密切相关时，宜选用顺序表作为其存储结构；若线性表需要频繁进行插入和删除元素操作时，则宜选用链表作为其存储结构。

（2）当线性表中元素个数变化较大或者未知时，最好使用链表实现；而如果用户事先知道线性表的大致长度，使用顺序表的空间效率会更高。

总之，线性表的顺序实现和链表实现各有其优缺点，不能笼统地说哪种实现更好，只能根据实际问题的具体需要，对各方面的优缺点加以综合平衡，才能最终选定比较适宜的实现方法。

2.5 静 态 链 表

静态链表用数组来描述链表，用数组元素的下标来模拟链表中的指针，它是在数组的每个元素中增加了整型成员，用来存放其后继结点或前驱结点在数组中的位置（下标），所以静态链表中的链不是一个绝对指针，而是一个相对指针，指示元素在存储空间中的位置。最常用的静态链表是**静态单链表**。静态单链表中的一个结点是数组的一个元素，每个元素包含一个数据域和一个指针域（也称游标），指针指示了后继结点在数组中的相应位置。数组的第 0 个元素可设计成头结点，头结点的指针指示了静态单链表第一个结点的位置，表尾结点的指针为"–1"。

图 2.23 是用静态单链表插入元素操作的示意图，其中，avail 是空闲链（所有空闲数组单元构成的单链表）的头指针，*L* 是静态单链表的头指针。

静态单链表的结构描述：

```
# define MAXSIZE 100              //静态单链表的最大长度
typedef struct {
    ElemType    data;             //存放数据元素
    int cur;                      //存放后继结点在数组中的下标
}SLinkList[MAXSIZE];
```

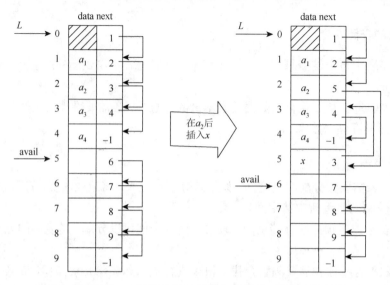

图 2.23　静态单链表插入元素操作示意图

静态单链表的操作：

假设 S 为 SLinkList 型变量，则 S[0].cur 指示第一个结点在数组中的位置，若设 i = S[0].cur，则 S[i].data 存储线性表的第一个数据元素，且 S[i].cur 指示第二个结点在数组中的位置。一般情况下，若静态单链表的第 i 个分量表示单链表的第 k 个结点，则 S[i].cur 指示单链表中第 k+1 个结点的位置。因此，在静态单链表中实现线性表的操作与链表相似，区别在于在静态单链表中以整型游标 i 代替指针 p，i = S[i].cur 的操作实为指针后移（类似于 p = p->next）。例如，在静态单链表中实现的查找元素操作 LocateElem() 如算法 2.28 所示。

算法 2.28

int LocateElem_SL(SLinkList S，ElemType e)

{　//在静态单链表 S 中查找第 1 个值为 e 的元素，若找到，则返回它在 L 中的位序，
否则返回 0

　　i=S[0].cur;　　　　　　　　　　　　　　　　　　　//i 指示第一个结点

　　while(i!=-1&&S[i].data!=e)　i=S[i].cur;　　　　　　　//在表中顺链查找

　　return i;

}//LocateElem_SL

在静态单链表进行插入元素操作时，首先从空闲链的最前端摘下一个结点，将该结点插入静态单链表中，操作过程如图 2.23 所示。

在静态单链表进行删除元素操作时，将被删除结点从静态单链表中摘下，插到空闲链的最前端，操作过程如图 2.24 所示。

总结：（1）静态链表存储结构的优点为，在插入和删除元素操作时，只需要修改游标，不需要移动元素，从而改进了在顺序表中插入和删除元素操作需要移动大量元素的缺点。

（2）静态链表存储结构的缺点：①没有解决连续存储分配带来的表长难以确定的问题；②需要维护一个空闲链表；③失去了顺序表随机存取的特性。

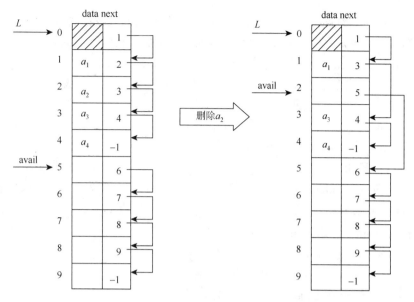

图 2.24 静态单链表删除元素操作示意图

这种描述方法便于在不设"指针"类型的高级程序设计语言（如 Java）中使用链式结构。

2.6 线性表算法设计举例

线性表是一种最简单，同时又是在实际应用中非常重要的一种数据结构，其相关的算法设计实例非常多，下面仅选几例作为代表进行介绍。

2.6.1 顺序表算法设计举例

例 2.4 顺序表的归并。已知顺序表 La 和 Lb 中的数据元素按值非递减有序排列，现要求将 La 和 Lb 归并为一个新的顺序表 Lc，且 Lc 中的数据元素仍按值非递减有序排列。例如，设

$$La = (4, 9, 12, 20, 34)$$
$$Lb = (1, 3, 8, 12, 23, 45)$$

则

$$Lc = (1, 3, 4, 8, 9, 12, 12, 20, 23, 34, 45)$$

从上述问题要求可知，Lc 中的数据元素或是 La 中的数据元素，或是 Lb 中的数据元素，则只要先设 Lc 为空表，然后将 La 或 Lb 中的元素逐个插入 Lc 中即可。

算法思想：

（1）设三个工作指针 i、j 和 k 分别指向 La、Lb 和 Lc 中的表头位置。

（2）比较 i 和 j 当前所指的元素，若 i 当前所指的元素小于等于 j 当前所指的元素，

则将 i 当前所指的元素插入 Lc 中去，i 和 k 后移一个元素的位置；否则，将 j 当前所指的元素插入 Lc 中，j 和 k 后移一个元素的位置。若 i 和 j 都未到达各自的表尾，重复此操作。

（3）若 i 未到达 La 的表尾，则将 La 中剩余的元素都插入 Lc 中。

（4）若 j 未到达 Lb 的表尾，则将 Lb 中剩余的元素都插入 Lc 中。

算法 2.29

```
void MergeList_Sq(SqList La,SqList Lb,SqList &Lc)
{   //归并两个非递减有序的顺序表 La 和 Lb,成为一个非递减有序的顺序表 Lc
    int i=0,j=0,k=0;                            //i,j,k 分别指向各自的表头
    InitList_Sq(Lc,La.length+Lb.length,10);    //创建一个空的顺序表 Lc
    while(i<La.length&&j<Lb.length)            //归并
        if(La.elem[i]<=Lb.elem[j])
            Lc.elem[k++]=La.elem[i++];
        else Lc.elem[k++]=Lb.elem[j++];
    while(i<La.length)Lc.elem[k++]=La.elem[i++];
    while(j<Lb.length)Lc.elem[k++]=Lb.elem[j++];
    Lc.length=La.length+Lb.length;
}//MergeList_Sq
```

说明：上述归并算法是一个非常重要的算法，它是后面排序算法中归并排序的基础。可以使用下面的程序来测试上面的顺序表的归并算法。

```
typedef int ElemType;          //顺序表中元素类型为 int
# include "stdlib.h"           //该文件包含 malloc()、realloc()和 free()等函数
# include "iomanip.h"          //该文件包含标准输入、输出流 cin 和 cout 及 setw()
# include "SqList.h"           //该文件中包含顺序表数据对象的描述及相关操作

void main()
{
    SqList La,Lb,Lc;
    ElemType a[]={2,6,9,13,45};
    ElemType b[]={1,6,19,25,45,60};
    InitList_Sq(La,50,10);                 //初始化顺序表 La
    for(int i=0;i<5;i++)                    //创建顺序表 La
    if(!ListInsert_Sq(La,i,a[i]))
    {   cout<<"插入失败!"<<endl;
        return;
    }
    cout<<"顺序表 La:";
    ListTraverse_Sq(La);                   //显示顺序表 La
    InitList_Sq(Lb,50,10);                 //初始化顺序表 Lb
```

```
        for(i=0;i<6;i++)                           //创建顺序表 Lb
        if(!ListInsert_Sq(Lb,i,b[i]))
        {   cout<<"插入失败!"<<endl;
            return;
        }
        cout<<"顺序表 Lb:";
        ListTraverse_Sq(Lb);                        //显示顺序表 Lb
        MergeList_Sq(La,Lb,Lc);                     //归并 La 和 Lb 为 Lc
        cout<<"归并后的顺序表 Lc:";
        ListTraverse_Sq(Lc);                        //显示顺序表 Lc
    }
```

程序执行后输出结果如下:

顺序表 La:2　　6　　9　　13　　45

顺序表 Lb:1　　6　　19　　25　　45　　60

归并后的顺序表 Lc:1　　2　　6　　6　　9　　13　　19　　25　　45　　45　　60

例 2.5　用顺序表完成例 2.2 的操作。

仍按例 2.2 中的分析来写算法,依次取得顺序表 Lb 中的元素,在顺序表 La 中进行查询,若没有值相同的元素出现,则将它插到 La 的表尾。Lb 中的第一个元素必定会插入 La 中,因此对它不再进行查询,而是直接"复制"到 La 中。

算法 2.30

```
void purge_Sq(SqList &La,Sqlist Lb )
{       //构造顺序表 La,将顺序表 Lb 中所有值不同的元素插到 La 表中
    ElemType e;
    InitList_Sq(La,Lb.length,10);                   //创建一个空的顺序表 La
    La.elem[0]=Lb.elem[0];                          //将 Lb 表中的第一个元素插入 La 表
    La.length=1;
    for(i=1;i<Lb.length;i++)
    {   e=Lb.elem[i];                               //从 Lb 表中取得第 i 个元素
        j=0;
        while(j<La.length && La.elem[j]!=e )++j;//在 La 表中进行查询
        if(j==La.length )                           //该元素在 La 表中未曾出现
        {   La.elem[La.length]=e;                   //插到 La 表的表尾
            La.length++;                            //La 表长度增 1
        }
    }
    DestroyList_Sq(Lb);                             //释放 Lb 表空间
}//purge_Sq
```

2.6.2　单链表算法设计举例

例 2.6　单链表的合并。已知带头结点的单链表 La 和 Lb 中的数据元素按值非递减有序排列，现要求将 La 和 Lb 归并为一个新的带头结点的单链表 Lc，且 Lc 中的数据元素仍按值非递减有序排列。

此例与例 2.4 的思想是一致的，唯一不同的是此例在链式结构上进行操作。先设 Lc 为一个空的单链表。

算法思想：

（1）设工作指针 pa、pb 分别指向 La、Lb 中的开始结点，pc 指向 Lc 的表头结点。

（2）比较 pa 和 pb 当前所指结点的数据域，若 pa 当前所指结点的数据小于等于 pb 当前所指结点数据，则将 pa 当前所指结点插入 Lc 中去，pa 和 pc 指针后移；否则，将 pb 当前所指结点插入 Lc 中，pb 和 pc 后移。若 pa 和 pb 都未到达各自的表尾，重复此操作。

（3）若 pa 未到达 La 的表尾，则将 La 中剩余的元素都插入 Lc 中。

（4）若 pb 未到达 Lb 的表尾，则将 Lb 中剩余的元素都插入 Lc 中。

算法 2.31

```
void MergeList_L(LinkList La，LinkList Lb，LinkList &Lc)
{       //归并两个带头结点非递减有序的单链表 La 和 Lb,成为一个带头结点非递减有
        序的单链表 Lc
    LinkList pa，pb，pc;
    Lc=(LNode *)malloc(sizeof(LNode));       //创建一个空的单链表 Lc
    pa=La->next;pb=Lb->next;                 //pa 和 pb 分别指向 La 和 Lb 的开始结点
    pc=Lc;                                   //pc 指向 Lc 的头结点
    while(pa&&pb)                            //La 和 Lb 均非空
    if(pa->data<=pb->data)                   //两表中当前元素比较
    {   pc->next=pa;pa=pa->next;pc=pc->next;}   //pa 所指结点插入 Lc 中
    else
    {   pc->next=pb;pb=pb->next;pc=pc->next;}   //pb 所指结点插入 Lc 中
    if(pa)pc->next=pa;                       //链接 La 中的剩余结点
    if(pb)pc->next=pb;                       //链接 Lb 中的剩余结点
    free(La);   free(Lb);                    //释放 La 和 Lb 的头结点
}//MergeList_L
```

可以使用下面的程序来测试上面的单链表的归并算法。

```
typedef int ElemType;          //单链表中元素类型为 int
# include "stdlib.h"           //该文件包含 malloc()、realloc()和 free()等函数
# include "iomanip.h"          //该文件包含标准输入、输出流 cin 和 cout 及 setw()
# include "LinkList.h"         //该文件中包含单链表数据对象的描述及相关操作
```

```
void main()
{
    LNode *ha,*hb,*hc;
    ElemType a[]={2,6,9,13,45};
    ElemType b[]={1,6,19,25,45,60};
    CreateList_L_Rear(ha,a,5);                //创建单链表 ha
    cout<<"单链表 ha:";
    ListTraverse_L(ha);                       //显示单链表 ha
    CreateList_L_Rear(hb,b,6);                //创建单链表 hb
    cout<<"单链表 hb:";
    ListTraverse_L(hb);                       //显示单链表 hb
    MergeList_L(ha,hb,hc);                    //归并 ha 和 hb 为 hc
    cout<<"归并后的单链表 hc:";
    ListTraverse_L(hc);                       //显示单链表 hc
}
```

程序执行后输出结果如下：

单链表 ha:2   6   9   13   45

单链表 hb:1   6   19   25   45   60

归并后的单链表 hc:1   2   6   6   9   13   19   25   45   45   60

例 2.7　多项式相加。一般情况下，一个一元多项式可以表示为

$$A_n(x) = a_0 + a_1x + a_2x^2 + \cdots + a_nx^n$$

它由 $n+1$ 个系数唯一确定。因此，在计算机里，它可用一个线性表 A 来表示：

$$A = (a_0, a_1, a_2, \cdots, a_n)$$

每一项指数 i 隐含在其系数 a_i 的序号里。

假设 $B_m(x)$ 是一个 m 次多项式，同样可用线性表 B 来表示：

$$B = (b_0, b_1, b_2, \cdots, b_m)$$

不失一般性，设 $m<n$，则两个多项式相加的结果 $C_n(x) = A_n(x) + B_m(x)$ 可用线性表 C 表示为

$$C = (a_0 + b_0, a_1 + b_1, a_2 + b_2, \cdots, a_m + b_m, a_{m+1}, \cdots, a_n)$$

多项式的存储结构与线性表一样，可以采取顺序存储和链式存储，在实际的应用程序中选用哪一种存储结构，则要视多项式做何种运算而定。若只对多项式进行"求值"等不改变多项式的系数和指数的运算，则采用类似于顺序表的顺序存储结构即可，否则应采用链式存储结构表示。

在多项式相加时，至少有两个或两个以上的多项式同时并存，而且在实现运算的过程中，所产生的中间多项式和结果多项式的项数与次数都是难以预测的，有时多项式的次数

可能很高且变化很大，若采用顺序结构必然会造成内存空间的大量浪费。因此，在计算机中常采用单链表来表示多项式。

多项式的表示：当把一个多项式表示成一个单链表时，其每一个非零项用一个结点来表示，每个结点的数据域包含两个部分，即系数和指数，分别用 coef 与 exp 表示，另外还有一个指针域，用 next 表示。

例如，多项式 $A_{14}(x) = 3x^{14} + 2x^8 + 1$ 和多项式 $B_{14}(x) = 8x^{14} - 3x^{10} + 10x^6$ 的链式存储结构如图 2.25 所示。

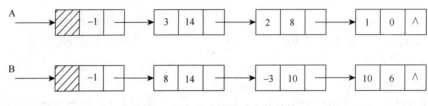

图 2.25　多项式的链式存储结构

$A_{14}(x)$ 加上 $B_{14}(x)$ 可得多项式 $C_{14}(x) = 11x^{14} - 3x^{10} + 2x^8 + 10x^6 + 1$，$C_{14}(x)$ 的链表形式如图 2.26 所示。

图 2.26　相加得到的和多项式

于是，两个多项式相加的问题就变为由单链表 A 和 B 求单链表 C 的问题了。

多项式中数据对象的结构描述：

```
typedef struct                        //多项式的项作为 LinkList 的数据对象
{ float coef;                         //系数
   int exp;                           //指数
}ElemType;
```

多项式中的数据对象名为 ElemType，这样，多项式中每个结点的类型就与前面所述的单链表的类型一致，为 LinkList，因而前面所描述的有关单链表的操作都可以用在多项式的操作中，如多项式的初始化、项的插入和删除等。

多项式相加的运算规则：两个多项式中所有指数相同的项，对应系数相加，若和不为零，则构成"和多项式"中的一项，所有指数不同的项均复制到"和多项式"中。

算法思想：

pa、pb 和 pc 都是 LinkList 指针，且 pa 和 pb 分别从 A 表和 B 表的表头开始移动，在移动过程中，可能出现下列三种情况之一（pc 指向 C 表的头结点）。

（1）pa->data.exp>pb->data.exp。这说明 pa 所指结点的指数大于 pb 所指结点的指数。由于单链表的结点是以指数值的递减次序排列的，故 pa 所指结点中的系数值和指数值应写入一个新结点，然后将这个新结点插到单链表 ch（ch 为 C 表的头指针）的表尾结点之后，成为 C 表中新的表尾结点。同时 pa 移向下一个结点，继续扫描 A(x)中后面的结点。

（2）pa->data.exp = pb->data.exp。这说明 pa 和 pb 所指的结点的指数相等。这时，应将它们的系数相加。若系数相加的结果为零，则不产生一个新结点；否则产生一个新结点，按照（1）的类似做法插在 C 表的尾结点之后。此时 pa 和 pb 同时移向它们各自的下一个结点。

（3）pa->data.exp<pb->data.exp。这和（1）的情况完全类似，只不过复制的是 pb 所指的结点，然后 pb 移向下一结点。重复上述过程，直至 pa 或 pb 的值为空（NULL）。若pa！＝NULL，则说明单链表 ah 中还有结点未处理，这时需要将它们复制到 ch 上；若pb！＝NULL，则表示单链表 bh 中还有结点未处理，同样需要将它们复制到 ch 上。

算法 2.32
```
void attach（float c，int e，LinkList &pc）
{    //建立系数为 c，指数为 e 的新结点，并把它插在 pc 所指结点的后面，链接后
       pc 指向新链入的结点
    LinkList p;
    p=(LNode *)malloc(sizeof(LNode));
    p->data.coef=c;
    p->data.exp=e;
    pc->next=p;
    pc=p;
}//attach
```
算法 2.33
```
void polyadd(LinkList ah,LinkList bh,LinkList &ch)
{    //以 ab 和 bh 为头指针的单链表分别表示多项式 A(x)和 B(x),以 ch 为头指
       针的单链表表示 A(x)、B(x)和的多项式 C(x)
    LinkList pa,pb,pc;
    float x;
    pa=ah->next;pb=bh->next;              //pa 和 pb 分别指向链表开始结点
    ch=(LNode *)malloc(sizeof(LNode));    //创建头结点
    pc=ch;
    while(pa&&pb)                         //pa 和 pb 非空
    {   if(pa->data>pb->data)            //结点 pa 的指数大于结点 pb 的指数
        {   attach(pa->data.coef,pa->data.exp,pc);
                                          //结点 pa 复制到 ch 中
            pa=pa->next;
        }
        else if(pa->data==pb->data)      //结点 pa 的指数等于结点 pb 的指数
        {   x=pa->data.coef+pb->data.coef;
            if(x!=0)                     //指数和不为 0
```

```
            attach(x,pa->data.exp,pc);            //以指数和产生新结点,插入 ch 中
              pa=pa->next;
              pb=pb->next;
          }
          else
          {   attach(pb->data.coef,pb->data.exp,pc);//结点 pa 的指数小于结点 pb 的指数
              pb=pb->next;                    //结点 pb 复制到 ch 中
          }
      }
      while(pb)                               //pb 非空
      {   attach(pb->data.coef,pb->data.exp,pc);    //把 bh 中剩余结点复制到 ch 中去
          pb=pb->next;
      }
      while(pa)                               //pa 非空
      {   attach(pa->data.coef,pa->data.exp,pc);    //把 ah 中剩余结点复制到 ch 中去
          pa=pa->next;
      }
      pc->next=NULL;                          //使 ch 链表最后一个结点的指针域为空
}//polyadd
```

可以使用下面的程序来测试上面的多项式相加的有关算法。

```
# include "stdlib.h"//该文件包含 malloc()、realloc()和 free()等函数
# include "iomanip.h" //该文件包含标准输入、输出流 cin 和 cout 及 setw()
typedef struct {                            //多项式的项作为 LinkList 的数据对象
    float coef;                             //系数
    int exp;                                //指数
}ElemType;
# include "LinkList.h"          //该文件中包含单链表数据对象的描述及相关操作
void main()
{
    LinkList A,B,C;
    ElemType a[]={{3,14},{2,8},{1,0}};
    ElemType b[]={{8,14},{-3,10},{10,6}};
    CreateList_L_Rear(A,a,3);                //创建多项式 A(x)
    cout<<"多项式 A:";
    ListTraverse_L(A);                       //输出多项式 A(x)
    CreateList_L_Rear(B,b,3);                //创建多项式 B(x)
    cout<<"多项式 B:";
    ListTraverse_L(B);                       //输出多项式 B(x)
```

polyadd(A,B,C);　//多项式 A(x)与多项式 B(x)相加,结果多项式为 C(x)

cout<<"多项式相加的结果 C:";

ListTraverse_L(C);　　　　　　　　　　　　　　　//输出多项式 C(x)

}

说明：（1）将多项式中的系数和指数定义成 ElemType，使多项式中的结点类型与前面所描述的单链表的结点类型一致，这样做主要是为了共享文件"LinkList.h"中的操作。

（2）在文件"LinkList.h"中的操作中有运算符"=="、"!="和"<<"，同时在函数 polyadd()中有运算符">"，这些运算符是针对基本数据类型的运算，而本例中的 data 域为结构体类型，所以应该对其进行运算符重载，使得这些运算符能够进行结构体元素间的运算。因此，应该在上述程序中语句"# include "LinkList.h""的前面加上以下代码，程序才能正常运行。

```
bool operator==(const ElemType &e1,const ElemType &e2)
{       //重载等于运算符
        return e1.exp==e2.exp;
}
bool operator!=(const ElemType &e1,const ElemType &e2)
{       //重载不等于运算符
        return e1.exp!=e2.exp;
}
bool operator>(const ElemType &e1,const ElemType &e2)
{       //重载小于运算符
        return e1.exp>e2.exp;
}
ostream& operator<<(ostream& ostr,const ElemType &x)
{       //重载插入运算符,ostream 是 C++的通用输出流类
        ostr<<x.coef<<' '<<x.exp<<' ';
        return ostr;
}
```

程序执行后输出结果如下：

多项式 A:3 14　　　2 8　　　　1 0

多项式 B:8 14　　　−3 10　　　10 6

多项式相加的结果 C: 11 14　−3 10　　　2 8　　　　10 6　　　1 0

当然，不通过运算符的重载也是可行的，那么就应该修改文件 LinkList.h 中的相应算法，LocateElem_L()、ListTraverse_L()等，使之进行比较的是元素的某个域的值（如 exp 域的值），而不是整个元素值，依次输出的是元素的每个域的值，而不是整个结构体元素的值。

本 章 小 结

对于本章的学习要抓住一条主线：线性表的逻辑结构 → 线性表的存储结构 → 线性表的基本操作的实现。对于线性表的逻辑结构，要从线性表的定义出发，抓住要点，深刻理解线性表的特性及逻辑特征，即数据元素之间一对一的关系，同时理解线性表的抽象数据类型定义。对于线性表的存储结构，要把握两条支线，即顺序存储结构和链式存储结构，对每种存储结构，要熟练掌握两种存储结构下设计的线性表的有关操作实现。

同时，在本章的学习过程中，还要注意以下几个方面的内容。

（1）顺序表和单链表的比较：从存储思想、存储特点、操作实现等方面进行比较，从而深刻理解并掌握两种基本的存储结构，在实际应用中能为线性表选择或设计合适的存储结构。

（2）顺序表和静态链表的比较：从存储思想、存储特点、操作实现等方面进行比较，从而灵活运用内存中一段连续的存储空间。

（3）单链表、循环链表和双向链表的比较：从存储思想、存储特点、操作实现等方面进行比较，从而理解时空权衡的观点，灵活运用链式存储结构。

习 题 2

一、选择题

1. 线性表是具有 n 个_____的有限序列。

A. 表元素　　　　　B. 字符　　　　　C. 数据元素　　　　　D. 数据项

2. 线性表的静态链表存储结构与顺序存储结构相比优点是_____。

A. 所有的操作算法实现简单　　　　　B. 便于随机存取

C. 便于插入和删除　　　　　D. 便于利用零散的存储器空间

3. 在双向链表存储结构中，删除 p 所指的结点时须修改指针_____。

A. p->next->prior=p->prior; p->prior->next=p->next;

B. p->next=p->next->next; p->next->prior=p;

C. p->prior->next=p; p->prior=p->prior->prior;

D. p->prior=p->next->next; p->next=p->prior->prior;

4. 在双向循环链表中，在 p 指针所指的结点后插入一个指针 q 所指向的新结点，其修改指针的操作是_____。

A. p->next=q;　q->prior=p;　p->next->prior=q; q->next=q;

B. p->next=q;　p->next->prior=q; q->prior=p;　q->next=p->next;

C. q->prior=p; q->next=p->next; p->next->prior=q; p->next=q;

D. q->next=p->next; q->prior=p; p->next=q; p->next=q;

5. 在一个长度为 n 的顺序表中，在第 i 个元素（1≤i≤n+1）之前插入一个新元素时须向后移动_____个元素。

　　A. n-i　　　　　　　　B. n-i+1　　　　　　　C. n-i-1　　　　　　　D. i

　　6. 线性表 L=(a_1, a_2, …, a_n)，下列说法正确的是_____。

　　A. 每个元素都有一个直接前驱和一个直接后继

　　B. 线性表中至少要有一个元素

　　C. 表中诸元素的排列顺序必须是由小到大或由大到小

　　D. 除第一个和最后一个元素外，其余每个元素都有一个且仅有一个直接前驱和直接后继

　　7. 以下说法错误的是_____。

　　A. 对循环链表来说，从表中任一结点出发都能通过前后移操作扫描整个循环链表

　　B. 对单链表来说，只有从头结点开始才能扫描表中全部结点

　　C. 双向链表的特点是找结点的前驱和后继都很容易

　　D. 对双向链表中来说，结点*p 的存储位置既存放在其前驱结点的后继指针域中，也存放在它的后继结点的前驱指针中

　　8. 将两个各有 n 个元素的有序表归并成一个有序表，其最少的比较次数是_____。

　　A. n　　　　　　　　B. 2n-1　　　　　　　C. 2n　　　　　　　D. n-1

　　9. 对于一个头指针为 head 的带头结点的单链表，判定该表为空表的条件是_____。

　　A. head==NULL　　　　　　　　　　B. head->next==NULL

　　C. head->next==head　　　　　　　　D. head!=NULL

　　10．某线性表最常用的操作是存取任一指定序号的元素并在最后进行插入和删除运算，则利用_____存储方式最节省时间。

　　A. 顺序表　　　　　　　　　　　　B. 双链表

　　C. 带头结点的双循环链表　　　　　　D. 单循环链表

二、填空题

　　1. 在单链表中设置头结点的作用是_____。

　　2. 对于双向链表，在两个结点之间插入一个新结点时需修改的指针共有_____个，单链表为_____个。

　　3. 顺序存储结构使线性表中逻辑上相邻的数据元素在物理位置上也相邻。因此，这种表便于_____访问，是一种_____结构。

　　4. 对一个线性表分别进行遍历和逆置运算，其最好的时间复杂性量级分别为_____和_____。

　　5. 在一个循环单链表中，表尾结点的指针域与表头指针值_____。

　　6. 求顺序表和单链表长度的时间复杂性的量级分别为_____和_____。

　　7. 在一个不带头结点的单链表中，在表头插入或删除与其他位置插入或删除其操作过程_____。

　　8. 在线性表的顺序存储中，元素之间的逻辑关系是通过_____决定的；在线性表的链式存储中，元素之间的逻辑关系是通过_____决定的。

　　9. 对于一个具有 n 个结点的单链表，在已知的结点*p 后插入一个新结点的时间复杂

度为_____，在给定值为 x 的结点后插入一个新结点的时间复杂度为_____。

10. 带头结点的双循环链表 L 为空表的条件是_____。

三、算法设计题

1. 假设顺序表 L 中的数据元素递增有序，编写一个算法，将数据元素 x 插入到顺序表 L 的适当位置，以保持该顺序表的有序性。

2. 编写算法实现顺序表的就地逆置，即利用原顺序表的存储单元把数据元素序列 $(a_0,a_1,\cdots,a_{m-1})$ 逆置为 $(a_{m-1},\cdots,a_1,a_0)$。

3. 设数组 a 中存放着两组数据元素序列 $(a_0,a_1,\cdots,a_{m-1},b_0,b_1,\cdots,b_{n-1})$，编写算法把数据元素序列 $(a_0,a_1,\cdots,a_{m-1},b_0,b_1,\cdots,b_{n-1})$ 互换为 $(b_0,b_1,\cdots,b_{n-1},a_0,a_1,\cdots,a_{m-1})$。

4. 从顺序表 L 中删除其值在给定值 s 和 t 之间（s<t）的所有元素。

5. 设头指针为 head，编写算法实现带头结点单链表 head 的就地逆置，即利用原带头结点单链表 head 的结点空间把数据元素序列 $(a_0,a_1,\cdots,a_{m-1})$ 逆置为 $(a_{m-1},\cdots,a_1,a_0)$。

6. 设 head 为带有头结点的单链表的头指针，编写算法将单链表中的数据元素按照数据元素的值递增有序的顺序进行就地排序。

7. 编写不带头结点单链表的插入操作和删除操作。

8. 设计双向循环链表的求数据元素个数操作和取数据元素操作。

9. 设带头结点的单链表 La 和 Lb 中分别存放着两个数据元素集合，编写算法判断集合 La 是否为集合 Lb 的子集，即判断集合 La 中的数据元素是否都是集合 Lb 中的数据元素。

10. 已知两个带有头结点的单链表 La 和 Lb，其元素值递增有序。编程实现将 La 和 Lb 合并成一个递减有序（相同值元素只保留一个）的链表 Lc，并要求利用原表结点。

11. 设计以单链表存储的两个集合求交集的算法。

12. 已知 L 为不带头结点的单链表中第一个结点的指针，每个结点数据域存放一个字符，该字符可能是英文字母字符、数字字符或其他字符。编写算法，构造三个以带头结点的单循环链表表示的线性表，使每个表中只含同一类字符。

13. 编写一个算法。删除单链表 L 中值相同的多余结点。

14. 统计带头结点的单链表中结点的值等于 x 的结点个数。

15. 将一个元素类型为整型的带有头结点的单链表 L 分解成两个带有头结点的单链表 La 和 Lb，使 La 中包含 L 中所有元素值为奇数的结点，Lb 中包含 L 中所有元素值为偶数的结点，L 保持不变。

第 3 章　堆栈与队列

3.1　堆　　栈

3.1.1　堆栈的基本概念

1. 堆栈的定义

　　堆栈（stack）是一种特殊的线性表，这种表只能在固定的一端进行插入与删除元素操作。通常称固定插入的一端为**栈顶**（top），而另一端称为**栈底**（bottom）。位于栈顶和栈底的元素分别称为**顶元**和**底元**。当表中无元素时，称为**空栈**。

　　根据堆栈的定义，每次进栈的数据元素都放在原当前栈顶元素之前而成为新的栈顶元素，每次退栈的数据元素都是当前栈顶元素。这样，最后入栈的数据元素总是最先退出堆栈，因此，堆栈也称为**后进先出表**。图 3.1 中进栈顺序为 ABC，而出栈顺序为 CBA。

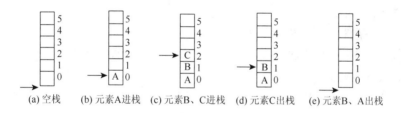

(a) 空栈　　　(b) 元素A进栈　　(c) 元素B、C进栈　(d) 元素C出栈　(e) 元素B、A出栈

图 3.1　堆栈的操作示意图

　　堆栈的插入元素操作通常称为进栈或入栈，堆栈的删除元素操作称为退栈或出栈。栈底是固定的，栈顶随着插入和删除元素操作的进行而变化。

　　注意：堆栈只是对线性表插入和删除的位置进行了限定，并没有限定插入和删除元素操作的时间与次序，即随时都可进行进栈和出栈操作。如图 3.1 所示，出栈的可能顺序还有 ABC、ACB、BAC、BCA。

2. 堆栈的抽象数据类型

　　堆栈的操作是线性表操作的子集，常见的操作除了在栈顶插入和删除外，还有堆栈的初始化、判空及取栈顶元素等。

　　ADT Stack{

　　　Data：

　　　　堆栈中的数据元素具有相同类型及先进后出特性，相邻元素具有前驱和后继的关系。

Operation：

    InitStack(&S，maxsize，incresize)

        操作结果：构造一个容量为 maxsize 的空栈 S。

    ClearStack(&S)

        初始条件：堆栈 S 已存在。

        操作结果：将堆栈 S 清为空栈。

    StackLength(S)

        初始条件：堆栈 S 已存在。

        操作结果：返回 S 的元素个数，即堆栈的长度。

    Push(&S，e)

        初始条件：堆栈 S 已存在。

        操作结果：插入元素 e 为新的栈顶元素。

    Pop(&S，&e)

        初始条件：堆栈 S 已存在且非空。

        操作结果：删除 S 的栈顶元素并用 e 返回其值。

    GetTop(S，&e)

        初始条件：堆栈 S 已存在且非空。

        操作结果：用 e 返回 S 的栈顶元素。

    StackTraverse(S)

        初始条件：堆栈 S 已存在且非空。

        操作结果：从栈底到栈顶依次输出 S 中的各个数据元素。

    StackEmpty(S)

        初始条件：堆栈 S 已存在。

        操作结果：若堆栈 S 为空栈，则返回 true；否则返回 false。

    DestroyStack(&S)

        初始条件：堆栈 S 已存在。

        操作结果：堆栈 S 被撤销。

  }ADT Stack

3.1.2　堆栈的顺序存储和基本操作

1. 堆栈的顺序存储——顺序栈

    堆栈的顺序存储结构简称**顺序栈**，它利用一组地址连续的存储单元依次存放自栈底到栈顶之间的数据元素。

    顺序栈本质上是顺序表，唯一需要确定的用顺序表的哪一端表示栈底。通常把顺序表的表头（数组中下标为 0）的一端作为栈底，同时附设指针 top 指示栈顶元素在顺序栈中的位置，top 也称为**栈顶指针**，如图 3.2 所示。

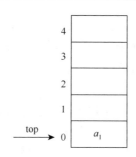

图 3.2 顺序栈存储示意图

由于顺序栈都是在栈顶的位置上进行相关操作，故栈顶指针 top 的当前位置是非常重要的。在对顺序栈进行初始化时，栈顶指针 top 的初值习惯置为 0，表示空栈（不含数据元素的顺序栈），但因为 C/C++ 语言中数组的下标是从 0 开始的，所以当 top 为 0 表示空栈时意味着栈顶指针指向的是实际的栈顶元素的上一个位置。因而，对用 C/C++ 描述的顺序栈一般用 top = −1 表示空栈，这样，进栈操作时，先使 top 增 1，用以指示新的栈顶位置，然后把元素插到 top 所指示的位置上；而出栈时则是先取出栈顶元素，再使 top 减 1，top 指针指向新的栈顶元素。这样操作的结果是栈顶指针指向真正的栈顶元素。

当然，是用 top = 0 表示空栈还是用 top = −1 表示空栈，都是可行的，只要实际的进栈和出栈操作与此配套就行。在本书的算法中，约定用 top = −1 表示空栈，如图 3.1 所示，而在图 3.2 中，顺序栈中有一个元素 a_1，所以 top 的值为 0（指针指向 a_1）。

注意：在顺序栈中，top 起到指示栈顶元素的作用，它的值是数组中的下标，因此，top 是一个相对指针。

在对顺序栈进行操作时可能发生两种溢出，一种称为"上溢"（overflow），另一种称为"下溢"（underflow）。如图 3.3 所示，设存储顺序栈元素的数组长度为 stacksize，则

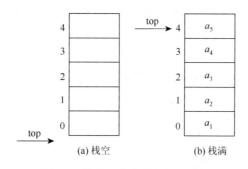

图 3.3 栈空和栈满的存储示意图

（1）当 top = −1 时，表示系统为顺序栈所用的存储区已空，顺序栈中无任何元素，如图 3.3（a）所示。这时若还要做出栈运算，则发生下溢。通常将栈空作为控制转移的条件，表明数据已处理完毕。

（2）当 top≥stacksize−1 时，表示系统为顺序栈所用的存储空间已满，如图 3.3（b）所示。如果还有元素要求进栈，则栈要溢出，即上溢，这时需要进行栈满处理。如果是用

静态数组表示顺序栈，一旦发生上溢，程序将中止运行，并向用户报告栈满信息；而如果用动态数组表示顺序栈，一旦发生上溢，可向系统重新申请空间以满足进栈要求。

一般来说，在对顺序栈插入元素之前，要判断顺序栈是否"栈满"，而对顺序栈进行删除元素之前，要判断顺序栈是否"栈空"。

顺序栈的结构描述：用 C/C++描述顺序栈时，可用顺序表的结构描述，只不过在表示顺序栈时，习惯用标识符 top 表示栈顶指针，而不用标识符 length。

```
# define STACK_INIT_SIZE    100              //顺序栈(默认的)的初始分配最大容量
# define STACKINCREMENT    10               //(默认的)增补空间量

typedef struct {
    ElemType    *stack;                      //存储数据元素的一维数组
    int top;                                 //栈顶指针
    int stacksize;                           //当前分配的数组容量(以 ElemType 为单位)
    int incrementsize;                       //增补空间量(以 ElemType 为单位)
}SqStack;
```

2. 顺序栈的基本操作

因为顺序栈的操作位置被限定在栈顶，所以不需要查找插入和删除的位置，也不需要移动元素，因而顺序栈的基本操作要比顺序表简单得多，其基本操作时间复杂度均为 $O(1)$。下面给出顺序栈的部分操作的实现。

1）初始化操作

顺序栈的初始化就是构造一个空的顺序栈 S，初始分配的最大容量为 maxsize，预设的需要扩容时的增量为 incresize。其主要操作是，申请存储空间，栈顶指针的初值置为-1。

算法 3.1

```
void  InitStack_Sq(SqStack &S , int maxsize=STACK_INIT_SIZE,int incresize=STACKINCREMENT)
{
S.stack=(ElemType *)malloc(maxsize*sizeof(ElemType));//为顺序栈分配初始存储空间
if(!S.stack)    exit(1);                     //存储空间分配失败
    S.top=-1;                                //置顺序栈空
    S.stacksize=maxsize;                     //顺序栈的当前容量
    S.incrementsize=incresize;               //增补空间
}//InitStack_Sq
```

2）求顺序栈的长度操作

统计顺序栈 S 中数据元素的个数，并返回统计结果。其主要操作是，返回顺序栈中栈顶指针的上一个位置。

算法 3.2

```
int StackLength_Sq(SqStack S)
{
```

```
        return S.top+1;
    }//StackLength_Sq
```

3）进栈操作

将一个新元素插到顺序栈 S 的栈顶的上一个位置,作为新的栈顶元素。其主要操作是,先判断顺序栈是否已满,若已满,则重新分配空间,然后将栈顶指针加 1,再将进栈元素插到栈顶处。

算法 3.3

```
bool Push_Sq(SqStack &S，ElemType e)
    {    //在顺序栈的栈顶插入元素 e
        if(S.top==S.stacksize-1){
        S.stack=(ElemType *)realloc(S.stack,(S.stacksize+S.incrementsize)*sizeof(ElemType)) ;
//顺序栈满,给顺序栈增补空间
        if(!S.stack)        return false;                //存储空间分配失败
        S.stacksize+=S.incrementsize;
    }
    S.stack[++S.top]=e;                                //栈顶指针上移,元素 e 进栈
    return true;
    }//Push_Sq
```

4）出栈操作

将顺序栈 S 的栈顶元素删除。其主要操作是,先判断顺序栈是否已空,若非空,则将栈顶元素取出,然后将栈顶指针减 1。

算法 3.4

```
bool Pop_Sq(SqStack &S，ElemType &e)
    {    //删除顺序栈栈顶元素，并让 e 返回其值
    if(S.top==-1)return false;
    e=S.stack[S.top--];
        return true;
    }//Pop_Sq
```

5）取栈顶操作

取出顺序栈 S 的栈顶元素的值。其主要操作是,先判断顺序栈是否已空,若非空,则将栈顶元素取出。

算法 3.5

```
bool GetTop_Sq(SqStack S，ElemType &e)
    {    //取顺序栈栈顶元素,并让 e 返回其值
    if(S.top==-1)return false;
        e=S.stack[S.top];
    return true;
    }//GetTop_Sq
```

6）判栈空操作

判断顺序栈 S 是否为空，若 S 为空，则返回 true，否则返回 false。

算法 3.6

```
bool StackEmpty_Sq(SqStack S)
{ if(S.top==-1)   return true;
     else return false;
}//StackEmpty_Sq
```

7）撤销顺序栈操作

释放顺序栈 S 所占用的存储空间。

算法 3.7

```
void DestroyStack_Sq(SqStack &S )
{
     free(S.stack);
     S.stack=NULL;
     S.stacksize=0;
     S.top=-1;
}//DestroyStack_Sq
```

假设顺序栈的结构描述和相关操作存放在头文件"SqStack.h"中，则可用下面的程序测试顺序栈的有关操作。

```
typedef int ElemType;            //顺序栈元素类型为 int
# include "stdlib.h"//该文件包含 malloc()、realloc()和 free()等函数
# include "iostream.h"          //该文件包含标准输入、输出流 cin 和 cout
# include "SqStack.h"           //该文件包含顺序栈数据对象的描述及相关操作


void main()
 {
     SqStack mystack;
     int i;
     ElemType x,a[]={6,8,16,2,34,56,7,10,22,45,62,88,90,3,9};
     InitStack_Sq(mystack,10,10);                //初始化顺序栈
     for(i=0;i<12;i++)
     if(!Push_Sq(mystack,a[i]))                   //a[i]依次进顺序栈
         { cout<<"进栈失败!"<<endl;
             return;
         }
         if(!GetTop_Sq(mystack,x))                //取栈顶元素并赋值给 x
         {   cout<<"取栈顶元素失败!"<<endl;
           return;
```

```
        }
        cout<<"当前栈顶数据元素是:"<<x<<endl;
        cout<<"当前顺序栈的长度是:"<<StackLength_Sq(mystack)
            <<endl;
                                        //求顺序栈的长度并输出
        cout<<"依次出栈的数据元素序列为:";
        while(!StackEmpty_Sq(mystack)) //判断顺序栈是否非空
        { if(!Pop_Sq(mystack,x))                //栈顶元素出栈并赋值给 x
            {   cout<<"出栈失败!"<<endl;
                return;
            }
            cout<<x<<' ';
        }
        cout<<endl;
        cout<<"当前顺序栈的长度是:"<<StackLength_Sq(mystack)
            <<endl;
        cout<<endl;
        DestroyStack_Sq(mystack);               //撤销顺序栈
}
```

程序执行后输出结果如下:

当前栈顶数据元素是:88

当前顺序栈的长度是:12

依次出栈的数据元素序列为:88 62 45 22 10 7 56 34 2 16 8 6

当前顺序栈的长度是:0

总结: 对于顺序栈 S 的相关操作,归纳起来主要有以下四个要素。

(1)栈空条件:$S.top == -1$。

(2)栈满条件:$S.top == S.stacksize-1$。

(3)进栈操作:$S.top++$;元素进栈。

(4)出栈操作:元素退栈,$S.top--$。

3. 多栈共享邻接空间

堆栈的应用非常广泛,常常是一个程序中需要同时使用多个堆栈,如果为每个堆栈开辟一个数组空间,可能会出现其中一个堆栈的空间已被占满而无法再进行插入操作,同时其他堆栈的空间仍有大量剩余的现象,从而造成存储空间的浪费。为了充分利用存储空间,可以不为每个堆栈独立分配存储空间,而使多个堆栈共用一个足够大的数组空间,利用堆栈的动态特性使其存储空间互相补充,这就是多栈共享邻接空间。

两个堆栈共享空间是一个比较常见的应用,两个堆栈共享空间利用的是堆栈"栈底位置不变,栈顶位置动态变化"的特性。假设一个程序中需设两个堆栈,令其共享一维数组空间 stack[StackSize]，则两个栈底可分别为–1 和 StackSize。两个栈顶均为动态变化，可互补余缺，因此使得每个堆栈的最大空间均大于 StackSize/2。

如图 3.4 所示，top1 和 top2 分别指向左栈与右栈的栈顶，并分别由两边往中间方向延伸，这样做可以充分利用空间 stack[0..StackSize–1]，因为只要整个空间 stack[0..StackSize–1]未被占满，无论对哪一个堆栈进行插入元素操作都不会发生溢出。

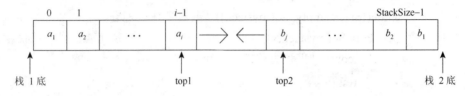

图 3.4 两栈共享空间示意图

两栈共享空间时，对堆栈进行操作前必须知道是对哪一个堆栈进行操作，同时进栈之前要判断该堆栈是否满，出栈操作之前要判断该堆栈是否空。

当两栈共享空间时，top1<0 表示左栈空；top2≥StackSize 表示右栈空；top1 + 1≥top2 表示堆栈已满。

两栈共享的结构描述如下：

```
# define StackSize    100                      //顺序栈最大容量

typedef struct
{      ElemType    stack[StackSize];            //存储数据元素的一维数组
          int top1,top2;                        //栈顶指针

}SqStack_Du;
```

下面给出两栈共享空间的初始化、进栈和出栈操作的实现，为了简单，以静态顺序结构来存储堆栈中元素。

1）初始化操作

构造一个空的静态顺序栈 S。

算法 3.8

```
void InitStack_DuSq(SqStack_Du &S)
{
        S.top1=-1;
        S.top2=StackSize;
}//InitStack_DuSq
```

2）进栈操作

根据字符变量 WhichStack 的值，将元素 e 的插入左栈（WhichStack = 'L'）或右栈（WhichStack = 'R'）中。

算法 3.9

```
bool Push_DuSq(SqStack_Du &S,char WhichStack,ElemType e)
{   //把数据元素 e 插入左栈(WhichStack='L')或右栈(WhichStack='R')中
```

```
      if(S.top1>=S.top2-1)
      {   cout<<"栈已满!"<<endl;

          return false;

      }
      if(WhichStack!='L'&& WhichStack!='R')
      {   cout<<"参数错误!"<<endl;

          return false;

      }
      if(WhichStack=='L')S.stack[++S.top1]=e;                    //左栈进栈
        else S.stack[--S.top2]=e;                               //右栈进栈

        return true;

}//Push_DuSq
```

3）出栈操作

根据字符变量 WhichStack 的值，从左栈（WhichStack = 'L'）或右栈（WhichStack = 'R'）删除栈顶元素并由 e 返回其值。

算法 3.10

```
bool Pop_DuSq(SqStack_Du &S,char WhichStack,ElemType &e)
 {
    if(WhichStack!='L'&&WhichStack!='R')
      {   cout<<"参数错误!"<<endl;

          return false;

      }
      if(WhichStack=='L')
       if(S.top1<0)
         { cout<<"左栈已空!"<<endl;

           return false;

         }
        else
        {   e=S.stack[S.top1--];                                //左栈出栈

          return true;

        }
       else
          if(S.top2>=StackSize)
          { cout<<"右栈已空!"<<endl;

            return false;

          }
        else
          {
```

```
        e=S.stack[S.top2++];                                    //右栈出栈
        return true;
      }
    }//Pop_DuSq
```

当三个或三个以上的堆栈共享一个数组空间时，只有迎面增长才能互补余缺，而背向增长或同向增长的堆栈之间无法互补，所以必须对某些堆栈做整体移动，这将使问题变得复杂而且效果也欠佳。

可以使用下面的程序来测试两栈共享空间的有关操作。

```
typedef int ElemType;                    //堆栈中元素类型为 int
# include "iostrcam.h"                   //该文件包含标准输入、输出流 cin 和 cout
void main()
  {  SqStack_Du s1;
     ElemType e;
     int i;
     char ch;
     InitStack_DuSq(s1);
     for(i=0;i<10;i++)
     {   if(i%2==0)ch='L';
         else ch='R';
       Push_DuSq(s1, ch, i*i);
     }
      cout<<"左栈元素为：";
     while(s1.top1>=0)
      { Pop_DuSq(s1,'L',e);
       cout<<e<<"   ";
      }
       cout<<endl;
       cout<<"右栈元素为:";
       while(s1.top2<=StackSize-1)
        { Pop_DuSq(s1,'R',e);
          cout<<e<<"   ";
        }
        cout<<endl;
  }
```

程序执行后输出结果如下：

左栈元素为:64　36　16　4　0

右栈元素为:81　49　25　9　1

3.1.3　堆栈的链式存储和基本操作

1. 堆栈的链式存储——链栈

堆栈的链式存储结构简称**链栈**，链栈中每个数据元素用一个结点表示，它实际上就是一个单链表，链栈的栈顶指针就是单链表的头指针。同时，链栈的操作只在头部执行，一般不需要像单链表那样为了运算方便附加一个头结点，如图 3.5 所示（S 为栈顶指针）。

在链栈中，栈空的判定条件是 S = NULL，只有当内存没有可用空间时才会发生栈满的情况。

因为链栈就是一个单链表，所以链栈的结点结构描述与单链表一样。因而，链栈的结点结构可定义如下：

typedef LinkList LinkStack;
　　　　　　　　　　　　　//链栈的结点结构和单链表相同

当然如果在程序设计时使用 LinkStack，则需要包含相应的头文件"LinkList.h"。

2. 链栈的基本操作

由于链栈的操作位置被限定在栈顶，不需要查找插入和删除的位置，故链栈的基本操作要比单链表简单得多。图 3.6 和图 3.7 显示了链栈的入栈和出栈操作（图中 S 为 LinkStack 指针），下面给出链栈的部分操作的实现。

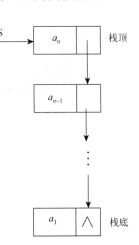

图 3.5　链栈的存储示意图

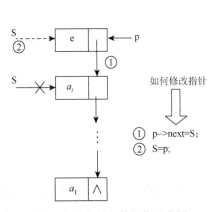

图 3.6　链栈的入栈操作示意图

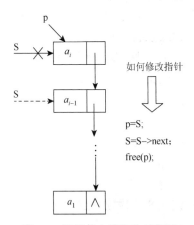

图 3.7　链栈的出栈操作示意图

1）初始化操作

初始化一个不带头结点的链栈 S。其主要操作是，栈顶指针置空。

算法 3.11

void InitStack_L(LinkStack &S)

```
    {
        S=NULL;
    }//InitStack_L
```
2）求链栈的长度操作

统计链栈 S 中数据元素的个数，并返回统计结果。其主要操作是，用工作指针遍历整个链栈，计数器累加。

算法 3.12
```
int StackLength_L(LinkStack S)
{
    int k=0;
    LinkStack p=S;
        while(p)
        { k++;
          p=p->next;                                    //访问下一个结点
        }
        return k;
}//StackLength_L
```
3）进栈操作

将一个新结点插到链栈 S 栈顶结点之后，作为新的栈顶结点。其主要操作是，先创建一个新结点，其 data 域值为 e，然后将该结点作为当前栈顶结点的前驱插入。

算法 3.13
```
bool Push_L(LinkStack &S,ElemType e)
{        //在链栈的栈顶插入元素 e
    LinkStack p;
    if((p=(LNode *)malloc(sizeof(LNode)))==NULL)return false;   //存储空间分配失败
    p->data=e;
    p->next=S;                                          //插入新的栈顶元素
    S=p;                                               //修改栈顶指针
    return true;
}//Push_L
```
4）出栈操作

将链栈 S 的栈顶结点删除。其主要操作是，先将栈顶结点的 data 域值赋给 e，然后移动栈顶指针到新的栈顶（原栈顶的后继），并释放原栈顶结点空间。

算法 3.14
```
bool Pop_L(LinkStack &S,ElemType &e)
{        //删除链栈栈顶元素,并让 e 返回其值
    LinkStack p;
    if(S)                                              //链栈非空
```

```
    {    p=S;S=S->next;                        //修改链栈顶指针
         e=p->data;                            //元素 e 返回其值
         free(p);                              //释放结点空间
         return true;
    }
    else return false;                         //栈空,出栈失败
}//Pop_L
```

5）取栈顶元素操作

取出链栈 S 的栈顶元素，并让 e 返回其值。

算法 3.15

```
bool GetTop_L(LinkStack S,ElemType &e)
{
    if(S)                                      //链栈非空
       { e=S->data;                            //元素 e 返回其值
         return true;
       }
    else return false;                         //栈空,取栈顶元素失败
}//GetTop_L
```

6）判栈空操作

判断链栈 S 是否为空，是则返回 true，否则返回 false。

算法 3.16

```
bool StackEmpty_L(LinkStack S)
{
    if(!S)return true;
    else return false;
}//StackEmpty_L
```

7）撤销链栈操作

其主要操作是，释放链栈所占用的空间。

算法 3.17

```
void DestroyStack_L(LinkStack &S )
{
  LinkStack p,p1;
  p=S;
  while(p)
  { p1=p;
     p=p->next;
     free(p1);                                 //释放 p1 所指的空间
  }
```

```
    S=NULL;                                         //S 置空
}//DestroyStack_L
```

假设链栈的结构描述和相关操作存放在头文件"LinkStack.h"中，且此头文件中的第一个语句为"# include "LinkList.h""，则可用下面的程序测试链栈的有关操作。

```
typedef int ElemType;                          //链栈元素类型为 int
# include "stdlib.h"                  //该文件包含 malloc()、realloc()和 free()等函数
# include "iomanip.h"                 //该文件包含标准输入、输出流 cin 和 cout 及 setw()
# include "LinkStack.h"                //该文件包含链栈数据对象的描述及相关操作


void main()
  {
    LinkStack mystack;
    int i;
    Elemtype x,a[]={6,8,16,2,34,56,7,10,22,45,62,88};
    InitStack_L(mystack);                       //初始化链栈
    for(i=0;i<12;i++)
     if(!Push_L(mystack,a[i]))                   //a[i]依次进链栈
     {    cout<<"进栈失败!"<<endl;
          return;
        }
    if(!GetTop_L(mystack,x))                     //取栈顶元素并赋值给 x
    {    cout<<"取栈顶元素失败!"<<endl;
      return;
    }
    cout<<"当前栈顶数据元素是:"<<x<<endl;
    cout<<"当前链栈的长度是:"<<StackLength_L(mystack)<<endl;
                                                //求链栈的长度并输出
    cout<<"依次出栈的数据元素序列为:";
    while(!StackEmpty_L(mystack))                //判断链栈是否非空
    {   if(!Pop_L(mystack,x))  //栈顶元素出栈并赋值给 x
        {    cout<<"出栈失败!"<<endl;
            return;
          }
          cout<<x<<' ';
    }
    cout<<endl;
    cout<<"当前链栈的长度是:"<<StackLength_L(mystack)<<endl;
    cout<<endl;
```

```
        DestroyStack_L(mystack);                              //撤销链栈
}
```

程序执行后输出结果如下：

当前栈顶数据元素是:88

当前链栈的长度是:12

依次出栈的数据元素序列为:88 62 45 22 10 7 56 34 2 16 8 6

当前链栈的长度是:0

在链栈的基本操作中，除求链栈的长度操作和撤销操作外，其余对链栈操作的时间复杂度均为 $O(1)$，求链栈的长度操作和撤销操作需要遍历整个链栈，因而其操作的时间复杂度均为 $O(n)$，n 为链栈的长度。

总结：对于链栈 S 的相关操作，归纳起来主要有以下三个要素。

（1）栈空条件：S == NULL。

（2）进栈操作：创建新结点 p，插入新结点 "p->next = S；S = p;"。

（3）出栈操作：修改栈顶指针，释放栈顶结点空间 "p = S；S = S->next;"。

3.2　堆栈的应用举例

堆栈具有后进先出的固有特性，致使堆栈成为程序设计中的有用工具，如函数的递归调用、编译程序中的表达式求值等。

例 3.1　数制转换问题。

十进制数 N 和其他 d 进制数的转换是计算机实现计算的基本问题，其解决方法很多，其中一个简单算法基于下列原理：

$$N = (N \operatorname{div} d) \times d + N \operatorname{mod} d$$

其中，div 为整除运算，mod 为求余运算。

例如，$(1348)_{10}=(2504)_8$，其运算过程如下：

N	$N \operatorname{div} 8$	$N \operatorname{mod} 8$
1348	168	4
168	21	0
21	2	5
2	0	2

因为上述计算过程是从低位到高位顺序产生 d 进制数的各个数位，而打印输出时，一般来说应从高位到低位进行，恰好和计算过程相反，所以此问题适合利用堆栈来解决，具体实现如算法 3.18 所示。

算法 3.18

```
void TransFrom(long N,int d )
{
    LinkStack S;                    //用顺序栈和链栈都可以,此处是链栈
    int x;
```

```
    InitStack_L(S);
    while(N)
      { Push_L(S,N%d);
          N=N/d;
      }
    while(!StackEmpty_L(S))
      { Pop_L(S,x);
          cout<<x;
      }
    cout<<endl;
}//TransFrom
```

可以使用下面的程序来测试上面的数制转换算法。

```
typedef int ElemType;              //链栈元素类型为 int
# include "stdlib.h"               //该文件包含 malloc()、realloc()和 free()等函数
# include "iomanip.h"              //该文件包含标准输入、输出流 cin 和 cout 及 setw()
# include "LinkStack.h"            //该文件包含链栈数据对象的描述及相关操作


void main()
{ int num,dec;                     //num 存放十进制数,dec 存放进制
    cout<<"输入一个十进制数:";
    cin>>num;
    cout<<"输入要转换的进制:";
    cin>>dec;
    cout<<"转换后的"<<dec<<"进制数为:";
    TransFrom(num,dec);            //调用数制转换函数
}
```

程序执行后输出结果如下：

输入一个十进制数:<u>1348</u>↙

输入要转换的进制:<u>8</u>↙

转换后的 8 进制数为:2504

这是利用堆栈的后进先出特性的最简单的例子。在这个例子中，堆栈操作的序列是直线式的，即先一味地进栈，然后一味地出栈，这就保证了数制的转换顺序。

例 3.2 表达式求值。

表达式的求值是编译系统中的一个基本问题，其实现方法是堆栈的一个典型应用。在编译系统中，要把一个人便于理解的表达式翻译成能正确求值的机器指令序列，通常需要先把表达式变换成机器便于理解的形式，这就需要变换表达式的表示序列，借助堆栈即可实现这样的变换。

在机器内部，任何一个表达式都是由操作数、运算符和界限符组成的，并称它们为单

词。其中，操作数可以是常量、变量和函数，还可以是表达式；运算符可以分为算术运算符、关系运算符和逻辑运算符等；界限符有左右括号和表达式结束符等。为叙述简洁，此处仅讨论算术表达式的计算，且假设这种表达式只含加、减、乘、除四种算术运算符和左、右圆括号。读者不难把它推广到一般表达式的处理中。

例如，某种计算机高级语言中的一个算术表达式为

$$A+(B-C/D)*E$$

这种算术表达式中的运算符一般总是出现在两个操作数之间（除单目运算符外），所以也称为**中缀表达式**。中缀表达式的计算比较复杂，它必须遵循以下运算规则：

（1）先括号内后括号外；

（2）先乘除后加减；

（3）同级别时先左后右。

可以看出，中缀表达式的计算过程中，既要考虑括号的作用，又要考虑运算符的优先级，还要考虑运算符出现的先后次序。因此，各运算符实际的运算次序往往与它们在表达式中的次序是不一致的，也是不可预测的。这给计算机的处理带来了困难。因而，在多遍处理的编译系统中，在处理这样的算术表达式并将它生成一系列机器指令或者直接求值之前，往往先把它变换成**后缀表达式**。后缀表达式就是表达式中的运算符出现在操作数之后，后缀表达式中不含括号。例如，中缀表达式 $A+B$ 的后缀表达式为 $AB+$ 。

要把一个中缀表达式变换成相应的后缀表达式需要考虑运算规则。例如，前面的中缀表达式转换成满足运算规则的后缀表达式为

$$ABCD/-E*+$$

可见，后缀表达式有以下两个特点：

（1）后缀表达式与中缀表达式的操作数的先后次序相同，只是运算符的先后次序有所改变。后缀表达式中的运算符次序就是其执行次序。

（2）后缀表达式中没有括号。

正是由于后缀表达式具有以上两个特点，编译系统在处理后缀表达式时，不必考虑运算符的优先关系，只要从左到右依次扫描后缀表达式的各个单词，当读到一个单词为运算符（假设为双元运算符）时，对该运算符前边的两个操作数施以该运算符所代表的运算，然后将结果存入一个临时单元 $T_i (i \geq 1)$ 中，并作为一个新的操作数接着进行上述过程，直到表达式处理完毕。表 3.1 就是后缀表达式 $ABCD/-E*+$ 的处理过程，T_4 中保存了运算结果。

表 3.1 后缀表达式的处理过程

操作顺序	后缀表达式
	$ABCD/-E*+$
$T_1 \leftarrow C/D$	ABT_1-E*+
$T_2 \leftarrow B-T_1$	$AT_2 E*+$
$T_3 \leftarrow T_2*E$	AT_3+
$T_4 \leftarrow A+T_3$	T_4

综上所述，编译系统中表达式的求值分为两个步骤：首先，把中缀表达式变换为相应的后缀表达式；然后根据后缀表达式计算表达式的值。

第一步，中缀表达式变换为相应的后缀表达式。

由前面的讨论知，后缀表达式与中缀表达式的操作数的排列次序完全相同，只是运算符改变了次序。编译系统从左到右依次扫描表达式，每读到一个操作数即把它作为后缀表达式的一部分输出。系统设置一个存放运算符的堆栈，初始时栈顶置一分界符"＃"，并把分界符也看作运算符。每当读到一个运算符，就对其优先级与栈顶位置运算符的优先级进行比较，以决定是让所读到的运算符进栈，还是将栈顶位置运算符作为后缀表达式的一部分输出。

算法思想：

（1）设置一运算符堆栈，将栈顶预置为"＃"。

（2）顺序扫描中缀表达式。①若输入为操作数，则直接输出到后缀表达式，并接着读入下一个单词。②若输入为运算符，则比较输入运算符和栈顶运算符的优先级。若输入运算符的优先级高于栈顶运算符的优先级，则让输入运算符入栈，继续读下一个单词；若输入运算符的优先级低于栈顶运算符的优先级，弹出栈顶运算符至后缀表达式，然后继续比较输入运算符与新的栈顶运算符的优先级；若输入运算符的优先级等于栈顶运算符的优先级，且栈顶运算符为"（"，输入运算符为"）"，则弹出栈顶运算符，然后继续读下一个单词；若输入运算符的优先级等于栈顶运算符的优先级，且栈顶运算符为"＃"，输入运算符为"＃"，则算法结束。

在此算法中需将栈顶运算符的优先级与当前扫描到的运算符的优先级进行比较，因此运算符的优先级与结合性都必须体现在这个算法中，见算法 3.19。

算法 3.19

```
char Proceed(char x1,char x2)
{
    char Result;                    //保存比较结果
    char MidString[2];
    Result='<';
    MidString[0]=x2;                //将 x2 与'\0'构成一个字符串
    MidString[1]=0;
    if(((x1=='+'||x1=='-')&&strstr("+-)#",MidString)!=NULL)||
    ((x1=='*'||x1=='/')&&strstr("+-*/)#",MidString)!=NULL)||
    (x1==')'&&strstr("+-*/)#",MidString)!=NULL))
            Result='>';
        else if((x1=='('&&x2==')')||(x1=='#'&&x2=='#'))
                Result='=';
            else if((x1=='('&&x2=='#')||(x1==')'&&x2=='(')|| (x1=='#'&&x2==')'))
                    Result=' ';
    return Result;
```

}//Proceed

表 3.2 给出了包括加、减、乘、除、左括号、右括号和界限符的优先级关系表。表中，x1 代表栈顶运算符，x2 代表当前扫描读到的运算符。

表 3.2　运算符的优先级关系表

x1	x2						
	+	–	*	/	(	)	#
+	>	>	<	<	<	>	>
–	>	>	<	<	<	>	>
*	>	>	>	>	<	>	>
/	>	>	>	>	<	>	>
(	<	<	<	<	<	=	
)	>	>	>	>		>	>
#	<	<	<	<	<		=

表 3.2 是四则运算三条规则的变形。对规则①，当 x1 为"＋""－""*"或"/"；x2 为"（"时，x1 的优先级低于 x2 的优先级（先括号内后括号外），当 x1 为"＋""－""*"或"/"，x2 为")"时，x1 的优先级高于 x2 的优先级（先求出括号内的值）；对规则②，当 x1 为"＋"或"－"，x2 为"*"或"/"时，x1 的优先级低于 x2 的优先级（先乘除后加减）；对规则③，当 x1 的运算符和 x2 的运算符同优先级时，令 x1 的优先级高于 x2 的优先级（同级别先左后右）。由于后缀表达式无括号，当 x1 为"（"，x2 为")"时，用符号"＝"表示去掉该对括号；当 x1 为"＃"，x2 也为"＃"时，表示整个表达式处理完毕。表中空格处表示不允许出现该种情况，一旦出现，即中缀表达式语法出错。在下面的讨论和算法设计中，以字符串表示算术表达式，表达式尾添加"＃"字符作为结束标志。同时为了简单起见，假定中缀表达式不会出现上述语法错误，并限定操作数以单字母字符为"变量名"。

算法 3.19 是表 3.2 的体现，在该算法中，若 x1<x2，函数返回字符"'<'"；若 x1>x2，函数返回字符"'>'"；若 x1＝x2，函数返回字符"'='"；其他情况返回字符"''"。

算法 3.20

```
bool Postfix(char *Mid_Expression,char *Post_Expression)
{    //将中缀表达式 Mid_Expression 转换为后缀表达式 Post_Expression
    SqStack S;
    char x1,x2,x,y;
    //x1 为栈顶运算符,x2 为当前输入的运算符,比较 x1 和 x2 的优先级
    int i=0,j=0;
    InitStack_Sq(S);                          //运算符堆栈初始化
```

```
            Push_Sq(S,'#');                                      //栈顶置结束符"#"
            x2=Mid_Expression[j];                               //输入当前字符到 x2
            if(!GetTop_Sq(S,x1))exit(0);                        //取栈顶运算符
            while(1)
            { if(x2!='+'&&x2!='-'&&x2!='*'&&x2!='/'&&x2!='('&&x2!=')'
                &&x2!='#')
                { Post_Expression[i++]=x2; //输入的字符为操作数,直接输出到后缀表达式
                    x2=Mid_Expression[++j];//输入下一个字符
                }
                else if(Proceed(x1,x2)=='<')
                //输入的运算符的优先级大于栈顶运算符的优先级
                    { if(!Push_Sq(S,x2))exit(0);                //输入的运算符入栈
                        if(!GetTop_Sq(S,x1))exit(0);            //取栈顶运算符
                          x2=Mid_Expression[++j];               //输入下一个字符
                    }
                    else if(Proceed(x1,x2)=='>')
                    //输入的运算符的优先级小于栈顶运算符的优先级
                        {
                            if(!Pop_Sq(S,x))exit(0);            //栈顶运算符出栈
                            Post_Expression[i++]=x;             //输出到后缀表达式
                            if(!GetTop_Sq(S,x1))exit(0);        //取栈顶运算符
                        }
                        else if(Proceed(x1,x2)=='='&&x1=='('&&x2==')')
//输入的运算符的优先级等于栈顶运算符的优先级,且栈顶运算符为"(",输入的运算符为")"
                            { if(!Pop_Sq(S,y))
                                exit(0);//弹出栈顶运算符,不输出到后缀表达式
                                if(!GetTop_Sq(S,x1))exit(0);//取栈顶运算符
                                x2=Mid_Expression[++j];//输入下一个字符
                            }
                            else if(Proceed(x1,x2)=='='&&x1=='#'&&x2=='#')
//输入的运算符的优先级等于栈顶运算符的优先级,且栈顶运算符和输入的运算符都为"#"
                                { Post_Expression[i]='\0';
                                    //后缀表达式置结束标志
                                        return true;            //成功返回
                                }
                                else if(Proceed(x1,x2)==' ')break;
                                //表达式语法错,退出
            }
```

```
            cout<<"错误"<<endl;
            return false;
}//Postfix
```
可以使用下面的程序来测试上面的中缀表达式变换为后缀表达式的算法。

```
typedef char ElemType;              //顺序栈元素类型为 char
# include "stdlib.h"                //该文件包含 malloc()、realloc()和 free()等函数
# include "iomanip.h"               //该文件包含标准输入、输出流 cin 和 cout 及 setw()
# include "SqStack.h"               //该文件包含顺序栈数据对象的描述及相关操作
# include "string.h"                //该文件包含 C++串的定义及相关操作


void main()
{
    char Mid_Expression[80]={"A+(B-C/D)*E"},Post_Expression[80];
    cout<<"中缀表达式为："<<Mid_Expression<<endl;
            //中缀表达式变换为后缀表达式
    Postfix(strcat(Mid_Expression,"#"),Post_Expression);
    cout<<"后缀表达式为："<<Post_Expression<<endl;
}
```
程序执行后的输出结果如下：

中缀表达式为：A+(B-C/D)*E

后缀表达式为：ABCD/-E*+

利用上述算法把中缀表达式 A + (B–C/D)*E 变成后缀表达式的过程，如表 3.3 所示。

表 3.3 中缀表达式变换为后缀表达式的过程

步骤	中缀表达式	堆栈	输出	步骤	中缀表达式	堆栈	输出
1	A+（B–C/D）*E#	#		9	）*E#	#＋（–/	ABCD
2	+（B–C/D）*E#	#	A	10	*E#	#＋（–	ABCD/
3	（B–C/D）*E#	#＋	A	11	*E#	#＋（	ABCD/–
4	（B–C/D）*E#	#＋（	A	12	*E#	#＋	ABCD/–
5	–C/D）*E#	#＋（	AB	13	E#	#＋*	ABCD/–
6	C/D）*E#	#＋（–	AB	14	#	#＋*	ABCD/–E
7	/D）*E#	#＋（–	ABC	15	#	#	ABCD/–E*
8	D）*E#	#＋（–/	ABC	16	#	#	ABCD/–E* +

第二步，后缀表达式的求值。

把中缀表达式变为相应的后缀表达式后，根据后缀表达式计算表达式的值就比较简单。

算法思想：

设置一个堆栈，从左到右依次扫描后缀表达式，每读到一个操作数就将其插入堆栈；每读到一个运算符，就根据运算符的属性从栈顶取出操作数（单元运算符取出一个操作数，双元运算符取出两个操作数，三元运算符取出三个操作数）施以该运算符所代表的操作，并把计算结果作为一个新的操作数插入堆栈（图 3.8 中的 T_i 入栈），一直到后缀表达式读完，如图 3.8 所示。

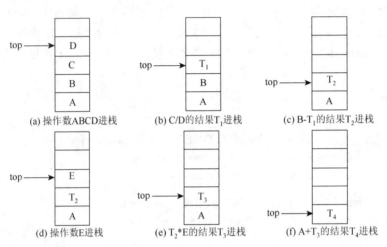

图 3.8　后缀表达式的求值过程

例 3.3　背包问题。

假设有一个能装入总体积为 T 的背包和 n 件体积分别为 $w_1, w_2, \cdots, w_n$ 的物品，能否从 n 件物品中挑选 m（$m \leq n$）件恰好装满背包，即使 $w_1 + w_2 + \cdots + w_m = T$，求所有满足上述条件的解。例如，当 $T = 10$，各件体积为（1，8，4，3，5，2）时，可找到下列四组解：（1，4，3，2）、（1，4，5）、（8，2）和（3，5，2）。

可利用"回溯"的设计思想来解背包问题。首先将物品排成一列，然后顺序选取物品装入背包，假设已选取了前 i（$i \leq m$）件物品之后背包还没有装满，则继续选取第 $i+1$ 件物品，若该件物品"太大"不能装入，则弃置而继续选取下一件，直至背包装满为止。但如果在剩余物品中找不到合适的物品以填满背包，则说明"刚刚"装入背包的那件物品"不合适"，应将它取出"弃置一边"，继续再从"它之后"的物品中选取，如此重复，直到求得满足要求的解，或者"无解"为止。这个"从当前背包中取出物品"再继续搜索的策略称为"回溯"。

例如，对以上给出的数据例子，求解过程中堆栈的变化状态如图 3.9 所示。依次将"0"和"1"入栈（表示将体积为"1"的 0 号物品和体积为"8"的 1 号物品装入背包），此时背包尚未装满，而其余编号为 2、3、4、5 的物品都因为"太大"而不能装入，则将栈顶的"1"退出（表示从背包中取出体积为"8"的 1 号物品），之后依次将"2"和"3"入栈（表示将体积为"4"的 2 号物品和体积为"3"的 3 号物品装入背包），此时因 4 号物品太大不能装入，则舍弃之，而装入 5 号物品，即"5"入栈，至此求得一组解；为了继续求其他解，令"5"出栈，因没有其他可选物品，则"3"继续出栈，之后"4"入栈，求得第二组解；依此类推，直至求得全部解。

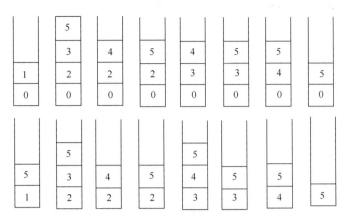

图 3.9 背包问题求解过程中堆栈的变化状况

由于回溯求解的规则为"后进先出"（在此问题中物品取出的顺序恰好和装入的顺序相反），故自然要用到堆栈。

算法思想：

（1）对物品进行顺序编号 $0,1,\cdots,n-1$，且初始化堆栈。

（2）从 0 号物品起顺序选取，若可以装入背包，则将该物品号"0"入栈。

（3）若恰好装满背包（找到一组解）或尚未求得解且已无物品可选时，则从栈顶退出最近装入的物品号（假设为 k），之后继续从第 $k+1$ 件物品起挑选。

（4）若堆栈非空或者还有物品可选，重复（2）和（3）；否则结束。

算法 3.21

```
void knapsack(int w[],int T,int n )
{       //已知 n 件物品的体积分别为  w[0],w[1],…,w[n],背包的总体积为  T,本算法输
        出所有恰好能装满背包的物品组合解
    SqStack S;
    int k;
    InitStack_Sq(S);k=0;                    //从第 0 件物品起考察
    do {
        while(T>0 && k<n )
          { if(T-w[k]>=0 )                  //第 k 件物品可选,则 k 入栈
            { Push_Sq(S,k);T-=w[k];         //背包剩余体积减小 w[k]
            }
            k++;                            //继续考察下一件物品
          }
        if(T==0)    Print(S,w);             //输出一组解,之后回溯寻找下一组解
        Pop_Sq(S,k );T+=w[k];               //退出栈顶物品,背包剩余体积增添 w[k]
```

```
        k++;                                    //继续考察下一件物品
    } while(!StackEmpty_Sq(S)||k!=n );
}//knapsack
```

其中，函数 Print 是为了输出一组解，可设计如下。

算法 3.22

```
void Print(SqStack S，int w[])
{
    int k=S.top;
    while(k>=0)
    cout<<w[S.stack[k--]]<<' ';
    cout<<endl;
}//Print
```

可以使用下面的程序来测试上面的相关算法。

```
typedef int ElemType;                           //链栈元素类型为 int
# include "stdlib.h"                    //该文件包含 malloc()、realloc()和 free()等函数
# include "iomanip.h"                   //该文件包含标准输入、输出流 cin 和 cout 及 setw()
# include "SqStack.h"                   //该文件包含顺序栈数据对象的描述及相关操作


void main()
{int w[]={1,8,4,3,5,2},T = 10;//背包总体积为 10
Knapsack(w,T,6);
}
```

程序执行后输出结果如下：

2 3 4 1

5 4 1

2 8

2 5 3

3.3　队　　列

3.3.1　队列的基本概念

1. 队列的定义

与堆栈一样，**队列**也是一种特殊的线性表。在这种线性表中，删除元素操作限定在表的一端进行，而插入元素操作则限定在表的另一端进行。通常把允许插入的一端称为**队尾**（rear），允许删除的一端称为**队首**（front），位于队首和队尾的元素分别称为队首元素与队尾元素。当队列中没有数据元素时称为**空队列**。

　　队列的插入操作通常称为进队或入队，队列的删除操作通常称为退队或出队，队首和队尾随着插入与删除元素操作的进行而变化。

　　根据队列的定义，每次进队的数据元素都放在原队尾之后而成为新的队尾元素，每次出队的数据元素都是原队首元素。这样，最先入队的数据元素总是最先出队，因此队列也称作**先进先出表**。图 3.10 中进队顺序为 ABCDEF，出队顺序也为 ABCDEF。

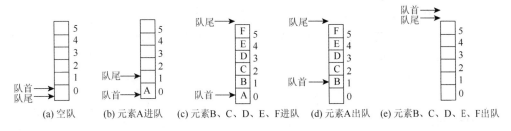

图 3.10　队列的操作示意图

2. 队列的抽象数据类型

　　队列的操作与堆栈一样，也是比较简单的。常见的操作有初始化、进队、出队、判空和取队首元素等。

　　ADT Queue{

　　　Data：

　　　　队列中的数据元素具有相同类型及先进先出特性，相邻元素具有前驱和后继的关系。

　　　Operation：

　　　InitQueue(&Q，maxsize，incresize)

　　　　操作结果：构造一个容量为 maxsize 的空队列 Q。

　　　ClearQueue(&Q)

　　　　初始条件：队列 Q 已存在。

　　　　操作结果：将 Q 清为空队列。

　　　QueueLength(Q)

　　　　初始条件：队列 Q 已存在。

　　　　操作结果：返回 Q 的元素个数，即队列的长度。

　　　EnQueue(&Q，e)

　　　　初始条件：队列 Q 已存在。

　　　　操作结果：插入元素 e 为 Q 的新的队尾元素。

　　　DeQueue(&Q，&e)

　　　　初始条件：Q 为非空队列。

　　　　操作结果：删除 Q 的队首元素，并用 e 返回其值。

　　　GetHead(Q，&e)

初始条件：Q 为非空队列。

操作结果：用 e 返回 Q 的队首元素。

QueueTraverse(Q)

初始条件：队列 Q 已存在且非空。

操作结果：从队首到队尾依次输出 Q 中各个数据元素。

QueueEmpty(Q)

初始条件：队列 Q 已存在。

操作结果：若 Q 为空队列，则返回 true；否则返回 false。

DestroyQueue(&Q)

初始条件：队列 Q 已存在。

操作结果：队列 Q 被撤销，不再存在。

}ADT Queue

3.3.2 队列的顺序存储和基本操作

1. 队列的顺序存储——顺序队列

队列的顺序存储结构简称**顺序队列**，它利用一组地址连续的存储单元依次存放自队首到队尾之间的数据元素。

顺序队列与顺序栈一样，也是顺序表，但与顺序栈不同的是，它的插入和删除元素操作分别在表的两端进行，所以为了便于对队列进行操作，需要确定将顺序表的哪一端作为删除端（队首），哪一端作为插入端（队尾）。通常把顺序表的表头作为删除端，而把顺序表的表尾作为插入端，同时附设指针 front 和 rear，分别指示队首元素和队尾元素在顺序队列中的位置。这样，在描述顺序队列时，比描述顺序栈要多一个信息，即需要两个指针，分别指向队首和队尾，其中指向队首的指针 front 叫作队首指针，指向队尾的指针 rear 叫作队尾指针，如图 3.11 所示。

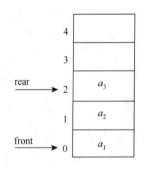

图 3.11   顺序队列存储示意图

顺序队列的删除元素操作（出队）的位置由 front 所指示，而顺序队列的插入元素操作（进队）的位置由 rear 所指示，因而 front 和 rear 的当前位置是非常重要的。在对顺序队列进行初始化时，front 和 rear 的初值习惯都置为 0，表示空队列（不含数据元素的队列）。这样，进队操作时，先把元素插到队尾指针 rear 所指示的位置，然后使 rear 增 1；而出队操作时，先取出队首指针 front 所指示的队首元素，然后使 front 增 1。这样操作的结果是，front 指向真正的队首元素，而 rear 指向真正的队尾元素的下一个位置。

当然，front 和 rear 的初值也可以都置为–1，或者一个置为–1 而另一个置为 0，front 和 rear 的初值一旦确定下来，就决定了进队和出队的操作方式（是先移动队尾或队首指针，还是先插入或删除元素），同时也决定了操作结束后队列的状态（队首指针和队尾指针所指示的位置）。如果队列进行一序列的操作后是图 3.11 所示的状态，则队首指针的初值应为 0，而队尾指针的初值应为–1。

在本书的算法中，约定 front = 0，rear = 0 表示空队列。

在对顺序队列进行操作时也可能发生两种溢出，即"上溢"和"下溢"。因此，在进行进队操作之前要判断顺序队列是否为"队满"，若是，则中止算法的执行或重新申请空间；而在进行出队操作时要判断顺序队列是否为"队空"，若是，则要中止算法的执行。

设存储队列元素的数组长度为 maxsize，则

（1）当 rear≥maxsize 时，表示队满，如图 3.10（c）所示。

（2）当 rear = front 时，表示队空，如图 3.10（a）和（e）所示。

注意：在顺序队列中，front、rear 的值都是数组中的下标，因此，它们都是相对指针。

2. 假溢出

与顺序栈一样，顺序队列的操作也比顺序表简单，因为它不需要寻找插入和删除的位置，而是在队首或队尾位置上进行操作（图 3.10），其基本操作时间复杂度均为 $O(1)$。由于队列的队首和队尾都是活动的，随着队列插入和删除元素操作的进行，整个队列向数组中下标较大的方向移动。元素被插到数组中下标最大的位置上之后，队列的空间就用尽了，即使此时数组的低端（下标较小的方向）还有空闲空间，但如果这时还有元素进队，就会发生"溢出"。显然，这种"溢出"并不是真正的溢出，而是"假溢出"。也就是说，当 rear≥maxsize 时，队首指针 front＞0，即当 rear 已指向数组的最后一个元素的下一个位置时，front 前面还有空闲的空间，这种现象叫作**假溢出**。

如图 3.12 所示，存储队列元素的数组长度为 5，队尾指针 rear = 5，而 front＞0，此时若有元素 F 进队就会发生假溢出。

解决顺序队列假溢出的常用方法有三种。

方法一

修改出队算法。出队操作时，每次出队后都把队列中的剩余数据元素向队首方向移动一个位置。

在这种出队算法的前提下，队首指针固定指在队列的最前端，所以队列中可以不要队首指针。这种算法虽然解决了假溢出，但每次执行出队操作时，队列中的所有元素均应该向队首方向移动一个元素的位置，其时间复杂度为 $O(n)$，这和原来的时间复杂度为 $O(1)$ 的出队算法相比显然时间复杂度大为增加。

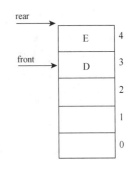

图 3.12　顺序队列的假溢出

方法二

修改进队算法。进队操作时要判断是否队满，当为真溢出时返回"false"；当为假溢出时，把顺序队列中的所有数据元素向队首方向移动 front 个位置，使队首元素位于队列的最前端后，再完成新数据元素的入队操作；当为其他情况时，进队操作算法同前。此算法的时间复杂度也为 $O(n)$。

方法三

顺序循环队列。顺序循环队列方法可以避免以上两种方法的缺点，是实际中最常用的解决假溢出的方法。

3. 顺序循环队列

顺序循环队列方法是把顺序队列构造成一个头尾相连的循环表，即允许队列直接从数组中下标最大的位置延续到下标最小的位置，使用取模操作可以很容易地实现它。在这种方法中，当队列的第 maxsize-1 个位置被占用后，只要队列的前端还有可用的空间，则新的数据元素插入队列下标为 0 的位置。例如，若 maxsize = 6，当原队尾指针 rear = 5 时，则 rear =（rear + 1）%6 = 0，即下次进队位置 rear 为 0。顺序循环队列的一般示意图如图 3.13 所示。

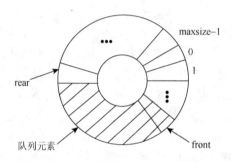

图 3.13 顺序循环队列的一般示意图

从图 3.13 中可以看出，因为 front 和 rear 与 maxsize 取模的结果一定在 0～maxsize-1，所以将 front 和 rear 初始化为数组的任一下标即可。

顺序循环队列解决了顺序队列的假溢出问题，但顺序循环队列的实现还存在一个虽然小却十分重要的问题，就是如何判断队列是空还是满？

假设顺序循环队列的当前状态如图 3.14（a）所示，3 个数据元素 a_4、a_5、a_6 相继入队后呈队满状态 [图 3.14（b）]，此时有

$$rear = front$$

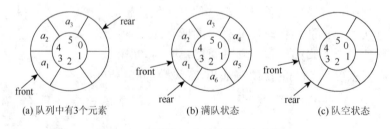

(a) 队列中有3个元素　　　(b) 满队状态　　　(c) 队空状态

图 3.14 顺序循环队列指针的三种情况

当所有数据元素相继出队后呈队空状态 [图 3.14（c）]，此时有

$$rear = front$$

可见，在顺序循环队列中当条件 rear = front 成立时，队列可能为空，也可能为满，即满队列和空队列无法区分。为了在顺序循环队列中区分队空和队满，可以有以下三种方法。

方法一

少用一个存储单元。进队操作时，队尾指针"依环状增 1"，如果此时队尾指针等于队首指针，则说明队列中无可利用空间，即此时队满，见图 3.15（b）。因此，队满条件为

$$(rear + 1)\%maxsize = front$$

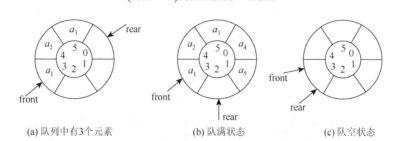

| (a) 队列中有3个元素 | (b) 队满状态 | (c) 队空状态 |

图 3.15　顺序循环队列的判空与判满

如果在没有执行任何操作（进队操作和出队操作）的前提下，队首指针和队尾指针指向同一位置，则表明队列为空，见图 3.15（c）。因此，队空条件为

$$rear = front$$

方法二

设置一个标志位。此方法是在描述队列的结构时，增加一个标志位 tag，并置初值为 0。进队之前需要判满：若标志变量为 1（表示上一次做了进队操作），且队尾指针等于队首指针，则队满；否则元素进队，同时置 tag 为 1。出队之前需要判空：若标志变量为 0（表示上一次做了出队操作），且队尾指针等于队首指针，则队空；否则队首元素出队，同时置 tag 为 0。队空和队满的判断条件分别如下。

队满：tag = 1 且 rear = front。

队空：tag = 0 且 rear = front。

方法三

设置一个计数器。此方法是在描述队列的结构时，增设一个计数器 count，并置初始为 0，每当进队操作成功时就使 count 加 1；每当出队操作成功时就使 count 减 1。这样，count 不仅具有计数的功能，还具有像标志位一样的标志作用，则此时队空和队满的判断条件分别如下。

队空：count = 0。

队满：count > 0 且 rear = front。

在下面所实现的顺序循环队列的操作中，使用的是方法一来判别"队空"与"队满"。

顺序循环队列的结构描述：用 C/C++ 描述顺序循环队列时，需要两个指针成员，一个指向队首，一个指向队尾。

```
# define QUEUE_INIT_SIZE    100//顺序循环队列(默认的)的初始分配最大容量
# define QUEUEINCREMENT    10                //(默认的)增补空间量
```

```
typedef struct {
    ElemType    *queue;                //存储数据元素的一维数组
    int front;                         //队首指针，指向队首元素
    int rear;                          //队尾指针,指向队尾元素的下一个位置
    int queuesize;                     //顺序循环队列当前的最大容量
    int incrementsize;                 //增补空间量
} SqQueue;
```

4. 顺序循环队列的基本操作

顺序循环队列的基本操作与顺序队列基本一样，也比较简单，但在顺序循环队列中要注意两个方面的问题：第一是队首和队尾指针的移动不是简单的加 1，而是加 1 后要与队列的容量进行"模运算"，以保证队首指针和队尾指针在队列的有效下标范围内移动；第二是在动态顺序存储结构中，当进队操作遇"队满"时要"扩容"，而"扩容"后可能需要移动部分元素,这样增加了时间开销,但在其余情况下其基本操作时间复杂度均为 $O(1)$。下面给出顺序循环队列的基本操作的实现。

1）初始化操作

顺序循环队列的初始化就是构造一个空的顺序循环队列 Q，初始分配的最大容量为 maxsize，预设的需要扩容时的增量为 incresize。其主要操作是，申请存储空间，队首指针和队尾指针的初值都置 0。

算法 3.23

void InitQueue_Sq(SqQueue &Q,int maxsize=QUEUE_INIT_SIZE,int incresize=QUEUEINCREMENT)

```
{           //构造一个空顺序循环队列
        Q.queue=(ElemType *)malloc(maxsize*sizeof(ElemType));
        if(!Q.queue)exit(1);
        Q.front=Q.rear=0;
        Q.queuesize=maxsize;
        Q.incrementsize=incresize;
}//InitQueue_Sq
```

2）求队列的长度操作

统计顺序循环队列 Q 中数据元素的个数，并返回统计结果。

算法 3.24

int QueueLength_Sq(SqQueue Q)

```
{
        return(Q.rear-Q.front+Q.queuesize)%Q.queuesize;
}//QueueLength_Sq
```

3）进队操作

将一个新元素插到顺序循环队列 Q 的末尾，成功插入返回 true，否则返回 false。其

主要操作是，判断队列是否已满，若已满，则重新分配空间，然后将进队元素插到队尾指针所指示的位置，再将队尾指针"依环状增 1"。

算法 3.25

```
bool EnQueue_Sq(SqQueue &Q,ElemType e)
{       //插入元素 e 到队尾,成功插入返回 true,否则返回 false
    if((Q.rear+1)%Q.queuesize==Q.front)              //队满,给顺序循环队列增补空间
    { Q.queue=(ElemType *)realloc(Q.queue,(Q.queuesize+Q.incrementsize)*sizeof(ElemType));
        if(!Q.queue)        return false;
        if(Q.front>Q.rear)          //队尾指针在队首指针前面,重新确定队首指针的位置
        {   for(int i=Q.queuesize-1;i>=Q.front;i--)
            //将 Q.front 到 queuesize-1 的元素后移 Q.incrementsize 个位置
                Q.queue[i+Q.incrementsize]=Q.queue[i];
        Q.front+=Q.incrementsize;          //队首指针后移 Q.incrementsize 个位置
        }
        Q.queuesize+=Q.incrementsize;          //队列容量增加 Q.incrementsize
    }
    Q.queue[Q.rear]=e;                      //元素 e 插到队尾
    Q.rear=(Q.rear+1)%Q.queuesize;          //队尾指针顺时针移动一个位置
    return true;
}//EnQueue_Sq
```

说明：（1）"扩容"操作是在原队列的最大下标之后增加 Q.incrementsize 个数据元素的空间。这时，若队首指针在队尾指针的后面，则需要移动部分元素，重新确定队首指针的位置。具体操作是，将队首指针至最大下标之间的所有元素后移 Q.incrementsize 个数据元素的位置，同时队首指针也后移 Q.incrementsize 个数据元素位置，这样做的目的是保证空闲空间在队尾指针的后面。若队首指针在队尾指针的前面，则不需要移动任何元素。

（2）队列的"扩容"操作导致了部分元素的移动，也就增加了算法的时间开销。因此，一般在大多数的问题中，常常根据问题的规模和性质估计出顺序循环队列的尺寸大小，并在进队的算法设计中，队满时的处理是中止算法的执行，这样不仅不需要移动队列中的元素，而且进队算法非常简单。如果实在无法预先估计所用队列可能达到的最大容量，最好还是采用队列的链式存储。

4）出队操作

将顺序循环队列 Q 的队首元素删除，并用 e 返回其值，成功删除返回 true,否则返回 false。其主要操作是，判断队列是否已空，若非空，则先将队首元素取出，然后将队首指针"依环状增 1"。

算法 3.26

```
bool DeQueue_Sq(SqQueue &Q,ElemType &e)
{       //删除队尾元素,并用 e 返回其值,成功删除返回 true;否则返回 false
```

```
    if(Q.front==Q.rear)    return false;              //队空
      e=Q.queue[Q.front];                             //取出队首元素
    Q.front=(Q.front+1)%Q.queuesize;                  //队首指针顺时针移动一个位置
    return true；
  }//DeQueue_Sq
```
5）取队首元素操作

取出顺序循环队列 Q 的队首元素，成功取出返回 true，否则返回 false。其主要操作是，判断队列是否已空，若非空，则将队首元素取出。

算法 3.27
```
bool GetHead_Sq(SqQueue Q,ElemType &e)
{
    if(Q.front==Q.rear)    return false;              //队空
    e=Q.queue[Q.front];
    return true；
}//GetHead_Sq
```
6）判队空操作

判断顺序循环队列 Q 是否为空。若 Q 为空，则返回 true，否则返回 false。

算法 3.28
```
bool QueueEmpty_Sq(SqQueue Q)
{      //队空返回 true,队满返回 false
    return Q.rear==Q.front;
}//QueueEmpty_Sq
```
7）撤销顺序循环队列操作

释放顺序循环队列 Q 所占用的空间。

算法 3.29
```
void DestroyQueue_Sq(SqQueue &Q )
{
    free(Q.queue);
    Q.queuesize=0;
    Q.queue=Null;
    Q.front=Q.rear=0;
}//DestroyQueue_Sq
```
假设顺序循环队列的结构描述和相关操作存放在头文件"SqQueue.h"中，则可用下面的程序测试顺序循环队列的有关操作。
```
typedef int ElemType;           //顺序循环队列元素类型为 int
# include "stdlib.h"            //该文件包含 malloc()、realloc()和 free()等函数
# include "iomanip.h"           //该文件包含标准输入、输出流 cin 和 cout 及 setw()
# include "SqQueue.h"           //该文件包含顺序循环队列数据对象的描述及相关操作
```

```
void main()
{
    SqQueue myqueue;
    int i;
    Elemtype x,a[]={6,8,16,2,34,56,7,10,22,45,62,88};
    InitQueue_Sq(myqueue,10,10);                    //初始化顺序循环队列
    for(i=0;i<12;i++)
    if(!EnQueue_Sq(myqueue,a[i]))                   //a[i]依次进队
            { cout<<"进队失败!"<<endl;
                return;
            }
        if(!GetHead_Sq(myqueue,x))                  //取队首元素并赋值给 x
        {   cout<<"取队首元素失败!"<<endl;
            return;
        }
    cout<<"当前队首数据元素是:"<<x<<endl;
    cout<<"当前顺序循环队列的长度是:"<<QueueLength_Sq(myqueue)<<endl;
    cout<<"依次出队的数据元素序列为:";
    while(!QueueEmpty_Sq(myqueue))                   //判断顺序循环队列是否非空
    {   if(!DeQueue_Sq(myqueue,x))                   //队首元素出队并赋值给 x
        {
        cout<<"出队失败!"<<endl;
        return;
        }
    cout<<x<<' ';
    }
    cout<<endl;
    cout<<"当前顺序循环队列的长度是:"<<QueueLength_Sq(myqueue)<<
            endl;
    cout<<endl;
    DestroyQueue_Sq(myqueue);                        //撤销顺序循环队列
}
```

程序执行后输出结果如下:

当前队首数据元素是：6

当前顺序循环队列的长度是：12

依次出队的数据元素序列为：6 8 16 2 34 56 7 10 22 45 62 88

当前顺序循环队列的长度是：0

总结：对于顺序循环队列 Q 的相关操作，归纳起来主要有以下四个要素。

（1）队空条件：Q.rear = = Q.front。

（2）队满条件：(Q.rear + 1)%maxsize = Q.front。

（3）进队操作：Q.rear = (Q.rear + 1)%Q.queuesize；元素进队。

（4）出队操作：Q.front = (Q.front + 1)%Q.queuesize；元素出队。

3.3.3　队列的链式存储和基本操作

1. 队列的链式存储——链队

队列的链式存储结构简称为**链队**，它实际上也是通过由结点构成的单链表实现的，不同之处在于它只允许在单链表的表尾进行插入操作和在单链表的表头进行删除操作，因此，在一个链队中需要两个指针，即**队首指针** front 和**队尾指针** rear。其中，front 指向队列的当前队首结点位置，rear 指向队列的当前队尾结点位置。

链队也有带头结点的链队和不带头结点的链队，在不带头结点的链队上进行出队操作可以直接删除队首指针所指的结点，因此，链队中没有头结点更方便。图 3.16 所示的就是一个不带头结点的链队。

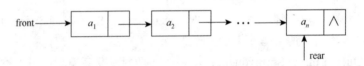

图 3.16　链队存储示意图

链队中的结点结构描述也与单链表一样。因而，链队的结点结构可定义如下：

typedef LinkList QueuePtr;　　　　　　　　　　//链队的结点结构和单链表相同

当然，如果在程序设计时使用 QueuePtr，也需要包含相应的头文件"LinkList.h"。

因为链队的操作位置由队首指针和队尾指针所指示，也可以说是队首指针和队尾指针共同构成了链队，所以在用 C/C++语言描述链队时，常常把队首指针和队尾指针定义在一个结构体类型中，并设该结构体类型用标识符 LinkQueue 表示，如图 3.17 所示（Q 为 LinkQueue 变量），则 LinkQueue 定义如下：

typedef struct {

　　QueuePtr front;　　　　　　　　　　//队首指针

　　QueuePtr rear;　　　　　　　　　　//队尾指针

}LinkQueue;　　　　　　　　　　//链队

图 3.17　链队中队首指针和队尾指针构成结构体

注意：在上面的结构体定义中，front 和 rear 都是结构体成员，不能单独使用，必须与相应的变量名一起使用，如图 3.17 中的 Q.front 和 Q.rear 才是正确的使用方式。

2. 链队的基本操作

链队的基本操作与链栈一样也不需要查找操作的位置，而是在队列的两端进行。不过，进队操作时，空链队与非空链队的操作算法不一致，如图 3.18 和图 3.19 所示；出队操作时，还需要考虑元素出队后队列是否为空的情况，如图 3.20 和图 3.21 所示。因此，在算法设计时要根据不同的情况做不同的处理，下面给出链队的基本操作的实现。

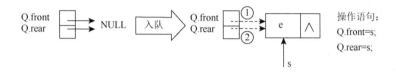

图 3.18　链队为空时的进队情况

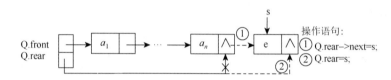

图 3.19　链队非空时的进队情况

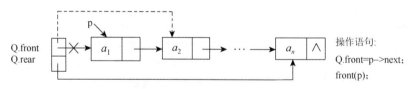

图 3.20　链队出队后队非空情况

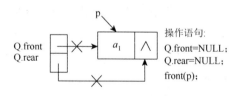

图 3.21　链队出队后队空情况

1）初始化操作

初始化一个不带头结点的链队 Q，其主要操作是，队首指针和队尾指针置空。

算法 3.30

```
void InitQueue_L(LinkQueue &Q)
{
    Q.front=Q.rear=NULL;              //队首指针和队尾指针置空
```

```
}//InitQueue_L
```

2）求链队的长度操作

统计链队 Q 中数据元素的个数，并返回统计结果。其主要操作是，用工作指针遍历整个链队，计数器累加。

算法 3.31

```
int QueueLength_L(LinkQueue Q)
{
    int k=0;
    QueuePtr p=Q.front;
     while(p)
     { k++;
         p=p->next;                              //访问下一个结点
     }
    return k;
}//QueueLength_L
```

3）进队操作

将一个元素 e 插到链队的末尾，成功插入返回 true，否则返回 false。其主要操作是，先创建一个新结点，其 data 域值为 e，然后将该结点作为当前队尾结点的后继插入。

算法 3.32

```
bool EnQueue_L(LinkQueue &Q,ElemType e)
{          //插入元素 e 为链队 Q 中新的队尾元素
    QueuePtr s;
    if((s=(LNode *)malloc(sizeof(LNode)))==NULL)return false;
                            //存储空间分配失败
    s->data=e;              //把 e 的值作为新结点的值域
    s->next=NULL;           //新结点的指针域置空
    if(!Q.rear)             //若链队为空,则新结点既是队首结点又是队尾结点
        Q.front=Q.rear=s;
    else                    //若链队非空,则新结点被链接到队尾并修改队尾指针
        Q.rear=Q.rear->next=s;
  return true;
}//EnQueue_L
```

注意：在链队的进队操作中，要考虑的特殊情况是队列是否为空，若队列为空，则新结点作为新的队首结点和队尾结点（图 3.18）；否则，将新结点链接到队列的末尾，作为新的队尾结点（图 3.19）。

4）出队操作

将链队 Q 的队首结点删除，并用 e 返回其值。成功删除返回 true，否则返回 false。其主要操作是，先将队首结点的 data 域值赋给 e，然后移动队首指针到新的队首，并释放

原队首结点空间。

算法 3.33

```
bool DeQueue_L(LinkQueue &Q,ElemType &e)
{    //删除 Q 的队首元素,并用 e 返回其值。成功删除返回 true,否则返回 false
    QueuePtr p;
    if(!Q.front)return false;              //若链队为空,则返回"假"
    p=Q.front;                             //暂存队首指针以便回收队首结点
    e=p->data;                             //e 返回队首元素的值
    Q.front=p->next;                       //队首指针指向下一个结点
    if(!Q.front)Q.rear=NULL;               //若删除后队列为空，则使队尾指针为空
    free(p);                               //回收原队首结点
    return true;
}//DeQueue_L
```

注意： 在链队的出队操作中，要考虑的特殊情况是队列是否为空，若队列为空，则无法进行删除操作；若队列非空，还要考虑出队后队列是否为空，若出队后队列为空，则队尾指针也置 NULL。

5）取队首元素操作

取出链队 Q 的队首元素，并让 e 返回其值。成功取出返回 true，否则返回 false。

算法 3.34

```
bool GetHead_L(LinkQueue Q,ElemType &e)
{       //取队首元素,并让 e 返回其值
  if(Q.front)                             //队列非空
    {  e=Q.front->data;                   //元素 e 返回其值
       return true;
    }
    else return false;                    //队空,取队首元素失败
}//GetHead_L
```

6）判队空操作

判断链队 Q 是否为空，若链队为空，则返回 true，否则返回 false。

算法 3.35

```
bool QueueEmpty_L(LinkQueue Q)
{
    if(!Q.front)return true;
    else return false;
}//QueueEmpty_L
```

7）撤销链队操作

释放链队 Q 所占用的存储空间。

算法 3.36

```
void DestroyQueue_L(LinkQueue &Q )
{
    QueuePtr p,p1;
    p=Q.front;
    while(p)
    { p1=p;
      p=p->next;
     free(p1);
     }
    Q.front=Q.rear=NULL;
}//DestroyQueue_L
```

与链栈一样，在链队的基本操作中，除求链队的长度操作和撤销操作外，其余对链队的操作的时间复杂度均为 $O(1)$，求链队的长度操作和撤销操作需要遍历整个链队，因而其操作的时间复杂度均为 $O(n)$，其中 n 为链队的长度。

假设链队的结构描述和相关操作存放在头文件"LinkQueue.h"中，且此头文件中的第一个语句为"# include "LinkList.h""，则可用下面的程序测试链队的有关操作。

```
typedef int ElemType;              //链队元素类型为 int
# include "stdlib.h"               //该文件包含 malloc()、realloc()和 free()等函数
# include "iomanip.h"              //该文件包含标准输入、输出流 cin 和 cout 及 setw()
# include "LinkQueue.h"            //该文件包含链队数据对象的描述及相关操作


void main()
  {
  LinkQueue myqueue;
  int i;
  Elemtypex,a[]={6,8,16,2,34,56,7,10,22,45,62,88};
  InitQueue_L(myqueue);                    //初始化链队
  for(i=0;i<12;i++)
  if(!EnQueue_L(myqueue,a[i]))             //a[i]依次进队
      { cout<<"进队失败!"<<endl;
        return;
      }
      if(!GetHead_L(myqueue,x))            //取队首元素并赋值给 x
      {  cout<<"取队首元素失败!"<<endl;
          return;
      }
      cout<<"当前队首数据元素是："<<x<<endl;
```

```
        cout<<"当前链队的长度是: "<<QueueLength_L(myqueue)<<endl;
         cout<<"依次出队的数据元素序列为: ";
        while(!QueueEmpty_L(myqueue))              //判断队列是否非空
        {   if(!DeQueue_L(myqueue,x))              //队首元素出队并赋值给 x
             {   cout<<"出队失败!"<<endl;
                  return;
             }
            cout<<x<<' ';
        }
     cout<<endl;
     cout<<"当前链队的长度是:"<<QueueLength_L(myqueue)<<endl;
     cout<<endl;
     DestroyQueue_L(myqueue);                      //撤销链队
  }
```

程序执行后输出结果如下:

当前队首数据元素是:6

当前链队的长度是:12

依次出队的数据元素序列为:6 8 16 2 34 56 7 10 22 45 62 88

当前链队的长度是:0

总结: 对于链队 Q 的相关操作, 归纳起来主要有以下四个要素。

(1) 队空条件: Q.rear == Q.front == NULL。

(2) 进队操作: 创建新结点 s, 将其插到队尾。

(3) 出队操作: 修改队首指针, 释放队首结点空间。

3.3.4 其他队列

除了上述队列之外, 还有一些限定性数据结构, 它们是双端队列和优先级队列。

双端队列 是指所有的插入和删除元素操作在线性表的两端进行。它可以看成底元连在一起的两个堆栈。它与两栈共享存储空间不同的是,两个堆栈的栈顶指针是往两端延伸的, 如图 3.22 所示。

图 3.22 双端队列示意图

这样的结构最常使用于计算机的 CPU 调度。"CPU 调度"是指在多人使用一个 CPU

的情况下，由于 CPU 在同一时间只能执行同一项工作，故将每个人欲处理的工作先存入队列中，待 CPU 闲置时再从队列中取出一项待执行的工作进行处理。而在双端队列中，两端可输出、输入的结构，恰好符合在 CPU 调度处理上的不同需求。在实际应用中，还可以有输出受限双端队列（允许在一端进行插入和删除，另一端只允许插入的队列）和输入受限双端队列（允许在一端进行插入和删除，另一端只允许删除的队列）。

优先级队列是带有优先级的队列。队列是数据元素的先进先出表，即最先进入队列的元素将最先被删除。但在有些软件系统中，有时也要求把进入队列中的元素分优先级，出队时首先选择优先级最高的元素出队（优先级高的元素被先服务），对优先级相同的元素则按先进先出的原则出队。显然，优先级队列和一般队列的主要区别是，优先级队列的出队操作不一定是让队首元素出队，而是让队列中优先级最高的数据元素出队，同优先级的情况下才按先进先出的原则出队。在操作系统中，优先级队列可以用来记录进程表，其后按其优先级调试执行。例如，大多数操作系统将打印进程的优先级放在其他进程之下。

这两种队列的存储结构与运算，在此不做深入的讨论。

3.4　队列的应用举例

队列的应用很广，如操作系统中各种资源请求的排队和各种数据缓冲区的先进先出管理，各种应用系统的事件规划、事件模拟，树类和图类问题中的一些非递归搜索算法等。本节分别以划分无冲突子集问题和事件规划问题为例来说明队列的具体应用。

例 3.4　运动会比赛日程安排，即划分无冲突子集问题。

某运动会设立 N 个比赛项目，每个运动员可以参加 1~3 个项目。试问如何安排比赛日程，既可以使同一运动员参加的项目不安排在同一单位时间进行，又使总的竞赛日程最短？

若将此问题抽象成数学模型，则归属于"划分无冲突子集"问题。有同一运动员参加的项目则抽象为"冲突"关系，N 个比赛项目构成 n 个子集，并使同一子集中的元素均无冲突关系。

假设某运动会设有 9 个项目，$A = \{0, 1, 2, 3, 4, 5, 6, 7, 8\}$，7 名运动员报名参加的项目分别为(1, 4, 8)、(1, 7)、(8, 3)、(1, 0, 5)、(3, 4)、(5, 6, 2)和(6, 4)，则构成一个冲突关系的集合 $R = \{(1, 4)$，$(4, 8)$，$(1, 8)$，$(1, 7)$，$(8, 3)$，$(1, 0)$，$(0, 5)$，$(1, 5)$，$(3, 4)$，$(5, 6)$，$(5, 2)$，$(6, 2)$，$(6, 4)\}$（一对括号中的两个项目不能安排在同一单位时间）。"划分无冲突子集"问题就是将集合 A 划分成 k 个互不相交的子集 $A_1, A_2, \cdots, A_k (k \leqslant n)$，使同一子集中的元素均无冲突关系，并要求划分的子集数目尽可能少。

可利用"过筛"的方法来解决划分无冲突子集问题。从第一个元素开始考虑，凡不和第一个元素发生冲突的元素都可以和它分在同一个子集中，然后再"过筛"出一批互不冲突的元素为第二个子集，依此类推，直至所有元素都进入某个子集为止。

利用顺序循环队列可以实现这个思想。令集合中的元素依次（按元素序号递增）插入队列，之后重复下列操作：让队列中的队首元素出队，成为某个子集中的第一个元素，之后依次让队首元素出队并检查它与当前子集中的元素是否冲突，若不和子集中的任一元素冲突，则将它加入该子集；否则重新"进队"，以等待"下一次"开辟新子集的机会。由于重新进队的元素序号必定小于队尾元素，一旦发现当前出队的元素序号小于前一个出队的元素，就说明已构成一个子集。如此循环直至队列删空为止。

在算法中，可用二维数组 R[N][N] 描述元素的冲突关系矩阵，若序号为 i ($0 \leq i < N$) 的元素和序号为 j ($0 \leq j < N$) 的元素冲突，则 R[i][j] = 1，否则 R[i][j] = 0。上述例子中假设的冲突关系矩阵如图 3.23 所示。

	0	1	2	3	4	5	6	7	8
0	0	1	0	0	0	1	0	0	0
1	1	0	0	0	0	1	0	1	1
2	0	0	0	0	0	1	1	0	0
3	0	0	0	0	1	0	0	0	0
4	0	1	0	1	0	0	1	0	1
5	1	1	1	0	0	0	1	0	0
6	0	0	1	0	1	1	0	0	0
7	0	1	0	0	0	0	0	0	0
8	0	1	0	1	1	0	0	0	0

图 3.23 冲突关系矩阵

当序号为 $j_1, j_2, \cdots, j_k$ 的元素已入组，判别序号为 i 的元素能否入同一组时，需查看 R[i][j_1], R[i][j_2], $\cdots$, R[i][j_k] 的值是否为 "0"。为了减少重复查看 R 数组的时间，可另设一个数组 clash[N]，记录和当前已入组元素发生冲突的元素的信息。每次新开辟一组时，令 clash[N] 数组各分量的值均为 "0"，当序号为 i 的元素入组时，将和该元素发生冲突的信息记入 clash[N] 数组。具体做法是将冲突关系矩阵中下标为 i 的各分量值和 clash[N] 数组对应的分量相加，则数组 clash[N] 中和 i 冲突的相应分量的值就不再是 "0" 而是 "1" 了，由此判别序号为 k 的元素能否加入当前组时，只需要查看 clash[N] 数组中下标为 k 的分量的值是否为 "0" 即可。

算法思想：

（1）前一个出队的元素序号 = n；组号 = 0。

（2）全体元素入队列。

（3）队列非空，则重复以下步骤：①队首元素 i 出队；②如果 i 的序号小于等于前一个出队的元素序号，则开辟新的组（组号加 1），且 clash[N] 数组元素都置 0；③如果 i 能入组，则将 i 入组，记下序号为 i 的元素所属的组号，并将与元素 i 相冲突的信息记录到 clash[N] 数组中，否则 i 重新进队；④前一个出队的元素序号为 i。

算法 3.37

```
void division(int R[N][N],int n,int result[ ],int &group)
{     //已知 R[N][N] 是编号为 0 至 n-1 的 n 个元素的关系矩阵,子集划分的结果记入
      result 数组,result[k] 的值是编号为 k 的元素所属的组号
```

```
        int i,j,pre=n;
        int clash[N];
        SqQueue Q;
        InitQueue_Sq(Q,n+1);                  //设置最大容量为 n+1 的空队列
        for(int e=0;e<n;e++)EnQueue_Sq(Q,e);  //全体项目进队
            while(!QueueEmpty_Sq(Q))
            { DeQueue_Sq(Q,i);
              if(i<=pre )
              { group++;                       //增加一个新的组
                for(j=0;j<n;j++)
                  clash[j]=0;
              }
            if(clash[i]==0)
            { result[i]=group;                 //编号为 i 的元素入 group 组
              for(j=0;j<n;j++)clash[j]+=R[i][j]; //添加和 i 冲突的信息
              }
            else EnQueue_Sq(Q,i);              //编号为 i 的元素不能入当前组,重新进队
          pre=i;
      }
 }
}//division
```

可用下面的程序测试算法 3.37。

```
# define N 9
typedef int ElemType;               //顺序循环队列元素类型为 int
# include "stdlib.h"                 //该文件包含 malloc()、realloc()和 free()等函数
# include "iomanip.h"                //该文件包含标准输入、输出流 cin 和 cout 及控制符 setw()
# include "SqQueue.h"                //该文件包含顺序循环队列数据对象的描述及相关操作


void main()
{ int i,j,result[N],group=0;
  int R[N][N]={{0,1,0,0,0,1,0,0,0},{1,0,0,0,1,1,0,1,1},{0,0,0,0,0,1,1,0,0},
    {0,0,0,0,1,0,0,0,1},{0,1,0,1,0,0,1,0,1},{1,1,1,0,0,0,1,0,0},
    {0,0,1,0,1,1,0,0,0},{0,1,0,0,0,0,0,0,0},{0,1,0,1,1,0,0,0,0}};
        division(R,N,result,group);
        cout<<"总共分"<<group<<"个小组。"<<endl;
        cout<<"分组情况如下:"<<endl;
        for(i=0;i<N;i++)
           cout<<result[i]<<' ';
        cout<<endl;
```

```
       for(i=1;i<=group;i++)
        { cout<<"第"<<i<<"小组的项目为:";
            for(j=0;j<N;j++)
                if(result[j]==i)cout<<j<<' ';
            cout<<endl;
          }
    }
```

程序执行后输出结果如下：

总共分 4 个小组。

分组情况如下：

1 2 1 1 3 3 2 1 4

第 1 小组的项目为:0 2 3 7

第 2 小组的项目为:1 6

第 3 小组的项目为:4 5

第 4 小组的项目为:8

如果利用图 3.23 的冲突关系矩阵执行算法 3.37，则划分第一组元素时，顺序循环队列的状态、数组 clash 和数组 result 的状况如图 3.24 所示，后面各组的划分情况与此类似，所以没有一一列出。

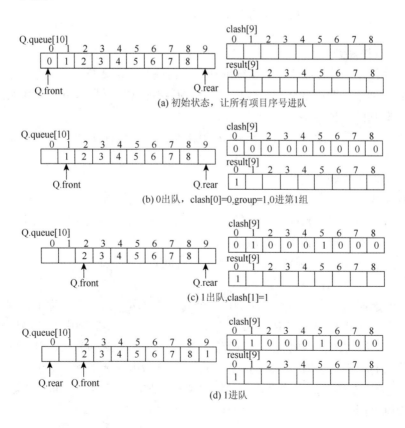

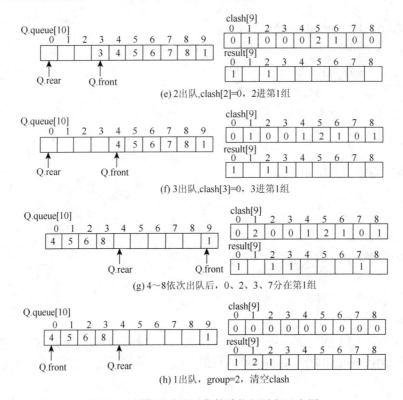

图 3.24　划分无冲突子集算法执行过程示意图

例 3.5　事件规划问题。

在日常生活中，经常会碰到为了维护社会正常秩序而需要排队的情景。这样一类活动的计算机管理通常需要用到队列和线性表之类的数据结构。这里将以一个轮船渡口管理为例，来说明队列的具体应用。

有一个渡口，每条渡轮一次能装载 10 辆汽车过江，过江车辆分为客车和货车两类，上渡轮有如下规定：

（1）同类汽车先到先上船；

（2）客车先于货车上船；

（3）每上 4 辆客车才允许上 1 辆货车，但若等待的客车不足 4 辆，则用货车填补，反过来，若没有货车等待，则用客车填补；

（4）装满 10 辆汽车后则自动开船，当等待时间较长时，车辆不足 10 辆也应人为控制发船。

分析：此题应建立和使用两个队列，一个为客车队列，另一个为货车队列，到渡口需过江的汽车分别进入相应队列中。当渡口有渡轮时，先让客车队列中的 4 辆出队并开进渡轮，再让货车队列中的 1 辆出队并开进渡轮，若某一类车辆队列为空，则从另一个队列中补充。渡轮上的车辆已装满，则自动开船，此时应打印出已装车辆的每个车号。若装载不足 10 辆，但两个车辆队列全为空，应继续等待一段时间，若等待时间较长，仍不满载，则应人为控制开船。

　　在这个应用中,主要有四类"事件",即车到渡口进行登记、渡轮到渡口进行登记、汽车上渡轮和渡轮起航。其中,车到渡口进行登记就是让客车和货车分别进各自所属的队列;渡轮到渡口进行登记,首先要用一个标志来表明渡轮是否到达渡口,如用变量 mark = 1 表示渡轮已到达渡口, mark = 0 表示渡轮已离开渡口,其次还要登记渡轮到达渡口的时间;汽车上渡轮则按问题要求处理客车队列和货车队列需要何时出队,并适时命令渡轮起航;渡轮起航则主要是打印出已装车辆的车号,并让渡轮离开渡口。下面用不同的函数来实现上述功能,同时增加两个函数分别打印渡轮起航时所载汽车的编号和汽车排队等待情况。

算法 3.38

```
void Print(int a[],int n)
{           //输出每次渡轮所载汽车的编号
    long t=time(0);              //当前机器系统时间被保存在 t 中,单位为秒
    cout<<endl;
    cout<<"渡轮开始起航->"<<endl;
    cout<<"本次过江时间:"<<ctime(&t)<<endl;
              //ctime(&t)函数的值为根据参数 t 转换得到的日期和时间的字符串
    cout<<"本次渡轮所载汽车:";
    for(int i=0;i<n;i++)cout<<a[i]<<' ';
    cout<<endl;
}//Print
```

算法 3.39

```
void auto_register(LinkQueue &q1,LinkQueue &q2)
{       //车到渡口进行登记
        int x;
    cout<<"输入车辆号,假定小于 100 为客车,否则为货车,"<<endl;
    cout<<"可以输入多辆车,用空格分开,直至输入-1 为止。"<<endl;
    while(1)
    { cin>>x;
        if(x==-1)break;
        if(x<100)EnQueue_L(q1,x);          //客车进 q1 队
        else EnQueue_L(q2,x);              //货车进 q2 队
    }
}//auto_register
```

算法 3.40

```
void ferry_register(long &t1,int &mark,int &n)
{       //渡轮到渡口进行登记
    if(mark==1)
    { cout<<"渡轮已在渡口等待,不要重复登记!"<<endl;
```

```
            return;
    }
    mark=1;                                    //渡轮到渡口登记
    cout<<"渡轮已到渡口,可以上船!"<<endl;
    n=0;                                       //装载车辆数初始为 0
    t1=time(0);                                //登记渡轮到渡口的时间
}//ferry_register
```

算法 3.41

```
void auto_up_ferry(LinkQueue &q1,LinkQueue &q2,int a[10],int t1,int &mark,int &n)
{           //汽车上渡轮
    int i;
    long t2;
    if(QueueEmpty_L(q1)&&QueueEmpty_L(q2))
    { cout<<"暂无汽车过江!"<<endl;
        if(mark==1&&n!=0)
            { t2=time(0)-t1;                    //计算到目前为止渡轮等待的时间
                cout<<"渡轮未满,有车"<<n<<"辆,已等待"<<t2/60<<"分";
                cout<<t2%60<<"秒,等待其他汽车上渡轮!"<<endl;
            }
            return;
        }
        if(mark!=1)
                { cout<<"渡轮未到,请汽车稍后上渡轮!"<<endl;
                return;
                }
            do
            { i=n%5;
                while(!QueueEmpty_L(q1)&&n<10 && i<4)
                //首先上 4 辆客车
                {   DeQueue_L(q1,a[n++]);
                    i++;
                }
            //满 10 辆开船,打印车辆号,重新对 mark 和 n 清 0,转功能菜单
                if(n==10){Print(a,n);mark=0;n=0;return;}
            //进 4 辆客车则接着进 1 辆货车,不满 4 辆则由货车补
                    if(i==4){ if(!QueueEmpty_L(q2))DeQueue_L(q2,a[n++]);}
                    else
                    { while(!QueueEmpty_L(q2)&& n<10 && i<5)
```

```
                              { DeQueue_L(q2,a[n++]);
                                  i++;
                                }
                            }
                if(n==10){Print(a,n);mark=0;n=0;return;}    //满 10 辆开船
                }while(!QueueEmpty_L(q1)||!QueueEmpty_L(q2));//do-while
            t2=time(0)-t1;                              //登记渡轮等待的时间
            cout<<"渡轮上有车"<<n<<"辆,已等待"<<t2/60<<"分";
            cout<<t2%60<<"秒,等待其他汽车上渡轮!"<<endl;
              return;
    }//auto_up_ferry
```

算法 3.42

```
void ferry_set_sail(int a[10],int &mark,int &n)
{       //命令渡轮起航
    if(n==0||mark==0)
        cout<<"渡轮上无车过江或根本无渡轮!不需要起航!"<<endl;

    else {    Print(a,n);mark=0;n=0;}
}//ferry_set_sail
```

算法 3.43

```
void OutputQueue(LinkQueue &q1,LinkQueue &q2)
{       //输出汽车排队等待情况
    cout<<"客车排队的情况:";
    QueuePtr p=q1.front;
    if(!p)cout<<"暂时无客车等候。"<<endl;
    while(p)
    {cout<<p->data<<' ';
        p=p->next;
    }
    cout<<endl;
    cout<<"货车排队的情况:";
    p=q2.front;
    if(!p)cout<<"暂时无货车等候。"<<endl;
    while(p)
    { cout<<p->data<<' ';
      p=p->next;
    }
    cout<<endl;
}//OutputQueue
```

算法 3.44

```
void end_run(LinkQueue &q1,LinkQueue &q2,int n)
{          //结束程序运行
    if(!QueueEmpty_L(q1)||!QueueEmpty_L(q1))
    {cout<<"还有汽车未渡江,暂不能结束。"<<endl;
        return;
    }
    if(n!=0)
    {   cout<<"渡轮上有车,不能结束,需命令开渡轮!"<<endl;
        return;
    }
    cout<<"程序运行结束!"<<endl;
    exit(0);
}//end_run
```

调用上述算法的主函数设计如下(包括相关预处理命令)。

```
typedef int ElemType;        //链队元素类型为 int
# include "stdlib.h"         //该文件包含 malloc()、realloc()和 free()等函数
# include "iomanip.h"        //该文件包含标准输入、输出流 cin 和 cout 及 setw()等
# include "time.h"           //此头文件中包含有 time 函数、ctime 函数的声明
# include "LinkQueue.h"      //该文件包含链队数据对象的描述及相关操作


void main()
{
    LinkQueue q1,q2;         //q1 和 q2 队列分别存储待渡江的客车和货车
    InitQueue_L(q1);         //初始化 q1
    InitQueue_L(q2);         //初始化 q2
    int flag,mark=0;         //flag 保存用户选择,mark 登记渡轮是否到渡口
    int a[10],n=0;           //数组 a 记录渡轮上的每个汽车号,n 记录汽车的个数
    long t1;                 //t1 登记时间
    do{                      //显示功能菜单并接受用户选择
        cout<<"功能菜单:"<<endl;
        cout<<"1---车到渡口进行登记"<<endl;
        cout<<"2---渡轮到渡口进行登记"<<endl;
        cout<<"3---汽车上渡轮"<<endl;
        cout<<"4---命令渡轮起航"<<endl;
        cout<<"5---输出当前汽车排队情况"<<endl;
        cout<<"6---结束程序运行"<<endl<<endl;
        cout<<"请输入你的选择(1-6):";
```

```
        do{
            cin>>flag;
            if(flag<1||flag>6)cout<<"输入菜单号错,重输:";
            }while(flag<1||flag>6);            //内层 do-while
        //根据不同问题进行相应处理
        switch(flag)
        {case 1:auto_register(q1,q2);break;
         case 2:ferry_register(t1,mark,n);break;
         case 3:auto_up_ferry(q1,q2,a,t1,mark,n);break;
         case 4:ferry_set_sail(a,mark,n);break;
         case 5:OutputQueue(q1,q2);break;
         case 6:end_run(q1,q2,n);break;
         }
        }while(1);                    //外层 do_while
        DestroyQueue_L(q1);
        DestroyQueue_L(q2);
}
```

程序执行后输出结果如下:

功能菜单:

1---车到渡口进行登记

2---渡轮到渡口进行登记

3---汽车上渡轮

4---命令渡轮起航

5---输出当前汽车排队情况

6---结束程序运行

请输入你的选择(1-6):<u>1</u>↙

输入车辆号,假定小于 100 为客车,否则为货车,

可以输入多辆车,用空格分开,直至输入–1 为止。

<u>10 20 120 240 40 50 360 480 60 70 90 300-1</u>↙

功能菜单:

1---车到渡口进行登记

2---渡轮到渡口进行登记

3---汽车上渡轮

4---命令渡轮起航

5---输出当前汽车排队情况

6---结束程序运行

请输入你的选择(1-6):2↙

渡轮已到渡口,可以上船!

功能菜单:

1---车到渡口进行登记

2---渡轮到渡口进行登记

3---汽车上渡轮

4---命令渡轮起航

5---输出当前汽车排队情况

6---结束程序运行

请输入你的选择(1-6):3↙

渡轮开始起航->

本次过江时间:Tue aug 19 13:55:55 2008

本次渡轮所载汽车:10 20 40 50 120 60 70 90 240 360

功能菜单:

1---车到渡口进行登记

2---渡轮到渡口进行登记

3---汽车上渡轮

4---命令渡轮起航

5---输出当前汽车排队情况

6---结束程序运行

请输入你的选择(1-6):5↙

客车排队的情况:暂时无客车等候。

货车排队的情况:480 300

功能菜单:

1---车到渡口进行登记

2---渡轮到渡口进行登记

3---汽车上渡轮

4---命令渡轮起航

5---输出当前汽车排队情况

6---结束程序运行

请输入你的选择(1-6):6↙

程序运行结束!

习 题 3

一、选择题

1. 在解决计算机主机与打印机之间速度不匹配问题时通常设置一个打印数据缓冲区，主机将要输出的数据依次写入该缓冲区，而打印机则从该缓冲区中取出数据打印。该缓冲区应该是一个_____结构。

A. 堆栈   B. 队列   C. 数组   D. 线性表

2. 若用单链表来表示队列，则最合适的选择是选用_____。

A. 带尾指针的非循环链表   B. 带尾指针的循环链表

C. 带头指针的非循环链表   D. 带头指针的循环链表

3. 若用一个大小为6的数组来实现顺序循环队列，且当 rear 和 front 的值分别为 0 和 3，若从队列中删除一个元素，再加入两个元素后，rear 和 front 的值分别为多少_____。

A. 1 和 5   B. 2 和 4   C. 4 和 2   D. 5 和 1

4. 设栈的输入序列是（1、2、3、4），则_____不可能是其出栈序列。

A. 1243   B. 2134   C. 1432   D. 4312

5. 设栈 S 和队列 Q 的初始状态为空，元素 e1,e2,e3,e4,e5 和 e6 依次通过栈 S，一个元素出栈后即进入队列 Q，若 6 个元素出队的序列是 e2,e4,e3,e6,e5,e1，则栈 S 的容量至少应该是_____。

A. 6   B. 4   C. 3   D. 2

6. 一般情况下，将递归算法转换成等价的非递归算法应该设置_____。

A. 堆栈   B. 队列   C. 堆栈或队列   D. 数组

7. 设计一个判别表达式中左、右括号是否配对出现的算法，采用_____数据结构最佳。

A. 线性表的顺序存储结构   B. 队列

C. 线性表的链式存储结构   D. 栈

8. 用不带头结点的单链表存储队列时，其队首指针指向队首结点，其队尾指针指向队尾结点，则在进行删除操作时_____。

A. 仅修改队首指针   B. 仅修改队尾指针

C. 队首、队尾指针都要修改   D. 队首、队尾指针可能都要修改

9. 设顺序循环队列中数组的下标范围是 0~n-1，其首尾指针分别为 f（指向真正的队首元素）和 r（指向真正的队尾元素的下一个位置），则其元素个数为_____。

A. r-f   B. r-f+1   C. (r-f) mod n+1   D. (r-f+n) mod n

10. 若用数组 S[1..n] 作为两个栈 S1 和 S2 的共同存储结构，对任何一个栈，只有当 S 全满时才不能作入栈操作。为这两个栈分配空间的最佳方案是_____。

A. S1 的栈底位置为 0，S2 的栈底位置为 n+1

B. S1 的栈底位置为 0，S2 的栈底位置为 n/2

C. S1 的栈底位置为 1，S2 的栈底位置为 n

D. S1 的栈底位置为 1，S2 的栈底位置为 n/2

二、填空题

1. 用 S 表示入栈操作，X 表示出栈操作，若元素入栈顺序为 1234，为了得到 1342 的出栈顺序，相应的 S 和 X 操作串为_____。

2. 若 a=1，b=2，c=3，d=4，则后缀式 db/cc*a-b*+的运算结果是_____。

3. 用长度为 n 的数组（下标从 0 开始）实现顺序循环队列时，为实现下标变量 m 加 1 后在数组有效下标范围内循环，可采用的表达式是 m=_____。

4. 队列是特殊的线性表，其特殊性在于_____。

5. 两个栈共享一个向量空间，top1 和 top2 分别为指向两个栈顶元素的指针，则"栈满"的判定条件是_____。

三、算法设计题

1. 假设一个算术表达式中包含圆括号、方括号和花括号三种类型的括号，编写一个判别表达式中括号是否正确配对的算法。

2. 假设以带头结点的单循环链表实现链式队列，并且要求只设尾指针，不设头指针，编写实现这种链式队列初始化操作、入队列操作和出队列操作的算法。

3. 从键盘上输入一批整数，然后按照相反的次序打印出来。

4. 有 m 个连续单元供一个栈与队列使用，且栈与队列的实际占用单元数并不知道，但是要求在任何时刻它们占用的单元数总量不超过 m，试写出上述栈与队列的插入算法。

5. 在解决顺序循环队列判空与判满的方法中，有一种是设置标志位，以标志位 0 或 1 来区分队首指针和队尾指针值相同时队列是空还是满。编写与此结构相对应的初始化、进队和出队的算法。

6. 在解决顺序循环队列判空与判满的方法中，有一种是设置计数器，以计数器的值是 0 或非 0 来区分队首指针和队尾指针值相同时队列是空是满。编写与此结构相对应的初始化、进队和出队的算法。

7. 假设将顺序循环队列定义为：以域变量 rear 和 length 分别指示顺序循环队列中队尾元素的位置和内含元素的个数。试给出此顺序循环队列的队满条件，并写出相应的初始化、进队和出队的算法（在出队列的算法中要返回队头元素）。

8. 假设称正读和反读都相同的字符序列为"回文"，例如，"abba"和"abcba"是回文，而"abcde"和"ababab"则不是回文。试写一个算法判别读入的一个以′@′为结束符的字符序列是否是"回文"。

9. 输入 n（由用户输入）个 10 以内的数，每输入 i(0≤i≤9)，就把它插入到第 i 号队列中。最后把 10 个队列中非空队列，按队列号从小到大的顺序收集起来，构建成一个链表，并输出该链表中的所有元素。

10. 请利用两个栈 S1 和 S2 来模拟一个队列。已知栈的三个运算定义如下：Push(S, e)：元素 e 入 S 栈；Pop(S, e)：S 栈顶元素出栈，赋给变量 e；StackEmpty(S)：判 S 栈是否为空。那么如何利用栈的运算来实现该队列的三个运算：EnQueue(Q，e)：插入一个元素入队列；DeQueue(Q，e)：删除一个元素出队列；QueueEmpty(Q)：判队列为空（请写明算法的思想及必要的注释）。

第4章　串

4.1　串的基本概念

4.1.1　串的定义

串（string）是由 $n(n \geqslant 0)$ 个字符组成的有限序列，一般记为

$$S = "a_1 a_2 \cdots a_n"$$

其中，S 是串名；双引号括起来的字符序列是串的值；$a_i (1 \leqslant i \leqslant n)$ 可以是英文字母、数字字符或其他字符，其值均取自某个字符集；串中字符的个数 n 称为串的长度；n 为 0 时是空串。

1. 主串与子串

串中任意个连续的字符组成的子序列称为该串的**子串**，包含子串的串相应地称为**主串**。通常称字符在串中的序号为该字符在串中的位置。空串是任何串的子串。一个串 S 也可以看成自身的子串，除本身之外的其他子串都称为**真子串**。

2. 子串的定位

子串在主串中的位置指的是该子串的第一个字符在主串中第一次出现的位置。

3. 串的比较

串与串之间是可以进行比较的，它是通过组成串的字符之间的编码来进行的，而字符的编码指的是字符在对应字符集中的序号。

计算机上常用的字符集是标准 ASCII 码，由 7 位二进制数表示一个字符，总共可以表示 128 个字符。扩展 ASCII 码由 8 位二进制数表示一个字符，总共可以表示 256 个字符，足够表示英语和一些特殊符号，但无法满足国际需要。Unicode 由 16 位二进制数表示一个字符，总共可以表示 2^{16} 个字符，即 65.5 万多个字符，能够表示世界上所有语言的所有字符，因而，它是目前国际统一使用的一种编码。为了保持兼容性，Unicode 字符集中的前 256 个字符与扩展 ASCII 码完全相同。

给定两个串：$X = "x_1 x_2 \cdots x_n"$，$Y = "y_1 y_2 \cdots y_m"$，则当 $n = m$ 且 $x_1 = y_1, x_2 = y_2, \cdots, x_n = y_m$ 时，称 X = Y。

当下列条件之一成立时，称 X < Y。

（1）$n < m$，且 $x_i = y_i (i = 1, 2, \cdots, n)$；

（2）存在某个 $k \leqslant \min\{m, n\}$，使得 $x_i = y_i (i = 1, 2, \cdots, k-1), x_k < y_k$。

例如，有如下一些串：

S1 = "I am a student";

S2 = "child";

S3 = "a";

S4 = "student";

S5 = "student ";

S6 = "child";

S7 = "chald"。

在上面的这七个串中，S1 是 S3 和 S4 的主串，子串 S3 在主串 S1 中的位置为 3，子串 S4 在主串 S1 中的位置为 8，S5 不是 S1 的子串。S4 的长度是 7，S5 的长度是 8，S2 = S6，S4 和 S5 不相等，S4＜S5，S2＞S7。

4. 空格串

由一个或多个空格符组成的串称为**空格串**，空格串的长度为串中空格字符的个数。空格串不等于空串。

注意：①双引号是定界符，不属于串的内容。②串中英文字母有大小写之分，如"Ab"和"ab"是两个不同的串。③空串和空格串是两个不同的概念。空串的串长为 0，即串中不包含任何字符，而空格串的串长大于或等于 1，即空格串中含有若干个空格符。

4.1.2　串的抽象数据类型

串是数据元素固定为字符型的线性表，因此串的抽象数据类型与线性表类似，只不过是对串的操作常常是以"串的整体"或"子串"为操作对象，而线性表的操作大多以"单个数据元素"为操作对象。

ADT String{

Data：

　串中的数据元素仅由一个字符组成，相邻元素具有前驱和后继的关系。

Operation：

　StrAssign(&S，chars)

　　初始条件：chars 是字符串常量。

　　操作结果：把 chars 赋为串 S 的值。

　StrCopy(&S，T)

　　初始条件：串 T 存在。

　　操作结果：由串 T 复制得串 S。

　StrEmpty(S)

　　初始条件：串 S 存在。

　　操作结果：若 S 为空串，则返回 true，否则返回 false。

StrLength(S)

    初始条件：串 S 存在。

    操作结果：返回 S 的元素个数，即串的长度。

StrCompare(S，T)

    初始条件：串 S 和 T 存在。

    操作结果：若 S<T，则返回值<0；若 S = T，则返回值 = 0；若 S>T，则返回值>0。

StrConcat(&S，T)

    初始条件：串 S 和 T 存在。

    操作结果：用 S 返回由 S 和 T 连接而成的新串。

SubString(S，&Sub，pos，len)

    初始条件：串 S 存在，$1 \leqslant pos \leqslant StrLength(S)$，且 $0 \leqslant len \leqslant StrLength(S) - pos + 1$。

    操作结果：用 Sub 返回串 S 的从第 pos 个字符起长度为 len 的子串。

Index(S，T，&pos)

    初始条件：串 S 和 T 存在，且 T 是非空串，$1 \leqslant pos \leqslant StrLength(S)$。

    操作结果：若主串 S 中存在和串 T 值相同的子串，则由 pos 返回它在主串 S 中第一次出现的位置，函数值为 true，否则函数值为 false。

StrInsert(&S，pos，T)

    初始条件：串 S 和 T 存在，$1 \leqslant pos \leqslant StrLength(S) + 1$。

    操作结果：在串 S 的第 pos 个字符之前插入串 T。

StrDelete(&S，pos，len)

    初始条件：串 S 存在，$1 \leqslant pos \leqslant StrLength(S) - len + 1$。

    操作结果：从串 S 中删除从第 pos 个字符起长度为 len 的子串。

Replace(&S，T，V)

    初始条件：串 S、T 和 V 存在，T 是非空串。

    操作结果：用 V 替换主串 S 中出现的所有与 T 相等的不重叠的子串。

StrTraveres_Sq(S)

    初始条件：串 S 已存在。

    操作结果：依次输出串 S 中的每个字符。

DestroyString(&S)

    初始条件：串 S 存在。

    操作结果：串 S 被撤销。

}ADT String

    对于串的基本操作集，可以有不同的定义方法，各种程序设计语言都有自己的串操作函数，如在 C/C + + 中，函数 strcpy（）既可以实现 StrAssign（把一个串常量赋给串变量），也可以实现 StrCopy（串变量之间的赋值）。在实际应用中，既可以直接调用各种程序设计语言中定义的串操作函数，也可以根据自己的需要定义串的基本操作集。

    一般来说，串赋值 StrAssign、串拷贝 StrCopy、串比较 StrCompare、求串长 StrLength、

串连接 StrConcat 及求子串 SubString 等操作可以构成串结构的最小操作子集，即这些操作不能用其他串操作来实现，反之，其他串操作（除串撤销 DestroyString 外）均可在这个最小操作子集上实现。例如，4.2 节中的算法 4.10（串置换操作）就是调用串的定位操作、串插入操作和串删除操作来实现的。

4.2　串的顺序存储和基本操作

在早期的计算机语言中，串只允许作为输入、输出的常量出现，因此只需作为一个字符序列存储。但目前的大多数高级程序设计语言中，串是一种操作对象，和程序中出现的其他变量一样，可以允许有串类型的变量，操作运算时可以通过串变量名访问串值，如 C++ 中的 string 类。

因为串是特殊的线性表，所以其存储结构与线性表的存储结构类似，只不过由于组成串的数据元素是单个字符，故存储时有一些特殊的技巧。

4.2.1　串的顺序存储——顺序串

串的顺序存储结构简称**顺序串**。与顺序表类似，顺序串用一组地址连续的存储单元来存储串中的字符序列。因此，可用高级语言的字符数组来实现，按其存储分配的不同可以分为静态存储分配的顺序串和动态存储分配的顺序串。

1. 静态存储分配的顺序串

静态存储分配的顺序串主要是用定长字符数组来存储串值，根据串长的表示方法不同可分为以下两种描述方法。

```
# define MaxStrSize 256                //顺序串的最大容量
```
1）直接使用定长的字符数组来定义

这种方法存储的顺序串的具体描述为

```
typedef char SqString[MaxStrSize+1];    //0 号单元存放串的长度
```
在这种形式的定义中，串的实际长度可在预定义的长度范围内随意选择，超过预定义长度的串值则被舍去，称为"截断"。对串长有两种表示方法：一是如上述定义描述的那样，以下标为 0 的数组分量存放串的实际长度，如 Pascal 语言中的串类型采用的就是这种表示方法；二是在串值后面加一个不计入串长的结束标志字符，如在 C/C++ 中以 "\0" 表示串值的结束，此时的串长为隐含值，这给涉及串长的有关操作带来不便。

2）类似静态顺序表的定义

除直接使用定长的字符数组存放串值外，还可用一个整数来表示串的长度，此时顺序串的类型定义完全和顺序表类似。这种方法顺序串的具体描述为

```
typedef struct{
    har str[MaxStrSize];                //顺序串的最大容量
```

```
    int length;                              //顺序串的当前长度
}SSqString;                                  //静态顺序串类型
```

静态存储分配的顺序串都是用定长字符数组存储串值，串的操作比较简单，但因为串值空间的大小已经确定，所以给串的某些操作，如插入、连接、置换等带来不便。

2. 动态存储分配的顺序串

在多数情况下，串的操作是以串的整体或子串形式进行的，在应用程序中，参与运算的串变量之间的长度相差较大，并且在操作中串值长度的变化也比较大，因此为串变量设定固定空间大小的数组不尽合理，需要根据具体情况来决定串空间的大小，这就是动态存储分配的顺序串。

动态存储分配的顺序串完全可用动态存储分配的顺序表 SqList 来表示，这样顺序表的有关操作都可以用来处理顺序串，如初始化、求串长等。在本节中，利用 C/C++ 的函数 malloc() 为每个新产生的串分配一块实际串长所需的存储空间，若分配成功，则返回一个指向起始地址的指针，作为串的基址。这样，当进行串的插入、连接等操作时，再根据实际需要增补空间，以满足插入和连接等操作的需要。所以在描述动态存储分配的顺序串时，当前数组的容量和增补空间量不再作为结构的一部分，其结构的描述如下：

```
typedef struct {
    char    *str;                            //存放非空串的首地址
    int length;                              //存放串的当前长度
}DSqString;                                  //动态顺序串类型
```

动态存储分配的顺序串具有顺序存储结构的优点（随机存取、操作简单），同时串值空间的大小是在程序执行时动态分配而得，这对串的插入、连接、置换等操作非常有利，因此在串处理的应用程序中也常被选用。下面的有关串的基本操作的实现也是以动态顺序串为操作对象的。

4.2.2　顺序串的基本操作

与顺序表一样，顺序串的操作位置任意，但因为对顺序串的操作一般以整串或子串的形式进行，不像顺序表那样以单个元素进行，所以在顺序串中的基本操作比在顺序表中稍微复杂一些。

在以下的操作实现中，先给出串的最小操作子集的实现，然后利用串的最小操作子集来实现串的其他操作。

1. 串赋值操作

串赋值操作就是把一个字符串常量赋值给顺序串 S。成功赋值返回 true，否则返回 false。其主要操作是：①判断顺序串 S 是否非空，若是，则释放其空间（尽管不这样做也不影响操作的执行结果，但适时地进行空闲空间的回收是一个好的编程习惯）；②求串常量的长度，若长度等于 0，就将顺序串 S 置空，否则，以此长度为标准为顺序串 S 申请空间；③把串常量 chars 的值复制到顺序串 S 中去，同时顺序串 S 的长度被赋值为串常量的长度。

可以利用这个操作进行顺序串的初始化。

算法 4.1

```
bool StrAssign_Sq(DSqString &S,char *chars)
{        //将字符串 chars 赋值给顺序串 S
     int i,j;
     char *c;
     for(i=0,c=chars;*c;i++,c++);                    //求 chars 的长度
     if(!i){ S.str=NULL;S.length=0;}                 //S 置为空串
     else {
             if(!(S.str=(char *)malloc(i*sizeof(char))))     //给顺序串 S 申请空间
                 return false;
             for(j=0;j<i;j++)                        //将数组中的字符复制到顺序串 S 中
             S.str[j]=chars[j];
             S.length=i;                             //顺序串 S 的长度为 i
     }
     return true;
}//StrAssign_Sq
```

2. 串复制操作

串复制操作就是把一个顺序串 T 复制到另一个顺序串 S 中，使 S 和 T 具有一样的串值。成功复制返回 true，否则返回 false。其主要操作是：①判断顺序串 S 是否非空，若是，则要释放顺序串 S 原有的空间；②判断顺序串 T 的长度 T.length 是否等于 0，若是，就将顺序串 S 置空，否则，为顺序串 S 申请 T.length 个数据元素的空间；③把顺序串 T 的值复制到顺序串 S 中去，同时顺序串 S 的长度被赋值为 T.length。

算法 4.2

```
bool StrCopy_Sq(DSqString &S,DSqString T)
{        //将顺序串 T 复制到另一个顺序串 S 中,并返回复制后的顺序串 S
   int i;
   if(S.str)free(S.str);                            //释放 S 原有的空间
   if(!T.length){ S.str=NULL;S.length=0;}           //S 置为空串
   else {
      if(!(S.str=(char *)malloc(T.length*sizeof(char))))     //给顺序串 S 申请空间
          return false;
      for(i=0;i<T.length;i++)                       //将顺序串 T 中的字符复制到顺序串 S 中
      S.str[i]=T.str[i];
      S.length=T.length;                            //顺序串 S 的长度为 T.length
```

```
    }
    return true;
}//StrCopy_Sq
```

3. 求串长操作

返回顺序串 S 的长度，即串中包含字符的个数。

算法 4.3
```
int StrLength_Sq(DSqString S)
{
    return(S.length);
}//StrLength_Sq
```

4. 串比较操作

比较顺序串 S 和顺序串 T，若 S＜T，则返回值小于 0；若 S＝T，则返回值等于 0；若 S＞T，则返回值大于 0。其主要操作是，从顺序串 S 的第一个字符和顺序串 T 的第一个字符开始比较，若顺序串 S 的对应字符大于顺序串 T 的对应字符，则返回 1；若顺序串 S 的对应字符小于顺序串 T 的对应字符，则返回–1；若顺序串 S 的对应字符等于顺序串 T 的对应字符，则继续比较下一对字符，直至对应字符不相等或者顺序串 S 或顺序串 T 结束循环终止。若循环终止后，顺序串 S 没有结束，则返回 1；顺序串 T 没有结束，则返回–1；顺序串 S 和顺序串 T 同时结束，则返回 0。

算法 4.4
```
int StrCompare_Sq(DSqString S,DSqString T)
{        //比较顺序串 S 和顺序串 T 的大小
    int i=0;
    while(i<S.length&&i<T.length)              //顺序串 S 和顺序串 T 对应字符进行比较
    {
        if(S.str[i]>T.str[i])return 1;
        else if(S.str[i]<T.str[i])return-1;
        i++;
    }
    if(i<S.length)return 1;
    else if(i<T.length)return-1;
    return 0;
}//StrCompare_Sq
```

5. 串连接操作

将顺序串 T 连接在顺序串 S 之后，并返回连接后的顺序串 S。成功连接返回 true，否则返回 false。其主要操作是：①判断顺序串 T 的长度是否为非 0，若是，则为顺序串 S

增补 T.length 个数据元素的空间；②把顺序串 T 中的所有字符复制到顺序串 S 中去，同时将顺序串 S 的长度增加 T.length。

算法 4.5

```
bool StrConcat_Sq(DSqString &S,DSqString T)
{//将顺序串 T 连接在顺序串 S 之后,并返回连接后的顺序串 S

 int i;
 if(T.length){
   if(!(S.str=(char *)realloc(S.str,(S.length+T.length) *sizeof(char))))     //给串增补空间
   return false;                        //存储空间分配失败
   for(i=0;i<T.length;i++)              //将顺序串 T 中的字符连接在顺序串 S 的后面
     S.str[S.length+i]=T.str[i];
   S.length+=T.length;                  //顺序串 S 的长度增加 T.length
     }
   return true;
}//StrConcat_Sq
```

6. 取子串操作

在顺序串 S 中从第 pos($0 \leqslant pos \leqslant S.length-1$)个位置开始,取长度为 len($0 \leqslant len \leqslant S.length-pos$)的子串 Sub。若取子串的位置 pos 和取子串的长度 len 合理，并且子串的空间分配成功，则由 Sub 返回其值，且函数的返回值为 true；否则，函数的返回值为 false。其主要操作是：①判断取子串的位置 pos 和长度 len 是否合理，若不合理，则返回 false，否则执行②；②判断子串 Sub 是否非空，若是，则释放其空间，否则为子串 Sub 申请 len 个数据元素的空间；③从主串第 pos 个位置开始复制 len 个字符到子串 Sub 中去，同时子串 Sub 的长度被赋值为 len。

注意：顺序串中第一个字符的位置为 0，后面顺序串的相关操作中的 pos 也是以此规定为标准。

算法 4.6

```
bool SubString_Sq(DSqString S,DSqString &Sub,int pos,int len)
{ //在顺序串 S 中从第 pos 个位置开始,取长度为 len 的子串 Sub,并返回 Sub 的值
   int i;
   if(pos<0||pos>S.length-1||len<0||len>S.length-pos)
       return false;                    //取子串的位置或子串的长度不合理
   if(Sub.str)free(Sub.str);            //释放 Sub 原有的空间
   if(!len){ Sub.str=NULL;Sub.length=0;}  //置 Sub 为空子串
   else {
     if(!(Sub.str=(char *)malloc(len*sizeof(char))))
           return false;
     for(i=0;i<len;i++)                 //将顺序串 S 中的 len 个字符复制到 Sub 中
```

```
            Sub.str[i]=S.str[pos+i];
        Sub.length=len;                              //子串 Sub 的长度为 len
    }
    return true;
}//SubString_Sq
```

7. 子串的定位操作

子串的定位操作也叫作**串查找**操作、**串的模式匹配**操作。它是在主串 S 中查找是否存在和串 T 值相同的子串，若存在，则匹配成功，并由 pos 返回它的第一个字符在主串 S 中第一次出现的位置，否则匹配失败。其主要操作是，将串 S 的第一个字符和串 T 的第一个字符进行比较，若相等，则继续比较两者的后续字符；否则，将串 S 的第二个字符和串 T 的第一个字符进行比较。重复上述过程，若串 T 中的字符全部比较完毕，则本次匹配成功，函数返回 true；否则返回 false。

算法 4.7

```
bool Index_Sq(DSqString S,DSqString T,int i,int &pos)
{   //在主串 S 中查找是否存在子串 T,若存在,则由 pos 返回其位置
    int j=0;                                         //i 和 j 分别扫描主串 S 与子串 T
    while(i<S.length&&j<T.length)
    { if(S.str[i]==T.str[j])                         //对应字符相同,继续比较下一对字符
        { i++;j++;
        }
        else                                         //主串指针回溯,重新开始下一次匹配
        { i=i-j+1;
            j=0;
        }
    }
    if(j==T.length){ pos=i-T.length;return true;}
    else return false;
}//Index_Sq
```

8. 插入子串操作

在顺序串 S 的第 pos(0≤pos≤S.length)个字符之前插入子串 T。若插入位置 pos 合理且顺序串 S 增补空间成功，则由 S 返回插入之后的串值，且函数返回 true；否则，函数返回 false。其主要操作是：①判断插入的位置 pos 是否合理，若不合理，则返回 false，否则执行②；②判断子串 T 是否非空，若是，则为顺序串 S 增补 T.length 个数据元素的空间；③将顺序串 S 中从 pos 位置开始到结束之间的所有字符向后移动 T.length 个数据元素位置；④把子串 T 中的所有字符复制到顺序串 S 第 pos 至 pos + T.length–1 个位置，同时顺序串 S 的长度增加 T.length。

算法 4.8

```
bool StrInsert_Sq(DSqString &S,int pos,DSqString T)
{        //在顺序串 S 的第 pos 个字符之前插入子串 T,并返回插入后的顺序串 S
    int i;
    if(pos<0||pos>S.length)return false; //pos 不合理
    if(T.str){
        if(!(S.str=(char *)realloc(S.str,(S.length+T.length) *sizeof(char))))
                                                    //给顺序串 S 增补空间
                return false;
        for(i=S.length-1;i>=pos;i--)                //为插入子串 T 而腾出位置
            S.str[i+T.length]=S.str[i];
        for(i=0;i<T.length;i++)                     //插入子串 T
            S.str[pos+i]=T.str[i];
        S.length=S.length+T.length;                 //顺序串 S 长度增加 T.length
        }
return true;
}//StrInsert_Sq
```

9. 删除子串操作

从顺序串 S 的第 pos($0 \leqslant pos \leqslant S.length-len$)个字符开始删除长度为 len 的子串。若删除的位置 pos 和长度 len 合理，则进行删除工作，且函数返回 true；否则，函数返回 false。其主要操作是：①判断删除的位置 pos 和长度 len 是否合理，若不合理，则返回 false，否则执行②；②将顺序串 S 中从 pos + len 位置开始到结束的所有字符向前移动 len 个数据元素的位置，同时顺序串 S 的长度减少 len；③将顺序串 S 的存储空间减少 len。

算法 4.9

```
bool StrDelete_Sq(DSqString &S,int pos,int len)
{//从顺序串 S 的第 pos 个字符开始删除长度为 len 的子串,并返回删除后的顺序串 S
    int i;
    if(pos<0||len<0||pos+len>S.length)return false;      //pos 和 len 不合理
    for(i=pos+len;i<=S.length-1;i++)                     //元素前移,删除子串
        S.str[i-len]=S.str[i];
S.str=(char *)realloc(S.str,(S.length-len) *sizeof(char));   //顺序串 S 空间减少 len
    S.length=S.length-len;                               //顺序串 S 长度减少 len
    return true;
}//StrDelete_Sq
```

10. 置换子串操作

用串 V 置换主串 S 中出现的所有与 T 相等的不重叠子串。其主要操作是：①调用子

串的定位函数 Index_Sq()，若函数值为 true，则得到串 T 在主串 S 中的位置 pos；②调用删除子串函数 StrDelete_Sq()，从主串 S 中的位置 pos 开始删除串 T；③调用插入子串函数 StrInsert_Sq()，将串 V 插到主串 S 的第 pos 个字符之前。重复上述过程，直至函数 Index_Sq() 的返回值为 false 终止。

算法 4.10

```
void StrReplace_Sq(DSqString &S,DSqString T,DSqString V)
{    //用串 V 置换主串 S 中出现的所有与 T 相等的不重叠子串,并返回置换后的串 S
    int i=0, pos;
    while(Index_Sq(S,T,i,pos))                    //判断 T 是否为 S 的子串
    { StrDelete_Sq(S,pos,T.length);               //删除子串 T
      StrInsert_Sq(S,pos,V);                      //插入子串 V
      }
}//StrReplace_Sq
```

11. 串的遍历操作

串的遍历操作就是从头到尾扫描顺序串 S，输出顺序串 S 中的各个数据元素的值。

算法 4.11

```
void StrTraveres_Sq(DSqString S)
{
    int i;
     for(i=0;i<S. Length;i++)
      cout<<S.str[i];
     cout<<endl;
}//StrTraveres_Sq
```

12. 串的撤销操作

释放顺序串 S 所占的存储空间，顺序串 S 被撤销。

算法 4.12

```
void DestroyString_Sq(DSqString &S)
{
    free(S.str);
    S.str=NULL;                                   //顺序串 S 置空
    S.length=0;
}//DestroyString_Sq
```

上述关于动态顺序串的主要操作与在顺序表中进行的相关操作的算法思想基本上是一致的，不同之处在于：其一，因为动态顺序串的存储空间分配是以串的实际长度为标准的，所以在有些操作（如插入、连接等）中首先需要根据实际情况增补存储空间；其二，在顺序串的操作中经常是针对串的整体（如串赋值）或串的一部分子串而进行的，这样的

操作相比顺序表要复杂一些。以串插入为例，在串插入操作中，首先要增补存储空间，以便能存放插入后的串，其次是要把从插入位置 pos 到串末尾中的每一个字符向后移动 T.length（子串的长度）个位置（而不是一个位置），以便腾出空间存放子串，最后再把子串中的每一个字符（而不是一个字符）拷贝到主串中的相应位置。所以它的时间开销相比顺序表的插入要多一些，其他操作的情况与此类似。

假设动态顺序串的结构描述和相关操作存放在头文件"DSqString.h"中，则可用下面的程序测试顺序串的有关操作。

```
# include "stdlib.h"//该文件包含 malloc()、realloc()和 free()等函数
# include "iostream.h"              //该文件包含标准输入、输出流 cin 和 cout
# include "DSqString.h"             //该文件包含动态顺序串的相关定义及操作


void main()
{
    DSqString S1,S2,S3,S4;
    StrAssign_Sq(S1,"child");                          //串 S1 赋初值
    StrAssign_Sq(S2,"children");                       //串 S2 赋初值
    StrAssign_Sq(S3,"chinese chair technology ");      //串 S3 赋初值
    StrAssign_Sq(S4, "");                              //串 S4 赋初值
    StrCopy_Sq(S4,S1);                                 //将串 S1 复制到串 S4 中
    cout<<"串 S4 被复制后的值为:";
    StrTraveres_Sq(S4);                                //输出串 S4 的值
    if(StrCompare_Sq(S1,S2)>0)cout<<"串 S1>串 S2"<<endl; //串 S1 与串 S2 比较
    else if(StrCompare_Sq(S1,S2)==0)cout<<"串 S1=串 S2"<<endl;
        else cout<<"串 S1<串 S2"<<endl;
    if(StrConcat_Sq(S3,S4))                            //串 S4 连接在串 S3 之后
    { cout<<"串 S3 与串 S4 连接成功!"<<endl;
        cout<<"串 S3 与串 S4 连接后的值为: ";
        StrTraveres_Sq(S3);
    } else
        cout<<"串连接失败!"<<endl;
    if(SubString_Sq(S3,S4,8,5))        //从串 S3 的第 8 个字符开始取长度为 5 的子串
    {cout<<"取子串成功!";
        cout<<"且取得的子串 S4 的值为:";
        StrTraveres_Sq(S4);
    } else
        cout<<"取子串失败!"<<endl;
    StrAssign_Sq(S1,"ch");                             //串 S1 重新被赋值
    StrAssign_Sq(S2,"abcd");                           //串 S2 重新被赋值
```

```
        cout<<"置换前串 S3 的值为:";
        StrTraveres_Sq(S3);
        StrReplace_Sq(S3,S1,S2);                     //把串 S3 中的子串 S1 置换为串 S2
        cout<<"置换后串 S3 的值为:";
        StrTraveres_Sq(S3);
        DestroyString_Sq(S1);
        DestroyString_Sq(S2);
        DestroyString_Sq(S3);
        DestroyString_Sq(S4);
    }
```

程序执行后输出结果如下：

串 S4 被复制后的值为:child

串 S1<串 S2

串 S3 与串 S4 连接成功!

串 S3 与串 S4 连接后的值为:chinese chair technology child

取子串成功!且取得的子串 S4 的值为:chair

置换前串 S3 的值为:chinese chair technology child

置换后串 S3 的值为:abcdinese abcdair teabcdnology abcdild

上述算法的主要操作全都是由算法的编写者来具体实现的，一般来说，由编写者自己编写算法，可以根据自己的需要确定串的存储方式，以及模块的相关参数和功能，但编程工作量大，调试的周期也长。如果能利用语言本身的函数，编制算法就更为方便，调试更容易，可靠性也更高。因此，除特别需要的场合外，应大力提倡利用语言本身所提供的便利条件。

例如，C 语言的库文件 string.h 中提供了求串长[strlen()]、串拷贝[strcpy()]、串比较[strcmp()]、串查找[strstr()]和串连接[strcat()]等操作；而在 C++中预定义了字符串类 string，string 类提供了对字符串进行处理所需要的操作，如串赋值、取子串、串插入、串删除、求串长等，同时在 string 中提供了一些操作进行串的运算，如 s＋t 的作用就是将串 s 和串 t 连接成一个新串，s＝t 就是把串 t 赋值给串 s，s＝＝t 是比较两串是否相等。总之，在 string 类中提供了非常丰富又方便的串操作。下面的例子就是利用 C++提供的串操作来实现的。

例 4.1　C++中的串操作演示。

```
# include "string"
# include "iostream"
using namespace std;                               //指定名空间,这是 C++的规定

void main()
   {
        string s1="abcd",s2="123",s3;              //串 s1 和串 s2 被赋初值
        cout<<"串 s1 的值为:"<<s1<<endl;             //输出串 s1
        s1=s1+s2;                                   //串 s2 连接在串 s1 之后
```

```
        cout<<"串 s1 和串 s2 连接后的值为:"<<s1<<endl;
        if(s1>s2)cout<<"s1>s2"<<endl;                        //串 s1 和串 s2 进行比较
        else if(s1==s2)cout<<"s1=s2"<<endl;
            else cout<<"s1<s2"<<endl;
        s1.insert(2,s2);                //将串 s2 插到串 s1 中的第 2 个位置之前
        cout<<"插入后的串 s1 为:"<<s1<<endl;
        s3=s1.substr(4,5);                //从串 s1 中第 42 个位置开始取长度为 5 的子串
        cout<<"子串 s3 为:"<<s3<<endl;
}
```

程序执行后输出结果如下:

串 s1 的值为:abcd

串 s1 和串 s2 连接后的值为:abcd123

s1>s2

插入后的串 s1 为:ab123cd123

子串 s3 为:3cd12

4.3　串的链式存储和基本操作

4.3.1　串的链式存储——链式串

串的链式存储结构简称**链式串**。链式串就是用链表来存储串值，由于串结构的特殊性——结构中的每个数据元素是一个字符，则用链表存储串值时，存在一个"结点大小"的问题，即每个结点可以存放一个字符，也可以存放多个字符。图 4.1（a）是结点大小为4（每个结点存放 4 个字符）的链式串，图 4.1（b）是结点大小为 1（每个结点存放 1 个字符）的链式串。通常把结点大小为 1 的链式串称为**单链结构**，而把结点大小大于 1 的链式串称为**块链结构**。在块链结构中，由于串长并不一定是结点大小的整数倍，则链表中最后一个结点不一定全部被串值所占满，此时通常补上"#"或其他的非串值字符（如 C 语言中"'\0'"），表示串值的结束。

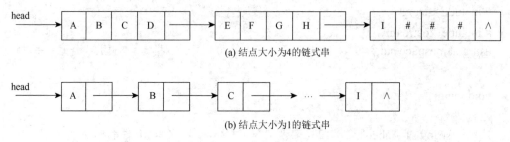

图 4.1　串的链式存储

1. 单链结构

用单链结构表示的链式串的结点结构与单链表一样，其结构描述如下：

```
typedef struct LNode {
    char str;                          //一个结点存放一个字符
    struct LNode *next;
}SNode,*SLinkString;
```

用单链结构表示串，其特点是处理灵活，但空间浪费较大，因为串中指针域占有较多的空间。

2. 块链结构

用块链结构表示串，需要确定结点的大小，如采用块链结构的文本编辑软件系统中，一个结点可以存放 80 个字符。同时，为了便于进行串连接操作，除了头指针外，还增设一个尾指针，另外再增加一个成员以存放当前的串长。其结构描述如下：

```
# define Number 80   //可由用户定义的结点大小
typedef struct Chunk {
    char str[Number];                 //一个结点存放 Number 个字符
    struct Chunk *next;
}Chunk;                               //结点类型定义
typedef struct {
    Chunk    *head,*tail;            //串的头尾指针
    int    length;                   //串的当前长度
}BLinkString;
```

用块链结构表示链式串，其特点是空间利用率高（指针域少），但处理不方便（在操作过程中始终要注意结点的大小，超过其大小，才能进入下一个结点）。但因为在各种串的处理系统中，所处理的串往往很长或很多，如一本书的几百万个字符，Internet 上成千上万个网页，此时，如果用链式结构存储串，一般选用块链结构以提高串的存储密度（串的存储密度是串值所占的存储空间与实际分配的存储空间之比）。例如，在采用块链结构的文本编辑软件系统中，可按屏幕宽度设计每个结点存放 80 个字符。

4.3.2 链式串的基本操作

为简单起见，下面以带头结点的单链结构来实现链式串的基本操作，块链结构下的相关操作在此不做讨论。

1. 串赋值操作

串赋值操作就是把一个字符串常量赋值给链式串 S。成功赋值返回 true，否则返回 false。可以利用这个操作进行串的初始化。其主要操作是：①建立链式串 S 的头结点；

②判断串常量 chars 是否为空串，若是，则链式串 S 置空，程序结束，否则执行③；③重复为链式串 S 申请空间，用 chars 中的每一个字符建立一个单链表，直至 chars 结束。所以链式串的赋值操作与第 2 章建立单链表的操作类似。

算法 4.13

```
void StrAssign_L（SLinkString &S,char *chars)
{  //将字符串 chars 赋值给链式串 S
    SLinkString p,q;
    S=(SLinkString)malloc(sizeof(LNode));              //建立链式串 S 头结点
    if(!(*chars))S->next=NULL;                         //链式串 S 置空
    else
    { p=S;                                            //p 始终指向尾结点
       while(*chars)
       { q=(SLinkString)malloc(sizeof(LNode));         //创建新结点
          q->str=*chars;                               //赋元素值
          p->next=q;                                   //插在尾结点之后
          p=q;                                         //p 指向新的表尾
         chars++;
       }
       q->next=NULL;
     }
}//StrAssign_L
```

2. 串复制操作

串复制操作就是把一个链式串 T 复制到另一个链式串 S 中，使 S 和 T 具有一样的串值。成功复制返回 true，否则返回 false。此操作中也要判断链式串 S 是否非空，若是，则要释放链式串 S 的原有空间（保留头结点）。其主要操作是：①判断链式串 S 是否非空，若是，则释放链式串 S 的原有空间；②重复为链式串 S 申请空间，将链式串 T 中的所有字符复制到链式串 S 中去（这其实是单链表的复制操作），直至链式串 T 结束。

算法 4.14

```
void StrCopy_L(SLinkString &S,SLinkString T)
{  //将链式串 T 复制到另一个链式串 S 中,并返回复制后的链式串 S
    SLinkString p,q,r;
    while(S->next)                                    //释放链式串 S 的原有空间,保留头结点
    { p=S;
       S=S->next;
       free(p);
    }
    r=T->next;                                        //r 指向链式串 T 的第一个结点
```

```
    p=S;                              //p 指向链式串 S 的尾结点
    while(r)                          //复制链式串 T 的所有结点
    {   q=(SLinkString)malloc(sizeof(LNode));  //q 指向新创建的结点
       q->str=r->str;
       p->next=q;
       p=q;
        r=r->next;                    //r 指向链式串 T 的下一个结点
    }
    p->next=NULL;
}//StrCopy_L
```

3. 求串长操作

返回链式串 S 的长度,即串中包含字符的个数。此操作与第 2 章中求单链表的长度的操作一样。

算法 4.15
```
int StrLength_L(SLinkString S)
{
    int n=0;
    SLinkString p=S->next;
    while(p)
    {  n++;
       p=p->next;
    }
    return n;
}//StrLength_L
```

4. 串比较操作

比较链式串 S 和链式串 T,若 S<T,则返回值小于 0;若 S=T,则返回值等于 0;若 S>T,则返回值大于 0。此操作与顺序串的串比较操作的思想是一致的,唯一不同的是链式串的遍历是用绝对指针(p 和 q),而顺序串中是用相对指针(i 和 j)。

算法 4.16
```
int StrCompare_L(SLinkString S,SLinkString T)
{          //比较链式串 S 和链式串 T 的大小
    SLinkString p=S->next,q=T->next;
//p、q 分别指向链式串 S 和链式串 T 的第一个结点
    while(p&&q)                                //对应字符进行比较
    {
        if(p->str>q->str)return 1;
```

```
        else if(p->str<q->str)return-1;
        p=p->next;                                    //p 指向下一个结点
        q=q->next;                                    //q 指向下一个结点
    }
    if(p)return 1;
    else if(q)return-1;
    return 0;
}//StrCompare_L
```

5. 串连接操作

将链式串 T 连接在链式串 S 之后，并返回连接后的链式串 S。成功连接返回 true，否则返回 false。其主要操作是：①遍历链式串 S，将指针 q 指向链式串 S 的尾结点；②重复为链式串 S 申请空间，将链式串 T 中的每一个字符链接到链式串 S 的末尾，直至链式串 T 结束。

算法 4.17

```
void StrConcat_L(SLinkString &S,SLinkString T)
{   //将链式串 T 连接在链式串 S 之后,并返回连接后的链式串 S
    SLinkString p,q=S->next,r=T->next;
    //q、r 分别指向链式串 S 和链式串 T 的第 1 个结点
    while(q->next)                                    //q 指向链式串 S 的尾结点
      q=q->next;
    while(r)                                          //复制链式串 T 中所有结点
    { p=(SLinkString)malloc(sizeof(LNode));           //p 指向新结点
      p->str=r->str;
      q->next=p;
      q=p;
      r=r->next;
    }
    q->next=NULL;
}//StrConcat_L
```

6. 取子串操作

在链式串 S 中从第 pos[1≤pos≤StrLength_L(S)]个位置开始，取长度为 len[0≤len≤StrLength(S)–pos + 1]的子串。若取子串的位置 pos 和取子串的长度 len 合理，并且子串的存储空间分配成功，则由 Sub 返回其值，且函数的返回值为 true；否则，函数的返回值为 false。其主要操作是：①判断取子串的位置 pos 和长度 len 是否合理，若不合理，则返回 false，否则执行②；②在链式串 S 中寻找到第 pos 个结点并用指针 p 指示；③判断子串 Sub 是否非空，若是，则释放其空间（保留头结点），否则执行④；④重复为子串 Sub 申

请空间，将主串从第 pos 个位置开始长度为 len 的字符复制到子串 Sub 中去。

注意：链式串中第一个字符的位置为 1，后面的相关操作中的 pos 也是以此规定为标准的。

算法 4.18

```
bool SubString_L(SLinkString S,SLinkString &Sub,int pos,int len)
{   //在链式串 S 中从第 pos 个位置开始,取长度为 len 的子串 Sub,并返回 Sub
    的值
    SLinkString p,q,r;
    int i;
    if(len<0||len>StrLength_L(S)-pos+1)return false;       //len 的值不合理
    p=S->next;i=1;                         //p 指向链式串 S 的第 1 个结点
    while(p->next&&i<pos)                   //寻找第 pos 个结点,并让 p 指向此结点
      { p=p->next;
           i++;
      }
    if(i!=pos)return false;                 //pos 的位置不合理
    while(Sub->next)                        //释放子串 Sub 原有空间,保留头结点
    {   q=Sub;
        Sub=Sub->next;
        free(q);
    }
    r=Sub;                                  //r 指向子串 Sub 头结点
    for(i=1;i<=len;i++)                     //建立子串 Sub
    {   q=(SLinkString)malloc(sizeof(LNode));
        q->str=p->str;
        r->next=q;
        r=q;
        p=p->next;
    }
    r->next=NULL;
    return true;
}//SubString_L
```

7. 子串的定位操作

子串的定位操作是在主串 S 中查找是否存在和串 T 值相同的子串，若存在，由 pos 返回它的第一个字符在主串 S 中第一次出现的位置，同时函数返回 true，否则函数返回 false。其主要操作是，在主串 S 中从第 i (i 的初值为 1)个字符起，用长度和串 T 相等的子串与串 T 比较，若相等，则求得函数值为 true，且 pos 的值为 i；否则，i 增 1，直至主串

S 中不存在和串 T 相等的子串为止，此时，函数的值为 false。

注意：因为在链式串中查找子串的操作较复杂（其原因是不方便回溯），所以此算法是调用串的其他操作来完成的，这样算法显得简单明了。

算法 4.19

```
bool Index_L(SLinkString S,SLinkString T, int i,int &pos)
{       //在主串 S 中查找是否存在串 T,若存在,则由 pos 返回其位置
    int i;
    SLinkString Sub;
    StrAssign_L(Sub,"");                        //置空串
    for(;i<StrLength_L(S)-StrLength_L(T)+1;i++)
    {
        SubString_L(S,Sub,i,StrLength_L(T));
//从下标 i 开始取长度为 StrLength_L(T)的子串
    if(!StrCompare_L(Sub,T))                    //比较子串 Sub 和串 T
        {   pos=i;
            return true;
        }
    }
    return false;
}//Index_L
```

8. 插入子串操作

在链式串 S 的第 pos[1≤pos≤StrLength_L(S) + 1]个字符之前插入子串 T。若插入位置 pos 合理且链式串 S 增补空间成功，则由 S 返回插入之后的串值，且函数返回 true；否则函数返回 false。其主要操作是：①在链式串 S 中寻找到第 pos–1 个结点并用指针 p 指示，若第 pos–1 个结点没有找到，则返回 false，否则让指针 q 指向第 pos 个结点，然后执行②；②重复为链式串 S 申请空间，将子串 T 中的每一个字符复制到结点中的数据域，然后插到结点 p 和 q 中间，直至子串 T 结束。

算法 4.20

```
bool StrInsert_L(SLinkString &S,int pos,SLinkString T)
{       //在链式串 S 的第 pos 个字符之前插入子串 T,并返回插入后的链式串 S
    SLinkString p,q,r,h;
    int i=0;
    p=S;                                    //p 指向链式串 S 的头结点
    while(p->next&&i<pos-1)                  //寻找第 pos-1 个结点,并让 p 指向此结点
    { p=p->next;i++;}
    q=p->next;                              //q 指向第 pos 个结点
    if(i!=pos-1)      return false;         //pos 的位置不合理
```

```
    r=T->next;                                    //r 指向子串 T 的第一个结点
    while(r)                                       //复制子串 T 中所有结点
    { h=(LNode *)malloc(sizeof(LNode));            //h 指向新结点
      h->str=r->str;
      p->next=h;h->next=q;                         //结点 r 插到结点 p 和结点 q 之间
      p=h;r=r->next;                               //p、r 分别指向链式串 S 和子串 T 的下一个结点
    }
  return true;
}//StrInsert_L
```

9. 删除子串操作

从链式串 S 的第 pos[1≤pos≤StrLength_L(S)−len + 1]个字符开始删除长度为 len 的子串。若删除的位置 pos 和长度 len 合理，则进行删除工作，且函数返回 true；否则函数返回 false。其主要操作是：①判断删除的长度 len 是否合理，若不合理，则返回 false，否则执行②；②在链式串 S 中寻找到第 pos−1 个结点并用指针 p 指示，若第 pos−1 个结点没有找到，则返回 false，否则让指针 q 指向第 pos 个结点，然后执行③；③从链式串 S 中第 pos 个位置开始，删除 len 个结点，并释放其空间。

算法 4.21

```
bool StrDelete_L(SLinkString &S,int pos,int len)
{ //从链式串 S 的第 pos 个字符开始删除长度为 len 的子串,并返回删除后的链式串 S
    SLinkString p=S,q,r;                           //p 指向链式串 S 的头结点
    int i=0;
    if(len<0||len>StrLength_L(S)-pos+1)return false;  //len 的值不合理
    while(p->next->next&&i<pos-1)                   //寻找第 pos−1 个结点,并让 p 指向此结点
    { p=p->next;i++;}
    if(i!=pos-1)return false;                       //pos 的位置不合理
    q=p->next;                                      //q 指向第 pos 个结点
    for(i=1;i<=len;i++)            //从链式串 S 中 q 所指结点开始删除 len 个结点
    {   r=q;
        p->next=q->next;
        q=q->next;
        free(r);
    }
    return true;
}//StrDelete_L
```

10. 置换子串操作

用串 V 置换主串 S 中出现的所有与串 T 相等的不重叠子串。因为置换操作是调用其

他相关函数而实现的，所以链式串的置换操作与顺序串的置换操作的算法一致。

算法 4.22

void StrReplace_L(SLinkString &S,SLinkString T,SLinkString V)

{//用串 V 置换主串 S 中出现的所有与串 T 相等的不重叠子串,并返回置换后的链式串 S

   int   pos=1;

   while(Index_L(S,T,pos))　　　　　　　　　　　　//判断串 T 是否 S 的子串

   {   StrDelete_L(S,pos,StrLength_L(T));　　　　//删除串 T

      StrInsert_L(S,pos,V);　　　　　　　　　　//插入串 V

      is=pos+StrLength_L(V);

   }

}//StrReplace_L

11. 串的遍历操作

链式串的遍历操作就是从头到尾扫描链式串 S,输出链式串 S 中的各个数据元素的值。

算法 4.23

void StrTraveres_L(SLinkString S)

{

   SLinkString p=S->next;

   while(p)

   { cout<<p->str;

     p=p->next;

   }

   cout<<endl;

}//StrTraveres_L

12. 链式串的撤销操作

释放链式串 S 所占的存储空间，链式串 S 被撤销。

算法 4.24

void DestroyString_L(SLinkString &S)

{

   SLinkString p,p1;

   p=S;

   while(p)

   { p1=p;

   p=p->next;

   free(p1);　　　　　　　　　　　　　　　//释放 p1 所指向的空间

   }

   S=NULL;　　　　　　　　　　　　　　　　//S 置空

```
}//DestroyString_L
```

假设链式串的结构描述和相关操作存放在头文件"SLinkString.h"中，则可用下面的
程序测试链式串的有关操作。

```
# include "stdlib.h"                    //该文件包含 malloc()、realloc()和 free()等函数
# include "iostream.h"                  //该文件包含标准输入、输出流 cin 和 cout
# include "SLinkString.h"               //该文件中包含链式串的相关定义及操作


void main()
{
        SLinkString S1,S2,S3,S4;
        StrAssign_L(S1,"child");                         //串 S1 赋初值
        StrAssign_L(S2,"children");                      //串 S2 赋初值
        StrAssign_L(S3,"chinese chair technology ");     //串 S3 赋初值
        StrAssign_L(S4,"");                              //串 S4 置空
        StrCopy_L(S4,S1);                                //将串 S1 复制到串 S4 中
        cout<<"串 S4 被复制后的值为:";
        StrTraveres_L(S4);                               //输出串 S4 的值
        if(StrCompare_L(S1,S2)>0)cout<<"串 S1>串 S2"<<endl;  //串 S1 与串 S2 比较
        else if(StrCompare_L(S1,S2)==0)cout<<"串 S1=串 S2"<<endl;
            else cout<<"串 S1<串 S2"<<endl;
        StrConcat_L(S3,S4);                              //串 S4 连接在串 S3 之后
        cout<<"串 S3 与串 S4 连接后的值为:";
        StrTraveres_L(S3);
        if(SubString_L(S3,S4,9,5))      //从串 S3 的第 9 个字符开始取长度为 5 的子串
        {
        cout<<"取子串成功!";
        cout<<"且取得的子串 S4 的值为:";
        StrTraveres_L(S4);
        }else
        cout<<"取子串失败!"<<endl;
        StrAssign_L(S1,"ch");                            //串 S1 重新被赋值
        StrAssign_L(S2,"abcd");                          //串 S2 重新被赋值
        cout<<"置换前串 S3 的值为:";
        StrTraveres_L(S3);
        StrReplace_L(S3,S1,S2);                          //把串 S3 中的子串 S1 置换为串 S2
        cout<<"置换后串 S3 的值为:";
        StrTraveres_L(S3);
        DestroyString_L(S1);
```

```
        DestroyString_L(S2);
        DestroyString_L(S3);
        DestroyString_L(S4);
}
```

程序执行后输出结果如下：

串 S4 被复制后的值为:child

串 S1< 串 S2

串 S3 与串 S4 连接成功!

串 S3 与串 S4 连接后的值为:chinese chair technology child

取子串成功!且取得的子串 S4 的值为:chair

置换前串 S3 的值为:chinese chair technology child

置换后串 S3 的值为:abcdinese abcdair teabcdnology abcdild

4.4　串的模式匹配算法

在前面介绍的串的基本操作中，子串的定位操作[Index(S，T)]通常称作**串的模式匹配**（其 T 称为**模式串**），模式匹配成功是指在主串 S 中找到一个模式串 T；不成功则指主串 S 中不存在模式串 T，它是各种串处理系统中最重要的操作之一，如传统搜索引擎中的匹配算法就是基于关键字的模式匹配。

模式匹配是一个比较复杂的串操作,许多人对此提出了许多方法和效率各不相同的算法。在此，介绍两种算法，并假设串均采用动态顺序存储结构。

4.4.1　Brute-Force 算法

Brute-Force 算法简称为 BF 算法，它是一种较为简单的模式匹配算法，4.2.2 小节中的算法 4.7 和 4.3.2 小节中的算法 4.19 就是 BF 算法在两种结构下的实现。设有主串 S = "ababcabcacbab"，模式串 T = "abcac"，则采用算法 4.7 的匹配过程如图 4.2 所示。

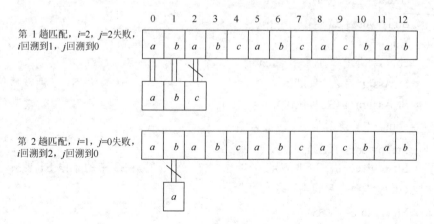

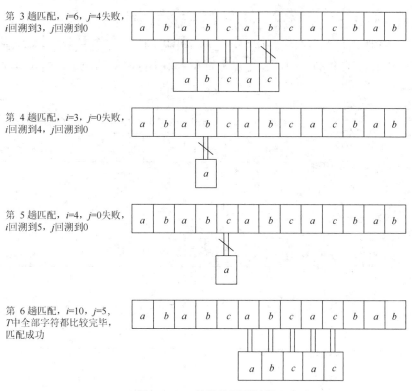

图 4.2 BF 算法的匹配过程

设串 S 长度为 n，串 T 长度为 m，在匹配成功的情况下，考虑以下两种极端情况。

（1）最好情况：每趟不成功的匹配都发生在串 T 的第一个字符。设匹配成功发生在 s_i 处，则在 $i-1$ 趟不成功的匹配中共比较了 $i-1$ 次，第 i 趟成功的匹配共比较了 m 次，所以总共比较了 $i-1+m$ 次，所有匹配成功的可能共有 $n-m+1$ 种，设 s_i 从开始与串 T 匹配成功的概率为 p_i，在等概率情况下，平均的比较次数是

$$\sum_{i=1}^{n-m+1} p_i \times (i-1+m) = \sum_{i=1}^{n-m+1} \frac{1}{n-m+1} \times (i-1+m) = \frac{n+m}{2} = O(n+m)$$

（2）最坏情况：每趟不成功的匹配都发生在串 T 的最后一个字符。设匹配成功发生在 s_i 处，则 $i-1$ 趟不成功的匹配共比较了 $(i-1)m$ 次，第 i 趟成功的匹配共比较了 m 次，所以总共比较了 im 次，由此平均比较的次数是

$$\sum_{i=1}^{n-m+1} p_i \times (i \times m) = \sum_{i=1}^{n-m+1} \frac{1}{n-m+1} \times (i \times m) = \frac{m \times (n-m+2)}{2}$$

因此，该算法在最好情况下的时间复杂度为 $O(n+m)$，在最坏情况下的时间复杂度为 $O(nm)$。由此可知，这个算法虽然简单，易于理解，但效率不高，其主要原因是，主串指针 i 在若干个字符序列进行比较相等后只要有一个字符比较后不等便需回溯。

4.4.2 KMP 算法

KMP 算法是 BF 算法的改进，其改进在于，每当一趟匹配过程中出现字符比较后不

等时，不需回溯 i 指针，而是利用已经得到的"部分匹配"的结果将模式串向右"滑动"尽可能远的一段距离后，继续进行比较，这样主串中的每个字符只参加一次比较。图 4.3 分析了改进的 BF 算法的执行过程，重点考查在主串不回溯的情况下，模式串向右滑动的距离。

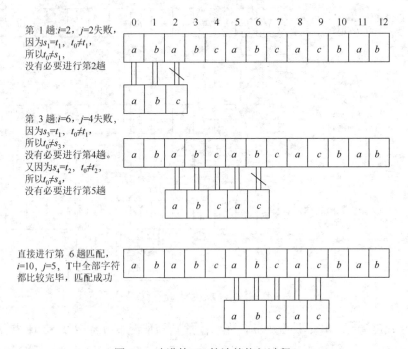

图 4.3　改进的 BF 算法的执行过程

对于一般情况，如果希望某趟在 s_i 和 t_j 匹配失败后，指针 i 不回溯，模式串 T 向右滑动至某个位置 k，使得 t_k 对准 s_i 继续进行匹配。显然，关键问题是如何确定位置 k（比较的新起点）。

在图 4.3 中，在第 3 趟匹配失败时，$s_6 \neq t_4$，此时，$i = 6$，$t_0 \neq s_3$，$t_0 \neq s_4$，而 $t_0 = s_5$，所以 t_1 与 s_6 比较，j 回溯到 1，即模式串向右滑动的距离是 1，如图 4.4 所示。

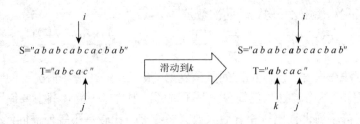

图 4.4　部分匹配时的特征 1 示例

此时，模式串 T 中前 $k-1$ 个字符与主串 S 中位置 i 之前的 $k-1$ 个字符一定相等。由此，得到特征 1：

$$"t_0 t_1 \cdots t_{k-1}" = "s_{i-k} s_{i-k+1} \cdots s_{i-1}" \tag{4.1}$$

在图 4.3 中，当第 3 趟匹配失败时，$s_6 \ne t_4$，此时，匹配失败之前的 $j-1$ 次比较是相等的，即 $"t_0 t_1 \cdots t_{j-1}" = "s_{i-j} s_{i-j+1} \cdots s_{i-1}"$，如图 4.5 所示。

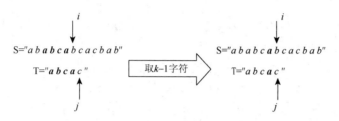

图 4.5　部分匹配时的特征 2 示例

此时，在主串位置 i 之前取 k 个字符，在模式串中位置 j 之前取 k 个字符，两者一定相等。由此，得到特征 2：

$$"t_{j-k} t_{j-k+1} \cdots t_{j-1}" = "s_{i-k} s_{i-k+1} \cdots s_{i-1}" \tag{4.2}$$

由式（4.1）和式（4.2）得到式（4.3）：

$$"t_0 t_1 \cdots t_{k-1}" = "t_{j-k} t_{j-k+1} \cdots t_{j-1}" \tag{4.3}$$

式（4.3）说明了以下两点：

（1）k 与 j 具有函数关系，由当前的失配位置 j，可以计算出滑动位置 k；

（2）模式串中的每一个字符 t_j 都对应一个滑动位置 k 值，而这个 k 值仅依赖于模式串本身字符序列的构成，与主串无关。

式（4.3）提供了求滑动距离的方法，但满足式（4.3）的 k 值可能不止一个，则最大 k 值是滑动距离最远的，即

$$k = \max\{k \mid 0 < k < j \text{ 且 } "t_0 t_1 \cdots t_{k-1}" = "t_{j-k} t_{j-k+1} \cdots t_{j-1}"\}$$

若用 next[j] 表示 t_j 对应的 k 值（$0 \le \mathrm{j} \le m-1$），其定义如下：

$$\text{next}[j] = \begin{cases} -1, & j = 0 \\ \max\{k \mid 0 < k < j \text{ 且 } "t_0 t_1 \cdots t_{k-1}" = t_{j-k} t_{j-k+1} \cdots t_{j-1}"\}, & \text{此集合非空} \\ 0, & \text{其他} \end{cases} \tag{4.4}$$

下面讨论求 next[j] 的算法问题。

从计算 next[j] 值的式（4.4）可以看出，next[j] 的计算是一个递推计算问题。设有 next[j] = k，即在模式串 T 中存在 $"t_0 t_1 \cdots t_{k-1}" = "t_{j-k} t_{j-k+1} \cdots t_{j-1}"(0 < k < j)$，其中 k 为满足等式的最大值，则计算 next[$j+1$] 的值有两种情况：

（1）若 $t_k = t_j$，则表明在模式串 T 中有 $"t_0 t_1 \cdots t_k" = "t_{j-k} t_{j-k+1} \cdots t_j"$，且不可能存在任何一个 $k' > k$ 满足上式，因此有

$$\text{next}[j+1] = \text{next}[j] + 1 = k + 1$$

（2）若 $t_k \ne t_j$，则可把计算 next[$j+1$] 的问题看成一个如图 4.6 所示的模式匹配问题，即把模式串 T' 向右滑动至 $k' = \text{next}[k](0 < k' < k < j)$。若此时 $t_{k'} = t_j$，则表明在模式串 T 中

有 $"t_0 t_1 \cdots t_{k'}" = "t_{j-k'} t_{j-k'+1} \cdots t_j "(0 < k' < k < j)$，因此有

$$next[j+1] = k' + 1 = next[k] + 1$$

若此时 $t_{k'} \neq t_j$，则将模式串 T' 右滑到 $k'' = next[k']$ 后继续匹配。依此类推，直到某次比较有 $t_k = t_j$（此即上述情况），或某次比较有 $t_k \neq t_j$ 且 $k = 0$ 时，有

$$next[j+1]=0$$

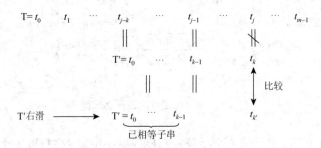

图 4.6　求 next[j + 1]的模式匹配

因此，求子串 next[j]值的算法如下。

算法 4.25

```
void get_next(DSqString T，int next[])
{
    int   j=1,k=0;
    next[0]=-1;
    next[1]=0;
    while(j<T.length)
    {
      if(T.str[j]==T.str[k])
      {
          next[j+1]=k+1;
            j++;k++;
      }
      else if(k==0)
      {
          next[j+1]=0;
          j++;
      }
      else k=next[k];
    }
}//get_next
```

例 4.2　计算 $T = "abaabcac"$ 的 next[j]。

当 $j = 0$ 时，next[0] = −1；

当 $j = 1$ 时，next[1] = 0；

当 $j = 2$ 时，$t_0 \neq t_1$，next[2] = 0；

当 $j = 3$ 时，$t_0 = t_1 = {}'a'$，"$t_0 t_1$"≠"$t_1 t_2$"，next[3] = 1；

当 $j = 4$ 时，$t_0 = t_3 = {}'a'$，"$t_0 t_1$"≠"$t_2 t_3$"，next[4] = 1；

当 $j = 5$ 时，$t_1 = t_4 = {}'b'$，"$t_0 t_1$" = "$t_3 t_4$"，next[5] = next[4] + 1 = 1 + 1 = 2；

当 $j = 6$ 时，$t_0 \neq t_5$，"$t_0 t_1$"≠"$t_4 t_5$"，"$t_0 t_1 t_2$"≠"$t_3 t_4 t_5$"，"$t_0 t_1 t_2 t_3$"≠"$t_2 t_3 t_4 t_5$"，next[6] = 0；

当 $j = 7$ 时，$t_0 = t_6$，"$t_0 t_1$"≠"$t_5 t_6$"，"$t_0 t_1 t_2$"≠"$t_4 t_5 t_6$"，"$t_0 t_1 t_2 t_3$"≠"$t_3 t_4 t_5 t_6$"，next[6] = 1。

因此，有

模式串	a	b	a	a	b	c	a	c
j	0	1	2	3	4	5	6	7
next[j]	−1	0	0	1	1	2	0	1

在求得模式串的 next[j]函数之后，匹配可进行如下：假设 i 指针和 j 指针分别指示主串与模式串中正待比较的字符，令 i 和 j 的初值皆为 0。若有 $s_i = t_j$，则 i 和 j 分别增 1，否则，i 不变，j 退回到 j = next[j]的位置（模式串右滑）；比较 s_i 和 t_j，若相等则指针各增 1，否则 j 再退回到下一个 j = next[j]的位置（模式串继续右滑）；然后继续比较 s_i 和 t_j。依此类推，直到出现下列两种情况之一：一种情况是 j 退回到某个 j = next[j]时有 $s_i = t_j$，则 i 和 j 各增 1 后继续匹配；另一种情况是 j 退回到 j = −1（模式串的第一个字符"失配"），此时令 i 和 j 各增 1，即下一次比较 s_{i+1} 和 t_0。这样的过程一直进行到变量 i 大于等于主串的长度或变量 j 大于等于模式串的长度为止。KMP 算法设计如下。

算法 4.26

```
bool Index_KMP(DSqString S,DSqString T，int next[],int &pos)
{      //利用模式串 T 的 next 函数求模式 T 在主串 S 中的位置
    int i=0,j=0;                        //i 和 j 分别扫描主串 S 与模式串 T
    while(i<S.length&&j<T.length)
    {   if(j==-1||S.str[i]==T.str[j])   //继续比较下一个字符
        {   i++;
            j++;
        }
        else    j=next[j];              //模式串向右移动
    }
    if(j==T.length){ pos=i-T.length;return true;}
    else return false;
}//Index_KMP
```

KMP 算法在形式上与算法 4.7 极为相似。不同之处在于，匹配过程中发生"失配"时，指针 i 不变，指针 j 退回到 next[j]所指示的位置上，重新进行比较，并且当指针 j 退至−1 时，指针 i 和指针 j 需同时增 1。也就是说，若主串的第 i 个字符和模式串的第 1 个字符（下标为 0 的字符）不等，应从主串的第 $i+1$ 个字符起重新进行匹配。

算法 4.25 的时间复杂度为 $O(m)$，算法 4.26 只需要将主串扫描一遍，时间复杂度为 $O(n)$，因此，KMP 算法的时间复杂度是 $O(n+m)$。

另外，虽然算法 4.7 的时间复杂度是 $O(nm)$，但在一般情况下，其实际的执行时间近似于 $O(n+m)$，因此至今仍被采用。KMP 算法仅在模式串与主串之间存在许多"部分匹配"的情况下才显得比算法 4.7 快得多。但是 KMP 算法的最大特点是指示主串的指针不需要回溯，整个匹配过程中，对主串仅需从头到尾扫描一遍，这对处理从外部设备输入的庞大文件很有效，可以边读入边匹配，而无须回头重读。

可用下面的程序测试有关的 KMP 算法。

```
# include "stdlib.h"              //该文件包含 malloc()、realloc()和 free()等函数
# include "iostream.h"            //该文件包含标准输入、输出流 cin 和 cout
# include "DSqString.h"           //该文件中包含动态顺序串的相关定义及操作


void main()
    {
        int next[10],pos;
        DSqString S1,S2,S3;
        StrAssign_Sq(S1,"aild");                 //串 S1 赋初值
        StrAssign_Sq(S2,"children");             //串 S2 赋初值

        get_next(S1,next);
        if(Index_KMP(S2,S1,next,pos))
        cout<<"匹配成功!pos="<<pos<<endl;
        else cout<<"匹配失败!"<<endl;
        StrAssign_Sq(S3,"ild");                  //串 S3 赋初值

        get_next(S3,next);
        if(Index_KMP(S2,S3,next,pos))
        cout<<"匹配成功!pos="<<pos<<endl;
        else cout<<"匹配失败!"<<endl;
        }
```

程序执行后输出结果如下：

匹配失败!

匹配成功!pos=2

4.5　串的应用举例

例 4.3　文本编辑。

文本编辑程序是一个典型的串应用例子。文本编辑程序是一个面向用户的软件，一般

包括两大类：一类用于源程序的输入、修改和输出等；另一类用于信函、报刊、书籍的输入、修改和排版等。在文本编辑程序中把用户输入的所有文本内容作为字符串。虽然各种文本编辑程序的功能有强弱差别，但是其基本操作都包括串的输入、修改、删除（包括整行删除和一行中的子串删除）、查找、替换、输出等。

　　串有顺序存储和链式存储两种存储结构，顺序存储结构中有静态顺序存储结构和动态顺序存储结构，链式存储中有单链结构和块链结构。当采用静态存储结构存储文本时，各种处理较为方便，但系统需预先规定文本的最大行数和每行的最大字符个数，而当采用单链结构存储文本时，串值的存储密度太小。因此，目前在串处理的各种应用程序中，串的动态顺序存储和链式存储中的块链结构常被选用。下面的文本编辑程序以串的块链结构为例。

　　当文本串使用链式存储结构时，可以不预先限制用户输入的最大文本行数，也可以不限制用户每行输入的最大字符个数。当用户键入新的一行时，文本编辑程序就动态申请一块适当的内存空间去保存这一行。当该行内容增多时，程序可动态再增加一块适当的内存空间来存放。当用户删除一行（包括删除一行中的部分内容）时，程序就动态释放相应的内存空间。此时，程序允许的最大行数和每行的最大字符个数可达到具体机器内存的最大容量。显然，一个采用链式存储结构的文本编辑程序性能指标更好。

　　块链结构为满足每行可存储任意多个字符，且存储密度指标较高的要求，可按屏幕宽度设计每个结点存放 80 个字符，每行可有任意多个结点，每行的结点构成一个结点链（块链）。头结点中存放行号和该行的字符个数。链式存储结构为满足可允许输入任意多行的要求，每当产生新的一行时，生成一个新行的头结点和第一个结点，并使头结点自上而下构成链。一个文本串的这样的块链结构如图 4.7 所示。其中头结点的 num 域存放行号，头结点的 len 域存放该行的字符个数，每个结点（不包括头结点）的 str 域存放 80 个字符，每行的最后一个结点的 str 域中存放的字符个数小于等于 80。

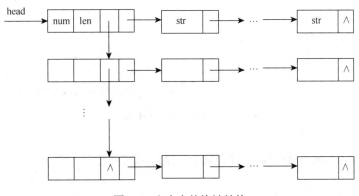

图 4.7　文本串的块链结构

图 4.7 中结点的数据结构为块链结构（Chunk），头结点数据结构定义如下：

```
typedef struct hnode
{
```

```
    int num;                              //行号
    int len;                              //该行字符的个数
    Chunk *next;                          //结点类型
    struct hnode *hnext;                  //指向下一个结点
    }headtype;                            //头结点类型
```

为使问题简化，下面的程序只可对一行进行操作，所以也可以说是行编辑程序，该程序具有行输入、整行删除、文本显示和退出四项功能，程序功能由菜单选择。同时，假设行输入时行号由用户自己输入，整行删除时行号也由用户自己输入。整行删除后，后续行的行号不变动。实际的商品化软件的输入和删除行号均由软件自动捕捉，某行删除后其后续行号均要变动。另外，简化图 4.7 的头结点链式存储结构为头结点数组。简化后有 n 行的文本串块链结构如图 4.8 所示。

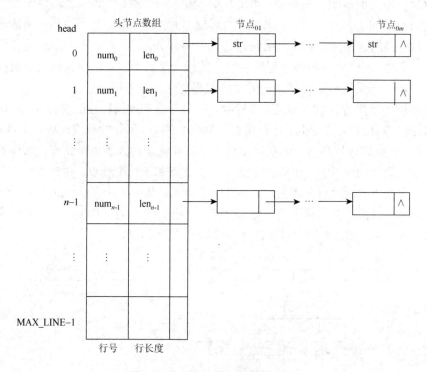

图 4.8　头结点为数组的块链结构

图 4.8 中结点的数据类型定义同图 4.7 中结点的数据类型定义，图 4.8 中头结点数组可定义如下。

```
# define MAX_LINE 1000                    //允许的最大行数
typedef struct
{
    int num;
    int len;
```

```
        Chunk *next;
} headtype;
```

```
headtype Head[MAX_LINE];
```
程序中设一行字符以字符 "'@'" 表示输入结束，且字符 "'@'" 作为行字符串的最后一个字符存入该行最后一个结点中，相关算法设计如下。

算法 4.27
```
void InitiHead()
{       //头结点数组初始化
        int i;
        for(i=0;i<MAX_LINE;i++)
        {
                Head[i].len=0;                              //串长置 0
        }
}//InitiHead
```

算法 4.28
```
int MenuSelect(void)
{       //选择菜单
int i;
i=0;
cout<<endl<<"    主菜单";
cout<<endl<<"1.输入字符串";
cout<<endl<<"2.删除字符串";
cout<<endl<<"3.显示字符串";
cout<<endl<<"4.退出主菜单"<<endl;
while(i<=0||i>4)
  {
      cout<<endl<<"请选择主菜单:";
      cin>>i;
  }
  return(i);
}//MenuSelect
```

算法 4.29
```
void EnterData()
{       //数据输入
    Chunk *p;
    int i,j,m,LineNumber,k;
    char StrBuffer[100];
```

```
    InitiHead();                                      //初始化头结点数组
    while(1)
    { cout<<"请输入行号,退出输入操作请按 0:";
      cin>>LineNumber;
      if(LineNumber==0)break;
      if(LineNumber<0||LineNumber>=MAX_LINE)return;
      i=LineNumber;
      Head[i].num=LineNumber;
      Head[i].next=(Chunk *)malloc(sizeof(Chunk));//创建一个新行
      p=Head[i].next;
      m=1;                                            //统计结点个数
      j=-1;                                           //统计串中字符的个数
      StrBuffer[0]=0;
      k=0;
      do
      { j++;
           if(!StrBuffer[k])
             { cout<<"请输入第"<<LineNumber<<"行字符串,输入@结束:";
                 cin>>StrBuffer;
                 k=0;
             }
          if(j>=Number*m)//字符个数是结点大小的整数倍,产生串中的一个新结点
          { m++;                                      //结点数增 1
               p->next=(Chunk *)malloc(sizeof(Chunk));
               p=p->next;
          }
          p->str[j%Number]=StrBuffer[k++];       //将当前字符拷贝到新产生的结点中
      }while(p->str[j%Number]!='@');
      Head[i].len=j;
      }
}//EnterData
```

算法 4.30

```
void DeleteLine()
{       //删除行操作
    Chunk *p, *q;
    int i,j,m,LineNumber;
    while(1)
    { cout<<"请输入要删除的行号,退出删除操作请按 0:";
```

```
        cin>>LineNumber;
        if(LineNumber==0)break;
        if(LineNumber<0||LineNumber>=MAX_LINE)return;
        i=LineNumber;
        p=Head[i].next;                          //p 指向第 i 行
        m=0;
        if(Head[i].len>0)
          m=(Head[i].len-1)/Number+1;            //统计该行结点个数
        for(j=0;j<m;j++)
        {   q=p->next;
            free(p);
            p=q;
        }
        Head[i].len=0;
        Head[i].num=0;
        }
}//DeleteLine
```

算法 4.31

```
void List()
{   //显示操作
    Chunk *p;
    int i,j,m,n;
    for(i=0;i<MAX_LINE;i++)
    {   if(Head[i].len>0)
        {   cout<<endl<<Head[i].num<<"   ";      //输出行号
            n=Head[i].len;
            m=1;
            p=Head[i].next;
            for(j=0;j<n;j++)
            if(j>=Number*m)                      //j 为结点的整数倍
            {   p=p->next;
                m++;
            }
            else    cout<<p->str[j%Number];      //输出该结点字符串
        }
    }
    cout<<endl;
}//List
```

可用下面的程序测试有关文本编辑的相关算法。

```
# include "stdlib.h"        //该文件包含 malloc()、realloc()和 free()等函数
# include "iomanip.h"       //该文件包含标准输入、输出流 cin 和 cout 及控制符 setw()


void main()
{
    int    choice;
    while(1)
    { choice=MenuSelect();
       switch(choice)
          {
             case 1:EnterData();
             break;
             case 2:DeleteLine();
             break;
             case 3:List();
             break;
             case 4:cout<<"成功退出!"<<endl;exit(0);
          }
       }
}
```

程序执行后输出结果如下：

主菜单

1.输入字符串

2.删除字符串

3.显示字符串

4.退出主菜单

请选择主菜单:<u>1</u>↙

请输入行号,退出输入操作请按 0:<u>101</u>↙

请输入第 101 行字符串,输入@结束:<u>Hello!@</u>↙

请输入行号,退出输入操作请按 0:<u>102</u>↙

请输入第 102 行字符串,输入@结束:<u>Happy!@</u>↙

请输入行号,退出输入操作请按 0:<u>103</u>↙

请输入第 103 行字符串,输入@结束:<u>Good!@</u>↙

请输入行号,退出输入操作请按 0:<u>104</u>↙

请输入第 104 行字符串,输入@结束:<u>China!@</u>↙

请输入行号,退出输入操作请按 0:<u>0</u>↙

主菜单
1.输入字符串
2.删除字符串
3.显示字符串
4.退出主菜单

请选择主菜单:<u>3</u>↙

101　Hello!
102　Happy!
103　Good!
104　China!

主菜单
1.输入字符串
2.删除字符串
3.显示字符串
4.退出主菜单

请选择主菜单:<u>2</u>↙
请输入要删除的行号,退出删除操作请按 0:<u>103</u>↙
请输入要删除的行号,退出删除操作请按 0:<u>0</u>↙

主菜单
1.输入字符串
2.删除字符串
3.显示字符串
4.退出主菜单

请选择主菜单:<u>3</u>↙

101 Hello!
102　Happy!
103
104　China!

　　主菜单

　　1.输入字符串

　　2.删除字符串

　　3.显示字符串

　　4.退出主菜单

　　请选择主菜单:<u>4</u>✓

　　成功退出!

　　例 4.4　汉语自动分词。

　　汉语自动分词是中文信息处理中的一个重要环节，其应用十分广泛，如汉字的拼音输入、语音识别与合成、汉语分析与理解、中文句法分析、机器翻译、中文文献自动标引、中文信息检索等。汉语自动分词的精度和速度直接影响着中文信息检索的搜索效率，因而许多学者对此非常关注，并提出了许多解决汉语自动分词的方法，归纳起来主要有四种类型：基于词典的分词方法（也称机械分词法）、基于统计的分词方法、基于理解的分词方法和基于人工智能的分词方法。这些分词方法各有其特点，分别代表着不同的发展方向。其中，基于词典的分词方法由于算法成熟，易于实现，是目前普遍使用的切分方法。该方法的基本思想是基于字符串匹配的机械分词：首先，构建词典，词典中要尽可能包含可能出现的所有词。然后，按照一定的策略将待分析的汉字串与词典中的词条进行匹配，若在词典中找到某个汉字串，则匹配成功（识别出一个词）。其匹配方法根据方向不同、字串长度优先次序不同，分为正向最大匹配、逆向最大匹配、双向匹配、逐词匹配、最少切分、全切分等。下面给出正向最大匹配的算法思想及一个简化的分词算法的实现。

　　正向最大匹配算法的基本思想为，设 D 为切分参考字典，MaxDictionaryLen 表示 D 中的最大词长，Str 为待切分的句子或字串，该算法是每次从 Str 中取出长度为 MaxDictionaryLen 的一个子串（假设 Str 长度大于 MaxDictionaryLen，当小于 MaxDictionaryLen 时，则取出整个字串）。把该子串与 D 中的词进行匹配，若成功，则该子串为词，指针后移 MaxDictionaryLen 个汉字后继续匹配；若不成功，则把该子串最后一个字去掉，再与 D 中的词匹配，如此匹配下去，直至匹配成功或该串只剩一个字为止（表示该字可当作词，可在该字后面开始切分）。该切分算法的优点是执行起来简单，不需要任何的词法、句法、语义知识，没有很复杂的数据结构，唯一的要求就是必须有一个很强大的匹配字典 D；缺点是不能很好地解决歧义问题，不能识别新词。

　　为简单起见，在下面的算法中用一个动态顺序串数组 D[MaxDictionaryLen]代替分词词典，用动态顺序串 Str 表示一段中文文本，分词的结果存放在一个结构体数组 Result 中。另外，此算法不考虑单字词。

　　Result 的结构定义如下：

　　typedef struct

　　{

　　　　DSqString word;

```
        int num;
    }WORD;
```

算法 4.32

```
int Segmentation(DSqString D[],int n,DSqString Str,WORD Result[])
{      //对汉字串 Str 进行分词,分词结果存放在数组 Result 中,并返回不同汉语词的个
数,其中 D 为分词词典
    int len,i,j,k=0,flag;                               //k 统计不同汉语词的个数
    DSqString Sub;
    for(i=0;i<n;i++)                                    //对结果数组进行初始化
    {
        StrAssign_Sq(Result[i].word,"");
        Result[i].num=0;
    }
     StrAssign_Sq(Sub,"");
    for(i=0;i<Str.length;)                              //从下标为 0 处开始取词
    {
        for(len=MaxWordLen,flag=1;len>2&&flag;)//当前分词长度为 len
        {
        if(i+len<Str.length)                            //剩余长度大于等于 len
            SubString_Sq(Str,Sub,i,len);                //取长度为 len 的子串
        Else  //剩余长度小于 len
            SubString_Sq(Str,Sub,i,Str.length-i);       //将剩余的字符作为子串
        for(j=0;j<n;j++)                                //将取出的子串与分词词典进行匹配
            if(!StrCompare_Sq(Sub,D[j]))                //分词词典中有此字符串
            {
                for(int m=0;m<k;m++)
                if(!StrCompare_Sq(Sub,Result[m].word))
                                                        //结果数组中有此字符串(汉语词)
                { Result[m].num++;break;}               //该汉语的频率加 1
                if(m==k)                                //结果数组中无此字符串(汉语词)
                { StrCopy_Sq(Result[k].word,Sub);
                                                        //将取出的汉语词存放到结果数组中
                    Result[k].num=1;                    //新词的频率为 1
                    k++;                                //新词数加 1
                }
                i=i+len;flag=0;break;                   //取词成功,准备取下一个汉语词
            }
        if(j==n)len=len-2;                              //分词词典中无此字符串,去掉最后一个汉字
```

```
    }
    if(len==2)i=i+len;                    //只剩余一个汉字,从下一个汉字开始取词
}
    return k;
}//Segmentation
```

可用下面的程序测试上面的分词算法。

```
# include "DSqString.h"                   //该文件包含动态顺序串的相关定义及操作
# define   MaxDictionaryLen    10    //分词词典的最大长度
# define MaxWordLen 12                      //汉语词的最大长度


void main()
{
DSqString  D[9]={{"促进",4},{"学生",4},{"创新素质发展",12},{"钢琴教学模式",12},{"
研究与实验",10},{"很好",4},{"创新",4},{"素质",4},{"发展",4}};
DSqString  Str={"创新素质发展研究与实验促进学生创新学生素质发展的很好钢琴教
学模式研究与实验促进学生",82};
    WORD Result[MaxDictionaryLen];
    int k;
    k=Segmentation(D,9,Str,Result);
    for(int i=0;i<k;i++)          //输出分词结果
    {
        for(int j=0;j<Result[i].word.length;j++)
        cout<<Result[i].word.str[j];
        cout<<",该词出现频率为:"<<Result[i].num<<endl;
    }
}
```

程序执行后输出结果如下:

创新素质发展,该词出现的频率为:1

研究与实验,该词出现的频率为:2

促进,该词出现的频率为:2

学生,该词出现的频率为:3

创新,该词出现的频率为:1

素质,该词出现的频率为:1

发展,该词出现的频率为:1

很好,该词出现的频率为:1

钢琴教学模式,该词出现的频率为:1

本 章 小 结

　　对于串的学习要抓住一条主线：串的逻辑结构→串的存储结构→串的基本操作的实现→串的模式匹配。对于串的逻辑结构，要从串的定义入手，深刻理解串在逻辑结构上的特性，同时将串的操作特性（串的一部分或整体参与运算）与线性的操作进行比较，从逻辑上掌握串的基本操作。对于串的存储结构，从顺序存储和链式存储两种基本的存储结构出发，熟练掌握静态顺序串、动态顺序串、单链结构和块链结构这几种常见的串的存储结构，并掌握在不同存储结构下串的相关操作的实现。对于串的模式匹配，熟练掌握 BF 算法，了解 KMP 算法的提出及实现。

习 题 4

一、选择题

　　1. 串是一种特殊的线性表，其特殊性体现在_____。
　　A. 可以顺序存储　　　　　　　　　　B. 数据元素是一个字符
　　C. 可以链接存储　　　　　　　　　　D. 数据元素可以是多个字符
　　2. 设有两个串 p 和 q，求 q 在 p 中首次出现的位置的运算称作_____。
　　A. 连接　　　　　　B. 模式匹配　　　　　　C. 求子串　　　　　　D. 求串长
　　3. 主串 s="softwore"，其子串个数是_____。
　　A. 8　　　　　　　　B. 37　　　　　　　　C. 36　　　　　　　　D. 9
　　4. 设函数 s1="ABCDEFG",s2="PQRST",函数 concat（x,y）返回 x 和 y 串的连接串，substr(s,i,j)返回串 s 的从序号 i（串的序号从 0 开始）字符开始的 j 个字符组成的子串，len(s)返回串 s 的长度，则 concat(substr(s1,2,len(s2)),substr(s1,len(s2),2))的结果串是_____。
　　A. CDEFG　　　　　　B. BCDEFG　　　　　　C. CDPQRST　　　　　　D. CDEFGFG
　　5. 串的长度是_____。
　　A. 串中不同字母的个数　　　　　　　　B. 串中不同字符的个数
　　C. 串中所含字符的个数，且大于 0　　　D. 串中所含字符的个数

二、填空题

　　1. 串的两种最基本的存储方式是_____和_____。
　　2. 两个串相等的充分必要条件是_____。
　　3. 空串是_____，其长度等于_____。
　　4. 空格串是_____，其长度等于_____。
　　5. 组成串的数据元素只能是_____。
　　6. 一个字符串中_____称为该串的子串。
　　7. 线性表的操作对象一般为单个元素，而串的操作对象是_____，常见的串操作有_____。

三、算法设计题

1. 编写算法：将串 S 中所有其值为 ch1 的字符换成 ch2 的字符（假定串采用动态顺序存储结构，ch1 和 ch2 均为字符型）。

2. 对于采用动态顺序结构存储的串 S，编写一个算法删除其值等于 ch 的所有字符。

3. 对于采用单链结构存储的串 S，编写一个算法删除其值等于 ch 的所有字符。

4. 编写算法求串 S 中一个长度最大的等值子串（子串中的各个字符均相同，且长度大于1）。

5. 若采用动态顺序存储方式存储串，编写一个算法将串 S 中的第 i 个字符到第 j 个字符之间的字符(不包括第 i 个和第 j 个字符)用 T 串替换。

6. 若采用单链存储方式存储串，编写一个算法将串 S 中的第 i 个字符到第 j 个字符之间的字符(不包括第 i 个和第 j 个字符)。

7. 若采用动态顺序存储结构存储串，编写一个实现串通配符匹配的函数 pattern_index(),其中的通配符只有'?'，它可以和任一字符匹配成功，例如，pattern_index("?re","there are")返回的结果是 2。

8. 若采用动态顺序结构存储串，编写一个算法计算一个子串在一个字符串中出现的次数，如果该子串不出现则为 0。

9. 若 S 是采用单链结构存储的串，编写一个算法将其中的所有 x 字符替换成 y 字符。

10. 若 S 和 T 是两个单链结构存储的串，编写一个算法找出 S 中第一个不在 T 中出现的字符。

11. 设计一个算法，统计输入字符串中各个不同字符出现的频度。设字符串中的合法字符为'A'～'Z'这26个字母和'0'～'9'这10个数字（串的存储结构自行选择）。

12. 若 S 是采用块链结构存储的串，编写从串 S 中位置 pos 开始取长度为 len 子串的算法。

13. 若 S 和 T 是两个动态顺序结构存储的串，编写一个算法求一个串 V，串 V 中的字符是 S 和 T 的公共字符。

14. 若 S 和 T 是两个动态顺序结构存储的串,利用串的基本操作编写从串 S 中删除所有和串 T 相同的子串的算法。

15. 已知字符串 S1 中存放一段英文，写出算法 format(S1,S2,S3,n),将其按给定的长度 n 格式化成两端对齐的字符串 S2,其多余的字符送 S3（即将字符串 S1 拆分成字符串 S2 和字符串 S3，要求字符串 S2 长度为 n 且首尾字符不得为空格字符）。

第5章 数组和广义表

1. 本章导读

前面几章讨论的各种形式的线性结构中的数据元素都是非结构的原子类型,元素的值是不再分解的。本章讨论的两种数据结构——数组和广义表可以看成线性表在下述含义上的扩展:表中的数据元素本身也是一种数据结构。

数组在高级程序设计语言中表示的是一种数据类型,几乎所有高级程序设计语言都支持数组这样一种数据类型。前面讨论过的线性表的顺序存储结构都是借用一维数组这种数据类型来描述的。多维数组是一维数组的推广,最常用的多维数组是二维数组,即矩阵。本章重点介绍数组的内部实现,即如何在计算机内部处理数组,其中的主要问题是数组的存储结构与寻址,尤其是特殊矩阵和稀疏矩阵的存储。

广义表是一种递归的数据结构,其特殊性主要体现在它的数据元素可以是不同类型,既可以是原子,也可以是子表,同时兼有线性表、树、图等结构的特点。本章主要介绍广义表的基本概念、广义表的存储结构及广义表的基本操作的实现。

本章主要讨论数组的逻辑结构、数组的存储结构、数组的基本操作、矩阵的压缩存储、广义表的逻辑结构、广义表的存储结构及广义表的基本操作的实现。

2. 学习目标

(1)掌握数组的定义;

(2)理解数组的抽象数据类型的定义;

(3)掌握数组的存储结构及寻址方法;

(4)理解和掌握数组的基本操作;

(5)理解矩阵压缩存储的原理;

(6)掌握特殊矩阵和稀疏矩阵的压缩存储方法及寻址方法;

(7)理解三元组顺序表的基本操作;

(8)了解十字链表的结构特点;

(9)掌握广义表的定义及其基本概念;

(10)理解广义表的抽象数据类型的定义;

(11)掌握广义表的存储结构;

(12)了解广义表的基本操作的实现。

3. 知识点

数组的定义、数组的抽象数据类型、数组的顺序存储、数组的基本操作、特殊矩阵的压缩存储、稀疏矩阵的压缩存储、三元组顺序表及其操作、十字链表。

5.1　数组的基本概念

5.1.1　数组的定义

数组（array）是由类型相同的数据元素构成的有限集合，每个数据元素称为一个数组元素（简称元素），每个元素受 $n(n \geqslant 1)$ 个线性关系的约束，每个元素在 n 个线性关系中的序号 $j_1, j_2, \cdots, j_n$ 称为该元素的**下标**，并称该数组为 n 维数组。

由上述的定义可知，数组是线性表的推广：将线性表中数据元素的类型扩充为线性表。例如，一个 m 行 n 列的二维数组 $A_{m \times n}$ 可以看成长度为 m 的线性表（每一行为线性表中的一个元素，它本身又是一个长度为 n 的线性表），或者是长度为 n 的线性表（每一列为线性表中的一个元素，它本身又是一个长度为 m 的线性表），如图 5.1 所示。

$$A_{m \times n} = \begin{bmatrix} a_{00} & a_{01} & a_{02} & \cdots & a_{0,n-1} \\ a_{10} & a_{11} & a_{12} & \cdots & a_{1,n-1} \\ \vdots & \vdots & \vdots & & \vdots \\ a_{m-1,0} & a_{m-1,1} & a_{m-1,2} & \cdots & a_{m-1,n-1} \end{bmatrix} \qquad A_{m \times n} = \left(\begin{bmatrix} a_{00} \\ a_{10} \\ \vdots \\ a_{m-1,0} \end{bmatrix} \begin{bmatrix} a_{01} \\ a_{11} \\ \vdots \\ a_{m-1,1} \end{bmatrix} \cdots \begin{bmatrix} a_{0,n-1} \\ a_{1,n-1} \\ \vdots \\ a_{m-1,n-1} \end{bmatrix} \right)$$

(a)   (b)

$$A_{m \times n} = ((a_{00} a_{01} \cdots a_{0,n-1}), (a_{10} a_{11} \cdots a_{1,n-1}), \cdots, (a_{m-1,0} a_{m-1,1} \cdots a_{m-1,n-1}))$$

(c)

图 5.1　数组和线性表的关系

数组是一个具有固定格式和数量的数据集合，在数组上一般不能做插入和删除元素的操作。因此，除了初始化和撤销之外，数组通常只有如下两种操作。

（1）存取（读写）：给定一组下标，存入或取出相应的数组元素。

（2）修改（写）：给定一组下标，修改相应的数组元素。

它们本质上只对应一种操作——寻址，即根据一组下标定位相应的元素。

总结：理解数组的定义要把握以下要点。

（1）元素推广性，元素本身可以具有某种结构，而不限定是单个的数据元素。

（2）元素同一性，元素具有相同的数据类型。

（3）关系确定性，每个元素均受 $n(n \geqslant 1)$ 个线性关系的约束，元素个数和元素之间的关系一般不发生变动。

5.1.2　数组的抽象数据类型

ADT Array{

Data：

数据元素具有相同类型。

每个元素均受 n(n≥1)个线性关系的约束并由一组下标唯一标识。

Operation：

InitArray(&A,dim,bound1,…,boundn)

操作结果：若维数 dim 和各维长度合法，则构造相应的数组 A。

DestroyArray（&A）

初始条件：A 是 n 维数组。

操作结果：撤销数组 A。

Value(A,&e,index1,…,indexn)

初始条件：A 是 n 维数组，e 为元素变量，随后是 n 个下标值。

操作结果：若各下标不超界，则 e 赋值为所指定的 A 的元素值。

Assign(A,e,index1,…,indexn)

初始条件：A 是 n 维数组，e 为元素变量，随后是 n 个下标值。

操作结果：若下标不超界，则将 e 的值赋给所指定的 A 的元素。

Locate(A,va_list ap,int &off)

初始条件：A 是 n 维数组，ap 指示一组下标。

操作结果：若 ap 指示的各下标值合法，则求出该元素在 A 中的相对地址 off。

}ADT Array

5.2　数组的存储结构

一方面，一旦建立了数组，其元素个数和元素之间的关系就不再发生变动，换言之，数组通常没有插入和删除元素操作，因而不用预留空间；另一方面，数组一般要求能够随机存取——要求查找时间性能好。因此，数组多采用顺序存储结构。

数组元素在数组中的位置通常称为数组的下标，在数组的顺序存储中，通过元素的下标，可以找到存放该元素的存储地址，从而可以访问该数组元素的值。就此意义，数组可以看成二元组<下标，值>的一个集合。

5.2.1　一维数组的存储

对于一维数组，因为元素之间的关系是线性的，所以一维数组就顺序地存放在一段连续的存储单元中。如图 5.2 所示，设数组 $a[n]$ 的每个元素占有 L 个存储单元，其第一个元素的存储首址表示为 $Loc(a_0)$，则数组 a 中第 i 个元素($0≤i≤n-1$)的存储首址为

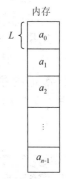

图 5.2　一维数组的存储表示

$$\text{Loc}(a_i) = \text{loc}(a_0) + i \times L \tag{5.1}$$

5.2.2　多维数组的存储

由于存储单元是一维的结构，而多维数组中元素之间的关系是非线性的，故用一组连续的存储单元存放多维数组的数据元素就有次序的约定问题。

1. 二维数组的存储

例如，图 5.1（a）的二维数组可以看成图 5.1（c）的一维数组，也可以看成图 5.1（b）的一维数组。对应地，对二维数组有两种存储方式：一种是以行序为主序的存储方式，另一种是以列序为主序的存储方式。

在许多高级语言，如 C 语言、Pascal 语言中，都是以行序为主序的存储结构，而在 Fortran 语言中，采用的是以列序为主序的存储结构。

例如，对于一个如图 5.1 所示的 m 行 n 列的二维数组 $\mathbf{A}_{m \times n}$，以行序为主序存储时，先存储第 0 行，然后紧接着存储第 1 行，最后存储第 $m-1$ 行。此时，二维数组的线性排列次序为

$$a_{00}, a_{01}, \cdots, a_{0,n-1}, a_{10}, a_{11}, \cdots, a_{1,n-1}, \cdots, a_{m-1,0}, a_{m-1,1}, \cdots, a_{m-1,n-1}$$

以列序为主序存储时，先存储第 0 列，然后紧接着存储每 1 列，最后存储第 $n-1$ 列。此时，二维数组的线性排列次序为

$$a_{00}, a_{10}, \cdots, a_{m-1,0}, a_{01}, a_{11}, \cdots, a_{m-1,1}, \cdots, a_{0,n-1}, a_{1,n-1}, \cdots, a_{m-1,n-1}$$

在一个以行序为主序的计算机系统中，当二维数组第一个数据元素 a_{00} 的存储地址 $\text{Loc}(a_{00})$ 和每个数据元素所占用的存储单元 L 确定后，则该二维数组中任一数据元素 a_{ij} 的存储地址可由式（5.2）确定：

$$\text{Loc}(a_{ij}) = \text{Loc}(a_{00}) + (i \times n + j) \times L \tag{5.2}$$

式中：n 为二维数组的列数。

式（5.2）的推导思路如下：在内存中，数组元素 a_{ij} 前面已存放了 i 行，即已存放了 $i \times n$ 个元素，占用了 $i \times n \times L$ 个内存单元；数组元素 a_{ij} 所在的行已存放了 j 列，即已存放了 j 个数据元素，占用了 $j \times L$ 个内存单元；该数组是从基地址 $\text{Loc}(a_{00})$ 开始存放的。因此，数组元素 a_{ij} 的内存地址为上述三部分之和。

同理，可推出在以列序为主序的计算机系统中，有

$$\text{Loc}(a_{ij}) = \text{Loc}(a_{00}) + (j \times m + i) \times L \tag{5.3}$$

式中：m 是二维数组的行数。

以上讨论均假设二维数组的行、列下界为 0，一般情况下，假设二维数组行下界是 c1，行上界是 d1，列下界是 c2，列上界是 d2，则式（5.2）可改写为

$$\text{Loc}(a_{ij}) = \text{Loc}(a_{\text{c1c2}}) + [(i - \text{c1}) \times (\text{d2} - \text{c2} + 1) + (j - \text{c2})] \times L \tag{5.4}$$

式（5.3）可改写为

$$\text{Loc}(a_{ij}) = \text{Loc}(a_{c1c2}) + [(j - c2) \times (d1 - c1 + 1) + (i - c1)] \times L \qquad (5.5)$$

2. n 维数组的存储

n 维数组的数据元素的存储原理类似于二维数组，一般也采用以行序为主序和以列序为主序两种存储方法。

若以行序为主序，设 b_i 为 n 维数组第 i 维的长度($i = 1,2,\cdots,n$)，则下标为 $j_1, j_2, \cdots, j_n$ ($0 \leqslant j_i \leqslant b_i - 1$)的元素的存储首址可由下式计算：

$$\text{Loc}(a_{j_1, j_2, \cdots, j_n}) = \text{Loc}(a_{0,0,\cdots,0}) + (b_2 \times \cdots \times b_n \times j_1 + b_3 \times \cdots \times b_n \times j_2 + \cdots + b_n \times j_{n-1} + j_n) \times L$$

$$= \text{Loc}(a_{0,0,\cdots,0}) + \left(\sum_{i=1}^{n-1} j_i \prod_{k=i+1}^{n} b_k + j_n \right) \times L$$

可缩写成

$$\text{Loc}\left(a_{j_1, j_2, \cdots, j_n}\right) = \text{Loc}(a_{0,0,\cdots,0}) + \sum_{i=1}^{n} c_i j_i \qquad (5.6)$$

其中，$c_n = L$，$c_{i-1} = b_i \times c_i$，$1 < i \leqslant n$。

式（5.6）称为 n 维数组的映象函数。容易看出，数组元素的存储位置是其下标的线性函数。一旦确定了数组各维的长度、数组元素的类型，则 c_i、b_i 和 L 均为常数，计算各个元素存储位置的时间相等，所以存取数组中任一元素的时间也相等，故数组是随机存储结构。

5.3 数组的顺序存储表示和基本操作

5.3.1 数组的顺序存储表示

按存储空间分配的不同，数组的顺序存储可分为静态存储分配的数组和动态存储分配的数组。一般在高级程序设计语言中的数组（如矩阵）均采用静态存储分配方式，其相关操作的实现较为简单。动态存储分配的数组的维数、空间大小可根据实际需要确定，因而较灵活，但相关操作的实现较复杂。下面是动态存储分配的数组的存储表示。

```
#define MAX_ARRAY_DIM 8        //假设数组维数的最大值为 8
typedef struct {
ElemType *base;                //数组元素基址,由 InitArray 分配
int dim;                       //数组维数
int    *b;                     //数组维界基址,由 InitArray 分配
int    *c;                     //数组映象函数常量基址,由 InitArray 分配
}Array;
```

5.3.2　数组的基本操作

1. 初始化操作

数组的初始化就是构造一个空的数组 A，也就是说数组 A 有一定的相邻空间，但目前无数据元素。具体操作包括：确定数组的维数及每一维的长度，计算数组元素总数，计算数组映象函数常量 c_i，并为 n 维数组分配存储空间[下列算法中函数 va_start()、va_arg()、va_end()和类型 va_list 在文件 stdarg.h 中]。

算法 5.1

```
bool InitArray(Array &A,int dim,...)
{  // 若维数 dim 和各维长度合法，则构造相应的数组 A，并返回 true
   int elemtotal=1,i;              // elemtotal 是数组元素总数，初值为 1(累乘器)
   va_list ap;                     // 变长参数表类型，是存放变长参数表信息的数组
   if(dim<1||dim>MAX_ARRAY_DIM)    // 数组维数超出范围
       return false;
   A.dim=dim;                      // 数组维数
   A.b=(int*)malloc(dim*sizeof(int));    // 动态分配数组维界基址
   if(!A.b)      exit(1);          // 存储分配失败
   va_start(ap,dim);               // 变长参数"..."从形参 dim 之后开始
   for(i=0;i<dim;++i)
   { A.b[i]=va_arg(ap,int);        // 逐一将变长参数赋给 A.b[i]
      if(A.b[i]<0)   return false; // 长度不合法
   elemtotal*=A.b[i]; // 若各维长度合法，则存入数组 A.b 中，并求出 A 的元素总数
   }
   va_end(ap);                     // 结束提取变长参数
   A.base=(ElemType*)malloc(elemtotal*sizeof(ElemType));
   if(!A.base)    exit(1);         // 存储分配失败
   A.c=(int*)malloc(dim*sizeof(int));    // 动态分配数组偏移量基址
   if(!A.c)       exit(1);         // 存储分配失败
   A.c[dim-1]=1;                   // 最后一维的偏移量为 1
                                   //L=1,指针的增减以元素的大小为单位
   for(i=dim-2;i>=0;--i)
       A.c[i]=A.b[i+1]*A.c[i+1];   // 每一维的偏移量
     return true;
}// InitArray
```

2. 元素的定位操作

给定一组下标，求出该元素在数组 A 中的相对地址 off。

算法 5.2

```
bool Locate(Array A,va_list ap,int &off)
  {//若 ap 指示的各下标值合法,则求出该元素在 A 中的相对地址 off
    int i,ind;
    off=0;
    for(i=0;i<A.dim;i++)
    { ind=va_arg(ap,int);        //逐一读取各维的下标值
      if(ind<0||ind>=A.b[i])     //各维的下标值不合法
        return false;
      off+=A.c[i]*ind;           //相对地址=各维的下标值*本维的偏移量之和
    }
    return true;
}//Locate
```

3. 取元素操作

给定一组下标，取出数组 A 中相应的数组元素，并赋值给元素 e。

算法 5.3

```
bool Value(ElemType &e,Array A,...)
{//"..."依次为各维的下标值,若各下标合法,则 e 被赋值为 A 的相应的元素值
  va_list ap;                //变长参数表类型,在 stdarg.h 中
  int off;
  va_start(ap,A);            //变长参数"..."从形参 A 之后开始
  if(!Locate(A,ap,off))      //求得变长参数所指单元的相对地址 off
    return false;
  e=*(A.base+off);           //将变长参数所指单元的值赋给 e
  return true;
}//Value
```

4. 存元素操作

给定一组下标，将元素 e 的值赋给数组 A 中相应的元素。

算法 5.4

```
bool Assign(Array A,ElemType e,...)
{//"..."依次为各维的下标值,若各下标合法,则将 e 的值赋给 A 的指定的元素
  va_list ap;                //变长参数表类型,在 stdarg.h 中
  int off;
```

```
      va_start(ap,e);          //变长参数"..."从形参 e 之后开始
      if(!Locate(A,ap,off))    //求得变长参数所指单元的相对地址 off
         return false;
      *(A.base+off)=e;         //将 e 的值赋给变长参数所指单元
      return true;
   }//Assign
```

5. 数组的撤销操作

释放数组 A 所占的存储空间，数组 A 被撤销。

算法 5.5

```
void DestroyArray(Array &A)
   {//撤销数组 A
      if(A.base)               //A.base 指向存储单元
         free(A.base);         //释放 A.base 所指向的存储单元
      if(A.b)
         free(A.b);
      if(A.c)
         free(A.c);
      A.base=A.b=A.c=NULL;     //使它们不再指向任何存储单元
      A.dim=0;
   }//DestroyArray
```

假设数组的存储表示和相关操作存放在头文件"Array.h"中，则可用下面的程序测试数组的有关操作。

```
      typedef int ElemType;   //定义数组元素类型 ElemType 为整型
        # include"stdarg.h"
                              //该文件包含 va_start()、va_arg()、va_end()等函数
        # include "stdlib.h"
                              //该文件包含 malloc()、realloc()和 free()等函数
        # include "iomanip.h"
                              //该文件包含标准输入、输出流 cin 和 cout 及控制符 setw()
        # include"Array.h"    //该文件包含数组数据对象的描述及相关操作

      void main()
      {
        Array A;
        int i,j,k,dim=3,b1=3,b2=4,b3=2;//A[3][4][2]数组
        ElemType e;
        InitArray(A,dim,b1,b2,b3);   //构造 3×4×2 的三维数组 A
```

```
    cout<<"A.b=";
    for(i=0;i<dim;i++)              //顺序输出 A.b
        cout<<setw(4)<<A.b[i];
    cout<<endl;
    cout<<"A.c=";
    for(i=0;i<dim;i++)              //顺序输出 A.c
        cout<<setw(4)<<A.c[i];
    cout<<endl;
    cout<<b1<<"页"<<b2<<"行"<<b3<<"列矩阵元素如下:"<<endl;
    for(i=0;i<b1;i++)
    { for(j=0;j<b2;j++)
        { for(k=0;k<b3;k++)
            { Assign(A,i*100+j*10+k,i,j,k);
                                //将 i×100+j×10+k 赋值给 A[i][j][k]
                Value(e,A,i,j,k);      //将 A[i][j][k]的值赋给 e
            cout<<"   "<<"A["<<i<<"]["<<j<<"]["<<k<<"]="<<setw(2)<<e;
            //输出 A[i][j][k]
            }
        cout<<endl;
        }
    cout<<endl;
    }
    cout<<"A.base="<<endl;
    for(i=0;i<b1*b2*b3;i++)          //顺序输出 A.base
    { cout<<setw(5)<<A.base[i];
      if(i%(b2*b3)==b2*b3-1)
        cout<<endl;
    }
    cout<<"A.dim="<<A.dim<<endl;
    DestroyArray(A);
}
```

程序执行后输出结果如下:

A.b=3   4   2

A.c=8   2   1

3 页 4 行 2 列矩阵元素如下:

   A[0][0][0]=0   A[0][0][1]=1

   A[0][1][0]=10   A[0][1][1]=11

   A[0][2][0]=20   A[0][2][1]=21

A[0][3][0]=30　　A[0][3][1]=31

A[1][0][0]=100　　A[1][0][1]=101
A[1][1][0]=110　　A[1][1][1]=111
A[1][2][0]=120　　A[1][2][1]=121
A[1][3][0]=130　　A[1][3][1]=131

A[2][0][0]=200　　A[2][0][1]=201
A[2][1][0]=210　　A[2][1][1]=211
A[2][2][0]=220　　A[2][2][1]=221
A[2][3][0]=230　　A[2][3][1]=231

A.base=

0	1	10	11	20	21	30	31
100	101	110	111	120	121	130	131
200	201	210	211	220	221	230	231

A.dim=3

说明：（1）在上面的相关算法中，有些函数的形参为"…"，它代表变长参数表，即"…"可用若干个参数取代，这很适合含有维数不定的数组的函数。因为如果是二维数组，参数中要包含二维的长度，即两个整型量；而如果是三维数组，参数中要包含三个整型参数。随着所构造的数组的维数不同，参数的个数也不同，用变长参数就能很好地解决这一问题。其实，C 语言中的 printf（）就是含有变长参数表的库函数，它的第 1 个参数是字符串常量或字符串指针，第 2 个形参则是变长参数表。因此，可以在 1 个 printf（）函数中输出任意个表达式的值。

（2）上述算法中创建的数组占用一段连续的内存空间，访问数组元素是先通过一组下标计算相对地址，然后加上数组基址，找到真正的数组元素，这一过程叫作**寻址**。

5.3.3　数组的应用举例

在应用程序设计中，数组的应用非常广泛，尤其是在自然语言处理中，经常应用到数组。

例 5.1　寻找两个字符串中的最长公共子串。

假设 string1 = "sgabac**badfg**bacst"，string2 = "ga**badfg**ab"，则最长公共子串为**"badfg"**。

按通常的思维考虑，假设两个串的串长分别为 m 和 n，且不失一般性，可以假设 $m \geq n$，则解此问题的算法为从长度为 n 的串中取第 $i(i = 0,1, \cdots ,n-len)$ 个字符起长度为 len(len = n,n−1,⋯,1) 的子串，与长度为 m 的串相匹配，从中找出长度最大的子串。如果单纯用串操作的办法来处理，这个算法的时间复杂度为 $O(m \times n^2)$。

如果利用二维数组存储两个串中对应字符的分布特点，则此问题的解题思路为，首先利用二维数组 mat[n][m] 建立两个串之间的"对应矩阵"，若 string2[i] = string1[j]，则 mat[i][j] = 1，否则，mat[i][j] = 0。显然，和矩阵对角上连续出现的 1 相对应的是两个串的共同子串，由此可检查矩阵中所有对角线，找出在对角线上连续出现 1 的最长段。例如，本例所设两个串的对应矩阵如图 5.3 所示。从图 5.3 中可见，对角线上连续出现 1 的最长段是从 mat[2][6]起始的段，其长度为 5，对应的公共子串为**"badfg"**。现在剩下的问题是，如何找到对角线上连续出现的1?

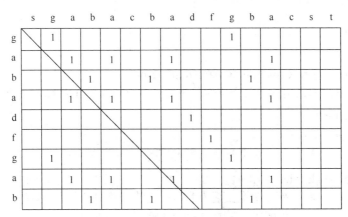

图 5.3　串的对应矩阵

首先必须解决沿主对角线平行方向扫描时的下标控制问题。同一条对角线上的元素都受一个特征量的制约，与主对角线平行的各条对角线的特征量由其上元素的行列坐标之差给出，如主对角线上元素的行列坐标之差为零，特征量也是零。若二维数组为 mat[n][m]，则最右上对角线和最左下对角线都只有一个元素，特征量分别为$-(m-1)$和 $n-1$。假设以 len 记当前被扫描对角线上连续出现的 1 的长度，maxlen 记已经得到的最长公共子串的长度，设 eq 为当前状态的标志，其值为 1 时，表明当前处在"进行子串匹配"的状态中，换句话说就是，当前的状态为：前一对字符比较相等（当前对角线上前一元素的值为 1），现在继续比较下一对字符。相关算法描述如算法 5.6～算法 5.8 所示。

算法 5.6

```
void diagscan(Array mat,int &maxlen,int &jpos,int i,int j)
{//求该对角线上各段连续出现 1 的最长长度 maxlen 和起始位置 jpos
    int eq=0,len=0,sj;              //在一次扫描开始前对 eq 和 len 初始化
    ElemType e;
    while(i<len2&&j<len1)           //len1 和 len2 分别为两个串的实际长度
    {  Value(e,mat,i,j);           //将 mat[i][j]的值赋给 e
       if(e==1)
    {  len++;
       if(!eq)                      //出现的第一个 1,记下起始位置,改变状态
       {  sj=j;eq=1;}
    }
    else if(eq)                     //求得一个公共子串
```

```
    { if(len>maxlen)                      //是到目前为止求得的最长公共子串
        { maxlen=len;jpos=sj;}
        eq=0;len=0;                        //重新开始求新的一段连续出现的 1
    }
    i++;j++;                               //继续考查该对角线上当前的下一元素
    }
}//diagscan
```

算法 5.7

```
void diagmax1(Array mat,int &maxlen,int &jpos)
{ //求数组 mat 中所有对角线上连续出现的 1 的最长长度 maxlen 和起始位置 jpos
    int i,j,k,istart;
ElemType e;
istart=0;       //第一条对角线起始元素行下标
for(k=-(len1-1);k<=len2-1;k++)
                //当前对角线特征量为 k,其上元素 mat[i][j]满足 i-j=k
{ i=istart;     //主对角线及与之平行的右上方对角线起始行坐标 istart 都为 0
j=i-k;          //由特征量关系求出对应的列坐标
    diagscan(mat,maxlen,jpos,i,j);//求该对角线上各段连续 1 的长度
    if(k>=0)istart++;
                //与主对角线平行的左下方对角线起始行坐标 istart 为 1,2,…
    }
DestroyArray(mat);
}//diagmax1
```

算法 5.8

```
int maxsamesubstring(char *string1,char *string2,char *sub)
{//本算法返回串 string1 和串 string2 的最长公共子串 sub 及其长度
    ElemType e;
    char *p1,*p2;;
    int maxlen,jpos;
    Array mat;                          //定义数组
    int i,j;
    len1=strlen(string1);
    len2=strlen(string2);
    InitArray(mat,2,len2,len1);         //构造 M×N 的二维数组 mat
    p1=string2;p2=string1;
    for(i=0;i<len2;i++)                 //求出两个串的对应矩阵 mat[ ][ ]
        for(j=0;j<len1;j++)
            if(*(p1+i)==*(p2+j))
```

```
                Assign(mat,1,i,j);                    //将 1 赋给 mat[i][j]
           else    Assign(mat,0,i,j);                 //将 0 赋给 mat[i][j]
        diagmax1(mat,maxlen,jpos);
```
//求得串 string1 和串 string2 的最长公共子串的长度 maxlen 及它在串 string1 中的起始位置 jpos
```
        if(maxlen==0)*sub='\0';
        else  SubString(sub,string1,jpos,maxlen);  //求得最长公共子串

        return  maxlen;
}//maxsamesubstring
```
可以使用下面的程序来测试上面的算法。
```
typedef int ElemType;        //定义数组元素类型 ElemType 为整型
# include "stdarg.h"         //该文件包含 va_start()、va_arg()、va_end()等函数
# include "stdlib.h"         //该文件包含 malloc()、realloc()和 free()等函数
# include "iostream.h"       //该文件包含标准输入、输出流 cin 和 cout
# include "string.h"         //该文件包含 C++串的定义及相关操作
# include "Array.h"          //该文件中包含数组数据对象的描述及相关操作
# define   M 20              //串的最大长度
# define   N 10              //串的最大长度
int len1,len2;               //串的实际长度
void SubString(char  *sub,char *str,int s,int len)
{
    char *p;
    int  k;
    p=str+s;k=len;
    while(k)
    {*sub++=*p++;k--;
    }
    *sub='\0';             //添加串结束符
    sub=sub–len;          //指针复位

}//SubString


void  main()
{
   char str1[M],str2[N],sub[N];
   int length;
   cout<<"请输入第一个串: ";
   cin>>str1;
   cout<<"请输入第二个串: ";
   cin>>str2;
```

length=maxsamesubstring(str1,str2,sub);
cout<<"最长公共子串为："<<sub<<",长度为："<<length<<endl;
}
程序执行后输出结果如下：
请输入第一个串：<u>sgabacbadfgbacst</u>↙
请输入第二个串：<u>gabadfgab</u>↙
最长公共子串为：badfg,长度为：5

5.4 矩阵的压缩存储

矩阵是科学计算领域中最有用的数学工具之一。当用计算机进行矩阵运算，用高级程序设计语言编制程序时，通常以二维数组存储矩阵元素。随着计算机应用的发展，在实际中出现了大量用计算机处理高阶矩阵的问题，有些矩阵已达到几十万阶，几千亿个元素，远远超出了计算机内存的允许范围。然而，多数高阶矩阵中包含了大量的值相同的元素或零元素，需要对这类矩阵进行**压缩存储**，从而合理地利用存储空间。

矩阵压缩存储的基本思想是：

（1）为多个值相同的元素只分配一个存储空间；

（2）对零元素不分配存储空间。

如果矩阵中有许多值相同的元素或零元素，且它们的分布有一定的规律，则称它为**特殊矩阵**；如果矩阵中有许多零元素，并且零元素的分布没有规律，则称它们为**稀疏矩阵**。这两类矩阵适合进行压缩存储。

5.4.1 特殊矩阵的压缩存储

特殊矩阵常有三种，即对称矩阵、三角矩阵和对角矩阵。它们都是方阵，即行数和列数相同。这类矩阵的共同特点是非零元素的分布具有明显的规律，因而可以根据其分布规律将其压缩到一维数组中，并找到每个非零元素在一维数组中的对应关系。

1. 对称矩阵

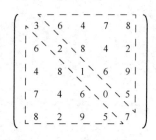

图 5.4 5 阶对称矩阵

一个 n 阶方阵 **A** 中的元素满足 $a_{ij} = a_{ji}(0 \leq i, j \leq n-1)$，则称其为 n 阶对称矩阵，如图 5.4 所示。

对称矩阵是关于主对角线对称的，因此只需要存储下三角（或上三角）部分，即每对对称元素仅分配一个存储空间，这样 n^2 个元素被压缩到 $n(n + 1)/2$ 个元素的空间中。

不失一般性，下面采用以行为主的顺序来存储其下三角（包括对角线）中的元素。

假设以一维数组 Va[$n(n + 1)/2$]作为 n 阶对称矩阵 **A** 的存储

结构，其中 Va[k] $\left[0 \leqslant k < \dfrac{(n+1)n}{2}\right]$ 存放元素 a_{ij}。假定 $i \geqslant j$，即 a_{ij} 是下三角中的元素，那么 a_{ij} 元素前有 i 行（行下标为 0 的行有 1 个元素，行下标为 1 的行有 2 个元素，…，行下标为 $i{-}1$ 的行有 i 个元素），则这 i 行共有 $1+2+3+\cdots+i = \dfrac{(i+1)i}{2}$ 个元素。而 a_{ij} 所在行前面有 j 个元素，所以 a_{ij} 元素在 Va 中的下标为 $\dfrac{(i+1)i}{2}+j$。

若 $i<j$，则 a_{ij} 元素存放在 a_{ji} 表示的位置上，所以只需将 i,j 对换。因此，Va[k]和矩阵元素 a_{ij} 之间存在着如下对应关系：

$$k = \begin{cases} \dfrac{i(i+1)}{2}+j, & i \geqslant j \\[2mm] \dfrac{j(j+1)}{2}+i, & i<j \end{cases} \tag{5.7}$$

由式（5.7）可知，对于任意给定的一组下标(i,j)，均可在数组 Va 中找到矩阵元素 a_{ij}；反之，对所有的 $k\,(k=0,1,\cdots,n(n+1)/2-1)$，都能确定 Va[k]中的矩阵元素在矩阵中的位置 (i,j)。由此称一维数组 Va[n(n+1)/2]为 n 阶对称矩阵 **A** 的压缩存储。压缩存储后 n 阶对称矩阵 **A** 的数据元素在一维数组 Va 中对应的位置关系如图 5.5 所示。

k	0	1	2	3	…	$n(n-1)/2$	…	$n(n+1)/2-1$
Va[k]	a_{00}	a_{10}	a_{11}	a_{20}	…	$a_{n-1,1}$	…	$a_{n-1,n-1}$
隐含元素		a_{01}		a_{02}	…	$a_{1,n-1}$		

图 5.5 对称矩阵的存储对应关系

2. 三角矩阵

三角矩阵有上、下三角之分，其特征是矩阵的下（上）三角（不包括对角线）中的元素均为常数（或零），如图 5.6（a）为下三角矩阵，图 5.6（b）为上三角矩阵。

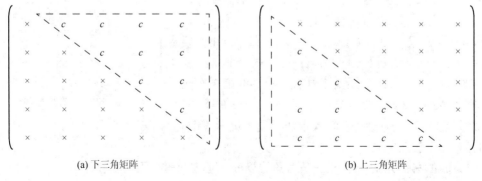

(a) 下三角矩阵   (b) 上三角矩阵

图 5.6 三角矩阵

三角矩阵的压缩存储与对称矩阵类似，不同之处仅在于除了存储下（上）三角的元素以外，还要存储对角线上（下）方的常数。因为是同一个常数，所以只存一个即可。这样，一共需要 $n(n+1)/2+1$ 个元素的存储空间。假设以数组 Va[$n(n+1)/2+1$] 作为 n 阶下三角矩阵 **A** 的存储结构，其中数组 Va 中的最后一个元素存储常数或零，则 **A** 中任一元素 a_{ij} 和 Va[k] 之间存在着如下对应关系：

$$k = \begin{cases} i(i+1)/2+j, & i \geqslant j \\ n(n+1)/2, & i < j \end{cases} \tag{5.8}$$

其中，Va[$n(n+1)/2$] 中存放常数 $c(c$ 也可为 0)。

3. 对角矩阵

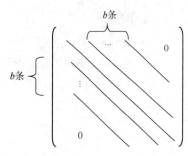

图 5.7　带宽为 $2b+1$ 的对角矩阵

在对角矩阵中，所有的非零元素都集中在以主对角线为中心的带状区域中，除了主对角线上和它的上下方的若干条对角线的元素之外，所有其他元素皆为零。占有非零元素的对角线的个数称为带宽，因此，对角矩阵也称带状矩阵。图 5.7 所示为对角矩阵，其带宽为 $2b+1(b$ 称为矩阵半带宽)。

对于半带宽为 $b[0 \leqslant b \leqslant (n-1)/2]$ 的对角矩阵，其 $|i-j| \leqslant b$ 的元素 a_{ij} 不为零，其余元素都为零。此时，也可以按照某个原则（或以行为主，或以主对角线的顺序）将其压缩到一维数组上。

下面以行序为主序，对如图 5.8 所示的**三对角矩阵**($b=1$)进行压缩存储。

对于 n 阶三对角矩阵 **A**，其非零元素总数为 $3n-2$，因而可将其非零元素存储到一维数组 Va[$3n-2$] 中，其中 a_{ij} 存储到 Va[k] 中。**A** 中第 0 行和第 $n-1$ 行都只有两个非零元素，其余各行有 3 个非零元素。对于不在第 0 行的非零元素 a_{ij} 来说，在它前面存储了矩阵的前 i 行元素，这些元素的总数为 $2+3(i-1)$。若 a_{ij} 是本行中需要存储的第 1 个元素，则其在 Va 中的下标 $k = 2+3(i-1) = 3i-1$，此时，$j = i-1$，即 $k = 2i+i-1 = 2i+j$；若 a_{ij} 是本行中需要存储的第 2 个元素，则 $k = 2+3(i-1)+1 = 3i$，此时，$i = j$，即 $k = 2i+i = 2i+j$；若 a_{ij} 是本行中需要存储的第 3 个元素，则 $k = 2+3(i-1)+2 = 3i+1$，此时，$j = i+1$，即 $k = 2i+i+1 = 2i+j$。归纳起来，**A** 中任一元素 a_{ij} 和 Va[k] 之间存在如下对应关系。

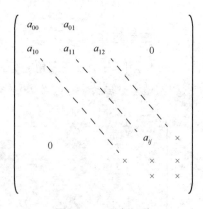

图 5.8　三对角矩阵

（1）$|i-j| > 1$：元素 a_{ij} 位于三条对角线以外，是零元素，不需要存储。

（2）$|i-j| \leqslant 1$：元素 a_{ij} 位于三条对角线上，则 $k = 2i+j$。

以上讨论的对称矩阵、三角矩阵、对角矩阵的压缩存储方法，是把有一定分布规律的值相同的元素（包括零元素）压缩存储到一个存储空间中。这样压缩存储后只需在算法中按公式做一映射就可实现矩阵元素的随机存取。

5.4.2　稀疏矩阵的压缩存储

在稀疏矩阵中，只有少量非零元素，但判断一个矩阵是否为稀疏矩阵，一般是凭直觉来判断，有时也通过稀疏因子来判断。

假设在 $m \times n$ 的矩阵中，有 t 个元素不为零，令 $\delta = \dfrac{t}{m \times n}$，称 δ 为矩阵的**稀疏因子**。通常认为 $\delta \leqslant 0.05$ 时称为稀疏矩阵。

1. 三元组线性表

稀疏矩阵的压缩存储方法是只存储非零元素。因为在稀疏矩阵中非零元素的分布没有规律，为了反映出稀疏矩阵中数据元素之间的相互关系，所以仅存储非零元素的值是不够的，还必须同时存储该非零元素在矩阵中的行下标和列下标。这样稀疏矩阵中的每一个非零元素需由一个三元组（行下标、列下标、非零元素值）唯一确定，稀疏矩阵中所有非零元素构成**三元组线性表**。

图 5.9 是一个 5×6 的稀疏矩阵 M 及对应的三元组线性表。

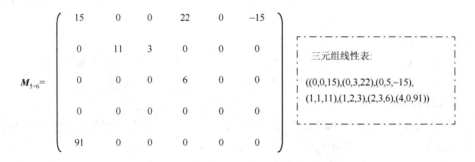

图 5.9　稀疏矩阵 M 及其三元组线性表

三元组线性表中的一个元素用来描述一个非零元素的信息，因而最好用一个结构体类型表示。可用 C/C++语言描述如下：

```
typedef struct   {
  int   i;            //行下标
  int   j;            //列下标
  ElemType   e;       //非零元素值
}Triple;              //三元组定义
```

2. 稀疏矩阵的存储结构表示

图 5.10　稀疏矩阵 **M** 的三元组顺序表

稀疏矩阵的压缩存储结构主要有顺序存储结构和链式存储结构两类。因为稀疏矩阵进行压缩存储后，矩阵的行数和列数不能显式地反映出来，这样，如果压缩存储时仅仅存储稀疏矩阵中的非零元素，就有可能出现不同的稀疏矩阵对应同一个三元组线性表的情况，因此，要唯一地表示一个稀疏矩阵，还必须在存储三元组线性表的同时存储整个矩阵的行数和列数及非零元素的个数。

1）顺序存储

稀疏矩阵的顺序存储就是用一段连续的存储单元依次存储其对应的三元组线性表，并称这种存储结构的三元组线性表为**三元组顺序表**。

虽然稀疏矩阵中没有插入和删除元素操作，但是稀疏矩阵在进行相关运算如两个矩阵相加、矩阵的修改等操作时都有可能使得稀疏矩阵的非零元素的个数发生改变，因此，描述三元组顺序表的存储结构时需要为稀疏矩阵的相关操作预留存储空间。图 5.9 所示的稀疏矩阵的三元组顺序表如图 5.10 所示。

设稀疏矩阵非零元素的最大个数为 MAX_SIZE，则三元组顺序表的结构描述如下：

```
# define MAX_SIZE 100          //非零元素个数的最大值
typedef struct {
    int m,n,t;                 //矩阵的行数、列数、非零元素个数
    Triple data[MAX_SIZE];     //非零元素
}TSMatrix;                     //三元组顺序表定义
```

其中，data 域中表示的非零元素的三元组是以行序为主序排列的，它是一种下标按行有序的存储结构。这种有序存储结构对某些矩阵的运算来说比较有利，下面讨论的矩阵的有关运算就是在这种存储结构下实现的。

2）链式存储

稀疏矩阵的链式存储就是用一组任意的存储单元存储其对应的三元组线性表，并称这种存储结构的三元组线性表为**三元组链表**。根据三元组链接方式的不同，三元组链表又分为三元组单链表、行指针数组链表和行列指针的十字链表。

第一，三元组单链表。

用指针依次把稀疏矩阵中非零元素的三元组链接起来，就构成了稀疏矩阵的三元组单链表。在三元组单链表中，每个结点的数据域由稀疏矩阵中非零元素的行下标、列下标和元素值组成，单链表的头结点中存放稀疏矩阵的行数和列数。其结点的结构描述如下：

```
typedef struct TripleNode{
```

```
    int   i;                    //行下标
    int   j;                    //列下标
    ElemType   e;               //非零元素值
    struct TripleNode   *next;  //指向下一个结点
}Tlink;
```

利用 Tlink 类型的对象存储如图 5.9 所示的稀疏矩阵，则三元组单链表如图 5.11
所示。

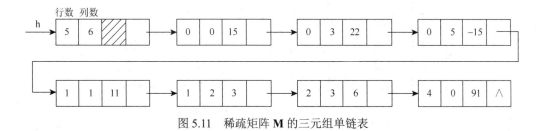

图 5.11　稀疏矩阵 **M** 的三元组单链表

这种存储结构的缺点是实现矩阵相关操作算法的时间复杂度高。因为当要访问某行某
列中的一个元素时，必须从头指针进入后逐个结点查找，这是由链式存储结构的非随机存
取特性限定的。

第二，行指针数组链表。

在矩阵的相关运算中，常常需要按行扫描相关元素，因而为降低矩阵运算操作算法的
时间复杂度，可以将稀疏矩阵中每一行的非零元素的三元组按列号从小到大的顺序链接成
一个单链表，并为每一行设计一个头指针，所有头指针构成一个指针数组，指针数组中的
每一行的头指针指向该行三元组单链表的第一个数据元素结点。换句话说，每一行的单链
表是仅由该行三元组元素结点构成的单链表，该单链表由指针数组中对应该行的头指针域
指示。称这种结构的三元组链表为**行指针数组链表**。其结构描述如下：

```
# define MAX_SIZE 100        //矩阵行数的最大值
typedef struct {
    int m,n,t;               //矩阵的行数、列数、非零元素个数
    Tlink *data[MAX_SIZE];   //行指针数组
}TSMatrix;
```

利用 TSMatrix 类型的对象存储如图 5.9 所示的稀疏矩阵，则行指针数组链表如图 5.12
所示。

行指针数组结构的三元组链表对于从某行进入后找某列元素的操作比较容易实现，但
对于从某列进入后找某行元素的操作就不容易实现，能较好地解决这一问题的存储结构是
十字链表。

第三，十字链表。

对于矩阵运算来说，按行操作和按列操作是主要的操作方法，为了方便地在矩阵中按
行或按列进行操作，不仅需要为稀疏矩阵的每一行的非零元素设置一个单链表，而且需要

为每一列的非零元素设置一个单链表，这样，稀疏矩阵的每一个非零元素就同时包含在两个链表中，即每一个非零元素同时包含在所在行的行链表中和所在列的列链表中，每个非零元素就好比在一个十字路口，由此称这样的链表为**十字链表**。

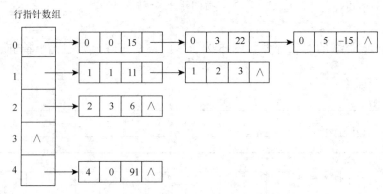

图 5.12　稀疏矩阵 **M** 的行指针数组链表

在十字链表中，每一个结点不仅要存储非零元素的行下标、列下标和值，还要存储与该非零元素在同一行和同一列中的下一个非零元素的地址，若不存在下一个结点，则相应的指针域为空值。因此，十字链表中每个非零元素结点的结构描述为

```
typedef struct OLNode {
    int    i;                  //行下标
    int    j;                  //列下标
    ElemType    e;             //非零元素值
    struct OLNode    *right,*down;
                               //该非零元素所在的行链表和列链表的后继结点的地址
}CrossNode;
```

在十字链表中，分别为每一行链表设置行头结点，为每一列链表设置列头结点，它们采用和非零元素结点一样的结点结构，只不过是在行头结点中用 right 域，列头结点中用 down 域，其他域不用。又因为在行头结点和列头结点中，都有一个指针域未用，行头结点中 down 指针域未用，列头结点中 right 指针域未用，其余的 3 个域(*i*,*j*,*e*)都相同。因此，行和列的头结点可以合用，即第 *i* 行和第 *i* 列头结点共用一个头结点，这样的结点称为**行列头结点**，行列头结点的个数为矩阵行数和列数的最大值。

因为矩阵运算中常常是一行（列）操作完后进行下一行（列）操作，所以十字链表中的所有单链表均链接成循环链表，即每一行（列）的最后一个非零元素结点的 right（down）指向行列头结点。同时，为了实现对某一行（或某一列）头指针的快速查找，将指向这些头结点的头指针存储在一个数组 HA 中，这样就可以方便地完成一行（列）操作后又回到该行（列）头结点，由 HA 数组进入下一行（列）头结点，重新开始下一行（列）的相同操作。

稀疏矩阵的十字链表存储结构描述如下：
define MAX_SIZE 100　　　　　　//矩阵行、列数的最大值

```
typedef struct {
    int m,n,t;                      //矩阵的行数、列数、非零元素个数
    CrossNode *HA[MAX_SIZE]; //行(列)头指针数组
}CrossList;
```

利用 CrossList 类型的对象存储如图 5.9 所示的稀疏矩阵，则得到十字链表存储结构示意图，如图 5.13 所示。为图示方便清楚，在图 5.13 中把每行（列）头结点分别画成两个。

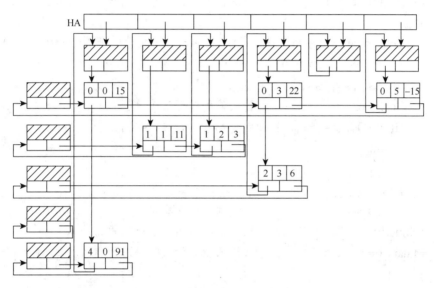

图 5.13　稀疏矩阵 **M** 的十字链表

3. 稀疏矩阵的基本操作

矩阵的操作通常包括矩阵的创建、矩阵的复制、矩阵的转置、矩阵的相加、矩阵的相减、矩阵的相乘、矩阵的遍历、矩阵的撤销等，对压缩存储后的稀疏矩阵进行这些相关运算，其算法的复杂度与没有进行压缩存储时相比有所增加。下面的算法是以三元组顺序表为其存储结构的，对于采用链式存储结构的稀疏矩阵的相关运算，在此不再一一列出。

1）创建稀疏矩阵操作

此运算通过输入矩阵的行数、列数、非零元素的个数及每个非零元素的三元组来创建三元组顺序表，即稀疏矩阵 **M**。为简化起见，在创建稀疏矩阵，输入非零元素时，要求按行、列的顺序由小到大输入。

算法 5.9

```
bool CreateSMatrix(TSMatrix &M)
{//创建稀疏矩阵 M
    int i;
    Triple T;
```

```
    bool k;
    cout<<"请输入矩阵的行数,列数,非零元素个数：";
    cin>>M.m>>M.n>>M.t;
    if(M.t>MAX_SIZE)              //非零元素个数太多
       return false;
    M.data[0].i=0;               //为比较输入的行或列的顺序做准备
    M.data[0].j=0;
    for(i=0;i<M.t;i++)           //依次输入 M.t 个非零元素
    { do
       { cout<<"请按行序顺序输入第"<<i+1<<"个非零元素所在的行(0～"<<M.m-1;
             cout<<"),列(0～"<<M.n-1<<"),元素值：";
         cin>>T.i>>T.j>>T.e;
         k=false;                //输入值的范围正确的标志
         if(T.i<0||T.i>=M.m||T.j<0||T.j>=M.n) //行或列超出范围
         k=true;
         if(i>0)
         if(T.i<M.data[i-1].i||T.i==M.data[i-1].i&&T.j<=M.data[i-1].j)
            k=true;             //行或列的顺序有错
       }while(k);               //输入值的范围不正确则重新输入
       M.data[i]=T;            //将输入正确的值赋给三元组结构体 M 的相应单元
    }
   return true;
}//CreateSMatrix
```

2）矩阵的复制操作

由稀疏矩阵 **M** 复制得到稀疏矩阵 **T**，实际上是两个三元组顺序表之间的复制。

算法 5.10

```
void CopySMatrix(TSMatrix M,TSMatrix &T)
   {
      T=M;
   }//CopySMatrix
```

3）矩阵的转置操作

对于一个 $m \times n$ 的矩阵 **M**，它的转置矩阵 **T** 是一个 $n \times m$ 的矩阵，且 $T(j,i)=M(i,j)$ $(0 \leqslant i < m, 0 \leqslant j < n)$。如果用常规存储方式（二维数组）来表示矩阵，则由 **M** 求 **T** 的算法为

```
for(j=0;j<n;j++)
   for(i=0;i<m;i++)
      T[j][i]=M[i][j];
```

显然，这个算法很简单，其时间复杂度为 $O(m \times n)$。

　　当用三元组顺序表表示稀疏矩阵时，求转置矩阵的运算就演变为"由 **M** 的三元组顺序表求得 **T** 的三元组顺序表"的操作了。例如，图 5.14（a）所示的是图 5.9 的矩阵 **M** 的转置矩阵，而图 5.14（b）则是其对应的三元组顺序表。

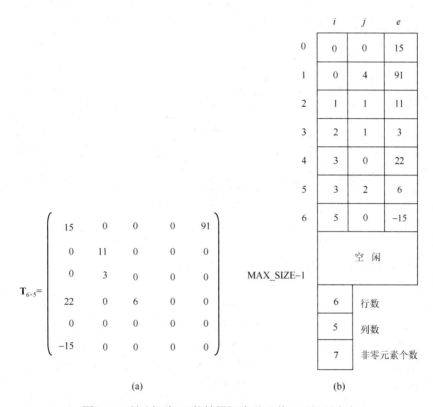

图 5.14　稀疏矩阵 **M** 的转置矩阵 **T** 及其三元组顺序表

　　比较图 5.10 和图 5.14（b）容易看出，由 **M** 的三元组顺序表求 **T** 的三元组顺序表主要做以下几个方面的工作：

　　（1）将矩阵的行数和列数互换；

　　（2）将 **M** 每个三元组中的 i 和 j 互相对调；

　　（3）重排三元组之间的次序。

　　（1）和（2）是很容易实现的，而（3）是为了实现 T.data 中所要求的顺序。可以有如下两种处理方法。

　　第一，以 M 中的列序为主的转置。

　　这种算法的**基本思想**是，按照 T.data 中三元组的次序依次在 M.data 中找到相应的三元组进行转置，即按矩阵 **M** 的列序进行转置。

　　为了找到矩阵 **M** 的第 0 列的所有非零元素，需要对 M.data 整个扫描一遍，找到所有列下标为 0 的三元组，并进行行、列交换后顺序存储到 **T** 的三元组顺序表中；继续查找 **M** 的第 1 列，第 2 列，…，最后一列的所有非零元素，行、列交换后顺序存储到 **T** 的三元组顺序表中，其扫描过程如图 5.15 所示，其算法描述如算法 5.11 所示。

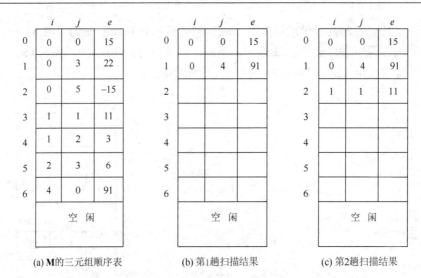

	i	j	e
0	0	0	15
1	0	3	22
2	0	5	−15
3	1	1	11
4	1	2	3
5	2	3	6
6	4	0	91
	空　闲		

	i	j	e
0	0	0	15
1	0	4	91
2			
3			
4			
5			
6			
	空　闲		

	i	j	e
0	0	0	15
1	0	4	91
2	1	1	11
3			
4			
5			
6			
	空　闲		

(a) M的三元组顺序表　　　　(b) 第1趟扫描结果　　　　(c) 第2趟扫描结果

图 5.15　转置算法扫描过程

算法 5.11

```
void TransposeSMatrix(TSMatrix M,TSMatrix &T)
{//求稀疏矩阵 M 的转置矩阵 T
    int p,col,q=0;                  //q 指示转置矩阵 T 的当前元素,初值为 0
    T.m=M.n;                        //矩阵 T 的行数=矩阵 M 的列数
    T.n=M.m;                        //矩阵 T 的列数=矩阵 M 的行数
    T.t=M.t;                        //矩阵 T 的非零元素个数=矩阵 M 的非零元素个数
    if(T.t)                         //矩阵非空
        for(col=0;col<M.n;++col) //从矩阵 T 的下标为 0 的行到最后一行
          for(p=0;p<M.t;++p)     //对于矩阵 M 的所有非零元素
            if(M.data[p].j==col) //该元素的列数=当前矩阵 T 的行数
            { T.data[q].i=M.data[p].j;
                            //将矩阵 M 当前元素的行列对调后赋给 T 的当前元素
              T.data[q].j=M.data[p].i;
              T.data[q++].e=M.data[p].e;//转置矩阵 T 的当前元素指针+1
            }
}//TransposeSMatrix
```

分析这个算法，除少数附加空间，如 p、col、q 外，它所需要的存储量仅为两个三元组顺序表 **M** 和 **T** 所需要的空间。因此，当非零元素个数 $t \ll m \times n$ 时，其所需的存储空间比直接用二维数组要节省。至于执行时间，由于算法的主要工作是在 col 和 p 的二重循环中完成的，故其时间复杂度为 $O(n \times t)$。与常规存储方式下矩阵转置算法[时间复杂度为 $O(m \times n)$]相比，当 **M** 的非零元素的个数 t 和 $m \times n$ 同数量级时，算法 5.11 的时间复杂度为 $O(m \times n^2)$，虽然节省了存储空间，但时间复杂度提高了，因此，算法 5.11 仅适合 $t \ll m \times n$ 的情况。

说明：为了简单起见，在矩阵的相关算法分析中，在不引起歧义的前提下，将 M.m、M.n 和 M.t 分别简写成 m、n 和 t。

第二，以 M 中的行序为主的转置。

这种算法的**基本思想**是，按照 M.data 中三元组的次序进行转置，转置后的元素不是连续存放在 T.data 中，而是直接放到 T.data 中相应的位置上。这样，既可以避免元素移动，又只需对 M.data 扫描一次。

显然，该算法的关键是，如何确定当前从 M 中取出的三元组在 T 中的位置。

注意到 M 中第 0 列的第一个非零元素一定存储在 T 中下标为 0 的位置上，该列中其他非零元素应存放在 T 中后面连续的位置上，那么 M 中第 1 列的第一个非零元素在 T 中的位置便等于第 0 列的第一个非零元素在 T 中的位置加上第 0 列的非零元素的个数，其他以此类推。为此，引入两个数组作为辅助数据结构。

num[col]：矩阵 M 中第 col 列中非零元素的个数。

cpot[col]：矩阵 M 中第 col 列（T 中第 col 行）的第一个非零元素在 T.data 中的恰当位置，并有递推关系式（5.9）。

$$\begin{cases} \text{cpot}[0]=1 \\ \text{cpot}[col]=\text{cpot}[col-1]+\text{num}[col-1],1\leqslant col<n \end{cases} \tag{5.9}$$

例如，对图 5.9 所示的矩阵 M，其 num 和 cpot 的值如图 5.16 所示。

在求出 cpot[n]后只需扫描一遍矩阵 M，当扫描到一个 col 列的元素时，直接将其存放到 T 中下标为 cpot[col]的位置上，然后将 cpot[col]加 1，即在 cpot[col]中始终是第 col 列下一个非零元素（如果有的话）在 T 中的位置。其算法描述如算法 5.12 所示。

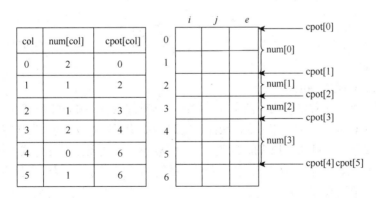

col	num[col]	cpot[col]
0	2	0
1	1	2
2	1	3
3	2	4
4	0	6
5	1	6

图 5.16　**M** 中的三元组在 **T** 中位置的计算方法

算法 5.12

```
void FastTransposeSMatrix(TSMatrix M,TSMatrix &T)
 {//快速求稀疏矩阵 M 的转置矩阵 T

    int p,q,col,*num,*cpot;
    num=(int*)malloc((M.n+1)*sizeof(int));   //存 M 每列(T 每行)非零元素个数
```

```
cpot=(int*)malloc((M.n+1)*sizeof(int));     //存 T 每行下一个非零元素的位置
T.m=M.n;                                     //T 的行数=M 的列数
T.n=M.m;                                     //T 的列数=M 的行数
T.t=M.t;                                     //T 的非零元素个数=M 的非零元素个数
if(T.t)                                      //T 是非零矩阵
{ for(col=0;col<M.n;++col)                   //从 M 的第 0 列到最后一列
    num[col]=0;                              //计数器初值设为 0
  for(p=0;p<M.t;++p)                         //对于 M 的每一个非零元素
    ++num[M.data[p].j];                      //根据它所在的列进行统计
  cpot[0]=0;//T 的第 0 行的第一个非零元素在 T.data 中的序号为 0
  for(col=1;col<M.n;++col)                   //从 M(T)的第一列(行)到最后一列(行)
                                //求 T 的第 col 行第一个非零元素在 T.data 中的序号
    cpot[col]=cpot[col-1]+num[col-1];
  for(p=0;p<M.t;++p)                         //对于 M 的每一个非零元素
  { col=M.data[p].j;                         //将其在 M 中的列数赋给 col
    q=cpot[col];                             //q 指示 M 当前的元素在 T 中的序号
    T.data[q].i=M.data[p].j;                 //将 M 当前的元素转置赋给 T
    T.data[q].j=M.data[p].i;
    T.data[q].e=M.data[p].e;
    ++cpot[col];
        //T 第 col 行的下一个非零元素在 T.data 中的序号比当前元素的序号大 1
  }
}
free(num);                                   //释放 num 和 cpot 所指向的动态存储空间
free(cpot);
}//FastTransposeSMatrix
```

此算法仅比前一个算法多用了两个辅助数组。从时间上看，算法中有 4 个并列的循环语句，它们分别执行 n、t、$n-1$ 和 t 次，因而总的时间复杂度为 $O(n+t)$，当非零元素的个数 t 和 $m \times n$ 同数量级时，算法 5.12 的时间复杂度为 $O(m \times n)$，与常规存储方式下矩阵转置算法的时间复杂度相同。显然，算法 5.12 比算法 5.11 的时间性能要好，但算法本身也较复杂一些。

4）矩阵的相加操作

两矩阵相加的前提条件是，两矩阵的大小相同，即行数和列数分别对应相等，两矩阵相加的结果仍为一个相同大小的矩阵。如果用常规存储方式（二维数组）来表示 $m \times n$ 的矩阵 **M** 和 **N**，则 **Q**=**M** + **N** 的算法为

```
for(i=0;i<m;i++)
  for(j=0;j<n;j++)
    Q[i][j]=M[i][j]+N[i][j];
```

显然，这个算法很简单，其时间复杂度为 $O(m \times n)$。

　　当用三元组顺序表存储稀疏矩阵时，矩阵 **Q** 中的非零元素的顺序仍然要以行序为主序，它是对矩阵 **M** 和矩阵 **N** 中对应的三元组按一定的顺序进行合并，合并后的矩阵的非零元素的个数可能发生改变。其算法的主要思想是，从 **M** 和 **N** 的第一个非零元素开始，比较 **M** 和 **N** 当前非零元素的行号和列号的大小，当 **M** 和 **N** 的当前元素的行（列）号互不相等时，需将行（列）号较小的三元组赋给矩阵 **Q**，并扫描该矩阵的下一个三元组，继续下一轮的比较，只有当 **M** 和 **N** 当前元素的行号和列号相等时，才进行两个元素值的相加，若相加的结果不为 0，则将其对应的三元组赋给 **Q**，否则，不赋给 **Q**。

算法 5.13

```
bool AddSMatrix(TSMatrix M,TSMatrix N,TSMatrix &Q)
 {//求稀疏矩阵的和 Q=M+N
   int m=0,n=0,q=0,i=0;
   if(M.m! =N.m||M.n! =N.n)              //M、N 两稀疏矩阵行或列数不同
     return false;
   Q.m=M.m;                              //设置稀疏矩阵 Q 的行数和列数
   Q.n=M.n;
   while(m<M.t&&n<N.t)                   //矩阵 M 和 N 的元素都未处理完
     switch(comp(M.data[m].i,N.data[n].i))  //比较两当前元素的行值关系
     {case-1：Q.data[q++]=M.data[m++];
                       //矩阵 M 的行值小,将 M 的当前元素值赋给矩阵 Q
              break;
         case 0：switch(comp(M.data[m].j,N.data[n].j))
            {//M、N 矩阵当前元素的行值相等,继续比较两当前元素的列值关系
            case-1：Q.data[q++]=M.data[m++];
                       //矩阵 M 的列值小,将 M 的当前元素值赋给矩阵 Q
              break;
         case 0：
            //M、N 矩阵当前非零元素的行列均相等,将两元素值求和并赋给矩阵 Q
              Q.data[q]=M.data[m++];
              Q.data[q].e+=N.data[n++].e;
              q++;
              if(Q.data[q].e==0)       //两元素值之和为 0,不存入稀疏矩阵
                 q--;
              break;
      case   1：Q.data[q++]=N.data[n++];
                       //矩阵 N 的列值小,将 N 的当前元素值赋给矩阵 Q
      }
     break;
   case   1：Q.data[q++]=N.data[n++];
```

　　　　　　　　　　　　　//矩阵 N 的行值小,将 N 的当前元素值赋给矩阵 Q
　　　　　}
　　　　while(m<M.t)　　　　　//矩阵 N 的元素已全部处理完毕,处理矩阵 M 的元素
　　　　　Q.data[q++]=M.data[m++];
　　　　while(n<N.t)　　　　　//矩阵 M 的元素已全部处理完毕,处理矩阵 N 的元素
　　　　　Q.data[q++]=N.data[n++];
　　　　if(q>MAX_SIZE)　　　　//非零元素个数太多
　　　　　return false;
　　　　Q.t=q;　　　　　　　　//矩阵 Q 的非零元素个数
　　　　　return true;
　　}//AddSMatrix

分析这个算法,算法中有三个并列的循环语句,但只有两个被执行,其循环次数主要取决于 M 和 N 矩阵中非零元素的个数 M.t 和 N.t,由此算法的时间复杂度为 $O(M.t + N.t)$。

说明: 此算法中的函数 comp() 为比较两个数的大小,其返回值为–1、0 和 1,分别表示两个数的小于、等于和大于关系。

5）矩阵的相减操作

矩阵 M 和矩阵 T 进行相减运算,实际上等价于矩阵 M 中的非零元素与矩阵 T 中的非零元素的相反数进行相加运算。

算法 5.14

```
bool  SubtSMatrix(TSMatrix M,TSMatrix N,TSMatrix &Q)
    {//求稀疏矩阵的差 Q=M−N
        int  i;
        if(M.m!=N.m||M.n!=N.n)      //M、N 两稀疏矩阵行或列数不同
            return  false;
        for(i=0;i<N.t;++i)            //对于 N 的每一个元素,其值乘以−1
            N.data[i].e*=−1;
        AddSMatrix(M,N,Q);          //Q=M+(−N)
        return  true;
    }//SubtSMatrix
```

6）矩阵的相乘操作

两个矩阵 M 和 N 相乘的前提是矩阵 M 的列数与矩阵 N 的行数相等。假设 M 为 $m_1 \times n_1$ 矩阵,N 是 $m_2 \times n_2$ 矩阵,当 $n_1 = m_2$ 时,如果用常规存储方式（二维数组）来表示矩阵 M 和 N,则 Q=M×N 的算法为

```
for(i=0;i<m1;i++)
    for(j=0;j<n2;j++)
        { Q[i][j]=0;
            for(k=0;k<n1;k++)
                Q[i][j]=Q[i][j]+M[i][k]*N[k][j];
```

}

此算法的时间复杂度为 $O(m_1 \times n_1 \times n_2)$。

当 **M** 和 **N** 用三元组顺序表作为其存储结构时，其算法较复杂。假设 **M** 和 **N** 分别为图 5.17（a）和（b）所示的矩阵，则 **Q** = **M** × **N** 为如图 5.17（c）所示的矩阵。

$$\mathbf{M}_{3\times4}=\begin{pmatrix}0&2&0&0\\3&0&1&0\\0&0&4&0\end{pmatrix}\qquad \mathbf{N}_{4\times2}=\begin{pmatrix}0&0\\2&0\\0&-3\\1&0\end{pmatrix}\qquad \mathbf{Q}_{3\times2}=\begin{pmatrix}4&0\\0&-3\\0&-12\end{pmatrix}$$

(a)　　　　　　　　　　　(b)　　　　　　　　　　(c)

图 5.17　矩阵的相乘示例

它们相应的三元组顺序表如图 5.18 所示。

由矩阵相乘的运算规则可知，图 5.17（c）中乘积矩阵 **Q** 中元素为

$$Q(i,j)=\sum_{k=1}^{n_1}M(i,k)\times N(k,j)\quad(0\le i<m_1,0\le j<n_2) \tag{5.10}$$

在经典算法中，无论 $M(i,k)$ 和 $N(k,j)$ 的值是否为零，都要进行一次乘法运算，而实际上，若这两者中有一个值为零，其乘积也为零。因此，在对稀疏矩阵进行运算时，应避免这种无效操作，换句话说，为求 **Q** 的值，只需将在 M.data 和 N.data 中找到相应的各对元素（M.data 中的 j 值和 N.data 中的 i 值相等的各对元素）相乘即可。

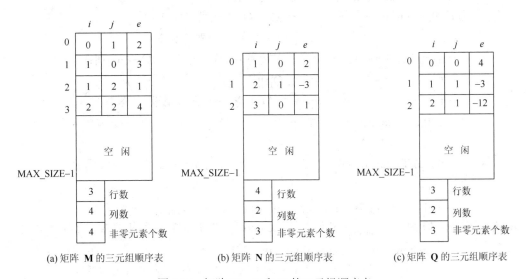

(a) 矩阵 **M** 的三元组顺序表　　(b) 矩阵 **N** 的三元组顺序表　　(c) 矩阵 **Q** 的三元组顺序表

图 5.18　矩阵 **M**、**N** 和 **Q** 的三元组顺序表

例如，M.data[0]表示矩阵元素(0,1,2)，只需要和 N.data[0]表示的矩阵元素(1,0,2)相乘；而 M.data[1]表示的矩阵元素(1,0,3)则不需要和 **N** 中任何元素相乘，因为 N.data 中没有 i 为 0 的元素。由此可见，为了得到非零的乘积，只需要对 M.data[0..M.t−1]中的每个元

素$(i,k,M(i,k))(0\leqslant i<m_1,0\leqslant k<n_1)$，找到 N.data 中所有相应的元素$(k,j,N(k,j))(0\leqslant k<m_2,$ $0\leqslant j<n_2)$，进行相乘即可。

稀疏矩阵相乘的基本操作是，对于 M 中第 $i(0\leqslant i<m_1)$ 行的所有非零元素，分别与 N 中每一列中所对应位置（M 中非零元素的列下标与 N 中非零元素的行下标相同）的非零元素（如果有的话）进行相乘，M 中第 i 行的所有非零元素与 N 中第 $j(0\leqslant j<n_2)$ 列的所有对应位置的非零元素的乘积累加起来就是 Q 中第 i 行第 j 列的元素。这样需要按照 N 中的列序进行扫描，找到每一列中的所有非零元素，而 N 中的三元组是按照其行序存储的，所以需要对其进行转置。其具体算法描述如算法 5.15 所示。

算法 5.15

```
bool MultSMatrix(TSMatrix M,TSMatrix N,TSMatrix &Q)
{//求稀疏矩阵的乘积 Q=M×N

    int i,j,q,p;
    ElemType Qs;              //矩阵单元 Q[i][j]的临时存放处
    TSMatrix T;               //N 的转置矩阵
    if(M.n! =N.m)             //矩阵 M 和 N 无法相乘
      return false;
    Q.m=M.m;                  //Q 的行数=M 的行数
    Q.n=N.n;                  //Q 的列数=N 的列数
    Q.t=0;                    //Q 的非零元素个数的初值为 0
    TransposeSMatrix(N,T);    //T 是 N 的转置矩阵
    for(i=0;i<Q.m;i++)        //对于 M 的每一行,求 Q[i][]
    { q=0;                    //q 指向 T 的第一个非零元素
      for(j=0;j<T.m;j++)      //对于 T 的每一行(N 的每一列),求 Q[i][j]
      { Qs=0;                 //设置 Q[i][j]的初值为 0
        p=0;                  //p 指向 M 的第一个非零元素
        while(M.data[p].i<i)  //使 p 指向矩阵 M 的第 i 行的第一个非零元素
          p++;
        while(T.data[q].i<j)  //使 q 指向矩阵 N 的第 j 列的第一个非零元素
          q++;
        while(p<M.t&&q<T.t&&M.data[p].i==i&&T.data[q].i==j)
//M.data[p]仍是 M 的第 i 行的非零元素且 T.data[q]仍是 T 的第 j 行(N 的第 j 列)的非零元素
          switch(comp(M.data[p].j,T.data[q].j))
          { //比较 M 矩阵当前元素的列值和 N 矩阵当前元素的行值
            case-1: p++;
            //M 矩阵当前元素的列值<N 矩阵当前元素的行值,p 向后移
                    break;
            //M 当前元素的列值=N 当前元素的行值,则两值相乘并累加到 Qs,p、q 均向后移
            case   0: Qs+=M.data[p++].e*T.data[q++].e;
```

```
                          break;
          case   1: q++;
          //M 矩阵当前元素的列值>N 矩阵当前元素的行值,q 向后移
          }
   if(Qs)//Q[i][j]不为 0
   { if(++Q.t>MAX_SIZE)        //Q 的非零元素个数+1,如果非零元素个数太多
       return  false;
     Q.data[Q.t−1].i=i;        //将 Q[i][j]按顺序存入稀疏矩阵 Q
     Q.data[Q.t−1].j=j;
     Q.data[Q.t−1].e=Qs;
     }
   }
 }
 return  true;
}//MultSMatrix
```

分析这个算法，算法中有嵌套的三重循环，外面两重循环的执行次数为 $m_1 \times n_2$，最内层循环的执行次数与非零元素的个数和其在矩阵中的分布有关，循环的最大次数为 n_1，故在最坏的情况下，该算法的时间复杂度为 $O(m_1 \times n_1 \times n_2)$。

两个稀疏矩阵的乘积并不一定是稀疏矩阵。反之，即使每个分值 $M(i,k) \times N(k,j)$ 不为零，其累加值 $Q(i,j)$ 也可能为零。因此，乘积矩阵 **Q** 中的元素是否为非零元素，只有在求得累加和之后才知道。

7）矩阵的遍历操作

此算法是按照矩阵的形式输出用压缩存储方式存储的稀疏矩阵。

算法 5.16

```
void TraverseSMatrix(TSMatrix M)
{//按矩阵形式输出 M
   int i,j,k=1;              //非零元计数器,初值为 1
   Triple *p=M.data;        //p 指向 M 的第一个非零元素
   for(i=0;i<M.m;i++)        //从第 1 行到最后一行
   { for(j=0;j<M.n;j++)      //从第 1 列到最后一列
   if(k<=M.t&&p->i==i&&p->j==j)
                     //p 指向非零元素,且 p 所指元素为当前循环在处理的元素
       { cout<<setw(3)<<(p++)->e;
                     //输出 p 所指元素的值,p 指向下一个元素
       k++;           //计数器+1
       }
     else            //p 所指元素不是当前循环在处理的元素
       cout<<setw(3)<<0; //输出 0
```

```
        cout<<endl;
      }
}//TraverseSMatrix
```

8）矩阵的撤销操作

释放稀疏矩阵 **M** 所占的存储空间，矩阵 **M** 被撤销。

算法 5.17

```
void DestroySMatrix(TSMatrix &M)
{
   M.m=M.n=M.t=0;
}//DestroySMatrix
```

假设稀疏矩阵的顺序存储表示和相关操作存放在头文件"TSMatrix.h"中,则可用下面的程序测试稀疏矩阵的有关操作。

```
typedef int ElemType;//定义矩阵元素类型 ElemType 为整型
# include "stdlib.h"    //该文件包含 malloc()、realloc()和 free()等函数
# include "iomanip.h" //该文件包含标准输入、输出流 cin 和 cout 及控制符 setw()

int comp(int c1,int c2)//比较函数
{
    if(c1<c2)return-1;
        else if(c1==c2)return 0;
            else    return 1;
}//comp

# include "TSMatrix.h"//该文件包含三元组顺序表数据对象的描述及相关操作

void main()
{
   TSMatrix A,B,C;
   cout<<"创建矩阵 A:";
   CreateSMatrix(A);    //创建矩阵 A
   TraverseSMatrix(A); //输出矩阵 A
   CopySMatrix(A,B);   //由矩阵 A 复制矩阵 B
   cout<<"由矩阵 A 复制矩阵 B1:"<<endl;
   TraverseSMatrix(B); //输出矩阵 B
   DestroySMatrix(B);   //撤销矩阵 B
   cout<<"创建矩阵 B2:(与矩阵 A 的行、列数相同,行、列分别为";
   cout<<A.m<<","<<A.n<<")"<<endl;
   CreateSMatrix(B);    //创建矩阵 B
```

```
    TraverseSMatrix(B);          //输出矩阵 B
    AddSMatrix(A,B,C);           //矩阵相加,C=A+B
    cout<<"矩阵 C1(A+B):"<<endl;
    TraverseSMatrix(C);          //输出矩阵 C
    SubtSMatrix(A,B,C);          //矩阵相减,C=A-B
    cout<<"矩阵 C2(A-B):"<<endl;
    TraverseSMatrix(C);          //输出矩阵 C
    TransposeSMatrix(A,C);       //矩阵 C 是矩阵 A 的转置矩阵
    cout<<"矩阵 C3(A 的转置):"<<endl;
    TraverseSMatrix(C);          //输出矩阵 C
    cout<<"创建矩阵 A2:";
    CreateSMatrix(A);            //创建矩阵 A
    TraverseSMatrix(A);          //输出矩阵 A
    cout<<"创建矩阵 B3:(行数应与矩阵 A2 的列数相同="<<A.n<<")"<<endl;
    CreateSMatrix(B);            //创建矩阵 B
    TraverseSMatrix(B);          //输出矩阵 B
    MultSMatrix(A,B,C);          //矩阵相乘,C=A×B
    cout<<"矩阵 C4(A×B):"<<endl;
    TraverseSMatrix(C);          //输出矩阵 C
}
```

程序运行后输出结果如下:

创建矩阵 A:请输入矩阵的行数,列数,非零元素个数:<u>3 3 2</u>↙

请按行序顺序输入第 1 个非零元素所在的行(0～2),列(0～2),元素值:<u>0 2 2</u>↙

请按行序顺序输入第 2 个非零元素所在的行(0～2),列(0～2),元素值:<u>1 0 5</u>↙

```
    0   0   2
    5   0   0
    0   0   0
```

由矩阵 A 复制矩阵 B1:

```
    0   0   2
    5   0   0
    0   0   0
```

创建矩阵 B2:(与矩阵 A 的行、列数相同,行、列分别为 3,3)

请输入矩阵的行数,列数,非零元素个数:<u>3 3 2</u>↙

请按行序顺序输入第 1 个非零元素所在的行(0～2),列(0～2),元素值:<u>0 2 4</u>↙

请按行序顺序输入第 2 个非零元素所在的行(0～2),列(0～2),元素值:<u>2 1 3</u>↙

```
    0   0   4
    0   0   0
    0   3   0
```

矩阵 Cl(A+B):

   0　0　6

   5　0　0

   0　3　0

矩阵 C2(A-B):

   0　0　-2

   5　0　0

   0　-3　0

矩阵 C3(A 的转置):

   0　5　0

   0　0　0

   2　0　0

创建矩阵 A2:请输入矩阵的行数,列数,非零元素个数:<u>2 3 2</u>✓

请按行序顺序输入第 1 个非零元素所在的行(0～1),列(0～2),元素值:<u>0 2 3</u>✓

请按行序顺序输入第 2 个非零元素所在的行(0～1),列(0～2),元素值:<u>1 0 1</u>✓

   0　0　3

   1　0　0

创建矩阵 B3:(行数应与矩阵 A2 的列数相同=3)

请输入矩阵的行数,列数,非零元素个数:<u>3 2 2</u>✓

请按行序顺序输入第 1 个非零元素所在的行(0～2),列(0～1),元素值:<u>1 1 4</u>✓

请按行序顺序输入第 2 个非零元素所在的行(0～2),列(0～1),元素值:<u>2 0 2</u>✓

   0　0

   0　4

   2　0

矩阵 C4(A×B):

   6　0

   0　0

5.5　广　义　表

5.5.1　广义表的基本概念

1. 广义表的定义

广义表（generalized list）是 $n(n \geq 0)$ 个数据元素构成的有限序列，一般记作

$$LS = (a_1, a_2, \cdots, a_n)$$

其中，LS 是广义表的名称，n 是广义表的长度，$a_i(1 \leq i \leq n)$ 是 LS 的成员，它可以是单个的数据元素，也可以是一个广义表，分别称为 LS 的**单元素**（也称为**原子**）和**子表**。通常

用大写字母表示广义表，用小写字母表示单元素。

下面列举一些广义表的例子：

A = ()；

B = (e)；

C = (a,(b,c,d))；

D = (A,B,C)；

E = (a,E)。

其中，A 是一个空表，其长度为 0；B 是一个只含有原子 e 的表，其长度为 1；C 有 2 个元素，分别为原子 a 和子表(b,c,d)，其长度为 2；D 中有 3 个元素，分别为子表 A、子表 B 和子表 C，其长度为 3；E 是一个递归的表，相当于一个无限的列表 E = (a,(a,(a,…)))，其长度为 2。

显然，广义表是一种递归定义的数据结构，因为在描述广义表时又用到了广义表的概念。因此，虽然它也是一种线性结构，但和线性表有着明显的差别，正是这一特点使得广义表在处理有层次特点的线性结构问题时有着独特的效能。例如，在计算机图形学、人工智能等领域的实际应用中，广义表发挥着越来越大的作用。

从以上的定义和例子可见广义表有如下特性。

（1）广义表是一种线性结构。因此，广义表中的数据元素彼此间有着固定的相对次序，如同线性表。例如，a_i 是广义表 LS 中第 i 个数据元素，广义表的**长度**则定义为广义表中直接元素的个数。又如，广义表 D 的长度为 3，广义表 A 的长度则为 0。

（2）广义表的元素可以是子表，而子表的元素还可以是子表。由此，广义表是一个多层次的结构，如图 5.19 所示的是广义表 D 的一种图形表示（图中圆圈表示表，方框表示原子），广义表 D 由 3 个子表 A、B 和 C 构成，而 C 又由一个原子 a 和一个子表(b,c,d)构成，广义表的**深度**则定义为广义表中括号的最大嵌套层数，因此对广义表而言，"空表"的深度为 1，而"原子"的深度为 0。例如，广义表 D 的深度为 3，广义表 C 的深度为 2。

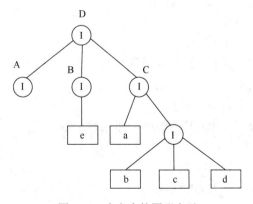

图 5.19　广义表的图形表示

（3）广义表可被其他广义表共享。例如，广义表 A、B 和 C 为 D 的子表，则在 D 中可以不用列出子表的值，而通过子表的名称来引用。在应用问题中，利用广义表的共享特性可以减少存储结构中的数据冗余，以节约存储空间。

（4）广义表可以是一个递归的表，即广义表可以是其自身的子表，如广义表 E。值得注意的是，递归表的深度是无穷值，而长度是有限值，如 E 表的长度为 2。

（5）任何一个非空广义表均可分解为表头和表尾两部分。对于广义表

$$LS = (a_1, a_2, \cdots, a_n)$$

其表头为 Head(LS) = a_1；其表尾为 Tail(LS) = $(a_2, a_3, \cdots, a_n)$。可见，非空广义表的表头可以是原子，也可以是广义表，而表尾必定是一个广义表。

总结：理解广义表的定义有以下要点。

（1）序列——顺序性，组成广义表的直接元素之间具有线性关系。

（2）有限——有限性，广义表的元素个数是有限的。

（3）元素推广性，广义表中的数据元素可以是单元素，也可以是广义表（称为复合元素）。

（4）类型不统一，广义表中的数据元素可以是原子，也可以是广义表，而且广义表可以嵌套多层，因此，其元素类型不统一。

2. 广义表的抽象数据类型

ADT GList{

　Data:

　　数据元素的有限序列:数据元素可以是原子也可以是广义表。

　Operation:

　　InitGList(&GL)

　　　操作结果:构造一个空的广义表 GL。

　　CreateGList(&GL，S)

　　　初始条件:S 是广义表的书写形式串。

　　　操作结果:由 S 创建广义表 GL。

　　CopyGList(&T，GL)

　　　初始条件:广义表 GL 存在。

　　　操作结果:由广义表 GL 复制得到广义表 T。

　　GListLength(GL)

　　　初始条件:广义表 GL 存在。

　　　操作结果:求广义表 GL 的长度，即元素个数。

　　GListDepth(GL)

　　　初始条件:广义表 GL 存在。

　　　操作结果:求广义表 GL 的深度。

　　GListEmpty(GL)

　　　初始条件:广义表 GL 存在。

　　　操作结果:判定广义表是否为空。

　　GetHead(GL)

初始条件:广义表 GL 存在。

操作结果:取广义表 GL 的表头元素。

GetTail(GList GL)

初始条件:广义表 GL 存在。

操作结果:取广义表 GL 的表尾(除表头之外的部分)。

InsertFirst_GL(&GL，e)

初始条件:广义表 GL 存在。

操作结果:插入元素 e，作为广义表 GL 的第 1 个元素(表头)。

DeleteFirst_GL(&GL，&e)

初始条件:广义表 GL 存在。

操作结果:删除广义表 GL 的第 1 个元素(表头)，并用 e 返回其值。

Traverse_GL(GL)

初始条件:广义表 GL 存在。

操作结果:遍历广义表 GL。

DestroyGList(&GL)

初始条件:广义表 GL 存在。

操作结果:撤销广义表 GL。

}**ADT GList**

5.5.2 广义表的存储结构

由于广义表的数据元素可以具有不同的结构（或是原子，或是子表），故难以用顺序存储结构表示，通常采用链式存储结构，每个数据元素可用一个结点表示。

因为广义表中的数据元素有原子和子表之分，所以在对应的存储结构中，其结点也有原子结点和子表结点之分。又从 5.5.1 小节可知：若广义表不为空，则可分解为表头和表尾；反之，一对确定的表头和表尾可唯一确定广义表。根据这一性质，可采用**头尾表示法**来存储广义表。

在头尾表示法中，一个表结点可由 3 个域组成，即标志域、指示表头的指针域和指示表尾的指针域；而原子结点只需两个域，即标志域和值域。其中标志域用来区分广义表中的原子结点和表结点：标志域为 1，表示其结点为表结点；标志域为 0，表示其结点为原子结点。其结构如图 5.20 所示。

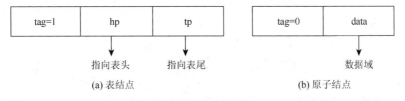

(a) 表结点   (b) 原子结点

图 5.20 广义表的结点结构（头尾表示法）

图 5.20 的结构描述如下：

enum ElemTag{ATOM,LIST}; //ATOM==0:原子,LIST==1:子表

typedef struct GLNode {

　ElemTag tag;　　　　　　　//公共部分,用于区分原子结点和表结点

　union　　　　　　　　　　　//原子结点和表结点的联合部分

　{ ElemType data;　　　　　//data 是原子结点的值域,ElemType 由用户定义

　　struct

　　{ struct GLNode *hp,*tp;}ptr;

//ptr 是表结点的指针域,prt.hp 和 ptr.tp 分别指向表头和表尾(表头之外的其余元素)

　};

}*GList;　　　　　　　　　//广义表类型

以上述定义的存储结构表示的广义表 A、B、C、D 和 E 如图 5.21 所示。在这种存储结构中，有以下几个特点：

（1）除空表的表头指针为空外，对任何非空广义表，其表头指针均指向一个表结点，且该结点中的 hp 域指示广义表表头（或为原子结点，或为表结点），tp 域指向广义表表尾（除非表尾为空，指针为空，否则必为表结点）。

（2）容易分清广义表中原子和子表所在的层次。例如，在广义表 D 中，原子 a 和 e 在同一层次上，而 b、c 和 d 在同一层次且比 a 和 e 低一层，B 和 C 在同一层有子表。

（3）最高层的表结点的个数即广义表的长度。

（4）通过指针，可以有效实现存储结构的共享。例如，广义表 D 中第二和第三结点的表头指针分别指向了 B 表与 C 表。

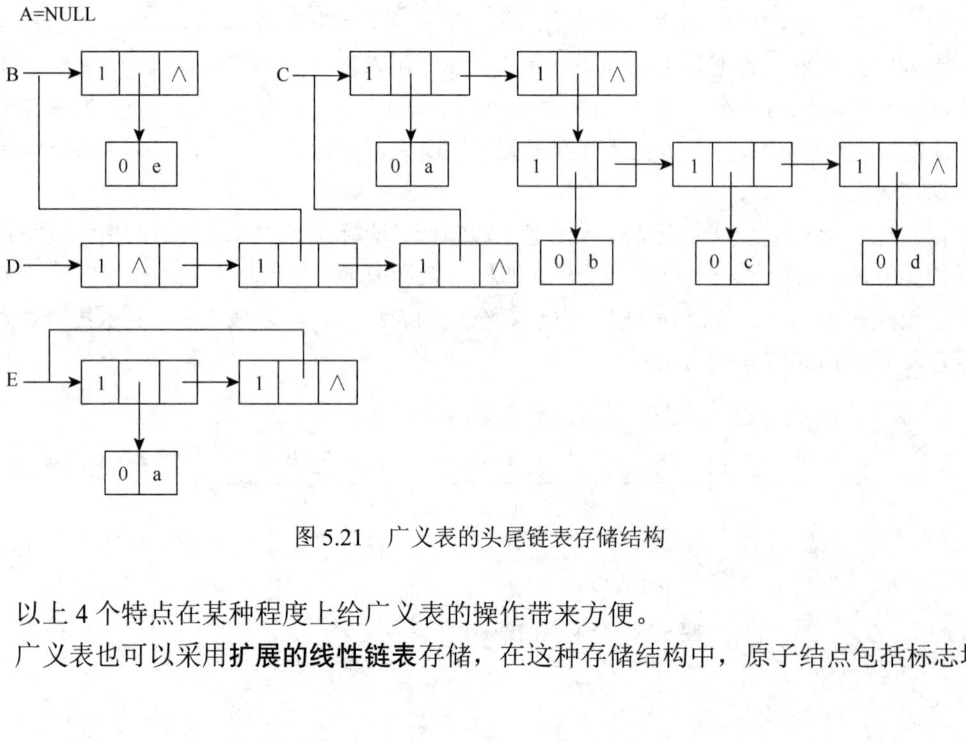

图 5.21　广义表的头尾链表存储结构

以上 4 个特点在某种程度上给广义表的操作带来方便。

广义表也可以采用**扩展的线性链表**存储，在这种存储结构中，原子结点包括标志域、

值域和指向其后继结点的指针域；表结点则包括标志域、指向子表中第一个结点的表头指针域和指向其后继结点的指针域（图 5.22）。

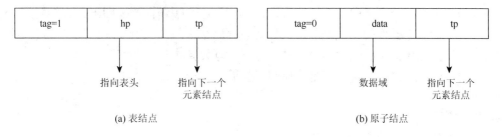

(a) 表结点   (b) 原子结点

图 5.22 广义表的结点结构（扩展的线性链表）

图 5.22 的结构描述如下：
```
enum ElemTag{ATOM，LIST};          //ATOM==0:原子,LIST==1:子表
typedef struct GLNode1
   { ElemTag  tag;                 //公共部分，用于区分原子结点和表结点
     union                         //原子结点和表结点的联合部分
       { ElemType  dtat;           //原子结点的值域
         GLNode1  *hp;             //表结点的表头指针
      };
      struct GLNode1  *tp;         //相当于线性链表的 next，指向下一个元素结点
}*GList1;                          //广义表类型 GList1 是一种扩展的线性链表
```
如果用 GList1 存储广义表 A、B、C、D 和 E，其结构如图 5.23 所示。

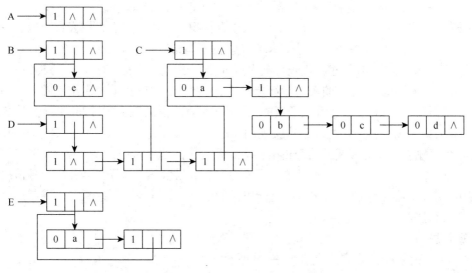

图 5.23 广义表的扩展线性链表存储结构

5.5.3　广义表的基本操作

因为广义表是一种递归的数据结构，所以对广义表的操作一般采用递归的算法。下面有关广义表的基本操作的算法是基于头尾链表存储结构的（Glist），模仿这些相关算法，可以很容易写出在扩展的线性链表存储结构下的有关算法。

假定下面所讨论的广义表都是非递归表且无共享子表。

1. 初始化操作

此操作的结果是创建一个空的广义表 GL。

算法 5.18

```
void  InitGList(GList  &GL)
    {//创建空的广义表 GL
        GL=NULL;
    }//InitGList
```

2. 创建广义表操作

假定广义表中的元素类型 ElemType 为 char 类型，每个原子的值被限定为英文字母，并假定用一个字符串来表示一个广义表，字符串的格式为，元素之间用一个逗号分隔，表元素的起止字符分别为左、右圆括号，空表在其圆括号内不包含任何字符。例如，(a,(b,c,d)) 就是一个符合上述要求的广义表格式。

创建广义表是一个递归算法。该算法使用一个具有如上广义表格式的字符串参数 S（DsqString 类型）返回由它生成的广义表 GL。

广义表字符串 S 可能有两种情况：①S = "()"（带括弧的空白串）；②S = $(a_1,a_2,\cdots,a_n)$，其中 $a_i(i = 1,2,\cdots,n)$ 是 S 的子串。对应于第①种情况，S 的广义表为空表；对应于第②种情况，S 的广义表中含有 n 个子表，每个子表的书写形式即子串 $a_i(i = 1,2,\cdots,n)$。假设按图 5.20 所示结点结构来创建广义表，则含有 n 个子表的广义表中有 n 个表结点序列。第 $i(i = 1,2,\cdots,n-1)$ 个表结点中的表尾指针指向第 $i+1$ 个表结点。第 n 个表结点的表尾指针为 NULL，并且，如果把原子也看成子表的话，第 i 个表结点的表头指针 hp 指向由 a_i 建立的子表$(i = 1,2,\cdots,n)$。由此，由 S 建广义表的问题可转化为由 $a_i(i = 1,2,\cdots,n)$建子表的问题。a_i 可能有三种情况：①带括号的空白串；②长度为 1 的单字符串；③长度＞1 的字符串。显然，前两种情况为递归的终结状态，子表为空表或只含一个原子结点，后一种情况为递归调用。由此，在不考虑输入字符串可能出错的前提下，可得下列建立广义表链表存储结构的递归算法。

算法思想：

（1）若 S 为"()"，则置广义表为空；

（2）若 S 的长度为1(S 为单原子)，则创建单原子广义表；

（3）若 S 的长度大于 1，则脱去 S 中最外层括号，其子串 sub = "$s_1,s_2,\cdots,s_n$"，对每一个

s_i 建立一个表结点，并令其 hp 域的指针为由 s_i 建立的子表的头指针，除最后建立的表结点的尾指针为 NULL 外，其余表结点的尾指针均指向在它之后建立的表结点。

从上面的算法思想可知，在为 s_i 建立表结点之前，必须完成两项工作，一是去掉 S 中最外层括弧，这由取子串函数很容易实现；二是取出 s_i，即分离字符串，其方法是用一个函数 sever 将第一个"，"之前的子串赋给 hsub，并使 sub 成为删去子串 hsub 和"，"之后的剩余串，若串 sub 中没有字符"，"，则操作后的 hsub 即操作前的 sub，而操作后的 sub 为空串。

算法 5.19

```
void  CreateGList(GList  &GL,DSqString S)
{//采用头尾链表存储结构,由广义表的书写形式串 S 创建广义表 GL。设 emp="()"
    DSqString sub,hsub,emp;
    GList p,q;
    StrAssign_Sq(sub,"");           //初始化 sub
    StrAssign_Sq(hsub,"");          //初始化 hsub
    StrAssign_Sq(emp,"()");         //空串 emp="()"
    if(!StrCompare_Sq(S,emp))       //S="()"
        GL=NULL;                    //创建空表
    else                            //S 不是空串
    { if(!(GL=(GList)malloc(sizeof(GLNode))))//建表结点
        exit(1);
      if(StrLength_Sq(S)==1)        //S 为单原子,这种情况只会出现在递归调用中
      { GL->tag=ATOM;               //创建单原子广义表
        GL->data=S.str[0];          //单原子的值为字符型
      }
      else                          //S 为表
    { GL->tag=LIST;                 //GL 是子表
      p=GL;                         //p 也指向子表
      SubString_Sq(S,sub,1,StrLength_Sq(S)_2);
      //脱外层括号[去掉第 1 个字符(左括号)和最后 1 个字符(右括号)]给串 sub
      do                            //重复建 n 个子表
      { sever(sub,hsub);            //从 sub 中分离出表头串给 hsub,其余部分(表尾)给 sub
        CreateGList(p->ptr.hp,hsub); //递归创建表头串表示的子表
        q=p;                        //q 指向 p 所指结点
        if(sub.length)              //表尾不空
        { if(!(p=(GLNode*)malloc(sizeof(GLNode))))   //由 p 创建表结点
            exit(1);
          p->tag=LIST;              //p 是子表
          q->ptr.tp=p;//p 所指结点接在 q 所指结点之后,形成 q 的下一个结点
```

```
      }
    }while(sub.length);              //当表尾不空
    q->ptr.tp=NULL;                  //设置最后一个表尾指针为空
   }
 }
}//CreateGList
```

算法 5.20

```
void sever(DSqString &str,DSqString &hstr)
{ //将脱去外层括号的非空串 str 分割成两部分：hstr 为第一个','之前的子串,str 为之后
   的子串
   int n,k=0,i=-1;                   //用 k 记尚未配对的左括号个数
   char ch;
   n=StrLength_Sq(str); //n 为串 str 的长度
   DSqString sub,temp;
   StrAssign_Sq(sub,"");             //初始化 sub
   StrAssign_Sq(temp,"");            //初始化 temp
   do                                //搜索最外层(k=0 时)的第 1 个逗号
   {i++;
     SubString_Sq(str,sub,i,1);
     ch=sub.str[0];                  //ch 为串 str 的第 i+1 个字符
     if(ch=='(')++k;                 //尚未配对的左括号个数+1
     else if(ch==')')--k;            //尚未配对的左括号个数-1
   }while(i<n&&ch! =','||k!=0);      //i 小于串长且 ch 不是最外层的','
   if(i<n)                           //串 str 中存在最外层的',',它是第 i+1 个字符
   {SubString_Sq(str,hstr,0,i);      //hstr 返回串 str',' 前的字符
    SubString_Sq(str,temp,i+1,n-i-1) //str 返回串 str',' 后的字符
    StrCopy_Sq(str,temp);
   }
   else                              //串 str 中不存在','
   {StrCopy_Sq(hstr,str);            //串 hstr 就是串 str
    DestroyString_Sq(str);           //',' 后面是空串
   }
}//sever
```

3. 复制广义表操作

任何一个非空广义表均可分解成表头和表尾,反之,一对确定的表头和表尾可唯一确定一个广义表。由此,复制一个广义表只要分别复制其表头和表尾,然后合成即可。因此,由广义表 GL 复制广义表 GT 的操作的递归定义如下:

（1）如果 GL 为空，则 GT 也为空；

（2）如果 GL 非空，建立 GT 表结点，复制 GL 当前结点的标志域，如果 GL 的当前结点是原子结点，则复制 GL 的数据域，否则递归复制表头子表，递归复制表尾子表。

算法 5.21

```
void CopyGList(GList &GT,GList GL)
{//采用头尾链表存储结构,由广义表 GL 复制得到广义表 GT
  if(!GL)                              //复制空表
     GT=NULL;
  else                                //广义表 GL 不空
  { GT=(GList)malloc(sizeof(GLNode));  //建表结点
     if(!GT)
        exit(1);
     GT->tag=GL->tag;                  //复制标志域
     if(GL->tag==ATOM)                 //单原子
        GT->data=GL->data;             //复制单原子
     Else                             //子表
     { CopyGList(GT->ptr.hp,GL->ptr.hp);  //递归复制表头子表
        CopyGList(GT->ptr.tp,GL->ptr.tp);
                                       //递归复制表尾(除表头之外的部分)子表
     }
  }
}//CopyGList
```

4. 求广义表长度操作

在用头尾链表存储结构表示的广义表中，最高层的表结点的个数即广义表的长度，它是通过 tp 指针域链接起来的，所以可以把它看成由 tp 指针域链接起来的单链表。这样，求广义表的长度就是求单链表的长度，其非递归算法描述如下。

算法 5.22

```
int GListLength(GList GL)
  {//返回广义表 GL 的长度,即元素个数
    int len=0;              //设置广义表长度的初值为 0
    while(GL)               //未到表尾
    {GL=GL->ptr.tp;         //GL 指向广义表最外层的下一个元素
    len++;                 //表长+1
  }
    return len;
}//GlistLength
```

5. 求广义表深度操作

广义表的深度定义为广义表中括号的最大嵌套层数,是广义表的一种量度。并且规定原子的深度为 0,空表的深度为 1,当广义表非空时,其深度等于所有子表中表的深度的最大值加 1。要求得广义表的深度,必须求出每个子表的深度,而求每个子表的深度的算法与求整个广义表的算法是一致的,只是入口参数发生了改变。显然,用递归算法比较容易实现这一算法。

算法 5.23

```
int GListDepth(GList GL)
    {//采用头尾链表存储结构,求广义表 GL 的深度,并返回其值

        int  dep,max=0;
        GList pp;
        if(!GL)                          //广义表 GL 为空
            return  1;                   //空表深度为 1
        if(GL->tag==ATOM)                //是原子结点
            return  0;                   //原子深度为 0,只会出现在递归调用中
        for(pp=GL;pp;pp=pp->ptr.tp)      //从本层的第 1 个元素到最后一个元素
        { dep=GListDepth(pp->ptr.hp);    //递归求以 pp->ptr.hp 为头指针的子表深度
          if(dep>max)
             max=dep;                    //max 存储本层子表深度的最大值
        }
        return  max+1;                   //非空表的深度是各元素的深度的最大值加 1
}//GlistDepth
```

6. 判定广义表是否为空操作

若广义表 GL 为空,返回 true;否则返回 false。

算法 5.24

```
bool  GListEmpty(GList  GL)
    {//判定广义表是否为空
        if(!GL)
            return  true;
        else
            return  false;
}//GlistEmpty
```

7. 取广义表表头操作

利用复制函数直接复制广义表 GL 的表头,并返回其地址。

算法 5.25

```
GList  GetHead(GList  GL)
  {//生成广义表 GL 的表头元素,返回指向这个元素的指针
    GList  h;
    if(!GL)                  //空表无表头
      return  NULL;
    CopyGList(h,GL->ptr.hp);    //将 GL 的表头元素复制给 h
    return  h;
}//GetHead
```

8. 取广义表表尾操作

利用复制函数直接复制广义表 GL 的表尾,并返回其地址。

算法 5.26

```
GList  GetTail(GList  GL)
  {//将广义表 GL 的表尾(除表头之外的部分)生成广义表,返回指向这个新广义表的指
    针
    GList  t;
    if(!GL)                  //空表无表尾
      return  NULL;
    CopyGList(t,GL->ptr.tp);    //将 L 的表尾元素复制给 t
    return  t;
}//GetTail
```

9. 广义表的插入元素操作

在广义表中进行插入元素操作,有多种插入方式。下面的算法是把待插入的元素 e(也可能是子表)作为广义表的第一个元素进行插入。该算法比较简单,相当于在线性链表的表头插入一个结点的操作。

算法 5.27

```
void InsertFirst_GL(GList  &GL,GList  e)
  {//将元素 e(也可能是子表)作为广义表 GL 的第 1 个元素(表头)插入
    GList  p=(GList)malloc(sizeof(GLNode));    //生成新的表头结点
    if(!p)
      exit(1);
    p->tag=LIST;                //广义表 GL 的类型是表
    p->ptr.hp=e;                //GL 的表头指针指向 e
    p->ptr.tp=GL;               //GL 的表尾指针指向原表 GL
    GL=p;                       //GL 指向新的表头结点
}//InsertFirst_GL
```

10. 广义表的删除元素操作

与插入元素操作一样，在广义表中进行删除元素操作也有多种方式。下面的算法是删除广义表的第一个元素，并由 e 返回其值，此操作相当于删除线性链表的表头结点。

算法 5.28

```
void DeleteFirst_GL(GList &GL,GList &e)
    {//删除广义表 GL 的第一个元素(表头),并用 e 返回其值
        GList p=GL;        //p 指向第 1 个表结点
        e=GL->ptr.hp;      //e 指向 GL 的表头元素
        GL=GL->ptr.tp;     //GL 指向原 GL 的表尾(除表头之外的部分)
        free(p);           //释放 p 所指的表结点
    }//DeleteFirst_GL
```

11. 广义表的遍历操作

该算法也是一个递归算法，其执行结果是按照广义表格式的字符串输出广义表。若广义表非空，则从前往后依次访问广义表的各个"数据元素"，若该数据元素为原子，则直接进行访问，否则"递归"遍历该子表。从存储结构来看，假设 GL 是广义表的头指针，若 GL 非空，则 GL->ptr.hp 指向它的第一个子表，GL->ptr.tp->ptr.hp 指向它的第二个子表……

算法 5.29

```
void Traverse_GL(GList GL)
    {//利用递归算法遍历广义表 GL
        GList p;
        if(! GL)cout<<"()";                        //输出空表
        else{
            if(GL->tag==ATOM)cout<<GL->data;       //输出原子
            else{
                cout<<'(';                         //输出广义表的左括弧
                p=GL;
                while(p){
                    Traverse_GL(p->ptr.hp);        //输出第 i 项数据元素
                    p=p->ptr.tp;
                    if(p)cout<<',';                //表尾不空时输出逗号
                }
                cout<<')';                         //输出广义表的右括弧
            }
        }
    }//Traverse_GL
```

12. 广义表的撤销操作

该操作释放广义表所占用的存储空间。

算法 5.30

```
void DestroyGList(GList &GL)
    {//撤销广义表 GL

      GList q1,q2;
      if(GL)                   //广义表 GL 不空
      { if(GL->tag==LIST)//要删除的是表结点
        { q1=GL->ptr.hp;  //q1 指向表头
          q2=GL->ptr.tp;  //q2 指向表尾(除表头之外的部分)
          DestroyGList(q1);//递归撤销表头
          DestroyGList(q2);//递归撤销表尾

        }
        free(GL);          //释放 GL 所指的存储空间(无论 GL 是表结点还是原子结点)
        GL=NULL;           //GL 置空

      }
}//DestroyGList
```

假设广义表的存储表示和相关操作存放在头文件 "GList.h" 中,则可用下面的程序测试广义表的有关操作。

```
typedef char ElemType; //定义广义表元素类型 ElemType 为字符型
# include "stdlib.h"    //该文件包含 malloc()、realloc()和 free()等函数
# include "iostream.h"  //该文件包含标准输入、输出流 cin 和 cout
# include "DSqString.h" //该文件包含 DSqString 类型的基本操作
# include "GList.h"     //该文件中包含广义表数据对象的描述及相关操作


void main()
  {
    char p[80];
    DSqString t,hsub;
    GList n,m;
    InitGList(n);          //初始化广义表 n,n 为空表
    cout<<"空广义表 n 的深度="<<GListDepth(n)<<",n 是否空? ";
    cout<<GListEmpty(n)<<"(1: 是 0: 否)"<<endl;
    cout<<"请输入广义表 n(书写形式: 空表: (),单原子: (a),其他: (a,(b),c)): "<<endl;
    cin>>p;                //将描述广义表 n 的字符串赋给 p
    StrAssign_Sq(t,p);     //将 p 转换为 DSqString 类型的 t
    StrAssign_Sq(hsub,"");
```

```
        CreateGList(n,t);    //根据 t 创建广义表 n
        cout<<"广义表 n 的长度="<<GListLength(n);
        cout<<",深度="<<GListDepth(n)<<",n 是否空？"<<GListEmpty(n);
        cout<<"(1：是 0：否)"<<endl;
        cout<<"遍历广义表 n: ";
        Traverse_GL(n);         //遍历广义表 n
        CopyGList(m,n);         //复制广义表 m=n
        cout<<endl<<"复制广义表 m=n,m 的长度="<<GListLength(m);
        cout<<",m 的深度="<<GListDepth(m)<<endl;
        cout<<"遍历广义表 m: ";
        Traverse_GL(m);         //遍历广义表 m
        DestroyGList(m);        //撤销广义表 m,释放存储空间
        m=GetHead(n);          //生成广义表 n 的表头元素,并由 m 指向
        cout<<endl<<"m 是 n 的表头元素,遍历 m: ";
        Traverse_GL(m);         //遍历广义表 m
        DestroyGList(m);        //撤销广义表 m,释放存储空间
        m=GetTail(n);           //将广义表 n 的表尾生成广义表,并由 m 指向
        cout<<endl<<"m 是由 n 的表尾形成的广义表,遍历广义表 m: ";
        Traverse_GL(m);         //遍历广义表 m
        InsertFirst_GL(m,n);
                        //将广义表 n 插到广义表 m 中,并作为 m 的第一个元素(表头)
        cout<<endl;
        cout<<"插入广义表 n 为 m 的表头,遍历广义表 m: ";
        Traverse_GL(m);         //遍历广义表 m
        DeleteFirst_GL(m,n);   //删除广义表 m 的表头,并由 n 指向删除的表头
        cout<<endl<<"删除 m 的表头,并由 n 指向 m 的表头,遍历广义表 m: ";
        Traverse_GL(m);         //遍历广义表 m
        cout<<endl<<"遍历广义表 n(广义表 m 的原表头): ";
        Traverse_GL(n);         //遍历广义表 n
        cout<<endl;
        DestroyGList(m);        //撤销广义表 m、n,并释放存储空间
        DestroyGList(n);
}
```

程序执行后输出结果如下：

空广义表 n 的深度=1,n 是否空？1(1：是 0：否)

请输入广义表 n(书写形式：空表：(), 单原子：(a),其他：(a,(b),c)):

<u>(( ),(e),(a,(b,c,d)))</u>✓

广义表 n 的长度=3，深度=3，n 是否空？0(1：是 0：否)

遍历广义表 n：(( ),(e),(a,(b,c,d)))

复制广义表 m=n，m 的长度=3，m 的深度=3

遍历广义表 m：(( ),(e),(a,(b,c,d)))

m 是 n 的表头元素，遍历 m：( )

m 是由 n 的表尾形成的广义表，遍历广义表 m：((e),(a,(b,c,d)))

插入广义表 n 为 m 的表头，遍历广义表 m：((( ),(e),(a,(b,c,d))),(e), (a,(b,c,d)))

删除 m 的表头，并由 n 指向 m 的表头，遍历广义表 m：((e),(a,(b,c,d)))

遍历广义表 n(广义表 m 的原表头)：(( ),(e),(a,(b,c,d)))

本 章 小 结

本章主要包括数组和广义表两个方面的内容。

对于数组的学习要抓住一条主线，即数组的逻辑结构→数组的存储结构→矩阵的压缩存储。对于数组的逻辑结构，要从数组的定义出发，把握数组的广义线性特征和基本操作的特点，并理解数组的抽象数据类型定义。对于数组的存储结构，主要把握两条支线，即顺序存储和压缩存储。在顺序存储中，充分理解数组的逻辑结构，着重掌握数组在以行优先和以列优先的前提下元素的寻址方法，并在此基础上，掌握数组的基本操作；在压缩存储中，着重掌握对称矩阵的压缩存储原理和稀疏矩阵的压缩存储原理，并理解三元组顺序表的基本操作。

另外，数组的学习还要注意以下几点：

（1）在学习数组的存储结构时，要回顾顺序表和单链表存储表示的优缺点，基于数组的逻辑结构和操作特点，得出数组的顺序存储方法。

（2）特殊矩阵的压缩存储原则上仍然采用行优先的映射方式，注意二维数组的一般存储、对称矩阵的压缩存储、三角矩阵的压缩存储及对角矩阵的压缩存储之间的关系。

（3）对于数组及特殊矩阵的寻址，首先要回顾内存的绝对地址和相对地址的有关概念，再给出寻址方法。

（4）对于稀疏矩阵的压缩存储，要充分理解如何存储非零元素，以及如何表示非零元素之间的逻辑关系。

对于广义表的学习要抓住一条主线，即广义表的逻辑结构→广义表的存储结构。对于广义表的逻辑结构，要从广义表的定义出发，理解广义表中的数据元素的推广特性，把握广义表的广义线性特征和求表头与表尾操作，再理解抽象数据类型定义。对于广义表的存储结构，从广义表中数据元素的推广特性出发，理解为什么通常用链表存储结构而且链表中具有不同的结点结构。

习 题 5

一、选择题

1. 常对数组进行的两种基本操作是_____。

　　A. 建立和删除　　　　　B. 索引和修改　　　　　C. 查找和修改　　　　　D. 查找和索引

　　2. 二维数组 M 的成员是 4 个字符（每个字符占一个存储单元）组成的串，行下标 i 的范围从 0 到 4，列下标 j 的范围从 0 到 5，M 按行存储时元素 M[3][5]的起始地址与 M 按列存储时元素_____的起始地址相同。

　　A. M[2][4]　　　　　B. M[3][4]　　　　　C. M[3][5]　　　　　D. M[4][4]

　　3. 数组 A 中，每个元素的长度为 3 个字节，行下标 i 从 1 到 8，列下标 j 从 1 到 10，从首地址 SA 开始连续存放在存储器内，存放该数组至少需要的字节数是_____。

　　A. 80　　　　　　B. 100　　　　　　C. 240　　　　　　D. 270

　　4. 数组 A 中，每个元素的长度为 3 个字节，行下标 i 从 1 到 8，列下标 j 从 1 到 10，从首地址 SA 开始连续存放在存储器内，该数组按行存放时，元素 A[8][5]的起始地址为_____。

　　A. SA+141　　　　　B. SA+144　　　　　C. SA+222　　　　　D. SA+225

　　5. 一个 n*n 的对称矩阵采取压缩存储，如果以行或列为主序存入内存，则其存储容量为_____。

　　A. n*n　　　　　B. n*n/2　　　　　C. (n+1)*n/2　　　　　D. (n+1)*(n+1)/2

　　6. 有一个 100*90 的稀疏矩阵，非零元素有 10 个，设每个整型数占 2 字节，则用三元组表示该矩阵时，所需的字节数是_____。

　　A. 60　　　　　　B. 66　　　　　　C. 18000　　　　　　D. 33

　　7. 广义表 A=(a,b,(c,d),(e,(f,g)))，则下面式子的值为_____。

　　　　GetHead(GetTail(GetHead(GetTail(GetTail(A)))))

　　A. (g)　　　　　B. (d)　　　　　C. c　　　　　D. d

　　8. 广义表（(a,b,c,d)）的表头是_____，表尾是_____。

　　A. a　　　　　B.（ ）　　　　　C.（a,b,c,d）　　　　　D.（b,c,d）

　　9. 设广义表 L=((a,b,c))，则 L 的长度和深度分别为_____。

　　A. 1 和 1　　　　　B. 1 和 3　　　　　C. 1 和 2　　　　　D. 2 和 3

　　10. 下面说法不正确的是_____。

　　A. 广义表的表头总是一个广义表　　　　　B. 广义表的表尾总是一个广义表

　　C. 广义表难以用顺序存储结构　　　　　D. 广义表可以是一个多层次的结构

二、填空题

　　1. 二维数组 A[10][20]每个元素占一个存储单元，并且 A[0][0]的存储地址是 200，若采用行序为主方式存储，则 A[6][12]的地址是_____；若采用列序为主方式存储，则 A[6][12]的地址是_____。

　　2. 有一个 10 阶对称矩阵 A，采用压缩存储方式（以行序为主存储，且 A[0][0]的地址是 1），则 A[8][5]的地址是_____。

　　3. 当广义表中的每个元素都是原子时，广义表便成了_____。

　　4. 广义表的_____定义为广义表中括弧的重数。

　　5. 广义表的元素可以是广义表；因此，广义表是一个_____结构。

　　6. 设广义表 L=((),())，则 GetHead(L)是_____；GetTail(L)是_____；L 的长度

是_____；深度是_____。

7. 已知广义表 A=(9,7,(8,10,(99)),12)，则运用求表头和表尾的操作 GetHead( )和 GetTail( )将原子元素 99 从 A 中取出来的运算是_____。

8. 已知广义表 A=(((a,b),(c),(d,e))),GetHead(GetTail(GetTail(GetHead(A)))) 的结果是_____。

三、简述题

1. 对于如图 5.24 所示的稀疏矩阵 A：

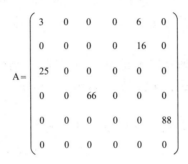

图 5.24 稀疏矩阵

（1）写出稀疏矩阵 A 的三元组线性表；
（2）画出稀疏矩阵 A 的三元组顺序表结构图；
（3）画出稀疏矩阵 A 的带头结点的三元组单链表结构图；
（4）画出稀疏矩阵 A 的三元组行指针数组链表结构图。
（5）画出稀疏矩阵 A 的三元组十字链表结构图。

2. A 为 4 阶对称矩阵，若将 A 中包括主对角线的下三角元素按列的顺序压缩到数组 S 中,S 中的元素分布如图 5.25 所示。

图 5.25 数组 S 的存储状态

（1）画出对称矩阵 A；
（2）试求出 A 中任一元素的行列下标[i,j](0≤i,j<4)与 S 中元素的下标 k 之间的关系；
（3）若将 A 视为稀疏矩阵时，写出其压缩存储后的三元组线性表。

3. 已知广义表(( ),A,(B,(C,D)),(E,F))，画出该广义表的两种存储结构图。

四、算法设计题

1. 如果矩阵 A 中存在这样一个元素 A[i][j]满足下列条件：A[i][j]是第 i 行中值最小的元素，且又是第 j 列中值最大的元素，则称之为该矩阵的一个马鞍点。编写算法计算 m×n 的矩阵 A 的所有马鞍点。

2. 若 n 阶对称矩阵 A、B、C 均采用压缩存储，设计如下算法：

（1）从键盘输入 n 阶对称矩阵元素的值；

（2）计算 A+B，其结果存放在矩阵 C 中；

（3）计算 A×B，其结果存放在矩阵 D 中；

（4）以矩阵的形式显示采用压缩存储的对称矩阵；

（5）若矩阵元素均为整型，编写一个测试上述算法的主程序（矩阵的阶数 n 在主程序中输入）。

3. 编写一个算法，计算一个三元组顺序表表示的稀疏矩阵的对角线元素之和。

4. 编写一个算法，对一个 n×n 矩阵，通过行变换，使其每行元素的平均值按递增顺序排列。

5. 给定有 m 个整数的递增有序数组 a[0..m-1]和有 n 个整数的递减有序数组 b[0..n-1]，试写出算法：将数组 a 和 b 归并为递增有序数组 c[0..m+n-1](要求：算法的时间复杂度为 O(m+n))。

6. 设广义表采用头尾链表存储结构，编写求广义表 GL 中原子个数的算法。

7. 设广义表采用头尾链表存储结构，编写计算广义表 GL 中的所有原子结点数据域（数据域为整数）之和的算法。

8. 设广义表采用头尾链表存储结构，编写查找广义表 GL 中原子数据元素 x 的算法。

9. 编写一个算法，判定两个广义表是否相等。相等的含义是指两个广义表具有相同的存储结构，对应的原子结点的数据域的值也相同。

10. 编写一个算法，删除广义表中值为 x 的元素。

第6章 树和二叉树

6.1 树

6.1.1 树的基本概念

1. 树的定义

树（tree）是 $n(n \geq 0)$ 个结点（元素）构成的有限集合。当 $n = 0$ 时，称这棵树为空树。在一棵非空树 T 中：

（1）有且只有一个特殊的结点称为树的根结点（root），根结点没有前驱结点。

（2）当 $n > 1$ 时，除根结点之外的其余结点被分成 $m(m > 0)$ 个互不相交的子集 $T_1, T_2, \cdots, T_m$，其中每一个集合 $T_i(1 \leq i \leq m)$ 本身又是一棵树。树 $T_1, T_2, \cdots, T_m$ 称为这个根结点的子树。

可以看出，在树的定义中用了递归的概念，即用树来定义树。因此，递归方法是树结构算法的基本特点。

图 6.1 是两棵树的例子，图 6.1（a）是只有一个根结点的树；图 6.1（b）是一棵具有 12 个结点的树，即 $T = \{A,B,C,\cdots,K,L\}$，结点 A 为树 T 的根结点，除根结点 A 之外其余结点分为三个不相交的集合，即 $T_1 = \{B,E,F,J\}$、$T_2 = \{C,G,K,L\}$ 和 $T_3 = \{D,H,I\}$，T_1、T_2 和 T_3 构成了结点 A 的三棵子树，T_1、T_2 和 T_3 本身也分别是一棵。例如，子树 T_1 的根结点为 B，其余结点又分为两个不相交的集合，即 $T_{11} = \{E,J\}$、$T_{12} = \{F\}$。T_{11}、T_{12} 构成了子树 T_1 的根结点 B 的两棵子树。如此可继续向下分为更小的子树，直到每棵子树只有一个根结点为止。

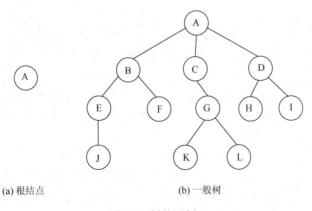

(a) 根结点 (b) 一般树

图 6.1 树的示例

总结：理解树的定义要把握以下要点。

（1）结点，是数据元素的别名。

（2）集合，线性表的定义是序列，说明树与线性表的逻辑关系的不同。

（3）根结点唯一，根结点只能有一个。

（4）$n>0$，子树的个数从定义上没有限制，可以很大。

（5）子集互不相交，其含义有两点，第一，某结点不能同时属于两个子集；第二，两个子集的结点之间不能有关系。

2. 树的逻辑表示

树的逻辑表示主要有直观表示法、形式化表示法、凹入表示法、维思图表示法和广义表表示法等。

1）直观表示法

（1）通常用一个圆圈表示一个结点，并在圆圈中标识结点的值，它可以是一个字母，或一个数，或一个字符串，或更复杂的数据结构。

（2）在根结点与它的子树的根结点之间加一条连线，表示它们之间的逻辑关系。

（3）根结点画在上面，它的子树画在根的下面。这和自然界中树的生长方向相反，图 6.1 就是树的直观表示法。

2）形式化表示法

一棵树 T 的形式代表示法为

$$T = (D,R)$$

其中，D 为树 T 中结点的集合，R 为树中结点之间关系的集合。

当树为空树时，$D = \varnothing$；当树 T 不为空树时，有

$$D = \{\text{Root}\} \cup D_f$$

其中，Root 为树 T 的根结点，D_f 为树 T 的根 Root 的子树集合，D_f 可表示为

$$D_f = D_1 \cup D_2 \cup \cdots \cup D_m, \quad D_i \cap D_j = \varnothing \quad (i \neq j,\ 1 \leqslant i \leqslant m, 1 \leqslant j \leqslant m)$$

当树 T 中结点个数 $n \leqslant 1$ 时，$R = \varnothing$；当树 T 中结点个数 $n > 1$ 时，有

$$R = \{<\text{Root},r_i>, i = 1,2,\cdots,m\}$$

其中，Root 为树 T 的根结点，r_i 是树 T 的根结点 Root 的子树 T_i 的根结点。

3）凹入表示法

树的凹入表示法是用线段的伸缩关系描述树结构，它主要用于树的屏幕和打印机显示。图 6.2 是图 6.1（b）所示的树的竖向凹入表示，还可以有树的横向凹入表示。

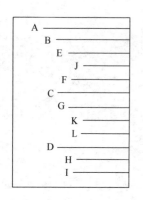

图 6.2　树的凹入表示法

4）维思图表示法

使用集合及集合的包含关系描述树结构，图 6.3 是图 6.1（b）所示的树的维思图表示。

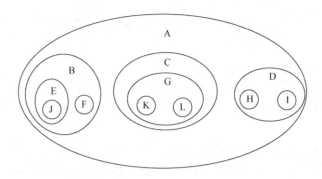

图 6.3 维思图表示法

5）广义表表示法

先写出根，接着依次表示根的各棵子树，每进入一层就外加一对圆括号，即用嵌套圆括号来表示表中结点之间的层次关系。如图 6.1（b）所示的树结构可用广义表表示如下：

(A(B(E(J),F), C(G(K,L)),D(H,I)))

3. 树的基本术语

1）结点的度、树的度

树中结点所拥有的子树的个数称为该**结点的度**。例如，在图 6.1（b）中，结点 A 的度为 3，结点 B 的度为 2，结点 J 的度为 0。

树中各结点度的最大值称为该**树的度**。图 6.1（b）所示的树的度为 3。

2）叶子结点、分支结点

度为 0 的结点称为**叶子结点或终端结点**。在图 6.1（b）中，结点 J、F、K、L、H、I 均为叶子结点。

度不为 0 的结点称为**分支结点或非终端结点**。一棵树的结点除叶子结点外，其余的都是分支结点。

3）孩子、兄弟、双亲

树中一个结点的子树的根结点称为这个结点的**孩子**，相应地，这个结点称为它的孩子结点的**双亲**，具有同一个双亲的孩子结点互称为**兄弟**。例如，在图 6.1（b）中，结点 B、C、D 是结点 A 的孩子，结点 A 是结点 B、C、D 的双亲，结点 B、C、D 互为兄弟。

4）祖先、子孙

一个结点的所有子树中的结点称为该结点的**子孙**结点，结点的**祖先**是从根结点到该结点所经分支上的所有结点。例如，在图 6.1（b）中，B 的子孙为 E、F 和 J，K 的祖先为 A、C 和 G。

5）结点的层数、树的深度

树既是一种递归结构，又是一种层次结构，树中的每一个结点都处在一定的**层数**上。

规定树的根结点的层数为 1，其余结点的层数等于它的双亲结点的层数加 1。

树中所有结点的最大层数称为树的**深度**。例如，图 6.1（b）所示的树的深度为 4。

6）堂兄弟

双亲在同一层的结点互为**堂兄弟**。例如，在图 6.1（b）中，G 与 E、F、H 和 I 互为堂兄弟。

7）有序树、无序树

如果一棵树中结点的各子树从左到右是有次序的，即若交换了某结点各子树的相对位置则构成不同的树，称这棵树为**有序树**；反之，则称为**无序树**。

8）森林

$m(m \geq 0)$ 棵不相交的树的集合称为森林。自然界中树和森林是不同的概念，但在数据结构中，树和森林只有很小的差别，任何一棵树，删去根结点就变成了森林。

4. 树的基本性质

性质 6.1　树中的结点数等于所有结点的度数加 1。

证明：根据树的定义，在一棵树中，除根结点外，每个结点有且仅有一个前驱结点，也就是说，每个结点与指向它的一个分支一一对应，所以除根结点之外的结点数等于所有结点的分支数（度数），从而可得树中的结点数等于所有结点的度数加 1。

性质 6.2　度为 d 的树中第 i 层上至多有 d^{i-1} 个结点（$i \geq 1$）。

证明：用数学归纳法证明。

对于第 1 层显然是成立的，因为树中的第 1 层上只有一个结点，即整个树的根结点，而将 $i = 1$ 代入 d^{i-1} 计算，也同样得到只有一个结点，即 $d^{i-1} = d^{1-1} = d^0 = 1$；假设对于第 $i-1$（$i > 1$）层命题成立，即度为 d 的树中第 $i-1$ 层上至多有 $d^{(i-1)-1} = d^{i-2}$ 个结点，则根据树的度的定义，度为 d 的树中每个结点至多有 d 个孩子，所以第 i 层上的结点数至多为第 $i-1$ 层上结点数的 d 倍，即至多有 $d^{i-2} \times d = d^{i-1}$ 个结点，这与命题相同，故命题成立。

性质 6.3　深度为 k 的 d 叉树至多有 $\dfrac{d^k - 1}{d - 1}$ 个结点。

证明：显然，当深度为 k 的 d 叉树（度为 d 的树）上每一层都达到最多结点数时，所有结点的总和才能最大，即整个 d 叉树具有最多结点数。

$$\sum_{i=1}^{k} d^{i-1} = d^0 + d^1 + d^2 + \cdots + d^{k-1} = \frac{d^{k+1}}{d-1}$$

当一棵 d 叉树上的结点数等于 $\dfrac{d^k - 1}{d - 1}$ 时，则称该树为**满 d 叉树**。

性质 6.4　具有 n 个结点的 d 叉树的最小深度为 $\lceil \log_d[n(d-1)+1] \rceil$。其中，公式两边的符号表示对内部的数值进行向上取整，即 $\lceil x \rceil$ 是取大于等于 x 的最小整数。

证明：设具有 n 个结点的 d 叉树的深度为 k，若在该树中前 $k-1$ 层都是满的，即每一层结点数都等于 d^{i-1}（$1 \leq i \leq k-1$），第 k 层（最后一层）的结点数可能满，也可能不满，则该树具有最小的深度。根据性质 6.3，其深度 k 的计算公式为

$$\frac{d^{k-1}-1}{d-1}<n\leqslant\frac{d^k-1}{d-1}$$

可变换为

$$d^{k-1}<n(d-1)+1\leqslant d^k$$

以 d 为底取对数后，得

$$k-1<\log_d[n(d-1)+1]\leqslant k$$

即

$$\log_d[n(d-1)+1]\leqslant k<\log_d[n(d-1)+1]+1$$

因为 k 只能是整数，所以

$$k=\lceil\log_d[n(d-1)+1]\rceil$$

因此，得到具有 n 个结点的一般 d 叉树的最小深度为 $\lceil\log_d[n(d-1)]+1\rceil$。

5. 树的抽象数据类型

ADT Tree{

Data：

　　树由一个根结点和若干棵子树构成。

　　树中结点具有相同的数据类型及层次关系。

Operation：

　InitTree(&T)

　　操作结果：构造一棵空树 T。

　CreateTree(&T,S)

　　初始条件：串 S 是以广义表形式表示的树。

　　操作结果：按 S 构造一棵树 T。

　OrderTree(T,Visit())

　　初始条件：树 T 存在，Visit()是对结点操作的应用函数。

　　操作结果：按某种次序对 T 的每个结点调用函数 Visit()一次且至多一次。一旦 Visit()失败，则操作失败。

　SearchTree(T,&e)

　　初始条件：树 T 存在。

　　操作结果：在树 T 中查找元素 e，若查找成功，返回 true；否则返回 false。

　PrintTree(T)

　　初始条件：树 T 存在。

　　操作结果：以某种形式输出树 T。

　TreeDepth(T)

　　初始条件：树 T 存在。

　　操作结果：求树 T 的深度。

DestroyTree(&T)

　　初始条件：树 T 存在。

　　操作结果：撤销树 T。

} **ADT Tree**

6. 树的应用

树结构的用途很广泛，下面仅列举几个实例。

例 6.1　Internet 上的域名管理。

Internet 上的域名组织体系就是一棵树，树根是最高层，树根下面根据组织形式划分为商业机构（com）、网络支持中心（net）、国际组织（int）及用两个字母代表的国家或地区代码（如 af 表示阿富汗，cn 表示中国，us 表示美国），其组织结构如图 6.4 所示。

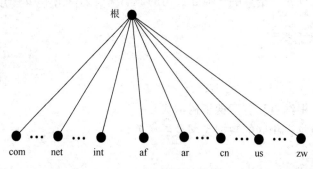

图 6.4　Internet 上的域名系统（2 级）

　　在 Internet 上，我国的最高层域名为 cn，在 cn 域下按类别分为 6 个子域：ac（科研机构）、com（工、商、金融等企业）、edu（教育机构）、gov（政府部门）、net（网络的信息中心和运行中心）、org（各种非营利性的组织），每一个域下又有若干子域，例如，大专院校 ccnu（华中师范大学）、pku（北京大学）等都在 edu 子域下，各类商业点如 sina（新浪）、sohu（搜狐）等都在 com 子域下。如图 6.5 所示。

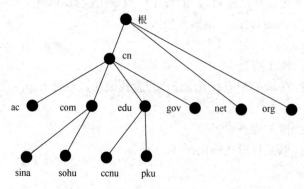

图 6.5　Internet 上的域名系统（3 级）

例 6.2　网络信息的组织。

Internet 是一个信息的海洋,如何让用户及时、准确地从 Internet 上获得他所想要的信息,网络信息的有效组织就变得尤为重要。目前,网络信息的组织方式大致有两种,一种是基于目录的组织,另一种是基于关键词的组织,其中基于目录的组织方式就是把网上的信息以某一标准层层划分而形成一棵树,从而方便用户逐级浏览,以快速找到所需信息,如各大门户网站的信息组织。

例 6.3　中文信息处理。

树结构在中文信息处理中的应用非常广泛,其中基于词索引的中文全文检索中的分词词典就可用二叉树(二叉树是度不大于 2 的有序树)进行组织。

图 6.6 所示是分词词典中每个单字可能构成的语词二叉树。在语词二叉树中,每个结点及其左子树是一个语词层级,其是按照文本比较的降序排列的,在同一语词层级内,可以采用二分法快速定位;每个结点的右子树对应此结点的下一个语词层级,从而在分词时能够层层递进找到匹配的词。

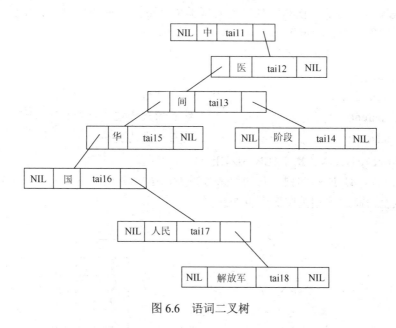

图 6.6　语词二叉树

6.1.2　树的存储结构

存储结构是数据及其逻辑结构在计算机中的表示,关键是如何存储数据元素之间的逻辑关系。树中结点之间的逻辑关系是父子关系,即通过双亲和孩子来刻画结点之间的逻辑关系,因而树的存储结构要求不仅存储各结点的数据信息,还要唯一地反映树中各结点之间的逻辑关系——父子关系,其关键是如何表示结点的双亲和孩子。

由于树中各结点的度可能不一致,无论按何种顺序将树中所有结点存储到数组中,直接反映数据元素间的逻辑关系都比较难(满树和完全树除外),树的存储结构一般采用链式存储。根据分配的存储空间是否连续，可分为数组表示法（存储空间地址连续）和链表表示法（存储空间地址任意）；根据结点中指针域所指的对象可分为双亲表示法、孩子表示法和双亲孩子表示法。

1. 双亲表示法

树的双亲表示法就是用指针表示出每个结点的双亲在存储空间的位置信息。这种表示法的优点是容易寻找双亲结点，因而对于实现 Parent(T,e)操作和 Root(T)等操作很方便，其缺点是不容易找孩子结点，也不能反映各兄弟间的关系，因而对实现 LeftChild(T,e)和 RightSibling(T,e)等操作则比较困难。

常用的双亲表示法就是用一维结构体数组依次存储树中的各结点，数组中的一个元素表示树中的一个结点，数组元素中包括结点本身的信息及结点的双亲结点在数组中的下标，也称之为双亲数组表示法。

用数组存储树，需要预先估计树中结点的个数，另外，在树的相关操作中要调用栈和队列的相关操作，为了与栈和队列中的元素类型 ElemType 相区别，树中的元素类型用 TElemType 抽象。同时约定下标为 0 的位置存储根结点。其结构描述如下：

```
#define MAX_TREE_SIZE  100        //树中结点的最大个数

typedef struct {
TElemType  data;                  //结点的值
   int parent;                    //结点的双亲在数组中的下标
  }PTreeNode;                     //数组元素的类型
PTreeNode PTree[MAX_TREE_SIZE];
```

对于图 6.7（a）所示的树，它的双亲数组表示法如图 6.7（b）所示，图中用–1 表示相应的域为空，此后的相关图例中也如此。

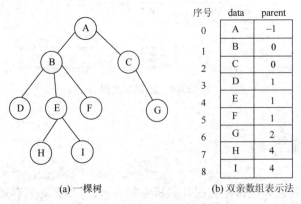

(a) 一棵树　　　　　　　　　(b) 双亲数组表示法

图 6.7　树的双亲数组表示法

2. 孩子表示法

树的孩子表示法就是用指针表示出每个结点的孩子在存储空间的位置信息。这种表示法的优点是容易寻找孩子结点，对于实现 LeftChild(T,e)和 RightSibling(T,e)等操作很方便；其缺点是不容易找双亲结点，对于实现 Parent(T,e)和 Root(T)等操作则比较困难。

由于树中的每个结点都可能有多个孩子结点，可以令每个结点包括一个数据域和多个指针域，每个指针指向该结点的一个孩子结点（若无孩子结点，则相应的指针域置空）。在这种表示法中，树中每个结点有多个指针域，形成了多条链表，因而又叫作**多重链表表示法**。

又因为在一棵树中，各结点的度数各异，为了使结点的结构一致（为操作带来方便），一般选择树的度（树中各结点度数的最大值）作为结点中指针域的个数，所以需要预先估计树的度的大小。

```
# define MAX_SON_SIZE   3                //树的度
```

1）孩子数组表示法

孩子数组表示法就是用一维结构体数组依次存储树中的各结点，数组中的一个元素表示树中的一个结点，数组元素中包括结点本身的信息及结点的孩子在数组中的下标，结点中指针（相对指针）的个数等于树的度，若某结点无孩子，其相应的指针域为空（用–1表示）。其结构描述如下：

```
typedef struct {
    TElemType  data;                //结点的值
    int child[MAX_SON_SIZE];        //结点的孩子在数组中的下标
    }CTreeNode;                     //数组元素的类型
CTreeNode CTree[MAX_TREE_SIZE];
```

对于图 6.7（a）所示的树，它的孩子数组表示法如图 6.8 所示。

2）孩子链表表示法

孩子链表表示法就是用一组任意的存储单元存储树中各结点，结点中包括结点本身的信息和指向该结点的所有孩子的指针，结点中指针域的个数等于树的度数。其结点结构描述如下：

序号	data	child[0]	child[1]	child[2]
0	A	1	2	–1
1	B	3	4	5
2	C	6	–1	–1
3	D	–1	–1	–1
4	E	7	8	–1
5	F	–1	–1	–1
6	G	–1	–1	–1
7	H	–1	–1	–1
8	I	–1	–1	–1

图 6.8　孩子数组表示法

```
typedef struct CTNode {
    TElemType  data;         //结点的值
    struct CTNode *child[MAX_SON_SIZE];    //结点的指针域,指向孩子结点
}CTNode,*CTree;                //结点的类型
```

对于图 6.7（a）所示的树，它的孩子链表表示法如图 6.9 所示，其中 root 为指向根结点的指针。

此存储方法的优点是解决了结点结构不一致的问题，但当树中各结点的度数差别很大时，链域的利用率很低，因为小于树的度的结点，结点的链域中有一部分为空指针。

3）左孩子右兄弟表示法

该方法类似于孩子链表表示法，不同之处在于每个结点都只有两个指针域，即左孩子域 lchild 和右兄弟域 rsibling，其中 lchild 域指向本结点的最左边的孩子，简称为**左孩子**，rsibling 域指向本结点的右边的第一个兄弟，简称为右兄弟。若本结点无孩子，即叶子结点，则 lchild 域为空指针；若本结点右边无兄弟，则 rsibling 域为空指针。

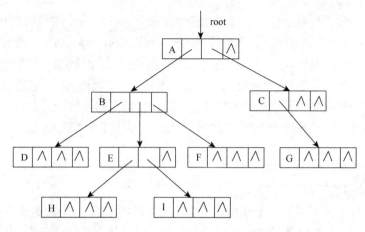

图 6.9　孩子链表表示法

在这种存储结构中，树中的每个结点只有两个指针域，所以又称这种方法为**二叉链表表示法**。其结点的结构描述如下：

```
typedef struct LRTNode {
    TElemType  data;                //结点的值
    struct LRTNode *lchild;         //左孩子指针
    struct LRTNode *rsibling;       //右兄弟指针
}LRTNode,*LRTree;                   //结点的类型
```

对于图 6.7（a）所示的树，它的左孩子右兄弟表示法如图 6.10 所示。

在这种存储结构中，每个结点最多有两个指针域，并且这两个指针域的含义是不同的，所以这种存储结构把一般的树改变成为一棵二叉树。

相对于二叉树，树的操作实现比较复杂，但树与二叉树之间存在着一一对应关系，可以把树转换为二叉树，这样就可以按照二叉树的处理方法来处理树。因此，左孩子右兄弟表示法是使用得最多的一种链式存储结构。

图 6.10　左孩子右兄弟表示法

3. 双亲孩子表示法

如果在操作中既要方便寻找双亲，又要方便寻找孩子，则可将上述两种存储结构进行结合，即既存储双亲在存储空间中的位置，又存储孩子在存储空间中的位置，这就是双亲孩子表示法。这种方法的优点是寻找双亲和孩子都比较方便，因而能够较方便地实现树的各种基本操作，但它是以牺牲空间为代价而换取时间的。

1）双亲孩子数组表示法

这种表示法是用一维数组存储树中各结点，数组元素中包括结点本身的信息及双亲结

点和所有孩子结点在数组中的下标。其结构描述如下：

```
typedef struct {
    TElemType  data;                    //结点的值
    int  parent;                        //结点的双亲在数组中的下标
    int  child[MAX_SON_SIZE];           //结点的孩子在数组中的下标
}PCTreeNode;                            //数组元素的类型

PCTreeNode   PCTree[MAX_TREE_SIZE];
```

如果用 PCTree 表示图 6.7（a）所示的树，则双亲孩子
数组表示法如图 6.11 所示。

序号	data	parent	child[0]	child[1]	child[2]
0	A	-1	1	2	-1
1	B	0	3	4	5
2	C	0	6	-1	-1
3	D	1	-1	-1	-1
4	E	1	7	8	-1
5	F	1	-1	-1	-1
6	G	2	-1	-1	-1
7	H	4	-1	-1	-1
8	I	4	-1	-1	-1

图 6.11　双亲孩子数组表示法

2）双亲孩子链表表示法

双亲孩子链表表示法就是用一组任意的存储单元存储
树中各结点，结点中除了指向孩子结点的指针域外，还增
加了一个指针域，以指向其双亲。其结点结构描述如下：

```
typedef struct  PCTNode{
    TElemType  data;                    //结点的值
    struct  PCTNode  *parent;           //结点的指针域,指向双亲结点
    struct  PCTNode  *child[MAX_SON_SIZE];  //结点的指针域,指向孩子结点
}PCTNode,*PCTree;                       //结点的类型
```

对于图 6.7（a）所示的树，它的双亲孩子链表表示法如图 6.12 所示。

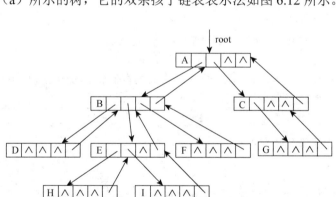

图 6.12　双亲孩子链表表示法

3）双亲数组孩子链表表示法

这种方法是将双亲数组表示法和孩子链表表示法有机地结合，即把某个结点的所有孩
子排列起来，并将单链表作为它的存储表示。n 个结点的树，由 n 个这样的单链表组成，
每个单链表设立一个表头结点，它有三个域：数据域 data 表示树的一个结点的数据信息；
指针域（下标）parent 为该结点的双亲在数组中的下标；指针域 link 指向该结点的孩子单
链表的第一个结点。n 个这样的表头结点用一维数组表示。为简单起见，单链表中结点的
数据域为本结点在表头数组中的下标。其结构描述如下：

```
typedef struct Node{
    int child;                        //孩子结点在数组中的下标
    struct Node *next;}CNode;         //孩子链表中的结点类型
typedef struct {
  TElemType data;
    int parent;                       //结点的双亲在数组中的下标
    CNode *Childlink;                 //指向孩子链表
}PCLink;                              //数组元素的类型
PCLink PCLTree[MAX_TREE_SIZE];
```

如果用 PCLTree 表示图 6.7（a）所示的树，则双亲数组孩子链表表示法如图 6.13 所示。

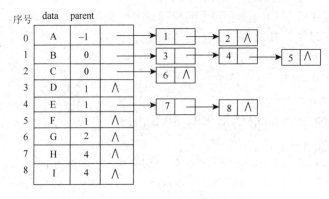

图 6.13　双亲数组孩子链表表示法

此存储方法具有双亲表示法和孩子表示法两种存储结构的优点，尤其是当树中结点的度数不一致时，此方法比较有效。

6.1.3　树的基本操作

树的相关操作有很多，不同的存储结构表示，其操作实现也不同，下面以孩子链表表示法（类型为 CTree）介绍树的几个基本操作。

1. 初始化操作

树的初始化操作就是建立一棵空树，并由指针 T 指向其根结点。

算法 6.1

```
void InitTree(CTree &T)
{
T=NULL;
}//InitTree
```

2. 创建树操作

创建一棵树就是在内存中生成一棵树的存储映象，即孩子链表。因为树是一种层次结构，创建树的操作首先需要确定输入树的方法，然后再写出相应的算法。不同的输入方法，树的创建算法也不同。如果采用广义表的形式输入，对于图 6.7（a）所示的三叉树，得到的广义表表示为

$$A(B(D,E(H,I),F),C(G))$$

其中，假定每个结点的非空子树都是靠前面、按序排列的子树，把所有空子树都留在后面。在实际情况中，可能会出现缺少前面子树而存在后面子树的情况，此时用广义表表示时空子树后面的逗号不能省略。

在树的生成算法中，需要设置两个栈 stack 和 d，stack 用来存储指向根结点的指针，以便孩子结点向双亲结点链接之用；另一个用来存储待链接的孩子结点的序号，以便能正确地链接到双亲结点的指针域。若这两个栈分别用 stack 和 d 表示，栈 stack 和 d 的深度不会大于整个树的深度，其算法描述如下。

算法 6.2

```
# define MS 10              //栈空间的大小
void CreateTree(CTree &T,char *S)
{//根据广义表字符串 S 所给出的 MAX_SON_SIZE 度树建立对应的存储结构,T 指向
树根
    CTree stack[MS],p;       //stack 数组存储树中结点指针的栈使用
    int i=0,d[MS];           //d 数组作为存储孩子结点序号以链接到双亲结点
    int top=-1;              //top 作为两个栈的栈顶指针
    T=NULL;                  //给树根指针置空
    while(S[i])
    { switch(S[i])
      { case ' ':break;      //对空格不做任何处理
        case '(':top++;stack[top]=p;d[top]=0;break;
                             //p 指针进 stack 栈,0 进 d 栈,表明待扫描的孩子结点
                             //将链接到 stack 栈顶元素所指结点的第一个指针域
        case ')':top--;break; //stack 和 d 退栈
        case ',':d[top]++;    //待读入的孩子结点将链接到 stack 栈顶元素
                             //所指结点的下一个指针域
                 break;
      default:
          if(!(p=(CTree)malloc(sizeof(CTNode))))//建树结点
          exit(1);
          p->data=S[i];
```

```
                for(int  i=0;i<MAX_SON_SIZE;i++)
                p->child[i]=NULL;
                                //使 p 结点成为树根结点或链接到双亲结点对应的指针域
                if(!T)T=p;
                else  stack[top]->child[d[top]]=p;
            }
            i++;                //准备处理下一个字符
        }
    }//CreateTree
```

3. 树的遍历操作

将数据信息存储在树结构中，就是为了以后对存储的数据进行相关处理，在树中查找具有某种特征的结点，或者对树中某个结点进行修改、插入或删除等操作。实现这些操作的前提是能够"访问"到这些结点，这就提出了一个遍历树（traversing tree）的问题，即如何按某条搜索路径巡访树中每个结点，使得每个结点均被访问到且仅被访问一次。

"访问"的含义十分广泛，包括按问题需求对结点所进行的任何存取操作或其他加工任务。假设一棵树中存储着有关学生的信息，每个结点含有学号、姓名、每门课的成绩等信息。管理和使用这些信息时可能需要做这样一些工作：

（1）求每个学生的平均分；

（2）求每门课的平均分；

（3）打印每个学生的姓名和总成绩；

（4）修改某个学生某门课的成绩。

对于（1）和（2），访问是为了对成绩进行统计；对于（3），访问的含义是打印该结点的信息；对于（4），访问是为了进行对成绩修改的操作。但不管访问的具体操作是什么，都必须做到既无重复，又无遗漏。

对在第 2 章讨论过的线性结构来说，遍历是一个容易解决的问题，只要按照结构原有的线性顺序，从第一个元素起依次访问各个元素即可。然而在树中却不存在这样一种自然顺序，因为树是一种非线性结构，每个结点都可能有多个后继，所以需要按照一定的规律，使树中的结点能被访问且仅被访问一次。

对于树这种层次结构，访问的次序一般有三种，即先（根）序遍历（或称深度优先遍历）、后（根）序遍历和层序遍历（或称广度优先遍历）。

先序遍历：先访问根结点，然后从左到右依次先序遍历每棵子树，此遍历过程是一个递归过程。例如，先序遍历图 6.7（a）所示的树，得到的结点序列为

A, B, D, E, H, I, F, C, G

后序遍历：先从左到右依次后序遍历根结点的每棵子树，然后再访问根结点，此遍历过程也是一个递归过程。例如，后序遍历图 6.7（a）所示的树，得到的结点序列为

D, H, I, E, F, B, G, C, A

　　层序遍历：从树的第一层（根结点）开始，从上至下逐层遍历，在同一层中，则按从左到右的顺序逐个访问，直到全树中的所有结点都被访问为止，或者说直到访问完最深一层结点为止。例如，层序遍历图 6.7（a）所示的树，得到的结点序列为

A, B, C, D, E, F, G, H, I

　　为了使遍历操作的含义更为广泛，在下面的遍历算法描述中，将结点的访问操作抽象为一个函数 Visit（），待具体应用遍历算法时再根据需要确定相关操作。

　　1）先序遍历

　　根据先序遍历的算法思想，用递归算法很容易实现，如算法 6.3 所示。

　　算法 6.3

```
void  PreOrderTree(CTree  T,void  Visit(TElemType))
{//先序遍历由 T 指针所指向的树

    if(T){
        Visit(T->data);                    //访问根结点
        for(int  i=0;i<MAX_SON_SIZE;i++)
            PreOrderTree(T->child[i],Visit);    //递归遍历每一个子树
    }
}//PreOrderTree
```

　　2）后序遍历

　　与先序遍历的区别仅在于是先进行递归调用，后做访问操作。

　　算法 6.4

```
void  PostOrderTree(CTree  T,void  Visit(TElemType))
{//后序遍历由 T 指针所指向的树

    if(T)
    {       for(int  i=0;i<MAX_SON_SIZE;i++)
                PostOrderTree(T->child[i],Visit);
                                        //递归遍历每一个子树
            Visit(T->data);             //访问根结点
    }
}//PostOrderTree
```

　　3）层序遍历

　　在进行层序遍历时，对某一层的结点访问完后，再按照它们的访问次序对各个结点的所有孩子从左到右顺序访问，一层一层进行，先访问的结点，其孩子也要先访问，这样与队列的操作原则正好吻合。因此，层序遍历算法需要借用队列来实现，队列中存储的是树中结点的地址（CTree）。

　　为了使用 3.3 节中定义的顺序循环队列的有关操作，需要将队列元素类型 ElemType 定义为结点指针类型（CTree）。

　　层序遍历的过程是，算法开始时将队列 Q 初始化为空队，若树根指针不为空则入队；

然后每从队列中删除一个元素（为指向结点的指针），输出它的值并且依次使非空的孩子指针入队，这样反复进行下去，直到队列为空时为止。此算法是一个非递归算法，其具体算法描述如下。

算法 6.5

```
typedef CTree ElemType;              //定义队列中元素类型 ElemType 为 CTree
# include "SqQueue.h"                //包含顺序循环队列数据对象的描述及相关操作
void LevelOrderTree(CTree T,void Visit(TElemType))
{   //按层遍历由 T 指针所指向的树
    SqQueue Q;                       //定义一个队列 Q,其元素类型为 CTree
    CTree p;
    InitQueue_Sq(Q,MAX_TREE_SIZE,10);  //初始化循环队列
    if(T)EnQueue_Sq(Q,T);            //非空的根指针进队
    while(!QueueEmpty_Sq(Q))         //当队列非空时执行循环
    { DeQueue_Sq(Q,p);               //从队列中删除一个结点指针
      Visit(p->data);                //输出结点的值
      for(int i=0;i<MAX_SON_SIZE;i++)  //非空的孩子结点指针依次进队
            if(p->child[i])
                EnQueue_Sq(Q,p->child[i]);
    }
}//LevelOrderTree
```

4.查找元素操作

此算法是从树中查找值为 e 的结点。若存在该结点，则由 e 带回它的完整值并返回 true；否则，返回 false，表示查找失败。此算法类似树的先序遍历算法，它首先访问根结点，若相等则带回结点值并返回 true，否则依次查找每个子树。具体算法描述如下。

算法 6.6

```
bool SearchTree(CTree T,CTree &p,TElemType &e)
{//在由 T 指针所指向的树中查找元素 e,查找成功,返回 true,否则返回 false
    if(!T)return false;              //树空返回 false
    else {
        if(T->data==e){
            e=T->data;p=T return true;       //带回结点值并返回 true
        }
        for(int i=0;i<MAX_SON_SIZE;i++)      //向每棵子树继续查找
        if(SearchTree(T->child[i],e))return true;
        return false;                        //查找不成功返回 false
    }
}//SearchTree
```

5. 树的输出操作

树的输出就是根据树的存储结构以某种树的表示形式打印出来，通常采用广义表的形式打印。用广义表表示一棵树的规则是，根结点放在表的前面，而表是用一对括号括起来的。对于图 6.7（a）所示的三叉树，其对应的广义表表示为

$$A(B(D,E(H,I),F),C(G))$$

用广义表的形式输出一棵树时，应首先输出根结点，然后再依次输出它的各棵子树，不过在输出左子树之前要打印出左括号。因此，它类似于树的先序遍历算法，首先输出树根结点的值，若存在非空子树，则接着输出表的左括号及第一棵子树，再依次输出每个逗号和每棵子树，最后输出表的右括号，该算法描述如下。

算法 6.7

```
void  PrintTree(CTree T)
{//以广义表形式输出按孩子链表存储的树
    int  i;
    if(T){
        cout<<T->data<<' ';                    //输出根结点的值
        for(i=0;i<MAX_SON_SIZE;i++)            //判 T 结点是否有子树
            if(T->child[i])break;
            if(i<MAX_SON_SIZE)                 //有子树时向下递归
            { cout<<'(';                       //输出表的左括号
                PrintTree(T->child[0]);        //输出第一棵子树
            for(i=1;i<MAX_SON_SIZE;i++)        //输出其余各棵子树
            { if(T->child[i])cout<<',';
                PrintTree(T->child[i]);
            }
            cout<<')';                         //输出表最后的右括号

            }
        }
}//PrintTree
```

6. 求树的深度操作

树为空则深度为 0，否则它等于所有子树的最大深度加 1。为此设置一个整型变量，用来保存已求过的子树中的最大深度，当所有子树都求过后，返回该变量值加 1。显然，这是一个递归算法，其具体描述如下。

算法 6.8

```
int  TreeDepth(CTree T)
{//求由指针 T 所指向的树的深度
    if(!T)return  0;                           //空树的深度为 0
```

```
else {
    int max=0;                          //用来保存子树中的最大深度,初值为 0
    for(int i=0;i<MAX_SON_SIZE;i++)//计算出一棵子树的深度并赋给变量 k
    { int k=TreeDepth(T->child[i]);
        if(k>max)max=k;                 //把当前深度最大者的值赋给 max
    }
    return max+1;                       //返回树的深度,它等于子树的最大深度加 1
  }
}//TreeDepth
```

7. 树的撤销操作

此算法是清除树中的所有结点,使之变为一棵空树。它类似于树的后序遍历,首先依次撤销树根结点的所有子树,然后撤销根结点并把指向根结点的指针置为空。该算法中的指向树根结点的参数 T 必须是引用,这样才能作用于具体的实参。具体算法描述如下。

算法 6.9

```
void DestroyTree(CTree &T)
{
    if(T){
        for(int i=0;i<MAX_SON_SIZE;i++)     //撤销根结点的所有子树
            DestroyTree(T->child[i]);
        free(T);                            //撤销根结点
        T=NULL;                             //T 置空
    }
}//DestroyTree
```

上面讨论的树的一些操作都需要访问树中的所有结点,并且每个结点的值仅被访问一次,访问时也只是做些简单的操作,所以每个算法的时间复杂度均为 $O(n)$,其中 n 表示树中的结点数。各算法的空间复杂度的最好情况为 $O(\log_2 n)$,最差情况为 $O(n)$。

假设树的结构描述和相关操作存放在头文件"CTree.h"中,则可用下面的程序测试树的有关操作。

```
typedef char TElemType;              //定义树中元素类型 TElemType 为字符型
    # include "stdlib.h"             //该文件包含 malloc()、realloc()和 free()等函数
    # include "iostream.h"           //该文件包含标准输入、输出流 cin 和 cout
    # define MAX_TREE_SIZE  100      //树中结点的最大个数
    # define MAX_SON_SIZE  3         //树的度
    # include "CTree.h"              //该文件包含树的数据对象的描述及相关操作

    void Visit(TElemType e)          //访问函数定义为输出操作
    {
```

```
        cout<<e<<' ';
    }


    void main()
    {
        CTree  T;
        InitTree(T);
        char str[50];                      //存放用广义表字符串表示的树
        cout<<"输入一棵"<<MAX_SON_SIZE<<"度树的广义字符串:";
        cin>>str;
        CreateTree(T,str);              //创建树
        cout<<"先序遍历结果:";
        PreOrderTree(T,Visit);
        cout<<endl<<"后序遍历结果:";
        PostOrderTree(T,Visit);
        cout<<endl<<"层序遍历结果:";
        LevelOrderTree(T,Visit);
        cout<<endl<<"按广义表形式输出的"<<MAX_SON_SIZE<<"度树为:";
        PrintTree(T);
        cout<<endl;
        cout<<"树的深度:"<<TreeDepth(T)<<endl;
        cout<<"输入待查找的一个字符:";
        char ch;
        cin>>ch;
        if(SearchTree(T,ch))cout<<"查找成功!"<<endl;
        else cout<<"查找失败! "<<endl;
        DestroyTree(T);
    }
```

程序执行后输出结果如下:

输入一棵 3 度树的广义表字符串: <u>A(B(D,E(H,I),F),C(G))</u>↙

先序遍历结果: A B D E H I F C G

后序遍历结果: D H I E F B G C A

层序遍历结果: A B C D E F G H I

按广义表形式输出的 3 度树为: A(B(D,E(H,I),F),C(G))

树的深度: 4

输入待查找的一个字符: <u>E</u>↙

查找成功!

6.2 二 叉 树

6.2.1 二叉树的基本概念

1. 二叉树的定义

二叉树(binary tree）是 $n(n \geqslant 0)$个结点的有限集合，这个集合或者为空，或者一棵由一个根结点和两棵互不相交的、分别根的左子树和右子树的非空树，左子树和右子树同样都是一棵二叉树。当二叉树中结点个数 $n=0$ 时，称为空二叉树。

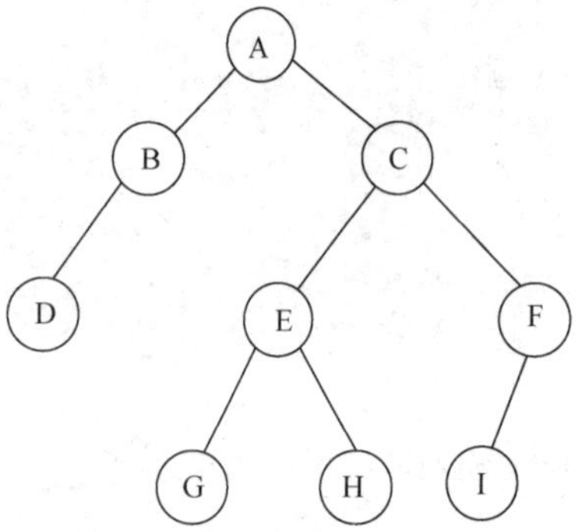

图 6.14 给出了一棵二叉树的示意图。在这棵二叉树中，结点 A 为根结点，它的左子树是以结点 B 为根结点的子树，只有一棵左子树，而以结点 C 为根结点的子树既有左子树，又有右子树。

在二叉树中，每个结点的左子树的根结点称为**左孩子**结点，右子树的根结点称为**右孩子**结点。

注意：虽然二叉树也是一棵树，但二叉树与树是有区别的，二叉树中每个结点至多有两棵子树，且子树有左、右之分，不能互换，即使某结点只有一棵子树，也要明确指出该子树是左子树还是右子树。

图 6.14　二叉树

显然，二叉树是一棵度不大于 2 的有序树。

二叉树的逻辑表示与树的逻辑表示相同，即也可以采用直观表示法、形式化表示法、凹入表示法、维思图表示法和广义表表示法等来表示一棵二叉树。

归纳起来，二叉树有五种基本形态，如图 6.15 所示。

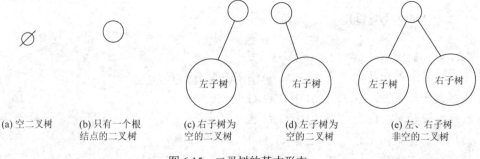

(a) 空二叉树　　(b) 只有一个根结点的二叉树　　(c) 右子树为空的二叉树　　(d) 左子树为空的二叉树　　(e) 左、右子树非空的二叉树

图 6.15　二叉树的基本形态

2. 特殊形态的二叉树

1）满二叉树

在一棵二叉树中，如果所有分支结点都存在左子树和右子树，并且所有叶子结点都在

同一层上，这样的一棵二叉树称作**满二叉树**。显然，深度为 k 的二叉树中，满二叉树具有最多的结点数。

可以对满二叉树进行连续编号，约定编号从根结点为 1 开始，从上至下，从左到右。图 6.16 所示为一棵满二叉树，图中结点内的字符代表该结点本身的数据信息，结点旁边的数字为该结点的顺序编号。

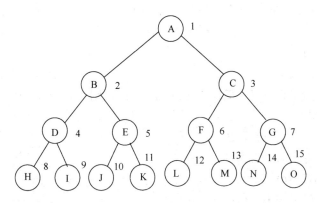

图 6.16　满二叉树

2）完全二叉树

一棵深度为 k 的有 n 个结点的二叉树，当且仅当其每一个结点与深度为 k 的满二叉树中编号从 1 至 n 的结点一一对应时，这棵二叉树称为**完全二叉树**。显然，一棵满二叉树必定是一棵完全二叉树，反之则不然。

在图 6.17 中，图 6.17（a）是一棵完全二叉树，图 6.17（b）是一棵非完全二叉树。

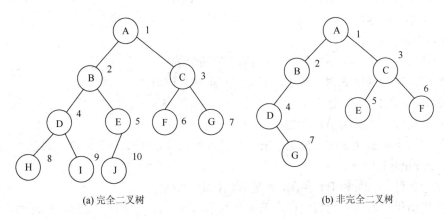

(a) 完全二叉树　　　　　　　　　　　　　　(b) 非完全二叉树

图 6.17　完全二叉树和非完全二叉树

3. 二叉树的抽象数据类型

ADT BinaryTree{

Data：

二叉树由一个根结点和两棵互不相交的左、右子树构成。

二叉树中的结点具有相同的数据类型及层次关系。

Operation:

InitBiTree(&BT)

　　操作结果：构造一棵空的二叉树 BT。

CreateBiTree(&BT，definition)

　　初始条件：definition 给出二叉树 BT 的定义。

　　操作结果：按 definition 给出的定义构造二叉树 BT。

BiTreeEmpty(BT)

　　初始条件：二叉树 BT 存在。

　　操作结果：若 BT 为空二叉树，则返回 true；否则，返回 false。

BiTreeDepth(BT)

　　初始条件：二叉树 BT 存在。

　　操作结果：返回 BT 的深度。

SearchBiTree(BT，e)

　　初始条件：二叉树 BT 存在。

　　操作结果：查找二叉树 BT 中元素值为 e 的结点，查找成功返回其地址，否则返回"空"。

Parent(BT，e)

　　初始条件：二叉树 BT 存在，e 是 BT 中某个结点。

　　操作结果：若 e 是 BT 的非根结点，则返回它的双亲，否则返回"空"。

LeftChild(BT，e)

　　初始条件：二叉树 BT 存在，e 是 BT 中某个结点。

　　操作结果：返回 e 的左孩子，若 e 无左孩子，则返回"空"。

RightChild(BT，e)

　　初始条件：二叉树 BT 存在，e 是 BT 中某个结点。

　　操作结果：返回 e 的右孩子，若 e 无右孩子，则返回"空"。

LeftSibling(BT，e)

　　初始条件：二叉树 BT 存在，e 是 BT 中某个结点。

　　操作结果：返回 e 的左兄弟，若 e 是其双亲的左孩子或无左兄弟，则返回"空"。

RightSibling(BT，e)

　　初始条件：二叉树 BT 存在，e 是 BT 中某个结点。

　　操作结果：返回 e 的右兄弟，若 e 是其双亲的右孩子或无右兄弟，则返回"空"。

InsertChild(BT，p，LR，C)

　　初始条件：二叉树 BT 存在，p 指向 BT 中某个结点，左或右的标志 LR 为 0 或 1，非空二叉树 C 与 BT 不相交且右子树为空。

　　操作结果：根据 LR 为 0 或 1，插入 C，为 BT 中 p 所指结点的左子树或右子树。p 所指结点原有的左子树或右子树均成为 C 的右子树。

OrderBiTree(BT，Visit())

　　初始条件：二叉树 BT 存在，Visit( )是对结点操作的应用函数。

　　操作结果：按某种次序对 BT 的每个结点调用函数 Visit( )一次且仅一次。一旦
　　　　　　　Visit( ) 失败，则操作失败。

PrintBiTree(BT，n)

　　初始条件：二叉树 BT 存在，n 为缩进层数，初值为 1。

　　操作结果：采用凹入表形式输出二叉树 BT。

DestroyBiTree(&BT)

　　初始条件：二叉树 BT 存在。

　　操作结果：撤销二叉树 BT。

DeleteChild(BT，p，LR)

　　初始条件：二叉树 BT 存在，p 指向 BT 中某个结点，LR 为 0 或 1。

　　操作结果：根据 LR 为 0 或 1，删除 BT 中 p 所指的左子树或右子树。

} **ADT BinaryTree**

4. 二叉树的基本性质

二叉树具有如下重要的性质。

性质 6.5　若规定根的层次为 1，则二叉树的第 i 层上最多有 2^{i-1} 个结点($i\geqslant 1$)。

证明：用数学归纳法证明。

当 $i=1$ 时，只有一个根结点在第 1 层上，显然，$2^{1-1}=1$，即第 1 层上的结点最多为 1 个。

现在假定，对于所有的 $j(1\leqslant j<i)$，命题成立，即位于第 j 层上的结点最多为 2^{i-1} 个。

由归纳假设可知，位于第 $i-1$ 层上的结点最多为 2^{i-2} 个。由于二叉树的每个结点的度最多为 2，故位于第 i 层上的结点个数最多是第 $i-1$ 层上的结点个数的两倍，即

$$2\times 2^{i-2}=2^{i-1}$$

性质 6.6　深度为 k 的二叉树中，最多有 2^k-1 个结点($k\geqslant 1$)，最少有 k 个结点。

证明：由性质 6.5 可得，深度为 k 的二叉树中，最多的结点个数为

$$\sum_{i=1}^{k}(\text{第}i\text{层上结点的最大个数})=\sum_{i=1}^{k}2^{i-1}=2^k-1$$

在二叉树中，每一层至少要有一个结点，因此深度为 k 的二叉树最少有 k 个结点。

由性质 6.6 可知，深度为 k 的满二叉树中的结点数为 2^k-1 个。

性质 6.7　对于一棵非空的二叉树，如果叶子结点数为 n_0，度为 2 的结点数为 n_2，则有 $n_0=n_2+1$。**证明**：设 n 为二叉树的结点总数，n_1 为二叉树中度为 1 的结点个数，因为二叉树中所有结点的度均小于或等于 2，所以其结点总数为

$$n=n_{0+}n_{1+}n_2 \tag{6.1}$$

考虑二叉树中的分支数。除了根结点外，其余结点都有唯一的一个分支进入，因为这些分支是由度为 1 和度为 2 的结点射出的，一个度为 1 的结点射出一个分支，一个度为 2 的结点射出两个分支，所以有

$$n = 根结点 + 分支数 = 1 + n_1 + 2n_2 \tag{6.2}$$

由式（6.1）和式（6.2）可以得

$$n_0 = n_2 + 1$$

性质 6.8 具有 n 个结点的完全二叉树的深度为 $\lfloor \log_2 n \rfloor + 1$。

证明： 假设具有 n 个结点的完全二叉树的深度为 k，则有下列两种情况。

最少情况：第 k 层只有 1 个结点。注意到，在 $k-1$ 层上是满二叉树，则第 $k-1$ 层最后一个结点的编号为 $2^{k-1}-1$，所以第 k 层第一个结点的编号是 2^{k-1}。

最多情况：第 k 层结点数达到最多，此时一定是满二叉树，而深度为 k 的满二叉树中结点总数为 2^k-1。

因此，有下式成立

$$2^{k-1}-1 < n \leqslant 2^k-1 \quad 或 \quad 2^{k-1} \leqslant n < 2^k$$

对不等式取对数，有

$$k-1 \leqslant \log_2 n < k$$

即

$$\log_2 n < k \leqslant \log_2 n + 1$$

由于 k 是整数，故必有 $k = \lfloor \log_2 n \rfloor + 1$。

性质 6.9 对一棵具有 n 个结点的完全二叉树中的结点从 1 开始按层序编号，则对于任意编号为 $i(1 \leqslant i \leqslant n)$ 的结点，有

（1）如果 $i > 1$，则编号为 i 的结点的双亲结点的编号为 $\lfloor i/2 \rfloor$；如果 $i = 1$，则编号为 i 的结点是根结点，无双亲结点。

（2）如果 $2i \leqslant n$，则编号为 i 的结点的左孩子结点的编号为 $2i$；如果 $2i > n$，则编号为 i 的结点无左孩子。

（3）如果 $2i+1 \leqslant n$，则编号为 i 的结点的右孩子结点的序号为 $2i+1$；如果 $2i+1 > n$，则编号为 i 的结点无右孩子。

证明： 用数学归纳法证明，先用数学归纳法证明其中的（2）和（3）。

当 $i = 1$ 时，由完全二叉树的定义知，如果 $2i = 2 \leqslant n$，说明二叉树中存在两个或两个以上的结点，所以其左孩子存在且编号为 2；反之，如果 $2i = 2 > n$，说明二叉树中不存在两个结点，其左孩子结点不存在。同理，如果 $2i+1 = 3 \leqslant n$，说明其右孩子存在且编号为 3；如果 $2i+1 = 3 > n$，说明二叉树中不存在编号为 3 的结点，其右孩子不存在。

假设对于编号为 $j(0 \leqslant j \leqslant i)$ 的结点，当 $2j \leqslant n$ 时，其左孩子结点存在且编号为 $2j$，当 $2j > n$ 时，其左孩子结点不存在；当 $2j+1 \leqslant n$ 时，其右孩子结点存在且编号为 $2j+1$，当 $2j+1 > n$ 时，其右孩子结点不存在。

当 $i = j+1$ 时，根据完全二叉树的定义，若其左孩子结点存在则其左孩子结点的编号一定等于编号为 j 的结点的右孩子的编号加 1，即其左孩子结点的编号 $= (2j+1)+1 = 2(j+1) = 2i$，且有 $2i \leqslant n$；反之，如果 $2i > n$，则其左孩子不存在。同样，当 $i = j+1$ 时，根据完全二叉树的定义，若其右孩子结点存在，则其右孩子结点的编号等于编号为 $j+1$

的左孩子结点的编号加 1，即其右孩子结点的编号 = 2(j + 1) + 1 = 2i + 1，且有 2i + 1≤n；如果 2i + 1＞n，则其右孩子结点不存在。

因此，性质 6.9 的（2）和（3）得证。

由上述（2）和（3），很容易证明（1），证明如下：

当 i = 1 时，显然，该结点为根结点，无双亲结点。当 i＞1 时，设编号为 i 的结点的双亲结点的编号为 m。如果编号为 i 的结点是其双亲结点的左孩子结点，根据（2）有 i = 2m，即 m = i/2；如果编号为 i 的结点是其双亲结点的右孩子结点，根据（3）有 i = 2m + 1，即 m = (i−1)/2 = i/2−1/2。综合这两种情况，又因为 i 是整数，则当 i＞0 时，其双亲结点的编号等于 $\lfloor i/2 \rfloor$。因此，（1）得证。

读者可以从图 6.17 直观地验证这个性质。

6.2.2　二叉树的存储结构

二叉树是度不大于 2 的有序树，因此 6.1.2 小节所述的有关树的存储结构都适合于二叉树的存储，只不过其指向孩子结点的指针域最多有 2 个，且有左右顺序之分。显然，二叉树的存储表示更为简单。另外，对于完全二叉树，因其本身的结构特性，可用顺序存储方式存储。

1. 二叉树的顺序存储

二叉树的顺序存储结构，就是用一段地址连续的存储单元依次存放二叉树中的结点，树中元素之间的逻辑关系由元素的存储位置来表示。

1）完全二叉树的顺序存储

由二叉树的性质 6.9 可知，对于完全二叉树，树中结点的编号可以唯一地反映出结点之间的逻辑关系，所以可以用一维数组按从上至下、从左到右的顺序存储树中所有结点的数据信息，编号为 i 的结点存储在数组中下标为 i 的分量中。此时，完全二叉树中任意结点的双亲结点下标、左孩子结点下标和右孩子结点下标都可以根据该结点的编号计算得出。其结构描述如下：

```
# define MAX_BITREE_SIZE 100              //二叉树中的最大结点数
typedef TElemType SqBiTree[MAX_BITREE_SIZE 100+1];
                                //0 号单元不用,1 号单元存储根结点
```

图 6.18 给出了图 6.17（a）所示的完全二叉树的顺序存储示意图。

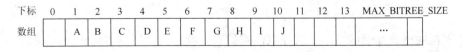

图 6.18　完全二叉树的顺序存储

由图 6.18 可以看出，从物理结构上看，二叉树实际上变成了一个线性结构，二叉树

中结点间的层次关系是通过数组下标来反映的，也就是说，通过二叉树的性质6.9，可以从一维数组中方便地寻找每个结点的双亲与孩子。

　　显然，对于完全二叉树，采用这种存储结构不需要增加额外的空间，既节省空间，又能使二叉树的操作简单实现。

　　2）一般二叉树的顺序存储

　　对于一般的二叉树，如果仍然按照从上至下和从左至右的顺序将树中的结点顺序存储在一维数组中，则数组元素下标之间的关系不能够反映二叉树中结点之间的逻辑关系，这时可将一般二叉树进行改造，增添一些并不存在的空结点，使之成为完全二叉树的形式，然后再用一维数组顺序存储。在二叉树中人为增添的结点在数组中所对应的元素值为"空"。

　　图6.19给出了一棵一般二叉树改造后的完全二叉树形态和其顺序存储状态示意图，图中"∧"表示数据域为空。

　　显然，对于一般二叉树，如果它接近于完全二叉树的形态，需要增加的空结点数目不多，可采用这种存储结构。但如果需要增加许多空结点才能将一棵一般二叉树改造成为一棵完全二叉树，采用这种存储结构则会造成空间的大量浪费，因而此时不宜采用这种顺序存储结构。最坏的情况是右单支树，如图6.20所示，一棵深度为k的右单支树，只有k个结点，却必须分配2^k-1个存储单元。

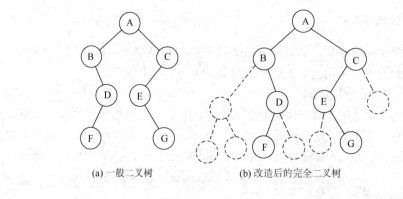

(a) 一般二叉树　　　　　　　(b) 改造后的完全二叉树

(c) 顺序储存状态

图6.19　一般二叉树及其顺序存储

2. 二叉树的链式存储

　　二叉树的链式存储就是用一组任意的存储单元存储二叉树中各结点。根据结点中指针域的个数分为二叉链表和三叉链表。

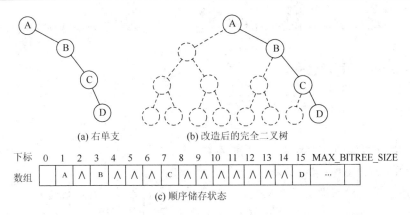

(a) 右单支　　　　(b) 改造后的完全二叉树

| 下标 | 0 | 1 | 2 | 3 | 4 | 5 | 6 | 7 | 8 | 9 | 10 | 11 | 12 | 13 | 14 | 15 | MAX_BITREE_SIZE |

数组　　　| | A | ∧ | B | ∧ | ∧ | ∧ | C | ∧ | ∧ | ∧ | ∧ | ∧ | ∧ | D | ... |

(c) 顺序储存状态

图 6.20　右单支树及其顺序存储

1）二叉链表

二叉链表指二叉树中的每个结点中有三个域：一个数据域 data（表示结点的值）；两个指针域（表示二叉树的每个结点的左孩子和右孩子的指针），左链域 lchild 为指向左孩子的指针，右链域 rchild 为指向右孩子的指针，若没有左孩子或右孩子的结点，其相应的链域为空指针。其结点的结构描述如下：

```
typedef struct BiTNode {
    TElemType data;          //结点的值
    struct BiTNode *lchild;  //左孩子指针
    struct BiTNode *rchild;  //右孩子指针
}BiTNode,*BiTree;
```

图 6.21 给出了一棵二叉树和它相应的二叉链表存储示意图，bt 为根指针。

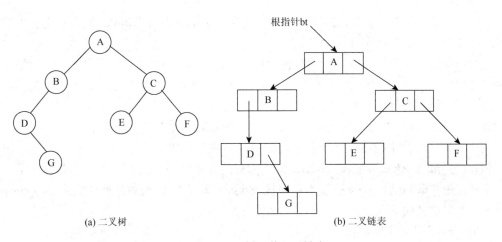

(a) 二叉树　　　　　　　　　　　　　　(b) 二叉链表

图 6.21　二叉树及其二叉链表

2）三叉链表

上面的二叉链表中，通过一个结点很容易找到它的孩子,但不能直接地找到它的双亲。

为了便于找到双亲，还可以在结点结构中增加一个指向其双亲的链域 parent。其结点的结构描述如下：

```
typedef struct PBiTNode {
    TElemType data;              //结点的值
    struct PBiTNode *lchild;     //左孩子指针
    struct PBiTNode *rchild;     //右孩子指针
    struct PBiTNode *parent;     //双亲指针
}PBiTNode,*PBiTree;
```

在上述两种存储结构中，二叉链表比较常用，而且容易证明，在含有 $n(n>0)$ 个结点的二叉链表中，有 $n-1$ 个非空链域和 $n+1$ 个空链域。可以利用这些空链域来构造二叉树的另一种链表结构——线索二叉树。

6.2.3　二叉树的遍历

二叉树的遍历与树的遍历一样，就是按照某种规则使得二叉树中的每个结点均被访问一次，而且仅被访问一次。回顾二叉树的递归定义可知，二叉树由三个基本单元组成，即根结点、左子树和右子树。因此，若能依次遍历这三个部分，便遍历了整棵二叉树。

若用 D 表示访问根结点，用 L 和 R 分别表示遍历这个根结点的左子树和右子树，则可分为六种遍历规则：DLR、LDR、LRD、DRL、RDL、RLD。若限定先左后右，则只有DLR、LDR、LRD 三种，分别称为先（根）序遍历（PreOrderBiTree）、中（根）序遍历（InOrderBiTree）和后（根）序遍历（PostOrderBiTree）。

另外，还有一种按照二叉树中结点顺序（由上至下和由左到右的顺序）进行遍历的方式，称为层序遍历。

如果遍历二叉树时，在访问某个结点时输出这个结点的数据信息，则可以得到由二叉树的全部结点组成的一个线性序列。

遍历是二叉树中经常要用到的一种操作。因为在实际应用中，常常需要按一定的次序对二叉树中的结点逐个地访问，查找具有某些特点的结点，然后对这些满足条件的结点进行处理。因此，"遍历"是二叉树各种操作的基础，如求结点的双亲、求结点的孩子、判定结点所在的层次、二叉树的输出、求二叉树的深度、二叉树的撤销等。

与树的遍历算法描述一样，在下面的遍历算法描述中，将遍历操作抽象为一个函数Visit()；另外，选择二叉链表（BiTree）作为树的存储结构；同时，在非递归算法中，需要设置堆栈和队列，其中，堆栈 S 为顺序栈（SqStack），队列 Q 为顺序循环队列（SqQueue），其元素类型定义如下：

typedef BiTree ElemType;　　　//定义栈和队列元素为二叉树的结点指针类型

1. 先序遍历

1）先序遍历的递归算法

若二叉树为空，则遍历结束，否则执行下列步骤：

（1）访问根结点；

（2）先序遍历根的左子树；

（3）先序遍历根的右子树。

对于图 6.21（a）所示的二叉树，先序遍历访问结点的次序为 A，B，D，G，C，E，F。其对应的算法描述如下。

算法 6.10

```
void PreOrderBiTree(BiTree BT, void Visit(TElemType))
    {//先序递归遍历二叉树 BT
        if(BT)                              //BT 非空
        { Visit(BT->data);                 //访问根结点
            PreOrderBiTree(BT->lchild，Visit);    //先序遍历左子树
            PreOrderBiTree(BT->rchild，Visit);    //先序遍历右子树
        }
    }//PreOrderBiTree
```

2）先序遍历的非递归算法

递归算法的优点是简洁，但一般而言，其执行效率不高，因为系统要维护一个工作栈以保证递归函数的正确执行。因此，有时需要把递归算法转化为非递归算法。

在遍历二叉树的过程中，通过根结点可以立即找到它的左孩子（左子树的根结点）和右孩子（右子树的根结点），但却不能直接从它的左孩子或右孩子返回到它的双亲，除非重新从根开始。

对于先序遍历二叉树而言，在访问根结点之后，可以直接找到这个根的左子树进行遍历。当左子树遍历完毕后，如何找到该结点的右子树的根指针呢？解决方法是，沿着已走过的路返回到根结点，通过根结点才能找到它的右子树。因此，在从根结点走到它的左孩子之前，必须把根结点的地址（指针）送入一个栈中暂时保存，以便以后通过它找到该结点的右子树。在左子树遍历完毕后，再从栈中取出元素，便得到根结点的地址，最后遍历根的右子树。

非递归遍历需要设置一个堆栈，算法 6.11 中选用顺序栈，所以要包含顺序栈相关操作的头文件。

```
# include "SqStack.h"        //包含顺序栈数据对象的描述及相关操作
```

算法思想：

设要遍历的二叉树的根指针为 BT，工作栈为 S。

（1）初始化栈 S。

（2）当 BT 非空或栈 S 非空时，重复执行以下步骤：如果 BT 非空，访问 BT 所指结点，BT 进栈，BT 指向其左孩子；否则，出栈，并赋给 BT，BT 指向其右孩子。其对应算法描述如下。

算法 6.11

```
void NRPreOrderBiTree(BiTree BT,void Visit(TElemType))
    {//先序非递归遍历二叉树 BT(利用栈)
```

```
            SqStack  S;
            InitStack_Sq(S,MAX_BITREE_SIZE,10);      //初始化栈 S
            while(BT||!StackEmpty_Sq(S))             //当 BT 非空或者栈非空
            { if(BT)                                 //BT 非空
                { Visit(BT->data);                   //访问根结点
                  Push_Sq(S,BT);                     //根指针进栈
                  BT=BT->lchild;                     //BT 指向其左孩子
                }
                else                                 //根指针出栈,访问根结点,遍历右子树
                { Pop_Sq(S,BT);                      //根指针出栈
                  BT=BT->rchild;                     //BT 指向其右孩子
                }
            }
        }//NRPreOrderBiTree
```

2. 中序遍历

1）中序遍历的递归算法

若二叉树为空，则遍历结束，否则执行下列步骤：

（1）中序遍历根的左子树；

（2）访问根结点；

（3）中序遍历根的右子树。

对于图 6.21（a）所示的二叉树，中序遍历访问结点的次序为 D，G，B，A，E，C，F。其对应的算法描述如下。

算法 6.12

```
void InOrderBiTree(BiTree BT,void Visit(TElemType))
    {//中序递归遍历二叉树 BT
      if(BT)                                   //BT 非空
      { InOrderBiTree(BT->lchild,Visit);       //中序遍历左子树
        Visit(BT->data);                       //访问根结点
        InOrderBiTree(BT->rchild,Visit);       //中序遍历右子树
      }
    }//InOrderBiTree
```

2）中序遍历的非递归算法

中序遍历访问结点的操作发生在该结点的左子树遍历完毕后并准备遍历右子树时，所以在遍历过程中遇到某结点时并不能立即访问它，而是将它入栈，等到它的左子树遍历完毕后，再从栈中弹出并访问之。因此，中序遍历的非递归算法只需将前序遍历的非递归算法中的访问函数 Visit(BT->data)移到 Pop_Sq(S，BT)之后即可。其算法描述如下。

算法 6.13
```
void NRInOrderBiTree(BiTree BT,void Visit(TElemType))
    {//中序非递归遍历二叉树 BT(利用栈)
        SqStack S;
        InitStack_Sq(S,MAX_BITREE_SIZE,10);    //初始化栈 S
            while(BT||!StackEmpty_Sq(S))        //当 BT 非空或者栈非空
            { if(BT)   //BT 非空
                {                               //根指针进栈,遍历左子树
                    Push_Sq(S,BT);              //根指针进栈
                    BT=BT->lchild;              //BT 指向其左孩子
                }
                else                            //根指针出栈,访问根结点,遍历右子树
                { Pop_Sq(S,BT);                 //根指针出栈
                Visit(BT->data);                //访问根结点
                BT=BT->rchild;                  //BT 指向其右孩子
            }
        }
    }//NRInOrderBiTree
```

3. 后序遍历

1）后序遍历的递归算法

若二叉树为空，则遍历结束，否则执行以下步骤：

（1）后序遍历根的左子树；

（2）后序遍历根的右子树；

（3）访问根结点。

对于图 6.21（a）所示的二叉树，后序遍历访问结点的次序为 G，D，B，E，F，C，A。其对应的算法描述如下。

算法 6.14
```
void PostOrderBiTree(BiTree BT,void Visit(TElemType))
    {//后序递归遍历二叉树 BT
        if(BT)                                  //BT 非空
        { PostOrderBiTree(BT->lchild,Visit);    //后序遍历左子树
            PostOrderBiTree(BT->rchild,Visit);  //后序遍历右子树
            Visit(BT->data);                    //访问根结点
        }
    }//PostOrderBiTree
```
2）后序遍历的非递归算法

与前序遍历和中序遍历二叉树的方法不同，在后序遍历二叉树的过程中，对一个结点

访问之前，要两次历经这个结点。第一次是由该结点找到其左孩子结点，遍历其左子树，遍历完左子树之后，返回到这个结点；第二次是由该结点找到其右孩子结点，遍历其右子树，遍历完右子树之后，再次返回到这个结点，这时才能访问该结点。因此，某结点能否被访问，在出栈之前，要做这样一次判断，如果栈顶元素（根结点的指针）所指的结点的右子树为空（不存在右孩子），或者它的右子树非空但已遍历完毕，即它的右孩子恰好是最近一次访问的结点，则栈顶元素所指的根结点应现在访问，访问之后，栈顶元素出栈。如果栈顶元素所指的结点的右子树非空，且未遍历，即它的右孩子不是最近一次访问过的结点，则现在不访问栈顶元素所指的结点，而应去遍历右子树。因此，在遍历过程中，只需要增加一个指针变量，记住最近访问过的结点的地址就行。其算法描述如下。

算法 6.15

```
void NRPostOrderBiTree(BiTree BT,void Visit(TElemType))
{ //后序非递归遍历二叉树 BT(利用栈)
    SqStack  S;
    InitStack_Sq(S,MAX_BITREE_SIZE,10);    //初始化栈 S
    BiTree p,q;
    int flag;
    if(!BT)return;
    p=BT;
    do
       { while(p)                          //为非空二叉树,向左走到尽头
          {   Push_Sq(S,p);                //p 进栈
             p=p->lchild;                   //p 指向其左孩子
          }
          q=NULL;flag=1;
          while(!StackEmpty_Sq(S)&&flag)
          { GetTop_Sq(S,p);                 //取栈顶元素
            if(p->rchild==q)                //其右孩子不存在或已访问
            { Pop_Sq(S,p);                  //栈顶元素出栈
              Visit(p->data);               //访问 p 所指结点
              q=p;//q 指向刚刚访问的结点
          }
        else
          { p=p->rchild;                    //p 指向其右孩子
            flag=0;
          }
        }
    } while(!StackEmpty_Sq（S));
}//NRPostOrderBiTree
```

4. 层序遍历

与树的层序遍历一样，二叉树的层序遍历也需要设置一个队列，遍历从二叉树的根结点开始，首先将根结点指针入队，然后从队头取出一个元素，每取出一个元素，执行两个操作：①访问该元素所指结点；②若该元素所指结点的左、右孩子结点非空，则将该元素所指结点的左孩子指针和右孩子指针顺序入队。此过程不断进行，当队列为空时，二叉树的层序遍历结束。

对于图 6.21（a）所示的二叉树，层序遍历访问结点的次序为 A，B，C，D，E，F，G。

层序遍历需要设置一个队列，算法中选用循环队列，队列中元素类型与栈中元素类型一致。同时要包含队列操作的头文件。

\# include "SqQueue.h"　　　//包含顺序循环队列数据对象的描述及相关操作

其对应的算法描述如下。

算法 6.16

```
void LevelOrderBiTree(BiTree  BT,void  Visit(TElemType))
 {//层序递归遍历 BT(利用队列)
    SqQueue Q;
    BiTree  p;
    if(BT)                              //BT 非空
    { InitQueue_Sq(Q,MAX_BITREE_SIZE,10);  //初始化队列 Q
      EnQueue_Sq(Q,BT);                //根指针入队
      while(!QueueEmpty_Sq(Q))         //队列非空
      { DeQueue_Sq(Q,p);               //出队元素(指针),赋给 p
        Visit(p->data);                //访问 p 所指结点
        if(p->lchild)                  //p 有左孩子
          EnQueue_Sq(Q,p->lchild);     //p 的左孩子入队
        if(p->rchild)                  //p 有右孩子
          EnQueue_Sq(Q,p->rchild);     //p 的右孩子入队
      }
    }
 }//LevelOrderBiTree
```

因为二叉树是非线性结构，每个结点可能有零个、一个或两个孩子，所以一个二叉树的遍历序列不能决定一棵二叉树，但某些不同的遍历序列的组合可以唯一确定一棵二叉树。例如：

（1）由先序遍历序列和中序遍历序列能够唯一确定一棵二叉树。

（2）由后序遍历序列和中序遍历序列能够唯一确定一棵二叉树。

（3）由先序遍历序列和后序遍历序列能够唯一确定一棵二叉树。

在二叉树的遍历算法中，对于每个算法都访问到了每个结点的每一个域，并且每个结点的每一个域仅被访问一次。因此，其时间复杂度均为 $O(n)$。在先序遍历、中序

遍历和后序遍历的过程中,栈所需要的空间最多等于树的深度 k 乘以每个栈元素所需的空间，在最坏的情况下，树的深度等于结点个数，所以空间复杂度为 $O(n)$。在层序遍历时，队列的最大长度不会超过二叉树中一层上的最多结点数，所以最坏情况下，其空间复杂度也为 $O(n)$。

6.2.4　二叉树的其他操作

1. 初始化操作

二叉树的初始化就是构造一棵空二叉树 BT。

算法 6.17

```
void InitBiTree(BiTree &BT)
  {
    BT=NULL;
  }//InitBiTree
```

2. 创建二叉树操作

创建二叉树首要的问题是解决二叉树的输入格式问题，二叉树的输入格式有多种，如采用广义表表示的输入法、利用二叉树的性质 6.9 采用数组形式的输入法、利用某种遍历二叉树后的序列的输入方法等，不同的输入格式，创建二叉树的算法也不相同。下面的算法用二叉树的先序遍历序列来输入一棵二叉树。二叉树的任何一种遍历序列都不能唯一确定一棵二叉树，其原因是不能确定其左、右子树的情况，因此做如下处理：将二叉树中每个结点的空指针引出一个虚结点，其值为一特定值，如"#"，以标识其为空，这样处理后的一个遍历序列就能唯一确定一棵二叉树。例如，要建立图 6.21（a）所示的二叉树，利用先序遍历序列的输入方法为 ABD#G###CE##F##。

要按照二叉树的先序遍历序列输入二叉树中各结点的值，自然就采用二叉树的先序遍历算法，在遍历的过程中生成结点，从而创建一棵二叉树。其算法描述如下。

算法 6.18

```
void CreateBiTree(BiTree &BT)
  {//按先序次序输入二叉树中结点的值,构造二叉树 BT。变量 Nil 表示空(子)树
    TElemType a;
    cin>>a;                          //输入结点的值
    if(a==Nil)                       //结点的值为空
        BT=NULL;
    else                             //结点的值不为空
      { BT=(BiTree)malloc(sizeof(BiTNode));   //生成根结点
        if(!BT)
          exit(1);
```

```
        BT->data=a;                    //将值赋给 T 所指结点
        CreateBiTree(BT->lchild);      //递归构造左子树
        CreateBiTree(BT->rchild);      //递归构造右子树
    }
}//CreateBiTree
```

3. 判断二叉树是否为空操作

此操作判断二叉树 BT 是否为空，若 BT 为空二叉树，返回 true，否则返回 false。

算法 6.19

```
bool BiTreeEmpty(BiTree BT)
  {
    if(BT)
        return false;
    else
        return true;
  }//BiTreeEmpty
```

4. 求二叉树的深度操作

若一棵二叉树 BT 为空，则它的深度为 0，否则它的深度等于左子树和右子树中的最大深度加 1。这就是说，对于非空的二叉树，应该先分别求得其左、右子树的深度，然后取两者中的最大值，再加 1 便是二叉树的深度。显然，这是后序遍历的一个应用。其算法描述如下。

算法 6.20

```
int BiTreeDepth(BiTree BT)
    {//求二叉树 BT 的深度,并返回其值
        int Lh,Rh;
        if(!BT)
          return 0;                    //空树深度为 0
        Lh=BiTreeDepth(BT->lchild);    //Lh 为左子树的深度,如左子树为空,则 Lh 为 0
        Rh=BiTreeDepth(BT->rchild);    //Rh 为右子树的深度,如右子树为空,则 Rh 为 0
        return Lh>Rh?Lh+1:Rh+1; //BT 的深度为其左、右子树的深度中的大者+1
}//BiTreeDepth
```

5. 查找元素操作

在二叉树 BT 中查找值与给定值 e 相等的数据元素，查找成功返回该结点的指针；否则，返回空指针。

此算法可以设计成先序遍历算法，此时查找结点的次序是，首先在根结点中查找，然

后在左子树中查找，最后在右子树中查找。与先序遍历稍有区别的是，当在某一区域中查找成功后，就不需要再去查找其他区域。其算法描述如下。

算法 6.21

```
BiTree SearchBiTree(BiTree BT,TElemType e)
    {//查找二叉树 BT 中元素值为 e 的结点,查找成功返回其指针,否则返回空指针
        BiTree p;
        if(!BT)return NULL;                     //空树,返回"空"
        if(BT->data==e)return BT;               //查找成功,返回其指针
        if(BT->lchild)                          //左子树非空
        {   p=SearchBiTree(BT->lchild,e);       //递归查找左子树
            if(p)return p;                      //查找成功,返回 p
        }
        if(BT->rchild)//右子树非空
        {   p=SearchBiTree(BT->rchild,e);       //递归查找右子树
            if(p)return p;                      //查找成功,返回 p
        }
        return NULL;                            //查找失败,返回 NULL
    }//SearchBiTree
```

6. 查找双亲结点操作

在二叉树 BT 中查找值与给定值 e 相等的数据元素的双亲，查找成功返回双亲结点的指针；否则，返回空指针。

查找某结点的双亲结点也可以利用遍历的算法，下面用层序遍历来实现其查找操作，其中访问结点的操作为判断结点的左、右孩子是否为空并且是否等于给定值 e。其算法描述如下。

算法 6.22

```
BiTree Parent(BiTree BT,TElemType e)
    {//若 e 是 BT 的非根结点,则返回它的双亲,否则返回"空"
        SqQueue Q;
        BiTree p;
        if(BT)                                  //非空树
        { InitQueue_Sq(Q,MAX_BITREE_SIZE,10);   //初始化队列 Q
          EnQueue_Sq(Q,BT);                     //树根指针入队
          while(!QueueEmpty_Sq(Q))              //队不空
          { DeQueue_Sq(Q,p);                    //出队,队列元素赋 p
            if(p->lchild&&p->lchild->data==e||p->rchild&&p->rchild->data==e)
                                                //找到 e(是其左或右孩子)
```

```
        return  p;                          //返回 e 的双亲
      else                                  //未找到 e
      { if(p->lchild)                       //p 有左孩子
          EnQueue_Sq(Q,p->lchild);          //左孩子指针入队
        if(p->rchild)                       //p 有右孩子
          EnQueue_Sq(Q,p->rchild);          //右孩子指针入队
      }
    }
  }
  return  NULL;                             //树空或未找到 e
}//Parent
```

7. 查找左孩子结点操作

在二叉树 BT 中查找值与给定值 e 相等的数据元素的左孩子,查找成功返回左孩子结点的指针;否则,返回空指针。

利用二叉链表存储二叉树,比较容易找孩子。因此,首先在树中查找值为 e 的结点,若查找成功,则返回左孩子结点指针,否则返回空指针。其算法描述如下。

算法 6.23

```
BiTree LeftChild(BiTree BT,TElemType e)
  {//若 e 是 BT 中某个结点,则返回 e 的左孩子。若 e 无左孩子,则返回"空"
    BiTree  p;
    if(BT)                         //非空树
    { p=SearchBiTree(BT,e);        //p 是指向结点 e 的指针
      if(p)                        //BT 中存在结点 e
        return  p->lchild;         //返回 e 的左孩子的值
    }
    return  NULL;                  //其余情况返回"空"
  }//LeftChild
```

8. 查找右孩子结点操作

在二叉树 BT 中查找值与给定值 e 相等的数据元素的右孩子,查找成功返回右孩子结点的指针;否则,返回空指针。显然此算法类似于算法 6.23,描述如下。

算法 6.24

```
BiTree RightChild(BiTree BT,TElemType e)
  {//若 e 是 BT 中某个结点,则返回 e 的右孩子。若 e 无右孩子,则返回"空"
    BiTree  p;
    if(BT)                         //非空树
    { p=SearchBiTree(BT,e);        //p 是指向结点 e 的指针
```

```
        if(p)                   //BT 中存在结点 e
            return p->rchild;   //返回 e 的右孩子的值
        }
        return NULL;            //其余情况返回空
    }//RightChild
```

9. 查找左兄弟结点操作

在二叉树 BT 中查找值与给定值 e 相等的数据元素的左兄弟，查找成功返回左兄弟结点的指针；否则，返回空指针。

此算法首先查找 e 的双亲结点并让指针 p 指向双亲，若 p 非空且有左、右孩子，并且 e 是右孩子，则返回 p 的左孩子（e 的左兄弟）；否则，返回空指针。其算法描述如下。

算法 6.25

```
BiTree LeftSibling(BiTree BT,TElemType e)
    {//若 e 是 BT 中某个结点,则返回 e 的左兄弟。若 e 是 BT 的左孩子或无左兄弟,则返回"空"

        BiTree p;
        if(BT)              //非空树
        { p=Parent(BT,e);   //p 为 e 的双亲
          if(p)             //找到 e 的双亲
            if(p->lchild&&p->rchild&&p->rchild->data==e)//p 存在左、右孩子且右孩子是 e
        return p->lchild;   //返回 p 的左孩子(e 的左兄弟)
        }
        return NULL;        //其余情况返回空
    }//LeftSibling
```

10. 查找右兄弟结点操作

在二叉树 BT 中查找值与给定值 e 相等的数据元素的右兄弟，查找成功返回右兄弟结点的指针；否则，返回空指针。显然，此算法类似于算法 6.25，描述如下。

算法 6.26

```
BiTree RightSibling(BiTree BT,TElemType e)
    {//若 e 是 BT 中某个结点,则返回 e 的右兄弟。若 e 是 T 的右孩子或无右兄弟,则返回"空"

        BiTree p;
        if(BT)                  //非空树
        { p=Parent(BT,e);       //p 为 e 的双亲
          if(p)                 //找到 e 的双亲
            if(p->lchild&&p->rchild&&p->lchild->data==e)//p 存在左、右孩子且左孩子是 e
              return p->rchild; //返回 p 的右孩子(e 的右兄弟)
```

```
    }
    return  NULL;                      //其余情况返回空
}//RightSibling
```

11. 插入子树操作

根据 LR 的值（0 或 1），将非空二叉树 c（c 与 BT 不相交且右子树为空）作为二叉树 BT 中 p 所指结点的左子树或右子树插入，p 所指结点的原有左子树或右子树则成为 c 的右子树。

算法 6.27

```
bool InsertChild(BiTree  p,int LR,BiTree  c)
    {//若二叉树 BT 存在,p 指向 BT 中某个结点,根据 LR 的值插入子树 c，作为 p 的孩子
        if(p)                          //p 非空
        {  if(LR==0)                   //把二叉树 c 作为 p 所指结点的左子树插入
            {  c->rchild=p->lchild;    //p 所指结点的原有左子树成为 c 的右子树
               p->lchild=c;            //二叉树 c 成为 p 的左子树
            }
           else                        //把二叉树 c 作为 p 所指结点的右子树插入
            {  c->rchild=p->rchild;    //p 所指结点的原有右子树成为 c 的右子树
               p->rchild=c;            //二叉树 c 成为 p 的右子树
            }
           return  true;
        }
      return  false;                   //p 空
}//InsertChild
```

12. 二叉树的输出操作

二叉树的输出操作就是根据二叉树的存储结构以某种树的形式打印二叉树,通常采用广义表或凹入表的形式打印。如果用广义表的形式输出二叉树,则应首先输出根结点,然后依次输出它的左子树和右子树,显然这是一种基于先序遍历的算法;而如果用凹入表的形式输出二叉树,相当于把二叉树逆时针旋转 90°,因而,在屏幕上方的首先是右子树,然后是根结点,最后是左子树,所以,此算法是一种基于中序遍历的算法。

采用广义表的形式输出二叉树的操作类似于算法 6.7(树的输出操作),故在此不再讨论。下面的算法采用凹入表的形式输出二叉树,描述如下。

算法 6.28

```
void PrintBiTree(BiTree BT,int n)
    {//采用凹入表形式输出二叉树,n 为缩进层数,初值为 1
    int  i;
```

```
        if(!BT)return;
  PrintBiTree(BT->rchild,n+1);        //在第 n+1 层递归打印右子树
    for(i=2;i<n;++i)                  //打印空格
        cout<<"        ";
    if(n>1)cout<<"---";              //打印连线
    cout<<BT->data<<endl;           //打印根结点的值
    PrintBiTree(BT->lchild,n+1);    //在第 n+1 层递归打印左子树
  }//PrintBiTree
```

13. 二叉树的撤销操作

二叉树的撤销操作也是二叉树的遍历操作的一个应用。因为二叉树中每个结点允许有左孩子结点和右孩子结点,所以在释放某个结点的存储空间前必须先释放该结点的左孩子结点的存储空间和右孩子结点的存储空间。因此,它实际上是一个后序遍历的过程,访问结点的操作为释放结点空间的操作。

算法 6.29

```
void DestroyBiTree(BiTree &BT)
  {//撤销二叉树 BT
    if(BT)                          //非空树
    { DestroyBiTree(BT->lchild);   //递归撤销左子树,如无左子树,则不执行任何操作
      DestroyBiTree(BT->rchild);   //递归撤销右子树,如无右子树,则不执行任何操作
      free(BT);                    //释放根结点
      BT=NULL;                     //BT 置空
    }
  }//DestroyBiTree
```

14. 删除子树操作

根据 LR 的值(0 或 1),删除 BT 中 p 所指结点的左子树或右子树。

算法 6.30

```
bool DeleteChild(BiTree p,int LR)
  {//若二叉树 BT 存在,p 指向 BT 中某个结点,根据 LR 的值删除 p 的子树
    if(p)                          //p 非空
    { if(LR==0)                    //删除左子树
        DestroyBiTree(p->lchild);  //清空 p 所指结点的左子树
      else                         //删除右子树
        DestroyBiTree(p->rchild);  //清空 p 所指结点的右子树
    return true;
    }
```

```
        return  false;                          //p 空
    }//DeleteChild
```

总结： 在二叉树的基本操作中，遍历操作是最重要的操作，因为它是其他许多操作的基础，同时递归是二叉树操作的特征。

假设二叉树的二叉链表的结构描述和相关操作存放在头文件"BiTree.h"中，则可用下面的程序测试二叉树的有关操作。

```
typedef char TElemType;             //定义树中元素类型 TElemType 为字符型
TElemType Nil='#';                  //用'#'表示空
# include "stdlib.h"                //该文件包含 malloc()、realloc()和 free()等函数
  # include "iostream.h"            //该文件包含标准输入、输出流 cin 和 cout
  # define MAX_BITREE_SIZE 100      //二叉树中的最大结点数
  # include "BiTree.h"              //该文件包含二叉树数据对象的描述及相关操作


void Visit(TElemType e)             //访问函数定义为输出操作
{
    cout<<e<<' ';
}


void main()
  { int i;
  BiTree BT,p,c;
  TElemType e1,e2;
  InitBiTree(BT);                                   //初始化二叉树 BT
  cout<<"构造空二叉树后,树空否? "<<BiTreeEmpty(BT);
  cout<<"(1:是  0:否)。树的深度="<<BiTreeDepth(BT)<<endl;
  cout<<"请按先序输入二叉树(用'#'表示子树为空):"<<endl;
  CreateBiTree(BT);                                 //建立二叉树 BT
  cout<<"建立二叉树后,树空否? "<<BiTreeEmpty(BT);
  cout<<"(1:是  0:否)。树的深度="<<BiTreeDepth(BT)<<endl;
  cout<<"先序递归遍历二叉树:";
  PreOrderBiTree(BT,Visit);                         //先序递归遍历二叉树 BT
  cout<<endl<<"中序递归遍历二叉树:";
  InOrderBiTree(BT,Visit);                          //中序递归遍历二叉树 BT
  cout<<endl<<"后序递归遍历二叉树:";
  PostOrderBiTree(BT,Visit);                        //后序递归遍历二叉树 BT
  cout<<endl<<"先序非递归遍历二叉树:";
  NRPreOrderBiTree(BT,Visit);                       //先序非递归遍历二叉树 BT
  cout<<endl<<"中序非递归遍历二叉树:";
```

```
        NRInOrderBiTree(BT,Visit);                        //中序非递归遍历二叉树 BT
        cout<<endl<<"后序非递归遍历二叉树:";
        NRPostOrderBiTree(BT,Visit);                      //后序非递归遍历二叉树 BT
        cout<<endl<<"层序遍历二叉树:";
        LevelOrderBiTree(BT,Visit);                       //层序遍历二叉树 BT
    cout<<endl<<"用凹入表的形式打印二叉树 BT:"<<endl;
        PrintBiTree(BT,1);                                //输出二叉树 BT
        cout<<endl<<"请输入一个待查结点的值:";
        cin>>e1;
        p=SearchBiTree(BT,e1);                            //p 指向为 e1 的指针
        if(p)cout<<"查找成功!结点的值为:"<<p->data<<endl;
        else cout<<"查找失败!"<<endl;
        cout<<"请输入一个待查结点的值:";
        cin>>e2;
        p=Parent(BT,e2);                                  //查找 e2 的双亲
        if(p)cout<<e2<<"的双亲是"<<p->data<<endl;          //双亲存在
        else    cout<<e2<<"没有双亲!"<<endl;
        p=LeftChild(BT,e2);                               //查找 e2 的左孩子
        if(p)cout<<e2<<"的左孩子是"<<p->data<<endl;        //左孩子存在
        else    cout<<e2<<"没有左孩子!"<<endl;
        p=RightChild(BT,e2);                              //查找 e2 的右孩子
        if(p)cout<<e2<<"的右孩子是"<<p->data<<endl;        //右孩子存在
        else    cout<<e2<<"没有右孩子!"<<endl;
        p=LeftSibling(BT,e2);                             //查找 e2 的左兄弟
        if(p)cout<<e2<<"的左兄弟是"<<p->data<<endl;        //左兄弟存在
        else cout<<e2<<"没有左兄弟!"<<endl;
        p=RightSibling(BT,e2);                            //查找 e2 的右兄弟
        if(p)cout<<e2<<"的右兄弟是"<<p->data<<endl;        //右兄弟存在
        else cout<<e2<<"没有右兄弟!"<<endl;
        InitBiTree(c);                                    //初始化二叉树 c
        cout<<"请构造一个右子树为空的二叉树 c:"<<endl;
        cout<<"请按先序输入二叉树(用'#'表示子树为空):";
        CreateBiTree(c);                                  //建立二叉树 c
            cout<<"树 c 插到树 BT 中,请输入树 BT 中树 c 的双亲结点的值:";
            cin>>e1;
            cout<<"c 为其左子树请输入 0,为其右子树请输入 1:";
            cin>>i;
            p=SearchBiTree(BT,e1);  //p 指向二叉树 BT 中将作为二叉树 c 的双亲结点的 e1
```

```
    InsertChild(p,i,c);            //将树 c 作为 p 的左(右)子树插到二叉树 BT 中
 cout<<"中序递归遍历插入子树 c 后的二叉树 BT:";
    InOrderBiTree(BT,Visit);   //中序递归遍历二叉树 BT
    cout<<endl<<"删除子树,请输入待删除子树的双亲结点的值:";
    cin>>e1;
    cout<<"删除其左子树请输入 0,删除其右子树请输入 1:";
    cin>>i;
    p=SearchBiTree(BT,e1);    //p 指向二叉树 BT 中将作为二叉树 c 的双亲结点的 e1
 DeleteChild(p,i);             //删除 p 所指结点(e1)的左子树)或右子树
    cout<<"中序递归遍历删除子树后的二叉树 BT:";
    InOrderBiTree(BT,Visit);   //中序递归遍历二叉树 BT
    DestroyBiTree(BT);         //撤销二叉树 BT
}
```

程序执行后输出结果如下:

构造空二叉树后,树空否?1(1:是 0:否)。树的深度=0

请按先序输入二叉树(用'#'表示子树为空):

<u>ABD#G###CE##F##</u>↙

建立二叉树后,树空否?0(1:是 0:否)。树的深度=4

先序递归遍历二叉树:A B D G C E F

中序递归遍历二叉树:D G B A E C F

后序递归遍历二叉树:G D B E F C A

先序非递归遍历二叉树:A B D G C E F

中序非递归遍历二叉树:D G B A E C F

后序非递归遍历二叉树:G D B E F C A

层序遍历二叉树:A B C D E F G

用凹入表的形式打印二叉树 BT:

```
        ---F
---C
        ---E
A
   ---B
            ---G
      ---D
```

请输入一个待查结点的值:<u>D</u>↙

查找成功! 结点的值为:D

请输入一个待查结点的值:<u>C</u>↙

C 的双亲是 A

C 的左孩子是 E

C 的右孩子是 F

C 的左兄弟是 B

C 没有右兄弟！

请构造一个右子树为空的二叉树 c:

请按先序输入二叉树(用"#"表示子树为空):<u>HIJL###K###</u>↙

树 c 插到树 BT 中,请输入树 BT 中树 c 的双亲结点的值:<u>C</u>↙

c 为其左子树请输入 0,为其右子树请输入 1:<u>0</u>↙

中序递归遍历插入子树 c 后的二叉树 BT:D G B A L J I K H E C F

删除子树,请输入待删除子树的双亲结点的值:<u>H</u>↙

删除其左子树请输入 0,删除其右子树请输入 1:<u>0</u>↙

中序递归遍历删除子树后的二叉树 BT:D G B A H E C F

6.3　线索二叉树

6.3.1　线索二叉树的基本概念

对二叉树以某种方式遍历后,就可以得到二叉树中所有结点的一个线性序列。这实际上是对一个非线性结构进行线性化操作,使某个结点（除首尾结点之外）在这些线性序列中有且只有一个直接前驱和一个直接后继。为了将在二叉树中所具有的前驱（双亲）和后继（孩子）区别开来,在容易混淆的地方,通常把遍历序列中的前驱或后继冠以某种遍历的名称,如把中序序列中结点的前驱称作**中序前驱**,结点的后继称作**中序后继**。

二叉树通常采用二叉链表作为其存储结构,在这种存储结构下,因为每个结点有两个分别指向其左孩子和右孩子的指针,所以寻找其左、右孩子结点很方便,但要寻找该结点在某种遍历序列下的前驱结点和后继结点则比较困难。例如,在中序遍历的前提下,寻找任一结点的前驱结点,如果该结点存在左孩子结点,那么从该左孩子结点开始,沿着右指针链不断向下找,一直找到当某结点的右指针域为空时停止,该结点就是所要寻找的前驱结点;如果某结点不存在左孩子结点,则需遍历二叉树才能确定该结点的前驱结点。例如,在图 6.22（a）中,如果要找结点 B 的中序前驱结点,由于 B 有左孩子结点 D,可以沿 D

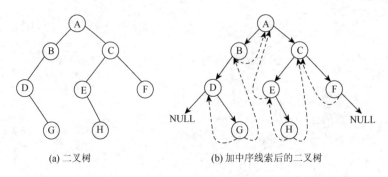

(a) 二叉树　　　　　　　(b) 加中序线索后的二叉树

图 6.22　中序线索二叉树

的右指针链向下找，又因为 D 的右孩子结点 G 的右指针域为空，所以结点 G 为结点 B 的前驱结点；如果要找结点 E 的前驱结点，因为它的左孩子为空，所以必须遍历二叉树才能找到 E 的前驱结点 A。

　　如果在二叉链表中，能够方便地找到某种遍历序列下结点的前驱结点和后继结点，则对二叉树进行遍历时就可以既不用递归，也不用堆栈，这样的结果是既提高了遍历速度，又节省了存储空间。而实现这一目标，可以通过一次遍历记下各结点在遍历过程中所得到的线性序列中的相对位置，为此需要在二叉树的结点中增加指向某结点在某种遍历次序下的前驱或后继结点的指针，显然，这样做使得结构的存储密度大大降低。另外，在 n 个结点的二叉链表中必定存在 $n+1$ 个空指针域，如果能利用这 $n+1$ 个空指针域，使它们分别指向某种遍历次序的前驱结点（当左指针域为空）或后继结点（当右指针域为空），则既可不降低结构的存储密度，又可更方便、更快捷地遍历二叉树。把这种在空指针域中存放该结点在某次遍历次序下的前驱结点或后继结点的指针叫作**线索**（thread），对一棵二叉树中的所有结点的空指针域按照某种遍历次序加线索的过程叫作**线索化**，被线索化了的二叉树称作**线索二叉树**。图 6.22（b）是对图 6.22（a）的二叉树加中序线索而得到的中序线索二叉树。其中，实线为指针（指向左、右子树），虚线为线索（指向前驱结点、后继结点）。

6.3.2 线索二叉树的存储结构

　　在线索二叉树中，由于原二叉树中的非空链域是指向孩子的指针，而现在又在空链域中放置了线索，而线索和指针本质上又都是结点的地址，这样就无法区别左、右孩子指针所指的到底是结点的左、右孩子，还是结点的前驱、后继了。解决的办法是，增加两个标志域，即左标志域（LTag）和右标志域（Rtag），当结点中的指针所指的是孩子时，其值为 0（表示指针）；当结点中的指针所指的是前驱或后继时，其值为 1（表示线索）。这样做，结构的存储密度也有所降低，但不大，因为 LTag 和 RTag 分别只占 1bit（二制位）即可。

　　增加了标志域后的二叉树的结点结构如下：

lchild	LRag	Data	RTag	rchild

该结点的结构描述如下：

```
typedef struct BiThrNode {
    TElemType data;                 //结点的值
        BiThrNode *lchild,*rchild;   //左、右孩子指针
        unsigned short LTag：1;       //左标志,占 1 bit
        unsigned short RTag：1;       //右标志,占 1 bit
    }BiThrNode,*BiThrTree;
```

为算法设计方便，通常在线索二叉树中增加一个与树中结点类型相同的头结点，并令头结点的 lchild 域的指针指向二叉树的根结点，LTag 为 0，但当二叉树为空时，lchild 域

的指针指向该结点本身；同时，其 rchild 域的指针指向以某种方式遍历二叉树时的最后访问的结点，RTag 为 0，而当二叉树为空时，rchild 域的指针指向该结点本身。反之，二叉树中以某种方式遍历时第一个被访问结点的 lchild 域或最后一个被访问结点的 rchild 域如果是线索，则序列中的第一个结点的 lchild 域的指针或最后一个结点的 rchild 域的指针指向头结点。这好比为二叉树建立了一个双向线索链表，既可以从第一个结点起顺后继进行遍历，也可以从最后一个结点起顺前驱进行遍历。

图 6.23 是图 6.22（a）添了头结点的中序线索二叉树存储结构。

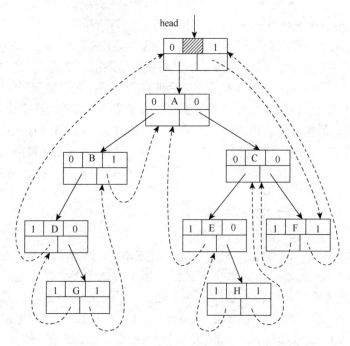

图 6.23　带头结点的中序线索二叉树

6.3.3　线索二叉树的线索化

二叉树的线索化，或者说建立线索二叉树，其实质上就是遍历一棵二叉树。在遍历的过程中，检查当前结点的左、右指针域是否为空，如果为空，则将它们改为指向前驱结点或后继结点的线索。

对一棵结点类型为 BiThrNode 的二叉树进行线索化时，该二叉树的初始状态应为，若一个结点有左孩子或右孩子，则相应的指针域指向孩子，同时标志域为 0；否则，相应的指针域为空，同时标志域为 1，以便在线索化的过程中据此加入线索。下面按先序输入二叉树中结点的值，构造一棵结点类型为 BiThrNode 的二叉树 BT。例如，要创建图 6.22（a）所示的二叉树，ABD#G###CE#H##F##（#表示其子树为空）。

算法 6.31
void CreateBiThrTree(BiThrTree &BT)

```
{//按先序次序输入二叉树中结点的值,构造线索二叉树 BT
    TElemType a;
    cin>>a;                                      //输入结点的值
    if(a==Nil)                                   //结点的值为空
        BT=NULL;
    else                                         //结点的值不为空
    { BT=(BiThrTree)malloc(sizeof(BiThrNode));   //生成根结点(先序)
      if(!BT) exit(1);
      BT->data=a;                                //将值赋给 T 所指结点
      CreateBiThrTree(BT->lchild);               //递归构造左子树
      if(BT->lchild)                             //有左孩子
        BT->LTag=0;                              //给左标志赋值(指针)
      else BT->LTag=1;                           //给左标志赋值(线索)
        CreateBiThrTree(BT->rchild);             //递归构造右子树
        if(BT->rchild)                           //有右孩子
          BT->RTag=0;                            //给右标志赋值(指针)
        else BT->RTag=1;                         //给右标志赋值(线索)
    }
}//CreateBiThrTree
```

创建二叉树 BT 后，就可以对其进行线索化。根据遍历次序的不同，可以对 BT 进行先序线索化、中序线索化和后序线索化。下面以中序线索树的创建为例，讨论其线索化过程。

算法思想：

在进行中序遍历过程中需保留当前结点 p 的前驱结点的指针，设为 pre，该指针始终指向刚刚访问过的结点，并设定为全局变量（避免函数在递归调用时频繁传递变量的值），初值指向头结点。在中序遍历过程中，如果 p 所指结点没有左孩子，则结点的左孩子指针指向 pre 所指结点，结点的 LTag 域的值为 1（Thread）；如果 pre 所指结点没有右孩子，则结点的右孩子指针指向 p 所指结点，结点的 RTag 域的值为 1（Thread）。其算法描述如下。

算法 6.32

```
BiThrTree pre;             //全局变量,始终指向刚刚访问过的结点

void InThreading(BiThrTree p)
{//对以 p 为根结点的二叉树进行中序线索化,线索化之后 pre 指向最后一个结点
    if(p)                      //线索二叉树不空
    { InThreading(p->lchild); //递归左子树线索化
      if(!p->lchild)          //没有左孩子
      { p->LTag=1;            //左标志为线索(前驱)
        p->lchild=pre;        //左孩子指针指向前驱
```

```
        }
        if(!pre->rchild)                //前驱没有右孩子
        { pre->RTag=1;                  //前驱的右标志为线索(后继)
          pre->rchild=p;                //前驱右孩子指针指向其后继(当前结点 p)
        }
        pre=p;                          //保持 pre 指向 p 的前驱
        InThreading(p->rchild);         //递归右子树线索化
    }
}//InThreading
```

算法 6.32 只是对以 p 为根结点的二叉树进行中序线索化，而要创建如图 6.23 所示的带有头结点的线索二叉树，则需要首先创建一个头结点，并建立头结点与二叉树的根结点 BT 的关系，对二叉树 BT 线索化后，还必须建立最后一个结点与头结点之间的线索。其算法描述如下。

算法 6.33

```
void InThreading_head(BiThrTree &head,BiThrTree BT)
    {//对以 BT 为根结点的二叉树进行中序线索化,并增加一个头结点 head
        if(!(head=(BiThrTree)malloc(sizeof(BiThrNode))))
                                        //生成头结点不成功
            exit(1);
        head->LTag=0;                   //建头结点,左标志为指针
        head->RTag=1;                   //右标志为线索
        head->rchild=head;              //右孩子指针回指
        if(!BT)                         //若二叉树 T 为空,则左孩子指针回指头结点
            head->lchild=head;
        else                            //二叉树 T 非空
            { head->lchild=BT;          //头结点的左孩子指针指向根结点
              pre=head;                 //pre(前驱)的初值指向头结点
              InThreading(BT);          //对以 BT 为根结点的二叉树进行中序线索化
                                        //pre 指向中序遍历的最后一个结点
              pre->rchild=head;         //最后一个结点的右孩子指针指向头结点
              pre->RTag=1;              //最后一个结点的右标志为线索
              head->rchild=pre;         //头结点的右孩子指针指向最后一个结点
            }
    }//InThreading_head
```

在对二叉树进行中序线索化的算法（算法 6.31）中，若把对当前结点（p 所指）和前驱结点（pre 所指）加线索的条件语句放在对左、右子树的递归调用的前面，则得到先序线索化的算法；若把对当前结点（p 所指）和前驱结点（pre 所指）加线索的条件语句放在对左、右子树的递归调用的后面，则得到后序线索化的算法。

6.3.4 线索二叉树的基本操作

线索二叉树被创建后，在其上进行一些相关操作就比在一般的二叉树上进行操作更容易一些，同时运行时间也要少一些。下面以查找中序序列的第一个结点、查找中序序列的最后一个结点、查找结点的中序前驱、查找结点的中序后继、中序遍历中序线索二叉树及逆中序遍历中序线索二叉树等为例讨论线索二叉树的操作。

1. 查找中序序列的第一个结点

中序序列的第一个结点，是从根结点出发沿左指针向下到达的最左边的结点。算法描述如下。

算法 6.34

```
BiThrTree FirstNode(BiThrTree head)
{//在中序线索二叉树中查找中序序列的第一个结点
    BiThrTree p=head->lchild;
    while(p->LTag==0)            //由 p 所指结点一直找到二叉树的最左边结点
        p=p->lchild;            //p 指向其左孩子
    return  p;
}//FirstNode
```

2. 查找中序序列的最后一个结点

在带有头结点的中序线索二叉树中，头结点的 rchild 域指向中序序列的最后一个结点。

算法 6.35

```
BiThrTree LastNode(BiThrTree head)
{//在中序线索二叉树中查找中序序列的最后一个结点
return  head->rchild;
}//LastNode
```

3. 查找结点的中序前驱

对于中序线索二叉树上的任一结点，如果该结点的左标志为 1，那么其左指针域所指向的结点就是它的前驱结点；反之，如果该结点的左标志为 0，表明该结点有左孩子，根据中序遍历的定义，它的前驱结点是以该结点的左孩子为根结点的子树的最右结点，即沿着其左孩子的右指针链向下查，当某结点的右标志为 1 时，它就是所要找的前驱结点。其算法描述如下。

算法 6.36

```
BiThrTree PreNode(BiThrTree p)
{   //在中序线索二叉树中查找 p 的中序前驱
    BiThrTree pre;
```

```
    pre=p->lchild;                  //把 p 的左指针域赋给 pre
    if(!p->LTag)                    //左孩子存在
        while(pre->RTag==0)         //由 pre 所指结点一直找到最右边结点
            pre=pre->rchild;        //pre 指向其右孩子
    return pre;
}//PreNode
```

4. 查找结点的中序后继

对于中序线索二叉树上的任一结点，如果它的右标志为 1，那么其右指针域所指向的结点就是它的后继结点；反之，如果该结点的右标志为 0，则表明该结点有右孩子，在这种情况下，由中序遍历的定义可知，它的后继结点是以其右孩子为根结点的子树的最左结点，即沿着该结点右孩子的左指针链向下找，当某结点的左标志为 1 时，该结点就是所要找的后继结点。其算法描述如下。

算法 6.37

```
BiThrTree PostNode(BiThrTree p)
{ //在中序线索二叉树中查找 p 的中序后继

    BiThrTree post;
    post=p->rchild;                 //把 p 的右指针域赋给 post
    if(p->RTag==0)                  //右孩子存在
        while(post->LTag==0)        //由 post 所指结点一直找到最左边结点
            post=post->lchild;      //post 指向其左孩子
    return post;
}//PostNode
```

5. 中序遍历中序线索二叉树

有了查找中序序列的第一个结点和查找中序后继结点的操作，在中序线索二叉树中进行中序遍历的算法就非常简单。其算法描述如下。

算法 6.38

```
void InOrderTraverse_Thr(BiThrTree head, void Visit(TElemType))
    {//中序遍历线索二叉树 head(头指针)

    BiThrTree p;
    p=FirstNode(head);              //查找中序序列的第一个结点
    while(p!=head)                  //未遍历完
    {    Visit(p->data);           //访问 p 所指结点
    p=PostNode(p);                  //p 指向其中序后继

    }
}//InOrderTraverse_Thr
```

6. 逆中序遍历中序线索二叉树

逆中序遍历二叉树就是先访问最后一个结点，再沿中序前驱结点继续访问，直到遍历完所有结点（回到头结点）为止。显然，调用查找最后一个结点和查找前驱结点操作就非常容易实现此算法。其算法描述如下。

算法 6.39

```
void InOrderTraverse_Thr_Reverse(BiThrTree head，void Visit(TElemType))
{    //逆中序遍历线索二叉树 head(头指针)

        BiThrTree p;
        p=LastNode(head);       //查找中序序列的最后一个结点
        while(p!=head)          //未遍历完
        {    Visit(p->data);    //访问 p 所指结点
            p=PreNode(p);       //p 指向其中序前驱
        }
}//InOrderTraverse_Thr_Reverse
```

7. 线索二叉树的输出操作

与一般的二叉树一样，线索二叉树也可以以多种形式进行输出，此处以广义表的形式输出线索二叉树。图 6.23 所示的二叉树，其对应的广义表形式为 A(B(D(,G),C(E(,H),F))。

因此，用广义表形式输出一棵线索二叉树时，应首先输出根结点，然后再依次输出它的左子树和右子树，不过在输出左子树之前要打印出左括号，在输出右子树之后要打印出右括号；另外，左子树和右子树之间要用逗号分隔，即使左子树为空，也要在右子树前面打印逗号，若左子树和右子树均为空，就没有输出的必要了。其算法描述如下。

算法 6.40

```
void PrintBiThrTree(BiThrTree BT)
{    //以广义表的形式输出一棵线索二叉树 BT,BT 为二叉树的根结点
    cout<<BT->data;                  //输出根结点的值
    if(BT->LTag==0||BT->RTag==0)     //左孩子或右孩子存在
    {   cout<<'(';
        if(BT->LTag==0)              //左子树存在
            PrintBiThrTree(BT->lchild);   //递归输出左子树
    if(BT->RTag==0)                  //右子树存在
    {   cout<<',';
        PrintBiThrTree(BT->rchild);  //递归输出右子树
    }
    cout<<')';
```

```
      }
}//PrintBiThrTree
```

8. 撤销线索二叉树

撤销带头结点的线索二叉树分两步进行，首先撤销以 BT 为根结点的线索二叉树，然后调用此算法撤销带头结点 head 的线索二叉树。其算法描述如下。

算法 6.41

```
void DestroyBiTree(BiThrTree &BT)
    {//撤销以 BT 为根结点的线索二叉树
      if(BT)                              //非空树
      { if(BT->LTag==0)                   //有左子树
           DestroyBiTree(BT->lchild);     //撤销左子树
        if(BT->RTag==0)                   //有右子树
           DestroyBiTree(BT->rchild);     //撤销右子树
        free(BT);                         //释放根结点
        BT=NULL;                          //BT 置空
      }
    }//DestroyBiTree
```

算法 6.42

```
void DestroyBiThrTree(BiThrTree &head)
    {//撤销带头结点 head 的线索二叉树
      if(head)                            //头结点存在
      { if(head->lchild)                  //根结点存在
           DestroyBiTree(head->lchild);   //递归撤销头结点 lchild 所指二叉树
        free(head);                       //释放头结点
        head=NULL;                        //head 置空
      }
    }//DestroyBiThrTree
```

假设线索二叉树的结构描述和相关操作存放在头文件"BiThrTree.h"中，则可用下面的程序测试线索二叉树的有关操作。

```
typedef char TElemType;              //定义树中元素类型 TElemType 为字符型
TElemType Nil='#';                   //用'#'表示空
# include "stdlib.h"                 //该文件包含 malloc()、realloc()和 free()等函数
# include "iomanip.h"                //该文件包含控制符 setw()
# define MAX_BITREE_SIZE 100         //二叉树中的最大结点数
# include "BiThrTree.h"              //该文件包含线索二叉树数据对象的描述及相关操作
void Visit(TElemType e)              //访问函数定义为输出操作
    {
```

```
          cout<<e<<' ';
      }


  void main()
      {
          int i;
          BiThrTree head,BT,p,c;
          cout<<"请按先序输入二叉树(用'#'表示子树为空)："<<endl;
          CreateBiThrTree(BT);                //建立二叉树 BT
          InThreading_head(head,BT);          //中序线索化二叉树 BT,head 指向头结点
          cout<<"中序遍历中序线索二叉树：";
          InOrderTraverse_Thr(head,Visit);    //中序遍历中序线索二叉树
          cout<<endl<<"逆中序遍历中序线索二叉树：";
          InOrderTraverse_Thr_Reverse(head,Visit);//逆中序遍历中序线索二叉树
          cout<<endl<<"以广义表的形式输出中序线索二叉树：";
      if(head->lchild! =head)                 //线索二叉树非空
          PrintBiThrTree(head->lchild);       //以广义表的形式输出中序线索二叉树
      DestroyBiThrTree(head);                 //撤销中序线索二叉树
  }
```

程序执行后输出结果如下：

请按先序输入二叉树(用'#'表示子树为空):

ABD#G###CE#H##F##↙

中序遍历中序线索二叉树:D G B A E H C F

逆中序遍历中序线索二叉树:F C H E A B G D

以广义表的形式输出中序线索二叉树:A(B(D(,G)),C(E(,H),F))

6.4　哈　夫　曼　树

6.4.1　哈夫曼树的基本概念

1. 路径和路径长度

若在一棵树中存在着一个结点序列 $k_1,k_2,\cdots,k_j$，使得 k_i 是 k_{i+1} 的双亲($1 \leqslant i < j$)，则称此结点序列是 $k_1 \sim k_j$ 的**路径**。因为树中每个结点只有一个双亲结点，所以它也是这两个结点之间的唯一路径。$k_1 \sim k_j$ 所经过的分支数称为这两结点之间的**路径长度**，它等于路径上的结点数减 1。在图 6.24（a）所示的二叉树中，从树根结点 A 到叶子结点 H 的路径为结点序列 A，B，E，H，路径长度为 3。

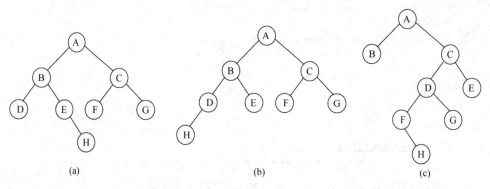

图 6.24　具有不同路径长度的二叉树

2. 树的路径长度

树的路径长度是从树的根结点到树的各个结点的路径长度之和，记作 PL。例如，图 6.24 中三棵树的路径长度分别为

$$PL(a) = 1 + 1 + 2 + 2 + 2 + 2 + 3 = 13$$

$$PL(b) = 1 + 1 + 2 + 2 + 2 + 2 + 3 = 13$$

$$PL(c) = 1 + 1 + 2 + 2 + 3 + 3 + 4 = 16$$

由于二叉树中第 k 层的结点最多为 2^{k-1} 个，而树的根到第 k 层的结点的路径长度为 $k-1$，换句话说，二叉树中路径长度为 $k-1$ 的结点最多有 2^{k-1} 个，因此，n 个结点的二叉树的路径长度不少于数列

$$\underline{1,1,}\quad \underline{2,2,2,2,3,3,}\cdots,\underline{3,4,4,}\cdots,\underline{4,5,}\cdots$$
$$2^1 \text{项}\quad 2^2 \text{项}\quad 2^3 \text{项}\quad 2^4 \text{项}$$

的前 n 项之和。

显然，在 n 个结点的各二叉树中，完全二叉树具有最少的路径长度。如图 6.24（b）所示为完全二叉树，其路径长度为 13。但具有最小路径长度的不一定是完全二叉树，如图 6.24（a）所示为非完全二叉树，它也具有最少的路径长度。一般来说，若深度为 k 的 n 个结点的二叉树具有最小路径长度，那么从根结点到第 $k-1$ 层具有最多的结点数 $2^{k-1}-1$，余下的 $n-2^{k-1}+1$ 个结点在第 k 层的任一位置上。

3. 结点的权和带权二叉树

在许多应用中，常常将树中的结点赋上一个有着某种意义的实数，称此实数为该结点的**权**。

假如给定一个有 n 个权值的集合 $\{w_1, w_2, \cdots, w_n\}$，其中 $w_i \geqslant 0 (1 \leqslant i \leqslant n)$。若 BT 是一棵有 n 个叶子结点的二叉树，而且将权 $\{w_1, w_2, \cdots, w_n\}$ 分别赋给 BT 的叶子结点，称 BT 是**带权二叉树**。

4. 结点的带权路径长度和树的带权路径长度

结点的带权路径长度定义为从树根结点到该结点之间的路径长度与该结点上权的乘积。

树的带权路径长度定义为树中所有叶子结点的带权路径长度之和，通常记为

$$WPL = \sum_{i=1}^{n} w_i l_i$$

其中，n 表示叶子结点的个数，w_i 为第 i 个叶子结点的权值，l_i 为根结点到第 i 个叶子结点之间的路径长度。

5. 哈夫曼树的定义

如果给定一组具有确定权值的叶子结点，可以构造出不同的带权二叉树。例如，给出 4 个叶子结点，设其权值分别为 5、9、6、2，图 6.25 给出了其中四个不同形状的二叉树。

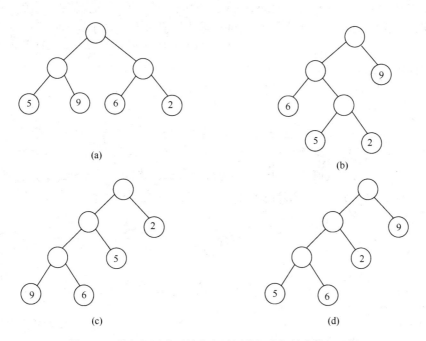

图 6.25　具有相同叶子结点和不同带权路径长度的二叉树

这四棵树的带权路径长度分别为

$$WPL(a) = 5 \times 2 + 9 \times 2 + 6 \times 2 + 2 \times 2 = 44$$

$$WPL(b) = 6 \times 2 + 5 \times 3 + 2 \times 3 + 9 \times 1 = 42$$

$$WPL(c) = 9 \times 3 + 6 \times 3 + 5 \times 2 + 2 \times 1 = 57$$

$$WPL(d) = 5 \times 3 + 6 \times 3 + 2 \times 2 + 9 \times 1 = 46$$

由此可见，对于一组带有确定权值的叶子结点，构造出的不同的二叉树的带权路径长度并不相同，把其中具有最小带权路径长度的二叉树称作**最优二叉树**，哈夫曼树是通过哈夫曼算法构建的一棵二叉树，它就是一棵最优二叉树，如图 6.25（b）所示的二叉树就是一棵哈夫曼树。

6.4.2　构造哈夫曼树

1. 哈夫曼算法

根据哈夫曼树的定义，要使一棵二叉树的 WPL 值最小，必须使权值越大的叶子结点越靠近根结点，而权值越小的叶子结点越远离根结点。根据这种思想，哈夫曼提出了一种构造最优二叉树的算法，即哈夫曼算法。

算法思想：

（1）根据给定的 n 个权值 $\{w_1, w_2, \cdots, w_n\}$ 构成 n 棵二叉树的森林 $F = \{T_1, T_2, \cdots, T_n\}$，其中每棵二叉树 T_i 中只有一个带权为 w_i 的根结点，且其左、右子树为空。

（2）在森林 F 中选取两棵根结点的权值最小的树作为左、右子树构造一棵新的二叉树，且置新的二叉树的根结点的权值为其左、右子树上根结点的权值之和。

（3）在 F 中删除作为新二叉树左、右子树的两棵二叉树，同时将新得到的二叉树加入森林 F 中。

（4）重复（2）和（3），直到 F 中只含一棵树为止。这棵树便是哈夫曼树。

用哈夫曼算法构造出来的二叉树一定是最优二叉树。因为从构造过程来看，权值最大的叶子结点离根最近，权值最小的叶子结点离根最远。例如，对于一组给定的叶子结点，它们的权值集合为 $W = \{4, 2, 1, 7, 3\}$，由此集合构造哈夫曼树的过程如图 6.26 所示。

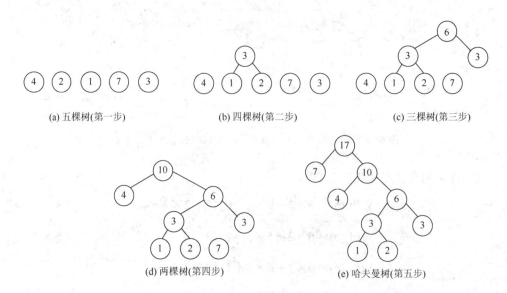

图 6.26　哈夫曼树的构造过程

在构造哈夫曼树的过程中,当每次由两棵权值最小的树生成一棵新树时,新树的左子树和右子树的顺序可以任意安排,这样将会得到具有不同结构的多个哈夫曼树,但它们都具有相同的带权路径长度。为了使构造的哈夫曼树的结构尽量唯一,通常规定生成的哈夫曼树中每个结点的左子树根结点的权值小于等于右子树根结点的权值。上述哈夫曼树的构造过程和下面的算法描述就是依照这一规定进行的。

2. 哈夫曼树的存储结构

根据哈夫曼算法思想可知,哈夫曼树的构造过程,实际上是将由 n 棵二叉树组成的森林逐渐变成一棵二叉树的过程,因为每次是由两棵二叉树合并成为一棵新的二叉树,n 棵二叉树的森林经过 $n-1$ 次合并后产生 $n-1$ 个分支结点和 n 个叶子结点,因而一棵有 n 个叶子结点的哈夫曼树中共有 $2n-1$ 个结点。如何选定结点结构?如何表示 n 棵树的森林?如何存储这 $2n-1$ 个结点的哈夫曼树?这些是构造哈夫曼树首先要解决的问题。

二叉树的存储结构可以选择顺序存储,也可以选择链式存储。当然,选择不同的存储结构,其哈夫曼算法的实现也不同。鉴于哈夫曼树的结点总数是确定的,所以,下面的算法采用双亲孩子数组表示法。

1)结点结构

由于在哈夫曼树的构造过程中,需要快速存取双亲和左、右孩子的信息,所以结点中应存储双亲和左、右孩子的位置信息。其结点结构如下:

weigth	lchild	rchild	parent

其中,weight 为该结点的权值,lchild、rchild 和 parent 分别为该结点的左孩子、右孩子和双亲在数组中的下标(指针)。其结构描述如下:

```
typedef struct {
    int  weight;
    int  parent,lchild,rchild;
}HTNode;
```

2)树的存储结构

因为 n 个权值可以构造有 $2n-1$ 个结点的哈夫曼树,所以可用一个大小为 $2n-1$ 的一维数组存储哈夫曼树,数组的每一个分量表示一个结点。数组的初始状态为,前 n 个分量表示森林 F,森林 F 中每一棵二叉树只有一个根结点,根结点只有 weight 域值,其 lchild、rchild 和 parent 的域值均为-1(-1 表示空);数组的后 $n-1$ 个分量的 weigth 域值为 0,其 lchild、rchild 和 parent 的域值均为-1。

在哈夫曼树构造的过程中,从森林中删除两棵被选取的二叉树(根结点的权值最小和次小的树),实际上是把这两棵树的根结点的 parent 域置为数组中的某一下标(新二叉树存放在数组中的位置),这样这两棵树的根结点的 parent 域值不再为-1;往森林中插入一棵新二叉树实际上是把该树的根结点顺序地存放到数组后面相应的位置上,相应的权值为新的二叉树的权值,其 lchild、rchild 的域值分别为最小二叉树和次小二叉树在数组中的下标。当哈夫曼树构造完毕后,数组 HuffmanTree 中的 $2n-1$ 个元素即哈夫曼树中的所有结点,其中前 n 个元素

是哈夫曼树的 *n* 个叶子结点，最后一个分量是哈夫曼树的根结点。哈夫曼树的存储结构描述如下：

    typedef HTNode *HuffmanTree;   //动态分配数组存储哈夫曼树

根据上述哈夫曼树的存储结构和构造方法，其相应的算法描述如下。

算法 6.43

```
void select(HuffmanTree HT,int i,int &x1,int &x2)
 {//返回哈夫曼树 HT 的前 i 个结点中权值最小和权值次小的树的根结点序号,x1 为其
    中权值较小的序号,x2 为其中权值次小的序号

   int m1,m2;
   m1=m2=MAXVALUE;          //初值为权值最大值
   x1=x2=0;
   for(int j=0;j<i;j++)
   { if(HT[j].parent==-1&&HT[j].weight<m1)
     { m2=m1;
        x2=x1;
        m1=HT[j].weight;
        x1=j;
     }
     else if(HT[j].parent==-1&&HT[j].weight<m2)
   {  m2=HT[j].weight;
        x2=j;
   }
   }
 }
}//select
```

算法 6.44

```
void HuffmanTreeing(HuffmanTree &HT,int *w,int n)
{   //w 中存放 n 个权值,构造 n 个叶子结点的哈夫曼树 HT

 int i,s1,s2;
 HT=(HuffmanTree)malloc((2*n-1)*sizeof(HTNode));
                              //分配哈夫曼树的存储空间
 for(i=0;i<2*n-1;i++)         //数组初始化
 { if(i<n)HT[i].weight=w[i];  //赋权值
   else   HT[i].weight=0;
   HT[i].parent=-1;           //双亲域为空
   HT[i].lchild=-1;           //左孩子域为空
   HT[i].rchild=-1;           //右孩子域为空
 }
 for(i=n;i<2*n-1;i++)         //构造哈夫曼树的 n-1 个非叶子结点
```

```
    {   select(HT,i,s1,s2);                    //选择两根结点权值最小和次小的两棵二叉树
                                               //新二叉树存放在数组的第 i 个分量中,其权值是 s1 和 s2 的权值之和
        HT[i].weight=HT[s1].weight+HT[s2].weight;
        HT[i].lchild=s1;                       //新二叉树的左、右孩子分别是 s1 和 s2
        HT[i].rchild=s2;
        HT[s1].parent=HT[s2].parent=i;         //数组的第 i 个分量是 s1 和 s2 的双亲
    }
}//HuffmanTreeing
```

6.4.3 哈夫曼编码

哈夫曼树的应用很广,哈夫曼编码就是其中的一种。

在电报通信中,电文是以二进制的 0、1 序列传送的。在发送端需要将电文中的字符转换成二进制的 0、1 序列(编码),在接收端又需要把接收的 0、1 序列转换成对应的字符序列(译码)。

最简单的二进制编码方式是**等长编码**,即所有的编码长度相同。若电文中只使用 A、B、C、D、E、F 这 6 种字符,如果进行等长编码,则需要二进制的三位,可依次编码为 000、001、010、011、100、101。若用这 6 个字符作为 6 个叶子结点,生成一棵二叉树,让该二叉树中每个分支结点的左、右分支分别用 0 和 1 编码,从树根结点到每个叶子结点的路径上所经分支的 0、1 编码序列应等于该叶子结点的二进制编码,则对应的编码二叉树如图 6.27 所示。

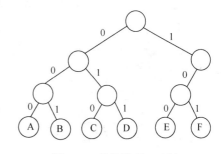

图 6.27 等长编码二叉树

通常,电文中各个字符出现的频率或使用的次数一般是不同的。有些字符经常出现,如 A、E、T;有些字符则相反,如 E、Q、X 等。若在一份电文中,这 6 个字符的出现频率依次为 4、2、6、8、3、2,则电文被编码后的总长度即该二叉树的带权路径长度 WPL。其值为

$$WPL=\sum_{i=1}^{n} w_i l_i = \sum_{i=1}^{6} (w_i \times 3) = 75$$

其中,n 表示电文中使用的字符种数,w_i 和 l_i 分别表示对应字符在电文中的出现频率和编码长度。

在实际中,希望用最短的编码来表示那些出现频率大的字符,用长的编码来表示出现频率少的字符,从而使得要表示的字符序列(文本)的编码系列的总长度最小,这就是**不等长编码**。采用不等长编码要避免译码的二义性或多义性。假设用 0 表示字符 D,用 01 表示字符 C,则当接收到编码串…01…,并译到字符 0 时,是立即译出对应的字符 D,

还是接着与下一个字符 1 一起译为对应的字符 C，这就产生了二义性。因此，若对某一字符集进行不等长编码，则要求字符集中任一字符的编码都不能是其他字符编码的前缀，符合此要求的编码叫作**无前缀编码**。显然，等长编码是无前缀编码，这从等长编码对应的编码二叉树也可直观地看出，任一叶子结点都不可能是其他叶子结点的双亲，也就是说，只有当一个结点是另一个结点的双亲时，该结点的字符编码才会是另一个结点的字符编码的前缀。

为了使不等长编码成为无前缀编码，可用该字符集中的每个字符作为叶子结点生成一棵编码二叉树。为了获得传送电文的最短长度，可将每个字符的出现频率作为字符结点的权值赋在该结点上，求出此树的最小带权路径长度就等于求出了传送电文的最短长度。显然，如果将字符的出现频率作为其权值构造一棵哈夫曼树，然后对其进行编码，所得到的编码总长度是最短的。

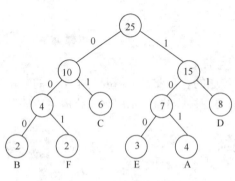

图 6.28　哈夫曼编码树

由权值集合 {4,2,6,8,3,2} 构造的哈夫曼编码树如图 6.28 所示。然后让该二叉树中每个分支结点的左、右分支分别用 0 和 1 编码，这样得到的字符编码称作**哈夫曼编码**。其中，A、B、C、D、E、F 这 6 个字符的哈夫曼编码依次为 101、000、01、11、100、001。电文的编码总长度为

$$\text{WPL} = \sum_{i=1}^{n} w_i l_i = 4 \times 3 + 2 \times 3 + 6 \times 2 + 8 \times 2 + 3 \times 3 + 2 \times 3 = 61$$

显然，哈夫曼编码对给出的文本具有最短的编码序列，同时任一字符 c_i 的编码不会是另一字符 c_j($c_i \neq c_j$)的编码前缀（词头）（因为不可能在同一路径上），即使两个字符出现的次数相同($w_i = w_j$)，其编码也不相同。这样，字符之间不需要加分隔符，也能正确无误地译出每一个字符。具体方法为，依次取出编码序列中的 0 或 1，从哈夫曼编码树的根结点开始去寻找一条路径，若为 0，则沿着左子树往下走；若为 1，则沿着右子树往下走，每达到一个叶子结点时，就译出一个相应的字符，然后再回到根结点，依次译出余下的字符。例如，对于编码序列 00110101100，对照图 6.28 中的哈夫曼编码树，可译出单词 FACE。

由图 6.28 所示的哈夫曼编码树可见，从哈夫曼树中求叶子结点的哈夫曼编码，实际上就是从叶子结点到根结点路径分支的逐个遍历，每经过一个分支就得到一位哈夫曼码值。由于一个字符的哈夫曼编码是从根结点到相应叶子结点所经过的路径上各分支所组成的 0、1 序列，先得到的分支代码为所求编码的低位码，后得到的分支代码为所求编码的高位码。可以设置一结构体数组 HuffmanCode 用来存放各字符的哈夫曼编码信息，数组元素中包含三个域：weight、bit 和 start。其中，weight 为结点的权值（字符的频率），bit 为一维数组，用来保存叶子结点的哈夫曼编码，start 表示该编码在数组 bit 中的起始位置，

所以对于第 i 个字符，它的哈夫曼编码存放在 HuffmanCode[i].bit 中从 HuffmanCode[i].start 到 MAXBIT–1（MAXBIT 是最大的编码位数）的分量上。编码数组 HuffmanCode 的结构描述如下：

```
typedef struct {
    int  weight;                    //结点的权值
    char  bit[MAXBIT];        //存放编码序列的数组
int  start;                          //编码的起始下标
}HTCode,*HuffmanCode;    //动态分配数组存储哈夫曼编码
```

求哈夫曼编码的算法描述如下。

算法 6.45

```
void HuffmanCoding(HuffmanTree HT,HuffmanCode &HC,int n)
 {//求 n 个字符(叶子结点)的哈夫曼编码 HC

    int i,j;
    int child,parent;
    HTCode cd;                          //临时存放编码
    HC=(HuffmanCode)malloc(n*sizeof(HTCode));
                                             //分配保存 n 个字符的编码空间
    for(i=0;i<n;i++)                    //求 n 个叶子结点的哈夫曼编码
    { cd.start=MAXBIT   1;          //不等长编码的最后一位为 MAXBIT–1
      cd.weight=HT[i].weight;      //取得编码对应的权值
      child=i;                              //从第 i 个叶子结点开始
      parent=HT[child].parent;     //parent 指向 child 双亲结点
      while(parent!=   1)
      {    if(HT[parent].lchild==child)  //child 是其双亲的左孩子
           cd.bit[cd.start]='0';       //其分支赋值为'0'
      else                                   //child 是其双亲的右孩子
           cd.bit[cd.start]='1';       //其分支赋值为'1'
      cd.start--;                          //起始位置向前进一位
      child=parent;                      //child 指向其双亲
      parent=HT[child].parent;     //parent 指向 child 的双亲结点
      }
      for(j=cd.start+1;j<MAXBIT;j++)
          HC[i].bit[j]=cd.bit[j];      //保存每个叶子结点的编码
        HC[i].start=cd.start+1;      //保存叶子结点编码的起始位
        HC[i].weight=cd.weight;    //保存编码对应的权值
    }
 }//HuffmanCoding
```

可用下面的程序测试构造哈夫曼树和哈夫曼编码的相关操作。

```cpp
# include "stdlib.h"              //该文件包含 malloc()、realloc()和 free()等函数
# include "iostream.h"            //该文件包含标准输入、输出流 cin 和 cout
# define MAXVALUE    10000        //叶子结点的权值最大值
# define MAXBIT   10              //最大编码位数
# include "HuffmanTree.h"         //该文件包含构造哈夫曼树和哈夫曼编码的操作


void main()
{
    int i,j,*w,n;
    HuffmanTree HT;
    HuffmanCode HC;
    cout<<"请输入权值的个数：";
    cin>>n;
    w=(int*)malloc(n*sizeof(int));    //动态生成存放 n 个权值的空间
    cout<<"请依次输入"<<n<<"个权值(整型)：";
    for(i=0;i<=n-1;i++)
       cin>>w[i];                 //依次输入权值
    HuffmanTreeing(HT,w,n);        //根据 w 所存的 n 个权值构造哈夫曼树 HT
    HuffmanCoding(HT,HC,MAXBIT);   //n 个哈夫曼编码存于 HC
    for(i=0;i<n;i++)              //依次输出哈夫曼编码
    {   cout<<"Weight="<<HT[i].weight<<"   Code=";
        for(j=HC[i].start;j<MAXBIT;j++)
             cout<<HC[i].bit[j];
        cout<<endl;
    }
}
```

程序运行后构建的哈夫曼树如图 6.28 所示，其存储结构 HT 的初始状态和终结状态如图 6.29 所示，其输出结果如下：

请输入权值的个数:<u>6</u>✓

请依次输入 6 个权值(整型):<u>4 2 6 8 3 2</u>✓

Weight=4　　Code=101

Weight=2　　Code=000

Weight=6　　Code=01

Weight=8　　Code=11

Weight=3　　Code=100

weight=2　　Code=001

下标	weight	lchild	rchild	parent
0	4	−1	−1	−1
1	2	−1	−1	−1
2	6	−1	−1	−1
3	8	−1	−1	−1
4	3	−1	−1	−1
5	2	−1	−1	−1
6	0	−1	−1	−1
7	0	−1	−1	−1
8	0	−1	−1	−1
9	0	−1	−1	−1
10	0	−1	−1	−1

(a) HT的初始状态

下标	weight	lchild	rchild	parent
0	4	−1	−1	7
1	2	−1	−1	6
2	6	−1	−1	8
3	8	−1	−1	9
4	3	−1	−1	7
5	2	−1	−1	6
6	4	1	5	8
7	7	4	0	9
8	10	6	2	10
9	15	7	3	10
10	25	8	9	−1

(b) HT的终结状态

图 6.29　哈夫曼树的存储状态

6.5　树、森林与二叉树的转换

6.5.1　树与二叉树的转换

　　6.1 节中讨论了树的存储结构和基本运算，已知如果要存储孩子结点的位置（地址），有两种结点结构，一种是可变大小的结点结构，其优点是存储空间的利用率高，缺点是操作不方便；另一种是固定大小的结点结构，其优点是操作方便，但树中链域的总利用率低，即存储空间的利用率低。

　　容易证明：一棵有 $n(n \geqslant 1)$ 个结点的 d 度树，若用多重链表表示，树中每个结点都有 d 个链域，那么在树的 nd 个链域中，有 $n(d-1)+1$ 个是空链域，只有 $n-1$ 个是非空链域。可见 d 度树的链域利用率为 $\dfrac{n-1}{nd}$，约为 $\dfrac{1}{d}$。由此可知，随着树的度的降低，其链域的利用率升高。除 1 度树外，2 度树的链域利用率最高，约为 $\dfrac{1}{2}$。因此，用二叉树来表示树是有意义的。

　　实际上，一棵树采用左孩子右兄弟表示法所建立的存储结构与这棵树所对应的二叉树的二叉链表存储结构是完全相同的，只是两个指针域的名称及解释不同而已，这是因为树向二叉树的转换规则就是按照树的左孩子右兄弟表示法进行的，而且可以证明这种表示是唯一的。也就是说，给定一棵树，可以找到唯一的一棵二叉树与之对应。因此，以二叉链表作为媒介，可导出树与二叉树之间的一个对应关系，将树转换为二叉树，这样，对树的操作可借助二叉树存储，利用二叉树上的操作来实现。下面介绍的树和二叉树之间的转换规则在原理上与树的左孩子右兄弟表示法是一致的。

将一棵树转换成二叉树的方法如下：

（1）在树的所有相邻兄弟之间加一条连线；

（2）对于任一结点，除保留它与最左孩子之间的连线外，删去它与其余孩子之间的连线（分支）；

（3）以树的根结点为轴心，将整棵树按顺时针方向转换一定角度，使其结构层次分明。

图 6.30 给出了一棵树转换为二叉树的过程。

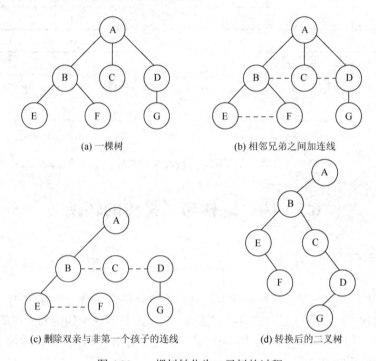

图 6.30　一棵树转化为二叉树的过程

将树用上述转换规则转换成二叉树，称为**树的二叉树表示**。树的二叉树表示具有以下特点：

（1）二叉树中的任一结点都对应于树中的一个结点；

（2）二叉树中的根结点的右子树为空；

（3）二叉树中任意结点的左孩子是原来树中任意结点的第一个孩子结点，而二叉树中任意结点的右孩子是原来树中结点的相邻的兄弟，即在二叉树中，左分支上的各结点在原来的树中是父子关系，而右分支上的各结点在原来的树中是兄弟关系。

对树进行遍历后的序列和对其转换后的二叉树进行遍历后的序列之间具有如下对应关系：

（1）先序遍历树与先序遍历该树所对应的二叉树具有相同的遍历结果，即它们的先序序列是相同的；

（2）后序遍历树与中序遍历该树所对应的二叉树具有相同的遍历结果。

6.5.2 森林与二叉树的转换

1. 森林转换成二叉树

森林转换成一棵二叉树的方法如下：

（1）先把森林中的每一棵树依次转换成相应的二叉树；

（2）将第2棵二叉树（存在的话）作为第1棵二叉树的根结点的右子树连接起来，将第3棵二叉树（存在的话）作为第2棵二叉树的根结点的右子树连接起来，直至把所有的二叉树连接成为一棵二叉树。

图6.31给出了森林转换为二叉树的过程。

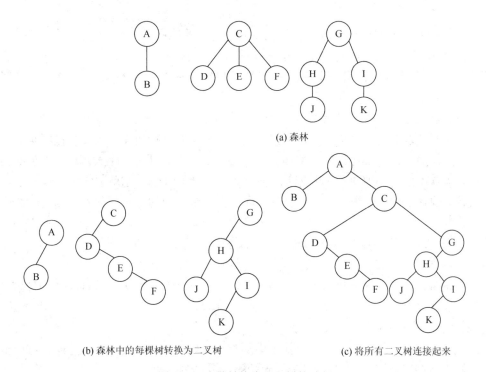

(a) 森林

(b) 森林中的每棵树转换为二叉树   (c) 将所有二叉树连接起来

图6.31 森林转换为二叉树的过程

2. 森林的遍历

与树的遍历一样，森林的遍历也只有先序遍历和后序遍历。

1）先序遍历

若森林 F 为空，则结束，否则执行下列步骤：

（1）访问森林中第1棵树的根结点；

（2）先序遍历森林中第1棵树的根的各棵子树构成的森林；

（3）先序遍历森林中除第1棵树外其余各棵树所构成的森林。

例如，图6.31所示的森林先序遍历序列为 A B C D E F G H J I K。

显然，先序遍历森林 F 和先序遍历与 F 对应的二叉树具有相同的结果。

2）后序遍历

若森林 F 为空，则结束，否则执行下列步骤：

（1）后序遍历森林第 1 棵树的根的各子树所构成的森林；

（2）访问森林中第 1 棵树的根结点；

（3）后序遍历森林中除第 1 棵树外其余各棵树所构成的森林。

例如，图 6.31 所示的森林后序遍历序列为 B A D E F C J H K I G。

显然，后序遍历森林 F 和中序遍历与 F 相对应的二叉树具有相同的结果。

6.6　树的应用举例——PATRICIA tree

在计算机及其相关应用领域，树结构得到了广泛的应用。6.4 节讨论的哈夫曼编码是二叉树的典型应用，在后面的讨论中还可以看到，树结构应用在排序和查找算法中，在时间和空间上的性能都不错。本节以中文信息组织与检索系统中的分词词典为例讨论二叉树在其中的应用。

分词词典是汉语信息处理系统中一个重要的工具。系统在进行语言处理（如汉语自动分词）时需要频繁查询分词词典，如何有效地对分词词典进行快速查询将直接影响系统的整体性能。同时，许多实际的应用系统，如网络搜索引擎，处于一个大规模、开放的语言环境中，需要不断对词典进行添加新词、删除词条等维护工作，这就要求分词词典必须有一个灵活、快速的更新机制。总之，快速查询和更新是分词词典实用化时应满足的两个基本要求。

针对分词系统的特点，分词词典应具备以下三种基本的查询功能。

（1）确定词条查询。

给定词 w，查询分词词典中有无词条 w。若有，则返回词条 w 在分词词典的位置，以便得到 w 的各类附加信息（词在分词词典中的定位）。

（2）前缀词条查询。

给定汉字串 S，根据分词词典查找 S 中从某一指定位置 i 开始的所有的词（对应全切分分词法），这些词均为汉字串 S 中从 i 起始的子串 S_i 的前缀。

（3）最长词条查询。

给定汉字串 S，根据分词词典查找 S 中从某一指定位置 i 开始的最长词（对应最大匹配分词法）。由于最长词的长度无法预知，通常的做法是尝试始于位置 i 的所有可能长度的词，经过多次"确定词条查询"来完成查询。

目前，许多专家学者提出了许多不同的词典结构，基于 PATRICIA tree 的词典结构就是其中的一种。

1. PATRICIA tree 的数据结构

PATRICIA tree 本质上是一种压缩的二叉查询树，它将关键词作为二进制位串记录在树的结构中,从根结点到叶子结点的每一条路径都代表一个关键词位串。在 PATRICIA tree 中,关键词的具体信息都保存在叶子结点上,PATRICIA tree 的内部结点(分支结点)则用来记录关键词的路径,它有三个基本的数据项,即比较位、左指针和右指针,其中,左指针和右指针分别指向该结点的左、右子树,比较位只在内部结点中有作用,它记录的是从根结点到达该结点的所有关键词的二进制位串中第一个不相同位的位置。由于比较位的存在,途经该结点的位串将选择不同的后继路径,当比较位为 0 时,位串转向左子树,当比较位为 1 时,位串转向右子树。

关键词的位串由其计算机内码和字符串结尾标志"\0'"构成,这样可避免出现某个关键词位串是另一个关键词位串的前缀的情况,图 6.32 所示的是一个具有四个关键词的 PATRICIA tree,其中,圆代表内部结点,圆中的数字是比较位,方框代表叶子结点,其中存放词条信息。

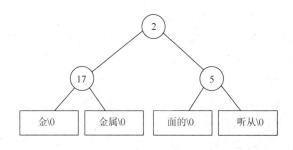

图 6.32 PATRICIA tree

关键词 1:听众\0 　　　　位串 1:11001100111111011101011011011010000000000
关键词 2:面的\0 　　　　位串 2:11000011111001101011010111000100000000000
关键词 3:金\0 　　　　位串 3:1011110111110000000000000
关键词 4:金属\0 　　　　位串 4:10111101111100001100101011110100000000000

在所有关键词的位串中,第 2 位出现了不同,根结点的比较位为 2。"金\0"和"金属\0"的第 2 位为 0,它们应存放在左子树中;"听众\0"和"面的\0"的第 2 位为 1,它们应存放在右子树中。同理,"金\0"和"金属\0"在第 17 位出现不同,"听众\0"和"面的\0"在第 5 位出现不同,相应内部结点的比较位值分别是 17 和 5。二进制位串在比较位的值是 0 或 1 决定了该关键词所存放的子树。

因为引入了比较位,一方面避免了对关键词的逐位比较,另一方面保证了 PATRICIA tree 中每一个内部结点都有左、右两棵子树,所以 PATRICIA tree 是一棵满二叉树。这也就表明,当 PATRICIA tree 中存有 n 个关键词即 n 个叶子结点时,其内部结点为 $n-1$ 个,总结点数为 $2n-1$,所以 PATRICIA tree 的空间复杂度为 $O(n)$。

2. PATRICIA tree 的运算

下面分别介绍 PATRICIA tree 的查询、插入和删除运算。

1）关键词的查询

确定词条查询：

（1）取得查询词的二进制位串，包括结尾处的"\0'"。

（2）从根结点出发。

（3）根据该结点所示的比较位，看该词二进制串的相应位，若为"0"，转左子树，若为"1"，转右子树。

（4）若到达叶子结点，则比较查询词与叶子结点（因为只对查询词中某几位进行比较，不能保证查询词与叶子结点中的关键词相同，所以还要对两者进行一次字符串的比较），若相同，则该词在词典中，否则不在。若不是叶子结点，则重复步骤（3）。

（5）若比较完所有位，不能到达叶子结点，则该词不在词典中。

例如，在图 6.32 中的 PATRICIA tree 中查询"金子"。

（1）形成查询词"金子\0"的位串 S："1011110111110000110101111101001100000000"。

（2）根据位串 S，在 PATRICIA tree 中寻找路径。

因为该结点的比较位为 2，S 的第 2 位为 0，则转至左子树的根结点，此时比较位为 17，S 的第 17 位为 1，则转至右子树的根结点，即到达叶子结点"金属\0"。

（3）比较查询词与叶子结点。

由于字串"金子\0"与"金属\0"不等，可断定"金子"不在词典中。

前缀词条查询与最长词条查询：

在进行讨论之前，需要先分析一下如"中"、"中华"和"中华人民共和国"等存在前缀关系的词条在 PATRICIA tree 中的位置关系。因为彼此存在相同的位串，所以它们在 PATRICIA tree 中的路径有一部分重叠。由于每个关键词在存入 PATRICIA tree 时都后添了一个结尾字符"\0"，这些路径将在"\0"的第一位处出现分叉，其比较位为 $16×n+1$，16 是一个汉字的位串位数，n 为字数。如果将其中最长词条的路径称为主干，则其他较短词条出现在比较位为 $16×n+1$ 的分支上，如图 6.33 所示。因此，比较位为 $16×n+1$ 的内部结点 $node_1, node_2, \cdots, node_n$ 的最左叶子结点中的词条就是该结点的右子树上所有叶子结点中词条的前缀。因此，在寻找路径的同时，需要记录下比较位为 $16×n+1$ 的内部结点 $node_i$，当路径到达主干的叶子结点 $node_n$ 时，由内部结点 $node_1, node_2, \cdots, node_{n-1}$ 所辖的最左叶子结点与 $node_n$ 就构成了"路径记录表"。

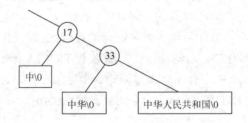

图 6.33　存在前缀关系的词条在 PATRICIA tree 中的位置关系

"路径记录表"记录的是出现在主干的前后分支上的、具有前缀关系的关键词，所以

"路径记录表"自然是以词长为序的，短词在前，长词在后。同时，也可以得出结论："路径记录表"实际上就是前缀词条查询和最长词条查询的结果候选集，一但与输入匹配的最长词条被确定，这两种查询就同时完成了。所以"最长词条查询"与"前缀词条查询"所用的方法是完全相同的，只是输出的结果有所不同。

例如，在图 6.33 中，比较位为 17 的结点的最左叶子结点中的"中"就是该结点的所有右子树的叶子结点的前缀。

查询具有前缀关系词条（首字已知）的过程如下。

（1）根据首字找到 PATRCIA tree 的根结点；

（2）比较根结点的比较位是否为 $16 \times 1 + 1 = 17$ 的结点；

（3）若是则将其最左叶子结点输出，即一个前缀词条，将其右子树上所有词条输出，它们都具有该前缀；

（4）搜索根结点的左子树中比较位为 $16 \times n + 1 (n = 2,3,\cdots)$ 的结点，若找到则重复（3），直到当前结点为叶子结点；

（5）搜索根结点的右子树中比较位为 $16 \times n + 1 (n = 2,3,\cdots)$ 的结点，若找到则重复（3），直到当前结点为叶子结点。

最长词条即前缀词条查询中以该首字为前缀的最长词。

例如，输入为"文档资料的管理"，查询其中从"文"开始的最长词（及所有词）。

（1）找到以"文"字开头的词的 PATRCIA tree 的根结点；

（2）从"文"的第一位开始寻找路径，记录下主干上比较位为 $16 \times n + 1$ 的内部结点及主干的叶子结点；

（3）找出所记录的内部结点的最左叶子结点，形成"路径记录表"，即"文""文档""文档资料"；

（4）按从后到前的顺序，依次判断这些词条是否为输入字串"文档资料的管理"的前缀，最后得到"文档资料"是最长词，这样在"路径记录表"中从开始到"文档资料"的所有词条均为"前缀词条查询"的结果。

2）关键词的插入

由于 PATRICIA tree 的树状结构，在词典中添加词条是相当方便的，只需对相应的内部和叶子结点进行相应的操作。

通过一次查询，找出待插入关键词与词典中的所有关键词的第一个不同位并作为比较位，形成相应的外部结点（叶子结点）；再进行一次查询，找到待插入的内部结点，将其分裂成两个内部结点，同时将新建结点插到 PATRICIA tree 中。例如，在图 6.34 中插入关键词"金子"的过程如下。

（1）根据首字找到"金"的 PATRICIA tree 的根结点。

（2）在该 PATRICIA tree 的词条中，找与该关键词的第一个不同位"20"并将其作为比较位（与"金属"相比较），形成新的内部结点，该结点的比较位为"20"。因为该关键词在比较位的二进制为"1"，所以将新词条的叶子结点作为右子树插入。

（3）找到该新结点应插入的双亲结点，即比较位为"17"的结点，将其右子树作为新结点的左子树，而新结点变为该父结点的右孩子，添加完毕。图 6.34 所示的是在图 6.32

中的 PATRICIA tree 中添加了"金子"和"听力"两个关键词后的树结构。

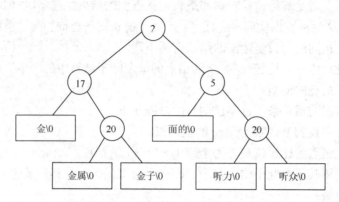

图 6.34　在 PATRICIA tree 中插入关键词

3）关键词的删除

相对于插入，删除工作要简单得多，只要根据首字找到相应的 PATRICIA tree 的根结点，再找到该词条的叶子结点，将其与双亲结点一同删除，而其双亲结点的另一孩子结点取代双亲结点的位置，若 PATRICIA tree 只有一个根结点和两个叶子结点，则只删除该词所在的叶子结点。例如，在图 6.34 中删除"面的"，形成的树如图 6.35 所示。

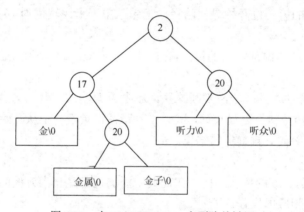

图 6.35　在 PATRICIA tree 中删除关键词

总之，基于 PATRICIA tree 的分词词典机制具有较高的查询速度和更新效率，但因为它是一棵满二叉树，其结点数为词条数的 2 倍，所以空间开销比较大。

本 章 小 结

本章的内容由树和二叉树两部分组成，并且以二叉链表存储结构为媒介，实现了树和二叉树之间的转换。

对于树的学习要抓住一条主线，即树的逻辑结构→树的存储结构，一个重点为树的遍历操作。对于树的逻辑结构，要从树的定义出发，在与线性表定义比较的基础上，把握要点，理解树的定义及其逻辑特征，通过具体实例理解树的基本术语，从逻辑上理解树的遍历操作，并理解树的抽象数据类型定义。对于树的存储结构，要以如何表示树中结点之间的逻辑关系为出发点，从链表方式和数组方式的不同结合，掌握树的不同存储方法及它们之间的关系，在此基础上理解和把握树的基本操作。

对于二叉树的学习要抓住一条主线，即二叉树的逻辑结构→二叉树的存储结构，一个重点为二叉树的遍历操作及其实现。对于二叉树的逻辑结构，要从二叉树的定义出发，在与树的定义比较的基础上，理解树和二叉树是两种树结构，通过二叉树的性质加深对二叉树逻辑结构的理解，从逻辑上掌握二叉树的遍历方法。对于二叉树的存储结构，要认识到它其实就是一般树的存储结构的简化，因为二叉树的度不大于2，所以在设计二叉树的存储结构时就变得比较容易，同时深刻体会完全二叉树的顺序存储的简便性，在此基础上理解和把握二叉树的基本操作，着重掌握二叉的遍历操作，因为他是二叉树其他操作的基础。

习 题 6

一、选择题

1. 设有一表示算术表达式的二叉树（见图 6.36），它所表示的算术表达式是_____。

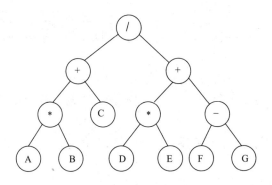

图 6.36 表达式二叉树

A. A*B+C/(D*E)+(F-G)   B. (A*B+C)/(D*E)+(F-G)

C. (A*B+C)/(D*E+(F-G))   D. A*B+C/D*E+F-G

2. 在下述结论中，正确的是_____。

①只有一个结点的二叉树的度为0；②二叉树的度为2；③二叉树的左右子树可任意交换；④深度为 k 的完全二叉树的结点个数小于或等于深度相同的满二叉树。

A. ①②③   B. ②③④   C. ④   D. ①④

3. 若一棵二叉树具有 10 个度为 2 的结点，5 个度为 1 的结点，则度为 0 的结点个数是_____。

A. 9　　　　　　　B. 11　　　　　　C. 15　　　　　　D. 不确定

4. 一棵二叉树高度为 h,所有结点的度或为 0，或为 2，则这棵二叉树最少有_____个结点。

A. 2h　　　　　　B. 2h-1　　　　　C. 2h+1　　　　　D. h+1

5. 有 n 个叶子的哈夫曼树的结点总数为_____。

A. 不确定　　　　B. 2n　　　　　　C. 2n+1　　　　　D. 2n-1

6. 对二叉树的结点从 1 开始进行连续编号，要求每个结点的编号大于其左、右孩子的编号，同一结点的左右孩子中，其左孩子的编号小于其右孩子的编号，可采用_____次序的遍历实现编号。

A. 先序　　　B. 中序　　　C. 后序　　　D. 从根开始按层次遍历

7. 若二叉树采用二叉链表存储结构，要交换其所有分支结点左、右子树的位置，利用_____遍历方法最合适。

A. 前序　　　　　B. 中序　　　　　C. 后序　　　　　D. 按层次

8. 一棵非空的二叉树的先序遍历序列与后序遍历序列正好相反，则该二叉树一定满足_____。

A. 所有的结点均无左孩子　　　　B. 所有的结点均无右孩子

C. 只有一个叶子结点　　　　　　D. 是任意一棵二叉树

9. 若 x 是中序线索二叉树中一个有左孩子的结点，且 x 不为根，则 x 的前驱为_____。

A. x 的双亲　　　　　　　　　　B. x 的右子树中最左的结点

C. x 的左子树中最右结点　　　　D. x 的左子树中最右叶结点

10. 引入线索二叉树的目的是_____。

A. 加快查找结点的前驱或后继的速度　B. 为了能在二叉树中方便地进行插入与删除

C. 为了能方便地找到双亲　　　　D. 使二叉树的遍历结果唯一

二、填空题

1. 深度为 k 的完全二叉树（根的深度为1）至少有_____个结点，至多有_____个结点。

2. 一棵有 n 个结点的满二叉树有_____个度为 1 的结点，有_____个分支（非终端）结点和_____个叶子，该满二叉树的深度为_____。

3. 一个深度为 k 的，具有最少结点数的完全二叉树按层次（同层次从左到右）从 1 开始依次对结点编号，则编号最小的叶子的序号是_____，编号最大的叶子的序号是_____，编号是 i 的结点所在的层次号是_____（根所在的层次号规定为1层）。

4. 对于一个具有 n 个结点的二叉树，当它为一棵_____二叉树时具有最小高度，当它为一棵_____时，具有最大高度。

5. 先序遍历树正好等同于按_____遍历对应的二叉树，后序遍历树正好等同于按_____遍历对应的二叉树。

6. 二叉树的先序序列和中序序列相同的条件是_____。

7. 利用树的左孩子右兄弟表示法存储，可以将一棵树转换为_____。

8. 若以{7，19，2，6，32，3，21，10}作为叶子结点的权值构造 Huffman 树，则所建 Huffman 树的树高是_____，带权路径长度 WPL 为_____。

9. 一棵有 n 个结点的树，其中所有分枝结点的度均为 k，则该树中的叶子结点个数为_____。

10. 有 n 个结点并且其高度为 n 的二叉树有_____个。

11. 二叉树的线索化实质上将二叉链表中的_____改为_____。

12. 具有 3 个结点的树的不同形态的个数为_____，具有 3 个结点的二叉树的不同形态的个数为_____。

13. 由 n 个权值所构造的哈夫曼树的结点总数为_____。

14. 具有 n 个结点的二叉树，采用二叉链表存储，共的_____个空链域。

15. 若二叉树的叶子结点是某子树的中序遍历序列中最后一个结点，则它必是该子树的_____序列中的最后一个结点。

三、简述题

1. 从概念上讲，树，森林和二叉树是三种不同的数据结构，将树，森林转化为二叉树的基本目的是什么，并指出树和二叉树的主要区别。

2. 请分析线性表、树、广义表的主要结构特点，以及相互的差异与关联。

3. 一个深度为 k 的满 d 叉树有以下性质：第 k 层上的结点都是叶子结点，其余各层上每个结点都有 k 棵非空子树，如果按层次顺序从 1 开始对全部结点进行编号，求：

（1）各层的结点的数目是多少？

（2）编号为 n 的结点的双亲结点（若存在）的编号是多少？

（3）编号为 n 的结点的第 i 个孩子结点（若存在）的编号是多少？

（4）编号为 n 的结点有右兄弟的条件是什么？如果有，其右兄弟的编号是多少？

请给出计算和推导过程。

4. 已知一棵度为 m 的树中，有 n_1 个度为 1 的结点，有 n_2 个度为 2 的结点……有 n_m 个度为 m 的结点，请推导出该树中叶子结点的数目。

5. 给出图 6.37 所示的二叉树的先序遍历、中序遍历、后序遍历的层序遍历得到的结点序列。

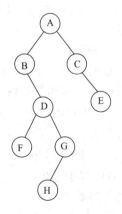

图 6.37　二叉树

6. 试找出满足下列条件的二叉树：

（1）先序序列与后序序列相同；

（2）中序序列与后序序列相同；

（3）先序序列与中序序列相同；

（4）中序序列与层次遍历序列相同。

7. 设一棵二叉树的先序遍历序列为：A B D F C E G H，中序遍历序列为：B F D A G E H C。

（1）画出这棵二叉树；

（2）画出这棵二叉树的先序线索二叉树、中序线索二叉树和后序线索二叉树。

8. 假定用于通讯的电文仅有 8 个字母 C1，C2，…，C8 组成，各个字母在电文中出现的频率分别为 5，25，3，6，10，11，36，4，试为这 8 个字母设计哈夫曼编码树。

9. 先给出图 6.38 所示的树的先序遍历和后序遍历得到的结点序列，然后将其转换为二叉树。并给出转换后的二叉树的先序遍历、中序遍历和后序遍历的结点序列。对比分析遍历树和其对应的二叉树的结果，并给出结论。

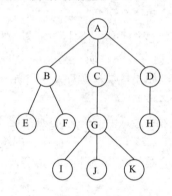

图 6.38　树

四、算法设计题

1. 将一棵二叉树采用顺序存储结构存储在顺序表 BT[1..n]中(若二叉树中的某结点的左孩子或右孩子为空，则顺序表中相应位置的元素为空)，请编写算法由该顺序存储结构建立此二叉树的二叉链表存储结构。

2. 编写求二叉树中叶子结点个数的算法。

3. 编写一个将二叉树中每个结点的左右孩子交换的算法。

4. 编写一个算法，判断以二叉链表存储的二叉树是否为完全二叉树。

5. 编写一个算法，求以二叉链表存储的二叉树中值为 x 的结点所在的层次。

6. 编写一个算法，求以二叉链表存储的二叉树 BT 中 p 所指结点的所有祖先。

7. 已知在以二叉链表存储的二叉树 BT 中，p 和 q 指向二叉树中两个不同的结点，试编写一算法，求包含 p 和 q 所指结点的最小子树。

8. 若二叉树以三叉链表作为其存储结构，编写一个不设堆栈进行中序遍历的非递归算法。

第 7 章　图

7.1　图的基本概念

7.1.1　图的基本定义

图（graph）是由顶点（vertex）的有穷非空集合 $V(G)$ 及描述顶点之间的关系即边（或弧）的集合 $E(G)$ 组成的，通常记作 $G = (V, E)$。其中，G 表示一个图，V 是图 G 中顶点的集合，E 是图 G 中边的集合。因此，

$$V = \{v_i \mid v_i \in \text{VertexType}\}$$

$$E = \{(v_i, v_j) \mid v_i, v_j \in V\} \quad \text{或} \quad E = \{<v_i, v_j> \mid v_i, v_j \in V\}$$

其中，VertexType 为顶点值的类型，代表任意类型。(v_i, v_j) 表示从顶点 v_i 到 v_j 的一条双向通路，即 (v_i, v_j) 没有方向，通常称为无向边；$<v_i, v_j>$ 表示从顶点 v_i 到 v_j 的一条单向通路，即 $<v_i, v_j>$ 是有方向的，v_i 称为**弧尾**，v_j 称为**弧头**。

注意： 边集 $E(G)$ 可以为空，当边集为空时，图 G 中的顶点均为孤立顶点。

对于一个图 G，若边集 $E(G)$ 中为有向边，则称此图为有向图（directed graph）；若边集 $E(G)$ 中为无向边，则称此图为**无向图**（undirected graph）。如图 7.1 所示，Gl 和 G2 分别为一个无向图和一个有向图，Gl 中每个顶点里的数字为该顶点的序号（序号从 0 开始），顶点的值没有在图形中给出，G2 中每个顶点里表示的是该顶点的值或关键字。Gl 和 G2 对应的顶点集与边集分别如下所示，这里假定用每个顶点的序号 i 代替顶点 v_i 的值。

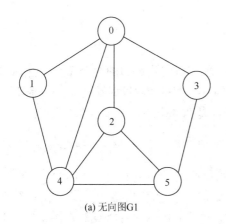
(a) 无向图G1

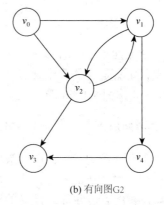
(b) 有向图G2

图 7.1　有向图和无向图

$V(\mathrm{G1}) = \{0,1,2,3,4,5\}$

$E(\mathrm{G1}) = \{(0,1),(0,2),(0,3),(0,4),(1,4),(2,4),(2,5),(3,5),(4,5)\}$

$V(\mathrm{G2}) = \{0,1,2,3,4\}$

$E(\mathrm{G2}) = \{<0,1>,<0,2>,<1,2>,<1,4>,<2,1>,<2,3>,<4,3>\}$

若用 G2 顶点的值表示其顶点集和边集，则顶点集与边集如下所示。

$V(\mathrm{G2}) = \{v_0, v_1, v_2, v_3, v_4\}$

$E(\mathrm{G2}) = \{<v_0,v_1>,<v_0,v_2>,<v_1,v_2>,<v_1,v_4>,<v_2,v_1>,<v_2,v_3>,<v_4,v_3>\}$

7.1.2　图的基本术语

1. 简单图

在图中，若不存在顶点到其自身的边，且同一条边不重复出现，则称这样的图为**简单图**。图 7.2 所示的两个图都不是简单图。在本章讨论的图均为简单图。

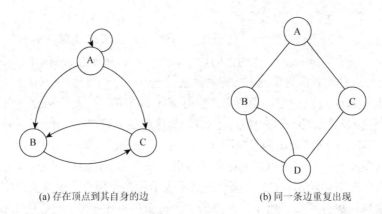

(a) 存在顶点到其自身的边　　　　　　　　(b) 同一条边重复出现

图 7.2　非简单图

2. 端点和邻接点

在一个无向图中，若存在一条边(v_i, v_j)，则称 v_i 和 v_j 为此边的两个**端点**，并称它们互为**邻接点**，即 v_i 是 v_j 的一个邻接点，v_j 也是 v_i 的一个邻接点，同时称边(v_i, v_j)依附于顶点 v_i 和 v_j。例如，图 7.1（a）中，顶点 v_0 和顶点 v_1 是两个端点，它们互为邻接点。

3. 起点和终点

在一个有向图中，若存在一条边$<v_i, v_j>$，则称此边是顶点 v_i 的一条**出边**，顶点 v_j 的一条**入边**；称 v_i 为此边的起始端点，简称**起点**或**始点**，v_j 为此边的终止端点，简称**终点**；称 v_i 和 v_j 互为邻接点，并称 v_j 是 v_i 的**出边邻接点**，v_i 是 v_j 的**入边邻接点**。在图 7.1（b）中，顶点 v_2 有两条出边$<v_2, v_1>$和$<v_2, v_3>$，两条入边$<v_0, v_2>$和$<v_1, v_2>$，顶点 v_2 的两个出边邻接点为 v_1 和 v_3，两个入边邻接点为 v_0 和 v_1。

4. 顶点的度

无向图中顶点 v 的**度**为以该顶点为一个端点的边的数目，简单地说，就是该顶点的边的数目，记为 $D(v)$。在图 G1 中，v_0 顶点的度为 4，v_1 顶点的度为 2。有向图中，顶点 v 的度有入度和出度之分，**入度**是该顶点的入边的数目，记为 $ID(v)$；**出度**是该顶点的出边的数目，记为 $OD(v)$；顶点 v 的度等于它的入度和出度之和，即 $D(v) = ID(v) + OD(v)$。在图 G2 中，顶点 v_0 的入度为 0，出度为 2，度为 2；顶点 v_2 的入度为 2，出度为 2，度为 4。

若一个图中有 n 个顶点和 e 条边，则该图所有顶点的度数之和与边数 e 满足下面关系：

$$e = \frac{1}{2}\sum_{i=0}^{n-1} D(v_i)$$

因为每条边各为两个端点增加度数 1，合起来为图中添加度数 2，所以全部顶点的度数之和为所有边数的 2 倍，或者说，边数为全部顶点的度数之和的一半。

5. 完全图、稠密图、稀疏图

若无向图中的每两个顶点之间都存在着一条边，有向图中的每两个顶点之间都存在着方向相反的两条边，则称此图为**完全图**。显然，若完全图是无向的，则图中包含有 $\frac{1}{2}n(n-1)$ 条边，它等于从 n 个元素中每次取出 2 个元素的所有组合数；若完全图是有向的，则图中包含有 $n(n-1)$ 条边，即每个顶点到其余 $n-1$ 个顶点之间都有一条出边。当一个图接近完全图时，则称它为**稠密图**，反之，当一个图含有较少的边数（$e \ll n(n-1)$，双小于号表示远远小于，此边数通常与顶点数 n 同数量级）时，则称它为**稀疏图**。如图 7.3 所示，G3 就是一个含有 5 个顶点的无向完全图，G4 就是一个含有 6 个顶点的有向稀疏图。当然，稀疏图和稠密图都是模糊的概念，因为稀疏和稠密常常是相对而言的。

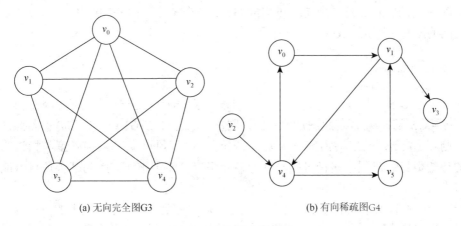

(a) 无向完全图G3　　　　　　　　(b) 有向稀疏图G4

图 7.3　完全图和稀疏图

6. 权和网

在一个图中，每条边可以标上具有某种含义的数值，通常为非负实数，此数值称为该边的**权**（weight）。权可以表示实际问题中从一个结点到另一个结点的距离、花费的代价、所需的时间等。边上带有权的图称作带权图，也常常称作**网**（network）。图 7.4 所示的 G5 和 G6 就分别是一个无向带权图和一个有向带权图。

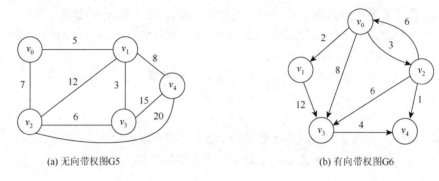

(a) 无向带权图G5　　　　　　　　　　　　　(b) 有向带权图G6

图 7.4　无向带权图和有向带权图

对于带权图，若用图的顶点集和边集表示，则边集中每条边的后面应附上该边的权值。图 G5 和 G6 的边集分别为

$E(G5) = \{(0,1)5,(0,2)7,(1,2)12,(1,3)3,(1,4)8,(2,3)6,(2,4)20,(3,4)15\}$

$E(G6) = \{<0,1>2,<0,2>3,<0,3>8,<1,3>12,<2,0>6,<2,3>6,<2,4>1,<3,4>4\}$

7. 子图

设有两个图 $G = (V, E)$ 和 $G' = (V', E')$，若 V' 是 V 的子集，即 $V' \subseteq V$，且 E' 是 E 的子集，即 $E' \subseteq E$，并且 E' 中所涉及的顶点全部包含在 V' 中，则称 G' 是 G 的子图。例如，由 G3 中的全部顶点和与 v_0 相连的所有边可构成 G3 的一个子图，由 G3 中的顶点 v_0、v_1、v_2 和它们之间的所有边可构成 G3 的另一个子图。

8. 路径和回路

在一个图 G 中，从顶点 v_p 到顶点 v_q 的一条**路径**（path）是一个顶点序列 $v_{i0}, v_{i1}, \cdots, v_{im}$，其中，$v_p = v_{i0}$，$v_q = v_{im}$，若此图是无向图，则 $(v_{i(j-1)}, v_{ij}) \in E(G)(1 \leqslant j \leqslant m)$；若此图是有向图，则 $<v_{i(j-1)}, v_{ij}> \in E(G)(1 \leqslant j \leqslant m)$。从顶点 v_p 到顶点 v_q 的**路径长度**是指该路径上经过的边的数目。在图中路径可能不唯一，回路也可能不唯一，因为某个顶点可能有多个邻接点。

若在一条路径上的所有顶点均不同，则称为**简单路径**。若一条路径上的前后两端点相同，则称为**回路**或**环**（cycle），若回路中除前后两端点相同外，其余顶点均不同则称为**简单回路**或**简单环**。在图 G4 中，从顶点 v_2 到顶点 v_3 的一条简单路径为 v_2、v_4、v_0、v_1、v_3，其路径长度为 4；路径 v_0、v_1、v_4、v_0 为一条简单回路，其路径长度为 3；路径 v_0、v_1、v_4、v_5、v_1 不是一条简单路径，因为存在着从顶点 v_1 到 v_1 的一条回路。

9. 连通和连通分量

在无向图 G 中，若从顶点 v_i 到顶点 v_j 有路径，则称 v_i 到 v_j 是**连通**的。若图 G 中任两个顶点都连通，则称 G 为**连通图**，否则，若存在顶点之间不连通的情况则称为**非连通图**。无向图 G 的极大连通子图称为 G 的**连通分量**。显然，任何连通图都可以通过一个连通分量把所有顶点连通起来，而非连通图则有多个连通分量。例如，上面给出的图 Gl 和图 G3 都是连通图。图 7.5（a）所示为一个非连通图，它包含有两个连通分量，如图 7.5（b）所示，图 7.5（c）是它的非连通分量。

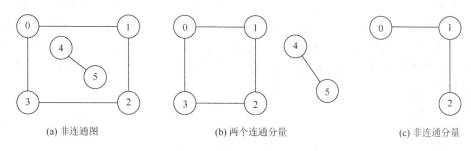

(a) 非连通图   (b) 两个连通分量   (c) 非连通分量

图 7.5 无向图和连通分量

注意：理解连通分量的概念要注意以下要点。

（1）连通分量是子图；

（2）子图是连通的；

（3）连通子图含有极大顶点数；

（4）具有极大顶点数的连通子图包含依附于这些顶点的所有边。

因此，连通分量中极大的含义是指包括所有连通的顶点及与这些顶点相关联的所有边。

10. 强连通图和强连通分量

在有向图 G 中，从顶点 v_i 到顶点 v_j 有路径，则称从 v_i 到 v_j 是连通的。若图 G 中的任意两个顶点 v_i 和 v_j 都连通，即从 v_i 到 v_j 和从 v_j 到 v_i 都存在路径，则称 G 是**强连通图**。有向图 G 的极大强连通子图称为 G 的**强连通分量**。显然，强连通图可以通过一个强连通分量把所有顶点连通起来，非强连通图有多个强连通分量。图 7.6 给出了强连通分量的例子。

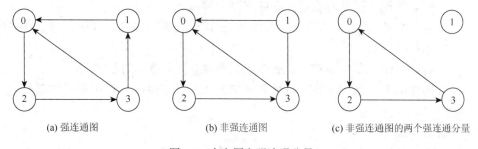

(a) 强连通图   (b) 非强连通图   (c) 非强连通图的两个强连通分量

图 7.6 有向图和强连通分量

7.1.3　图的抽象数据类型

在线性表（线性结构）中，数据元素的编号就是元素在序列中的位置；在树（层次结构）中，可以将结点按层序编号，其层序编号是唯一的；而在图中，顶点之间没有确定的先后次序（无法将图中顶点排列成一个线性序列），任何一个顶点都可看成第一个顶点；另外，任一顶点的邻接点之间也不存在次序关系。因此，在图的抽象数据类型定义中"顶点的位置"和"邻接点的位置"只是一个相对的概念。但为了操作方便，需要将图中顶点按任意的顺序排列起来，如存储结构中顶点的存储顺序构成了顶点之间的相对次序。由此可知，"顶点在图中的位置"指的是该顶点在人为的随意排列中的位置（或序号）。同理，可对某个顶点的所有邻接点进行排队，在这个排队中自然形成了第一个或第 k 个邻接点，若某个顶点的邻接点的个数大 k，则称第 $k+1$ 个邻接点为第 k 个邻接点的下一个邻接点，而最后一个邻接点的下一个邻接点为"空"。

ADT Graph{

Data：

顶点的有穷非空集合和边的集合。

Operation：

LocateVex(G，u)

初始条件：图 G 存在，u 和 G 中顶点有相同特征。

操作结果：若 G 中存在顶点 u，则返回该顶点在图中的位置；否则，返回–1。

CreateGraph(&G，V，VR)

初始条件：V 是图的顶点集，VR 是图中弧（边）的集合。

操作结果：按 V 和 VR 的定义构造图 G。

GetVex(G，v)

初始条件：图 G 存在，v 是 G 中某个顶点。

操作结果：返回 v 的值。

PutVex(&G，v，value)

初始条件：图 G 存在，v 是 G 中某个顶点。

操作结果：对 v 赋值 value。

FirstAdjVex(G，v)

初始条件：图 G 存在，v 是 G 中某个顶点。

操作结果：返回 v 的第一个邻接点。若该顶点在 G 中没有邻接点，则返回"空"。

NextAdjVex(G，v，w)

初始条件：图 G 存在，v 是 G 中某个顶点，w 是 v 的邻接点。

操作结果：返回 v 的（相对于 w 的）下一个邻接点。若 w 是 v 的最后一个邻接点，则返回"空"。

InsertVex(&G，v)

初始条件：图 G 存在，v 和图中顶点有相同的特征。

操作结果：在图 G 中增添新顶点 v。

InsertArc(&G，v，w)

初始条件：图 G 存在，v 和 w 是 G 中两个顶点。

操作结果：在 G 中增添弧<v, w>，若 G 是无向的，则还增添对称弧<w, v>。

DeleteArc(&G, v, w)

初始条件：图 G 存在，v 和 w 是 G 中两个顶点。

操作结果：在 G 中删除弧<v, w>，若 G 是无向的，则还删除对称弧<w, v>。

DeleteVex(&G，v)

初始条件：图 G 存在，v 是 G 中某个顶点。

操作结果：删除 G 中顶点 v 及其相关的弧。

DFSTraverse(G，v，visit())

初始条件：图 G 存在，v 是 G 中某个顶点，visit()是针对顶点的应用函数。

操作结果：从顶点 v 起深度优先遍历图 G，并对每个顶点调用函数 visit()一次
且仅一次。一旦 visit()失败，则操作失败。

BFSTraverse(G，v，visit())

初始条件：图 G 存在，v 是 G 中某个顶点，visit()是针对顶点的应用函数。

操作结果：从顶点 v 起广度优先遍历图 G，并对每个顶点调用函数 visit()一次
且仅一次。一旦 visit()失败，则操作失败。

PrintGraph(G)

初始条件：图 G 存在。

操作结果：按照某种方式输出图 G 中的顶点和边的信息。

DestroyGraph(&G)

初始条件：图 G 存在。

操作结果：撤销图 G。

} ADT Graph

7.2　图的存储结构

图是一种比线性结构和层次结构更为复杂的数据结构,在图中任何两个顶点之间都可
能存在关系（边），因此无法以数据元素在存储区中的物理位置（数组下标）来表示元素
之间的关系，所以图无法采用顺序存储结构。考虑到图是由顶点集和边集组成的，因而，
存储图结构应该考虑如何存储顶点和边。

存储顶点：如果只存储顶点信息，不要求存储位置（数组下标）反映其逻辑关系，则
只需将顶点依次存储到数组中，存储的顶点的顺序就决定了顶点的编号。

存储边（弧）：边（弧）反映了图中各顶点间的逻辑关系，因而在图的存储结构中，
应着重考虑如何存储边的信息。图中顶点之间的逻辑关系是用邻接关系来描述的，因此，
考虑问题的出发点是如何存储顶点之间的邻接关系。

可以采用多种存储结构存储图中顶点集和边集,常用的存储结构有邻接矩阵、邻接表、

十字邻接表、邻接多重表和边集数组。

7.2.1　邻接矩阵

邻接矩阵是表示图中结点间关系的矩阵。设图 G 中有 n 个结点，顶点序号依次为 $0,1,2,\cdots,n-1$，则 G 的邻接矩阵是具有如下定义的 n 阶方阵：

$$A[i,j]=\begin{cases}1, & (v_i,v_j)\text{或}<v_i,v_j>\in E(G)\\ 0, & \text{其他}\end{cases}$$

对于图 7.1 中给出的 G1 和 G2，它们的邻接矩阵分别如图 7.7 中的 A_1 和 A_2 所示。由图 7.7 可以看出，无向图的邻接矩阵的主对角线上的元素为 0，且一定是对称矩阵；有向图的邻接矩阵的主对角线上的元素也为 0，但不一定是对称矩阵，有向完全图的邻接矩阵是对称矩阵。

$$A_1=\begin{matrix} \text{行下标} & 0 & 1 & 2 & 3 & 4 & 5 & \text{列下标}\\ & 0 & 1 & 1 & 1 & 1 & 0 & 0\\ & 1 & 0 & 0 & 0 & 1 & 0 & 1\\ & 1 & 0 & 0 & 0 & 1 & 1 & 2\\ & 1 & 0 & 0 & 0 & 0 & 1 & 3\\ & 1 & 1 & 1 & 0 & 0 & 1 & 4\\ & 0 & 0 & 1 & 1 & 1 & 0 & 5 \end{matrix}$$

(a) G₁

$$A_2=\begin{matrix} \text{行下标} & 0 & 1 & 2 & 3 & 4 & \text{列下标}\\ & 0 & 1 & 1 & 0 & 0 & 0\\ & 0 & 0 & 1 & 0 & 1 & 1\\ & 0 & 1 & 0 & 1 & 0 & 2\\ & 0 & 0 & 0 & 0 & 0 & 3\\ & 0 & 0 & 0 & 1 & 0 & 4 \end{matrix}$$

(b) G₂

图 7.7　无向图 G1 和有向图 G2 的邻接矩阵

若 G 是带权图，则邻接矩阵可定义为

$$A[i,j]=\begin{cases}w_{ij}, & (v_i,v_j)\text{或}<v_i,v_j>\in E(G)\\ \infty, & \text{其他}\end{cases}$$

其中，w_{ij} 表示边 (v_i,v_j) 或弧 $<v_i,v_j>$ 上的权值；∞ 表示每个计算机允许的、大于所有边上权值的数。对于图 7.4 中的带权图 G5 和 G6，它们的邻接矩阵分别如图 7.8 中的 A_3 和 A_4 所示。

$$A_3=\begin{matrix} \text{行下标} & 0 & 1 & 2 & 3 & 4 & \text{列下标}\\ & \infty & 5 & 7 & \infty & \infty & 0\\ & 5 & \infty & 12 & 3 & 8 & 1\\ & 7 & 12 & \infty & 6 & 20 & 2\\ & \infty & 3 & 6 & \infty & 15 & 3\\ & \infty & 8 & 20 & 15 & \infty & 4 \end{matrix}$$

(a) G₅

$$A_4=\begin{matrix} \text{行下标} & 0 & 1 & 2 & 3 & 4 & \text{列下标}\\ & \infty & 2 & 3 & 8 & \infty & 0\\ & \infty & \infty & \infty & 12 & \infty & 1\\ & 6 & \infty & \infty & 6 & 1 & 2\\ & \infty & \infty & \infty & \infty & 4 & 3\\ & \infty & \infty & \infty & \infty & \infty & 4 \end{matrix}$$

(b) G₆

图 7.8　无向带权图 G5 和有向带权图 G6 的邻接矩阵

在图的邻接矩阵存储方式中，用一个二维数组存储图中顶点之间的相邻关系（边的信息）。为了存储图中 n 个顶点元素的信息，通常还需要使用一个一维数组，用数组下标为 i 的元素存储顶点 v_i 的信息，其结构描述如下：

```
#define MAX_VALUE   32767          //代替∞的权值最大值
#define MAX_VERTEX_NUM 100         //最大顶点个数
#define MAX_NAME   9               //顶点名称的字符串的最大长度+1
#define MAX_INFO 20                //弧(边)的相关信息字符串的最大长度+1
typedef char *InfoType;            //弧(边)的相关信息类型
typedef int VRType;                //定义顶点关系类型为整型
typedef struct {
    char name[MAX_NAME];
    }VertexType;                   //顶点信息类型
typedef struct {                   //边(弧)信息结构
    VRType adj;                    //顶点间关系
    InfoType info;                 //该弧(边)相关信息的指针
  }ArcCell,AdjMatrix[MAX_VERTEX_NUM][MAX_VERTEX_NUM]; //邻接矩阵
typedef struct {
    VertexType vexs[MAX_VERTEX_NUM];                  //顶点向量
    AdjMatrix arcs;                //邻接矩阵(二维数组)
    int vexnum,arcnum;             //图的当前顶点数和弧(边)数
    int kind;                      //图的种类标志
}MGraph;                           //图的结构
```

说明：在上述图的结构描述中，顶点间关系类型 VRType 的具体取值为，对于无权图，用 1（是）或 0（否）表示相邻否；对于带权图，则为其边上的权值。弧（边）的相关信息类型 InfoType 和顶点信息类型 VertexType 在具体实现中可以根据需要修改或添加其他有关的信息。图的种类标志为，0 表示有向图，1 表示有向带权图，2 表示无向图，3 表示无向带权图。

采用邻接矩阵表示图，在图的操作上具有如下特点：

第一，便于查找图中任一条边或边上的权。如要查找边 (v_i, v_j) 或 $<v_i, v_j>$，只要查找邻接矩阵中第 i 行第 j 列的元素 $A[i, j]$ 是否为一个有效值（非零值和非 MAX_VALUE 值）即可。若该元素为一个有效值，则表明此边存在，否则此边不存在。邻接矩阵中的元素可以随机存取，所以查找一条边的时间复杂度为 $O(1)$。

第二，便于查找图中任一顶点的度。对于无向图，顶点 v_i 的度就是对应第 i 行或第 i 列上有效元素的个数；对于有向图，顶点 v_i 的出度就是对应第 i 行上有效元素的个数，顶点 v_i 的入度就是对应第 i 列上有效元素的个数。因为求任一顶点的度需访问对应一行或一列中的所有元素，所以其时间复杂度为 $O(n)$，n 表示图中的顶点数，即邻接矩阵的阶数。

第三，便于查找图中任一顶点的一个邻接点或所有邻接点。如果查找 v_i 的一个邻接点（对于无向图）或出边邻接点（对于有向图），只要在第 i 行上查找出一个有效元素，以该

元素所在的列号 j 为序号的顶点 v_j 就是所求的一个邻接点或出边邻接点。一般的算法要求是依次查找出一个顶点 v_i 的所有邻接点（对于有向图则为出边邻接点或入边邻接点），此时需访问对应第 i 行或第 i 列上的所有元素，所以其时间复杂度为 $O(n)$。

　　一般来说，图的邻接矩阵所占的空间与边数无关（不考虑压缩存储），但与顶点有关。n 个顶点的图，其邻接矩阵的存储需要占用 $n \times n$ 个整数存储位置（因顶点的序号为整数），所以其空间复杂度为 $O(n^2)$。这种存储结构用于表示稠密图能够充分利用存储空间，但若用于表示稀疏图，则将使邻接矩阵变为稀疏矩阵，从而造成存储空间的很大浪费。

7.2.2　邻接表

　　邻接表是数组和链表相结合的存储方法。在邻接表中，为图中每个顶点建立一个邻接关系的单链表，第 i 个单链表是为顶点 v_i 建立的邻接关系，称作 v_i 的**边表**（对于有向图则称为**出边表**）。v_i 的边表中的每个结点用来存储以该顶点为端点或起点的一条边的信息，因而称为**边结点**。其边结点数，对于无向图来说，等于 v_i 的边数、邻接点数或度数；对于有向图来说，等于 v_i 的出边数、出边邻接点数或出度数。边结点的类型通常由三个域组成，其中邻接点域（adjvex）指示与顶点 v_i 邻接的点在图中的位置（一般是顶点的序号）；链域（next）指示下一条边或弧的结点；数据域（info）存储与边或弧相关的信息，如权值等。每个链表上附设一个表头结点，在表头结点中，除了设有链域（firstarc），指向链表中第一个结点外，还设有存储顶点 v_i 的名称或其他相关信息的数据域（data）。若图 G 中有 n 个顶点，则有 n 个表头结点。为了便于随机访问任一顶点的边表，一般把这 n 个表头结点用一个一维向量（数组）存储起来，其中第 i 个分量中的 firstarc 域存储 v_i 的边表的表头指针。这样，图 G 就可以由这个表头向量来表示和存取。

　　图 7.1 中的 G1 和图 7.4 中的 G6 对应的邻接表如图 7.9 所示。

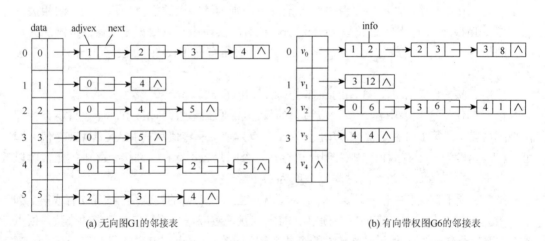

(a) 无向图G1的邻接表　　　　　　　　　　　　　　　(b) 有向带权图G6的邻接表

图 7.9　G1 和 G6 的邻接表

　　图的邻接表不是唯一的，因为在每个顶点的邻接表中，各边结点的链接次序可以任意安排，其具体链接次序与边的输入次序和生成算法有关。

图的邻接表的结构描述如下：

```
# define MAX_VERTEX_NUM 100    //最大顶点数
#define MAX_NAME   9           //顶点名称的字符串的最大长度+1
typedef int VRType;            //定义权值类型为整型
typedef struct {
VRType weight;                 //权值
}InfoType;                     //最简单的弧(边)的相关信息类型
typedef struct {
    char name[MAX_NAME];
    }VertexType;               //顶点类型
typedef struct ArcNode {
    int adjvex;                //该弧(边)所指向的顶点的位置(序号)
    InfoType *info;            //该弧(边)相关信息(包括网的权值)的指针
    ArcNode *next;             //指向下一条弧(边)的指针
    }ArcNode;                  //边结点,存弧(边)的信息
typedef struct {              //头结点,存顶点的信息
    VertexType data;           //顶点信息
    ArcNode   *firstarc;       //表头结点指针,指向第 1 条
                               //依附该顶点的弧(边)的指针

    }VNode,AdjList[MAX_VERTEX_NUM];
typedef struct {
  AdjList vertices;            //头结点(顶点)数组
  int vexnum,arcnum;           //图的当前顶点数和弧(边)数
  int kind;                    //图的种类标志
  }ALGraph;                    //邻接表结构
```

采用邻接表表示图，在图的操作上具有如下特点：

第一，与邻接矩阵一样，便于查找任一顶点的出度、邻接点（出边邻接点）、边（出边）及边上的权值。执行这些操作只需要从表头向量中取出对应的表头指针，然后从表头指针出发在该顶点的单链表中进行查找即可。因为每个顶点单链表的平均长度为 e/n（对于有向图）或 $2e/n$（对于无向图），其中 n 为图顶点的个数，e 为图中边的个数，所以此查找运算的时间复杂度为 $O(e/n)$。

第二，不便于查找一个顶点的入边或入边邻接点。因为它需要扫描所有顶点邻接表中的边结点，所以其时间复杂度为 $O(n+e)$。对于那些需要经常查找顶点入边或入边邻接点的运算，可以为此专门建立一个逆邻接表，该表中每个顶点的单链表不是存储该顶点的所有出边的信息，而是存储所有入边的信息，邻接点域存储的是入边邻接点的序号。图 7.10 所示是为图 7.4 中的 G6 建立的逆邻接表，从此表中很容易求出每个顶点的入边、入边上的权值、入边邻接点和入度。

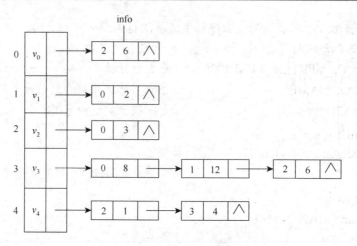

图 7.10　有向带权图 G6 的逆邻接表

第三，不便于判定任意两个顶点（v_i 和 v_j）之间是否有边或弧相连。因为执行此操作需要搜索第 i 个或第 j 个链表，所以不如邻接矩阵方便。

在图的邻接表和逆邻接表表示中，表头向量需要占用 n 个头结点的存储空间，所有边结点需要占用 $2e$（对于无向图）或 e（对于有向图）个边结点空间，所以其空间复杂度为 $O(n+e)$。这种存储结构用于表示稀疏图比较节省存储空间，因为只需要很少的边结点，若用于表示稠密图，则将占用较多的存储空间，同时也将增加在每个顶点邻接表中查找结点的时间。

图的邻接表表示和图的邻接矩阵表示，虽然方法不同，但也存在着对应关系。邻接表中每个顶点 v_i 的单链表对应邻接矩阵中的第 i 行，整个邻接表可看作邻接矩阵的带行指针向量的链式存储；整个逆邻接表可看成邻接矩阵的带列指针向量的链式存储。对于稀疏矩阵，若采用链式存储是比较节省存储空间的，所以稀疏图的邻接表表示比邻接矩阵表示要节省存储空间。

7.2.3　十字邻接表

在有向图的邻接表中，求顶点的出边信息较方便，在逆邻接表中，则求顶点的入边信息较方便，若把它们结合起来构成一个**十字邻接表**，则求顶点的出边信息和入边信息都将很方便。

在十字邻接表中，对应于有向图中的每一条弧有一个结点，对应每个顶点也有一个结点。这两种结点的结构如下所示：

弧结点　　　　　　　　　　　　　　　　　　　　　　　　顶点结点

tailvex	headvex	info	headlink	taillink		data	firstin	firstout

在弧结点中有 5 个域，其中，tailvex 域和 headvex 域分别指示弧尾和弧头这两个顶点在图中的位置（序号），info 域指向该弧的相关信息，**headlink** 和 **taillink** 为两个链域，分别指向弧头相同的下一条弧和弧尾相同的下一条弧。这样，弧头相同的弧在同一链表上，弧尾相同的弧也在同一链表上。

在顶点结点中有 3 个域,其中,data 域存储与顶点相关的信息,如顶点的名称等;firstin 和 firstout 为两个链域,分别指向以该顶点为弧头和弧尾的第一个弧结点,因而每一个顶点结点既是以该顶点为弧头的所有弧结点所构成的单链的表头结点,又是以该顶点为弧尾的所有弧结点所构成的单链的表头结点,所有的顶点结点存储在一维向量(数组)中。

例如,图 7.11 所示是为图 7.4 中的 G6 建立的十字邻接表。

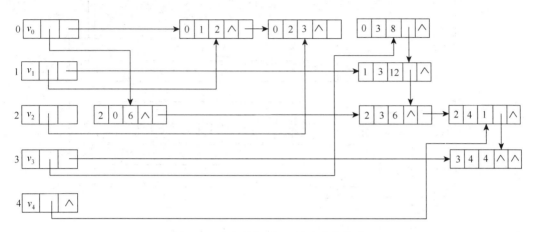

图 7.11 有向带权图 G6 的十字邻接表

显然,在十字邻接表中指针域的个数是邻接表的 2 倍,因而空间开销相对要大一些。但因为存储了每个顶点的出边信息和入边信息,对图的某些操作带来了方便,所以在某些有向图的应用中,十字链表是很有用的工具。

7.2.4 邻接多重表

用邻接表存储无向图,每条边的两个顶点分别在以该边所依附的两个顶点的邻接表中,这种重复存储不仅浪费了存储空间,而且给图的某些操作带来了不便。例如,对已访问的边做标记,或者要删除图中的某一条边等,都需要找到表示同一条边的两个边结点,而这两个边结点分别在两个不同的单链表中。因此,在进行这一类操作时,需要将每一条边的信息存储在一个边结点中,这就是**邻接多重表**。

邻接多重表的结构和十字邻接表类似。在邻接多重表中,每一个边有一个结点,每一个顶点也有一个结点。这两种结点的结构如下所示:

边结点							顶点结点	
mark	info	ivex	ilink	jvex	jlink		data	firstedge

在边结点中有 6 个域,其中,mark 为标志域,用以标记该条边是否被搜索过;ivex 和 jvex 为该条边依附的两个顶点在图中的位置;ilink 指向下一条依附于顶点 ivex 的边,jlink 指向下一条依附于顶点 jvex 的边,info 指向与边相关的各种信息。

在顶点结点中,data 域存储与该顶点相关的信息,firstedge 域指示第一条依附于该顶点的边。

例如，图 7.12 所示是为图 7.4 中的 G5 建立的邻接多重表。

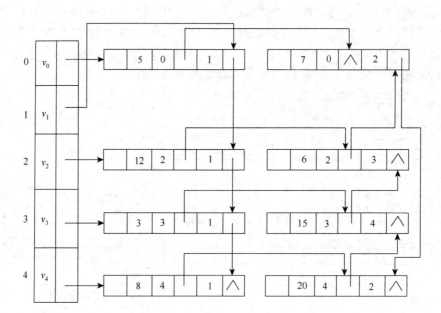

图 7.12　无向带权图 G5 的邻接多重表

在邻接多重表中，所有依附于同一顶点的边串联在同一链表中，由于每条边依附于两个顶点，则每个边结点同时链接在两个链表中，而不需要用两个边结点表示。因此，给某些操作带来了方便。

7.2.5　边集数组

边集数组是利用一维数组存储图中所有边的一种图的表示方法。该数组中所含元素的个数要大于等于图中边的条数，每个元素用来存储一条边的起点、终点（对于无向图，可选定边的任一端点为起点或终点）和边的相关信息（如权，若有的话），各边在数组中的次序可任意安排，也可根据具体要求而定。边集数组只是存储图中所有边的信息，若需要存储顶点信息，同样需要一个具有 n 个元素的一维数组。图 7.1 中的有向图 G2 和图 7.4 中的无向带权图 G5 所对应的边集数组如图 7.13 所示。

	0	1	2	3	4	5	6
起点	0	0	1	1	2	2	4
终点	1	2	2	4	1	3	3

(a) 有向图G2的边集数组

	0	1	2	3	4	5	6	7
起点	0	0	1	1	1	2	2	3
终点	1	2	2	3	4	3	4	4
权	5	7	12	3	3	6	20	15

(b) 无向带权图G5的边集数组

图 7.13　G2 和 G5 的边集数组

若一个图中有 e 条边，在边集数组中查找一条边或一个顶点的度都需要扫描整个数组，所以其时间复杂度为 $O(e)$。边集数组适合那些对边依次进行处理的运算，不适合对顶点的运算和对任一条边的运算。

边集数组表示一个图需要一个边数组和一个顶点数组，所以其空间复杂度为 $O(n+e)$。从空间复杂度上讲，边集数组也适合表示稀疏图。

图的邻接矩阵、邻接表和边集数组表示各有利弊，具体应用时，要根据图的稠密和稀疏程度及算法的要求进行选择。

7.3 图 的 实 现

一旦确定了图的存储结构，就可以设计和实现图的抽象数据类型。下面分别以邻接矩阵和邻接表为存储结构，讨论图的相关操作的实现。

7.3.1 邻接矩阵存储结构下图基本操作的实现

1. 查找顶点操作

在图 G 中查找值与给定值 u 相等的顶点，若查找成功，则返回该顶点在图中的位置（序号）；否则，返回-1。

算法 7.1

```
int LocateVex_M(MGraph G,VertexType u)
 {
     int i;
     for(i=0;i<G.vexnum;++i)                    //对于所有顶点依次查找
         if(strcmp(u.name,G.vexs[i].name)==0 )
                                                //顶点与给定的 u 的顶点值相同
         return i;                              //返回顶点序号
     return-1;                                  //图 G 中不存在与顶点 u 有相同值的顶点
}//LocateVex_M
```

2. 创建图操作

在邻接矩阵存储结构下创建图 G，首先根据输入的顶点序列构造存储图的顶点向量 G.vexs，其次是依据输入的边序列构建图的邻接矩阵 G.arcs。在构建邻接矩阵时，需要根据图的种类 G.kind 来确定相关操作。若是图，则用 1 表示顶点边相邻；若是带权图，则用边上的权值表示顶点相邻；若 IncInfo 为 0，则弧不含相关信息（IncInfo 定义为全局量，主要是为了方便输出操作的相关处理）。若无向，则矩阵是对称矩阵，因而矩阵元素 G.arcs[j][i] 和 G.arcs[i][j]（$0 \leq i$，$j < G.vexnum$）需要赋同一值；若有向，则矩阵不一定是

对称矩阵。其算法描述如下。

算法 7.2

```
int IncInfo;                                    //IncInfo 为 0 则弧不含相关信息
bool CreateGraph_M(MGraph &G)
{//采用邻接矩阵表示法,构造图或带权图 G。创建成功返回 true,否则返回 false
    int i,j,k;
    int kind;                                   //图的种类
    VertexType v1,v2;                           //顶点
    VRType   w;                                 //权值
    cout<<"请输入图 G 的类型(有向图-0,有向带权图-1,无向图-2,无向带权图
        -3):";
    cin>>kind;
    G.kind=kind;
    cout<<"请输入图 G 的顶点数,弧(边)数,弧(边)是否含相关信息(是:1 否:0):";
    cin>>G.vexnum>>G.arcnum>>IncInfo;
    cout<<"请输入"<<G.vexnum<<"个顶点的值(名称小于"<<MAX_NAME<<"个字
        符):";
    cout<<endl;
    for(i=0;i<G.vexnum;++i)                     //构造顶点向量
        cin>>G.vexs[i].name;                    //输入顶点信息
    for(i=0;i<G.vexnum;++i)                     //初始化邻接矩阵[弧(边)信息]
    for(j=0;j<G.vexnum;++j)
    { if(!  (G.kind%2))                         //图
            G.arcs[i][j].adj=0;                 //不相邻
        else                                    //带权图
            G.arcs[i][j].adj=MAX_VALUE;         //不相邻
        G.arcs[i][j].info=NULL;                 //无相关信息
    }
    for(k=0;k<G.arcnum;++k)
    { cout<<"请输入第"<<k+1<<"条弧(边)的弧尾(顶点 1)弧头(顶点 2):";
        cin>>v1.name>>v2.name;                  //输入顶点的名称
        i=LocateVex_M(G,v1);                    //弧尾(顶点 1)的序号
        j=LocateVex_M(G,v2);                    //弧头(顶点 2)的序号
        if(i<0||j<0)
        { cout<<"输入的顶点 1 或顶点 2 不存在! "<<endl;
            return   false;
        }
        if(!  (G.kind%2))                       //图
```

```
                    G.arcs[i][j].adj=1;
          Else                                    //带权图
              {   cout<<"请输入权值:";
                  cin>>w;
                  G.arcs[i][j].adj=w;
              }
      if(IncInfo)                                 //有相关信息
        { cout<<"请输入该弧(边)的相关信息(小于"<<MAX_INFO<<"个字符):";
          G.arcs[i][j].info=(char*)malloc((MAX_INFO)*sizeof(char));
                                          //动态生成弧(边)相关信息存储空间
          cin>>G.arcs[i][j].info;
        }
      if(G.kind>1)                                //无向
          G.arcs[j][i]=G.arcs[i][j];              //有同样的邻接值,指向同一个相关信息
  }
}//CreateGraph_M
```

3. 取顶点值操作

在图 G 中取出顶点序号为 v 的顶点的值。

算法 7.3

```
VertexType GetVex_M(MGraph G,int v)
{
   if(v>=G.vexnum||v<0)                           //图 G 中不存在序号为 v 的顶点
        exit(1);
    return G.vexs[v];                             //返回该顶点的信息
}//GetVex_M
```

4. 存顶点值操作

将 value 的值赋给图 G 中的顶点 v。若操作成功返回 true；否则，返回 false。

算法 7.4

```
bool PutVex_M(MGraph &G,VertexType v,VertexType value)
  {
    int k=LocateVex_M(G,v);                        //k 为顶点 v 在图 G 中的序号
    if(k==-1)                                      //不存在顶点 v
      { cout<<"不存在顶点"<<v.name<<"! "<<endl;
        return false;
      }
    G.vexs[k]=value;                               //将新值赋给顶点 v(其序号为 k)
```

```
        return true;
    }//PutVex_M
```

5. 取第一个邻接点操作

在图 G 中查找顶点 v（v 是顶点的序号）的第 1 个邻接点。若查找成功，返回其序号；否则，返回–1。

算法 7.5

```
int FirstAdjVex_M(MGraph G, int v)
    {
        int i;
        VRType j=0;                      //顶点关系类型,图
        if(G.kind%2)                     //带权图
            j=MAX_VALUE;
        for(i=0;i<G.vexnum;i++)          //从第 1 个顶点开始查找
            if(G.arcs[v][i].adj!=j)      //是第 1 个邻接顶点
                return I;                //返回该邻接顶点的序号
        return-1;                        //没有邻接顶点
    }//FirstAdjVex_M
```

6. 取下一个邻接点操作

在图 G 中查找顶点 v（v 是顶点的序号）相对于 w（w 是 v 的邻接顶点的序号）的下一个邻接点，若查找成功，则返回其序号；否则，返回–1。

算法 7.6

```
int NextAdjVex_M(MGraph G,int v,int w)
    {
        int i;
        VRType j=0;                      //顶点关系类型,图
        if(G.kind%2)                     //带权图
            j=MAX_VALUE;
        for(i=w+1;i<G.vexnum;i++)        //从第 w+1 个顶点开始查找
            if(G.arcs[v][i].adj!=j)      //是从 w+1 开始的第 1 个邻接顶点
                return I;                //返回该邻接顶点的序号
        return-1;                        //没有下一个邻接顶点
    }//NextAdjVex_M
```

7. 插入顶点操作

将顶点 v 插到图 G 中（不增添与顶点相关的弧）。

算法 7.7

```
void InsertVex_M(MGraph &G,VertexType v)
  {
     int i;
     VRType j=0;                              //顶点关系类型,图
     if(G.kind%2)                             //带权图
         j=MAX_VALUE；
     G.vexs[G.vexnum]=v;                      //将值 v 赋给新顶点
     for(i=0;i<=G.vexnum;i++)                 //对于新增行、新增列
     { G.arcs[G.vexnum][i].adj=G.arcs[i][G.vexnum].adj=j;
                                              //初始化新增行、新增列邻接矩阵的值(无边或弧)
         G.arcs[G.vexnum][i].info=G.arcs[i][G.vexnum].info=NULL;
                                              //初始化相关信息指针

     }
     G.vexnum++;                              //图 G 的顶点数加 1
}//InsertVex_M
```

8. 插入边操作

在 G 中增添边(v, w)或弧<v, w>，若 G 是无向的，则还增添对称边(w, v)。若插入成功，返回 true；否则，返回 false。

算法 7.8

```
bool InsertArc_M(MGraph &G,VertexType v,VertexType w)
  {
     int i,v1,w1;
     v1=LocateVex_M(G,v);                     //弧尾顶点 v 的序号
     w1=LocateVex_M(G,w);                     //弧头顶点 w 的序号
     if(v1<0||w1<0)                           //不存在顶点 v 或 w
         return false;
     G.arcnum++;                              //弧或边数加 1
     if(G.kind%2)                             //带权图
     { cout<<"请输入此弧或此边的权值:";
         Cin>>G.arcs[v1][w1].adj;
     }
     else                                     //图
         G.arcs[v1][w1].adj=1;
     cout<<"是否有该弧或边的相关信息(0:无  1:有):";
     cin>>i;
     if(i)
```

```
        { cout<<"请输入该弧(边)的相关信息(小于"<<MAX_INFO<<"个字符):";
            G.arcs[v1][w1].info=(char*)malloc((MAX_INFO)*sizeof (char));
                                            //动态生成相关信息存储空间

            cin>>G.arcs[v1][w1].info;
            }
        if(G.kind>1)                                    //无向
            G.arcs[w1][v1]=G.arcs[v1][w1];      //有同样的邻接值,指向同一个相关信息
        return true;
    }//InsertArc_M
```

9. 删除边操作

在 G 中删除边(v, w)或弧<v, w>，若 G 是无向的，则还删除对称边(w, v)。若删除成功，返回 true；否则，返回 false。

算法 7.9

```
bool DeleteArc_M(MGraph &G，VertexType v，VertexType w)
  {
    int v1，w1;
    VRType j=0;                                 //顶点关系类型，图
    if(G.kind%2)                                //带权图
        j=MAX_VALUE;
    v1=LocateVex_M(G,v);                        //弧尾顶点 v 的序号
    w1=LocateVex_M(G,w);                        //弧头顶点 w 的序号
    if(v1<0||w1<0)                              //不存在顶点 v 或 w
        return false;
    if(G.arcs[v1][w1].adj!=j)                   //有边(v,w)或弧<v,w>
    { G.arcs[v1][w1].adj=j;                     //删除边(v,w)或弧<v,w>
      if(G.arcs[v1][w1].info)                   //有相关信息
      {    free(G.arcs[v1][w1].info);           //释放相关信息
          G.arcs[v1][w1].info=NULL;             //置相关信息指针为空
      }
      if(G.kind>=2)                             //无向,删除对称弧(w,v)
          G.arcs[w1][v1]=G.arcs[v1][w1];//删除边或弧,置相关信息指针为空
      G.arcnum--;                               //边或弧数−1
    }
    return true;
  }//DeleteArc_M
```

10. 删除顶点操作

删除图 G 中顶点 v 及其相关的弧。若删除成功，返回 true；否则，返回 false。

算法 **7.10**

```
bool DeleteVex_M(MGraph &G,VertexType v)
 {
    int i,j,k;
    k=LocateVex_M(G,v);                          //k 为待删除顶点 v 的序号
    if(k<0)                                       //v 不是图 G 的顶点
        return false;
    for(i=0;i<G.vexnum;i++)
        DeleteArc_M(G,v,G.vexs[i]);              //删除由顶点 v 发出的所有弧
    if(G.kind<2)                                  //有向
    for(i=0;i<G.vexnum;i++)
        DeleteArc_M(G,G.vexs[i],v);              //删除发向顶点 v 的所有弧
    for(j=k+1;j<G.vexnum;j++)
        G.vexs[j-1]=G.vexs[j];                    //序号 k 后面的顶点向量依次前移
    for(i=0;i<G.vexnum;i++)
        for(j=k+1;j<G.vexnum;j++)
            G.arcs[i][j-1]=G.arcs[i][j];          //移动待删除顶点右边的矩阵元素
    for(i=0;i<G.vexnum;i++ )
        for(j=k+1;j<G.vexnum;j++)
            G.arcs[j-1][i]=G.arcs[j][i];          //移动待删除顶点之下的矩阵元素
    G.vexnum--;                                   //更新图的顶点数
    return true;
}//DeleteVex_M
```

11. 图的输出操作

在邻接矩阵存储结构下的图的输出操作就是按照图的种类输出图的顶点序列和图的邻接矩阵，如果边或弧上有相关信息，还要输出边或弧上的相关信息。

算法 **7.11**

```
void   PrintGraph_M(MGraph G)
 { //输出邻接矩阵存储结构的图 G
    int i,j;
    char s[7]="无向网",s1[3]="边";                 //字符串 s 和 s1 用于控制输出的信息
    switch(G.kind)
    { case   0:strcpy(s,"有向图");
                    strcpy(s1,"弧");
```

```
                        break;
        case   1:strcpy(s,"有向带权图");
                        strcpy(s1,"弧");
                        break;
        case 2:strcpy(s,"无向图");
        case 3:;
    }
    cout<<G.vexnum<<"个顶点"<<G.arcnum<<"条"<<s1<<"的"<<s<<"。顶点依次是:";
    for(i=0;i<G.vexnum;++i)
        cout<<setw(5)<<GetVex_M(G,i).name;//访问第 i 个顶点
    cout<<endl<<"邻接矩阵为:"<<endl;
    for(i=0;i<G.vexnum;i++)                          //输出邻接矩阵 G.arcs.adj
    { for(j=0;j<G.vexnum;j++)
            cout<<setw(8)<<G.arcs[i][j].adj;
        cout<<endl;
    }
  if(IncInfo){                                     //弧(边)有相关信息
    cout<<"弧的相关信息:"<<endl;
    if(G.kind<2)                                    //有向
      cout<<" 弧尾   弧头  该"<<s1<<"的信息:"<<endl;
    else                                            //无向
      cout<<"顶点 1 顶点 2 该"<<s1<<"的信息:"<<endl;
    for(i=0;i<G.vexnum;i++)
        if(G.kind<2)                                //有向
        { for(j=0;j<G.vexnum;j++)
            if(G.arcs[i][j].info)
            { cout<<setw(5)<<G.vexs[i].name<<setw(5)<<G.vexs[j].name;
                cout<<setw(9)<<G.arcs[i][j].info<<endl;     //输出弧(边)的相关信息
            }
        }                                           //加括号，为避免 if-else 对配错
        else                                        //无向,输出上三角
          for(j=i+1;j<G.vexnum;j++)
            if(G.arcs[i][j].info)
            { cout<<setw(5)<<G.vexs[i].name<<setw(5)<<G.vexs [j].name;
                cout<<setw(9)<<G.arcs[i][j].info<<endl;//输出弧(边)的相关信息
            }
    }
}//PrintGraph_M
```

12. 图的撤销操作

图的撤销操作就是释放其所占的空间。

算法 7.12

```
void DestroyGraph_M(MGraph &G)
 {
    int i;
    for(i=G.vexnum-1;i>=0;i-- )        //由大到小逐一删除顶点及与其相关的弧(边)
        DeleteVex_M(G,G.vexs[i]);
 }//DestroyGraph_M
```

假设图的邻接矩阵的结构描述和相关操作存放在头文件"MGraph.h"中，则可用下面的程序测试图的有关操作。

```
# include "stdlib.h"
//该文件包含 malloc()、realloc()和 free()等函数

# include "iomanip.h"
//该文件包含标准输入、输出流 cin 和 cout 及 setw()等
# include "string.h"              //该文件包含 C++中的串操作
# include "MGraph.h"              //该文件包含邻接矩阵数据对象的描述及相关操作


void main()
 {
    int j,k,n;
    char s[3]="边";
    MGraph g;                              //图类型
    VertexType v1,v2;                      //顶点类型
    CreateGraph_M(g);                      //构造图 g
    PrintGraph_M(g);                       //输出图 g
    cout<<"插入新顶点,请输入新顶点的值:";
    cin>>v1.name;                          //输入顶点 v1 的信息
    InsertVex_M(g,v1);                     //在图 g 中插入顶点 v1
    if(g.kind<2)                           //有向
        strcpy(s,"弧");
    cout<<"插入与新顶点有关的"<<s<<",请输入"<<s<<"数:";
    cin>>n;
    for(k=0;k<n;k++)                       //依次插入 n 条弧(边)
    { cout<<"请输入另一顶点的名称:";
        cin>>v2.name;
        if(g.kind<=1)                      //有向
```

```
    { cout<<"请输入另一顶点的方向(0:弧头  1:弧尾):";
        cin>>j;
        if(j)                                    //v2 是弧尾
            InsertArc_M(g,v2,v1);                //在图 g 中插入弧 v2→v1
        else                                     //v2 是弧头
            InsertArc_M(g,v1,v2);                //在图 g 中插入弧 v1→v2
    }
    else                                         //无向
        InsertArc_M(g,v1,v2);                    //在图 g 中插入边 v1—v2
 }
 PrintGraph_M(g);                                //输出图 g
cout<<"删除顶点及相关的"<<s<<",请输入待删除顶点的名称:";
cin>>v1.name;
DeleteVex_M(g,v1);                               //在图 g 中删除顶点 v1
PrintGraph_M(g);                                 //输出图 g
if(g.kind<2)                                     //有向
    cout<<"删除一条"<<s<<",请输入待删除"<<s<<"的弧尾  弧头:";
 else                                            //无向
    cout<<"删除一条"<<s<<",请输入待删除"<<s<<"的顶点 1 顶点 2:";
    cin>>v1.name>>v2.name;              //输入待删除弧(边)的两顶点的名称
    DeleteArc_M(g,v1,v2);//删除图 g 中由顶点 v1 指向顶点 v2 的弧(边)
    PrintGraph_M(g);                             //输出图 g
    DestroyGraph_M(g);                           //撤销图 g
}
```

程序执行后输出结果如下（以有向带权图为例）：

请输入图 G 的类型(有向图–0，有向网–1，无向图–2，无向网–3)：<u>1</u>↙

请输入图 G 的顶点数，弧(边)数，弧(边)是否含相关信息(是：1 否：0)：<u>2 1 1</u>↙

请输入 2 个顶点的值(名称小于 9 个字符)：

<u>v1 v2</u>↙

请输入第 1 条弧(边)的弧尾(顶点 1) 弧头(顶点 2)：<u>v1 v2</u>↙

请输入权值：<u>5</u>↙

请输入该弧(边)的相关信息(小于 20 个字符)：<u>Hello!</u> ↙

2 个顶点 1 条弧的有向网。顶点依次是：　　　v1　　v2

邻接矩阵为：

　　32767　　　　　5

　　32767　　32767

弧的相关信息：

弧尾　　弧头　该弧的信息：

```
   v1      v2      Hello!
```
插入新顶点，请输入新顶点的值：v3↙
插入与新顶点有关的弧，请输入弧数：2↙
请输入另一顶点的名称：v2↙
请输入另一顶点的方向(0：弧头　1：弧尾)：0↙
请输入此弧或此边的权值：7↙
是否有该弧或边的相关信息(0：无　1：有)：1↙
请输入该弧(边)的相关信息(小于 20 个字符)：OK!　↙
请输入另一顶点的名称：v1↙
请输入另一顶点的方向(0：弧头　1：弧尾)：1↙
请输入此弧或此边的权值：8↙
是否有该弧或边的相关信息(0：无　1：有)：1↙
请输入该弧(边)的相关信息(小于 20 个字符)：Good!　↙
3 个顶点 3 条弧的有向网。顶点依次是：　　v1　　v2　　v3
邻接矩阵为：

```
   32767          5        8
   32767      32767     32767
   32767          7     32767
```
弧的相关信息：

```
弧尾    弧头    该弧的信息：
   v1      v2      Hello!
   v1      v3      Good!
   V3      v2          OK!
```
删除顶点及相关的弧，请输入待删除顶点的名称：v2↙
2 个顶点 1 条弧的有向网。顶点依次是：　　v1　　v3
邻接矩阵为：

```
   32767          8
   32767      32767
```
弧的相关信息：

```
 弧尾    弧头    该弧的信息：
   v1      v3        Good!
```
删除一条弧，请输入待删除弧的弧尾 弧头：v1 v3↙
2 个顶点 0 条弧的有向网。顶点依次是：　　v1　　v3
邻接矩阵为：

```
   32767      32767
   32767      32767
```
弧的相关信息：

```
 弧尾    弧头    该弧的信息：
```

```
32767        8
32767    32767
```
弧的相关信息：

　弧尾　弧头　该弧的信息：

　v1　　v3　　Good!

删除一条弧，请输入待删除弧的弧尾 弧头：<u>v1 v3</u>✓

2 个顶点 0 条弧的有向网。顶点依次是：　　v1　　v3

邻接矩阵为：

```
32767    32767
32767    32767
```
弧的相关信息：

　弧尾　弧头　该弧的信息：

7.3.2　邻接表存储结构下图基本操作的实现

1. 查找顶点操作

在图 G 中查找值与给定值 u 相等的顶点,若查找成功,则返回该顶点在图中的位置(序号)；否则，返回–1。

算法 7.13

```
int LocateVex_AL(ALGraph G，VertexType u)
    {
        int i;
        for(i=0;i<G.vexnum;++i)              //对于所有顶点依次查找
          if(strcmp(u.name，G.vertices[i].data.name)==0)
                                    //顶点与给定的 u 的顶点值相同
              return i;                      //返回顶点序号
          return-1;                          //图 G 中不存在与顶点 u 有相同值的顶点
    }//LocateVex_AL
```

2. 创建图操作

在邻接表存储结构下创建图 G，首先根据输入的顶点序列构造存储图的顶点向量 G.vertices[i].data（$0 \leqslant i <$ G.vexnum），其次是依据输入的边(v_i, v_j)或弧<v_i, v_j>构造 v_i 边表的边结点，并插到 v_i 边表的表头。在构建邻接表时，需要根据图的种类 G.kind 来确定相关操作。若是图，则弧（边）的相关信息为空；否则，弧（边）的相关信息为权值。另外，若无向，还需要构造第 2 个边结点，并插到 v_j 边表的表头。其算法描述如下。

算法 7.14

```
void CreateGraph_AL(ALGraph &G)
```

```
{        //采用邻接表存储结构,构造图或带权图 G
    int i,j,k,kind;
    VertexType v1,v2;                        //顶点类型
    ArcNode    *p, *q;                       //边结点指针
 cout<<"请输入图 G 的类型(有向图-0,有向带权图-1,无向图-2,无向带权图-3):";
    cin>>kind;
    G.kind=kind;
    cout<<"请输入图的顶点数,弧(边)数:";
    cin>>G.vexnum>>G.arcnum;
    cout<<"请输入 "<<G.vexnum<<"个顶点的值(名称小于"<<MAX_NAME<<"个字
            符):";
    cout<<endl;
    for(i=0;i<G.vexnum;++i)                  //构造顶点向量
    {    cin>>G.vertices[i].data.name;       //输入顶点信息
         G.vertices[i].firstarc = NULL;      //初始化与该顶点有关的出弧(边)链表

    }
    for(k=0;k<G.arcnum;++k)                  //构造相关弧(边)链表
    { cout<<"请输入第"<<k+1<<"条弧(边)的弧尾(顶点 1)弧头(顶点 2):";
       cin>>v1.name>>v2.name;                //输入两顶点名称
       i=LocateVex_AL(G,v1);                 //弧尾
       j=LocateVex_AL(G,v2);                 //弧头
       p=(ArcNode *)malloc(sizeof(ArcNode)); //动态生成待插边结点的信息空间
       p->info=NULL;                         //图无弧(边)信息
       if(G.kind%2)                          //带权图
       {    p->info=(InfoType *)malloc(sizeof(InfoType));
                                             //动态生成存放弧(边)信息的空间
            cout<<"请输入弧(边)的相关信息:";
            cin>>p->info->weight;            //输入弧(边)的相关信息

       }
            p->adjvex=j;                     //弧头
            p->next=G.vertices[i].firstarc;  //边结点插到第 i 个元素(出弧)的表头
            G.vertices[i].firstarc=p;
       if(G.kind> = 2)
//无向图或带权图,产生第 2 个表结点,并插在第 j 个元素(入弧)的表头
       {    q=(ArcNode *)malloc(sizeof(ArcNode));   //动态生成待插边结点的信息空间
            q->info=(InfoType *)malloc(sizeof(InfoType));
                                             //动态生成存放弧(边)信息的空间

            q->info=p->info;
```

```
            q->adjvex=i;                          //弧头
            q->next=G.vertices[j].firstarc;
            G.vertices[j].firstarc=q;
        }
    }
}//CreateGraph_AL
```

3. 取顶点值操作

在图 G 中取出顶点序号为 v 的顶点的值。

算法 7.15

```
VertexType GetVex_AL(ALGraph G,int v)
  {
      if(v>=G.vexnum||v<0)                    //图 G 中不存在序号为 v 的顶点
          exit(1);
      return G.vertices[v].data;              //返回该顶点的信息
}//GetVex_AL
```

4. 存顶点值操作

将 value 的值赋给图 G 中的顶点 v。若操作成功返回 true；否则，返回 false。

算法 7.16

```
bool PutVex_AL(ALGraph &G,VertexType v,VertexType value)
  {
    int k=LocateVex_AL(G,v);                  //k 为顶点 v 在图 G 中的序号
    if(k==-1)                                 //v 是 G 的顶点
      {       cout<<"不存在顶点"<<v.name<<"！ "<<endl;
              return false;
      }
      G.vertices[k].data=value;               //将新值赋给顶点 v(其序号为 k)
      return true；
}//PutVex_AL
```

5. 取第一个邻接点操作

在图 G 中查找顶点 v（v 是顶点的序号）的第 1 个邻接点。若查找成功，返回其序号；否则，返回-1。

算法 7.17

```
int FirstAdjVex_AL(ALGraph G,int v)
  {
      ArcNode *p=G.vertices[v].firstarc;      //p 指向顶点 v 的第 1 个邻接点
```

```
        if(p)                              //顶点 v 有邻接点
            return p->adjvex;              //返回 v 的第 1 个邻接点的序号
        else
            return-1;                      //顶点 v 没有邻接顶点
    }//FirstAdjVex_AL
```

6. 取下一个邻接点操作

在图 G 中查找顶点 v（v 是顶点的序号）相对于 w（w 是 v 的邻接点的序号）的下一个邻接点。若查找成功，则返回其序号；否则，返回 -1。

算法 7.18

```
int NextAdjVex_AL(ALGraph G,int v,int w)
   {
        ArcNode   *p;                      //边结点指针
        p=G.vertices[v].firstarc;
        while(p&&p->adjvex!=w)             //p 指向顶点 v 的链表中邻接顶点为 w 的结点
            p=->next;
        if(!p||!p->next)                   //未找到 w 或 w 是最后一个邻接点
            return-1;
        else                               //找到 w
            return p->next->adjvex;        //返回 v 的(相对于 w 的)下一个邻接点的序号
   }//NextAdjVex_AL
```

7. 插入顶点操作

将顶点 v 插到图 G 中（不增添与顶点相关的弧）。

算法 7.19

```
void InsertVex_AL(ALGraph &G,VertexType v)
   {
        G.vertices[G.vexnum].data=v;        //构造新顶点向量
        G.vertices[G.vexnum].firstarc=NULL; //没有与顶点相关的弧
        G.vexnum++;                         //图 G 的顶点数加 1
   }//InsertVex_AL
```

8. 插入边操作

在 G 中增添边（v, w）或弧<v, w>，若 G 是无向的，则还增添对称边（w, v）。若插入成功，返回 true；否则，返回 false。

算法 7.20

```
bool InsertArc_AL(ALGraph &G,VertexType v,VertexType w)
   {
```

```
    ArcNode   *p,*q;                    //边结点指针
    int i,j;
    i = LocateVex_AL(G,v);              //弧尾或边的序号
    j = LocateVex_AL(G,w);              //弧头或边的序号
    if(i<0||j<0)                                //不存在顶点 v 或 w
        return false;
    G.arcnum++;                                 //图 G 的弧或边的数目加 1
    p=(ArcNode *)malloc(sizeof(ArcNode));       //动态生成待插边结点的信息空间
    p->adjvex=j;                                //弧头
    p->info=NULL;                               //初值,设图无弧(边)信息
    if(G.kind%2)                                //带权图
    { cout<<"请输入此弧(边)的相关信息:";
      p->info=(InfoType *)malloc(sizeof(InfoType));
                                                //动态生成存放弧(边)信息的空间
      cin>>p->info->weight;                     //输入弧(边)的相关信息
    }
    p->next=G.vertices[i].firstarc;             //边结点插到第 i 个元素(出弧)的表头
    G.vertices[i].firstarc=p;
    if(G.kind>=2)                               //无向图或带权图,生成另一个边结点
    {    q=(ArcNode *)malloc(sizeof(ArcNode));//动态生成待插边结点的信息空间
         q->info=p->info;
         q->adjvex=i;                           //弧头
         q->next=G.vertices[j].firstarc;
         G.vertices[j].firstarc=q;
    }
    return true;
}//InsertArc_AL
```

9. 删除边操作

在 G 中删除边(v, w)或弧<v, w>，若 G 是无向的，则还删除对称边(w, v)。若删除成功，返回 true；否则，返回 false。

算法 7.21

```
bool DeleteArc_AL(ALGraph &G,VertexType v,VertexType w)
    {
    int i,j;
    ArcNode   *p, *q;                   //边结点指针
    i=LocateVex_AL(G,v);                //i 是顶点 v(弧尾)的序号
    j=LocateVex_AL(G,w);                //j 是顶点 w(弧头)的序号
```

```
    if(i<0||j<0||i==j)
//v 和 w 至少有 1 个不是 G 中的顶点,或者 v 和 w 是 G 中的同一个顶点
            return false;
        p=G.vertices[i].firstarc;              //p 指向弧头链表
        q=NULL;
        while(p&&p->adjvex!=j)
                //在弧尾链表中找弧头边结点,并由 p 指向,q 指向其前驱结点
        {   q=p;
            p=p->next;
        }
    if(p)                                      //存在该弧
    { if(q)                                    //删除的结点不是表头结点
      q->next=p->next;                         //在弧尾链表中删除弧头表结点
      else G.vertices[i].firstarc=p->next      //删除的结点是表头结点
            G.arcnum--;                        //弧或边数减 1
        if(G.kind%2)                           //带权图,设图无弧(边)信息
            free(p->info);                     //释放动态生成的弧(边)信息空间
            free(p);                           //释放边结点空间
        if(G.kind>=2)                          //无向,删除对称弧<w,v>
        {   p=G.vertices[j].firstarc;          //p 指向弧头链表
            q=NULL;
            while(p&&p->adjvex!=i)
                    //在弧头链表中找弧尾表结点,并由 p 指向,q 指向其前驱结点
            { q=p;
              p=p->next;
            }
            if(p)                              //存在该弧
            { if(q)                            //删除的结点不是表头结点
                q->next=p->next;               //在弧尾链表中删除弧头表结点
                else G.vertices[j].firstarc=p->next;  //删除的结点是表头结点
              free(p);                         //释放边结点空间
            }
        }
      return true;
    }
    else                                       //未找到待删除的弧
        return false;
```

```
}//DeleteArc_AL
```

10. 删除顶点操作

删除图 G 中顶点 v 及其相关的弧。若删除成功，返回 true；否则，返回 false。

算法 7.22

```
bool DeleteVex_AL(ALGraph &G,VertexType v)
  {
    int i,k;
    ArcNode *p;                           //边结点的指针
    k=LocateVex_AL(G,v);                  //k 为待删除顶点 v 的序号
    if(k<0)                               //v 不是图 G 的顶点
        return false;
    for(i=0;i<G.vexnum;i++)
            DeleteArc_AL(G,v,G.vertices[i].data);      //删除由顶点 v 发出的所有弧(边)
    if(G.kind<2)                          //有向
        for(i=0;i<G.vexnum;i++)
                DeleteArc_AL(G,G.vertices[i].data,v);        //删除发向顶点 v 的所有弧
    for(i=0;i<G.vexnum;i++)               //对于 adjvex 域>k 的结点,其序号减 1
    { p=G.vertices[i].firstarc;           //p 指向弧结点的单链表
      while(p)                            //未到表尾
      { if(p->adjvex>k)
            p->adjvex--;                  //序号减 1(因为前移)
        p=p->next;                        //p 指向下一个结点
      }
    }
    for(i=k+1;i<G.vexnum;i++)
      G.vertices[i-1]=G.vertices[i];      //顶点 v 后面的顶点依次前移
    G.vexnum--;                           //顶点数减 1
    return true;
  }//DeleteVex_AL
```

11. 图的输出操作

在邻接表存储结构下的图的输出操作就是按照图的种类输出图的顶点集合和图的弧（边）集合，如果边或弧上有相关信息，还要输出边或弧上的相关信息。

算法 7.23

```
void PrintGraph_AL(ALGraph G)
{          //输出图的邻接矩阵 G
    int i;
```

```
    ArcNode *p;
    char s1[3]="边",s2[3]="—";                    //无向图或带权图
    if(G.kind<2)                                  //有向
    { strcpy(s1,"弧");
       strcpy(s2,"→");
    }
    switch(G.kind)
    { case   0:cout<<"有向图"<<endl;
                     break;
       case   1:cout<<"有向带权图"<<endl;
                     break;
       case   2:cout<<"无向图"<<endl;
                     break;
       case   3:cout<<"无向带权图"<<endl;
    }
    cout<<G.vexnum<<"个顶点,依次是:";
    for(i=0;i<G.vexnum;++i)
        cout<<setw(4)<<GetVex_AL(G,i).name;
    cout<<endl<<G.arcnum<<"条"<<s1<<":"<<endl;
    for(i=0;i<G.vexnum;i++)
    { p=G.vertices[i].firstarc;                   //p指向序号为i的顶点的第1条弧(边)
       while(p)//p 不为空
       { if(G.kind<=1||i<p->adjvex)               //有向或无向两次中的一次
             { cout<<setw(6)<<G.vertices[i].data.name<<s2;
                 cout<<G.vertices[p->adjvex].data.name;
       if(G.kind%2) //带权图
          cout<<":"<<p->info->weight;             //输出弧(边)信息(包括权值)
         }
         p=p->next;                               //p指向下一个表结点
       }
       cout<<endl;
    }
}//PrintGraph_AL
```

12. 图的撤销操作

图的撤销操作就是释放其所占的空间。

算法 7.24

```
void DestroyGraph_AL(ALGraph &G)
```

```
    {
        int i;
        for(i=G.vexnum-1;i>=0;i--)              //由大到小逐一删除顶点及与其相关的弧(边)
            DeleteVex_AL(G,G.vertices[i].data);
    }//DestroyGraph_AL
```

假设图的邻接表的结构描述和相关操作存放在头文件"ALGraph.h"中，则可用下面的程序测试图的有关操作。

```
# include "stdlib.h"              //该文件包含 malloc()、realloc()和 free()等函数
# include "iomanip.h"             //该文件包含标准输入、输出流 cin 和 cout 及 setw()等
# include "string.h"              //该文件包含 C++中的串操作
# include "ALGraph.h"             //该文件包含邻接表数据对象的描述及相关操作


void main()
{
    int j,k,n;
    char s[3]="边";
    ALGraph g;                            //图类型
    VertexType v1,v2;                     //顶点类型
    CreateGraph_AL(g);                    //构造图 g
    PrintGraph_AL(g);                     //输出图 g
    cout<<"插入新顶点,请输入新顶点的值:";
        cin>>v1.name;                     //输入顶点 v1 的信息
        InsertVex_AL(g,v1);               //在图 g 中插入顶点 v1
        if(g.kind<2)                      //有向
            strcpy(s,"弧");
    cout<<"插入与新顶点有关的"<<s<<",请输入"<<s<<"数:";
    cin>>n;
    for(k=0;k<n;k++)                      //依次插入 n 条弧(边)
    { cout<<"请输入另一顶点的名称:";
        cin>>v2.name;
        if(g.kind<=1)                     //有向
        { cout<<"请输入另一顶点的方向(0:弧头 1:弧尾):";
            cin>>j;
            if(j) //v2 是弧尾
                InsertArc_AL(g,v2,v1);    //在图 g 中插入弧 v2→v1
            Else //v2 是弧头
                InsertArc_AL(g,v1,v2);    //在图 g 中插入弧 v1→v2
        }
```

```
        Else //无向
            InsertArc_AL(g,v1,v2);                    //在图 g 中插入边 v1—v2
    }
    PrintGraph_AL(g);                                 //输出图 g
    cout<<"删除顶点及相关的"<<s<<",请输入待删除顶点的名称:";
    cin>>v1.name;
    DeleteVex_AL(g,v1);                               //在图 g 中删除顶点 v1
    PrintGraph_AL(g);                    //输出图 g
      if(g.kind<2)//有向
       cout<<"删除一条"<<s<<",请输入待删除"<<s<<"的弧尾 弧头:";
      else //无向
       cout<<"删除一条"<<s<<",请输入待删除"<<s<<"的顶点 1 顶点 2:";
      cin>>v1.name>>v2.name;           //输入待删除弧(边)的两顶点的名称
      DeleteArc_AL(g,v1,v2);           //删除图 g 中由顶点 v1 指向顶点 v2 的弧(边)
      PrintGraph_AL(g);                //输出图 g
    DestroyGraph_AL(g);               //撤销图 g
}
```

程序执行后输出结果如下（以有向图为例）：

请输入图 G 的类型(有向图–0,有向带权图–1,无向图–2,无向带权图–3):0✓

请输入图 G 的顶点数,弧(边)数:3 3✓

请输入 3 个顶点的值(名称小于 9 个字符):

v1 v2 v3✓

请输入第 1 条弧(边)的弧尾(顶点 1)弧头(顶点 2):v1 v2✓

请输入第 2 条弧(边)的弧尾(顶点 1)弧头(顶点 2):v2 v3✓

请输入第 3 条弧(边)的弧尾(顶点 1)弧头(顶点 2):v3 v1✓

有向图

3 个顶点,依次是:v1　　v2　　v3

3 条弧:

　　　v1→v2

　　　v2→v3

　　　v3→v1

插入新顶点,请输入新顶点的值:v4✓

插入与新顶点有关的弧,请输入弧数:2✓

请输入另一顶点的名称:v2✓

请输入另一顶点的方向(0:弧头 1:弧尾):0✓

请输入另一顶点的名称:v3✓

请输入另一顶点的方向(0:弧头 1:弧尾):1✓

有向图

4个顶点,依次是:v1　　v2　　v3　　v4

5条弧:

v1→v2

v2→v3

v3→v4　　　v3→v1

v4→v2

删除顶点及相关的弧,请输入待删除顶点的名称:<u>v3</u>✓

有向图

3个顶点,依次是:v1　　v2　　v4

2条弧:

v1→v2

v4→v2

删除一条弧,请输入待删除弧的弧尾　弧头:<u>v1 v2</u>✓

有向图

3个顶点,依次是:v1　　v2　　v4

1条弧:

v2→v4

7.4　图 的 遍 历

与树的遍历操作相似，图的遍历就是按照某规则使得图中的每个顶点均被访问一次，而且仅被访问一次。同样，这里的"访问"也是一种抽象操作，在实际应用中，可以是对顶点进行的各种处理。这里，将访问操作简单定义为输出顶点的数据信息。

```
void Visit(VertexType ver)
{
        cout<<setw(4)<<ver.name;
}
```

与树的遍历相比，图的遍历相对要复杂一些。在图的遍历算法设计中需要解决的四个关键问题如下。

（1）在图中，没有一个确定的开始顶点，任意一个顶点都可以作为遍历的开始顶点，所以算法设计时要指定访问的第一个顶点。既然图中没有确定的开始顶点，那么可以从图中任一顶点出发，不妨按编号的顺序，先从编号小的顶点开始。

（2）从图某个顶点出发可能到达不了所有其他顶点（如非连通图），从一个顶点出发，只能访问它所在的连通分量上的所有顶点，要遍历到图中所有顶点，需要多次调用从某一顶点出发遍历图的算法。本节首先讨论连通图的遍历问题。

（3）由于图中可能存在回路，某些顶点可能会被重复访问，为了避免重复访问图中的同一个顶点，必须记住每个顶点是否被访问过，为此可设置一个辅助数组 visited[n]（n 为图中顶点的个数），它的每个元素的初值均为逻辑值"假"，表明未被访问过，一旦访问了顶点 v_i，就把对应元素 visited[i]置为逻辑值"真"，表明 v_i 已被访问过。数组 visited 定义如下：

```
bool visited[MAX_VERTEX_NUM];          //访问标志数组(全局量)
```

（4）在图中，一个顶点可以和其他多个顶点相邻接，当这样的顶点被访问过后，如何选取下一个要访问的顶点，即遍历次序问题。图的遍历次序一般有两种，即深度优先遍历和广度优先遍历。

7.4.1　深度优先遍历

深度优先遍历（depth-first search）类似于对树的先序遍历，其遍历规则为，首先访问初始点 v_i，并将其标记为已被访问过，然后从 v_i 的任一个未被访问过的邻接点（有向图的入边邻接点除外，下同）w 出发进行深度优先遍历，当 v_i 的所有邻接点均被访问过时，则回退到已被访问的顶点序列中最后一个拥有未被访问的邻接点的顶点 v_k，从 v_k 的未被访问过的邻接点出发进行深度优先遍历，直到回退到初始点并且没有未被访问的邻接点为止。

结合如图 7.14 所示的无向图 G7 分析以 v_0 为初始点的深度优先遍历的过程。

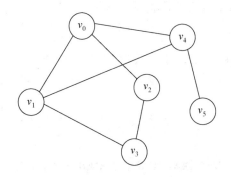

图 7.14　无向图 G7

（1）访问顶点 v_0，接着从 v_0 的一个未被访问过的邻接点 v_1（v_0 的 3 个邻接点 v_1、v_2 和 v_4 都未被访问过，先访问 v_1）出发进行深度优先遍历。

（2）访问顶点 v_1，接着从 v_1 的一个未被访问过的邻接点 v_3（v_1 的 3 个邻接点中只有 v_0 被访问过，其余 2 个邻接点 v_3 和 v_4 均未被访问过，先访问 v_3）出发进行深度优先遍历。

（3）访问顶点 v_3，接着从 v_3 的一个未被访问过的邻接点 v_2（v_3 的 2 个邻接点为 v_1 和 v_2，v_1 被访问过，只剩 v_2 一个未被访问过）出发进行深度优先遍历。

（4）访问顶点 v_2，因为 v_2 的 2 个邻接点 v_0 和 v_3 都被访问过，所以退回到上一个顶点

v_3，又因为 v_3 的所有邻接点都已被访问过，所以再退回到上一个顶点 v_1，v_1 的 3 个邻接点中有 2 个已被访问过，此时只能从未被访问过的邻接点 v_4 出发进行深度优先遍历。

（5）访问顶点 v_4，接着从 v_4 的一个未被访问过的邻接点 v_5（v_4 的 3 个邻接点为 v_0、v_1 和 v_5，v_0 和 v_1 被访问过，只剩 v_5 一个未被访问过）出发进行深度优先遍历。

（6）访问顶点 v_5，因为 v_5 的所有邻接点（它仅有一个邻接点 v_4）都被访问过，所以退回到上一个顶点 v_4，又因为 v_4 的所有邻接点都已被访问过，所以再退回到上一个顶点 v_2，又因为 v_2 的所有邻接点都已被访问过，所以再退回到上一个顶点 v_3，因为 v_3 的所有邻接点都已被访问过，所以再退回到上一个顶点 v_1，因为 v_1 的所有邻接点都已被访问过，所以再退回到上一个顶点 v_0，因为 v_0 的所有邻接点都已被访问过，所以再退回，实际上就结束了对 G7 的深度优先遍历的过程，返回到调用此算法的函数中去。

从对无向图 G7 进行深度优先遍历的过程分析可知，从初始点 v_0 出发，访问 G7 中各顶点的次序为 v_0、v_1、v_3、v_2、v_4、v_5。

显然，图的深度优先遍历的过程是递归的，从初始点 v_i 出发递归地深度优先遍历图的**算法思想**如下。

（1）访问顶点 v_i，并将其标记为已访问。

（2）取 v_i 的第一个邻接点并赋值给 w。

（3）如果 w 存在，重复执行步骤①和②：①如果 w 未被访问，则从顶点 w 出发进行深度优先遍历；②取 v_i 的下一个邻接点并赋值给 w。

下面分别将邻接矩阵和邻接表作为图的存储结构，给出相应的递归深度优先遍历的算法描述。

1. 邻接矩阵存储结构下的深度优先遍历操作

算法 7.25

```
void DFSTraverse_M(MGraph G,int i,void Visit(VertexType))
{        //从顶点 vi 出发递归地深度优先遍历由邻接矩阵表示的图 G
    int w;
    visited[i]=true;                    //设置访问标志为已访问
    Visit(GetVex_M(G,i));               //访问顶点 vi
    for(w=FirstAdjVex_M(G,i);w>=0;w = NextAdjVex_M(G,i,w))
//从顶点 vi 的第 1 个邻接顶点 w 开始
        if(!visited[w])                 //邻接顶点 w 尚未被访问
            DFSTraverse_M(G,w,Visit);
//对顶点 vi 的尚未访问的序号为 w 的邻接顶点递归调用 DFSTraverse_M
}//DFSTraverse_M
```

2. 邻接表存储结构下的深度优先遍历操作

算法 7.26

```
void DFSTraverse_AL(ALGraph G,int i,void Visit(VertexType))
```

```
{                    //从顶点 vi 出发递归地深度优先遍历由邻接表表示的图 G
    ArcNode *p;                          //p 指向表结点
    visited[i]=true;                     //设置访问标志为已访问
    Visit(G.vertices[i].data);           //访问顶点 vi
    for(p=G.vertices[i].firstarc;p;p=p->next)    //p 依次指向 i 的邻接顶点
        if(!visited[p->adjvex])          //如果该邻接顶点尚未被访问
            DFSTraverse_AL(G,p->adjvex,Visit);
//对顶点 vi 的尚未访问的邻接点递归调用 DFSTraverse_AL
}//DFSTraverse_AL
```

7.4.2　广度优先遍历

广度优先遍历（breadth-first search）类似于对树的层序遍历，其遍历规则为，首先访问初始点 v_i，并将其标记为已访问过，接着访问 v_i 的所有未被访问过的邻接点，其访问次序可以任意，假定依次为 $v_{i1}, v_{i2}, \cdots, v_{it}$，并均标记为已访问过，然后再按照 $v_{i1}, v_{i2}, \cdots, v_{it}$ 的次序，访问每一个顶点的所有未被访问过的邻接点（次序任意），并均标记为已访问过，以此类推，直到图中所有和初始点 v_i 有路径相通的顶点都被访问过为止。

结合如图 7.15 所示的有向图 G8 分析从 v_0 出发进行广度优先遍历的过程。

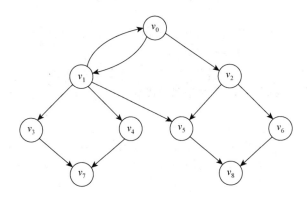

图 7.15　有向图 G8

（1）访问初始点 v_0。

（2）访问 v_0 的所有未被访问过的邻接点 v_1 和 v_2。

（3）访问顶点 v_1 的所有未被访问过的邻接点 v_3、v_4 和 v_5。

（4）访问顶点 v_2 的所有未被访问过的邻接点 v_6（它的 2 个邻接点中的一个顶点 v_5 已被访问过）。

（5）访问顶点 v_3 的所有未被访问过的邻接点 v_7（只有这一个邻接点且没有被访问）。

（6）访问顶点 v_4 的所有未被访问过的邻接点，因为 v_4 的邻接点 v_7（只有这一个）已被访问过，所以此步不访问任何顶点。

（7）访问顶点 v_5 的所有未被访问的邻接点 v_8。

（8）访问顶点 v_6 的所有未被访问的邻接点，因为 v_6 的唯一一个邻接点 v_8 已被访问过，所以此步不访问任何顶点。

（9）依次访问 v_7 和 v_8 的所有未被访问的邻接点，因它们均没有邻接点，所以整个遍历过程到此结束。

从以上对有向图 G8 进行广度优先搜索遍历的过程分析可知，从初始点 v_0 出发，得到的访问各顶点的次序为 v_0、v_1、v_2、v_3、v_4、v_5、v_6、v_7、v_8。

在广度优先遍历中，先被访问的顶点，其邻接点也先被访问，所以在算法的实现中需要使用一个队列，用来依次记住被访问过的顶点。从初始点 v_i 出发广度优先遍历图的**算法思想**如下。

（1）初始化队列 Q。

（2）访问顶点 v_i，并将其标记为已访问，同时，顶点 v_i 入队列 Q。

（3）如果队列 Q 非空，重复执行步骤①、②和③：①出队列取得队首结点 u；②取 u 第一个邻接点并赋值给 w；③如果 w 存在，重复执行步骤 a 和 b，a 为如果 w 未被访问，则访问 w，并将其标记为已访问，同时，顶点 w 入队列 Q，b 为取 u 的下一个邻接点并赋值给 w。

下面分别将邻接矩阵和邻接表作为图的存储结构给出相应的广度优先遍历的算法描述，在算法描述中使用的队列采用第 3 章已经给出的顺序循环队列，因而算法中应该包含以下语句：

```
typedef int ElemType;//定义队列元素类型为整型(存储顶点序号)
# include "SqQueue.h"   //顺序循环队列及其基本操作
```

1. 邻接矩阵存储结构下的广度优先遍历操作

算法 7.27

```
void BFSTraverse_M(MGraph G,int i,void Visit(VertexType))
{                //从顶点 vi 出发非递归地深度优先遍历由邻接矩阵表示的图 G
    int u,w;
    SqQueue Q;                              //队列 Q
    InitQueue_Sq(Q,MAX_VERTEX_NUM,10);      //初始化队列 Q
        if(!visited[i])                     //顶点 vi 尚未被访问
        { visited[i]=true;                  //设置访问标志为已访问
          Visit(GetVex_M(G,i));             //访问顶点 vi
          EnQueue_Sq(Q,i);                  //顶点 vi 入队列 Q
          while(!  QueueEmpty_Sq(Q))        //队列 Q 不空
          {  DeQueue_Sq(Q,u);               //队头元素出队并置为 u
```

```
                    for(w=FirstAdjVex_M(G,u);w>=0;w=NextAdjVex_M(G,u,w))
//从 u 的第 1 个邻接顶点 w 起
                    if(! visited[w])                    //w 为 u 的尚未访问的邻接顶点
                    { visited[w]=true;                  //设置访问标志为 true(已访问)
                      Visit(GetVex_M(G,w));             //访问顶点 w
                      EnQueue_Sq(Q,w);                  //w 入队列 Q
                    }
                }
            }
    }//BFSTraverse_M
```

2. 邻接表存储结构下的广度优先遍历操作

算法 7.28

```
void BFSTraverse_AL(ALGraph G,int i,void Visit(VertexType))
{              //从顶点 vi 出发广度优先遍历由邻接表表示的图 G
    int u;
    ArcNode *p;                              //表结点指针类型
    SqQueue Q;                               //循环队列 Q
    InitQueue_Sq(Q,MAX_VERTEX_NUM,10);       //初始化队列 Q
      if(! visited[i])                       //顶点 vi 尚未被访问
      { visited[i] = true;                   //设置访问标志为已访问
        Visit(G.vertices[i].data);           //访问顶点 vi
        EnQueue_Sq(Q,i);                     //顶点 vi 入队列 Q
        while(! QueueEmpty_Sq(Q))            //队列 Q 不空
        { DeQueue_Sq(Q,u);                   //队头元素出队并赋给 u
          for(p=G.vertices[u].firstarc;p;p=p->next)  //p 依次指向 u 的邻接顶点
              if(! visited[p->adjvex])       //u 的邻接顶点尚未被访问
          { visited[p->adjvex]=true;         //设该邻接顶点为已被访问
            Visit(G.vertices[p->adjvex].data);  //访问该邻接顶点
            EnQueue_Sq(Q,p->adjvex);         //该邻接顶点序号入队
          }
        }
      }
    cout<<endl;
}//BFSTraverse_AL
```

分析上述算法,在遍历图时,对图中每个顶点至多调用一次遍历算法,因为一旦某个顶点被标志成已被访问,就不再从它出发进行遍历。因此,遍历图的过程实质上是对每个

顶点查找其邻接点的过程。其耗费的时间则取决于所采用的存储结构。当对邻接矩阵表示的图进行遍历时，查找邻接点需要扫描邻接矩阵中的每一个元素，所需时间为 $O(n^2)$，其中 n 为图中顶点数，所以深度优先遍历和广度优先遍历图的时间复杂度均为 $O(n^2)$；而当对邻接表表示的图进行遍历时，查找每个顶点的所有邻接点所需时间为 $O(n+e)$，其中 e 为无向图中边的个数或有向图中弧的个数，所以深度优先遍历和广度优先遍历图的时间复杂度均为 $O(n+e)$；两者的空间复杂度均为 $O(n)$。

　　假设邻接矩阵存储结构下的图的遍历操作函数都存放在文件"Mgraph.h"中，下面的程序是以图 7.14 所示的无向图 G7 为例，测试邻接矩阵存储结构下的深度优先遍历和广度优先遍历算法。

```
# include "stdlib.h"         //该文件包含 malloc()、realloc()和 free()等函数
# include "iomanip.h"        //该文件包含标准输入、输出流 cin 和 cout 及 setw()等
# include "string.h"         //该文件包含 C++中的串操作
# include "MGraph.h"         //该文件包含邻接矩阵数据对象的描述及相关操作
void Visit(VertexType ver)   //访问函数
{
    cout<<setw(4)<<ver.name;
}

void main()
  {
    int i;
    MGraph g;                //图类型
    CreateGraph_M(g);        //构造图 g
    PrintGraph_M(g);         //输出图
    for(i=0;i<g.vexnum;i++)  //对图 G 的所有顶点
        visited[i]=false;    //访问标志数组初始化(未被访问)
    cout<<"深度优先遍历的结果：";
    DFSTraverse_M(g,0,Visit);
    cout<<endl;
    for(i=0;i<g.vexnum;i++)  //对图 G 的所有顶点
        visited[i]=false;    //访问标志数组初始化(未被访问)
    cout<<"广度优先遍历的结果：";
    BFSTraverse_M(g,0,Visit);
    cout<<endl;
    DestroyGraph_M(g);       //撤销图 g
}
```
程序执行后输出结果如下：
请输入图 G 的类型(有向图–0,有向带权图–1,无向图–2,无向带权图-3):2↙

请输入图 G 的顶点数,弧(边)数,弧(边)是否含相关信息(是:1 否:0):6 7 0✓

请输入 6 个顶点的值(名称小于 9 个字符):

v0 v1 v2 v3 v4 v5✓

请输入第 1 条弧(边)的弧尾(顶点 1)弧头(顶点 2):v0 v1✓

请输入第 2 条弧(边)的弧尾(顶点 1)弧头(顶点 2):v0 v2✓

请输入第 3 条弧(边)的弧尾(顶点 1)弧头(顶点 2):v0 v4✓

请输入第 4 条弧(边)的弧尾(顶点 1)弧头(顶点 2):v1 v3✓

请输入第 5 条弧(边)的弧尾(顶点 1)弧头(顶点 2):v1 v4✓

请输入第 6 条弧(边)的弧尾(顶点 1)弧头(顶点 2):v2 v3✓

请输入第 7 条弧(边)的弧尾(顶点 1)弧头(顶点 2):v4 v5✓

6 个顶点 7 条弧的无向图。顶点依次是:v0 v1 v2 v3 v4 v5

邻接矩阵为:

$$
\begin{matrix}
0 & 1 & 1 & 0 & 1 & 0 \\
1 & 0 & 0 & 1 & 1 & 0 \\
1 & 0 & 0 & 1 & 0 & 0 \\
0 & 1 & 1 & 0 & 0 & 0 \\
1 & 1 & 0 & 0 & 0 & 1 \\
0 & 0 & 0 & 0 & 1 & 0
\end{matrix}
$$

深度优先遍历的结果:v0 v1 v3 v2 v4 v5

广度优先遍历的结果:v0 v1 v2 v4 v3 v5

说明:(1)程序中函数调用语句"DFSTraverse_M(g, 0, Visit);"和"BFSTraverse_M (g, 0, Visit)";均是以顶点序号为 0 作为遍历的初始点,因为无向图 G7 是连通图,所以一次调用函数均可以遍历图中所有顶点。

(2)当图中每个顶点的序号确定后,图的邻接矩阵表示是唯一的,所以从某一顶点出发进行深度优先遍历时访问各顶点的次序也是唯一的。但图的邻接表表示不是唯一的,它与边的输入次序和链接次序有关,所以对于同一个图的不同邻接表,从某一顶点出发进行深度优先遍历时访问各顶点的次序也可能不同。另外,对于同一个邻接矩阵或邻接表,如果指定的出发点不同,则将得到不同的遍历序列。

从上述程序的运行结果可知,不管是图的深度优先遍历算法还是图的广度优先遍历算法,对于无向图来说,若无向图是连通图,则能够访问到图中的所有顶点;对于有向图来说,若从初始点到图中的每个顶点都有路径,也能够访问到图中的所有顶点。否则,只能够访问到初始点所在连通分量中的所有顶点,其他连通分量中的顶点是不可能访问到的。为此,需要从其他每个连通分量中选定初始点去调用上面的任何一个算法,才能够访问到图中的所有顶点。

下面以邻接矩阵的深度优先遍历为例,设计能遍历任意图中所有顶点的算法 7.29。

算法 7.29

```
void DFSTraverse_All_M(MGraph G,void Visit(VertexType))
{//从图中顶点 v0 起,深度优先遍历由邻接矩阵表示的图 G 中的所有顶点
```

```
        int i;
        for(i=0;i<G.vexnum;i++)        //对图 G 的所有顶点
            visited[i]=false;          //访问标志数组初始化(未被访问)
        for(i=0;i<G.vexnum;i++)        //对图 G 的所有顶点
          if(!visited[i])              //顶点 i 尚未被访问
           DFSTraverse_M(G,i,Visit);//对尚未访问的序号为 i 的顶点调用 DFSTraverse_M
        cout<<endl;
```
}//DFSTraverse_All_M

若一个无向图是连通的，或从一个有向图的顶点 v_0 到其余每个顶点都是有路径的，则算法 7.29 中的循环语句只执行一次调用（DFSTraverse_M(G, 0, Visit)；调用）就结束遍历过程，否则要执行多次调用才能结束遍历过程。对无向图来说，每次调用将遍历一个连通分量，有多少次调用过程，就说明该图有多少个连通分量。

如果要利用算法 7.26～算法 7.28 遍历任意图中的所有顶点，则只需将算法 7.29 中的函数调用语句"DFSTraverse_M(G, i, Visit)；"分别改为"DFSTraverse_AL(G, i, Visit)；BFSTraverse_M(G, i, Visit)；"和"BFSTraverse_AL(G, i, Visit)；"即可。

7.5　最小生成树

7.5.1　最小生成树的概念

在一个连通图 G 中，如果取它的全部顶点和一部分边构成一个子图 G'，则

$$V(G') = V(G) \quad 和 \quad E(G') \subseteq E(G)$$

若边集 $E(G')$ 中的边将图中的所有顶点连通又不形成回路，则称子图 G' 是原图 G 的一棵**生成树**。

由生成树的定义可知：

第一，连通图 G 中包括全部 n 个顶点又没有回路的子图 G'（生成树）必含有 $n-1$ 条边。要构造子图 G'，首先从图 G 中任取一个顶点加入 G' 中，此时 G' 中只有一个顶点，假定具有一个顶点的图是连通的，以后每向 G' 中加入一个顶点，都要加入以该顶点为一个端点，以已连通的顶点之中的一个顶点为另一个端点的一条边，这样既连通了该顶点又不会产生回路，进行 $n-1$ 次后，就向 G 中加入了 $n-1$ 个顶点和 $n-1$ 条边，使得 G' 中的 n 个顶点既连通又不产生回路。

第二，在图 G 的一棵生成树 G' 中，若再增加一条边，就会出现一条回路。这是因为此边的两个端点已连通，再加入此边后，这两个端点间有两条路径，因此就形成了一条回路，子图 G' 就不再是生成树了。同样，若从生成树 G 中删去一条边，就使得 G 变为非连通图。因为此边的两个端点是靠此边唯一连通的，删除此边后，必定使这两个端点分属于两个连通分量，使 G 变成具有两个连通分量的非连通图。

第三，同一个连通图的生成树可能有许多。使用不同的寻找方法可以得到不同的生成树；另外，从不同的初始顶点出发也可以得到不同的生成树。图7.16（b）～（d）所示都是图7.16（a）的生成树。在每棵生成树中都包含有8个顶点和7条边，它们的差别只是边的选取不同。

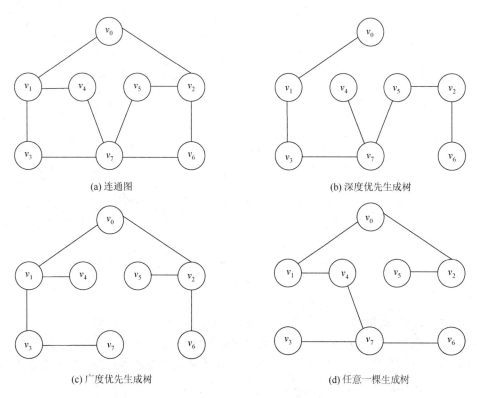

图7.16 连通图和它的生成树

在这三棵生成树中，图7.16（b）所示生成树是从图中顶点 v_0 出发利用深度优先遍历得到的，被称为深度优先生成树；图7.16（c）所示生成树是从顶点 v_0 出发利用广度优先遍历得到的，被称为广度优先生成树；图7.16（d）所示生成树是任意一棵生成树。当然，图7.16（a）的生成树远不止这几种，只要能连通所有顶点而又不产生回路的子图都是它的生成树。因为连通图的生成树使用最少的边连通了图中的所有顶点，所以它又是能够连通图中所有顶点的极小连通子图。

对于一个连通网（无向连通带权图，假定每条边上的权均为大于零的实数）来说，其生成树上各边上的权值总和称为该**生成树的代价**。显然，生成树不同，其代价也可能不同。如图7.17（a）所示是一个连通网，图7.17（b）～（d）所示是它的三棵生成树，每棵生成树的代价分别为57、53和38。在图 G 中代价最小的生成树称为图的**最小生成树**。

通过后面将要介绍的构造最小生成树的算法可知，图7.17（d）就是图7.17（a）的最小生成树。

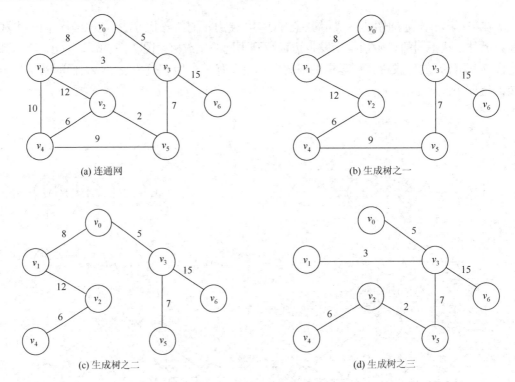

图 7.17　连通网和它的生成树

　　求图的最小生成树具有实际意义。例如，若一个连通网表示城市之间的通信系统，网的顶点代表城市，网的边代表城市之间架设通信线路的造价，各城市之间的距离不同，地理条件不同，其造价也不同，即边上的权不同，现在要求既连通所有城市又使总造价最低，这就是一个求图的最小生成树的问题。

　　构造最小生成树的方法有多种，比较典型的构造方法有两种，即普里姆（Prim）算法和克鲁斯卡尔（Kruskal）算法。

7.5.2　普里姆算法

1. 普里姆算法思想

　　假设 $G=(V, E)$ 是一个具有 n 个顶点的连通网，$T=(U, TE)$ 是 G 的最小生成树，其中，U 是 T 的顶点集，TE 是 T 的边集。**普里姆算法的基本思想**是，令集合 U 的初值为 $U=\{v_0\}$（v_0 是从 V 中任取的一个顶点，也就是说构造最小生成树时从 v_0 开始），集合 TE 的初值为 TE = { }，然后只要 U 是 V 的真子集（$U \subset V$），就从那些一个端点已在 T 中，另一个端点仍在 T 外的所有边中，找一条最短（权值最小）边，假定为 (v_i, v_j)，其中，$v_i \in U$，$v_j \in (V-U)$，并把该边 (v_i, v_j) 和顶点 v_j 分别并入 T 的边集 TE 与顶点集 U，如此进行下去，每次往生成树里并入一个顶点和一条边，直到 $n-1$ 次后就把所有 n 个顶点都并入生成树 T 的顶点集中，此时 $U=V$，TE 中含有 $n-1$ 条边，T 就是最后得到的最小生成树。

　　显然，普里姆算法的关键之处是，每次如何从生成树 T 中到 T 外的所有边中，找出一条最短边。

　　假设在第 k 次（$1 \leqslant k \leqslant n-1$）前，生成树 T 中已有 k 个顶点和 $k-1$ 条边，此时 T 中到 T 外的所有边数为 $k(n-k)$，当然它包括两顶点间没有直接边相连，其权值被看作常量 MAX_VALUE 的边在内，从如此多的边中查找最短边，其时间复杂度为 $O[k(n-k)]$，显然是很费时的。是否有一种好的方法能够降低查找最短边的时间复杂度呢？回答是肯定的，它能够使查找最短边的时间复杂度降低到 $O(n-k)$。方法如下：设在进行第 k 次前已经保留着从 T 中到 T 外每一顶点（共 $n-k$ 个顶点）的各一条最短边，进行第 k 次时，首先从这 $n-k$ 条最短边中，找出一条最短的边，它就是从 T 中到 T 外的所有边中的最短边，设为 (v_i, v_j)，此步需进行 $n-k$ 次比较；然后把边 (v_i, v_j) 和顶点 v_j 分别并入 T 中的边集 TE 与顶点集 U 中，此时 T 外只有 $n-(k+1)$ 个顶点，对于其中的每个顶点 v_t，若 (v_j, v_t) 边上的权值小于已保留的从原 T 中到顶点 v_t 的最短边的权值，则用 (v_j, v_t) 修改之，使从 T 中到 T 外顶点 v_t 的最短边为 (v_j, v_t)，否则原有最短边保持不变，这样，就把第 k 次后从 T 中到 T 外每一顶点 v_t 的各一条最短边都保留了下来，为进行第 $k+1$ 次运算做好了准备，此步需进行 $n-k-1$ 次比较。因此，利用此方法求第 k 次的最短边共需比较 $2(n-k)-1$ 次，即时间复杂度为 $O(n-k)$。

　　对于图 7.17（a），它的邻接矩阵如图 7.18 所示，若从 v_0 出发利用普里姆算法构造最小生成树 T，在其过程中，每次（第 0 次为初始状态）向 T 中并入一个顶点和一条边后，顶点集 U、边集 TE（每条边的后面为该边的权）及从 T 中到 T 外每个顶点的各一条最短边所构成的集合（设用 LW 表示）的状态如下（为简单起见，在下面的状态描述和算法描述中边集数组用顶点的序号表示顶点）。

行下标	0	1	2	3	4	5	6	列下标
	∞	8	∞	5	∞	∞	∞	0
	8	∞	12	3	10	∞	∞	1
	∞	12	∞	∞	6	2	∞	2
	5	3	∞	∞	∞	7	15	3
	∞	10	6	∞	∞	9	∞	4
	∞	∞	2	7	9	∞	∞	5
	∞	∞	∞	15	∞	∞	∞	6

图 7.18　图 7.17（a）的邻接矩阵

第 0 次：

　　　　$U = \{0\}$

　　　　TE = { }

　　　　LW = {(0, 1)8, (0, 2)∞, (0, 3)5, (0, 4)∞, (0, 5)∞, (0, 6)∞}

第 1 次：

　　　　U = {0, 3}

　　　　TE = {(0, 3)5 }

　　　　LW = {(3, 1)3, (0, 2)∞, (0, 4)∞, (3, 5)7, (3, 6)15}

第 2 次：

　　　　U = {0, 3, 1}

　　　　TE = {(0, 3)5, (3, 1)3}

　　　　LW = {(1, 2)12, (1, 4)10, (3, 5)7, (3, 6)15}

第 3 次：

　　　　U = {0, 3, 1, 5}

　　　　TE = {(0, 3)5, (3, 1)3, (3, 5)7}

　　　　LW = {(5, 2)2, (5, 4)9, (3, 6)15}

第 4 次：

　　　　U = {0, 3, 1, 5, 2}

　　　　TE = {(0, 3)5, (3, 1)3, (3, 5)7, (5, 2)2}

　　　　LW = {(2, 4)6, (3, 6)15}

第 5 次：

　　　　U = {0, 3, 1, 5, 2, 4}

　　　　TE = {(0, 3)5, (3, 1)3, (3, 5)7, (5, 2)2, (2.4)6}

　　　　LW = {(3, 6)15}

第 6 次：

　　　　U = {0, 3, 1, 5, 2, 4, 6}

　　　　TE = {(0, 3)5, (3, 1)3, (3, 5)7, (5, 2)2, (2.4)6, (3, 6)15}

　　　　LW = { }

　　每次对应的图形如图 7.19（b）～（h）所示，其中粗实线表示新加到 TE 集合中的边，细实线表示已加到 TE 集合中的边，虚线表示 LW 集合中的边，但权值为 MAX_VALUE 的边实际上是不存在的，所以没有画出。

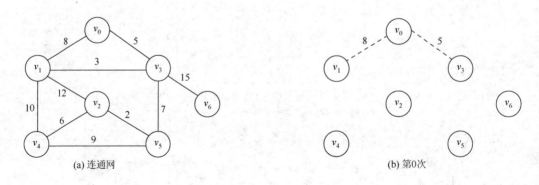

(a) 连通网　　　　　　　　　　　　　　　　　　　(b) 第0次

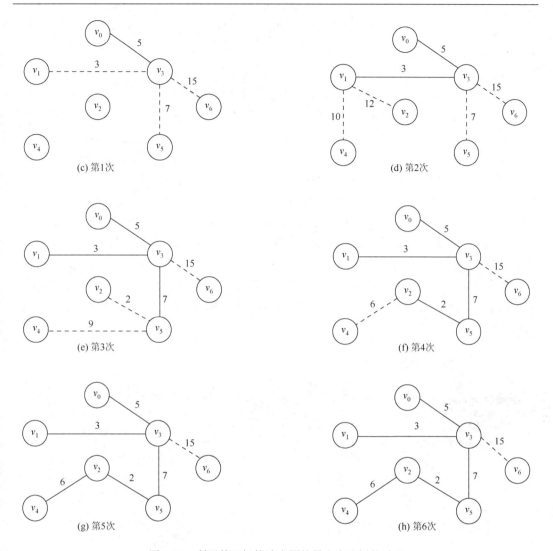

图 7.19 利用普里姆算法求图的最小生成树的过程

如图 7.19（h）所示就是最后得到的最小生成树，它与图 7.17（d）是完全一样的，所以图 7.17（d）是图 7.17（a）的最小生成树。

2. 实现普里姆算法的数据结构

图的存储结构：因为在算法执行过程中，需要不断读取任意两个顶点之间边的权值，所以图采用邻接矩阵存储。

最小生成树的存储：由于 n 个顶点的连通图的最小生成树中具有 $n-1$ 条边，可用长度为 $n-1$ 的边集数组 CT（存储生成树中每条边的起点、终点和权值）来表示最小生成树。边集数组的结构描述如下：

```
# define MAX_EDGE_NUM 100          //最大边(弧)的个数
```

```
typedef struct {
    int    fromvex;                              //边的起点域
    int    endvex;                               //边的终点域
    VRType    weight;                            //边的权值域
}edge,edgeset[MAX_EDGE_NUM];                     //边集数组类型
```

通过以上分析可知，在构造最小生成树的过程中，在进行第 k 次（$1 \leq k \leq n-1$）前，边集 TE 中的边数为 $k-1$ 条，从 T 中到 T 外每一顶点的最短边集 LW 中的边数为 $n-k$ 条，TE 和 LW 中的边数总和为 $n-1$ 条。这 $n-1$ 条边都保存在 CT 中，其中 CT 的前 $k-1$ 个元素（CT[0]～CT[$k-2$]）保存 TE 中的边，后 $n-k$ 个元素（CT[$k-1$]～CT[$n-2$]）保存 LW 中的边。算法开始时，CT 中保存的是 LW 中的 $n-1$ 条边。在进行第 k 次时，首先从下标为 $k-1$～$n-2$ 的元素（LW 中的边）中查找出权值最小的边，设为 CT[m]；然后把边 CT[$k-1$]与 CT[m]对调，确保在第 k 次后 CT 的前 k 个元素保存着 TE 中的边，后 $n-k-1$ 个元素保存着 LW 中的边；最后修改 LW 中的有关边，使得从 T 中到 T 外每一顶点的各一条最短边被保存下来。这样经过 $n-1$ 次运算后，CT 中就按序保存着最小生成树中的全部 $n-1$ 条边。

3. 普里姆算法描述

根据以上分析，利用普里姆算法产生图的最小生成树的算法描述如下。

算法 7.30

```
void Prime(MGraph G,edgeset    CT)
{    //利用普里姆算法从顶点 v0 出发求出用邻接矩阵 G 表示的图的最小生成树,最小
     生成树的边集存入数组 CT 中
     int i,j,k,t,m,w;
     VRType min;
     for(i=0;i<G.vexnum-1;i++)                //给 CT 赋初值,对应第 0 次的 LW 值
     {
             CT[i].fromvex=0;
             CT[i].endvex=i+1;
             CT[i].weight=G.arcs[0][i+1].adj;
     }
     for(k=1;k<G.vexnum;k++)
//进行 G.vexnum 次循环,每次求出最小生成树中的第 k 条边
     {
             min=MAX_VALUE;//从 CT[k-1] ~ CT[G.vexnum-2]
                             (LW)中查找最短边 CT[m]
             m=k-1;
             for(j=k-1;j<G.vexnum-1;j++)
```

```
                if(CT[j].weight<min)
                {
                        min=CT[j].weight;
                        m=j;
                }
        edge temp=CT[k-1];              //把最短边对调到 k-1 下标位置
        CT[k-1]=CT[m];
        CT[m]=temp;
        j=CT[k-1].endvex;              //把新并入最小生成树 T 的顶点序号赋给 j
        for(i=k;i<G.vexnum-1;i++)
//修改 LW 中的有关边,使 T 到 T 外的每一个顶点各保持一条最短边
        {
                t=CT[i].endvex;
                w=G.arcs[j][t].adj;
                if(w<CT[i].weight)
                {
                        CT[i].weight=w;
                        CT[i].fromvex=j;
                }
        }
    }
}//Prime
```

分析普里姆算法,假设网中有 n 个顶点,则第一个进行初始化的循环语句需要执行 $n-1$ 次,第二个循环共执行 $n-1$ 次,内嵌两个循环,其一是在数组 $CT[k-1]\sim CT[n-2]$ 中求最小值,平均执行次数为 $(n-1)/2$,其二是调整数组 LW,平均执行次数为 $(n-2)/2$,所以普里姆算法的时间复杂度为 $O(n^2)$,与网中的边数无关,适用于求稠密网的最小生成树。算法的空间复杂度为 $O(1)$。

下面的程序是以图 7.19(a)所示的连通网为例,测试邻接矩阵存储结构下利用普里姆算法求图的最小生成树的算法。

```
# include "iomanip.h"         //该文件包含标准输入、输出流 cout 和 cin 及 setw()等
# include "stdlib.h"          //该文件包含 malloc()、realloc()和 free()等函数
# include "string.h"          //该文件包含 C++中的串操作
# include "MGraph.h"          //该文件包含邻接矩阵数据对象的描述及相关操作

void main()
    {
      edgeset ct;             //边集数组类型
      MGraph g;               //图类型
```

```
    CreateGraph_M(g);                    //构造连通网 g
    PrintGraph_M(g);                     //输出连通网 g
    Prime(g,ct);
    cout<<"最小生成树的边集为："<<endl;
    for(int i=0;i<g.vexnum-1;i++)        //输出最小生成树的所有边
        { cout<<"  "<<g.vexs[ct[i].fromvex].name<<"-"<<g.vexs[ct[i].endvex].name
          cout<<":"<<ct[i].weight<<endl;
          }
        DestroyGraph_M(g);//撤销连通网 g
}
```

程序执行后输出结果如下：

请输入图 G 的类型(有向图–0,有向带权图–1,无向图–2,无向带权图–3):3↙

请输入图 G 的顶点数,弧(边)数,弧(边)是否含相关信息(是:1 否:0):7 10 0↙

请输入 7 个顶点的值(名称小于 9 个字符):

<u>v0 v1 v2 v3 v4 v5 v6</u>↙

请输入第 1 条弧(边)的弧尾(顶点 1)弧头(顶点 2):<u>v0 v1</u>↙

请输入权值:<u>8</u>↙

请输入第 2 条弧(边)的弧尾(顶点 1)弧头(顶点 2):<u>v0 v3</u>↙

请输入权值:<u>5</u>↙

请输入第 3 条弧(边)的弧尾(顶点 1)弧头(顶点 2):<u>v1 v2</u>↙

请输入权值:<u>12</u>↙

请输入第 4 条弧(边)的弧尾(顶点 1)弧头(顶点 2):<u>v1 v3</u>↙

请输入权值:<u>3</u>↙

请输入第 5 条弧(边)的弧尾(顶点 1)弧头(顶点 2):<u>v1 v4</u>↙

请输入权值:<u>10</u>↙

请输入第 6 条弧(边)的弧尾(顶点 1)弧头(顶点 2):<u>v2 v4</u>↙

请输入权值:<u>6</u>↙

请输入第 7 条弧(边)的弧尾(顶点 1)弧头(顶点 2):<u>v2 v5</u>↙

请输入权值:<u>2</u>↙

请输入第 8 条弧(边)的弧尾(顶点 1)弧头(顶点 2):<u>v3 v5</u>↙

请输入权值:<u>7</u>↙

请输入第 9 条弧(边)的弧尾(顶点 1)弧头(顶点 2):<u>v3 v6</u>↙

请输入权值:<u>15</u>↙

请输入第 10 条弧(边)的弧尾(顶点 1)弧头(顶点 2):<u>v4 v5</u>↙

请输入权值:<u>9</u>↙

7 个顶点 10 条边的无向带权图。顶点依次是:v0　v1　v2　v3　v4　v5　v6

邻接矩阵为：

32767	8	32767	5	32767	32767	32767
8	32767	12	3	10	32767	32767
32767	12	32767	32767	6	2	32767
5	3	32767	32767	32767	7	15
32767	10	6	32767	32767	9	32767
32767	32767	2	7	9	32767	32767
32767	32767	32767	15	32767	32767	32767

最小生成树的边集为：

v0-v3:5

v3-v1:3

v3-v5:7

v5-v2:2

v2-v4:6

v3-v6:15

7.5.3　克鲁斯卡尔算法

1. 克鲁斯卡尔算法思想

不同于普里姆算法，克鲁斯卡尔算法是一种按照连通网中边的权值的递增顺序构造最小生成树的算法。假设 $G = (V, E)$ 是一个具有 n 个顶点的连通网，$T = (U, \text{TE})$ 是 G 的最小生成树，**克鲁斯卡尔算法的基本思想**是，令集合 U 的初值为 $U = V$，即包含有 G 中的全部顶点，集合 TE 的初值为 TE = { }，然后，将图 G 中的边按权值从小到大的顺序依次选取，若选取的边使生成树 T 不形成回路，则把它并入 TE 中，并作为 T 的一条边；若选取的边使生成树 T 形成回路，则将其舍弃，如此进行下去，直到 TE 中包含有 n–1 条边为止，此时的 T 即最小生成树。

以图 7.20（a）为例来说明此算法。设此图是用边集数组（用顶点的序号表示顶点）表示的，且数组中各边是按权值从小到大的顺序排列的，若没有按序排列，则可通过调用排序算法，使之成为有序，如图 7.20（d）所示，这样按权值从小到大选取各边就转换成按边集数组中下标次序选取各边。

当选取前三条边时，均不产生回路，应保留它们并让它们作为生成树 T 的边，如图 7.20（b）所示；选第四条边(v_2, v_3)时，将与已保留的边形成回路，应舍去；接着保留边(v_1, v_5)，舍去边(v_3, v_5)；取到边(v_0, v_1)并保留后，保留的边数已够 5 条（n–1 条），此时必定将全部六个顶点连通起来，如图 7.20（c）所示，它就是图 7.20（a）的最小生成树。

实现克鲁斯卡尔算法的关键之处是，如何判断欲加入 T 中的一条边是否与生成树中已保留的边形成回路。这可通过将各顶点划分为不同集合的方法来解决，每个集合中的顶点表示一个无回路的连通分量。算法开始时，因为生成树的顶点集等于图 G 的顶点集，边集为空，所以 n 个顶点分属于 n 个集合，每个集合中只有一个顶点，表明顶点之间互不连

通。例如，对于图 7.20（a），其六个集合为

$$\{v_0\},\ \{v_1\},\ \{v_2\},\ \{v_3\},\ \{v_4\},\ \{v_5\}$$

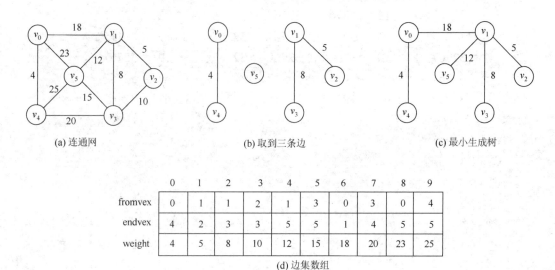

	0	1	2	3	4	5	6	7	8	9
fromvex	0	1	1	2	1	3	0	3	0	4
endvex	4	2	3	3	5	5	1	4	5	5
weight	4	5	8	10	12	15	18	20	23	25

(d) 边集数组

图 7.20　克鲁斯卡尔算法求最小生成树的过程

当从边集数组中按次序选取一条边时，若它的两个端点分属于不同的集合，则表明此边连通了两个不同的连通分量，因为每个连通分量无回路，所以连通后得到的连通分量仍不会产生回路，此边应保留并作为生成树的一条边，同时把端点所在的两个集合合并成一个，即成为一个连通分量；当选取的一条边的两个端点同属于一个集合时，此边应放弃，因为同一个集合中的顶点是连通无回路的，若再加入一条边，则必产生回路。在上述例子中，当选取(v_0, v_4)、(v_1, v_2)、(v_1, v_3)这三条边后，顶点的集合变成如下三个：

$$\{v_0, v_4\},\ \{v_1, v_2, v_3\},\ \{v_5\}$$

下一条边(v_2, v_3)的两端点同属于一个集合，故舍去，再下一条边(v_1, v_5)的两端点属于不同的集合，应保留，同时把两个集合$\{v_1, v_2, v_3\}$和$\{v_5\}$合并成一个$\{v_1, v_2, v_3, v_5\}$，以此类推，直到所有顶点同属于一个集合，即进行了$n-1$次集合的合并，保留了$n-1$条生成树的边为止。

2. 实现克鲁斯卡尔算法的数据结构

图的存储结构：因为克鲁斯卡尔算法是依次对图中的边进行操作，所以可用 edgeset 类型的边集数组 G 作为其存储结构，如果要提高查找最短边的速度，可以先对边集数组按边上的权值从小到大的顺序进行排序。

最小生成树的存储结构：用 edgeset 类型的边集数组 CT 存储依次求得的每一条边。

连通分量的判断：用一个 int 型辅助数组 vset[n]，其数组元素 vset[i]（初值为 i）代表序号为 i 的顶点所属的连通顶点集的编号。当两个顶点的集合编号不同时，将这两个顶点构成的边输入最小生成树 CT 中，同时将它们分属的两个顶点集合按其中一个编号重新统一编号（合并两个集合）。

3. 克鲁斯卡尔算法描述

根据以上分析，利用克鲁斯卡尔算法产生图的最小生成树的算法描述如下。

算法 7.31

```
void Kruskal(edgeset G,edgeset CT,int n)
{     //利用克鲁斯卡尔算法求出用边集数组 G 表示的图的最小生成树,最小生成树的
边集存入数组 CT 中,n 为图 G 的顶点数
        int i,*vset=(int *)malloc(n*sizeof(int));        //定义动态分配的数组 vset
        for(i=0;i<n;i++)          //初始化数组 vset
            vset[i]=i;
        int k=1;            //k 表示待获取的最小生成树中的边数,初值为 1
        int d=0;            //d 表示 G 中待扫描边元素的下标位置,初值为 0
        int m1,m2;          //m1 和 m2 分别保存一条边的两个顶点所在集合中的编号
        while(k<n)                          //求最小生成树的 n-1 条边
        { m1=vset[G[d].fromvex];            //分别得到两个顶点所属集合的编号
          m2=vset[G[d].endvex];
        if(m1!=m2)              //若两集合序号不等,则表明 G[d]是生成树的一条边
            {    CT[k-1]=G[d];                //加到数组 CT 中
                k++;                        //生成树的边数加 1
                for(i=0;i<n;i++)            //两个集合统一编号
                        if(vset[i]==m2)
                        vset[i]=m1;
            }
            d++;                            //d 后移,以便扫描 G 中的下一条边
        }
        free(vset);                    //释放动态数组 vset 的空间
}//Kruskal
```

分析克鲁斯卡尔算法，假设网中有 n 个顶点，则第一个进行辅助数组初始化的循环语句共执行 n 次，内嵌的循环中，合并两个集合的执行次数为 n，所以克鲁斯卡尔算法的时间复杂度为 $O(n^2)$。算法的空间复杂度为 $O(n)$。

当一个连通网中不存在权值相同的边时，无论采用什么方法，得到的最小生成树都是唯一的，但若存在着相同权值的边，则得到的最小生成树可能不唯一，当然最小生成树的权是相同的。

下面的程序是以图 7.20（a）所示的连通网为例，测试边集数组存储结构下利用克鲁斯卡尔算法求图的最小生成树的算法。

```
# include "stdlib.h"            //该文件包含 malloc()、realloc()和 free()等函数
# include "iomanip.h"           //该文件包含标准输入、输出流 cin 和 cout 及 setw()等
# include "string.h"            //该文件包含 C++中的串操作
```

```
# include "MGraph.h"        //该文件包含邻接矩阵数据对象的描述及相关操作


void main()
  {
     int i,j,vexnum,arcnum;
     VertexType v1,v2,vexs[MAX_VERTEX_NUM]; //顶点向量
     edgeset g,ct;                          //图 g 和最小生成树 ct
     cout<<"请输入图 g 的顶点数,弧(边)数:";
     cin>>vexnum>>arcnum;
     cout<<"请输入 "<<vexnum<<"个顶点的值(名称小于"<<MAX_NAME<<"个字
          符):"<<endl;
       for(i=0;i<vexnum;++i)               //构造顶点向量
        cin>>vexs[i].name;                 //输入顶点信息
     cout<<"请按权值递增次序构造图 g 的边集数组:"<<endl;
     for(i=0;i<arcnum;++i)                  //构造边集数组
     { cout<<"请输入第"<<i+1<<"条弧(边)的弧尾(顶点 1)弧头(顶点 2)及权值:";
         cin>>v1.name>>v2.name>>g[i].weight;
         for(j=0;j<vexnum;++j)
         {  if(strcmp(v1.name,vexs[j].name)==0)    //求出顶点 v1 在图中的位置序号
             g[i].fromvex=j;
             if(strcmp(v2.name,vexs[j].name)==0)   //求出顶点 v2 在图中的位置序号
             g[i].endvex=j;
         }
     }
       Kruskal(g,ct,vexnum);
     cout<<"最小生成树的边集为:"<<endl;
     for(i=0;i<vexnum-1;i++)                //输出最小生成树的所有边
     { cout<<"  "<<vexs[ct[i].fromvex].name<<"-"<<vexs[ct[i].endvex].name<<":";
         cout<<ct[i].weight<<endl;
     }
  }
```

程序执行后输出结果如下:

请输入图 g 的顶点数,弧(边)数:<u>6 10</u>↙

请输入 6 个顶点的值(名称小于 9 个字符):

<u>v0 v1 v2 v3 v4 v5</u>↙

请按权值递增次序构造图 g 边集数组:

请输入第 1 条弧(边)的弧尾(顶点 1)弧头(顶点 2)及权值:<u>v0 v4 4</u>↙

请输入第 2 条弧(边)的弧尾(顶点 1)弧头(顶点 2)及权值:<u>v1 v2 5</u>↙

请输入第 3 条弧(边)的弧尾(顶点 1)弧头(顶点 2)及权值:<u>v1 v3 8</u>↙
请输入第 4 条弧(边)的弧尾(顶点 1)弧头(顶点 2)及权值:<u>v2 v3 10</u>↙
请输入第 5 条弧(边)的弧尾(顶点 1)弧头(顶点 2)及权值:<u>v1 v5 12</u>↙
请输入第 6 条弧(边)的弧尾(顶点 1)弧头(顶点 2)及权值:<u>v3 v5 15</u>↙
请输入第 7 条弧(边)的弧尾(顶点 1)弧头(顶点 2)及权值:<u>v0 v1 18</u>↙
请输入第 8 条弧(边)的弧尾(顶点 1)弧头(顶点 2)及权值:<u>v3 v4 20</u>↙
请输入第 9 条弧(边)的弧尾(顶点 1)弧头(顶点 2)及权值:<u>v0 v5 23</u>↙
请输入第 10 条弧(边)的弧尾(顶点 1)弧头(顶点 2)及权值:<u>v4 v5 25</u>↙
最小生成树的边集为:

v0-v4:4

v1-v2:5

v1-v3:8

v1-v5:12

v0-v1:18

7.6　最　短　路　径

7.6.1　最短路径的概念

在一个图中,若从一顶点到另一顶点存在着一条路径,则路径长度为该路径上所经过的边的数目,它也等于该路径上的顶点数减 1。由于从一顶点到另一顶点可能存在着多条路径,每条路径上所经过的边数可能不同,即路径长度不同,把路径长度最短(经过的边数最少)的那条路径叫作**最短路径**,其路径长度叫作**最短路径长度**或**最短距离**。

图的最短路径问题不只是对无权图而言的,若图是带权图,则把从一个顶点 v_i 到图中其余任一个顶点 v_j 的一条路径上所经过边的权值之和定义为该路径的**带权路径长度**,从 v_i 到 v_j 可能不止一条路径,把带权路径长度最短(其值最小)的那条路径也称作**最短路径**,其权值也称作**最短路径长度**或最短距离。

如图 7.21 所示,从 v_0 到 v_4 共有 3 条路径: $v_0 \rightarrow v_4$、$v_0 \rightarrow v_1 \rightarrow v_3 \rightarrow v_4$ 和 $v_0 \rightarrow v_1 \rightarrow v_2 \rightarrow v_4$,其带权路径长度分别为 30、23 和 38,可知最短路径为 $v_0 \rightarrow v_1 \rightarrow v_3 \rightarrow v_4$,最短距离为 23。

实际上,这两类最短路径问题可合并为一类,只要把无权图上的每条边标上数值为 1 的权就归属于有权图了,所以在以后的讨论中,若不特别指明,均认为是求带权图的最短路径问题。

求图的最短路径的用途很广。例如,若用一个图表示城市之间的运输网,图的顶点代表城市,图上的边表示两端点对应城市之间存在着运输线,边上的权表示该运输线上的运输时间或单位重量的运费,考虑到两城市间的海拔不同、流水方向不同等因素,将造成来回运输时间或运费的不同,所以这种图通常是一个有向图。如何能够使从一个城市到另一个城市的运输时间最短或者运费最省呢?这就是一个求两城市间的最短路径问题。

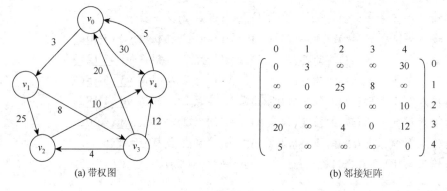

(a) 带权图　　　　　　　　　　　　(b) 邻接矩阵

图 7.21　带权图和对应的邻接矩阵

　　求图的最短路径问题包括两个方面：求图中一顶点到其余各顶点的最短路径；求图中每对顶点之间的最短路径。下面分别进行讨论。

7.6.2　从一顶点到其余各顶点的最短路径

　　对于一个具有 n 个顶点和 e 条边的图 G，从某一顶点 v_i（称为**源点**）到其余任一顶点 v_j（称为**终点**）的最短路径，可能是它们之间的边(v_i, v_j)或$<v_i, v_j>$，也可能是经过 k 个（$1 \leqslant k \leqslant n-2$，最多经过除源点和终点之外的所有顶点）中间顶点和 $k+1$ 条边所形成的路径。在图 7.21 中，从 v_0 到 v_1 的最短路径就是它们之间的有向边$<v_0, v_1>$，其长度为 3；从 v_0 到 v_4 的最短路径经过两个中间点 v_1 和 v_3 及三条有向边$<v_0, v_1>$、$<v_1, v_3>$和$<v_3, v_4>$，其长度为 23。

1. 迪杰斯特拉算法思想

　　求从源点 v_i 到图中其余每一个顶点的最短路径采用迪杰斯特拉（Dijkstra）算法，该算法的**基本思想**是，设集合 V 是图 G 的顶点集合，集合 S 存放已经找到最短路径的顶点，初始状态时，集合 S 中只包含源点 v_i，然后不断从集合 $V-S$ 中选择到源点 v_i 路径长度最短的顶点 v_j 加入集合 S 中，集合 S 中每加入一个新的顶点 v_j 都要修改从源点 v_i 到集合 $V-S$ 中剩余顶点的当前最短路径长度值，集合 $V-S$ 中各顶点的新的当前最短路径长度值，为原来的最短路径长度值与从源点经过顶点 v_j 到达该顶点的路径长度中的较小者。此过程不断重复，直到集合 V 中的全部顶点都加入集合 S 中。

2. 实现迪杰斯特拉算法的数据结构

　　图的存储结构：因为在算法执行过程中，需要快速地求得任意两个顶点之间边上的权值，所以图采用邻接矩阵存储。

　　集合 S：用一维数组 $s[n]$（其类型为 bool）存放已求得最短路径的终点序号，若顶点 v_i 在集合 S 中，则 $s[i]$ 的值为 true，否则 $s[i]$ 的值为 false。它的初值只有 $s[i]$ 为 true（表示集合 S 中只有一个元素，即源点 v_i），其余均为 false。以后每求出一个从源点 v_i 到终点 v_m 的最短路径，就将该顶点 v_m 并入集合 S 中，即置 $s[m]$ 为 true。

最短路径长度：用一维数组 dist[n]（其基类型为权值类型）中的元素 dist[j]保存从源点 v_i 到终点 v_j 的当前最短路径长度，它的初值为(v_i, v_j)或<v_i, v_j>边上的权值，若 v_i 到 v_j 没有边，则权值为 MAX_VALUE，以后每考虑一个新的中间点，dist[j]的值可能变小。

最短路径：用一维数组 path[n]（其类型为 int）中的元素 path[j]保存从源点 v_i 到终点 v_j 当前最短路径中的目标顶点的前一个顶点的序号，这样可以从终点 v_j 找到源点 v_i 的路径（v_i 到 v_j 的逆序）。它的初值为源点 v_i 的序号 i（v_i 到 v_j 有边时）或-1（v_i 到 v_j 无边时）。

此算法的执行过程是，首先从集合 S 以外的顶点（待求出最短路径的终点）所对应的 dist 数组元素中，查找出其值最小的元素，假定为 dist[m]，该元素值就是从源点 v_i 到终点 v_m 的最短路径长度（证明从略），接着把已求得最短路径的终点 v_m 并入集合 S 中，即 s[m] = true；然后将 v_m 作为新考虑的中间点，对集合 S 以外的每个顶点 v_j 比较 dist[m] + G.arcs[m][j].adj（G 为图 G 的邻接矩阵）与 dist[j]的大小，若前者小于后者，表明加入了新的中间点 v_m 之后，从 v_i 到 v_j 的路径长度比原来变短，应用它替换 dist[j]的原值，使 dist[j]始终保持到目前为止最短的路径长度，同时把序号 m 作为终点 v_j 的当前路径中的前一个结点的序号，即 path[j] = m。重复 $n-2$ 次上述运算过程，即可在 dist 数组中得到从源点 v_i 到其余每个顶点的最短路径长度，在 path 数组中得到相应的最短路径。

对于图 7.21 所示的有向带权图，其迪杰斯特拉算法的三次运算过程如下。

第 1 次运算，求出从源点 v_0 到第 1 个终点的最短路径。首先从 s 数组中元素为 false 的对应 dist 元素中，查找出值最小的元素，求得的 dist[1]的值最小，所以第 1 个终点为 v_1，最短距离为 dist[1] = 3，最短路径为 $v_0 \longrightarrow v_1$。其次把 s[1]置为 true，表示 v_1 已加入 S 集合中。再次以 v_1 为新考虑的中间点，对 s 数组中元素为 false 的每个顶点 v_j（此时 $2 \leqslant j \leqslant 4$）的目前最短路径长度 dist[$j$]和目前最短路径 path[$j$]进行必要的修改，因为 dist[1] + G.arcs[1][2].adj = 3 + 25 = 28，小于 dist[2] = ∞，所以将 28 赋给 dist[2]，将 path[2]置为 1，表示从 v_0 到 v_2 当前路径中的前一个顶点的序号为 1，同理，因为 dist[1] + G.arcs[1][3].adj = 3 + 8 = 11，小于 dist[3] = ∞，所以将 11 赋给 dist[3]，将 path[3]置为 1。最后再看从 v_0 到 v_4，将 v_1 作为新考虑的中间点的情况，因为 v_1 到 v_4 没有出边，所以 G.arcs[1][4].adj = ∞，故 dist[1] + G.arcs[1][4].adj 不小于 dist[4]，因此 dist[4]和 path[4]无须修改，应维持原值。至此，第 1 次运算结束。

第 2 次运算，求出从源点 v_0 到第 2 个终点的最短路径。首先从 s 数组中元素为 false 的对应 dist 元素中，查找出值最小的元素，求得的 dist[3]的值最小，所以第 2 个终点为 v_3，最短距离为 dist[3] = 11，最短路径为 $v_0 \longrightarrow v_1 \longrightarrow v_3$。其次把 s[3]置为 true，表示 v_3 已加入 S 集合中。再次以 v_3 为新考虑的中间点，对 s 数组中元素为 false 的每个顶点 v_j（此时 $j = 2, 4$）的目前最短路径长度 dist[j]和目前最短路径 path[j]进行必要的修改，因为 dist[3] + G.arcs[3][2].adj = 11 + 4 = 15，小于 dist[2] = 28，所以将 15 赋给 dist[2]，将 path[2]置为 3，表示从 v_0 到 v_2 当前路径中的前一个顶点的序号为 3，同理，因为 dist[3] + G.arcs[3][4].adj = 11 + 12 = 23，小于 dist[ ] = 30，所以将 23 赋给 dist[4]，将 path[4]置为 3。至此，第 2 次运算结束。

第 3 次运算，求出从源点 v_0 到第 3 个终点的最短路径。首先从 s 数组中元素为 false 的对应 dist 元素中，查找出值最小的元素，求得的 dist[2]的值最小，所以第 3 个终点为 v_2，最短距离为 dist[2] = 15，最短路径为 $v_0 \rightarrow v_1 \rightarrow v_3 \rightarrow v_2$。其次把 $s[2]$ 置为 true，表示 v_2 已加入 S 集合中。再次以 v_2 为新考虑的中间点，对 s 数组中元素为 false 的每个顶点 v_j（此时 $j = 4$）的目前最短路径长度 dist[j] 和目前最短路径 path[j] 进行必要的修改，因为 dist[2] + G.arcs[2][4].adj = 15 + 10 = 25，大于 dist[4] = 23，所以无须修改，原值不变。至此，第 3 次运算结束。

第 3 次运算后，还有一个顶点未加入 S 集合中，但它的最短路径及最短距离已经确定，所以整个运算结束。最后在 dist 中得到从源点 v_0 到每个顶点的最短路径长度，在 path 中得到相应的最短路径。

图 7.22 给出了迪杰斯特拉算法求从源点 v_0 到其余各顶点的最短路径的上述运算过程，其中实线有向边所指向的顶点为集合 S 中的顶点，虚线有向边所指向的顶点为集合 S 外的顶点；s 集合中的顶点旁边所标数值为从源点 v_0 到该顶点的最短路径长度，S 集合外的顶点旁边所标数值为从源点 v_0 到该顶点的目前最短路径长度。图 7.23 则给出了三个一维数组 s、dist 和 path 的值的变化过程。

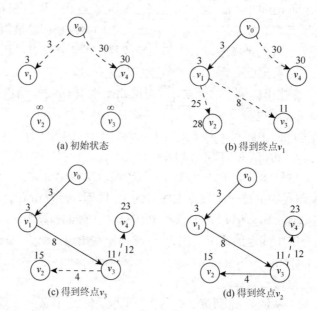

图 7.22　利用迪杰斯特拉算法求最短路径的过程

	S[]					dist[]					path[]			
0	1	2	3	4	0	1	2	3	4	0	1	2	3	4
1	0	0	0	0	0	3	∞	∞	30	−1	0	−1	−1	0
1	1	0	0	0	0	3	28	11	30	−1	0	1	1	0
1	1	0	1	0	0	3	15	11	23	−1	0	3	1	3
1	1	1	1	0	0	3	15	11	23	−1	0	3	1	3

图 7.23　数组 s、dist 和 path 值的变化过程

3. 迪杰斯特拉算法描述

根据以上分析,利用迪杰斯特拉算法求从一个顶点 v_i 到其余各顶点的最短路径的算法描述如下。

算法 7.32

```
void Dijkstra(MGraph G,int i,int path[],VRType dist[])
    {  // 用 Dijkstra 算法求有向网 G 从源点 vi 到其余顶点 vj 的最短路径 path[j]及
// 带权路径长度 dist[j]

    int j,k,m;
VRType min;
bool s[MAX_VERTEX_NUM];              //s[i]为 true 时,已经求得从 vi 到 vj 的最短路径
    for(j=0;j<G.vexnum;++j)
    { s[j]=false;
      dist[j]=G.arcs[i][j].adj;               //初值为 vi 到 vj 的直接距离
      if(j!=i &&dist[j]<MAX_VALUE)           // vi 到 vj 有直接路径
         path[j]=i;                          // vi 到 vj 有边
    else    path[j]=-1;                      // vi 到 vj 无边
    }
    dist[i]=0;                               //vi 到 vi 距离为 0
    s[i]=true;                               // vi 顶点并入 S 集
    for(k=1;k<G.vexnum;++k)                  //对于其余 G.vexnum-1 个顶点
    {                                        //求 vi 到某个顶点 vj 的最短路径,并将 vj 并入 S 集
      min=MAX_VALUE;                         //当前所知离 vi 顶点的最近距离, 设初值为 ∞
      for(j=0;j<G.vexnum;++j)                //对所有顶点检查
        if(!s[j]&&dist[j]<min)               //在 S 集之外的顶点中找离 vi 最近的顶点 vj
{ m=j;                                       //在 S 集之外的离 vi 最近的顶点序号
        min=dist[j];                         //最近的距离
        }
    s[m]=true;                               //将 vm 并入 S 集
           //根据新并入的顶点, 更新不在 S 集合中的顶点到 vi 的距离和路径数组
for(j=0;j<G.vexnum;++j)
      if(!s[j]&&min+G.arcs[m][j].adj<dist[j])
      {        // vj 不属于 S 集且 vi→vm→vj 的距离<目前 vi→vj 的距离
        dist[j]=min+G.arcs[m][j].adj;        //更新 dist[w]
        path[j]=m;
        }
      }
    }// Dijkstra
```

分析迪杰斯特拉算法，假设网中有 n 个顶点，第一个 for 执行循环 n 次；第二个 for 循环执行 $n-1$ 次，内嵌的两个循环均执行 n 次，所以总的时间复杂度为 $O(n^2)$。

下面的程序是以图 7.21（a）所示的有向带权图为例，测试邻接矩阵存储结构下利用迪杰斯特拉算法求图中从一个顶点到其余各顶点的最短路径的算法。

```
# include "stdlib.h"  //该文件包含 malloc()、realloc()和 free()等函数
# include "iomanip.h"          //该文件包含标准输入、输出流 cin 和 cout 及 setw()等
# include "string.h"           //该文件包含 C++中的串操作
# include "MGraph.h"           //该文件包含邻接矩阵数据对象的描述及相关操作


void main()
{
    int i,v,pre;
    MGraph g;
    int p[MAX_VERTEX_NUM];                //路径数组
    VRType d[MAX_VERTEX_NUM];              //最短距离表
    CreateGraph_M(g);                     //构造有向带权图 g
    PrintGraph_M(g);                      //输出有向带权图 g
    cout<<"请输入源点序号：";
    cin>>v;
    Dijkstra(g,v,p,d);//以 g 中序号为 v 的顶点为源点,求其到其余各顶点的最短距离
    cout<<"迪杰斯特拉算法求解如下："<<endl;
    for(i=0;i<g.vexnum;++i)
    {   if(i!=v)
        {   cout<<g.vexs[v].name<<"→"<<g.vexs[i].name<<":";
            if(p[i]!=-1)
            {   cout<<"路径长度为"<<setw(2)<<d[i]<<"   ";
                pre=i;
                cout<<"路径逆序为：";
                while(pre!=0)
                {   cout<<g.vexs[pre].name<<",";
                    pre=p[pre];
                }
                cout<<g.vexs[pre].name<<endl;
            }
            else
                cout<<"不存在路径！"<<endl;
        }
    }
```

　　DestroyGraph_M(g);//撤销有向带权图 g

　　}

程序执行后输出结果如下:

请输入图 G 的类型(有向图–0,有向带权图–1，无向图–2，无向带权图–3):1✓

请输入图 G 的顶点数，弧(边)数，弧(边)是否含相关信息(是:1 否:0):5 9 0✓

请输入 5 个顶点的值(名称小于 9 个字符):

v0 v1 v2 v3 v4✓

请输入第 1 条弧(边)的弧尾(顶点 1)弧头(顶点 2):v0 v1✓

请输入权值:3✓

请输入第 2 条弧(边)的弧尾(顶点 1)弧头(顶点 2):v0 v4✓

请输入权值:30✓

请输入第 3 条弧(边)的弧尾(顶点 1)弧头(顶点 2):v1 v2✓

请输入权值:25✓

请输入第 4 条弧(边)的弧尾(顶点 1)弧头(顶点 2):v1 v3✓

请输入权值:8✓

请输入第 5 条弧(边)的弧尾(顶点 1)弧头(顶点 2):v2 v4✓

请输入权值:10✓

请输入第 6 条弧(边)的弧尾(顶点 1)弧头(顶点 2):v3 v0✓

请输入权值:20✓

请输入第 7 条弧(边)的弧尾(顶点 1)弧头(顶点 2):v3 v2✓

请输入权值:4✓

请输入第 8 条弧(边)的弧尾(顶点 1)弧头(顶点 2):v3 v4✓

请输入权值:12✓

请输入第 9 条弧(边)的弧尾(顶点 1)弧头(顶点 2):v4 v0✓

请输入权值:5✓

5 个顶点 9 条弧的有向带权图。顶点依次是:v0　　v1　　v2　　v3　　v4

邻接矩阵为:

32767	3	32767	32767	30
32767	32767	25	8	32767
32767	32767	32767	32767	10
20	32767	4	32767	12
5	32767	32767	32767	32767

请输入源点序号:0✓

迪杰斯特拉算法求解如下:

v0→v1:路径长度为 3　　路径逆序为:v1，v0

v0→v2:路径长度为 15　　路径逆序为:v2，v3，v1，v0

v0→v3:路径长度为 11　　路径逆序为:v3，v1，v0

v0→v4:路径长度为 23　　路径逆序为:v4，v3，v1，v0

7.6.3　每对顶点之间的最短路径

求图中每对顶点之间的最短路径是指把图中任意两个顶点 v_i 和 $v_j(i \neq j)$ 之间的最短路径都计算出来。若图中有 n 个顶点，则共需要计算 $n(n-1)$ 条最短路径。解决此问题有两种方法：第一种是分别以图中的每个顶点为源点共调用 n 次迪杰斯特拉算法，因迪杰斯特拉算法的时间复杂度为 $O(n^2)$，所以此方法的时间复杂度为 $O(n^3)$；第二种是采用下面介绍的弗洛伊德（Floyd）算法，此算法的时间复杂度仍为 $O(n^3)$，但比较简单。

1. 弗洛伊德算法思想

弗洛伊德算法的**基本思想**是，假设从 v_i 到 v_j 的弧（若从 v_i 到 v_j 没有弧，则将其弧的权值看成∞）是当前的最短路径，然后进行 n 次试探：

（1）比较 $v_i \longrightarrow v_j$ 和 $v_i \longrightarrow v_0 \longrightarrow v_j$ 的路径长度，取长度较短者为从 v_i 到 v_j 中间顶点的序号不大于 0 的最短路径；

（2）在路径上增加一个顶点 v_1，因为 $v_i \longrightarrow \cdots \longrightarrow v_1$ 和 $v_1 \longrightarrow \cdots \longrightarrow v_j$ 分别是中间顶点的序号不大于 0 的最短路径，则将 $v_i \longrightarrow \cdots \longrightarrow v_1 \longrightarrow \cdots \longrightarrow v_j$ 和已经得到的从 v_i 到 v_j 中间顶点的序号不大于 0 的最短路径进行比较，取长度较短者为从 v_i 到 v_j 中间顶点的序号不大于 1 的最短路径；

（3）一般情况下，在路径上增加一个顶点 v_k，若 $v_i \longrightarrow \cdots \longrightarrow v_k$ 和 $v_k \longrightarrow \cdots \longrightarrow v_j$ 分别是从 v_i 到 v_k 和从 v_k 到 v_j 中间顶点的序号不大于 $k-1$ 的最短路径，则将 $v_i \longrightarrow \cdots \longrightarrow v_k \longrightarrow \cdots \longrightarrow v_j$ 和已经得到的从 v_i 到 v_j 中间顶点的序号不大于 $k-1$ 的最短路径进行比较，取长度较短者为从 v_i 到 v_j 中间顶点的序号不大于 k 的最短路径；

（4）经过 n 次迭代后，最后求得的必是从 v_i 到 v_j 的最短路径。

2. 实现弗洛伊德算法的数据结构

图的存储结构：与迪杰斯特拉算法类似，采用邻接矩阵作为图 G 的存储结构。

每对顶点之间的最短路径长度：用二维数组 dist[n][n]（其基类型为权值类型 VRType）存放在迭代过程中从顶点 v_i 到顶点 v_j 的当前最短路径长度，初值为图的邻接矩阵，在迭代过程中，根据下式进行迭代：

$$\begin{cases} \text{dist}_{-1}[i][j] = G.\text{arcs}[i][j].\text{adj}, & 0 \leqslant i \leqslant n-1, 0 \leqslant j \leqslant n-1 \\ \text{dist}_k[i][j] = \min\{\text{dist}_{k-1}[i][j], \text{dist}_{k-1}[i][k] + \text{dist}_{k-1}[k][j]\}, & 0 \leqslant k \leqslant n-1 \end{cases}$$

其中，$\text{dist}_k[i][j]$ 是从顶点 v_i 到顶点 v_j 的中间顶点的序号不大于 k 的最短路径的长度。弗洛伊德算法要求对角元素的值为 0，因为两点相同，其距离为 0，所以在此算法中，$G.\text{arcs}[i][i].\text{adj} = 0$（$0 \leqslant i \leqslant n-1$）。

对于上面的计算公式，当 $i = j$ 时，变为

$$\text{dist}_k[i][i] = \min\{\text{dist}_{k-1}[i][i], \text{dist}_{k-1}[i][k] + \text{dist}_{k-1}[k][i]\} \qquad (0 \leqslant i \leqslant n-1)$$

若 $k = 0$，则 $\text{dist}_{k-1}[i][i] = G.\text{arcs}[i][i].\text{adj} = 0$，$\text{dist}_{-1}[i][0] + \text{dist}_{-1}[0][i]$ 必定大于等于 0，所以 dist_0 的对角线元素与 dist_{-1} 中的对角线元素一样，均为 0。同理，当 $k = 1, 2, \cdots, n-1$

时，$dist_k$ 中的对角线元素也均为 0。

对于上面的计算公式，当 $i=k$ 或 $j=k$ 时，分别变为

$$dist_k[k][j] = \min\{dist_{k-1}[k][j], dist_{k-1}[k][k] + dist_{k-1}[k][j]\} \qquad (0 \leqslant j \leqslant n-1)$$

$$dist_k[i][k] = \min\{dist_{k-1}[i][k], dist_{k-1}[i][k] + dist_{k-1}[k][k]\} \qquad (0 \leqslant i \leqslant n-1)$$

因 $dist_{k-1}[k][k] = 0$，所以 $dist_k[k][j]$ 和 $dist_k[i][k]$ 分别取上一次运算结果 $dist_{k-1}[k][j]$ 和 $dist_{k-1}[i][k]$ 的值，也就是说，矩阵 $dist_k$ 中的第 k 行和第 k 列上的元素均取上一次运算的结果。

每对顶点之间的最短路径： 用二维数组 path[n][n]（其类型为 int）的元素 path[i][j] 保存从源点 v_i 到终点 v_j 当前最短路径中的源点 v_i 的下一个顶点的序号，它的初值为终点 v_j 的序号 j。当找到一个中间点 k 使得 dist[i][j]＞dist[i][k]+dist[k][j] 成立时，v_i 到 v_j 的路径修改为 $v_i \rightarrow \cdots \rightarrow v_k \rightarrow v_j$，但是 dist[i][k] 的值是已知的，换句话说，就是 $v_i \rightarrow \cdots \rightarrow v_k$ 是已知的，所以 $v_i \rightarrow \cdots \rightarrow v_k$ 这条路径上 v_i 的下一个顶点的序号（path[i][k]）也是已知的，又因为修改的路径 $v_i \rightarrow \cdots \rightarrow v_k \rightarrow \cdots \rightarrow v_j$ 中 v_i 的下一个顶点的序号也是 path[i][k]，所以一旦不等式 dist[i][j]＞dist[i][k]+dist[k][j] 成立，就将 path[i][j] 置为 path[i][k] 的值。这样就可以找到从源点 v_i 终点 v_j 的路径。

对于图 7.24（a）所示的有向带权图，其弗洛伊德算法的迭代过程如下。

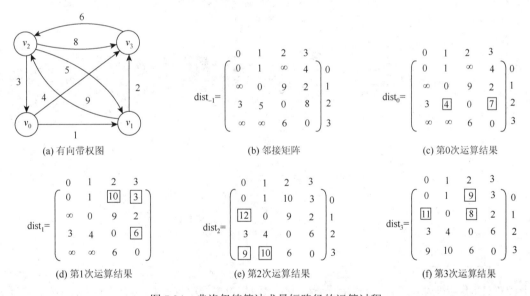

图 7.24 弗洛伊德算法求最短路径的运算过程

（1）令 k 取 0，即以 v_0 为新考虑的中间点，对图 7.24（b）所示 $dist_{-1}$ 中的每对顶点之间的路径长度进行必要的修改后得到第 0 次运算结果 $dist_0$，如图 7.24（c）所示。在 $dist_0$ 中，第 0 行和第 0 列上的元素与对角线上的元素一样为 $dist_{-1}$ 中的对应值，对于其他 6 个元素，若 v_i 通过新中间点 v_0 然后到 v_j 的路径长度 $dist_{-1}[i][0] + dist_{-1}[0][j]$ 小于原来的路径长度 $dist_{-1}[i][j]$，则用前者修改之，否则仍保持原值。因为 v_2 到 v_1 的路径长度 $dist_{-1}[2][1] = 5$，通过新中间点 v_0 后变短，即 $dist_{-1}[2][0] + dist_{-1}[0][1] = 4$，所以被修改为 4，对应的路径为

$v_2 \longrightarrow v_0 \longrightarrow v_1$；同样，$v_2$ 到 v_3 的路径长度通过新中间点 v_0 后也由 8 变为 7，所以被修改为 7，对应的路径为 $v_2 \longrightarrow v_0 \longrightarrow v_3$；剩余的 4 对顶点的路径长度，因加入 v_0 作为新中间点后仍不变短，所以保持原值不变。

（2）令 k 取 1，即以 v_1 为新考虑的中间点，对 dist_0 中的每对顶点之间的路径长度进行必要的修改后得到第 1 次运算结果 dist_1，如图 7.24（d）所示。在 dist_1 中，第 1 行和第 1 列上的元素与对角线上的元素一样为 dist_0 中的对应值，对于其他 6 个元素，若 v_i 通过新中间点 v_1 然后到 v_j 的路径长度 $\text{dist}_0[i][1] + \text{dist}_0[1][j]$ 小于原来的路径长度 $\text{dist}_0[i][j]$，则用前者修改之，否则仍保持原值。因为 v_0 到 v_2 的路径长度 $\text{dist}_0[0][2] = \infty$，通过新中间点 v_1 后变短，即 $\text{dist}_0[0][1] + \text{dist}_0[1][2] = 1 + 9 = 10$，所以被修改为 10，对应的路径为 $v_0 \longrightarrow v_1 \longrightarrow v_2$；$v_0$ 到 v_3 的路径长度通过新中间点 v_1 后也由 4 变为 3，所以被修改为 3，对应的路径为 $v_0 \longrightarrow v_1 \longrightarrow v_3$；$v_2$ 到 v_3 的路径长度通过新中间点 v_1 后也由 7 变为 6，所以被修改为 6，对应的路径为 $v_2 \longrightarrow v_0 \longrightarrow v_1 \longrightarrow v_3$；剩余的 3 对顶点的路径长度，因加入 v_1 作为新中间点后仍不变短，所以保持原值不变。

同理，分别以 $v_2(k = 2)$ 和 $v_3(k = 3)$ 为新考虑的中间点，对 dist_1 和 dist_2 中每对顶点的路径长度进行必要的修改，得到第 2 次运算的结果 dist_2 和第 3 次运算的结果 dist_3，如图 7.24（e）、（f）所示。其中，dist_3 就是最后得到的整个运算的结果，dist_3 中的每个元素 $\text{dist}_3[i][j]$ 的值就是图 7.24（a）中顶点 v_i 到 v_j 的最短路径长度。其最短路径保存在数组 path 中，图 7.25 给出了数组 path 的变化过程。

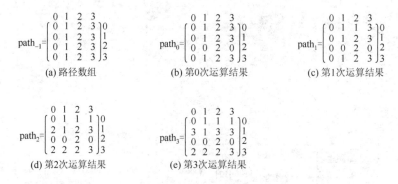

图 7.25　数组 path 的变化过程

通过以上分析可知，在每次运算中，对 $i = k$，$j = k$ 或 $i = j$ 的那些元素无须进行计算，因为它们不会被修改，对于其余元素，只有满足 $\text{dist}_{k-1}[i][k] + \text{dist}_{k-1}[k][j] < \text{dist}_{k-1}[i][j]$ 的元素才会被修改，即把小于号左边的两个元素之和赋给 $\text{dist}_k[i][j]$，在这两个元素中，前者是列号等于 k，后者是行号等于 k，所以它们在进行第 k 次运算的整个过程中值都不会改变，为上一次运算的结果，故每一次运算都可以在原数组上"就地"进行，即用新修改的值替换原值即可，不需要使用两个数组交替进行。

3. 弗洛伊德算法描述

根据以上分析，利用弗洛伊德算法求每对顶点之间的最短路径的算法描述如下。

算法 7.33

void Floyd(MGraph G,int path[][MAX_VERTEX_NUM],VRType dist[][MAX_VERTEX_NUM])

```
{ //用弗洛伊德算法求有向网 G 中每对顶点之间的最短路径 path[i][j]及带权路径长
度 dist[i][j],dist[i][j]存放顶点 vi 到 vj 的最短距离,path[i][j]保存从源点 vi 到终点 vj 当前最
短路径中的源点 vi 的下一个顶点的序号
    int i,j,k;
    for(i=0;i<G.vexnum;++i)
        for(j=0;j<G.vexnum;++j)
        {   dist[i][j]=G.arcs[i][j].adj;            //初值为 i 到 j 的直接距离
            path[i][j]=j;                           //初值为顶点 vj 的序号
        }
    for(k=0;k<G.vexnum;++k)
    {   for(i=0;i<G.vexnum;++i)
            for(j=0;j<G.vexnum;++j)
            {   if(i==k||j==k||i==j)continue;
                if(dist[i][j]>dist[i][k]+dist[k][j])    //得到新的最短路径长度值
                {   dist[i][j]=dist[i][k]+dist[k][j];   //更新最短路径长度值
                    path[i][j]=path[i][k]; //更新最短路径
                }
            }
    }
}//Floyd
```

显然，弗洛伊德算法的时间复杂度为 $O(n^3)$。

下面的程序是以图 7.24（a）所示的有向带权图为例，测试邻接矩阵存储结构下利用弗洛伊德算法求图中每对顶点间的最短路径的算法。

```
# include "stdlib.h"        //该文件包含 malloc()、realloc()和 free()等函数
# include "iomanip.h"       //该文件包含标准输入、输出流 cin 和 cout 及 setw()等
# include "string.h"        //该文件包含 C++中的串操作
# include "MGraph.h"        //该文件包含邻接矩阵数据对象的描述及相关操作

void main()
{
    int i,j,pre;
    MGraph g;
    int p[MAX_VERTEX_NUM][MAX_VERTEX_NUM];          //路径数组
    VRType d[MAX_VERTEX_NUM][MAX_VERTEX_NUM];       //路径长度数组
    CreateGraph_M(g);           //构造有向带权图 g
```

```
for(i=0;i<g.vexnum;++i)
    g.arcs[i][i].adj=0;          //Floyd()要求对角元素值为0,因为两点相同,其距离为0
PrintGraph_M(g);                 //输出有向带权图 g
Floyd(g,p,d);                    //求每对顶点间的最短距离
cout<<"弗洛伊德算法求解如下:"<<endl;
for(i=0;i<g.vexnum;++i)
        for(j=0;j<g.vexnum;++j)
{    if(i!=j)
        {    cout<<g.vexs[i].name<<"→"<<g.vexs[j].name<<":";
            if(d[i][j]==MAX_VALUE)
                    cout<<"不存在路径!"<<endl;
            else
            { cout<<"路径长度为"<<setw(3)<<d[i][j]<<"    ";
              cout<<"路径为:";
              pre=i;
              while(pre!=j)
              { cout<<g.vexs[pre].name<<",";
                  pre=p[pre][j];
              }
              cout<<g.vexs[pre].name<<endl;
            }
        }
}
DestroyGraph_M(g);                        //撤销有向带权图 g
}
```

程序执行后输出结果如下:

请输入图 G 的类型(有向图–0,有向带权图–1,无向图–2,无向带权图–3):1✓

请输入图 G 的顶点数,弧(边)数,弧(边)是否含相关信息(是:1 否:0):4 8 0✓

请输入 4 个顶点的值(名称小于 9 个字符):

v0 v1 v2 v3✓

请输入第 1 条弧(边)的弧尾(顶点 1)弧头(顶点 2):v0 v1✓

请输入权值:1✓

请输入第 2 条弧(边)的弧尾(顶点 1)弧头(顶点 2):v0 v3✓

请输入权值:4✓

请输入第 3 条弧(边)的弧尾(顶点 1)弧头(顶点 2):v1 v2✓

请输入权值:9✓

请输入第 4 条弧(边)的弧尾(顶点 1)弧头(顶点 2):v1 v3✓

请输入权值:2✓

请输入第 5 条弧(边)的弧尾(顶点 1)弧头(顶点 2):<u>v2 v0</u>✓

请输入权值:<u>3</u>✓

请输入第 6 条弧(边)的弧尾(顶点 1)弧头(顶点 2):<u>v2 v1</u>✓

请输入权值:<u>5</u>✓

请输入第 7 条弧(边)的弧尾(顶点 1)弧头(顶点 2):<u>v2 v3</u>✓

请输入权值:<u>8</u>✓

请输入第 8 条弧(边)的弧尾(顶点 1)弧头(顶点 2):<u>v3 v2</u>✓

请输入权值:<u>6</u>✓

4 个顶点 8 条弧的有向带权图。顶点依次是:v0　　v1　　v2　　v3

邻接矩阵为:

```
    0        1      32767      4
 32767       0        9        2
    3        5        0        8
 32767     32767      6        0
```

弗洛伊德算法求解如下:

v0→v1:路径长度为　1　路径为:v0,v1

v0→v2:路径长度为　9　路径为:v0,v1,v3,v2

v0→v3:路径长度为　3　路径为:v0,v1,v3

v1→v0:路径长度为　11　路径为:v1,v3,v2,v0

v1→v2:路径长度为　8　路径为:v1,v3,v2

v1→v3:路径长度为　2　路径为:v1,v3

v2→v0:路径长度为　3　路径为:v2,v0

v2→v1:路径长度为　4　路径为:v2,v0,v1

v2→v3:路径长度为　6　路径为:v2,v0,v1,v3

v3→v0:路径长度为　9　路径为:v3,v2,v0

v3→v1:路径长度为　10　路径为:v3,v2,v0,v1

v3→v2:路径长度为　6　路径为:v3,v2

7.7 拓 扑 排 序

7.7.1 拓扑排序的概念

通常人们把计划、施工过程、生产流程、软件开发等都当成一个工程,一个较大的工程经常被分成许多子工程,把这些子工程称作**活动**(activity)。在整个工程中,有些子工程(活动)必须在其他有关子工程完成之后才能开始,也就是说,一个子工程的开始是以它的所有前序子工程的结束为先决条件的,但有些子工程没有先决条件,可以安排在任何时间开始。为了形象地反映出整个工程中各个子工程(活动)之间的先后关系,可用一个有向图来表示，图中的顶点代表活动（子工程），图中的有向边代表活动的先后关系，即有向边的起点活动是终点活动的前序活动，只有当起点活动完成之后，其终点活动才能进行。通常，把这种顶点表示活动、边表示活动间先后关系的有向图称作**顶点表示活动的网**（activity on vertex network），简称 AOV 网。

　　例如，计算机专业的学生必须完成一系列规定的基础课和专业课，假设这些课程的名称与相应的代号如表 7.1 所示。

表 7.1　计算机专业课程

课程代号	课程名称	先修课程
C1	高等数学	无
C2	计算机导论	无
C3	离散数学	C1
C4	程序设计语言	C1、C2
C5	数据结构	C3、C4
C6	计算机原理	C2、C4
C7	数据库原理	C4、C5、C6

　　如果用课程代表活动，学习一门课程就表示进行一项活动，学习每门课程的先决条件是学完它的全部先修课程。例如，学习"数据结构"课程就必须安排在学完它的两门先修课程"程序设计语言"和"离散数学"之后，学习"高等数学"课程则可以随时安排，因为它是基础课程，没有先修课程。这种制约关系可用 AOV 网来表示，如图 7.26 所示。

　　一个 AOV 网应该是一个有向无环图，即不应该带有回路，因为若带有回路，则意味着某活动的开始要以自己的完成作为先决条件，这显然是不合理的。

　　在 AOV 网中，若不存在回路，则所有活动可排列成一个线性序列，使得每个活动的所有前驱活动都排在该活动的前面，把此序列叫作**拓扑序列**（topological order），由 AOV 网构造拓扑序列的过程叫作**拓扑排序**（topological sort）。AOV 网的拓扑序列不是唯一的，满足上述定义的任一线性序列都称作它的拓扑序列。例如，图 7.26 所示的 AOV 网的拓扑序列有 C1, C2, C4, C3, C5, C6, C7 和 C1, C3, C2, C4, C5, C6, C7 等。

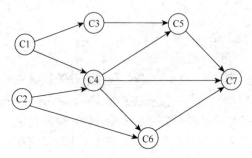

图 7.26　AOV 网建模

　　由 AOV 网构造出拓扑序列的实际意义是，如果按照拓扑序列中的顶点次序，在开始每一项活动时，能够保证它的所有前驱活动都已完成，从而使整个工程顺序进行，不会出现冲突的情况。

7.7.2　拓扑排序的算法

1. 拓扑排序的算法思想

　　由 AOV 网构造拓扑序列的拓扑排序的**基本思想**如下。

（1）从 AOV 网中选择一个入度为 0 的顶点并输出它。

（2）从 AOV 网中删除该顶点，并且删除该顶点的所有出边。

（3）重复上述两步，直到 AOV 网中不存在入度为 0 的顶点为止。

　　该算法的执行结果有两种：其一是输出全部的顶点序列，即拓扑序列；其二是输出的顶点数小于网中的顶点数，此时证明网中 "有回路"，输出"有回路"信息。

　　以图 7.27（a）所示为例，来说明拓扑排序算法的执行过程。

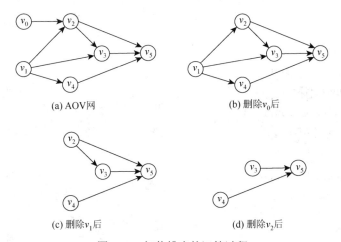

(a) AOV网　　　　　　　　　　(b) 删除v_0后

(c) 删除v_1后　　　　　　　　(d) 删除v_2后

图 7.27　拓扑排序的运算过程

　　（1）在图 7.27（a）中 v_0 和 v_1 的入度都为 0，不妨选择 v_0 并输出之，接着删去顶点 v_0 及出边<0, 2>，得到的结果如图 7.27（b）所示。

　　（2）在图 7.27（b）中只有一个入度为 0 的顶点 v_1，输出 v_1，接着删去 v_1 和它的三条出边<1, 2>、<1, 3>和<1, 4>，得到的结果如图 7.27（c）所示。

　　（3）在图 7.27（c）中 v_2 和 v_4 的入度都为 0，不妨选择 v_2 并输出之，接着删去 v_2 及两条出边<2, 3>和<2, 5>，得到的结果如图 7.27（d）所示。

　　（4）在图 7.27（d）上依次输出顶点 v_3、v_4 和 v_5，并在每个顶点输出后删除该顶点及出边，操作都很简单，不再赘述。

2. 实现拓扑排序算法的数据结构

　　图的存储结构：因为在拓扑排序的过程中，需要删除所有以某个顶点为尾的弧，这包含两个操作，其一是需要找到该顶点的所有出边，所以图采用邻接表存储；其二是删除所有以该顶点为尾的弧，在邻接表中对应的操作是将该顶点的所有邻接点的入度减 1。

顶点的入度：在拓扑排序过程中，需要在邻接表中查找入度为 0 的顶点。而在图的邻接表中对顶点入度的操作不方便，所以另外用一个一维数组 indegree[n]（其基类型为 int）存放每个顶点的入度。

辅助数据结构——零入度顶点栈：在执行拓扑排序的过程中，当某个顶点的入度为 0（没有前驱结点）时，就将此顶点输出，同时将该顶点的所有出边删除（将该顶点的所有邻接点的入度减 1），为了避免重复检测入度为 0 的顶点，可设置一个栈，凡是 AOV 网中入度为 0 的顶点都将入栈；输出入度为 0 的顶点只需将栈顶元素出栈即可。

3. 拓扑排序算法描述

根据以上分析，拓扑排序的算法描述如下。

算法 7.34

```
void FindInDegree(ALGraph G,int indegree[])
{       //求顶点的入度
    int i;
    ArcNode *p;
    for(i=0;i<G.vexnum;i++)                      //对于所有顶点
        indegree[i]=0;                           //给顶点的入度赋初值 0
    for(i=0;i<G.vexnum;i++)                      //对于所有顶点
    { p=G.vertices[i].firstarc;                  //p 指向顶点的邻接表的头指针
      while(p)//p 非空
      { indegree[p->adjvex]++;                   //将 p 所指邻接顶点的入度+1
        p=p->next;                               //p 指向下一个邻接顶点
      }
    }
}//FindInDegree
```

算法 7.35

```
bool TopologicalSort(ALGraph G,int v[])
{// 对用邻接表表示的有向图 G 进行拓扑排序,若 G 无回路,则数组 v 中保存图 G 的
顶点的一个拓扑序列并返回 true,否则返回 false
    int i,k,count=0;                             //已保存顶点数,初值为 0
    int indegree[MAX_VERTEX_NUM];                //入度数组,存放各顶点当前入度数
    SqStack S;                                   //零入度顶点栈 S
    ArcNode *p;
    FindInDegree(G,indegree);                    //对 G 的各顶点求入度 indegree[]
    InitStack_Sq(S);                             //初始化栈 S
    for(i=0;i<G.vexnum;++i)                       //对所有顶点 i
```

```
      if(!indegree[i])                              //若其入度为 0
          Push_Sq(S,i);                             //将 i 入栈 S
      while(!StackEmpty_Sq(S))                      //当栈 S 不空
    { Pop_Sq(S,i);                                  //出栈一个零入度顶点的序号,并将其赋给i
        v[count]=i;   //保存 i 号顶点
        ++count;                                    //已保存顶点数+1
        for(p=G.vertices[i].firstarc;p;p=p->next)   //对 i 号顶点的每个邻接顶点
        { k=p->adjvex;                              //其序号为 k
          if(!(--indegree[k]))                      //k 的入度减 1,若减为 0,则将 k 入栈 S
              Push_Sq(S,k);
        }
    }
      if(count<G.vexnum)                            //零入度顶点栈 S 已空,图 G 还有顶点未输出
          return false;
      else
          return true;
}//TopologicalSort
```

分析拓扑排序算法,对有 *n* 个顶点和 *e* 条弧的有向图而言,建立求各顶点的入度的时间复杂度为 $O(e)$;建零入度顶点栈的时间复杂度为 $O(n)$;在拓扑排序过程中,若有向图无回路,则每个顶点进一次栈、出一次栈、入度减 1 的操作在 while 中总共执行 *e* 次,所以总的时间复杂度为 $O(n + e)$。

假设有关拓扑排序的相关算法存放在头文件"TopologicalSort.h"中,下面的程序是以图 7.27(a)所示的有向图为例,在邻接表存储结构下利用拓扑排序算法求图中顶点的一个拓扑序列。

```
# include "stdlib.h"              //该文件包含 malloc()、realloc()和 free()等函数
# include "iomanip.h"             //该文件包含标准输入、输出流 cin 和 cout 及 setw()等
# include "string.h"              //该文件包含 C++中的串操作
# include "ALGraph.h"             //该文件包含邻接矩阵数据对象的描述及相关操作
typedef int ElemType;             //定义栈元素类型为整型(存储顶点序号)
# include "SqStack.h"             //该文件包含顺序栈数据对象的描述及相关操作
# include "TopologicalSort.h"     //该文件包含拓扑排序的相关操作
void main()
{
    ALGraph g;
    int i,v[MAX_VERTEX_NUM];
    CreateGraph_AL(g);            //构造有向图 g
    PrintGraph_AL(g);             //输出有向图 g
    if(TopologicalSort(g,v))      //输出有向图 g 的一个拓扑序列
```

```
    {   cout<<"此图的一个拓扑序列为:";
        for(i=0;i<g.vexnum;i++)
                cout<<setw(6)<<g.vertices[v[i]].data.name;
        cout<<endl;
        }
    else    cout<<"此有向图有回路。"<<endl;
    DestroyGraph_AL(g);        //撤销有向图 g
}
```

程序执行后输出结果如下:

请输入图 G 的类型(有向图–0,有向带权图–1,无向图–2,无向带权图-3):0✓

请输入图 G 的顶点数,弧(边)数:6 8✓

请输入 6 个顶点的值(名称小于 9 个字符):

v0 v1 v2 v3 v4 v5✓

请输入第 1 条弧(边)的弧尾(顶点 1)弧头(顶点 2):v0 v2✓

请输入第 2 条弧(边)的弧尾(顶点 1)弧头(顶点 2):v1 v2✓

请输入第 3 条弧(边)的弧尾(顶点 1)弧头(顶点 2):v1 v3✓

请输入第 4 条弧(边)的弧尾(顶点 1)弧头(顶点 2):v1 v4✓

请输入第 5 条弧(边)的弧尾(顶点 1)弧头(顶点 2):v2 v3✓

请输入第 6 条弧(边)的弧尾(顶点 1)弧头(顶点 2):v2 v5✓

请输入第 7 条弧(边)的弧尾(顶点 1)弧头(顶点 2):v3 v5✓

请输入第 8 条弧(边)的弧尾(顶点 1)弧头(顶点 2):v4 v5✓

有向图

6 个顶点,依次是:v0　　v1　　v2　　v3　　v4　　v5

8 条弧:

v0→v2

v1→v4　　v1→v3　　v1→v2

v2→v5　　v2→v3

v3→v5

v4→v5

此图的一个拓扑序列为:v1　　v4　　v0　　v2　　v3　　v5

7.8 关 键 路 径

7.8.1 关键路径的概念

与 7.7 节 AOV 网相对应的是 **AOE**（activity on edge）**网**，即边表示活动的网络。它与 AOV 网比较，更具有实用价值，通常用它表示一个工程的计划或进度。

AOE 网是一个有向带权图,图中的边表示**活动**(子工程),边上的权表示该活动的持续时间,即完成该活动所需要的时间;图中的顶点表示事件,每个事件是活动之间的转接点,即表示它的所有入边活动到此完成,所有出边活动从此开始。AOE 网中有两个特殊的顶点(事件),一个称作**源点**,表示整个工程的开始,即最早活动的起点,显然它只有出边,没有入边;另一个称作**汇点**,表示整个工程的结束,即最后活动的终点,显然它只有入边,没有出边。除这两个顶点外,其余顶点都既有入边,又有出边,是入边活动和出边活动的转接点。在一个 AOE 网中,若包含有 n 个事件,通常令源点为第 0 个事件(假定从 0 开始编号),汇点为第 $n-1$ 个事件,其余事件的编号(顶点序号)分别为 $1\sim n-2$。

如图 7.28 所示是一个 AOE 网,该网中包含有 11 项活动和 9 个事件。例如,边 $<v_0, v_1>$ 表示活动 a_1,持续时间(权值)为 6,若以天为单位,即 a_1 需要 6 天完成,它以 v_0 事件为起点,以 v_1 事件为终点;边 $<v_4, v_6>$ 和 $<v_4, v_7>$ 分别表示活动 a_7 和 a_8,它们的持续时间分别为 9 天和 7 天,它们均以 v_4 事件为起点,但分别以 v_6 和 v_7 事件为终点。该网中的源点和汇点分别为第 0 个事件 v_0 与最后一个事件 v_8,它们分别表示整个工程的开始和结束。

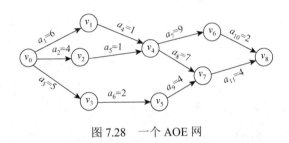

图 7.28　一个 AOE 网

对于一个 AOE 网,有待研究的问题如下。
(1)整个工程至少需要多长时间完成?
(2)哪些活动是影响工程进度的关键?

在 AOE 网中,从源点到汇点的所有路径中,具有最大路径长度的路径称为**关键路径**。完成整个工程的最短时间就是 AOE 网中关键路径的长度,也就是 AOE 网中关键路径上各活动持续时间的总和,把关键路径上的活动称为**关键活动**。

注意:在一个 AOE 网中,可以有不止一条的关键路径。

7.8.2　顶点事件的发生时间

在 AOE 网中,一个顶点事件的发生或出现必须在它的所有入边活动(或称前驱活动)都完成之后,也就是说,只要有一个入边活动没有完成,该事件就不可能发生。显然,一个事件的**最早发生时间**是它的所有入边活动,或者说最后一个入边活动刚完成的时间。同样,一个活动的开始必须在它的起点事件发生之后,也就是说,一个顶点事件没有发生时,它的所有出边活动(或称后继活动)都不可能开始。显然,一个活动的**最早开始时间**是它的起点事件的最早发生时间。

1. 事件 v_j 的最早发生时间和活动 a_i 的最早开始时间

若用 ve[j]表示顶点 v_j 事件的最早发生时间，用 $e[i]$ 表示 v_j 一条出边活动 a_i 的最早开始时间，则有 $e[i]$ = ve[j]。对于 AOE 网中的源点事件来说，因为它没有入边，所以随时都可以发生，整个工程的开始时间就是它的发生时间，即最早发生时间，通常把此时间定义为 0，即 ve[0] = 0，从此开始推出其他事件的最早发生时间。在图 7.28 所示的 AOE 网中，v_4 事件的发生必须在 a_4 和 a_5 活动都完成之后，而 a_4 和 a_5 活动的开始又必须分别在 v_1 和 v_2 事件的发生之后，v_1 和 v_2 事件的发生又必须分别在 a_1 和 a_2 活动的完成之后，因为 a_1 和 a_2 活动都起于源点，其最早开始时间均为 0，所以 a_1 和 a_2 的完成时间分别为 6 和 4，这也分别是 v_1 和 v_2 的最早发生时间，以及 a_4 和 a_5 的最早开始时间，故 a_4 和 a_5 的完成时间分别为 7 和 5，由此可知，v_4 事件的最早发生时间为 7，即所有入边活动中最后一个完成的时间。

从以上分析可知，一个事件的发生有待于它的所有入边活动的全部完成，而每个入边活动的开始和完成又有待于前驱事件的发生，而每个前驱事件的发生又有待于它们的所有入边活动的完成……总之，一个事件发生在从源点到该顶点的所有路径上的活动都完成之后，显然，其**最早发生时间应等于从源点到该顶点的所有路径上的最长路径长度**。例如，从源点 v_0 到顶点 v_4 共有两条路径，长度分别为 7 和 5，所以 v_4 的最早发生时间为 7。从源点 v_0 到汇点 v_8 有多条路径，通过分析可知，其最长路径长度为 18，所以汇点 v_8 的最早发生时间为 18。汇点事件的发生，表明整个工程中的所有活动都已完成，所以完成图 7.28 所对应的工程至少需要 18 天。

2. 事件 v_j 的最迟发生时间和活动 a_i 的最迟开始时间

在不影响整个工程按时完成的前提下，一些事件可以不在最早发生时间发生，而允许向后推迟一些时间发生，把最晚必须发生的时间叫作该事件的**最迟发生时间**。同样，在不影响整个工程按时完成的前提下，一些活动可以不在最早开始时间开始，而允许向后推迟一些时间开始，把最晚必须开始的时间叫作该活动的**最迟开始时间**。AOE 网中的任一个事件若在最迟发生时间仍没有发生或任一项活动在最迟开始时间仍没有开始，则必将影响整个工程的按时完成，使工期拖延。若用 vl[k]表示顶点 v_k 事件的最迟发生时间，用 $l[i]$ 表示 v_k 的一条入边<v_j, v_k>上活动 a_i 的最迟开始时间，用 dut(<v_j, v_k>)表示的持续时间，则有

$$l[i] = vl[k] - dut(<v_j, v_k>)$$

因为 a_i 活动的最迟完成时间也就是它的终点事件 v_k 的最迟发生时间，所以 a_i 的最迟开始时间应等于 v_k 的最迟发生时间减去 a_i 的持续时间，或者说，要比 v_k 的最迟发生时间提前 a_i 所需要的时间开始。

7.8.3　求关键路径的算法

要找出关键路径，必须先找出关键活动，而要找出关键活动 a_i，必须计算完成活动

a_i 的时间余量（活动 a_i 的最迟开始时间 $l[i]$ 和最早开始时间 $e[i]$ 的差额 $l[i]-e[i]$），它是在不增加完成整个工程所需的总时间的情况下，活动 a_i 可以拖延的时间。当一活动的时间余量为零时，说明该活动必须如期完成，否则就会拖延整个工程的进度。因此，关键活动就是时间余量为零的活动。

1. 事件 v_k 的最早发生时间的计算

求一个事件 v_k 的最早发生时间（从源点 v_0 到 v_k 的最长路径长度）的常用方法是，由它的每个前驱事件 v_j 的最早发生时间（从源点 v_0 到 v_j 的最长路径长度）分别加上相应入边 $<v_j, v_k>$ 上的权，其值最大者就是 v_k 的最早发生时间。由此可知，必须按照拓扑序列中的顶点次序（拓扑有序）求出各个事件的最早发生时间，才能保证在求一个事件的最早发生时间时，它的所有前驱事件的最早发生时间都已求出。

设 ve[k] 表示 v_k 事件的最早发生时间，ve[j] 表示 v_k 的一个前驱事件 v_j 的最早发生时间，dut($<v_j, v_k>$) 表示边 $<v_j, v_k>$ 上的权，p 表示 v_k 顶点所有入边的集合，则 AOE 网中每个事件 $v_k(0 \leqslant k \leqslant n-1)$ 的最早发生时间可由下式按照拓扑有序计算出来：

$$\text{ve}[k] = \max\{\text{ve}[j] + \text{dut}(<v_j, v_k>)\} \quad (1 \leqslant k \leqslant n-1, \quad <v_j, v_k> \in p, \text{ve}[0] = 0)$$

按照此公式和拓扑有序计算出的图 7.28 所示的 AOE 网中每个事件的最早发生时间如下。

$$\text{ve}[0] = 0$$
$$\text{ve}[1] = \text{ve}[0] + \text{dut}(<v_0, v_1>) = 6$$
$$\text{ve}[2] = \text{ve}[0] + \text{dut}(<v_0, v_2>) = 4$$
$$\text{ve}[3] = \text{ve}[0] + \text{dut}(<v_0, v_3>) = 5$$
$$\text{ve}[4] = \max\{\text{ve}[1] + \text{dut}(<v_1, v_4>), \ \text{ve}[2] + \text{dut}(<v_2, v_4>)\} = 7$$
$$\text{ve}[5] = \text{ve}[3] + \text{dut}(<v_3, v_5>) = 7$$
$$\text{ve}[6] = \text{ve}[4] + \text{dut}(<v_4, v_6>) = 16$$
$$\text{ve}[7] = \max\{\text{ve}[4] + \text{dut}(<v_4, v_7>), \ \text{ve}[5] + \text{dut}(<v_5, v_7>)\} = 14$$
$$\text{ve}[8] = \max\{\text{ve}[6] + \text{dut}(<v_6, v_8>), \ \text{ve}[7] + \text{dut}(<v_7, v_8>)\} = 18$$

最后，得到的 ve[8] 就是汇点的最早发生时间，从而可知整个工程至少需要 18 天完成。

2. 事件 v_j 的最迟发生时间的计算

为了保证整个工程的按时完成，把汇点的最迟发生时间定义为它的最早发生时间，即 vl[$n-1$] = ve[$n-1$]。其他**每个事件的最迟发生时间应等于汇点的最迟发生时间减去从该事件的顶点到汇点的最长路径长度**，或者说，每个事件的最迟发生时间比汇点的最迟发生时间所提前的时间应等于从该事件的顶点到汇点的最长路径上所有活动的持续时间之和。求一个事件 v_j 的最迟发生时间的常用方法是，由它的每个后继事件 v_k 的最迟发生时间分别减去相应出边 $<v_j, v_k>$ 上的权，其值最小者就是 v_j 的最迟发生时间。由此可知，必须按照逆拓扑有序求出各个事件的最迟发生时间，这样才能保证在求一个事件的最迟发生时间时，它的所有后继事件的最迟发生时间都已求出。

设 vl[j] 表示待求的 v_j 事件的最迟发生时间，vl[k] 表示 v_j 的一个后继事件 v_k 的最迟发生时间，$dut(<v_j, v_k>)$表示边$<v_j, v_k>$上的权，s表示v_j顶点的所有出边的集合，则 AOE 网中每个事件 $v_j(0 \leqslant j \leqslant n-1)$的最迟发生时间由下式按照逆拓扑有序计算出来：

$$vl[j] = \begin{cases} ve[n-1], & j = n-1 \\ \min\{vl[k] - dut(<v_j, v_k>)\}, & 0 \leqslant j \leqslant n-2, <v_j, v_k> \in s \end{cases}$$

按照此公式和逆拓扑有序计算出的图 7.28 所示的 AOE 网中每个事件的最迟发生时间如下。

$vl[8] = ve[8] = 18$

$vl[7] = vl[8] - dut(<v_7, v_8>) = 14$

$vl[6] = vl[8] - dut(<v_6, v_8>) = 16$

$vl[5] = vl[7] - dut(<v_5, v_7>) = 10$

$vl[4] = \min\{vl[7] - dut(<v_4, v_7>), vl[6] - dut(<v_4, v_6>)\} = 7$

$vl[3] = vl[5] - dut(<v_3, v_5>) = 8$

$vl[2] = vl[4] - dut(<v_2, v_4>) = 6$

$vl[1] = vl[4] - dut(<v_1, v_4>) = 6$

$vl[0] = \min\{vl[1] - dut(<v_0, v_1>), vl[2] - dut(<v_0, v_2>), vl[3] - dut(<v_0, v_3>)\} = 0$

3. 每个活动的最早开始时间和最迟开始时间的计算

AOE 网中每个事件的最早发生时间和最迟发生时间计算出来后，可根据它们计算出每个活动的最早开始时间和最迟开始时间。设事件 v_j 的最早发生时间为 $ve[j]$，它的一个后继事件 v_k 的最迟发生时间为 $vl[k]$，则边$<v_j, v_k>$上的活动 a_i 的最早开始时间 $e[i]$ 和最迟开始时间 $l[i]$ 的计算公式重新列出如下。

$$\begin{cases} e[i] = ve[j] \\ l[i] = vl[k] - dut(<v_j, v_k>) \end{cases}$$

根据此计算公式可计算出 AOE 网中每一个活动 a_i 的最早开始时间 $e[i]$、最迟开始时间 $l[i]$ 和时间余量 $l[i]-e[i]$。表 7.2 列出了图 7.28 中每个活动的这三个时间。

表 7.2　图 7.28 中每个活动的三个时间

a_i	a_1	a_2	a_3	a_4	a_5	a_6	a_7	a_8	a_9	a_{10}	a_{11}
$e[i]$	0	0	0	6	4	5	7	7	7	16	14
$l[i]$	0	2	3	6	6	8	7	7	10	16	14
$l[i]-e[i]$	0	2	3	0	2	3	0	0	3	0	0

其中，有些活动的时间余量不为 0，表明这些活动不在最早开始时间开始，至多向后拖延相应的时间余量所规定的时间开始也不会延误整个工程的进展。例如，对于活动 a_5，它最早可以从整个工程开工后的第 4 天开始，至多向后拖延 2 天，即从第 6 天开始。而有些活动的时间余量为 0，表明这些活动只能在最早开始时间开始，并且必须在持续时间内

按时完成,否则将拖延整个工期,这就是关键活动,由关键活动所形成的从源点到汇点的每一条路径都是关键路径。由图 7.28 中的关键活动构成的两条关键路径为 $v_0 \rightarrow v_1 \rightarrow v_4 \rightarrow v_6 \rightarrow v_8$ 和 $v_0 \rightarrow v_1 \rightarrow v_4 \rightarrow v_7 \rightarrow v_8$,如图 7.29 所示。

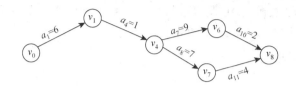

图 7.29 AOE 网的关键路径

求关键路径的**算法思想**如下。

(1)从源点 v_0 出发,令 ve[0] = 0,按拓扑序列求其余各顶点的最早发生时间 ve[i]($1 \leqslant i \leqslant n-1$)。如果得到的拓扑序列中顶点个数小于 AOE 网中的顶点数,则说明 AOE 网中存在环,不能求关键路径,算法终止,否则执行步骤(2)。

(2)从汇点 v_{n-1} 出发,令 vl[$n-1$] = ve[$n-1$],按照逆拓扑序列求其余各顶点的最迟发生时间 vl[i]($0 \leqslant i \leqslant n-2$)。

(3)根据各顶点的 ve 和 vl 值,求每条弧的最早开始时间 $e[i]$ 和最迟开始时间 $l[i]$($0 \leqslant i \leqslant e$,$e$ 为 AOE 网中的弧数)。若某条弧 a_i 满足条件 $e[i] = l[i]$,则 a_i 为关键活动。

求一个 AOE 网的关键路径后,可通过加快关键活动(缩短它的持续时间)来缩短整个工程的工期。但并不是加快任何一个关键活动都可以缩短整个工程的工期,只有加快那些包括在所有关键路径上的关键活动才能达到这个目的。例如,加快图 7.29 中关键活动 a_{11} 的速度,使之由 4 天完成变为 3 天完成,则不能使整个工程的工期由 18 天变为 17,因为另一条关键路径 $v_0 \rightarrow v_1 \rightarrow v_4 \rightarrow v_6 \rightarrow v_8$ 中不包括活动 a_{11},这只能使它所在的关键路径 $v_0 \rightarrow v_1 \rightarrow v_4 \rightarrow v_7 \rightarrow v_8$ 变为非关键路径。而活动 a_1 和 a_4 是包括在所有的关键路径中的,若活动 a_1 由 6 天变为 4 天完成,则整个工程的工期可由 18 天缩短为 16 天。另外,关键路径是可以变化的,提高某些关键活动的速度可能使原来的非关键路径变为新的关键路径,因而关键活动的速度提高是有限度的。例如,图 7.28 中关键活动 a_1 由 6 改为 4 后,路径 $v_0 \rightarrow v_2 \rightarrow v_4 \rightarrow v_6 \rightarrow v_8$ 和 $v_0 \rightarrow v_2 \rightarrow v_4 \rightarrow v_7 \rightarrow v_8$ 都变成了关键路径,此时,再提高 a_1 的速度也不能使整个工程的工期提前。

7.8.4 求关键路径的算法描述

下面给出用邻接表表示一个 AOE 网的求关键路径的算法描述。

算法 7.36

```
bool CriticalPath(ALGraph G)
{ //求以邻接表表示的有向网 G 的关键路径
    int i,j,k;
```

```
        ArcNode *p;
        int v[MAX_VERTEX_NUM];                //保存拓扑排序的顶点序列
        int ve[MAX_VERTEX_NUM];               //保存每个事件的最早发生时间
        int vl[MAX_VERTEX_NUM];               //保存每个事件的最迟发生时间
        if(!TopologicalSort(G,v))//调用拓扑排序算法,求有向网 G 的一个拓扑序列
        {   cout<<"此有向网有回路。"<<endl;
            return false;
        }
        else
        {   for(i=0;i<G.vexnum;i++)           //求每个事件的最早发生时间
                ve[i]=0;
            for(i=0;i<G.vexnum;i++)
            {   j=v[i];
                p=G.vertices[j].firstarc;     //p 指向顶点的邻接表的头指针
                while(p)
                {   k=p->adjvex;
                    if(ve[k]<ve[j]+p->info->weight)
                        ve[k]=ve[j]+p->info->weight;
                    p=p->next;
                }
            }
            for(i=0;i<G.vexnum;i++)           //求每个事件的最迟发生时间
                vl[i]=ve[G.vexnum-1];
            for(i=G.vexnum-1;i>=0;i--)
            {   j=v[i];
                p=G.vertices[j].firstarc;     //p 指向顶点的邻接表的头指针
                while(p)
                {   k=p->adjvex;
                    if(vl[j]>vl[k]-p->info->weight)
                        vl[j]=vl[k]-p->info->weight;
                    p=p->next;
                }
        }
    for(i=0;i<G.vexnum;i++)                   //求关键活动
        {   p=G.vertices[i].firstarc;         //p 指向顶点的邻接表的头指针
            while(p)
            {   j=p->adjvex;
                cout<<G.vertices[i].data.name<<"→"<<G.vertices[j].data.name;
```

```
            cout<<"    最早开始时间:"<<ve[i]<<",";//输出 ak 的最早开始时间
            cout<<"最迟开始时间:"<<vl[j]-p->info->weight<<"    ";
//输出 ak 的最迟开始时间
            if(vl[j]-p->info->weight==ve[i])cout<<"关键活动！";
            }
            cout<<endl;
            p=p->next;
        }
      }
    }
    return true;
}//CriticalPath
```

分析求关键路径的算法，对有 n 个顶点和 e 条弧的有向网而言，求拓扑序列的时间复杂度为 $O(n+e)$，求每个事件的最早发生时间和最迟发生时间的时间复杂度均为 $O(n+e)$，求每个活动的最早开始时间和最迟开始时间的时间复杂度为 $O(n+e)$，所以总的求关键路径的时间复杂度为 $O(n+e)$。

下面的程序以图 7.28 所示的有向网为例，测试邻接表存储结构下求关键路径的算法。

```
# include "stdlib.h"          //该文件包含 malloc()、realloc()和 free()等函数
# include "iomanip.h"         //该文件包含标准输入、输出流 cin 和 cout 及 setw()等
# include "string.h"          //该文件包含 C++中的串操作
# include "ALGraph.h"         //该文件包含邻接矩阵数据对象的描述及相关操作
typedef int ElemType;         //定义栈元素类型为整型(存储顶点序号)
# include "SqStack.h"         //该文件包含顺序栈数据对象的描述及相关操作
# include "TopologicalSort.h" //该文件包含拓扑排序的相关操作

void main()
{
    ALGraph g;
    int v[MAX_VERTEX_NUM];
    CreateGraph_AL(g);                          //构造有向网 g
    PrintGraph_AL(g);                           //输出有向网 g
    CriticalPath(g);                            //输出有向网 g 的关键活动
    DestroyGraph_AL(g);                         //撤销有向网 g
}
```

程序执行后输出结果如下：
请输入图 G 的类型(有向图–0,有向网–1,无向图–2,无向带权图–3):<u>1</u>↙
请输入图 G 的顶点数,弧(边)数:<u>9 11</u>↙
请输入 6 个顶点的值(名称小于 9 个字符):

v0 v1 v2 v3 v4 v5 v6 v7 v8↙
请输入第 1 条弧(边)的弧尾(顶点 1)弧头(顶点 2):v0 v1↙
请输入弧(边)的信息:6↙
请输入第 2 条弧(边)的弧尾(顶点 1)弧头(顶点 2):v0 v2↙
请输入弧(边)的信息:4↙

请输入第 3 条弧(边)的弧尾(顶点 1)弧头(顶点 2):v0 v3↙
请输入弧(边)的信息:5↙
请输入第 4 条弧(边)的弧尾(顶点 1)弧头(顶点 2):v1 v4↙
请输入弧(边)的信息:1↙
请输入第 5 条弧(边)的弧尾(顶点 1)弧头(顶点 2):v2 v4↙
请输入弧(边)的信息:1↙
请输入第 6 条弧(边)的弧尾(顶点 1)弧头(顶点 2):v3 v5↙
请输入弧(边)的信息:2↙
请输入第 7 条弧(边)的弧尾(顶点 1)弧头(顶点 2):v4 v6↙
请输入弧(边)的信息:9↙
请输入第 8 条弧(边)的弧尾(顶点 1)弧头(顶点 2):v4 v7↙
请输入弧(边)的信息:7↙
请输入第 9 条弧(边)的弧尾(顶点 1)弧头(顶点 2):v5 v7↙
请输入弧(边)的信息:4↙
请输入第 10 条弧(边)的弧尾(顶点 1)弧头(顶点 2):v6 v8↙
请输入弧(边)的信息:2↙
请输入第 11 条弧(边)的弧尾(顶点 1)弧头(顶点 2):v7 v8↙
请输入弧(边)的信息:4↙
有向带权图
9 个顶点,依次是:v0   v1   v2   v3   v4   v5   v6   v7   v8
11 条弧:

    v0→v3:5   v0→v2:4   v0→v1:6

    v1→v4:1

    v2→v4:1

    v3→v5:2

    v4→v7:7   v4→v6:9

    v5→v7:4

    v6→v8:2

    v7→v8:4

v0→v3   最早开始时间:0,最迟开始时间:3
v0→v2   最早开始时间:0,最迟开始时间:2

v0→v1 最早开始时间:0,最迟开始时间:0   关键活动!

v1→v4 最早开始时间:6,最迟开始时间:6   关键活动!

v2→v4 最早开始时间:4,最迟开始时间:6

v3→v5 最早开始时间:5,最迟开始时间:8

v4→v7 最早开始时间:7,最迟开始时间:7   关键活动!

v4→v6 最早开始时间:7,最迟开始时间:7   关键活动!

v5→v7 最早开始时间:7,最迟开始时间:10

v6→v8 最早开始时间:16,最迟开始时间:16   关键活动!

v7→v8 最早开始时间:14,最迟开始时间:14   关键活动!

本 章 小 结

对于本章的学习要抓住一条主线:图的逻辑结构 → 图的存储结构 → 图的应用举例。对于图的逻辑结构,要从图的定义出发,抓住要点,在与线性表的定义和树的定义比较的基础上,深刻理解图结构的逻辑特征,通过具体实例理解图的基本术语,在与树的遍历进行比较的基础上,从逻辑上掌握图的遍历操作,并理解图的抽象数据类型的定义。对于图的存储结构,以如何表示图中顶点之间的逻辑关系为出发点,掌握图的不同存储结构及它们之间的关系,并学会在实际问题中修改存储结构。在理解图的存储结构和遍历操作的基础上,基于邻接矩阵和邻接表存储结构实现图的遍历操作。

图有很多重要应用,典型应用有最小生成树、最短路径、拓扑排序及关键路径等,针对这些重要应用提出了许多典型的算法,这构成了本章的难点,对这些典型算法进行学习,首先要把握其基本思想,其次要掌握算法的执行过程,再次要分析算法采用的存储结构和引入的辅助数据结构,最后要掌握具体的算法描述。

习 题 7

一、选择题

1. 在一个图中,所有顶点的度数之和等于所有边数的_____倍。

A. 1/2   B. 1   C. 2   D. 4

2. 在一个有向图中,所有顶点的入度之和等于所有顶点的出度之和的_____倍。

A. 1/2   B. 1   C. 2   D. 4

3. 一个有 n 个顶点的无向图最多有_____条边。

A. n B. $n(n-1)$ C. $n(n-1)/2$ D. $2n$

4. 具有 4 个顶点的无向完全图的边数是_____。

A. 6   B. 12   C. 16   D. 20

5. 在一个具有 n 个顶点的无向图中,要连通全部顶点至少需要的边数是_____。

A. n B. $n+1$ C. $n-1$ D. $n/2$

6. 对于一个具有 n 个顶点的无向图，若采用邻接矩阵表示，则该矩阵的大小是_____。

A. n　　　　　　　　B. $(n-1)^2$　　　　　　C. $n-1$　　　　　　D. n^2

7. 若用邻接表存储的图的深度优先遍历算法类似于二叉树的_____。

A. 先序遍历　　　　　B. 中序遍历　　　　　C. 后序遍历　　　　　D. 按层遍历

8. 判定一个有向图是否存在回路除了可以利用拓扑排序方法外，还可以利用_____。

A. 求关键路径的方法　　　　　　　　　　B. 求最短路径的 Dijkstra 方法

C. 广度优先遍历算法　　　　　　　　　　D. 深度优先遍历算法

9. 下列说法中不正确的是_____。

A. 图的遍历过程中每一顶点仅被访问一次

B. 遍历图的基本方法有深度优先遍历和广度优先遍历两种

C. 图的深度优先遍历的方法不适用有向图

D. 图的深度优先遍历是一个递归过程

10. 含 n 个顶点的连通图中的任意一条简单路径，其长度不可能超过_____。

A. 1　　　　　　　　B. $n/2$　　　　　　　C. $n-1$　　　　　　D. n

11. 设无向图 G=(V,E) 和 G'=(V',E')，如 G' 为 G 的生成树，则下列说法中不正确的是_____。

A. G' 为 G 的连通分量　　　　　　　　B. G' 为 G 的无环子图

C. G' 为 G 的子图　　　　　　　　　　D. G' 为 G 的极小连通子图且 V'=V

12. 下面的叙述中，不正确的是_____。

A. 关键活动不按期完成就会影响整个工程的完成时间

B. 任何一个关键活动提前完成，将使整个工程提前完成

C. 所有关键活动都提前完成，则整个工程将提前完成

D. 某些关键活动若提前完成，将使整个工程提前完成

13. 关键路径是事件顶点网络中_____。

A. 从源点到汇点的最长路径　　　　　B. 从源点到汇点的最短路径

C. 最长的回路　　　　　　　　　　　D. 最短的回路

14. 一个有 n 个顶点的无向连通图，它所包含的连通分量个数为_____。

A. 0　　　　　　　　B. 1　　　　　　　　C. n　　　　　　　D. $n+1$

15. 对于一个有向图，若一个顶点的入度为 k1，出度为 k2，则对应逆邻接表中该顶点单链表中的结点数为_____。

A. k1　　　　　　　　B. k2　　　　　　　　C. k1-k2　　　　　　D. k1+k2

二、填空题

1. 设有一稀疏图，则采用_____存储比较节省空间。

2. 有向图和无向图的区别是_____。

3. Prim 算法适用于_____图；而用 Kruskal 算法适用于_____图。

4. 图的逆邻接表存储结构只适合于_____图。

5. 在无向图 G 的邻接矩阵 A 中，若 A[i][j] 等于 1，则 A[j][i] 等于 _____。

6. 已知一个图的邻接矩阵表示，计算第 i 个结点的入度的方法是 _____
_____。

7. 已知一个图的邻接矩阵表示，删除所有从第 i 个结点出发的边的方法是 _____
_____。

8. n 个顶点的连通图用邻接矩阵表示时，该矩阵至少有 _____ 个非零元素。

9. 如果 G 是一个具有 n 个顶点的连通无向图，那么 G 最多有 _____ 条边，最少有
_____ 条边；如果 G 是一个具有 n 个顶点的强连通无向图，那么 G 最多有 _____ 条边，
最少有 _____ 条边；如果 G 是一个具有 n 个顶点的弱连通无向图，那么 G 最多有 _____
条边，最少有 _____ 条边。

10. 遍历图的实质是 _____，广度优先遍历图的时间
复杂度为 _____，深度优先遍历图的时间复杂度为 _____，两者不同之处在
于 _____，反映在数据结构上的差别是 _____。

11. 若一个连通图中每个边上的权值均不同，则得到的最小生成树是 _____ 的。

12. 对无向图，若它有 n 个顶点 e 条边，则其邻接表中需要 _____ 个顶点。其中，_____
个结点构成邻接表，_____ 个结点构成顶点表。

13. 一个连通图的 _____ 是一个极小连通子图。

14. 若无向图 G 的顶点度数最小值大于等于 _____ 时，G 至少有一条回路。

15. 一个图的 _____ 表示法是唯一的，而 _____ 表示法是不唯一的。

三、简述题

1. 简述无向图和有向图有哪几种存储结构，并说明各种结构在图中的不同操作（图
的遍历，有向图的拓扑排序等）中有什么样的优越性？

2. 一个带权无向图的最小生成树是否一定唯一？在什么情况下构造的最小生成树可
能不唯一。

3. 已知图 G=(V，E)，其中 V={a,b,c,d,e,f,g}，E={<a,b>,<a,g>,<b,g>,<c,b>,<d,c>,<d,f>,
<e,d>,<f,a>,<f,e>,<g,c>,<g,d>,<g,f>}，请画出图 G，并用图 G 的邻接矩阵、邻接表、十字
邻接表和边集数组表示。

4. 用广度优先遍历和深度优先遍历对图 7.30 所示的图 G 进行遍历（从顶点 v_0 出发），
给出遍历序列。

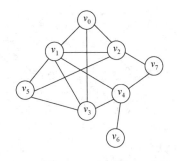

图 7.30　无向图 G

5. 对于如图 7.31 所示的带权无向图 G，用图示说明：

（1）利用普里姆算法从顶点 v_0 开始构造最小生成树的过程；

（2）利用克鲁斯卡尔算法始构造最小生成树的过程。

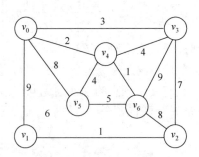

图 7.31　无向带权图 G

6. 对于图 7.32 所示的有向带权图 G，利用狄克斯特拉算法求出从源点 v_0 到其余各顶点的最短路径及其长度，并写出在算法执行过程中，每求得一条最短路径后，当前从源点到其余各顶点的最短路径及其长度的变化情况。

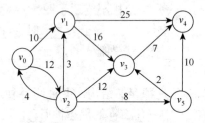

图 7.32　有向带权图 G

7. 对于如图 7.33 所示有向图 G，设在其邻接表表示中，各顶点及其邻接点的顺序是按照顶点顶点序号从小到大排列。

（1）写出利用拓扑排序算法得到的拓扑序列；

（2）如果在拓扑排序算法中，用一个队列来表示栈，那么得到的拓扑序列又是什么？

（3）输出从顶点 v_0 开始，利用 DFS 遍历该图得到的逆拓扑序列。

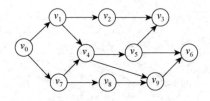

图 7.33　有向图 G

8. 对于如图 7.34 所示的 AOE 网：

（1）求出各个事件 v_j 的最早发生时间 ve[j]和最迟发生时间 vl[j]，并回答完成整个工程最少需要的时间是多少？

（2）计算各个活动 a_i 的最早开始时间 e[i] 和最迟开始时间 l[i]，找出所有的关键活动及关键路径。

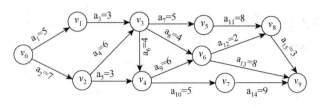

图 7.34 一个 AOE 网

9. 一个地区的通讯网如图 7.35 所示，边表示城市间的通讯线路，边上的权表示架设线路花费的代价，如何选择能沟通每个城市且总代价最省的 $n-1$ 条线路。画出所有可能的选择。

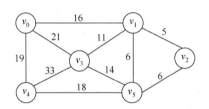

图 7.35 无向图

10. 有一带权无向图的顶点集合为 $\{v_0,v_1,v_2,v_3,v_4,v_5,v_6,v_7\}$，已知其邻接矩阵的三元组表示如图 7.36 所示。

（1）请画出该无向图的邻接表；

（2）画出所有可能的最小生成树；

（3）写出从 v_0 到 v_1 的最短路径。

i	8	1	1	2	2	2	3	3	4	4	4	5	5	5	6	6	6	7	7	8
j	8	2	5	1	6	8	4	5	6	3	5	7	1	3	4	2	3	7	4	6	2
e	20	12	2	12	3	5	8	2	4	8	10	8	2	2	10	3	4	8	7	5

图 7.36 三元组表

四、算法设计题

1. 在图的邻接表结构存储结构上，编写一个实现连通图 G 的深度优先遍历（从顶点 v 出发）的非递归算法。

2. 假设图采用邻接表存储，编写一个函数利用深度优先遍历求出无向图中通过给定顶点 v 的简单回路。

3. 在图的广度优先遍历算法中，如果以一个整型数组 vexno[n] 作为队列存储空间，请改写图的广度优先算法，使得算法结束后，图的广度优先遍历序列的顶点序号依次保存在数组 vexno[n]中。假设图采用邻接表存储。

4. 假设无向图以邻接表存储，设计一个算法判定 G 是否连通。若连通返回 true；否则返回 false。

5. 试以邻接表为存储结构，分别设计基于 DFS 和 BFS 遍历的算法来判别顶点 i 和顶点 j(i≠j)之间是否有路径的算法。

6. 设已给出图的邻接矩阵，要求将图的邻接矩阵转换为邻接表，试实现其算法。

第 8 章 查 找

8.1 查找的基本概念

查找（search）就是在数据元素（或记录）构成的集合中找出满足给定条件的数据元素（或记录）。若集合中存在这样的一个记录，则称查找是成功的，此时查找的结果为给出整个记录的信息，或者指示该记录在集合中的位置；若集合中不存在这样的记录，则称查找不成功，此时查找的结果可给出一个"空"记录或"空"指针。

例如，职工花名册存放着全体职工的记录，每个记录包括职工号、姓名、年龄、性别、籍贯、住址等数据信息，而要按职工号或姓名查找职工的有关信息，就是数据的查找问题。这里给定的条件可以是职工号或职工姓名。

由上可见，"查找"是在众多数据元素（或记录）中找出某个"特定的"数据元素（或记录），这个特定的条件涉及**关键字**的概念。

关键字（key）是数据元素（或记录）中某个数据项的值，用它可以标识（识别）一个数据元素（或记录）。若此关键字可以唯一地标识一个记录，则称此关键字为**主关键字**。反之，则称用以标识若干记录的关键字为**次关键字**。

例如，职工花名册中的职工号、职工姓名、年龄、性别、籍贯、住址等都是数据项，其中职工号、职工姓名（假定无同名同姓的职工）为主关键字，它的值能唯一地确定一个职工记录。性别、籍贯、年龄为次关键字，因为相同年龄的职工记录很多，而有时又需要用次关键字查找，如查找全体女职工记录等。

静态查找只查找某个特定的记录是否存在于给定的记录集合中，不涉及插入和删除操作。通常这种查找采用顺序存储结构，因为它不需要插入或删除记录，此时采用顺序结构可以最大限度地节省存储空间。

动态查找不但要查找记录集合中是否存在某个特定的记录，而且当查找不成功时，要将被查找的记录插入记录集合中，或者当查找成功时，要将其内容进行修改或把它从记录集合中删去。这种查找常采用链式结构（如树），因为它要进行插入和删除操作，此时采用链式结构可以减少插入和删除记录所花的时间。

作为查找对象的记录集合的结构不同，其查找方法一般也不同。但无论是哪一种方法，其查找过程都是用给定值与记录的关键字按照一定的次序进行比较的过程，比较次数的多少就是相应算法的时间复杂度，它是衡量一个查找算法优劣的重要指标。

对于一个查找算法的时间复杂度，常采用**平均查找长度**（ASL），即关键字的平均比较次数来表示。对 n 个记录进行查找，查找成功时平均查找长度为

$$ASL = \sum_{i=1}^{n} C_i P_i$$

其中，C_i 为查找第 i 个记录所需的比较次数，P_i 为查找第 i 个记录的概率。若不特别指明，均认为查找每个元素的概率相同，即每个 P_i 均为 $1/n$，则平均查找长度的计算公式可简化为

$$\text{ASL} = \frac{1}{n}\sum_{i=1}^{n} C_i$$

查找一般是通过关键字的比较而进行的操作，因而查找算法只与数据元素的关键字有关，与其他域无关。不失一般性，在本节及以后各节的讨论中，涉及的关键字和数据元素的类型统一说明如下。

关键字类型定义为

typedef int KeyType;

数据元素类型定义为

typedef struct

{

KeyType key;　　　　　　　　　　//关键字域

　⋮　　　　　　　　　　　　　　//其他域

}ElemType;

8.2　静　态　查　找

静态查找主要有顺序查找、二分查找、索引查找。在本章的讨论中，顺序存储结构采用一维数组 A 表示，其元素类型为 ElemType，并假定一维数组 A 的大小为整型常量 MaxSize，该数组中所含元素的个数为 n（$n \leqslant$ MaxSize）。

8.2.1　顺序查找

顺序查找（sequential search）又称**线性查找**，它是一种最简单的查找技术，它从表中的一端开始，依次将每个元素的关键字与给定值 key 进行比较，若某个元素的关键字等于给定值 key，则表明查找成功；反之，若所有元素都比较完毕，仍找不到关键字为 key 的元素，则表明查找失败。

顺序查找可应用于顺序表或线性链表，在顺序表中，查找成功时返回元素所在的下标，查找失败时返回–1；在线性链表中，查找成功时返回元素所在结点的地址，查找失败时返回空指针（NULL）。本节中只讨论顺序查找在顺序表中的实现，在线性链表中的实现由读者自己去完成。下面是顺序查找的算法描述。

算法 8.1（a）

```
int SearchSeq(ElemType A[],int n,KeyType key)
{//在 A[0]~A[n-1]中顺序查找关键字为 key 的元素,查找成功时返回其下标,
```

否则返回-1
```
    int i=0;
    while(i<n&&A[i].key! =key)i++;
    if(A[i].key==key)return i;
    else return-1;
}//SearchSeq
```
这上面这个算法中，while 循环语句中包含两个检测条件，若要提高查找的速度，应尽可能地把检测条件减少。对该算法的一个改进，就是在表的尾端设置一个"岗哨"，即在查找之前，将给定值的关键字 key 赋给 $A[n]$.key，这样在循环时就不需要检查下标是否越界，当比较到第 n 个位置时，由于 $A[n]$.key = = key 必然成立，将自然退出循环。改进的算法描述如下。

算法 8.1（b）
```
int SearchSeq(ElemType A[],int n,KeyType key)
{//在 A[0]~A[n-1]中顺序查找关键字为 key 的元素,查找成功时返回其下标,
否则返回-1
    int i=0;
    A[n].key=key;//设置岗哨
    While(A[i].key! =key)i++;
    If(i>=n)return-1;
    else return   i;
}//SearchSeq
```
假设顺序表中每个记录的查找概率相同，即 $P_i = 1/n(i = 1,2,\cdots,n)$，查找表中第 i 个记录所需进行的比较次数为 $C_i = i$。因此，顺序查找算法查找成功时的平均查找长度为

$$ASL_{seq} = \sum_{i=1}^{n} (P_i \times C_i) = \sum_{i=1}^{n} \left(\frac{1}{n} \times i \right) = (n+1)/2$$

在查找失败时，比较次数为 $n + 1$，所以顺序查找的时间复杂度为 $O(n)$。

实践证明，设置"岗哨"这个改进，在表长大于 1000 时，进行一次顺序查找的时间几乎减少一半。

顺序查找的优点是算法简单而且使用面广，对表中元素的有序性、存储结构都没有任何要求。但是其查找效率较低。

为了尽量提高查找速度，一种方法是，在已知各元素的查找频率不等的情况下，可以改变元素的存储次序，把查找频率高的元素尽可能放到序列的前面，而把查找频率低的元素放到序列的后面，从而降低查找的平均比较次数（平均查找长度）；另一种方法是，在事先未知各元素的查找概率的情况下，每次查找一个元素时，将它与前驱元素对调位置，这样操作一段时间后，查找频率高的元素就会被逐渐前移，从而达到减少平均查找长度的目的。

8.2.2　二分查找

　　二分查找（binary search）又称为**折半查找**，作为二分查找对象的数据集合必须是顺序存储的有序表，通常假定有序表按关键字从小到大排序。它是一种效率较高的查找方法，查找时不是从第 1 个记录开始逐个顺序搜索，而是每次把给定值 key 与中间位置元素的关键字进行比较，其**基本思想**为，首先取整个有序表 A[0]~A[n−1] 的中间元素 A[mid][其中，mid = (n−1)/2]的关键字与给定值 key 进行比较，若 key = A[mid].key，则查找成功，返回该元素的下标 mid；若 key<A[mid].key，则表明关键字为 key 的元素只可能存在于左子表 A[0]~A[mid−1]中，接着只要在左子表中继续进行二分查找即可；若 key>A[mid].key，则表明关键字为 key 的元素只可能存在于右子表 A[mid + 1]~A[n−1]中，接着只要在右子表中继续进行二分查找即可。这样，经过一次关键字的比较，查找空间就缩小了一半，如此进行下去，直至新的区间中间位置元素的关键字等于给定值 key 或者当前查找区间为空（表明查找失败）时为止。

　　从二分查找的基本思想可知，二分查找的过程是递归的，其递归的算法描述如下。

算法 8.2（a）

```
int SearchBin(ElemType A[],int low,int high,KeyType key)
{//在有序表 A[low]~A[high]中二分递归查找关键字为 key 的元素,low 和
high 的初值分别为 0 和 n-1
  int mid;
  if(low>high)return-1;
  mid=(low+high)/2;                        //取待查区间中间位置元素的下标
  if(A[mid].key==key)return mid;           //查找成功返回元素的下标
  if(key<A[mid].key)                       //在左子表上继续查找
    return SearchBin1(A,low,mid-1,key);
  else   return SearchBin1(A,mid+1,high,key);  //在右子表上继续查找
}//SearchBin
```

很容易地把二分查找的递归算法改写成不使用栈的非递归算法，其算法描述如下。

算法 8.2（b）

```
int SearchBin(ElemType A[],int n,KeyType key)
{//在有序表 A[0]~A[n-1]中二分查找关键字为 key 的元素
    int low=0,high=n-1,mid;                   //待查区间的下界、上界和中间位置
    while(low<=high)
    {  mid=(low+high)/2;                      //取待查区间中间位置元素的下标
       if(A[mid].key==key)return mid;         //查找成功返回元素的下标
       else if(A[mid].key<key)low=mid+1;      //修改区间上界
            else high=mid-1;                  //修改区间下界
    }
```

```
    return-1;                        //查找区间为空,返回-1,表示查找失败
}//SearchBin
```

　　设顺序表中有 10 个记录，它们的关键字依次为{6,8,14,17,27,34,45,66,74,89}，当给定值 key 分别为 8 和 70 时，进行二分查找的过程分别如图 8.1（a）和（b）所示。图中用"↑"分别标出当前 low、mid 和 high 的位置。

```
下标   0     1     2     3     4     5     6     7     8     9
       6     8     14    17    27    34    45    66    74    89
       ↑low                          ↑mid                    ↑high

       6     8     14    17    27    34    45    66    74    89
       ↑low  ↑mid        ↑high
```

(a) 查找key=8的过程(两次比较后查找成功)

```
       6     8     14    17    27    34    45    66    74    89
       ↑low                          ↑mid                    ↑high

       6     8     14    17    27    34    45    66    74    89
                                     ↑low        ↑mid         ↑high

       6     8     14    17    27    34    45    66    74    89
                                                 low↑ ↑mid    ↑high

       6     8     14    17    27    34    45    66    74    89
                                                 high↑        ↑low
```

(b) 查找key=70的过程(三次比较后查找失败)

图 8.1　二分查找过程

　　二分查找过程通常可用一个二叉判定树来表示,二叉判定树的根结点是有序表中序号为 mid = (n−1)/2 的元素，根结点的左子树是与有序表 $A[0]\sim A[\text{mid}-1]$ 相对应的二叉判定树，根结点的右子树是与有序表 $A[\text{mid} + 1]\sim A[n-1]$ 相对应的二叉判定树。对于图 8.1 中所给的长度为 10 的有序表，它的二叉判定树如图 8.2 所示。图中圆形结点表示内部结点，

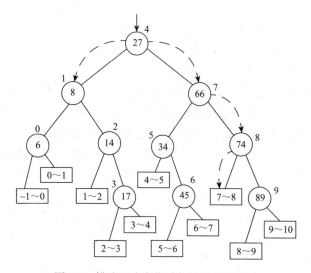

图 8.2　描述二分查找过程的二叉判定树

方形结点表示外部结点。内部结点中的值为对应元素的关键字，结点上面的数字为对应元素在表中的位置，外部结点中的两个值表示查找不成功时给定值在表中所对应的位置范围，附加的带箭头的虚线表示查找一个元素的路径。

本例中，在进行查找时，首先要进行比较的元素为 $A[4]$，因此该二叉判定树的根结点表示为④。若 key = $A[4]$.key，查找成功；若 key<$A[4]$.key，则沿着根结点的左子树继续和下层结点相比较；若 key>$A[4]$.key，则沿着根结点的右子树继续和下层结点相比较。一次成功的查找走的是一条从根结点到树中某个内部结点的路径，它所需要的比较次数为关键字等于给定值的结点在二叉树上的层数。因此，一次成功的查找所需的比较次数最多不超过对应的二叉判定树深度。例如，查找关键字为 8 的元素所走的路径为④→①，所进行的比较次数为 2。一次不成功的查找走的是一条从根结点到某个外部结点的路径，所需的比较次数等于该路径上内部结点的个数。例如，查找关键字为 70 的记录所走的路径为④→⑦→⑧→ 7~8 ，所进行的比较次数为 3。因此，二分查找在查找不成功时所需的比较次数最多也不超过对应的二叉判定树的深度。

假设深度为 k 的二叉判定树中有 n 个结点（为方便起见，假设 $n = 2^k-1$），且每个记录的查找概率相等，则二分查找的平均查找长度为

$$ASL = \sum_{i=1}^{n}(C_i \times P_i) = \frac{1}{n}\sum_{j=1}^{k}(j \times 2^{j-1}) = \frac{n+1}{n}\log_2(n+1) - 1$$

对任意的 n，当 n 较大（$n>50$）时，可有下列近似结果：

$$ASL \approx \log_2(n+1) - 1$$

从分析的结果可以看出，二分查找法的平均查找长度小，查找速度快，尤其当 n 值较大时，它的查找效率较高。但为此付出的代价是需要在查找之前将顺序表按元素关键字的大小排序，这种排序过程也需要花费不少的时间，所以二分查找只适用于顺序存储的有序表，不适用于链式存储的有序表。

8.2.3　索引查找

索引查找（index search）又称为**分级查找**。它在日常生活中有着广泛的应用。例如，在汉语字典中查找汉字时，若知道读音，则先在音节表中查找到对应正文中的页码，然后再在正文同音字中查找出待查的汉字；若知道字形，则先在部首表中根据字的部首查找到对应检字表中的页码，再在检字表中根据字的笔画数查找到对应正文中的页码，最后在此页码中查找出待查的汉字。其中，整个字典就是索引查找的对象，字典的正文是字典的主要部分，称为主表，检字表、部首表和音节表都是为方便查找主表而建立的索引，所以称为索引表。检字表以主表为查找对象，即通过检字表查找主表，而部首表又以检字表为查找对象，即通过部首表查找检字表，所以称检字表为一级索引，即对主表的索引，称部首表为二级索引，即对一级索引的索引。若用计算机进行索引查找，则与上面人工查找过程相同，只不过对应的表（包括主表和各级索引表）被存放在计算机的存储器中罢了。

在计算机中进行索引查找也需要为主表建立各级索引表，索引表的级数和数量不受限制，可根据具体需要确定。但在本节的讨论中，只考虑包含一级索引的情况。当然，对于

包含多级索引的情况，也可以进行类似的分析。需要特别指出，索引存储结构是数据组织的一项很重要的存储技术，在数据库、信息组织与检索等领域有着广泛的应用。

在计算机中，索引查找是在线性表的索引存储结构的基础上进行的。索引存储的基本思想是，首先把**主表**按照一定的函数关系或条件划分成若干个逻辑上的**子表**，并为每个子表分别建立一个索引项，由所有这些索引项构成主表的一个**索引表**。索引表中的每个索引项通常包含三个域（至少包含前两个域）：一是索引值域（index），用来存储标识对应子表的索引值，它相当于元素的关键字，在索引表中由此索引值唯一标识一个索引项，即唯一标识一个子表；二是子表的开始位置（start），用来存储对应子表的第一个元素的位置信息，从此位置出发可以依次访问到子表中的所有元素；三是子表的长度域（length），用来存储对应子表的元素个数。

索引查找的基本过程是，首先根据给定索引值 key_1，在索引表上查找出索引值等于 key_1 的索引项，以确定对应子表在主表中的开始位置和长度，然后再根据给定的关键字 key_2，在对应的子表中查找出关键字等于 key_2 的元素。对索引表和子表进行查找时，若表是顺序存储的有序表，则既可以用顺序查找，也可以用二分查找，否则只能进行顺序查找。

分块查找（blocking search）是一种常见的索引查找，它要求索引表必须有序，则主表或者有序或者分块有序。"分块有序"指的是主表中前一个子表（子表又称为块）中的最大关键字必须小于后一个子表的最小关键字，但每个块中元素的排列次序可以是任意的，它还要求索引表中每个索引项的索引值域用来存储对应块中的最大关键字。由分块查找对主表和索引表的要求可知，索引表是一个有序表；主表中的关键字域和索引表中的索引值域具有相同的数据类型，即关键字所属的数据类型。

分块查找中对于主表的划分常有两种方法，即等长划分和不等长划分。在等长划分中，每个块的长度是相等的（最后一个块的长度可能小于等于块长），所以索引项中不需要存储子表的长度域，这种索引表称作**等长索引表**；而在不等长划分中，每个块的长度是不一定相等的，所以索引项中需要存储子表的长度域，这种索引表称作**不等长索引表**。例如，图 8.3（a）是一个等长索引表结构图，图 8.3（b）是一个不等长索引表结构图。作为示意，图中只标出了主表中的 key 域值，其他的域名和域值均未标出。

图 8.3（b）中，在主表的每个子表后都预留有空闲空间，则索引存储也便于进行插入和删除操作，因为其运算过程只涉及索引表和相应的子表，只需要对相应子表中的元素进行比较和移动，与其他任何子表无关，因此，不等长索引表不仅适用于静态查找，而且适用于动态查找。

分块查找的基本思想是，首先根据所给的关键字 key 在索引表中进行查找，从中查找出大于或等于 key 的那个索引项，从而找到待查块，然后再在这个待查块中查找关键字为 key 的元素（若存在的话）。因为索引表是有序的，所以可以采用二分查找或其他查找算法，而块内的查找可根据原始记录是否有序来确定查找算法。

例如，根据图 8.3（b）查找关键字为 40 的记录，首先比较 40 和第 1 个索引值 14，因为 40＞14，所以继续比较 40 和第 2 个索引值 28，40 仍大于 28，再继续比较 40 和第 3 个索引值 44，因 40＜44，说明要查找的记录只可能在第 3 号块中。这时由第 3 个索引项的 start 值找到第 3 号块中第一个记录在数组 A 中的位置，然后由此开始，在数组 A 中顺序向

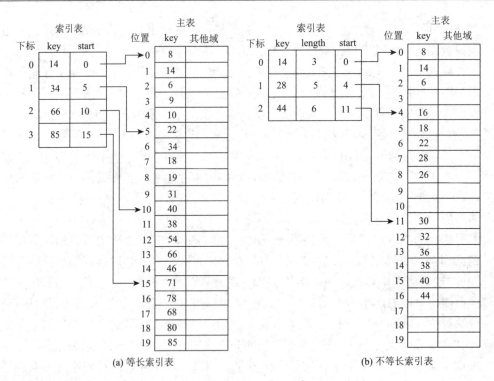

图 8.3　索引表结构图

后查找，当查到该块中的第 5 个记录时，发现该记录的关键字是 40，因此，查找成功。

在图 8.3（b）所示的存储结构中，索引表中的每个索引项记录了每块中最大的关键字、每块的长度和该块的起始地址，因而索引表中每一条索引的数据类型可描述如下。

```
typedef struct {
    KeyType key;
    int length;
    int start;
}indextype;
```

若索引表各元素顺序存放在数组 indexlist 中，索引表的长度为 m，主表中各元素存放在数组 A 中。另外，在索引表中采用二分查找，在主表中采用顺序查找法，则分块查找的算法描述如下。

算法 8.3

```
int SearchBlock(ElemType A[],KeyType key,indextype indexlist[], int m)
{//利用主表 A 和大小为 m 的索引表 indexlist 分块查找关键字为 key 的元素
    int i,j,low=0,high=m-1,mid;
    while(low<=high)                //在索引表中二分查找
    {   mid=(low+high)/2;
        if(key==indexlist[mid].key){i=mid;break;}
        else if(key<indexlist[mid].key)high=mid-1;
```

```
            else low=mid+1;
    }
    if(low>high)i=low;
    if(i==m)return-1;                    //若 i 等于 m,则表明查找失败
    else
    {j=indexlist[i].start;              //在第 i 个子表中顺序查找关键字为 key 的元素
      while(j<indexlist[i].start+indexlist[i].length &&key!  =A[j].key)j++;
      if(key==A[j].key)return j;
        else return-1;
    }
}//SearchBlock
```

分块查找的过程分为两部分,一部分是在索引表中确定待查元素所在的块,另一部分是在块里寻找待查的元素。因此,分块查找的比较次数等于查找索引表的比较次数和查找相应子表的比较次数之和。假定将长度为 n 的表均匀地分成 m 块,每块含有 s 个元素,即 $m=\lceil n/s\rceil$;又假定表中每个元素的查找概率相等,则每块的查找概率为 $1/m$,块内各记录的查找概率为 $1/s$。若在索引表内对块的查找和在块内对元素的查找均采用顺序查找法,则分块查找的平均查找长度为

$$\text{ASL} = \frac{1}{m}\sum_{j=1}^{m} j + \frac{1}{s}\sum_{i=1}^{s} i = \frac{m+1}{2} + \frac{s+1}{2} = \frac{1}{2}\left(\frac{n}{s}+s\right)+1$$

由此可见,分块查找时的平均查找长度不但与表的长度 n 有关,而且与每一块中元素的个数 s 有关。在给定 n 的前提下,s 是可以选择的。由数学知识可知,当 $m=n/m$($m=\sqrt{n}$ 时,此时子表的长度 s 也等于 $\sqrt{n}$)时,平均查找长度最小,即 $\sqrt{n}+1$。

若用二分查找确定所在块,则分块查找的平均查找长度为

$$\text{ASL} \approx \log_2\left(\frac{n}{s}+1\right) + \frac{1}{s}\sum_{i=1}^{s} i = \log_2\left(\frac{n}{s}+1\right) + \frac{s+1}{2}$$

从上述分析结果可以看出,分块查找是介于顺序查找和二分查找之间的一种查找方法,它的速度要比顺序查找法的速度快,但付出的代价是增加辅助存储空间和将顺序表分块排序;同时,它的速度要比二分查找法的速度慢,但好处是不需要对全部记录进行排序。

8.3 动态查找

前面介绍的几种查找算法主要适用于顺序表结构,并且对表中的记录只进行查找,而不做插入或删除操作,也就是说只做静态查找。如果要进行动态查找,即不但要查找记录,还要不断地插入或删除记录,那么就需要花费大量的时间移动表中的记录,显然,顺序表中的动态查找效率是很低的,动态查找一般在树结构中进行,其主要有二叉排序树、平衡二叉树、B_树和 B$^+$ 树等。

8.3.1　二叉排序树

1. 二叉排序树的定义

二叉排序树（binary sort tree），又称二叉查找树，它或者是一棵空树，或者是具有下列性质的二叉树：①若它的左子树不空，则左子树上所有结点的值均小于它的根结点的值；②若它的右子树不空，则右子树上所有结点的值均大于它的根结点的值；③左、右子树也均为二叉排序树。

由二叉排序树的定义可知，在一棵非空的二叉排序树中，其结点的关键字是按照左子树、根和右子树排序的，所以对它进行中序遍历得到的结点序列必然是一个有序序列，如图 8.4 所示就是一棵二叉排序树，对其进行中序遍历得到的结点序列为 9，12，35，40，146，190，381，394，410，445，476，540，600，760，800。

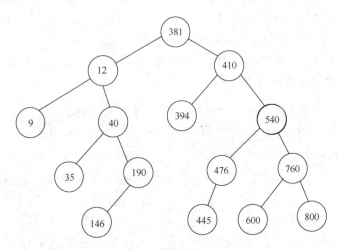

图 8.4　二叉排序树

2. 二叉排序树的查找操作

构造二叉排序树并非是为了排序，而是用它来加速查找。在一般的二叉树中进行查找时，必须按照某种搜索法遍历树中结点，直到找到该结点为止；若查找失败，则必须遍历完整棵树。而在一棵非空的二叉排序树中查找给定值 key 时，只需要寻访从根结点到某一个叶子结点之间的路径即可。具体过程是，首先将给定值 key 和根结点的关键字进行比较，若相等，则查找成功；若 key 小于根结点的关键字，则继续在根的左子树中查找；若 key 大于根结点的关键字，则继续在根的右子树中查找。显然，这个查找过程与有序顺序表的二分查找过程非常相似，相应地，在二叉排序树中查找某个数据元素是否存在的算法也有递归和非递归两种。这里只给出非递归的查找算法。

通常采用二叉链表作为二叉排序树的存储结构，这里采用第 6 章的二叉链表 **BiTree** 作为二叉排序树的结点结构，其中 **TElemType** 定义为

typedef ElemType TElemType;

二叉排序树的查找过程如算法 8.4（a）所示。

算法 8.4（a）

BiTree SearchBST(BiTree T,KeyType key)

{//在二叉排序树 T 中查找其关键字等于 key 的元素,若查找成功,则返回指向该数据元素结点的指针,否则返回空指针

    BiTree p=T;

    while(p&&p->data.key!=key)

      if(key<p->data.key)p=p->lchild;   //沿左子树查找

      else   p=p->rchild;   //沿右子树查找

    return p;

}//SearchBST

在二叉排序树上进行查找的过程中，给定值 key 与树中结点比较的次数最少为一次（树根结点就是待查的结点），最多为树的深度，所以平均查找次数要小于等于树的深度。

3. 二叉排序树的插入操作

二叉排序树是一种动态树结构，其特点是，树的结构通常不是一次生成的，而是在查找过程中，当树中不存在关键字等于给定值的结点时再进行插入。新插入的结点一定是一个新添加的叶子结点，并且是查找不成功时查找路径上访问的最后一个结点的左孩子或右孩子结点。

在二叉排序树中插入新的结点时，必须要保证插入之后的二叉树仍然是二叉排序树。因此，插入时，必须首先找出合适的插入位置。实际上，待插入元素结点的位置是二叉排序树中查找不成功时查找路径上访问的最后一个结点的左孩子或右孩子，也就是说，只有当查找失败时，才将新结点插到适当位置，这个适当位置是算法 8.4（a）查找失败时指针 p 所指的结点的双亲结点。因而，可将上述查找算法改写成算法 8.4（b），即不仅记下查找的结果位置，还记下查找结果位置的双亲结点位置。

算法 8.4（b）

bool SearchBST(BiTree T,KeyType key,BiTree &f,BiTree &p)

{//在二叉排序树 T 中查找其关键字等于 key 的元素,指针 f 指向该数据元素结点的双亲,若查找成功,则指针 p 指向该数据元素结点,并返回 true,否则指针 p 为 NULL,并返回 false

    f=NULL;

    p=T;

    while(p&&p->data.key!=key)

    if(key<p->data.key){f=p;p=p->lchild;}

    else   {f=p;p=p->rchild;}

    if(!p)return false;

    else return true;

}//SearchBST

插入算法的基本思想是，首先调用查找函数 SearchBST(T,key,f,p)，若查找失败，即 p==NULL 时，动态生成关键字为 key 的新结点 r：①若二叉排序树为空，则新产生的结点为根结点；②若 key 小于*f 的关键字，则新产生的结点作为*f 的左孩子，否则作为*f 的右孩子。其算法描述如下。

算法 8.5

```
bool InstrtBST(BiTree &T,KeyType key)
{//在二叉排序树 T 中插入关键字为 key 的结点,插入成功返回 true,否则返回 false
    BiTree p,f,r;
    if(! SearchBST(T,key,f,p))              //查找关键字为 key 的结点,查找失败
    { r=(BiTree)malloc(sizeof(BiTNode));    //创建待插入的结点
        r->data.key=key;
        r->lchild=NULL;
        r->rchild=NULL;
        if(! T)T=r;                         //二叉排序树为空,新结点作为根结点
        else if(key<f->data.key)f->lchild=r;//被插入结点为左孩子
                else f->rchild=r;           //被插入结点为右孩子
        return   true;                      //成功插入
    }
    else return false;                      //插入失败
}//InstrtBST
```

4. 二叉排序树的构造操作

构造二叉排序树的过程是从空的二叉排序树开始，依次向二叉排序树中插入结点的过程，也就是重复调用二叉排序树的插入操作的过程，其算法描述如下。

算法 8.6

```
void CreateBST(BiTree &T,ElemType test[],int n)
{
    T=NULL;
    For(int i=0;i<n;i++)
     InstrtBST(T,test[i].key);
}//CreateBST
```

在构造二叉排序树的过程中，插入结点的次序不同，所构造的二叉排序树的形状就不同。因此，对于同一个记录集合，可以有不同的二叉排序树的形式，而不同的二叉排序树可能具有不同的深度。

5. 二叉排序树的删除操作

二叉排序树的删除比插入要复杂一些,因为被插入的结点都是被链接到树中的叶子结点上,因而不会破坏树的原有结构,也就是说,不会破坏树中原有结点的链接关系,而从

二叉排序树中删除结点（元素）则不同，它可能删除的是叶子结点，也可能删除的是分支结点，当删除分支结点时，就破坏了原有结点的链接关系，需要重新修改指针，使得删除后的二叉树仍然是一棵二叉排序树。

不失一般性，设待删除的结点为指针 p 所指向的结点，其双亲结点为指针 f 所指向的结点，根据二叉排序树的结构特征，可以将删除操作分成以下四种情况来考虑。

（1）待删除结点*p 是叶子结点。

直接删除该结点，即将被删除结点的双亲结点的相应指针域置空，如删除图 8.5（a）中叶子结点⑩时，把结点⑦的右指针域置空。

（2）待删除结点*p 只有左子树，而无右子树。

直接将其左子树的根结点放到被删除结点的位置，如删除图 8.5（b）中结点㊳时，只需将结点㉚放到结点㊳所在的位置。

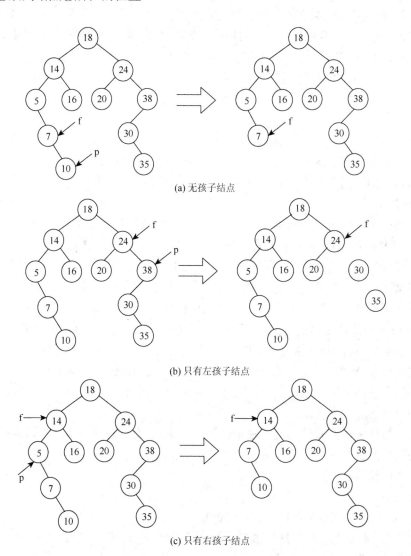

(a) 无孩子结点

(b) 只有左孩子结点

(c) 只有右孩子结点

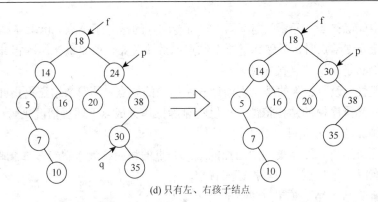

(d) 只有左、右孩子结点

图 8.5　二叉排序树的删除

（3）待删除结点*p 只有右子树，而无左子树。

与（2）类似，直接将其右子树的根结点放到被删除结点的位置，如删除图 8.5（c）中结点⑤时，只需将结点⑦放到结点⑤所在的位置。

（4）待删除结点*p 同时有左、右子树。

这种情况下的删除操作一般有两种方法。

方法一

将*p 的任意一棵子树的根结点放到被删除结点的位置，然后将另一棵子树的结点重新插入。这种删除方法的缺点是，使二叉排序树的结构发生了变化并有可能增加其深度。因此，通常采用下面介绍的第二种方法。

方法二

从被删除结点的某个子树中找出一个结点（假设由指针 q 指向该结点），其值能代替*p 的值，这样就可以用*q 的值去替换*p 的值，然后再删除结点*q。

由于必须使二叉排序树的结构不发生巨大变化的同时保持二叉排序树的特性，不是任意一个值都可以替换*p 的值。这个值应该是大于*p 的最小值，或者是小于*p 的最大值。由二叉排序树的特性可知，大于*p 的最小值应该是结点*p 的右子树中的最左下结点，而小于*p 的最大值应该是结点*p 的左子树中的最右下结点。以*q 为大于*p 的最小值为例，此时删除结点*q 只需简单地把*q 的双亲结点中原来指向*q 的指针改为指向*q 的右孩子（*q 肯定没有左孩子，否则它不是值最小的结点）。例如，删除图 8.5（d）中结点㉔时，用结点㉔的右子树中的最小值 30 替换 24，然后将结点㉚的右孩子结点㉟作为结点㊳的左孩子。

从二叉排序树中删除结点的算法描述见算法 8.7，在算法 8.7 中，将删除叶子结点的情况归类到删除结点只有左孩子或只有右孩子的情况中，因为在这两种情况中都包含了删除叶子结点的情况。

算法 8.7

```
bool DeleteBST(BiTree &T,KeyType key)
 {//在 T 为根结点的二叉排序树中删除关键字为 key 的结点,并返回 true,否则返回 false
   BiTree p,f,q,r;
```

```
    if(! SearchBST(T,key,f,p))return false;        //未找到待删除元素
    if(! p->lchild)                                 //待删除结点无左子树
    {   if(! f)T=p->rchild;                         //*p 是根结点,则用右孩子替换它
        else if(f->lchild==p)                       //*p 是双亲结点的左孩子,则用其右孩
子替换它
                    f->lchild=p->rchild;
        else if(f->rchild==p)                       //*p 是双亲结点的右孩子,则用其右孩
子替换它
                    f->rchild=p->rchild;
        free(p);                                    //释放 p 所指结点的存储空间
    }
    else if(! p->rchild)                            //待删除结点无右子树
    {   if(! f)T=p->lchild;                         //*p 是根结点,则用左孩子替换它
        else if(f->lchild==p)                       //*p 是双亲结点的左孩子,则用其左孩
子替换它
                    f->lchild=p->lchild;
            else if(f->rchild==p)                   //*p 是双亲结点的右孩子,则用其左孩
子替换它
                    f->rchild=p->lchild;
        free(p);                                    //释放 p 所指结点的存储空间
    }
    else                                            //待删除结点的左、右子树均不为空
    {q=p->rchild;
        if(!q->lchild) f->lchild=q
        else
            while(q->lchild)                        // 查找*p 的右子树中最左边的结点*q,*r
为*q 的双亲
            {   r=q;
                q=q->lchild;
            }
            p->data=q->data;                        // 用*q 的 data 域替换*p 的 data 域
            r->lchild=q->rchild;                    // *q 的右孩子作为*r 的左孩子
            free(q);                                // 释放我 q 所指结点的存储空间
    }
    return true;
}//DeleteBST
```

假设二叉排序树的相关操作存放在头文件"SearchTree.h"中,则可用下面的程序测试二叉排序树的有关操作。

```
# include"iomanip.h" //该文件包含标准输入、输出流 cin 和 cout 及 setw()等
typedef int KeyType;//定义关键字类型为整型
typedef struct {
        KeyType key;
}ElemType;                              //查找集合中数据元素类型
typedef ElemType TElemType;            //二叉排序树中元素类型
# include "stdlib.h"
//该文件包含 malloc()、realloc()和 free()等函数
typedef struct BiTNode {
    TElemType data;                    //结点的值
    struct BiTNode *lchild;            //左孩子指针
    struct BiTNode *rchild;            //右孩子指针
}BiTNode,*BiTree;
# include "SearchTree.h"               //该文件包含二叉排序树的相关操作


void InOrderBiTree(BiTree BT,void Visit(TElemType))
  {//中序递归遍历二叉树 BT
    if(BT)                             //BT 不空
    { InOrderBiTree(BT->lchild,Visit); //中序遍历左子树
    Visit(BT->data);//访问根结点
    InOrderBiTree(BT->rchild,Visit);   //中序遍历右子树
    }
  }//InOrderBiTree


void Visit(TElemType e)                //访问函数定义为输出操作
{
    cout<<e.key<<' ';
}


void main()
{
    BiTree root,f,p;
    ElemType test[11]={18,14,24,5,16,20,38,7,30,10,35};
    KeyType key;
    CreateBST(root,test,11);
    cout<<endl<<"---中序遍历二叉排序树---"<<endl;
    InOrderBiTree(root,Visit);
    cout<<endl<<"请输入一个待查找的数据：";
```

```
    cin>>key;
    if(SearchBST(root,key,f,p))
    {   cout<<"查找成功!"<<endl;
        if(p->lchild)cout<<"其左孩子是:"<<p->lchild->data.key;
          else cout<<"无左孩子!";
            if(p->rchild )cout<<",其右孩子是: "<<p->rchild->data.key;
            else cout<<",无右孩子! ";
    }
    else
        cout<<"查找失败! "<<endl;
cout<<endl<<"请输入一个待插入结点的数据: ";
cin>>key;
if(InstrtBST(root,key))
    cout<<"插入成功! "<<endl;
else
    cout<<"插入失败! "<<endl;
cout<<"---中序遍历插入后的二叉排序树---"<<endl;
InOrderBiTree(root,Visit);
cout<<endl<<"请输入一个待删除结点的数据: ";
cin>>key;
if(DeleteBST(root,key))
    cout<<"删除成功! "<<endl;
else
    cout<<"删除失败! "<<endl;
cout<<"---中序遍历删除后的二叉排序树---"<<endl;
InOrderBiTree(root,Visit);
}
```

程序执行后输出结果如下:

---中序遍历二叉排序树---

5 7 10 14 16 18 20 24 30 35 38

请输入一个待查找的数据: 14✓

查找成功!

其左孩子是: 5,其右孩子是: 16

请输入一个待插入结点的数据: 33✓

插入成功!

---中序遍历插入后的二叉排序树---

5 7 10 14 16 18 20 24 30 33 35 38

请输入一个待删除结点的数据: 24✓

删除成功!

---中序遍历删除后的二叉排序树---

5 7 10 14 16 18 20 30 33 35 38

6. 二叉排序树的性能分析

由前面的讨论可知，在二叉排序树中进行插入和删除操作的主体部分是查找，因此，二叉排序树的查找效率也就表示了二叉排序树上各个操作的性能。在二叉排序树上查找关键字等于给定值的结点的过程，恰好走了一条从根结点到该结点的路径，与给定值的比较次数等于给定值的结点在二叉排序树中的层数，比较次数最少为 1 次，最多不超过树的深度。对深度为 k 有 n 个结点的二叉排序树来说，若每个数据的查找概率相等，则二叉排序树的平均查找长度是结点深度的函数，即

$$\text{ASL} = \frac{1}{n}\sum_{i=1}^{n}C(i) = \frac{1}{n}\sum_{i=1}^{k}(2^{i-1} \times i) \approx \log_2(n+1)$$

但是，当二叉排序树是一棵单分支退化树时，其平均查找长度与有序顺序表的平均查找长度相同，即

$$\text{ASL} = \frac{1}{n}\sum_{i=1}^{n}i = \frac{n+1}{2}$$

因此，二叉排序树的平均查找长度不仅和结点的个数 n 有关，更为重要的是和树的形态有关。在最坏的情况下，二叉排序树的平均查找长度为 $O(n)$，在一般情况下，二叉排序树的平均查找长度为 O($\log_2 n$)。

8.3.2　平衡二叉树

虽然在二叉排序树上实现的插入、删除和查找等基本操作的时间复杂度均为 $O(\log_2 n)$，但二叉排序树有一个缺陷，那就是树的结构事先无法预料，随意性很大，它只与结点的值和插入次序有关，往往得到的是一棵很不"平衡"的二叉树，即树的高度可能会大于平均值 $O(\log_2 n)$，在最坏的情况下，有可能变为一棵单支二叉树，其高度与结点数相同，相当于一个单链表，其运算的时间复杂度由 $O(\log_2 n)$ 增至 $O(n)$，从而部分或全部地丧失了利用二叉排序树组织数据的优点。为了克服二叉排序树的这个缺陷，需要在插入和删除结点时对树的结构进行必要的调整，使二叉排序树的高度始终保持为结构始终处于一种较平衡的状态。

平衡二叉树（balanced binary tree）有很多种，较为著名的有 AVL **树**，它由两位苏联数学家 Adelson-Velskii 和 Landis 于 1962 年首先提出。它或者是一棵空树，或者是具有下列性质的二叉排序树：它的左子树和右子树都是平衡二叉树，且左子树和右子树的深度之差的绝对值不超过 1。若将二叉树上结点的**平衡因子**（balance factor）定义为该结点的左子树的深度减去它的右子树的深度，则平衡二叉树上所有结点的平衡因子只可能是–1、0 和 1。如图 8.6（a）所示是一棵平衡二叉树，而图 8.6（b）和（c）所示分别是一棵非平

衡二叉树，每个结点上方所标数字为该结点的平衡因子。

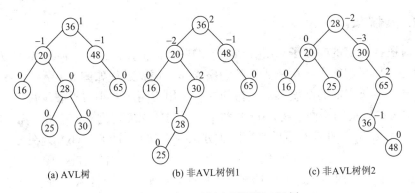

(a) AVL树　　　　　　　(b) 非AVL树例1　　　　　　(c) 非AVL树例2

图 8.6　平衡二叉树和不平衡二叉树

如何使构造的二叉排序树是一棵平衡二叉树，关键是每次向二叉排序树中插入新结点时要保持所有结点的平衡因子满足平衡二叉树的要求。这就要求一旦有些结点的平衡因子在插入新结点后不满足要求就要进行调整。

当向一棵平衡二叉树插入一个新结点时，插入后，某些结点的左、右子树的深度不变，就不会影响这些结点的平衡因子，因而也不会由这些结点造成不平衡；若插入后某些结点的左子树深度增加 1（右子树深度增加 1 的情况与之类似），就影响了这些结点的平衡因子，具体分为如下三种情况。

（1）若插入前一部分结点的左子树深度 h_L 与右子树深度 h_R 相等，即平衡因子为 0，则插入后将使平衡因子变为 1，但仍符合平衡的条件，不必对它们加以调整。

（2）若插入前一部分结点的 h_L 小于 h_R，即平衡因子为 -1，则插入后将使平衡因子变为 0，平衡更加改善，不必对它们进行调整。

（3）若插入前一部分结点的 h_L 大于 h_R，即平衡因子为 1，则插入后将使平衡因子变为 2，破坏了平衡二叉树的限制条件，需对它们加以调整，使整个二叉排序树恢复为平衡二叉树。

若插入新结点后，某些结点的右子树高度增加 1，则也分为相应的三种情况，对于第一种情况，平衡因子将由 0 变为 -1，不必进行调整；对于第二种情况，平衡因子由 -1 变为 -2，则必须对它们进行调整；对于第三种情况，平衡因子由 1 变为 0，平衡更加改善，也不必进行调整。

假定向平衡二叉树中插入一个结点后破坏了其平衡性，首先要找出插入新结点后失去平衡的最小子树，也称为最小不平衡子树，然后再调整这个子树中有关结点之间的链接关系，使之成为新的平衡子树。当然，调整后该子树的二叉排序树性质不变，即调整前后得到的中序序列要完全相同。当最小不平衡子树被调整为平衡子树后，原有其他不平衡子树无须调整，整个二叉排序树就又成为一棵平衡二叉树。

最小不平衡子树是指将离插入结点最近且平衡因子的绝对值大于 1 的结点作为根的子树。在图 8.6（b）中，以值为 30 的结点为根的子树是该树的最小不平衡子树，分别以 20 和 36 为根的不平衡子树不是最小不平衡子树；在图 8.6（c）中，以值为 65 的结点为根的子树是该树的最小不平衡子树。

假设最小不平衡子树的根结点用 A 表示，则调整该子树的操作可归纳为下列四种情况。

1. LL 型调整操作

这是对在 A 结点的左孩子（用 B 表示）的左子树上插入结点，使得 A 结点的平衡因子由 1 变为 2 而引起的不平衡所进行的调整操作。调整过程如图 8.7 所示，图中用长方框表示子树，用长方框的高度表示子树的深度，用带阴影的小方框表示被插入的结点。图 8.7（a）为插入前的平衡子树，α、β 和 γ 的子树的深度均为 h（$h \geq 0$，若 $h = 0$，则它们均为空树），A 结点和 B 结点的平衡因子分别为 1 与 0。图 8.7（b）为在 B 的左子树 α 上插入一个新结点，使以 A 为根的子树成为最小不平衡子树的情况。图 8.7（c）为调整后成为新的平衡子树的情况。调整规则是，单向右旋平衡，即将 A 的左孩子 B 向右上旋转代替 A 成为原最小不平衡子树的根结点，将 A 结点向右下旋转成为 B 的右子树的根结点，而 B 的原右子树 β 则作为 A 结点的左子树。此调整过程需要修改三个指针：一是将原指向结点 A 的指针改为指向结点 B；二是将结点 B 的右指针修改为指向结点 A；三是将结点 A 的左指针修改为指向结点 B 的原右子树的根结点。

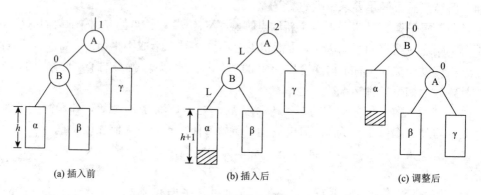

図 8.7　LL 型调整操作示意图

从图 8.7 可以看出，调整前后对应的中序序列相同，为 αBβAγ，所以经调整后仍保持了二叉排序树的特性不变。如图 8.8 所示是 LL 型调整的实例，此处 A 结点为 50，B 结点为 45，α、β、γ 分别为只含有一个结点 30、48、60 的子树。

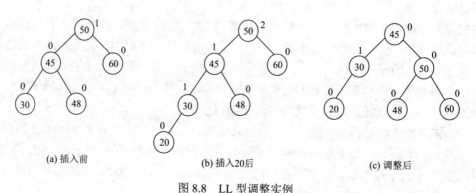

図 8.8　LL 型调整实例

2. RR 型调整操作

这是对在 A 结点的右孩子（用 B 表示）的右子树上插入结点，使得 A 结点的平衡因子由−1 变为−2 而引起的不平衡所进行的调整操作，调整过程如图 8.9 所示，它与 LL 型调整过程对称。调整规则是，单向左旋平衡，即将 A 的右孩子 B 向左上旋转代替 A 成为原最小不平衡子树的根结点，将 A 结点向左下旋转成为 B 的左子树的根结点，而 B 的原左子树 β 则作为 A 结点的右子树。同样，进行 RR 型调整后，仍保持着二叉排序树的特性不变。另外，在插入前和调整后，其子树高度均为 $h+2$，由插入所引起的上层其他结点的不平衡将自动消失。

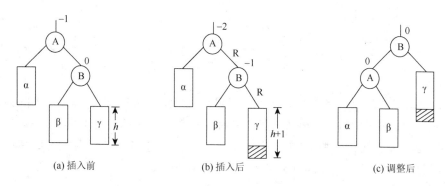

(a) 插入前　　　　　　　　　(b) 插入后　　　　　　　　　(c) 调整后

图 8.9　RR 型调整操作示意图

3. LR 型调整操作

这是对在 A 结点的左孩子（用 B 表示）的右子树上插入结点，使得 A 结点的平衡因子由1变为2而引起的不平衡所进行的调整操作，调整过程如图 8.10 所示。图 8.10（a）为插入前的平衡子树，β 和 γ 子树的高度均为 $h(h \geq 0)$，α 和 δ 子树的高度均为 $h+1$，特别地，若 α 和 δ 子树为空树，则 B 结点的右子树也同时为空，此时 C 结点将是被插入的新结点。插入前，A 结点和 B 结点的平衡因子分别为1与0，若 C 结点存在，则 C 结点的平衡因子为0。图 8.10（b）为在 B 结点的右子树上插入一个新结点（当 B 的右子树为空时，则为 C 结点，否则为 C 的左子树或右子树上带阴影的结点，图中给出在左子树 β 上插入的情况，若在右子树 γ 上插入，情况类似），使得以 A 为根的子树成为最小不平衡子树的情况，此处 A 结点和 B 结点的平衡因子是按相反方向变化的，而不像前两种调整操作那样，都是按同一方向变化的。图 8.10（c）为调整后的情况。调整规则是，先左旋转后右旋转平衡，即先将 A 的左孩子（B 结点）的右子树的根结点 C 向左上旋转提升到 B 结点的位置，将 B 结点作为 C 的左子树的根结点，而 C 结点的原左子树 β 则作为 B 结点的右子树，然后再把 C 结点向右上旋转提升到 A 结点的位置，将 A 结点作为 C 的右子树的根结点，而 C 结点的原右子树 γ 则作为 A 结点的左子树。此调整过程比前两种要复杂，需修改五个指针：一是将原指向结点 A 的指针改为指向结点 C；二是将结点 C 的左指针修改为指向结点 B；三是将结点 C 的右指针修改为指向结点 A；四是将结点 B 的右指针修改为指向结点 C 的原左子树的根结点；五是将结点 A 的左指针修改为指向结点 C 的原右子树的根结点。

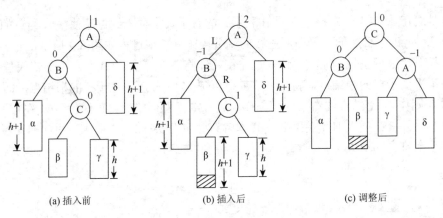

(a) 插入前　　　　　　(b) 插入后　　　　　　(c) 调整后

图 8.10　LR 型调整操作示意图

可以看出，调整前后对应的中序序列相同，为 αBβCγAδ，只是链次序不同罢了，但没有影响二叉排序树的特性。另外，插入前和调整后的子树的高度不变。

如图 8.11 所示是 LR 型调整的实例，此处 A 结点为 85，B 结点为 74，C 结点为 80，α 和 δ 子树分别只含有一个结点 65 与 92，β 与 γ 均为空。

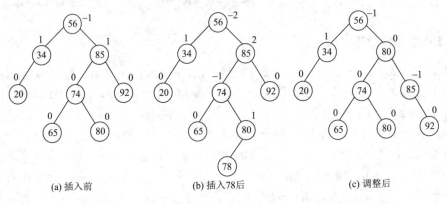

(a) 插入前　　　　　　(b) 插入78后　　　　　　(c) 调整后

图 8.11　LR 型调整实例

4. RL 型调整操作

这是对在 A 结点的右孩子（用 B 表示）的左子树上插入结点，使得 A 结点的平衡因子由 -1 变为 -2 而引起的不平衡所进行的调整操作。调整过程如图 8.12 所示，它与 LR 型调整过程对称。调整规则是，先右旋转后左旋转平衡，即先将 A 的右孩子（B 结点）的左子树的根结点 C 向右上旋转提升到 B 结点的位置，将 B 结点作为 C 的右子树的根结点，而 C 结点的原右子树 γ 则作为 B 结点的左子树，然后再把 C 结点向左上旋转提升到 A 结点的位置，将 A 结点作为 C 的左子树的根结点，而 C 结点的原左子树 β 则作为 A 结点的右子树。

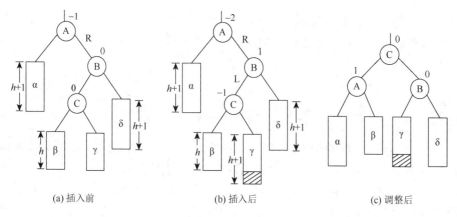

图 8.12 RL 型调整操作示意图

在上述每一种调整操作中，以 A 为根的最小不平衡子树的深度在插入结点前和调整后相同，因此对其所有祖先结点的平衡性不会产生任何影响，即原有的平衡因子不变。因此，按上述方法将最小不平衡子树调整为平衡子树后，整个二叉排序树就成为一棵新的平衡二叉树。

在平衡二叉树上进行查找的过程和在二叉排序树上进行查找的过程完全相同，因此，在平衡二叉树上进行查找关键字的比较次数不会超过平衡二叉树的深度。可以证明，含有 n 个结点的平衡二叉树的最大深度为 $O(\log_2 n)$，因此，平衡二叉树的平均查找长度也为 $O(\log_2 n)$。但平衡二叉树使插入和删除运算变得复杂化，从而降低它们的运算速度。因为在每次插入或删除运算中，不仅要进行插入和删除结点的操作，而且要检查是否存在最小不平衡子树，若存在，则需要对最小不平衡子树中的有关指针进行修改。因此，平衡二叉树适合于那些对二叉排序树一经建立就很少进行插入和删除运算，而主要是进行查找运算的场合。

对二叉排序树由删除结点而引起的不平衡进行的调整操作比插入结点的情况还要复杂，当调整完最小不平衡子树后，还可能引起祖先结点中的不平衡，还需要继续向上调整。平衡二叉树的插入和删除算法是在二叉排序树算法的基础上修改而成的，是比较复杂的，在此不做介绍。

8.3.3 B_树和 B⁺树

1. B_树的定义

与二叉排序树相比，B_树是一种平衡多叉排序树。这里说的平衡是指所有叶子结点都在同一层上，从而可以避免出现像二叉排序树那样的分支退化现象；多叉是指多于二叉。因此，B_树是一种动态查找效率较二叉排序树更高的树，它在外存文件系统中常用作动态索引结构。

B_树中所有结点的孩子结点数的最大值称为B_树的阶，B_树的阶通常用 m 表示，从查找效率考虑，要求 $m \geq 3$。一棵 m 阶的 B_树或者是一棵空树，或者是满足下列特性的 m 叉树：

（1）树中每个结点至多有 m 个孩子结点。

（2）若根结点不是叶子结点，则根结点至少有两棵子树。

（3）除根结点外，其他结点至少有 $\lceil m/2 \rceil$ 棵子树。

（4）所有结点的结构为

n	par	P_0	K_1	P_1	K_2	P_2	$\cdots$	K_n	P_n

其中，n 为该结点中关键字的个数，除根结点外，其他结点的 n 满足 $\lceil m/2 \rceil - 1 \leq n \leq m-1$；par 为指向双亲结点的指针；$K_i$（$1 \leq i \leq n$）为该结点的关键字，且满足 $K_i < K_i + 1$（$i = 1,2,\cdots,n-1$）；P_i（$0 \leq i \leq n$）为指向该结点的子树根结点的指针，且 P_i（$0 \leq i \leq n-1$）指针所指结点的关键字均大于等于 K_i 并小于 $K_i + 1$，P_n 指针所指结点的关键字大于 K_n。

（5）所有叶子结点都在同一层上。

由 n 的取值范围可知，对于树根结点，它最少有两棵子树，最多有 m 棵子树，对于非树根结点，它最少有 $\lceil m/2 \rceil$ 棵子树，最多有 m 棵子树。当然，叶子结点中的子树均为空树。在 B_树的结点结构中，每个关键字域的后面还应包含一个指针域，用以指向该关键字所属记录（元素）在主文件中的存储位置，在此省略未画。

如图 8.13 所示是一棵 4 阶 B_树的示意图。当然，与二叉排序树一样，关键字的插入次序不同，将可能生成不同结构的 B_树。该树共有三层，所有叶子结点均在第 3 层上。为了简化起见，每个结点的后面尚未利用的关键字域和指针域未画出，同时也未画出指向双亲结点的指针域（在以后其关键字个数为 n 的域也将不被画出）。每个结点上标的字母是为后面叙述查找过程方便而添加的。

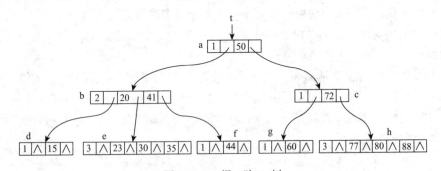

图 8.13　一棵 4 阶 B_树

在一棵 4 阶 B_树中，每个结点的关键字个数最少为 $\lceil m/2 \rceil - 1 = 1$，最多为 $m-1 = 3$；每个结点的子树数目最少为 $\lceil m/2 \rceil = 2$，最多为 $m = 4$。当然，不管每个结点中实际使用了多少关键字域和指针域，它都包含有 3 个关键字域、3 个指向记录位置的指针域、4 个指向子树结点的指针域和 1 个保存关键字个数为 n 的域。

B_树中的结点类型定义如下。

```
# define m 4                          //B_树的阶,暂设为 4
typedef struct BTNode{
    int keynum;                       //结点中关键字的个数
```

```
stru--ct BTNode *parent;              //指向双亲结点的指针域
KeyType key[m+l];                     //保存 n 个关键字的域，下标 0 位置未用
struct BTNode *ptr[m+l];              //保存 n+1 个指向子树的指针域
int    recptr[m+l];//保存每个关键字对应记录的存储地址,下标 0 位置未用
}BTNode, *MBTree;
```

若所有记录被存储在外存上一个文件中，其中的 recptr[i]保存 key[i]对应的记录在文件中的位置序号，所以被定义为整型。

2. B_树的查找

根据 B_树的定义，在 B_树上进行查找的过程与在二叉排序树上类似，都是经过一条从树根结点到待查关键字所在结点的查找路径，不过对路径中每个结点的比较过程比在二叉排序树的情况下要复杂一些，通常需要经过与多个关键字比较后才能处理完一个结点，因此，又称 B_树为**多路查找树**。在 B_树中查找一个关键字等于给定值 key 的具体过程可叙述如下。

若 B_树非空，将给定值 key 与根结点中的每一个关键字 K_i 进行比较：

（1）若 key = K_i，则查找成功；

（2）若 key<K_1，则沿着指针 P_0 所指的子树继续查找；

（3）若 K_i<key<K_{i+1}，则沿着指针 P_i 所指的子树继续查找；

（4）若 key>K_n，则沿着指针 P_n 所指的子树继续查找。

这样，每取出一个结点，比较后就下移一层，直到查找成功，或者被查找的子树为空（查找失败）时止。

在图 8.13 的 B_树上查找值为 77 的关键字时，首先从根结点 a 开始，因为 a 结点中只有一个关键字，且给定值 77 大于关键字 K_1，即 77>50，则若存在，必在指针 P_1 所指的子树内，接着由 a 结点的 P_1 指针找到结点 c，因为 77 大于 c 结点的关键字 K_1，即 77>72，所以再由 c 结点的指针 P_1 找到结点 h，因为 77 等于 h 结点的关键字 K_1（77），所以查找成功，返回关键字为 77 的那个元素的存储位置。

在图 8.13 的 B_树上查找值为 40 的关键字时，首先从根结点 a 开始,因为 40<K_1（50），所以由 a 结点的指针 P_0 找到结点 b，因为 40 大于 b 结点的关键字 K_1（20），小于 b 结点的关键字 K_2（41），所以再由 b 结点的指针 P_1 找到结点 e，因为 40 大于 e 结点的关键字 K_3（35），所以接着向 e 结点的指针 P_3 子树查找，因为 P_3 指针为空，所以查找失败，返回特定值（用–1 表示）。

设指向 B_树根结点的指针用 T 表示，待查的关键字用 key 表示，则在 B_树上进行查找的算法描述如下。

算法 8.8

```
int SearchMBTree(MBTree T,KeyType key)
{//从树根指针为 T 的 B_树上查找关键字为 key 的对应记录的存储位置
    MBTree *p=T;
    While(p)                          //从根结点起依次向下一层查找
```

```
    {i=1;                              //用 i 表示待比较的关键字序号,初值为 1
        while(key<p->key[i])i++;        //用 key 顺序与结点关键字比较
        If(key==p->key[i])
            return p->recptr[i];        //查找成功,返回记录的存储位置
        else p=p->ptr[i-1];             //继续向子树查找
        }
        return-1,                       //查找失败,返回-l
    }//SearchMBTree
```

在 B_树上进行查找需比较的结点数最多为 B_树的高度。B_树的高度与 B_树的阶 m 和关键字总数 n 有关，下面就来讨论它们之间的关系。

在一棵 B_树中，第 1 层结点（树根结点）的子树数至少为 2 个，第 2 层结点的子树数至少为 $2\times\lceil m/2\rceil$ 个，第 3 层结点的子树数至少为 $2\times\lceil m/2\rceil^2$，以此类推，若 B_树的高度用 h 表示，则最低层（树叶层）的空子树（空指针）数至少为 $2\times\lceil m/2\rceil^{(h-1)}$。另外，B_树中的空指针数 C_1，应等于总指针数 C_2 减去非空指针数 C_3，而总指针数又等于关键字的总数 n 加上所有结点数 C_4，因为每个结点中的指针数等于其关键字数加 1，所以所有结点的指针数就等于所有结点的关键字数加上结点数。除树根结点外，每个结点都由 B_树中的一个非空指针所指向，所以 $C_4 = C_3 + 1$，从而得

$$C_1 = C_2 - C_3 = (n + C_4) - C_3 = (n + C_3 + 1) - C_3 = n + 1$$

即 B_树中的空指针数等于关键字总数加 1，这与二叉树中的空指针数和关键字总数的关系相同。

综上所述，可列出如下不等式：

$$n + 1 \geqslant 2\times\lceil m/2\rceil^{(h-1)}$$

即空指针数应大于等于它所具有的最小值，求解后得

$$h \leqslant 1 + \log_{\lceil m/2\rceil}\left(\frac{n+1}{2}\right)$$

又因为具有高度为 h 的 m 阶 B_树的最后一层结点的所有空子树个数不会超过 m^h，即

$$n + 1 \leqslant m^h$$

求解后得

$$h \geqslant \log_m(n + 1)$$

由以上分析可知，m 阶 B_树的高度 h 为

$$\log_m(n + 1) \leqslant h \leqslant 1 + \log_{\lceil m/2\rceil}\left(\frac{n+1}{2}\right)$$

这就是说，在含有 n 个关键字的 B_树中进行查找时，从根结点到关键字所在结点的路径上涉及的结点数不超过 $1 + \log_{\lceil m/2\rceil}\left(\frac{n+1}{2}\right)$。由此可见，在 B_树上查找所需比较的结点数比在二叉排序树上查找所需比较的结点数要少得多。这意味着，若 B_树和二叉排序树都被保存在外存上，每读取一个结点需访问一次外存，则使用 B_树可以大大地减少访问外存的次数，从而大大地提高处理数据的速度。

3. B_树的插入

B_树也是从空树起，逐个插入关键字而得。在 B_树上插入一个元素的关键字 key 也与在二叉排序树上类似，都要经过一个从树根结点到叶子结点的查找过程，查找出 key 的插入位置，然后再进行插入。但是在 B_树中不是添加新的叶子结点，而是直接把关键字 key 按序插到对应的叶子结点（假定用 a 表示）中，并需要进行插入后的处理。关键字 key 插入 a 结点后，使得该结点的关键字个数 n 增加 1，此时若 a 结点中的关键字个数 n ≤m–1，则插入完成，否则因为 a 结点中的关键字个数 $n = m$，超过了规定的范围，所以要进行结点的"分裂"，具体分裂过程如下。

（1）申请存储空间，产生一个新结点 b。

（2）将 a 结点中的原有信息

$$M, P_0, (K_1, P_1), (K_2, P_2), \cdots, (K_m, P_m)$$

除 $K_{\lceil m/2 \rceil}$ 之外分为前后两个部分，分别存于 a 和 b 结点中，a 结点中保留的信息为

$$\lceil m/2 \rceil - 1, P_0, (K_1, P_1), \cdots, (K_{\lceil m/2 \rceil - 1}, P_{\lceil m/2 \rceil - 1})$$

b 结点中的信息为

$$m - \lceil m/2 \rceil, P_{\lceil m/2 \rceil}, (K_{\lceil m/2 \rceil + 1}, P_{\lceil m/2 \rceil + 1}), \cdots, (K_m, P_m)$$

其中，a 结点中含有 $\lceil m/2 \rceil - 1$ 个索引项，b 结点中含有 $m - \lceil m/2 \rceil$ 个索引项，每个索引项包含一个关键字 K_i、该关键字所对应记录的存储位置 R_i 和一个指向子树的指针 P_i。

（3）将关键字 $K_{\lceil m/2 \rceil}$ 和指向 b 结点的指针（假定用 p 表示）作为新结点 b 的索引项（$K_{\lceil m/2 \rceil}$，p）插入 a 结点在前驱结点（双亲结点）的索引项的后面（特别地，若 a 结点是由前驱结点中的 P_0 指针指向的，则插到 P_1 和 K_1 的位置上）。

当 a 结点的前驱结点被插入一个索引项后，其关键字个数又有可能超过 m–1，若超过又使得该结点分裂为两个结点，其分裂过程同上。在最坏的情况下，这种从叶子结点开始产生的分裂，要一直传递到树根结点，使根结点产生分裂，从而导致一个新的根结点的诞生。该新的根结点应包含有一个关键字和左、右两棵子树，其中关键字为原树根结点的中项关键字 $K_{\lceil m/2 \rceil}$，左子树是以原树根结点为根的子树，右子树是以原树根结点分裂出的一个新结点为根的子树。在 B_树中插入关键字可能最终导致树根结点的分裂从而产生新的树根结点是 B_树增长其高度的唯一途径。

如图 8.14（a）所示是一个 3 阶 B_树的简图，若在此树上依次插入关键字 65、24、50 和 38，则 B_树的变化过程如图 8.14（b）～（h）所示。

在 3 阶 B_树中，每个结点的关键字个数最少为 1，最多为 2，当插入后关键字的个数为 3 时，就得分裂成两个结点，让原有结点只保留第 1 个关键字和它前后的两个指针，让新结点保存原有结点中的最后一个（第 3 个）关键字和它前后的两个指针，让原有结点的第 2 个关键字和指向新结点的指针作为新结点的索引项插入原有结点的前驱结点中，若没有前驱结点，就生成一个新的树根结点，并将原树根结点和分裂出的结点作为它的两棵子树。

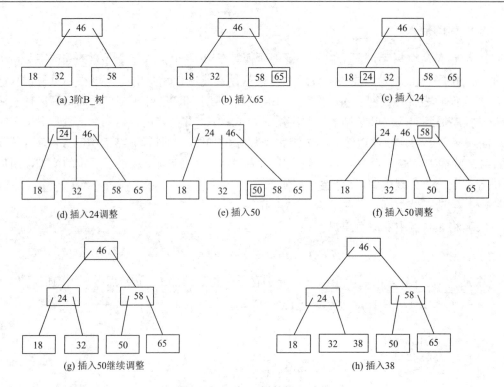

图 8.14   3 阶 B_树的插入过程

4. B_树的删除

在 B_树上删除一个关键字 key 也与在二叉排序树上类似，都需要经过一个从树根结点到待删除关键字所在结点的查找过程，然后再分情况进行删除。若被删除的关键字在叶子结点中，则直接从该叶子结点中删除之，若被删除的关键字在非叶子结点中，则首先要将被删除的关键字与它的中序前驱关键字（它的左边指针所指子树的最右下叶子结点中的最大关键字）或中序后继关键字（它的右边指针所指子树的最左下叶子结点中的最小关键字）进行对调（当然要连同对应记录的存储位置一起对调），然后再从对应的叶子结点中删除之。例如，若从图 8.14（h）中删除关键字 46，首先要将它与中序前驱关键字 38 或中序后继关键字 50 对调，然后再从对调后的叶子结点中删除关键字 46。从 B_树上一个叶子结点中删除一个关键字后，使得该结点的关键字个数 n 减 1，此时应分以下三种情况进行处理。

（1）若删除后该结点的关键字个数 $n \geq \lceil m/2 \rceil - 1$，则删除完成。例如，从图 8.14（a）中删除关键字 18 或 32 时就属于这种情况。

（2）若删除后该结点的关键字个数 $n < \lceil m/2 \rceil - 1$，而它的左兄弟（或右兄弟）结点中的关键字个数 $n > \lceil m/2 \rceil - 1$，则首先将双亲结点中的指向该结点指针的左边（或右边）一个关键字下移至该结点中，接着将它的左兄弟（或右兄弟）结点中的最大关键字（或最小关键字）上移至它们的双亲结点中刚空出的位置上，然后再将左兄弟（或右兄弟）结点中的 P_n 指针（或 P_0 指针）赋给该结点的 P_0 指针域（或 P_n 指针域）。

例如，从图 8.14（a）中删除关键字 58 后，需首先把 46 下移至被删除关键字 58 的结点中，接着把它的左兄弟结点中的最大关键字 32 上移至原 46 的位置上，然后把左兄弟结点中的原 P_2 指针（为空）赋给被删除关键字 58 结点的 P_0 指针域，得到的 B_树如图 8.15（a）所示。再如，从图 8.14（d）中删除关键字 32 后，需首先把双亲结点中的 46 下移至该结点中，接着把右兄弟结点中的最小关键字 58 上移至双亲结点中刚空出的位置上，然后把右兄弟结点中的原 P_0 指针（为空）赋给被删除关键字 32 结点的 P_1 指针域，删除结果如图 8.15（b）所示。

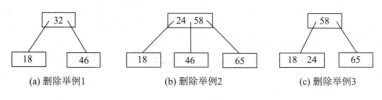

| (a) 删除举例1 | (b) 删除举例2 | (c) 删除举例3 |

图 8.15 B_树的删除

（3）若删除后该结点的关键字个数 $n<\lceil m/2 \rceil -1$，同时它的左兄弟和右兄弟（若有的话）结点中的关键字个数均等于 $\lceil m/2 \rceil -1$。在这种情况下，就无法从它的左、右兄弟中通过双亲结点调剂到关键字以弥补自己的不足，此时就必须进行结点的"合并"，即将该结点中的剩余关键字和指针连同双亲结点中指向该结点指针的左边（或右边）一个关键字一起并到左兄弟（或右兄弟）结点中，然后回收（删除）该结点。

例如，从图 8.15（b）所示的 3 阶 B_树中删除关键字 46 后，该结点（被删除关键字的结点）中剩余的关键字个数为 0，低于规定的下限 1，但它的左兄弟和右兄弟中的关键字个数都只有一个（为最低限），所以只能将该结点中剩余的关键字（在此没有）和指针（在此为空）连同双亲结点中的关键字 24 一起合并到左兄弟结点中，然后将包含被删除关键字 46 的结点回收掉，删除 46 后得到的 B_树如图 8.15（c）所示。

当从一棵 B_树的叶子结点中删除一个关键字后，可能出现上面所述的第三种情况，此时需要合并结点，在合并结点的同时，实际上又从它们的双亲结点中删除（因合并而被下移）了一个关键字，而双亲结点被删除一个关键字（实际为所在的索引项）后，与从叶子结点中删除一个关键字一样，又可分为上面所述的三种情况，当属于第三种情况时，又需要进行合并，以此类推。在最坏的情况下，这种从叶子结点开始的合并要一直传递到树根结点，使只包含有一个关键字的根结点与它的两个孩子结点合并，形成以一个孩子结点为根结点的 B_树，从而使整个 B_树的高度减少 1，这也是 B_树减少其高度的唯一途径。

如图 8.16（a）所示是一棵 5 阶 B_树，树中每个结点（除树根结点外）的关键字个数最少应为 2，最多应为 4。当从该树中删除关键字 26 时，因为它不在叶子结点上，所以应首先把它与中序前驱关键字 20 对调位置，然后再从对应的叶子结点 e 中删除之，删除 26 后得到的中间结果如图 8.16（b）所示；e 结点被删除一个关键字后只剩下一个关键字，低于下限值 2，它的左、右兄弟结点中正好只有最低的关键字个数 2，所以必须把该结点中的一个关键字 15 和左、右两个空指针与 b 结点中的关键字 12（或 20）一起合并到 d 结点（或 f 结点）中，得到的中间结果如图 8.16（c）所示（e 结点已被回收）；b 结点被删除一个关键字 12 后只剩下一个关键字 20，同时它的右兄弟（没有左兄弟）结点中只含有两个关键字，所以又得继续合并，即把 b 结点中的一个关键字和两个指针与根结点 a 的一个关键字一起合并到 c 结点中，使 c 结点成为新的树根结点，导致整个 B_树减少一层，最后得到的结果如图 8.16（d）所示，其中 b 结点和 a 结点都已回收。

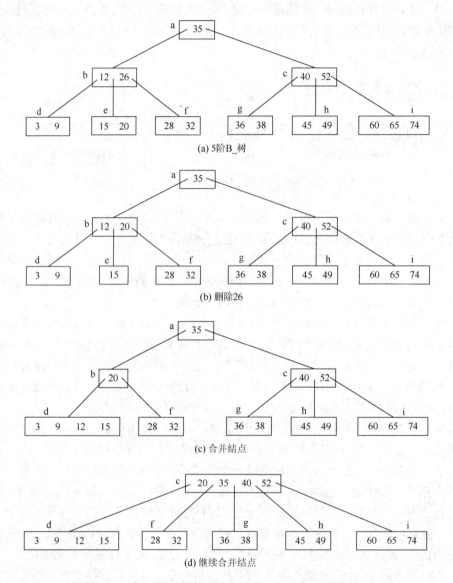

图 8.16　在 5 阶 B_树的删除导致其深度减少一层的情况

　　B_树的删除算法比插入算法更复杂，在删除时，首先要查找出待删除的关键字 key 所在的位置，若它不在叶子结点上，则把它与其中序前驱或后继关键字对调位置，接着按照顺序表的删除方法从对应的叶子结点中删除其关键字 key 所在的索引项，然后再进行删除后的循环处理，直到不需要合并结点为止。

若一棵 B_树的高度为 h，B_树的阶数为 m，则 B_树查找、插入和删除算法的时间复杂度均相同，大致为 $O(h \times m)$。

5. B^+ 树

B^+ 树是应文件系统所需而出现的一种 B_树的变形树，它与 B_树的结构大致相同。一棵 m 阶的 B^+ 树和一棵 m 阶的 B_树的差异如下。

（1）在 B_树中，每个结点含有 n 个关键字和 $n+1$ 棵子树，而在 B^+ 树中，每个结点含有 n 个关键字和 n 棵子树，即每个关键字对应一棵子树。

（2）在 B_树中，每个结点（除根结点外）中的关键字个数 n 的取值范围是 $\lceil m/2 \rceil - 1 \leq n \leq m-1$，而在 B^+ 树中，每个结点（除根结点外）中的关键字个数 n 的取值范围是 $\lceil m/2 \rceil \leq n \leq m$，树根结点的关键字的个数的取值范围是 $1 \leq n \leq m$。

（3）B^+ 树中的所有叶子结点包含了全部关键字及指向对应记录的指针，且所有叶子结点按关键字从小到大的顺序依次链接。

（4）B^+ 树中所有非叶子结点仅起到索引的作用，即结点中的每个索引项只含有对应子树的最大关键字和指向该子树的指针，不含有该关键字对应记录的存储地址。

如图 8.17 所示为一棵 3 阶 B^+ 树，其中叶子结点的每个关键字下面的指针表示指向对应记录的存储位置。通常在 B^+ 树上有两个头指针，一个指向根结点，用于从根结点起对树进行插入、删除和查找等操作，另一个指向关键字最小的叶子结点，用于从最小关键字起进行顺序查找和处理每一个叶子结点中的关键字及记录。

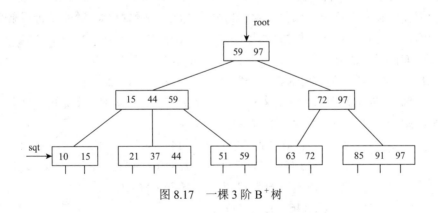

图 8.17 一棵 3 阶 B^+ 树

在 B^+ 树上进行随机查找、插入和删除的过程基本上与 B_树相同。在查找时，若非叶子结点上的关键字等于给定值 key，并不终止，而要继续向下查找直到叶子结点，此时若查找成功，则按所给指针取出对应记录即可。因此，在 B^+ 树中，不管查找成功与否，每次查找都要走过一条从树根结点到叶子结点的路径。B^+ 树的插入也从叶子结点开始，当插入后结点中的关键字个数大于 m 时应分裂为两个结点，它们所含的关键字个数分别为 $\lceil (m+1)/2 \rceil$ 和 $\lfloor (m+1)/2 \rfloor$，同时要使得它们的双亲结点中包含这两个结点的最大关键字和指向它们的指针，若双亲结点的关键字数目因此而大于 m，应继续分裂，以此类推。B^+ 树的删除也从叶子结点开始，若叶子结点中的最大关键字被删除，则在非叶子结点中的值可以作为一个"分界关键字"存在；若删除使叶子结点中的关键字个数少于$\lceil m/2 \rceil$，则从兄弟结点中调剂关键字或与兄弟结点合并的过程也和 B_树类似。

8.4　哈希表查找

8.4.1　哈希表查找的基本概念

前面讨论的各种查找算法中，在查找的过程中都需要依据关键字进行若干次比较判断，最后确定在数据集合中是否存在关键字等于某个给定值的记录及该记录在数据所形成的表（线性表或树表）中的位置，查找的效率与比较次数密切相关。在查找时需要不断进行比较的原因是在建立数据表时，只考虑了各记录的关键字之间的相对大小，记录在表中的位置和其关键字无直接关系。如果构造一个查找表，使数据元素的存储位置与其关键字之间建立某种对应关系，那么在进行查找时，就无须做比较或只做很少次的比较就能直接由关键字找到相应的元素。这样的查找表就是**哈希表**（Hash list），把数据元素的关键字和该数据元素的存储位置之间的映射函数称为**哈希函数**或**散列函数**。因此，哈希表是通过哈希函数来确定数据元素存储位置的一种特殊表结构。

构造哈希表的方法是，假设要存储的数据元素个数为 n，设置一个长度为 m（$m \geqslant n$）的连续存储空间 HL（HL 即哈希表），分别以每个数据元素的关键字 key_i（$0 \leqslant i < n$）为自变量，通过哈希函数 H 把 key_i 映射为存储单元的某个地址 $H(key_i)$ $[0 \leqslant H(key_i) < m]$，并把该数据元素存储在这个存储单元中。其中，$H(key_i)$ 的值称为**哈希地址**或**散列地址**。

在哈希表上进行查找时，首先根据给定值 key 计算哈希地址 $H(key)$，然后按此地址从哈希表中取出对应的元素。

例 8.1　关键字集合为{18,43,75,90,60,54,46}，哈希表 HL 的长度 m 为 13，哈希函数为 $H(key)=key\%m$，即用元素的关键字 key 整除以哈希表的长度 m，取余数作为存储该元素的哈希地址，则每个元素的哈希地址为

$$H(18)=18\%13=5, \quad H(43)=43\%13=4$$
$$H(75)=75\%13=10, \quad H(90)=90\%13=12$$
$$H(60)=60\%13=8, \quad H(54)=54\%13=2$$
$$H(46)=46\%13=7$$

若根据哈希地址把元素存储到哈希表 HL[m]中，则存储映射如图 8.18 所示。

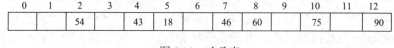

0	1	2	3	4	5	6	7	8	9	10	11	12
		54		43	18		46	60		75		90

图 8.18　哈希表

如果从 HL 中查找关键字为 60 的元素，只需要利用上面的哈希函数 H 计算 $H(60)=8$，则下标为 8 的单元中存储的元素（如果存在的话）就是所要查找的元素 60。

例 8.1 中讨论的哈希表是一种理想的情况，即插入时根据元素的关键字求出的哈希地址，其对应的存储单元都是空闲的，也就是说，每个元素都可以直接存储到它的哈希地址所对应的存储单元中，这样查找起来就非常简单。

如果哈希表 HL 的长度设为 11，仍取哈希函数为 $H(key)=key\%m$，则每个元素的哈希地址为

$$H(18)=18\%11=7, \qquad H(43)=43\%11=10$$
$$H(75)=75\%11=9, \qquad H(90)=90\%11=2$$
$$H(60)=60\%11=5, \qquad H(54)=54\%11=10$$
$$H(46)=46\%11=2$$

此时，$H(43) = H(54) = 10$，$H(90) = H(46) = 2$，也就是说，对于不同的关键字具有相同的哈希地址，即不同的元素需要存放在同一个存储位置中，这种现象叫作**冲突**（也称**碰撞**），通常把这种具有不同关键字而具有相同哈希地址的元素称作**同义词**，由同义词引起的冲突称作**同义词冲突**。

在构造哈希表时，虽然冲突很难避免，但发生冲突的可能性却有大有小。哈希冲突主要与下列因素有关。

（1）与装填因子 α 有关。**装填因子**是指哈希表中已装入的数据元素个数 n 与哈希地址空间大小 m 的比值，即 $\alpha = n/m$，当 α 越小时，冲突的可能性就越小，α 越大（最大可取 1）时，冲突的可能性就越大。但是 α 越小，哈希表的空闲单元的比例就越大，存储空间的利用率就越低；α 越大，哈希表的空闲单元的比例就越小，存储空间的利用率就越高。为了既减少哈希冲突的发生，又提高存储空间的利用率，通常使 α 控制在 0.6～0.9。

（2）与采用的哈希函数有关。若哈希函数选择得当，就可使哈希地址尽可能比较均匀地分布在哈希表的整个地址空间上，从而避免或减少冲突的发生；若哈希函数选择不当，就可能使哈希地址集中于某些区域，从而加大冲突发生的可能性。

（3）与解决冲突的方法有关。方法选择的好坏也将减少或增加冲突发生的可能性。

因此，构造哈希函数和建立解决冲突的方法是哈希表查找的两大任务。

8.4.2 哈希函数的构造方法

构造哈希函数的方法很多，但如何构造一个"好"的哈希函数是带有很强的技术性和实践性的问题。这里的"好"指的是哈希函数的构造比较简单并且用此哈希函数产生的映射发生冲突的可能性最小，换句话说，一个好的哈希函数能将给定的数据集合均匀地映射到所给定的空间中。

由于关键字可以唯一地对应一个元素，在构造哈希函数时，应尽可能使关键字的各个成分都对它的哈希地址产生影响。下面介绍几种常用的构造哈希函数的方法。

1. 直接定址法

直接取关键字值或关键字的某个线性函数作为哈希地址。对应的哈希函数为

$$H(key) = a \times key + b$$

其中，*a* 和 *b* 为常数。例如，某大学从 1954 年开始，有历届招生人数统计表，其中以年份作为关键字，$H(key) = key-1953$。若查 1981 年入学的人数，则直接查哈希表的第 28 项即可。

这种方法计算简单，并且没有冲突发生，比较适合关键字分布基本连续的情况。若关键字分布不连续，空号太多，将会造成存储空间的浪费。

2. 除数留余法

选取一个合适的不大于哈希表长度的正整数 *p*，用 *p* 去除关键字 key，所得的余数作为其哈希地址，即

$$H(key) = key\%p$$

显然，这种方法的关键是选好 *p*，使得每一个关键字通过该函数转换后映射到哈希表上任一地址的概率都相等，从而尽可能减少发生冲突的可能性。例如，取 *p* 为奇数比取 *p* 为偶数好，因为当 *p* 为某个偶数值时，其结果是将奇数关键字的记录映射到奇数地址上，将偶数关键字的记录映射到偶数地址上，因此产生的哈希地址很可能不是均匀分布的。当 *p* 为奇数时，它能够把一个元素散列到整个存储空间中。

一般情况下，若哈希表的长度为 *m*，通常选 *p* 为小于或等于表长（最好接近 *m*）的最大素数时，产生的哈希函数较好。

除数留余法是一种简单且常用的构造哈希函数的方法，并且这种方法不需要事先知道关键字的分布。

3. 数字分析法

数字分析法是根据关键字在各个位上的分布情况，选取分布比较均匀的若干位组成哈希地址。在用数字分析法构造哈希函数时，要事先知道所有关键字或大多数关键字的值，对这些关键字的各位值做分析，丢掉分布不均匀的位值，留下分布均匀的位置，构造其哈希函数。

例如，要构造一个数据元素个数 $n = 80$，哈希表长度 $m = 100$ 的哈希表。不失一般性，这里只给出其中 8 个关键字进行分析，8 个关键字值如下：

61317602	61326875	62739628	61343634
62706816	62774638	61381262	61394220

由于给定的哈希表长为 100，只能选取关键字中位的十进制数作为其哈希地址。分析所有关键字的各位值，发现关键字从左到右的第 1、2、3、6 位取值较为集中，不宜作为哈希地址，剩余的第 4、5、7、8 位取值较均匀，可选其中的两位作为哈希地址。若选择最后两位作为哈希地址，则这 8 个关键字的哈希地址分别为 2、75、28、34、16、38、62、20。

4. 平方取中法

先计算出关键字 key 的平方值 key^2，然后取 key^2 值的中间若干位作为其哈希地址。

这也是一种常用的较好的设计哈希函数的方法。关键字平方后使得它的中间几位与组成关键字的各位值均有关，从而使哈希地址的分布更为均匀，减少了发生冲突的可能性。

所取的位数取决于哈希表的表长。

例如，当关键字 key = 3456 时，哈希表长为 1000，则有

$$key^2 = 11943936$$

取中间三位作为哈希地址，即有

$$H(key) = 439$$

5. 折叠移位法

根据哈希表长将关键字分成尽可能等长的若干段（最后一段的位数可能少一些），然后将这几段的值相加，并将最高位的进位舍去，所得结果即其哈希地址。相加时有两种方法，一种是顺折，即把每一段中的各位值对齐相加，称为**移位法**；另一种是对折，像折纸条一样，把原来关键字中的数字按照划分的中界向中间段折叠，然后求和，称为**折叠法**。

例如，有一个关键字 key = 347256198，若表长为 1000，则可以把 key 分成三段：347|256|198，然后通过折叠移位法所得的哈希地址如图 8.19 所示。

```
    3 4 7            7 4 3
    2 5 6            2 5 6
  + 1 9 8          + 8 9 1
  -------          -------
    8 0 1            8 9 0
   (a) 移位法        (b) 折叠法
```

图 8.19　折叠移位法求哈希地址示例

与平方取中法类似，折叠移位法也使得关键字的各位值都对其哈希地址产生影响。此方法适用于关键字位数较多，所需的哈希地址位数较少，同时关键字中每一位的取值又较集中的情况。

8.4.3　哈希冲突的解决方法

解决哈希冲突的方法主要有开放定址法和链地址法两大类。

1. 开放定址法

开放定址法就是从发生冲突的那个单元开始，按照一定的次序，从哈希表中查找出一个空闲的存储单元，把发生冲突的待插入的元素存入该单元中的一类处理冲突的方法。

假定关键字 $key_i \neq key_j$，当 $H(key_i) = H(key_j) = d$ 时，即发生了冲突，如果把关键字为 key_i 的元素存入哈希表 HL[d] 中，那么关键字为 key_j 的元素就不能再存入 HL[d] 中，但只要 HL 中还有空位，总可以把关键字为 key_j 的元素存入 HL[d] 的"下一个"空位上。寻找"下一个"空位的过程即**探测**，且可用下式描述：

$$\begin{cases} d_0 = H(key) \\ d_i = (d_0 + q_i)\%m, \quad 1 \leqslant i \leqslant m-1 \end{cases}$$

其中，$H(\text{key})$为关键字 key 的直接哈希地址，m 为哈希表长度，q_i 为每次再探测时的地址增量。

在开放定址法中，哈希表中的空闲单元（假定下标为 d）不仅允许哈希地址为 d 的同义关键词使用，而且允许发生冲突的其他关键字使用。因为这些关键字的哈希地址不为 d，所以称为**非同义词关键字**。开放定址法的名称就是说来自此方法的哈希表空闲单元既向同义词关键字开放，又向发生冲突的非同义词关键字开放。至于哈希表中一个地址中存放的是同义词关键字还是非同义词关键字，要看谁先占用它，这与构造哈希表时的数据元素的排列次序有关。

根据增量 q_i 的不同取值序列，开放定址法就有多种探测方法，下面介绍常用的几种。

1）线性探测法

线性探测法是用开放定址法处理冲突的一种最简单的方法，其增量 $q_i = 1,2,\cdots,m-1$，若使用递推公式表示，则为

$$\begin{cases} d_0 = H(\text{key}) \\ d_i = (d_{i-1}+1)\%m, \quad 1 \leqslant i \leqslant m-1 \end{cases}$$

即如果在位置 d_0 上发生冲突，则从位置 d_0+1 开始，顺序查找哈希表 HL，找一个最靠近的空位，把待插入的新记录装在这个空位上。顺序查找时，把哈希表 HL[0..m−1]看成一个循环表，如果在 HL[$d+1$]和 HL[$m-1$]之间无空位，则又从 H[0]开始继续顺序查找，直到找到一个空闲单元或探测完所有单元为止。这种方法的探测，在最坏的情况下 i 才能取到 $m-1$，一般只需要前几个值就可以找到一个空闲单元。找到一个空闲单元后，把发生冲突的待插入元素存入该单元即可。

例 8.2 关键字集合为{47,7,29,11,16,92,22,8,3,20}，哈希表 HL 的长度 m 为 11，哈希函数为 $H(\text{key}) = \text{key}\%m$，用线性探测法处理冲突，构造的哈希表如图 8.20 所示。

0	1	2	3	4	5	6	7	8	9	10
11	22		47	92	16	3	7	29	8	20

图 8.20   线性探测法构造的哈希表

当插入关键字为 47 和 7 的元素时，其哈希地址分别为 3 和 7，哈希地址没有发生冲突，直接存入。

当插入关键字为 29 的元素时，$d_0 = H(29) = 7$，哈希地址发生冲突，接着探测下一个即 $d_1 = (d_0+1)\%11 = 8$ 的单元，因为该单元空闲，所以关键字为 29 的元素被存储到下标为 8 的单元中。

当插入关键字为 11、16、92 的元素时，其哈希地址分别为 0、5、4，哈希地址没有发生冲突，直接存入。

当插入关键字为 22 的元素时，$d_0 = H(22) = 0$，哈希地址发生冲突，接着探测下一个即 $d_1 = (d_0+1)\%11 = 1$ 的单元，因为该单元空闲，所以关键字为 22 的元素被存储到下标为 1 的单元中。

当插入关键字为 8 的元素时，$d_0 = H(8) = 8$，哈希地址发生冲突，接着探测下一个即 $d_1 = (d_0 + 1)\%11 = 9$ 的单元，因为该单元空闲，所以关键字为 8 的元素被存储到下标为 9 的单元中。

当插入关键字为 3 的元素时，$d_0 = H(3) = 3$，哈希地址发生冲突，接着探测下一个即 $d_1 = (d_0 + 1)\%11 = 4$ 的单元，仍然冲突；接着探测下一个即 $d_2 = (d_1 + 1)\%11 = 5$ 的单元，仍然冲突；接着探测下一个即 $d_3 = (d_2 + 1)\%11 = 6$ 的单元，因为该单元空闲，所以关键字为 3 的元素被存储到下标为 6 的单元中。

当插入关键字为 20 的元素时，$d_0 = H(20) = 9$，因为 HL[9] 已被占用，接着探测下一个即 $d_1 = (d_0 + 1)\%11 = 10$ 的单元，因为该单元空闲，所以关键字为 20 的元素被存储到下标为 10 的单元中。

用线性探测法处理冲突的方法很简单，但容易造成元素的"**聚集**"，这是因为当 n 个单元被占用后，再散列到这些单元上的元素和直接散列到后面一个空闲单元上的元素都要占用这个空闲单元，致使该空闲单元很容易被占用，从而造成更大的聚积。这样不仅大大增加了查找下一个空闲单元的路径长度，也大大降低了查找效率。例如，在例 8.2 所示的哈希表中，当插入关键字为 3 的元素时，计算其哈希地址 $H(3) = 3$，而 3~5 单元均被占用，因而需要经过 4 次比较才查找到空闲单元，即下标为 6 的单元，关键字为 3 的元素被存储到该单元中，同理，当查找该元素时，也必须经过 4 次比较才能成功。

在线性探测法中，造成聚积现象的根本原因是探测序列过分集中在发生冲突的单元的后面，没有在整个散列空间分散开。下面介绍的二次探测法和伪随机探测法可在一定程度上减少聚积现象。

2）二次探测法

当发生冲突时，二次探测法的探测增量 $q_i = 1^2, -1^2, 2^2, -2^2, 3^2, \cdots, \pm k^2 \ (k \leq m/2)$。

例 8.3 关键字集合为 {47,7,29,11,16,92,22,8,3,20}，哈希表 HL 的长度 m 为 11，哈希函数为 $H(key) = key\%m$，用二次探测法处理冲突，构造的哈希表如图 8.21 所示。

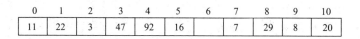

0	1	2	3	4	5	6	7	8	9	10
11	22	3	47	92	16		7	29	8	20

图 8.21 二次探测法构造的哈希表

在图 8.21 中，构造哈希表的过程只有关键字 3 与线性探测法不同，$d_0 = H(3) = 3$，哈希地址发生冲突；由 $d_1 = (d_0 + 1^2)\%11 = 4$ 知，仍然冲突；$d_1 = (d_0 - 1^2)\%11 = 2$，找到空的哈希地址，将关键字为 3 的元素存到下标为 2 的单元中。

3）伪随机探测法

当发生冲突时，伪随机探测法的探测增量 q_i 是一个伪随机数列，其基本思想是，先建立一个伪随机产生器，当发生冲突时，便利用伪随机产生器计算出下一个伪随机数，并将它作为新的哈希地址。

2. 链地址法

链地址法的基本思想是，将所有哈希地址相同的元素，即所有关键字为同义词的元素存储到一个单链表中，哈希表中的每个单元不是存储相应的元素，而是存储相应的单链表的表头指针，因为每个元素被存储在相应的单链表中，在单链表中可以任意地插入和删除结点，所以装填因子 α 既可以小于等于 1，又可以大于 1。

例 8.4　关键字集合为 {47,7,29,11,16,92,22,8,3,20}，哈希表 HL 的长度 m 为 11，哈希函数为 $H(\text{key}) = \text{key}\%m$，用链地址法处理冲突，构造的哈希表如图 8.22 所示。

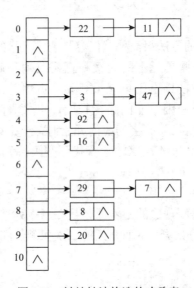

图 8.22　链地址法构造的哈希表

用链地址法处理冲突，虽然比开放定址法多占用一些存储空间用来存储链接指针，但它可以减少在插入和查找过程中与关键字平均比较的次数（平均查找长度）。这是因为，在链地址法中待比较的结点都是同义词结点，而在开放定址法中，待比较的结点不仅包含有同义词结点，而且包含有非同义词结点，往往非同义词结点比同义词结点还要多。

8.4.4　哈希表的操作

对哈希表的操作主要有哈希表的初始化、哈希表的查找、哈希表的插入、哈希表的删除和哈希表空间撤销等。在哈希表的构造中，处理冲突的方法不同，其哈希表的类型定义也不同，对相关操作的算法设计也不同。下面分别对开放定址法和链地址法进行讨论。

1. 开放定址法构造的哈希表的操作

哈希函数：除数留余法。
冲突处理：用线性探测法处理冲突。

数据结构设计：哈希表需要一段连续的内存，所以将数组 HL 作为其存储结构，因为对于不同的问题及相同问题的不同设计目标，哈希表的长度 m 将不同，所以采用动态顺序存储结构最为合适，在初始化时确定其长度。

从哈希表 HL 中删除一个元素，不能简单地把该元素所占用的单元置为空，否则不仅会割断在它之后填入哈希表的同义词元素的查找路径［这是因为各种开放定址法中，空单元（开放地址）都是查找失败的条件］，而且可能会出现同一个元素被存入两次的情况。例如，给定一组关键字（bat，cat，bee），并取第 1 个字母在字母表中的序号为散列地址，即 $H(bat) = 2$，$H(cat) = 3$，$H(bee) = 2$，用线性探测法处理冲突，将它们装入哈希表 HL 后，分别占住了 HL[2]、HL[3]、HL[4]位置。现在假设删除 bat，如果是简单地置 HL[2]为 NULL（空），那么，当下一个操作是查找 bee 时，由于 $H(bee) = 2$，且 HL[2] = NULL，则将这个新来的 bee 存入 HL[2]中。于是，在 HL 中同时存在两个 bee。

为了避免上述问题，一种简单的处理办法是将被删除元素所在的位置做删除标记，而不是真正地删除元素。每次插入一个新元素时首先进行查找操作，若查找失败，则进行插入，否则不进行插入操作。因此，哈希表数组中每个表项除了存储数据元素本身的信息外，还要存储表项的当前状态，分别用"空"、"占用"（或称"活动"）和"删除"表示，即定义一个三个取值（Empty、Active 和 Deleted）的枚举类型 KindOfItem。

相关数据结构的描述如下：

typedef enum{Empty,Active,Deleted} KindOfItem;//表项状态的枚举类型

typedef struct {

  ElemType data;

  KindOfItem info;

}ArrayHashItem;　　　　　　　　　　//表项结构体

typedef ArrayHashItem *ArrayHashList;　　　//动态顺序存储的哈希表

1）哈希表的初始化操作

哈希表的初始化主要是动态分配哈希表的存储空间，并置每个表项的状态为"Empty"。

算法 8.9

bool InitHashList_Array(ArrayHashList &HL,int m)

{//初始化哈希表 HL

  HL=(ArrayHashItem *)malloc(sizeof(ArrayHashItem) *m);

           //分配哈希表存储空间

  If(！HL)return false;

  else

  { for(int i=0;i<m;i++)

   HL[i].info=Empty;　　　　　　　//置表项状态为空

   return true;

  }

}//InitHashList_Array

2）哈希表的查找操作

在使用开放定址法处理冲突的哈希表 HL 时，查找一个元素的过程是，按照构造哈希表 HL 时的哈希函数 H，根据 key 值求出其直接哈希地址（假定为 d），若 HL[d]的状态不为"空"，则将 key 与 HL[d]中元素的关键字进行比较，若相等则查找成功；否则按照构造哈希表 HL 时采用的解决冲突的方法依次计算下一个哈希地址，并依次用 key 与下一个哈希地址单元中的关键字进行比较，直到查找成功或查找到一个表项状态为"空"的单元（表明查找失败）为止。其算法描述如下。

算法 8.10

```
int Search_Array(ArrayHashList HL,int m,ElemType x,int H(KeyType,int))
{//在长度为 m 的哈希表 HL 中查找元素 x，查找成功返回该元素的下标，否则返回-1。
H()为哈希函数
    int d=H(x.key,m);              //调用哈希函数计算哈希地址
    int temp=d;                    //保存初始哈希地址
    while(HL[d].info! =Empty&&HL[d].data.key! =x.key)
    {   d=(d+1)%m;                 //存在冲突,用解决哈希冲突的方法继续查找
        if(d==temp)return-1;       //查找完所有位置未找到且表已满,查找失败
    }
    if(HL[d].info! =Deleted&&HL[d].data.key==x.key)
    return d;                      //查找成功,返回其位置
    return-1;                      //查找失败,返回-1
}//Search_Array
```

3）哈希表的插入操作

向哈希表 HL 中插入一个元素 x，首先调用查找函数，若查找成功，则不进行插入操作；若查找失败且哈希表未满，则将元素 x 插到相应的单元中，并置该表项状态为"Active"。其算法描述如下。

算法 8.11

```
bool Insert_Array(ArrayHashList HL,int m,ElemType x,int H(KeyType,int))
{//在查找不成功时插入一个元素 x 到开放定址法构造的哈希表 HL 中，H()为哈希函数
    if(Search_Array(HL,m,x,H)>=0)
                    return false;      //数据元素 x 已经存在,插入失败,返回 false
    int d=H(x.key,m);                  //调用哈希函数,计算哈希地址
    int temp=d;                        //保存初始哈希地址
    while(HL[d].info!=Empty&&HL[d].info!=Deleted)//查找插入的位置
    {   d=(d+1)%m;                     //存在冲突,用解决哈希冲突的方法继续查找
        if(d==temp)return false;       //查找完所有位置未找到且表已满,无法插入
    }
    HL[d].data=x;                      //将元素插到下标为 d 的位置
    HL[d].info=Active;                 //置活动标记
```

```
    return true;                          //插入成功,返回 true
}//Insert_Array
```

4）哈希表的删除操作

从哈希表 HL 中删除一个元素 *x*，首先调用查找函数，若查找成功，则将其函数值所指向的表项状态置为"Deleted"。其算法描述如下。

算法 8.12

```
bool Delete_Array(ArrayHashList HL,int m,ElemType &x,int H(KeyType,int))
{//从长度为 m 的哈希表 HL 中删除元素,并由 x 带回该元素的值
    int d=Search_Array(HL,m,x,H);          //调用查找函数
    if(d>=0)                               //查找成功
    {   x=HL[d].data;                      //由 x 带回被删除元素的值
        HL[d].info=Deleted;                //置删除标记
        return true;                       //删除成功,返回 true
    }
    return false;                          //删除失败,返回 false
}//Delete_Array
```

5）哈希表的撤销操作

算法 8.13

```
void Destroy_Array(ArrayHashList HL)
{//回收哈希表的存储空间
    Free(HL);
}//Destroy_Array
```

假设开放定址法构造的哈希表的类型定义及相关操作存放在头文件"ArrayHashList.h"中，则可用下面的程序测试哈希表的有关操作。

```
# define N 10                  //数据元素的个数
# include "stdlib.h"           //该文件包含 malloc()、realloc()和 free()等函数
# include "iomanip.h"//该文件包含标准输入、输出流 cin 和 cout 及控制符 setw()
typedef int KeyType;//定义关键字类型为整型
typedef struct {
    KeyType key;
}ElemType;                     //元素类型

# include "ArrayHashList.h"    //该文件包含哈希表的类型定义及相关操作

int Hash(KeyType key,int Mod)  //哈希函数
{
    return key%Mod;
}
```

```
void main()
{
    ArrayHashList HashList;
    ElemType a[N]={47,7,29,11,16,92,22,8,3,20},x;
    int I,j,k,m;
    int Hash(KeyType,int);
    cout<<"请输入哈希表长度:";
    cin>>m;
    InitHashList_Array(HashList,m);
    for(i=0;i<N;i++)
        Insert_Array(HashList,m,a[i],Hash);
    cout<<endl<<"哈希表中存储的元素为:"<<endl;
    for(i=0;i<N;i++)
    {   j=Search_Array(HashList,m,a[i],Hash);
    cout<<"      HashList["<<setw(2)<<j<<"]="<<setw(2)<<HashList[j].data.key;
    if((i+1)%3==0)cout<<endl;
    }
cout<<endl<<endl<<"请输入待查找的元素:";
cin>>x.key;
k=Search_Array(HashList,m,x,Hash);
if(k>=0)cout<<"查找成功!元素"<<x.key<<"的哈希地址为:"<<k<<endl;
else    cout<<"查找失败!"<<endl;
cout<<endl<<"请输入待删除的元素:";
cin>>x.key;
if(Delete_Array(HashList,m,x,Hash))
        cout<<"删除成功!"<<endl;
else    cout<<"删除失败!"<<endl;
cout<<endl<<"查找已被删除的元素"<<x.key<<endl;
k=Search_Array(HashList,m,x,Hash);
if(k>=0)cout<<"查找成功! 元素"<<x.key<<"的哈希地址为:"<<k<<endl;
else    cout<<"元素"<<x.key<<"已被删除!"<<endl;
cout<<endl<<"请输入待插入的元素:";
cin>>x.key;
if(Insert_Array(HashList,m,x,Hash))
        { cout<<"插入成功!插入元素的哈希地址为:"
        cout<<Search_Array(HashList,m,x,Hash)<<endl;
        }
```

else　cout<<"元素"<<x.key<<"已经存在,插入失败!"<<endl;
Destroy_Array(HashList);
}
程序执行后输出结果如下：
请输入哈希表长度：<u>11</u>✓

哈希表中存储的元素为：
HashList[3]=47　　　HashList[7]=7　　　HashList[8]=29
　　HashList[0]=11　　HashList[5]=16　　　HashList[4]=92
HashList[1]=22　　　HashList[9]=8　　　HashList[6]=3
HashList[10]=20

请输入待查找的元素：<u>47</u>✓
查找成功! 元素<u>47</u>的哈希地址为：<u>3</u>

请输入待删除的元素：<u>47</u>✓
删除成功!

查找已被删除的元素<u>47</u>
元素<u>47</u>已被删除!

请输入待插入的元素：<u>3</u>✓
元素<u>3</u>已经存在,插入失败!

2. 链地址法构造的哈希表的操作

哈希函数：除数留余法。
数据结构设计：哈希表数组 HL 中存放每个单链表的表头指针，因此其类型为指针数组，为了操作上的灵活方便，采用动态顺序存储结构，在初始化时确定其长度。
单链表的结点中除存放其本身的信息外，还存放下一个结点的地址。
相关数据结构的描述如下：

```
typedef struct LNode{
    ElemType data;
    struct LNode *next;
}LNode, *HsahLNode;                 //链表结点类型

typedef HsahLNode *LinkHashList;    //链接存储的哈希表
```

1）哈希表的初始化操作
哈希表的初始化主要是动态分配哈希表的存储空间，并置每个表项为空指针。

算法 8.14

bool InitHashList_Link(LinkHashList &HL,int m)

{//初始化长度为 m 的哈希表 HL

    HL=(HsahLNode *)malloc(sizeof(HsahLNode) *m);   //分配哈希表存储空间

    if(! HL)return false;

    else

    { for(int i=0;i<m;i++)

     HL[i]=NULL;   //表项置空

     return true;

     }

}//InitHashList_Link

2）哈希表的查找操作

在使用链地址法处理冲突的哈希表 HL 时，查找一个元素的过程是，按照构造哈希表 HL 时的哈希函数，根据 key 值求出其哈希地址（假定为 d），若 HL[d]不为空指针，则在以 HL[d]为表头指针的单链中进行查找，直到查找成功或遍历完整个单链表（表明查找失败）为止。

算法 8.15

HsahLNode Search_Link(LinkHashList HL,int m,ElemType x,int H(KeyType,int))

    {//在长度为 m 的哈希表 HL 中查找元素 x,查找成功返回该元素的地址,否则返回空指针,H()为哈希函数

        int d=H(x.key,m);   //调用哈希函数计算哈希地址

        HsahLNode p=HL[d];   //得到对应单链表的表头指针

        while(p&&p->data.key! =x.key)   //在单链中进行查找

           p=p->next;

        return p;

    }//Search_Link

3）哈希表的插入操作

向链地址法构造的哈希表 HL 中插入一个元素 x，首先调用查找函数，若查找成功，则不进行插入操作；否则，按照构造哈希表 HL 时的哈希函数，根据 x.key 值求出其哈希地址（假定为 d），然后把元素 x 插到以 HL[d]为表头指针的单链表的表头。其算法描述如下。

算法 8.16

bool Insert_Link(LinkHashList HL,int m,ElemType x,int H(KeyType,int))

    {//在查找不成功时插入一个元素 x 到链地址法构造的哈希表 HL 中

        HsahLNode p=Search_Link(HL,m,x,H); //调用查找函数

        if(p)return false;   //数据元素 x 已经存在,插入失败,返回 false

        else

```
{    int d=H(x.key,m);                //调用哈希函数计算哈希地址
     p=(LNode *)malloc(sizeof(LNode)); //为新元素分配存储空间
     if(! p)return false;             //内存空间用完,插入失败,返回 false
     p->data=x;//为新结点赋值
     p->next=HL[d];HL[d]=p;//把新结点插到 d 单链表的表头
     return true;                     //插入成功,返回 true
   }
}//Insert_Link
```

4）哈希表的删除操作

从链地址法构造的哈希表 HL 中删除一个元素 x，首先按照构造哈希表 HL 时的哈希函数，根据 x.key 值求出其哈希地址（假定为 d），若 HL[d] 为空指针，则表明元素不存在，不进行删除操作；否则在以 HL[d] 为表头指针的单链表中查找 x，然后删除元素 x 所在的结点。其算法描述如下。

算法 8.17

```
bool Delete_Link(LinkHashList HL,int m,ElemType x,int H(KeyType,int))
{//从长度为 m 的哈希表 HL 中删除元素 x
     int d=H(x.key,m);                //调用哈希函数,计算哈希地址
     HsahLNode p=HL[d],q;             //p 指向对应的单链表的表头指针
     if(! p)return false;             //对应的单链表为空,删除失败,返回 false
     if(p->data.key==x.key)           //删除表头结点
     {   HL[d]=p->next;
         free(p);
         return true;                 //删除成功,返回 true
     }
     q=p->next;                       //q 指向 p 的后继
     while(q&&q->data.key! =x.key)
     {   p=q;                         //p 指向 q 的前驱
         q=q->next;
     }
     if(q){ p->next=q->next;          //删除 p 所指结点
            free(q);
            return true;              //删除成功,返回 true
     }
     else return false;               //删除失败,返回 false
}//Delete_Link
```

5）哈希表的撤销操作

算法 8.18

```
void Destroy_Link(LinkHashList HL,int m)
```

```
{//回收哈希表的存储空间
    HsahLNode p;
    for(int i=0;i<m;i++)                    //回收每个单链表中所有结点
    { p=HL[i];
      while(p)
      { HL[i]=p->next;free(p);p=HL[i];}
    }
    free(HL);                               //回收哈希表
}//Destroy_Link
```

假设链地址法构造的哈希表的相关操作存放在头文件"LinkHashList.h"中，则可用下面的程序测试哈希表的有关操作。

```
# define N 10                              //数据元素的个数
# include "stdlib.h" //该文件包含 malloc()、realloc()和 free()等函数
# include "iomanip.h"//该文件包含标准输入、输出流 cin 和 cout 及控制符 setw()
typedef int KeyType;                       //定义关键字类型为整型
typedef struct {
    KeyType key;
}ElemType;                                 //元素类型

# include "LinkHashList.h"//该文件包含哈希表的类型定义及相关操作

int Hash(KeyType key,int Mod)              //哈希函数
{
return key%Mod;
}

void main()
{
HsahLNode p;
LinkHashList HashList;
ElemType a[N]={47,7,29,11,16,92,22,8,3,20},x;
int i,j,k,m;
int Hash(KeyType,int);
cout<<"请输入哈希表长度:";
cin>>m;
InitHashList_Link(HashList,m);
for(i=0;i<N;i++)
        Insert_Link(HashList,m,a[i],Hash);
```

```
cout<<endl<<"哈希表中存储的元素为:"<<endl;
for(i=0;i<m;i++)
{   p=HashList[i];
if(p)
        {   cout<<"      HashList["<<setw(2)<<i<<"]=";
            while(p)
            { cout<<p->data.key<<setw(4);
               p=p->next;
            }
             cout<<endl;
        }
}
cout<<endl<<"请输入待查找的元素:";
cin>>x.key;
p=Search_Link(HashList,m,x,Hash);
if(p)cout<<"查找成功!查找的元素是:"<<p->data.key<<endl;
else   cout<<"查找失败!"<<endl;
cout<<endl<<"请输入待删除的元素:";
cin>>x.key;
if(Delete_Link(HashList,m,x,Hash))
        cout<<"删除成功!"<<endl;
else   cout<<"删除失败!"<<endl;
cout<<endl<<"删除后的哈希表中元素为:"<<endl;
for(i=0;i<m;i++)
{   p=HashList[i];
if(p)
        {   cout<<"      HashList["<<setw(2)<<i<<"]=";
            while(p)
            { cout<<p->data.key<<setw(4);
               p=p->next;
            }
              cout<<endl;
        }
}
cout<<endl<<"请输入待插入的元素:";
cin>>x.key;
if(Insert_Link(HashList,m,x,Hash))
        cout<<"插入成功!"<<endl;
```

else　cout<<"元素"<<x.key<<"已经存在,插入失败!"<<endl;

Destroy_Link(HashList,m);

}

程序执行后输出结果如下:

请输入哈希表长度:<u>11</u>↙

哈希表中存储的元素为:

HashList[0]=22　11

HashList[3]=3　47

HashList[4]=92

HashList[5]=16

HashList[7]=29　　7

HashList[8]=8

HashList[9]=20

请输入待查找的元素:<u>92</u>↙

查找成功!查找的元素是:92

请输入待删除的元素: <u>29</u>↙

删除成功!

删除后的哈希表中元素为:

HashList[0]=22　11

HashList[3]=3　47

HashList[4]=92

HashList[5]=16

HashList[7]=7

HashList[8]=8

HashList[9]=20

请输入待插入的元素:<u>22</u>↙

元素 22 已经存在,插入失败!

8.4.5　哈希表查找的性能分析

在哈希表的插入和查找操作中，平均查找长度与表的大小 m 无关，只与所选取的哈希函数、α 的值和处理冲突的方法有关。若所选取的哈希函数能够使任一关键字等概率地映射到散列空间的任一地址上，则理论上已经证明，当采用线性探测法处理冲突时，查找成功时的平均查找长度为 $\frac{1}{2}\left(1+\frac{1}{1-\alpha}\right)$；当用二次探测法、伪随机探测法处理冲突时，查找成功时的平均查找长度为 $-\frac{1}{\alpha}\ln(1-\alpha)$；当采用链地址法处理冲突时，查找成功时的平均查找长度为 $1+\frac{\alpha}{2}$。

　　直接计算地址的方法，在查找过程中所需的比较次数很少。由查找的方法可以看出，在进行哈希表查找时,要根据元素的关键字由哈希函数及冲突时解决冲突的方法找出记录的哈希地址。因此，在考虑哈希表查找的效率时，不但要考虑查找时所需的比较次数，还要考虑求取哈希地址的时间。

　　总之，在哈希表查找中，插入和查找的速度是相当快的，它优于前面介绍的任何一种方法，特别是当数据量很大时更是如此。例如，在对数量巨大的网上中文信息进行处理时，无论是以字索引的方式还是以词索引的方式，为了提高匹配速度，都采用了哈希表查找技术，一般都以汉字为自变量，哈希函数是对汉字进行变换处理，如可设计哈希函数为 $H(c)=(91*c1)\wedge c2$，其中 c1、c2 为汉字 c 的高、低字节的机器内码值，$\wedge$ 为异或运算符。因为常用的汉字只有 6000 多个，这样能够较快地通过哈希函数查询到相应的汉字。

　　哈希表查找的缺点主要有：

　　第一，哈希表查找占用的存储空间较多。因为采用开放定址法处理冲突的哈希表总是取 α 值小于 1，而采用链地址法处理冲突的哈希表与线性表的链式存储相比，多占用一个具有 m 个位置的指针数组空间。

　　第二，在哈希表中只能按关键字查找元素，而无法按非关键字查找元素。

　　第三，数据元素之间的原有逻辑关系无法在哈希表上体现出来。

本 章 小 结

　　对于本章的学习要以静态查找和动态查找为主线,注意各种查找技术适用的条件及查找性能的比较。对于静态查找，适用的查找技术是顺序查找、二分查找和索引查找，这部分学习的思路是，算法的基本思想→操作实例（理解查找过程）→算法描述→查找性能分析→适用情况。对于动态查找，适用的查找技术主要是二叉排序树和 B 树，这部分的学习重点理解二叉排序树的定义，着重掌握二叉排序树的查找、插入和删除操作，体会为什么二叉排序树能使插入、删除和查找同时获得较好的时间性能，在二叉排序树查找性能分析的基础上，理解平衡二叉树的概念，通过具体实例理解平衡二叉树的调整方法。哈希表技术既适用于静态查找，又适用于动态查找，哈希表技术主要是围绕两个问题展开：一个是哈希函数；另一个是处理冲突的方法。对于哈希函数，要明确哈希函数的设计具有很大的灵活性，要学会根据查找集合及记录的特点设计合适的哈希函数。对于处理冲突的方法，要明确实质上是两种基本存储方法——顺序存储和链式存储的运用。

习　题　8

一、选择题

1. 顺序查找法适合于存储结构为_____的线性表。

　A. 散列存储　　　　　　　　　　B. 顺序存储或链接存储

　C. 压缩存储　　　　　　　　　　D. 索引存储

2. 对线性表进行二分查找时，要求线性表必须_____。

　A. 以顺序方式存储　　　　　　　B. 顺序方式存储，且结点按关键字有序排序

　C. 以链接方式存储　　　　　　　D. 链接方式存储，且结点按关键字有序排序

3. 如果要求一个线性表既能较快地查找，又能适应动态变化的要求，则可采用的查找方法是_____。

　A.分块查找　　　　B. 顺序查找　　　　C. 折半查找　　　　D. 基于属性查找

4. 有一个有序表为{1，3，9，12，32，41，45，62，75，77，82，95，100}，当二分查找值 82 为的结点时，_____次比较后查找成功。

　A. 1　　　　　　　　B. 2　　　　　　　　C. 4　　　　　　　　D. 8

5. 一棵深度为 k 的平衡二叉树，其每个非终端结点的平衡因子均为 0，则该树共有_____个结点。

　A. $2^{k-1}-1$　　　　　B. 2^{k-1}　　　　　C. 2^k　　　　　　　D. 2^k-1

6. 下面关于 B_和 B$^+$树的叙述中，不正确的结论是_____。

　A. B_和 B$^+$树都能有效地支持顺序查找；

　B. B_和 B$^+$树都能有效地支持随机查找；

　C. B_和 B$^+$树都是平衡的多分树；

　D. B_和 B$^+$树都可用于文件索引结构。

7. 采用线性探测法解决冲突问题，所产生的一系列后继哈希地址_____。

　A. 必须大于等于原哈希地址

　B. 必须小于等于原哈希地址

　C. 可以大于或小于但不能等于原哈希地址

　D. 地址大小没有具体限制

8. 散列表的平均查找长度_____。

　A. 与处理冲突方法有关而与表的长度无关

　B. 与处理冲突方法无关而与表的长度有关

　C. 与处理冲突方法有关且与表的长度有关

　D. 与处理冲突方法无关且与表的长度无关

9. 假定有 k 个关键字互为同义词，若用线性探测法把这 k 个关键字存入哈希表中，至少要进行_____次探测。

　A. $k-1$ 次　　　　　B. k 次　　　　　C. $k+1$ 次　　　　　D. $k(k+1)/2$ 次

10. 下述命题_____是不成立的。

A. m 阶 B_树中的每一个结点的子树个数都小于或等于 m

B. m 阶 B_树中的每一个结点的子树个数都大于或等于 $\lceil m/2 \rceil$

C. m 阶 B_树中的每一个结点的子树高度都相等

D. m 阶 B_树具有 k 个子树的非叶子结点含有 k–1 个关键字

二、填空题

1. 在各种查找方法中，平均查找长度与结点个数 n 无关的查找方法是_____。

2. 二叉排序树的查找长度不仅与_____有关，也与二叉排序树的_____有关。

3. 一个无序序列可以通过构造一棵_____树而变成一个有序序列，构造树的过程即为对无序序列进行排序的过程。

4. _____法构造的哈希函数肯定不会发生冲突。

5. 在一棵有 n 个结点的非平衡二叉树中进行查找，平均时间复杂度的上限（即最坏情况下的平均时间复杂度）为_____。

6. 在 B_树上进行查找的过程是一个_____和_____交叉进行的过程。

7. 在散列存储中，装填因子 α 的值越大，则_____；α 的值越小，则_____。

三、简述题

1. 分别画出在有序表{12，18，24，35，47，50，62，83，90，115，134}中进行二分查找 47 和 100 的查找过程。

2. 设 K_1、K_2、K_3 是三个不同的关键字且 $K_1 > K_2 > K_3$，请画出按不同的输入顺序建立相应的二叉排序树。

3. 已知有数据元素序列{Dec, Feb, Nov ,Oct, June, Sept, Aug, Apr, May, July,Jan,Mar}，要求：

（1）按数据元素的顺序构造一棵二叉排序树；

（2）若各数据元素的查找概率相等，求该二叉排序树在查找成功的情况下的平均查找长度；

（3）画出删除结点 Nov 后的二叉排序树。

4. 设有序顺序表中的元素依次为：17, 94, 154, 170, 275, 503, 509, 512, 553, 612, 677, 765, 897, 908。试画出对其进行二分查找时的二叉判定树，并计算查找成功的平均查找长度和查找不成功的平均查找长度。

5. 图 8.23 所示的是一棵正在进行插入的运算的 AVL 树，关键字 70 的插入使它失去了平衡，按照 AVL 树 14 的插入方法，需要对它的结构进行调整以恢复平衡。

（1）请画出调整后的 AVL 树；

（2）假设 AVL 树用二叉链表（BiTree）存储，T 是指向根结点的指针，请写出相关操作语句表示出这个调整过程。

6. 从空的 3 阶 B_树开始，要求：

（1）设要插入的数据元素关键字序列为{11,33,44,55,58,79,88}，给出建立 3 阶 B_树的过程；

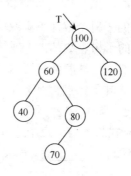

图 8.23   正在插入关键字 70 的 AVL 树

（2）在上述已建的 3 阶 B_树上，给出删除关键字 44 和 79 数据元素的过程。

7. 设有一组关键字序列为：22,41,53,33,46,30,13,01,68，哈希函数为：H(key)=key % 11。哈希表长度为 11，要求：

（1）画出用线性探测法解决冲突的哈希表结构；

（2）画出用二次探测法解决冲突的哈希表结构；

（3）画出用链地址法解决冲突的哈希表结构。

四、算法设计题

1. 如果线性表中各结点查找概率不等，则可以使用下面的策略提高顺序查找的查找效率：如果找到指定的结点，则将该结点和其前驱（若存在）结点交换，使得经常被查找的结点尽量位于表的前端。试对线性表的顺序存储结构和链式存储结构写出实现上述策略的顺序查找算法（注意查找时必须从表头开始向后扫描）。

2. 设二叉排序树中结点结构为 BiTree，结点中的数据域为正整数，该二叉树的根结点地址为 T，请设计一个非递归算法，删除二叉排序树 T 中所有值小于等于 x（x 为正整数)的结点。

3. 编写判定给定的二叉树是否是二叉排序树的算法。

第 9 章 排　序

9.1　排序的基本概念

　　排序（sort）就是把一组数据元素（记录）按其关键字的某种次序排列起来，使其具有一定的顺序，便于进行查找。

　　假设待排序的 n 个数据元素的集合为 $\{A_0,A_1,\cdots,A_{n-1}\}$，其相应的关键字为 $\{K_0,K_1,\cdots,K_{n-1}\}$，则排序是确定一个排列 $K'_0,K'_1,\cdots,K'_{n-1}$，使得相应的关键字满足 $K'_0 \leqslant K'_1 \leqslant \cdots \leqslant K'_{n-1}$（或 $K'_0 \geqslant K'_1 \geqslant \cdots \geqslant K'_{n-1}$），而得到 n 个数据元素的一个按关键字非递减（或非递增）的有序序列 $(A'_0,A'_1,\cdots,A'_{n-1})$。

　　上述排序定义中的**关键字** K_i 是待排序的数据元素集合中的一个域，排序是以关键字为基准进行的。关键字分为主关键字和次关键字两种。**主关键字**是能够唯一区分各个不同数据元素的关键字，否则称为**次关键字**。关键字 K_i 既可以是元素 A_i（$i=0,1,\cdots,n-1$）的主关键字，又可以是元素 A_i 的次关键字。

　　例如，对于表 9.1 所示的学生成绩表，既可以按学号来排序，又可以按程序设计的成绩来排序。按学号排序时，学号域就是排序的关键字；按程序设计的成绩排序时，程序设计的成绩域就是排序的关键字。学号能够唯一标识每个学生，所以是主关键字，而学生成绩则不能唯一标识每个学生，所以是次关键字。

表 9.1　学生成绩表

学号	姓名	计算机组成原理	数据结构	程序设计	平均成绩
1004	Wang Yun	84.0	70.0	78.0	77.3
1002	Zhang Pen	75.0	88.0	92.0	85.0
1012	Li Cheng	90.0	84.0	66.0	80.0
1008	Chen Hong	80.0	95.0	78.0	84.0
⋮	⋮	⋮	⋮	⋮	⋮

　　若是 K_i 主关键字，则任何一个数据元素的无序序列经排序后得到的结果是唯一的；若是 K_i 次关键字，则排序的结果不唯一，因为待排序的元素序列中可能存在两个或两个以上关键字相等的元素。假设在待排序的数据元素集合中，存在两个或两个以上的元素具有相同的关键字，在用某种排序方法排序后，若这些相同关键字的元素的相对次序仍然保持不变，即在排序前的序列中，$K_i=K_j$（$0 \leqslant i \leqslant n-1$，$0 \leqslant j \leqslant n-1$，$i \neq j$），且 A_i 领先于 A_j（$i<j$），而在排序后的序列中，R_i 仍领先于 A_j，则称这种排序算法是**稳定**的；若经过排序，这些元素的相对次序发生了变化，则称这种排序算法是**不稳定**的。

对一个数据元素序列，存在许多不同的排序算法。通常比较排序算法的优劣标准有如下几个方面。

（1）时间性能。

排序是数据处理中经常执行的一种操作，往往属于系统的核心部分，因此排序算法的时间开销是衡量其好坏的重要标志。通常，在排序过程中需要进行下列两种操作：其一是比较两个关键字的大小；其二是将元素从一个位置移动至另一个位置。可见，在待排序的数据元素个数（问题规模）一定的条件下，算法的执行时间主要消耗在关键字之间的比较和元素的移动上。因此，高效率的排序算法应该具有尽可能少的关键字比较次数和尽可能少的元素移动次数。

（2）空间性能。

空间性能是指排序过程中所需要的辅助存储空间的大小。辅助存储空间是除了存放待排序的数据元素所占用的存储空间之外，执行算法所需要的其他存储空间。

（3）稳定性。

稳定的排序算法通常是应用问题所希望的，因此，排序算法的稳定性是衡量排序算法好坏的一个重要标准。

在各种具体的应用中，待排序的数据元素的数据域差别很大，但排序算法只与数据元素的关键字有关，与其他域无关。不失一般性，在后面各节的讨论中，定义排序算法中数据元素时，只突出其关键字域，且定义关键字域的抽象数据类型 KeyType 为 int。因此，排序算法中数据元素的类型可定义如下：

```
typedef int KeyType;              //定义关键字类型为整型
typedef struct
{
KeyType key;                      //关键字域
  ⋮                               //其他域
}ElemType;
```

排序问题是把若干个无序的数据元素排成一个有序序列，因此，排序问题的数据元素集合是线性结构。或者说，排序操作是线性表操作集合中的又一个操作。任何算法的实现方法都与算法所处理的数据元素的存储结构有关，线性表的典型存储结构主要有顺序存储和链式存储两种。因为顺序存储结构具有随机存取特性，存取任一个数据元素的时间复杂度为 $O(1)$，而链式存储不具有随机存取特性，存取一个链表结点的时间复杂度大约为 $O(n)$，所以排序算法基本上是基于顺序表设计的。当使用链式存储结构时，排序方法非常有限，一般只能采用直接插入排序法，即顺序地把待排序序列中的各个数据元素按其关键字大小直接插入已排序序列的适当位置中。因此，本章讲述的排序方法都是基于待排序的数据元素序列构成的线性表采用顺序存储结构方式存储。考虑到算法描述的简洁性，本章的算法设计中，顺序表采用一维数组 A 表示，其元素类型为 ElemType，并假定一维数组 A 的大小为整型常量 MaxSize，该数组中所含元素的个数为 n（$n \leqslant$ MaxSize）。

排序有非递减有序排序和非递增有序排序两种，一般称非递减次序为**升序**或**正序**，称非递增次序为**降序**、**逆序**或**反序**。不失一般性，本章所有排序算法均是按关键字非递减有序设计的。

9.2 插 入 排 序

插入排序的基本思想是，从初始有序的子集合开始，不断地把新的数据元素插入有序子集合中的合适位置，使有序子集合中数据元素的个数不断增加，直到有序子集合的大小等于待排序的数据元素集合的大小为止。常用的插入排序法有直接插入排序和谢尔排序。谢尔排序并不是直接意义的插入排序，而是谢尔排序的分组概念上的插入排序，即在不断缩小组的个数的情况下，把原各组的记录插入新组的合适位置中。

9.2.1 直接插入排序

直接插入排序（straight insertion sort）的基本思想是，顺序地把待排序的数据元素按其关键字值的大小插到已排列有序的子集合的适当位置，子集合的数据元素的个数逐渐增加，直至有序子集合的大小等于待排序数据元素集合的大小为止。

显然，插入排序首先需要构造一个初始的有序子集合，方法是将第一个元素看成初始有序子集合，然后从第二个元素开始，依次将其插入有序子集合中去。

假设待排序的 n 个数据元素存放在数组 A 中，则直接插入排序描述如下。

（1）把 $A[0]$ 看成一个元素的有序子集合，然后把 $A[1]$ 插入有序子集合 $A[0]$ 中去，使其成为含有 2 个元素的有序子集合，完成一趟插入排序过程。

（2）一般地，进行 $i-1$ 趟插入后，形成了含有 i 个元素的有序子集合 $A[0]',A[1]',\cdots,A[i-1]'$。然后把 $A[i]$ 插到有序子集合 $A[0]',A[1]',\cdots,A[i-1]'$ 中去，使其成为含有 $i+1$ 个元素的有序子集合。依此类推，继续进行下去，直到把 $A[n-1]$ 插到前面的 $n-1$ 个元素的有序子集合中去，最后得到 n 个元素的有序集合，排序完毕。其算法描述如下。

算法 9.1

```
void InsertSort(ElemType A[],int n)
{//采用直接插入排序法对 A[0]~A[n-1]排序
    int I,j;
    ElemType temp;
    for(i=1;i<n;i++)
    {   temp=A[i];                      //暂存待插入元素 A[i]
        j=i-1;
        while(j>-1&&temp.key<A[j].key)   //进行顺序比较
        { A[j+1]=A[j];                  //元素后移一个位置
            j--;
        }
        A[j+1]=temp;                    //把 A[i]插到下标为 j+1 的位置
```

```
    }
}//InsertSort
```

若有 8 个待排序的元素，它们的关键字分别为 12、15、9、20、6、31、24、18，则按照算法 9.1 进行直接插入排序的过程如图 9.1 所示，图中方括号括起来的为有序子集合。

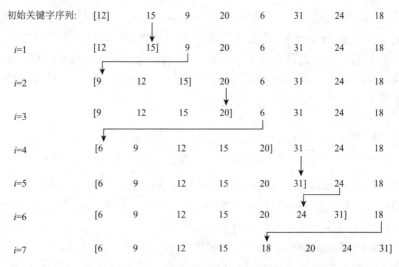

初始关键字序列:　　[12]　　15　　9　　20　　6　　31　　24　　18

i=1　　[12　　15]　　9　　20　　6　　31　　24　　18

i=2　　[9　　12　　15]　　20　　6　　31　　24　　18

i=3　　[9　　12　　15　　20]　　6　　31　　24　　18

i=4　　[6　　9　　12　　15　　20]　　31　　24　　18

i=5　　[6　　9　　12　　15　　20　　31]　　24　　18

i=6　　[6　　9　　12　　15　　20　　24　　31]　　18

i=7　　[6　　9　　12　　15　　18　　20　　24　　31]

图 9.1　直接插入排序过程示例

直接插入排序算法由两层嵌套的循环组成，外层循环要执行 $n-1$ 次，内层循环的执行次数取决于在第 i 个元素前有多少个元素的关键字大于第 i 个元素的关键字。

（1）最好情况：原始数据元素集合为正序排列。这时每趟只需与有序序列的最后一个元素的关键字比较一次，移动两次元素。总的比较次数为 $n-1$，元素的移动次数为 $2(n-1)$，因此，时间复杂度为 $O(n)$。

（2）最坏情况：原始数据元素集合为逆序排列。此时在第 i 趟插入时，第 $i+1$ 个元素必须与前面 i 个元素的关键字做比较，并且每比较一次就要做一次元素的移动，则比较次数为 $\sum_{i=1}^{n-1} i = \frac{n(n-1)}{2}$，移动次数为 $\sum_{i=1}^{n-1}(i+2) = \frac{(n-1)(n+4)}{2}$。因此，时间复杂度为 $O(n^2)$。

（3）平均情况：待排序序列为随机序列，即待排序序列中的元素可能出现的各种排列的概率相同，则可取上述最小值和最大值的平均值，作为直接插入排序时所需进行的关键字间的比较次数和移动元素的次数，约为 $n^2/4$，因此，直接插入排序的时间复杂度为 $O(n^2)$。

在直接插入排序中，只使用一个临时工作单元 temp，暂存待插入的元素，所以其空间复杂度为 $O(1)$。另外，直接插入排序算法是稳定的，因为具有同一个关键字的后一个元素必然插在具有同一关键字的前一个元素的后面，即相对次序保持不变。

由上面对直接插入排序的时间复杂度的分析可知，当待排序的序列基本有序或待排序的元素个数较少时，它是最佳的排序方法。但是，通常待排序序列中元素个数 n 很大，因而关键字的比较次数和元素的移动次数都很大，此时，若采用二分查找来寻找插入元素的位置,则可减少元素的最大和平均比较的总次数,由此进行的插入排序称为**二分插入排序**。其算法描述如下。

算法 9.2

```
void BinarySort(ElemType A[ ],int n)
{//采用二分插入排序法对 A[0]~A[n-1]排序
    ElemType temp;
    int i,j,low,mid,high;
    for(i=1;i<n;i++)
    {   temp=A[i];
        low=0;high=i-1;
        while(low<=high)                    //寻找插入位置
           {   mid=(low+high)/2;
               if(temp.key<A[mid].key)      //插入点在左区间
                   high=mid-1;
               else low=mid+1;              //插入点在右区间
           }
    For(j=i-1;j>=low;j--)
        A[j+1]=A[j];                        //元素后移
        A[low]=temp;                        //插入
    }
}//BinarySort
```

二分插入排序仅减少了关键字间的比较次数,而没有改变元素的移动次数,因此,二分插入排序的时间复杂度仍为 $O(n^2)$,空间复杂度也与直接插入排序一样,为 $O(1)$。

直接插入排序不仅适用于顺序表,而且适用于单链表,不过在单链表进行直接插入排序时,不是移动元素的位置,而是修改相应的指针。

9.2.2 谢尔排序

谢尔排序(Shell sort)又称**缩小增量排序**,是 D. L. Shell 在 1959 年提出的一种排序方法,它是对直接插入排序的一种改进。

从对直接插入排序算法的分析可知,当待排序序列基本有序或者待排序元素个数较少时,其排序的效率就可大大提高。谢尔排序正是从这两点出发对直接插入排序进行改进得到的一种排序方法。

谢尔排序的基本思想是,先把待排序的元素序列分成若干个小组(子序列),对同一组内的元素分别进行直接插入排序,然后小组内元素个数逐渐增加,小组的个数逐渐减少,当完成了所有数据元素都在同一个组内的排序后排序过程结束。

显然,谢尔排序首先需要解决以下两个问题:

（1）如何分割待排序的元素？

（2）如何确定"增量"？

分割待排序元素的目的是减少待排序元素的个数，并使整个序列向基本有序发展。如果逐段分割待排序序列，会使整个序列向局部有序发展，而局部有序不能提高直接插入排序算法的时间性能。因此，采取**跳跃分割**的策略：将相距某个"增量"的元素分在同一个小组内，这样才能保证在各个小组内分别进行直接插入排序后得到的结果是基本有序的而不是局部有序的。

对于增量（步长）的选取，一般的原则是，开始时增量取值较大，使每个小组内的元素个数较少，这样提供了元素跳跃移动的可能性，效率较高；后来增量逐步减少，每个小组中的元素个数逐步增加，但基本有序。到目前为止，尚未求得一个最好的增量序列。D. L. Shell 最早提出的方法是 $d_1 = \lfloor n/2 \rfloor$，$d_{i+1} = \lfloor d_i/2 \rfloor$，且为质数，并且最后一个增量必须等于1。

在谢尔排序中，对每一个增量进行排序称为一趟排序，显然排序的总趟数为增量的个数；在对每一个增量 $d[i]$ 进行排序时，分组排序的组数是 $d[i]$ 的大小；在对每一组进行组内排序时，原则上可采用任一种其他的排序方法，下面的算法描述中在组内采取直接插入排序算法。

算法 9.3

```
void ShellSort(ElemType A[],int n,int d[],int num)
{//采用谢尔排序法对 A[0]~A[n-1]排序,d[0]~d[num-1]为增量序列
int I,j,k,m,span;
ElemType temp;
for(m=0;m<num;m++)
{   span=d[m];                              //取本次的增量值
    for(k=0;k<span;k++)                     //共 span 个小组
    {
        for(i=k+span;i<n;i+=span)           //对每个小组进行组内排序
        {   temp=A[i];                      //取第 k 个小组的第二个元素
            j=i-span;                       //j 指向第 k 个小组的第一个元素
            while(j>-1&&temp.key<A[j].key)
            {   A[j+span]=A[j];
                j-=span;
            }
            A[j+span]=temp;
        }
    }
}
}//ShellSort
```

图 9.2 是上述谢尔排序过程的一个示例，其中增量序列为 6、3、1。

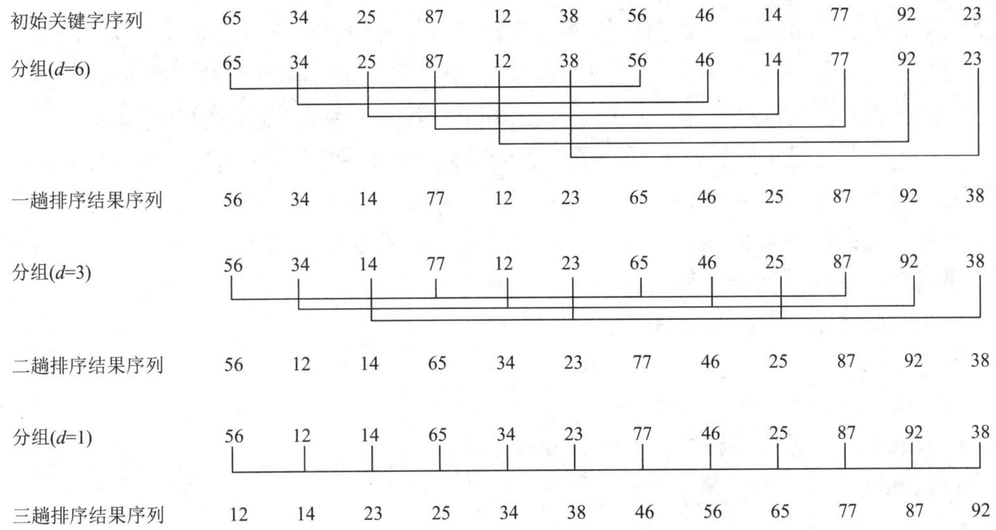

图 9.2　谢尔排序过程示例

　　比较谢尔排序算法和直接插入排序算法，直接插入排序算法是两重循环，谢尔排序算法是四重循环，但分析谢尔排序算法中四重循环的循环次数可以发现，四重循环的每一重的循环次数都很小，并且当增量递减，小组元素个数逐渐增多时，小组内的数据元素序列已基本有序，由前面的讨论知道，越接近有序的直接插入排序算法的时间效率越高。因此，谢尔排序算法的时间复杂度较直接插入排序算法的时间复杂度改善了很多。谢尔排序算法的时间复杂度分析比较复杂，它实际所需的时间取决于各次排序时增量的取法，即增量的个数和它们的取值。总之，谢尔排序算法的时间复杂度在 $O(n\log_2 n)$ 和 $O(n^2)$ 之间，最好情况达 $O(n^{1.3})$。

　　谢尔排序算法的空间复杂度为 $O(1)$。因为谢尔排序算法是按增量分组进行的排序，所以谢尔排序算法是一种不稳定的排序算法。

9.3　选　择　排　序

　　选择排序的基本思想是，每次从待排序的数据元素集合中选取关键字最小（或最大）的数据元素放到待排序数据元素集合的最前面（或最后），待排序数据元素集合不断缩小，直到待排序数据元素集合中只有一个元素时排序结束。常用的选择排序有直接选择排序和堆排序。

9.3.1　直接选择排序

　　直接选择排序是一种简单且直观的排序方法，它的基本思想是，首先从待排序的数据元素集合中选取关键字最小的数据元素并将它作为有序序列中的第一个数据元素；然后从不包含第一个数据元素的集合中，选取关键字最小的数据元素并将它作为有序序列中的第二个数据元素；如此重复，直到待排序的数据元素集合中只剩下一个数据元素为止。

设有待排序的 n 个数据元素存放在数组 A 中，第一趟选择排序是在数据元素 $A[0]\sim$ $A[n-1]$ 中找到一个关键字最小的数据元素 $A[min]$，若 $min\neq0$，则交换 $A[0]$ 和 $A[min]$，使 $A[0]$ 为具有最小关键字的数据元素；第二趟选择排序是在数据元素 $A[1]\sim A[n-1]$ 中找到一个关键字最小的数据元素 $A[min]$，若 $min\neq1$，则交换 $A[1]$ 和 $A[min]$，使 $A[1]$ 为仅次于 $A[0]$ 的具有最小关键字的数据元素；如此反复，经过 $n-1$ 趟选择和交换后，$A[0]\sim A[n-1]$ 就成为非递减有序序列，整个排序过程结束。

直接选择排序的算法描述如下。

算法 9.4

```
void SelectSort(ElemType A[],int n)
{//采用直接选择排序法对 A[0]～A[n-1]排序
int I,j,min;
ElemType temp;
for(i=0;i<n-1;i++)
{
  min=i;                        //min 保存当前最小关键字元素的下标,初值为 i
  for(j=i+1;j<n;j++)            //从当前排序区间中寻找具有最小关键字的元素 A[min]
  if(A[j].key<A[min].key)
      min=j;
  if(min! =i)                   //把 A[min]对调到该排序区间的第 1 个位置
  {
   temp=A[i];
   A[i]=A[min];
   A[min]=temp;
  }
 }
}//SelectSort
```

图 9.3 是上述直接选择排序算法过程的一个示例，其中方括号中为已排好序的数据元素的关键字。

在直接选择排序中，无论数据元素的初始排列如何，关键字的比较次数相同，第一趟排序需要进行 $n-1$ 次关键字的比较，第 i 趟排序需要进行 $n-i$ 次关键字的比较，总共需要 $n-1$ 趟排序，则总的比较次数为

$$比较次数 = \sum_{i=1}^{n-1}(n-i) = \frac{n(n-1)}{2}$$

在最好的情况下，即正序时，数据元素的移动次数最少，为 0 次。在最坏的情况下，即逆序时，数据元素的移动次数最多，为 $3(n-1)$ 次，因此直接选择排序算法的时间复杂度为 $O(n^2)$。

直接选择排序算法只需要一个用来作为元素交换的暂存单元，因此其空间复杂度为 $O(1)$。

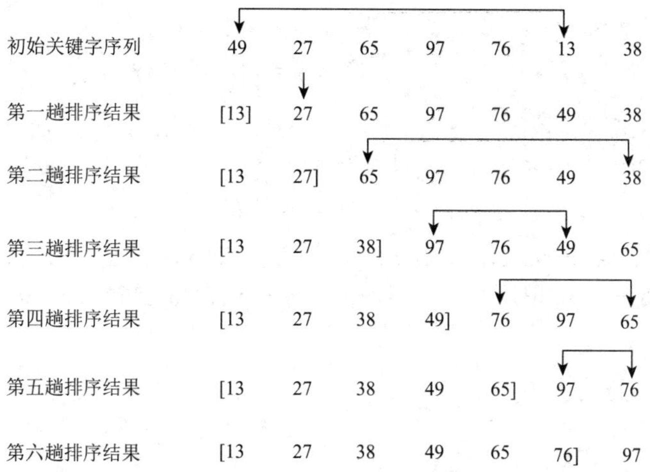

初始关键字序列	49	27	65	97	76	13	38
第一趟排序结果	[13]	27	65	97	76	49	38
第二趟排序结果	[13	27]	65	97	76	49	38
第三趟排序结果	[13	27	38]	97	76	49	65
第四趟排序结果	[13	27	38	49]	76	97	65
第五趟排序结果	[13	27	38	49	65]	97	76
第六趟排序结果	[13	27	38	49	65	76]	97

图 9.3　直接选择排序过程示例

直接选择排序算法是不稳定的排序算法。这主要是由每次从无序区中选出关键字最小的数据元素后，与无序区的第一个数据元素交换而引起的，因为交换可能引起关键字相同的数据元素的位置发生变化。如果在选出关键字最小的数据元素后，将它前面的无序数据元素依次后移，然后再将关键字最小的数据元素放在有序区的后面，就能保证排序算法的稳定性。

9.3.2　堆排序

在直接选择排序中，为找出关键字最小的元素需要做 $n-1$ 次比较，然后为寻找关键字次小的元素要对剩下的 $n-1$ 个元素进行 $n-2$ 次比较。在这 $n-2$ 次比较中，有许多次比较在第一次排序的 $n-1$ 次比较中已经做了。事实上，直接选择排序的每次排序除了找到当前关键字最小的元素外，还产生了许多比较结果信息，这些信息在以后的各次排序中还有用，但因为没有保存这些信息，所以以每次排序都要对剩余的全部元素的关键字重新进行一遍比较，这样就大大增加了时间开销。

堆排序（heap sort）是针对直接选择排序所存在的上述问题的一种改进方法，它在寻找当前关键字最小的元素的同时，还保存了本次排序过程所产生的其他比较信息，主要是为了减少关键字的比较次数，从而提高整个排序的效率。

1. 堆的定义

堆是具有下列性质的完全二叉树：每个非终端结点（元素）的关键字大于等于它的孩子结点的关键字（称为**大根堆**）；或者每个非终端结点（元素）的关键字小于等于它的孩子结点的关键字（称为**小根堆**）。

堆是一棵完全二叉树，如果将堆按层次从 0 开始编号，则可用一维数组（假定为数组 A）存储堆中结点的值，其中编号为 i 的结点存放在 $A[i]$ 中，那么，堆中结点之间满足如下关系：

$$\begin{cases} A[i].\text{key} \leqslant A[2i+1].\text{key} \\ A[i].\text{key} \leqslant A[2i+2].\text{key} \end{cases} \quad \text{或} \quad \begin{cases} A[i].\text{key} \geqslant A[2i+1].\text{key} \\ A[i].\text{key} \geqslant A[2i+2].\text{key} \end{cases} \quad (0 \leqslant i \leqslant \lfloor (n-2)/2 \rfloor)$$

说明： 在第 6 章中讨论的完全二叉树的编号是从 1 开始编号的，所以二叉树的性质 6.9 中的结点的双亲和左右孩子的编号与此处均有 1 位之差。此处从 0 开始编号主要是为了与本章其他排序算法一致，数组中统一从 0 下标开始存放元素。

图 9.4(a)所示的是一棵完全二叉树，它所对应的元素的关键字序列为{10,50,32,5,76,9,40,88}；图 9.4（b）所示是一个大根堆，它所对应的元素序列为{88,76,40,50,10,9,32,5}。

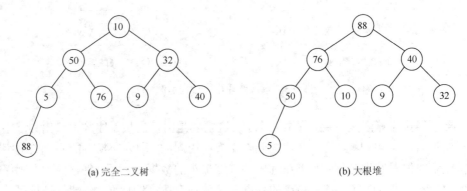

图 9.4　完全二叉树和大根堆

因为在前面的讨论中约定排序按关键字非递减有序设计，所以堆排序中需要按大根堆进行讨论。

从大根堆的定义可以得知堆有如下性质：

（1）堆的根结点的关键字具有最大值；

（2）从根结点到每个叶子结点的路径上，结点的关键字组成的序列都是非递增有序的；

（3）堆中任何一个结点的非空左、右子树都是一个堆。

2. 堆排序

堆排序 是利用堆的性质进行排序的方法，其**基本思想**是，首先把待排序的顺序表示（一维数组）的数据元素集合在概念上看成一棵完全二叉树，并将它转换成一个堆。在堆中，根结点的关键字具有最大值，交换根结点和最后一片叶子结点，删去最后一片叶子结点。然后将剩下的结点重新调整为一个堆，这样又找出了关键字次大的元素。反复进行下去，直到堆中只剩下一个结点为止。

由此可知，在堆排序中，需要解决的关键问题是：

（1）如何把一个无序序列（完全二叉树）构造成一个堆（建初始堆）？

（2）如何调整剩余结点成为一个新堆？

由堆的性质可知，堆中任一结点的非空左、右子树都是堆。因此，当交换堆中根结点和最后一片叶子结点并删除叶子结点后，剩余结点是一棵根结点的左、右子树都是堆的完全二叉树。所以调整堆是在一个根的左、右子树都是堆的基础上进行的。

3. 调整根的左、右子树都是堆的完全二叉树为一个堆

由于堆中根结点的关键字具有最大值，且已知根的左、右子树都是堆，新堆的根结点应该是这棵二叉树的根结点、左子树的根、右子树的根三者之中关键字的最大者。如果根结点的关键字最大，则调整结束；如果左子树的根的关键字最大，则交换根结点与其左孩子的值，继续调整其左子树；如果右子树的根的关键字最大，则交换根结点与其右孩子的值，继续调整其右子树。重复上述过程，直到交换到叶子结点时结束。

如图 9.5 所示是调整左、右子树都是堆的完全二叉树为一个新堆的过程。

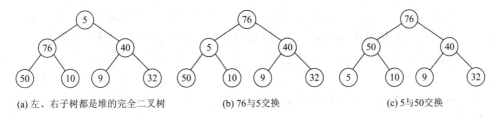

(a) 左、右子树都是堆的完全二叉树　　　　(b) 76与5交换　　　　(c) 5与50交换

图 9.5　调整堆的过程

假设待排序的 n 个数据元素顺序放在数组 $A[0]$，$A[1]$，$\cdots$，$A[n-1]$ 中，其中以 $A[k+1]$，$A[k+2]$，$\cdots$，$A[n-1]$ 为根结点的二叉树已是堆，则完成以元素 $A[k]$ 为根结点的二叉树的调整堆的算法描述如下。

算法 9.5

```
void AdjustHeap(ElemType A[],int n,int k)
{//调整以 A[k]为根结点,且其左、右子树都是堆的完全二叉树为一个新堆
  int I,j,flag;
  ElemType temp;
  i=k;                              //i 指向根结点
  j=2*i+1;                          //j 指向其左孩子
  temp=A[i];                        //temp 暂存根结点的值
  flag=0;
  while(j<n&&flag! =1)
  {  if(j<n-1&&A[j].key<A[j+1].key)j++;   //j 指向左、右孩子中的较大者
     if(temp.key>=A[j].key)               //根结点的关键字最大
        flag=1;                           //flag 置 1,提前结束循环
     else                                 //j 所指结点的关键字最大
     {  A[i]=A[j];                         //j 所指结点的值存放到根结点中
        i=j;                              //i 指向 j 所指结点
        j=2*i+1;                          //j 指向 i 的左孩子
     }
  }
```

A[i]=temp;　　　　　　　　　　　　　　　　　//根结点存放到 i 所指的位置
}//AdjustHeap

4. 建初始堆

可以利用调整堆的算法建初始堆,但此时必须找出满足调整堆的初始条件,即根的左、右子树必须是堆,在一棵完全二叉树中,要找出满足此条件的,只有从最后一个非叶子结点开始,因为最后一个非叶子结点如果有左、右子树,则左、右子树都是叶子结点,而叶子结点可以看成一个堆,因而调整可以从最后一个非叶子结点开始。

假设待排序的集合为 $A[0],A[1],\cdots,A[n-1]$,将其转换成初始堆的**基本思想**是,以自底向上的方式,从最后一个非叶子结点 $A[i][i = (n-1-1)/2]$ 开始,依次将以 $A[i],A[i-1],\cdots,A[0]$ 为根结点的完全二叉树调整成为堆,即反复调用 AdjustHeap 函数,最先调整的非叶子结点 $A[i]$ 的左、右子树（若存在）一定是叶子结点,可以把它们分别看成堆;以 $A[i]$ 为根结点的完全二叉树调整完毕后,调整以 $A[i-1]$ 为根结点的完全二叉树时,$A[i-1]$ 的左、右子树也会是堆,如此进行下去,调整到 $A[0]$ 为止,即建成一个初始堆。其算法描述如下。

算法 9.6

```
void CreatInitHeap(ElemType A[],int n)
{//把完全二叉树 A[0]~A[n-1]构造成一个初始堆
    for(int i=(n-2)/2;i>=0;i--)
        AdjustHeap(A,n,i);
}//CreatInitHeap
```

图 9.6 是将完全二叉树构造成初始堆的过程。

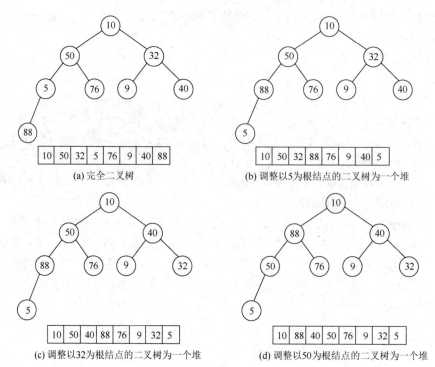

(a) 完全二叉树　　　　　　　　　　(b) 调整以5为根结点的二叉树为一个堆

(c) 调整以32为根结点的二叉树为一个堆　　　(d) 调整以50为根结点的二叉树为一个堆

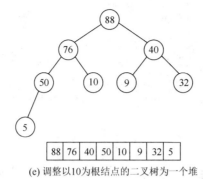

(e) 调整以10为根结点的二叉树为一个堆

图 9.6　将完全二叉树构造成初始堆的过程

将待排序的数据元素集合（完全二叉树）构造成初始堆之后，堆排序的过程就是一个不断交换（交换根结点和最后一片叶子结点）和调整（调整左、右子树都是堆的二叉树为一个新堆）的过程，每次交换后二叉树中减少了一个结点，直至二叉树中剩下一个结点，便得到了 *n* 个结点的非递减序列。其算法描述如下。

算法 9.7
```
void Heapsort(ElemType A[],int n)
{//采用堆排序法对 A[0]～A[n-1]排序
    int i;
    ElemType temp;
    CreatInitHeap(A,n);                 //建初始堆
    For(i=n-1;i>0;i--)
    {   temp=A[0];                      //交换根结点和最后一片叶子结点
        A[0]=A[i];
        A[i]=temp;
        AdjustHeap(A,i,0);              //调整剩余结点为一个新堆
    }
}//Heapsort
```
图 9.7 是上述堆排序算法过程的一个示例，其中虚线连接的是已排好序的元素。

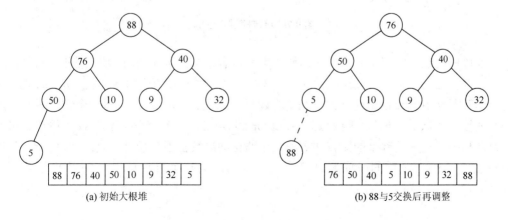

(a) 初始大根堆　　　　　　　　　　　(b) 88与5交换后再调整

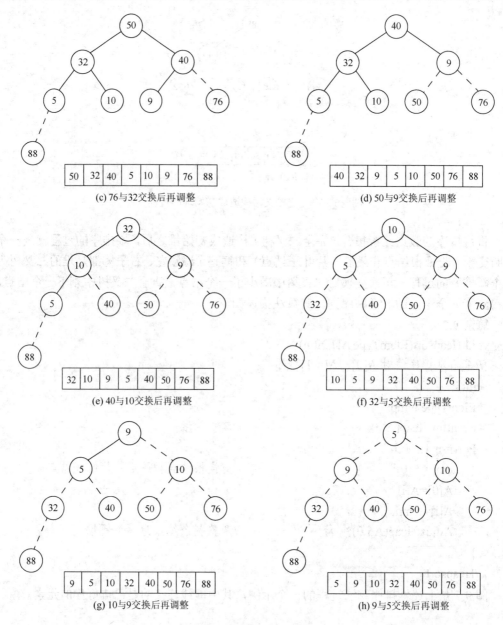

图 9.7　堆排序过程示例

　　堆排序的运行时间主要消耗在建初始堆和对剩余结点重建堆两部分,因此元素关键字的比较次数应为两部分比较次数的和。对具有 n 个数据元素的原始序列建立初始堆时,对每个非叶子结点都要自上而下做"筛选"建堆,共进行 $\lfloor n/2 \rfloor$ 次,对剩余结点重建堆时需要进行 $n-1$ 次"筛选",因而总共要进行 $n + \lfloor n/2 \rfloor -1$ 次"筛选",每次"筛选"进行的双亲和孩子之间关键字的比较次数和元素的移动次数都不会超过完全二叉树的高度,所以每次"筛选"运算的时间复杂度为 $O(\log_2 n)$,故整个堆排序过程的时间复杂度为 $O(n\log_2 n)$。

堆排序中，只需要一个用来交换的暂存单元，因此其空间复杂度为 $O(1)$。另外，因为在堆排序过程中需要进行不相邻位置间元素的移动和交换，所以它是一种不稳定的排序方法。

由于构造初始堆所需要的比较次数较多，堆排序不适合待排序的数据元素个数较少的情况，适用于待排序的数据元素个数较多，原始数据元素任意排列的情况。

9.4 交 换 排 序

利用"交换"数据元素的位置进行排序的方法称作**交换排序**。常用的交换排序法有冒泡排序和快速排序。快速排序法是一种分区交换排序方法。

9.4.1 冒泡排序

冒泡排序是一种简单而又常用的排序方法，它的基本思想是利用相邻元素之间的比较和交换，使得关键字较小的元素逐渐从底部移向顶部，即从下标较大的单元移向下标较小的单元，就像水底的气泡一样逐渐向上冒。当然，随着关键字较小的元素的逐渐上移，关键字较大的元素也逐渐下移。

设数组 A 中存放了 n 个待排序的数据元素，第一趟冒泡排序时，从 A[0]开始，依次比较两个相邻数据元素的关键字 $A[i].key$ 和 $A[i+1].key$（$i=0,1,\cdots,n-2$），若为逆序，即 $A[i].key>A[i+1].key$，则交换数据元素，否则不交换，这样，当完成 $n-1$ 次比较后，其中关键字最大的元素被放置在 A[n-1]中，一趟冒泡排序结束。然后，对前面 $n-1$ 个元素进行第二趟冒泡排序，重复上述处理过程。第二趟冒泡排序后，前 $n-1$ 个元素中关键字最大的元素被放置在 A[n-2]中。重复 $n-1$ 趟后，n 个数据元素集合中关键字次小的数据元素将被放置在 A[1]中，而 A[0]中就是关键字最小的元素，此时整个冒泡排序结束。

在进行某一趟冒泡排序的过程中，如果只进行了相邻关键字的两两比较，没有出现元素的交换，则表明数据元素集合已经全部排好序，此时应该提前结束排序过程（提前结束循环）。因此，在算法设计中设计了一个 flag 变量，用于标记在每一趟排序过程中是否有交换动作，据此来决定是否提前结束循环。

冒泡排序的算法描述如下。

算法 9.8

```
void BubbleSort(ElemType A[],int n)
{//采用冒泡排序法对 A[0]~A[n-1]排序
    int I,j,flag=1;
    ElemType temp;
    for(i=1;i<n&&flag==1;i++)          //flag 标记每一趟是否进行过交换
    {   flag=0;                         //进行第 i 趟排序
        for(j=0;j<n-i;j++)
```

```
                        {
                            if(A[j].key>A[j+1].key)
                            {   flag=1;                        //flag 置 1 表示进行过交换
                                temp=A[j];
                                A[j]=A[j+1];
                                A[j+1]=temp;
                            }
                        }
                    }
}//BubbleSort
```

图 9.8 是冒泡排序算法过程的一个示例，其中方括号中为已排好序的数据元素的关键字。

初始关键字序列	38	5	19	26	49	97	1	66
第一趟排序结果	5	19	26	38	49	1	66	[97]
第二趟排序结果	5	19	26	38	1	49	[66	97]
第三趟排序结果	5	19	26	1	38	[49	66	97]
第四趟排序结果	5	19	1	26	[38	49	66	97]
第五趟排序结果	5	1	19	[26	38	49	66	97]
第六趟排序结果	1	5	[19	26	38	49	66	97]
第七趟排序结果	1	[5	19	26	38	49	66	97]
最后结果序列	1	5	19	26	38	49	66	97

图 9.8　冒泡排序过程示例

从冒泡排序算法可以看出，冒泡排序的执行时间取决于排序的趟数，而排序的趟数取决于待排序数据集合的初始序列。若待排序序列为正序（最好情况），则只需要进行一趟排序，其数据元素的比较次数为 $n-1$，且不移动元素；反之，若待排序序列为逆序（最坏情况），那么算法中的外循环共执行 $n-1$ 次，即共进行 $n-1$ 趟排序。当进行第 i 趟时，内循环共进行 $n-i$ 次，即进行 $n-i$ 次比较。因此，总的比较次数最多为 $\sum_{i=1}^{n-1}(n-i)=\frac{n(n-1)}{2}$，移动次数为 $\sum_{i=1}^{n-1}3(n-i)=\frac{3n(n-1)}{2}$；在平均情况下，比较和移动元素的次数大约为最坏情况下的一半。因此，冒泡排序的时间复杂度为 $O(n^2)$。因为冒泡排序通常比直接插入排序和直接选择排序需要移动元素的次数多，所以它是三种简单排序方法中最慢的一种。

冒泡排序只需要一个元素的辅助空间，因而其空间复杂度为 $O(1)$。另外，由于冒泡排序的比较和交换是在相邻单元中进行的，它是一种稳定的排序方法。

9.4.2 快速排序

快速排序（quick sort）又称作**划分排序**，是目前已知的平均速度最快的一种排序方法，它是对冒泡排序方法的一种改进。在冒泡排序中，元素（记录）的比较和交换是在相邻单元中进行的，元素每次交换只能上移或下移一个相邻位置，因而总的比较和移动次数较多；在快速排序中，元素的比较和交换是从两端向中间进行的，关键字较大的元素一次就能够交换到后面单元，关键字较小的元素一次就能够交换到前面单元，元素每次移动的距离较远，因而总的比较和移动次数较少。

快速排序方法的**基本思想**是，首先从待排序区间（开始时为[0, $n-1$]）中选取一个元素（为方便起见，一般选取该区间的第一个元素）作为比较的基准元素，从区间两端向中间顺序进行比较和交换，使前面单元中只保留比基准元素关键字小的元素，后面单元中只保留比基准元素关键字大或相等的元素，而把每次在前面单元中碰到的大于等于基准元素关键字的那个元素向后面移动，把每次在后面单元中碰到的小于基准元素关键字的那个元素向前面移动，当基准元素关键字与所有元素的关键字都比较过一遍后，把基准元素交换到前后两部分单元的交界处，这样，前面单元中所有元素的关键字均小于基准元素的关键字，后面单元中所有元素的关键字均大于等于基准元素的关键字，基准元素的当前位置就是排序后的最终位置，然后再对基准元素的前后两个子区间分别进行快速排序，即重复上述过程，当一个区间为空或只包含一个元素时，就结束该区间上的快速排序过程。

在快速排序中，把待排序区间按照基准元素的关键字分为前后（或称左右）两个子区间的过程叫作**一次划分**。设待排序区间为[low,high]，其中 low 为区间下限，high 为区间上限，且 low<high，A[low]为该区间的基准元素，基准元素暂存在变量 temp 中。为了实现一次划分，让 i 从 low 开始，j 从 high 开始，首先让 j 从右向左扫描（$j--$），并使每一个元素 A[j]的关键字与 temp 的关键字进行比较，当碰到 A[j].key<temp.key 或者 $j=i$ 时停止，若 $i<j$，将元素 A[j]复制到元素 A[i]中，i 加 1；再让 i 从左向右扫描（$i++$），并使每一个元素 A[i]的关键字与基准元素 temp 的关键字进行比较，当碰到 A[i].key≥temp.key 或者 $i=j$ 时停止，若 $i<j$，则将元素 A[i]复制到元素 A[j]中，j 减 1。重复上述过程，直到 $i=j$ 时完成一次划分，其中 i 或 j 所指示的位置就是基准元素的最终位置，也就是说，i 或 j 把待排序序列分成了前后两个子区间，分别为区间[low,$i-1$]和区间[$j+1$,high]，其中前一个区间元素的关键字均小于基准元素的关键字，后一个区间元素的关键字均大于等于基准元素的关键字。

快速排序的算法描述分为递归和非递归两种，下面给出的是快速排序的递归算法。如果用非递归算法，则需要利用堆栈保存区间两端点的下标。

算法 9.9
```
void QuickSort(ElemType A[],int low,int high)
{//采用快速排序法对 A[0]~A[n-1]排序
    int I,j;
```

```
    ElemType temp;
    i=low;                              //i 从区间最左端开始
    j=high;                             //j 从区间最右端开始
    temp=A[low];                        //取区间中第一个元素为基准元素
    while(i<j)
    {
     while(i<j&&A[j].key>=temp.key)j--;
                           //在区间右端寻找小于基准元素关键字的元素
       if(i<j)
       {   A[i]=A[j];
          i++;
       }
    while(i<j&&A[i].key<temp.key)i++;
                           //在区间左端寻找大于等于基准元素关键字的元素
       if(i<j)
       {   A[j]=A[i];
          j--;
       }
    }
    A[i]=temp;                          //i 或 j 的位置就是基准元素的最终位置
    if(low<i-1)QuickSort(A,low,i-1);
                           //左区间中不止一个元素，递归处理左区间
    if(j+1<high)QuickSort(A,j+1,high);
                           //右区间中不止一个元素，递归处理右区间
}//QuickSort
```

图 9.9 是快速排序算法一次划分的过程，图 9.10 则是在调用快速排序算法的过程中，对每个区间划分后关键字的排列情况。

快速排序的时间性能和每次划分时选取的基准元素的值关系很大。如果把每次选取的基准元素看成根结点，把划分得到的左区间和右区间看作根结点的左子树和右子树，那么整个排序过程就对应着一棵具有 n 个元素的二叉树，所需划分的层数就等于对应二叉树的深度减 1，所需划分的所有区间数（它包括第一次划分的区间和每次递归调用所使用的区间的总和）就等于对应二叉树中分支结点数。图 9.10 的快速排序过程所对应的二叉树如图 9.11 所示。

在快速排序中，元素的移动次数通常小于元素的比较次数，因为只有当元素出现逆序（$A[i].key \geq temp.key$ 或 $A[j].key < temp.key$）时才需要移动元素，所以讨论快速排序的时间复杂度时只要按它的比较次数讨论即可。为了方便讨论，假定由快速排序过程得到的二叉树是一棵理想平衡树。在理想平衡树中，结点数 n 与深度 k 的关系为 $\log_2 n < k \leq \log_2 n + 1$，且前 $k-1$ 层都是满的，最后一层为叶子结点。由快速排序算法可知，进行每一层所有区间

									temp
初始关键字序列	60	55	48	37	10	90	84	36	60
j 从右侧扫描，找到36停止	60	55	48	37	10	90	84	36	60
	↑i							↑j	
36复制到i位置，i加1	36	55	48	37	10	90	84	36	60
		↑i						↑j	
i 从左测扫描	36	55	48	37	10	90	84	36	60
			↑i					↑j	
	36	55	48	37	10	90	84	36	60
				↑i				↑j	
	36	55	48	37	10	90	84	36	60
					↑i			↑j	
找到90停止	36	55	48	37	10	90	84	36	60
						↑i		↑j	
90复制到j位置，j减1	36	55	48	37	10	90	84	90	60
						↑i	↑j		
j 从右侧扫描，i=j时停止	36	55	48	37	10	90	84	90	60
						i↑↑j			
temp复制到i(j)位置上	36	55	48	37	10	60	84	90	

图9.9 快速排序的一次划分过程示例

初始关键字序列	60	55	48	37	10	90	84	36
一次划分之后	[36	55	48	37	10]	90	[84	90]
各子区间分别进行快速排序	[10]	36	[48	37	55]	60	84	[90]
	[10]	36	[37]	48	[55]	60	84	90
最后结果	10	36	37	48	55	60	84	90

图9.10 快速排序过程示例

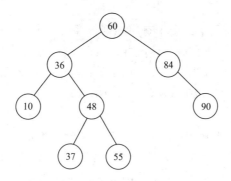

图9.11 快速排序过程所对应的二叉树

的划分时，需要比较记录的总次数小于等于 n，所以快速排序过程中比较元素的总次数 C 小于等于 $n\times(k-1)$，由于 $k-1\leq\log_2 n$，故总次数 $C\leq n\times\log_2 n$。

由以上分析可知，在快速排序过程得到的是一棵理想平衡树的情况下，其算法的时间复杂度为 $O(n\log_2 n)$。当然，这是最好的情况，在一般情况下，由快速排序得到的是一棵随机的二叉树，树的具体结构与每次划分时选取的基准元素有关。理论上已经证明，在平均情况下，快速排序的比较次数大约是最好情况下的 1.39 倍。因此，在平均情况下快速排序算法的时间复杂度仍为 $O(n\log_2 n)$，并且系数比其他同数量级的排序方法要小。大量的实验结果已经证明：当 n 较大时，它是目前为止在平均情况下速度最快的一种排序方法。

快速排序的最坏情况是得到的二叉树为一棵单支树，如待排序区间上的元素已为正序或逆序时就是如此。在这种情况下，共需要进行 $n-1$ 层，也就是 $n-1$ 次划分，每次划分得到的一个子区间为空，另一个子区间包含有 $n-i$ 个元素，i 代表层数，取值范围为 $1\leq i\leq n-1$，每层划分需要比较 $n-i+1$ 次，所以总的比较次数为 $\sum_{i=1}^{n-1}(n-i+1)=\frac{n^2+n-2}{2}$，即时间复杂度为 $O(n^2)$。

在快速排序中，不管是递归算法还是非递归算法，都需要一个附加的栈空间。在最好情况下，栈空间的大小为 $O(\log_2 n)$；在最坏情况下，栈空间的大小为 $O(n)$；平均情况下，栈空间的大小为 $O(\log_2 n)$。因此，快速排序的空间复杂度为 $O(\log_2 n)$。

由以上的分析可知，在最坏情况下，快速排序就退化为像简单排序方法那样的"慢速"排序了，而且比简单排序还要多占用一个具有 n 个单元的栈空间，从而使快速排序成为最差的排序方法。为了避免快速排序最差的情况发生，一是若事先知道待排序的元素基本有序（包括正序和逆序），则采用其他排序方法，而不要采用快速排序方法；二是修改上面的快速排序算法，在每次划分之前比较当前区间的第一个元素、最后一个元素和中间一个元素的关键字，取关键字居中的一个元素作为基准元素并调换到第一个元素位置。

因为在快速排序过程中，元素的比较和交换是跳跃进行的，所以快速排序是一种不稳定的排序方法。

9.5 归并排序

归并（merge）就是将两个或多个有序序列合并成一个有序序列的过程。若将两个有序序列合并成一个有序序列则称为**二路归并**，同理，有三路归并、四路归并等。二路归并最为简单和常用，既适用于内排序，又适用于外排序，所以本节只讨论二路归并。例如，有两个有序序列（7，12，15，20）和（4，8，10，17），归并后得到的有序序列为（4，7，8，10，12，15，17，20）。

假设有两个有序序列 A 和 B，其关键字域为 key，将 A 和 B 归并为一个有序序列 C 的**基本思想**是，令整型变量 i、j 和 k 分别指向有序序列 A、B 和 C 的第 1 个单元，比较 $A[i]$.key 和 $B[j]$.key 的大小，若 $A[i]$.key≤$B[j]$.key，则将元素 $A[i]$ 复制到 $C[k]$ 中，并令 i 和

k 分别加 1，使之分别指向后一个单元，否则将 $B[j]$ 复制到 $C[k]$ 中，并令 j 和 k 分别加 1；如此循环下去，直到其中一个有序序列比较和复制完，然后将另一个有序序列中剩余的元素复制到 C 中。

　　归并排序（merge sort）就是利用归并操作把一个待排序序列排列成一个有序序列的过程。若利用二路归并操作则称为**二路归并排序**。由二路归并的算法可知，被归并的两个序列必须是有序的。因此，在对一个待排序序列进行归并排序时，必须想办法找出两个有序的序列再进行归并。开始时只能选取一个元素，因为一个元素可以认为是有序的。因此，二路归并排序的**基本思想**是，首先把待排序的区间中的每一个元素都看成一个长度为 1 的有序子序列，则 n 个元素构成 n 个有序子序列，然后从第一个子序列开始，把相邻的子序列两两归并，得到「$n/2$」个长度为 2 或 1 的子序列（当子序列个数为奇数时，最后一组归并得到的序列长度为 1），称这一过程为**一趟归并排序**；对第一趟归并排序后的「$n/2$」个子序列采用上述方法继续顺序成对归并，如此重复，当最后得到长度为 n 的一个子序列时，该子序列便是原始序列归并排序后的有序序列。

　　图 9.12 是二路归并排序过程的一个示例。

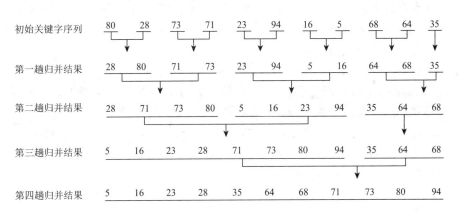

图 9.12　二路归并排序过程示例

　　显然，二路归并排序首要解决的问题是如何将待排序序列中两个相邻有序序列归并成一个有序序列（一次归并）。假设待排序列为 $A[0]\sim A[n-1]$，其相邻有序序列的区间分别为 [low，m] 和 [$m+1$，high]，则一次归并的算法描述如下。

　　算法 9.10
```
void TwoMerge(ElemType A[],ElemType Swap[],int low,int m,int high)
{//把数组 A 中两个相邻的有序序列 A[low]～A[m]和 A[m+1]～A[high]归并为数组
Swap 中对应位置上的一个有序序列 Swap[low]～Swap[high]
    int I,j,k;
    i=low;j=m+1;k=low;            //分别给指示每个有序序列元素位置的指针赋初值
    while(i<=m&&j<=high)          //两个有序序列均存在未归并元素
        if(A[i].key<=A[j].key)
            Swap[k++]=A[i++];
```

```
        else
                Swap[k++]=A[j++];
        while(i<=m)                              //第一个有序序列存在未归并元素
                Swap[k++]=A[i++];
        while(j<=high)                           //第二个有序序列存在未归并元素
                Swap[k++]=A[j++];
}//TwoMerge
```

设计了一次归并算法，就可重复调用此算法完成一趟归并排序。**一趟归并排序**是把待排序序列中若干个长度为 l en 的相邻有序子序列，从前向后两两进行归并，得到若干个长度为 2×l en 的相邻有序子序列。这里有一个问题，若元素的个数 n 为 2×l en 的整数倍，序列的两两归并正好完成 n 个元素的一趟归并排序；否则，当归并到一定位置时，剩余的记录个数不足 2×l en，这时的处理方法如下。

（1）若剩余的元素个数大于 l en 而小于 2×l en，把前 l en 个元素作为一个子序列，把其他剩余元素作为另一个子序列，并对这两个子序列进行二路归并。

（2）若剩余的记录个数小于 l en，根据假设可知，它们是有序排列的，可以直接把它们顺序复制到归并后的数组中。

一趟归并排序的算法描述如下。

算法 9.11

```
void MergePass(ElemType A[],ElemType Swap[],int n,int len)
{//把数组 A[n]中每个长度为 len 的有序子序列两两归并到数组 Swap[n]中
    int p=0;                              //p 指向每一对待归并的第一个元素的下标
    while(p+2*len-1<=n-1)                 //两两归并长度均为 len 的有序子序列
    {   TwoMerge(A,Swap,p,p+len-1,p+2*len-1);
            p+=2*len;
    }
    If(p+len-1<n-1)                       //归并最后两个长度不等的有序子序列
    TwoMerge(A,Swap,p,p+len-1,n-1);
    else
    for(int i=p;i<=n-1;i++)
            Swap[i]=A[i];                 //把剩下的最后一个有序子序列复制到 Swap 中
}//MergePass
```

二路归并排序就是多次调用一趟归并排序过程对原始序列进行排序，在每一次调用过程中，有序子序列的长度为上一次子序列长度的 2 倍，当子序列的长度大于等于 n 时，排序结束。

在归并过程中，为了将最后的结果仍置于数组 A 中，需要进行的趟数为偶数，如果实际只需奇数趟完成，那么最后还要进行一趟，只是这一趟中只有一个长度大于或等于 n 的有序子序列，将会直接复制到 A 中。

二路归并的算法描述如下。

算法 9.12
```
void MergeSort(ElemType A[],int n)
{//采用归并排序法对 A[0]～A[n-1]排序
    int len=1;
    ElemType *Swap;
    Swap=(ElemType*)malloc(sizeof(ElemType)*n);  //申请动态数组空间
    while(len<n)
    {
        MergePass(A,Swap,n,len);
                        //从 A 归并到 Swap 中,得到每个有序子序列的长度为 2*len
        len=2*len;
                        //len 修改为 Swap 中有序子序列的长度
        MergePass(Swap,A,n,len);
                        //从 Swap 归并到 A 中,得到每个有序子序列的长度为 2*len
        len=2*len;
                        //len 修改为 A 中有序子序列的长度
    }
    free(Swap);
}//MergeSort
```
　　二路归并排序的时间复杂度等于归并的趟数与每一趟时间复杂度的乘积。对 n 个元素进行归并排序时,归并的趟数为 $\lceil \log_2 n \rceil$。因为每一趟归并就是将两两有序子序列进行归并,而每一对有序子序列进行归并时,元素的比较次数均小于等于元素的移动次数(由一个数组复制到另一个数组中元素的个数),元素的移动次数等于这一对有序子序列的长度之和,所以每一趟归并的移动次数均等于数组中元素的个数 n,即每一趟归并的时间复杂度为 $O(n)$。因此,二路归并排序的时间复杂度为 $O(n\log_2 n)$。

　　二路归并排序在归并过程中需要与待排序数组一样大小的辅助数组,以便存放归并结果,因此其空间复杂度为 $O(n)$。显然,它高于前面所有排序算法的空间复杂度。

　　二路归并排序是稳定的排序方法,因为在每两个有序列子序列进行归并时,若分别在两个有序子序列中出现关键字相同的元素,二路归并排序算法能够使前一个有序子序列中同一关键字的元素先被复制,从而确保它们之间的相对次序不会改变。

9.6 基 数 排 序

　　基数排序(radix sort)也称作**桶排序**,它是一种按元素关键字的各位值逐步进行排序的一种方法。此种排序方法是一种当关键字为整数类型时非常高效的排序方法。

　　基数排序算法的**基本思想**是,假设待排序的数据元素的关键字是 m 位 d 进制整数(不足 m 位的关键字在高位补 0),设置 d 个桶,令其编号分别为 $0,1,\cdots,d-1$。首先按关键字最低位的数值依次把各数据元素分配到相应的桶中,即数值为 i 的元素进到 i 号桶中,然后按照桶号从小到大和进入桶中元素的先后次序收集分配在各桶中的数据元素。这样，就形成了数据元素集合的一个新的排列，称这样的一次排序过程为**一趟基数排序**。再对一趟基数排序得到的数据元素序列按关键字次低位的数值依次把各数据元素分配到相应的桶中，然后按照桶号从小到大和进入桶中元素的先后次序收集分配在各桶中的数据元素。如此重复，直到完成了 m 趟基数排序后，就可得到排好序的数据元素序列。

设待排序的数据元素的关键字序列为{710，342，045，686，006，841，429，134，068，264}，图 9.13 是基数排序算法的排序过程。

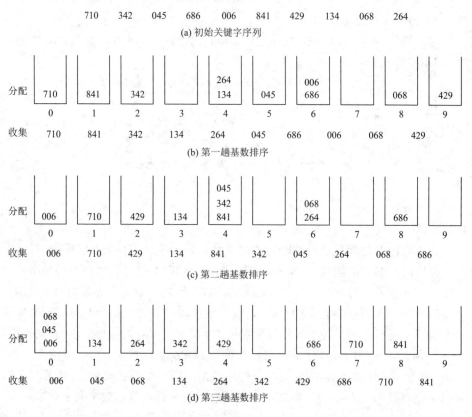

图 9.13　基数排序过程示例

基数排序的过程实际上是不断地进行关键字的"分配"和"收集"的过程，其分配和收集的次数等于关键字的位数 m。在进行关键字的分配和收集的过程中，进出桶的数据元素序列按照的是先进先出原则，因此，此处的桶实际上就是队列。队列有顺序队列和链式队列，因此，在实现基数排序算法时，有基于顺序队列和链式队列两种实现方法。下面将链式队列作为桶的存储结构。

在基于链式队列的基数排序算法中，可以把 d 个链式队列的队首指针和队尾指针存储在一维数组 tub 中，往桶内分配元素相当于在队尾插入结点，从桶中收集元素相当于在队头删除结点，当队列为空时，表示该桶的记录收集完毕。如图 9.14 所示是基于链式队列基数排序算法的存储结构示意图。

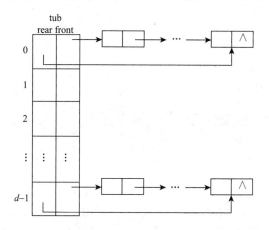

图 9.14　桶的链式存储结构

在进行基数排序时，需要计算数据元素关键字 key 的第 i 位数值 K_i，一个十进制关键字 key 的第 i 位数值 K_i 的计算公式为

$$K_i = \mathrm{int}\left(\frac{\mathrm{key}}{10^{i-1}}\right) - 10 \times \left[\mathrm{int}\left(\frac{\mathrm{key}}{10^i}\right)\right] \quad (i = 1, 2, \cdots, m)$$

其中，int()函数为下取整函数，如 int(3.5) = 3。

设有 key = 635，K_1、K_2、K_3 的计算结果如下。

$$K_1 = \mathrm{int}(635/10^0) - 10 \times [\mathrm{int}(635/10^1)] = 5$$
$$K_2 = \mathrm{int}(635/10^1) - 10 \times [\mathrm{int}(635/10^2)] = 3$$
$$K_3 = \mathrm{int}(635/10^2) - 10 \times [\mathrm{int}(635/10^3)] = 6$$

基于链式队列的基数排序的算法描述如下。

算法 9.13

```
#include "LinkQueue.h"//该文件中包含链式队列数据对象的描述及相关操作
void RadixSort(ElemType A[],int n,int m,int d)
{//采用基数排序法对 A[0]～A[n-1]排序,A[i]的关键字为 m 位 d 进制
  int I,j,k,power=1;
  LinkQueue*tub;
  tub=(LinkQueue*)malloc(sizeof(LinkQueue)*d);//申请 d 个桶空间
  for(i=0;i<d;i++)
  InitQueue_L(tub[i]);                          //d 个桶初始化
  for(i=0;i<m;i++)
  {  if(i==0)power=1
     else    power=power*d;
     for(j=0;j<n;j++)                           //分配
     { k=A[j].key/power-(A[j].key/(power*d))*d;//计算第 i 位上的数值
       EnQueue_L(tub[k],A[j]);                  //元素 A[j]进第 k 号桶
  }
```

```
    k=0;
    for(j=0;j<d;j++)                                     //收集
  while(! QueueEmpty_L(tub[j]))
  {   DeQueue_L(tub[j],A[k]);
  k++;
  }
  }
}//RadixSort
```

基数排序所需的时间开销不仅与数据元素的个数 n 有关，而且与关键字的位数、关键字的基有关。假设关键字的基为 d（十进制的基为 10），位数为 m，基数排序算法需要进行 m 次循环，每次循环中先要把 n 个数据元素分配到相应的 d 个队列中，然后再把各个队列中的数据元素收回，链式队列的进队算法和出队算法的时间复杂度均为 $O(1)$，所以基于链式队列的基数排序算法的时间复杂度为 $O(2m\times n)$，或者简写成 $O(m\times n)$。与数据元素个数 n 相比，数据元素关键字的位数 m 通常很小，所以基于链式队列的基数排序算法的时间复杂度相当低。

基于链式队列的基数排序算法中，要 m 次使用 n 个结点临时存放 n 个数据元素，所以基于链式队列的基数排序算法的空间复杂度为 $O(n)$。

基于顺序队列的基数排序算法的思想与基于链式队列的基数排序算法的思想类似，其时间复杂度也为 $O(m\times n)$。但在基于顺序队列的基数排序算法中，每个队列的空间要按最坏的情况考虑，即在最坏的情况下，n 个待排序的数据元素分配到同一个队列中，所以基于顺序队列的基数排序算法的空间复杂度为 $O(d\times n)$。

基数排序算法是一种稳定的排序算法。

9.7　各种内排序方法的性能比较

各种内排序方法之间的性能比较，主要从时间复杂度、空间复杂度、稳定性、算法简单性等方面综合考虑，表 9.2 给出了各种内排序方法的时间性能、空间性能和稳定性。

表 9.2　各种内排序方法的性能比较

排序方法	最好情况	最坏情况	平均情况	辅助空间	稳定性
直接插入排序	$O(n)$	$O(n^2)$	$O(n^2)$	$O(1)$	稳定
谢尔排序	$O(n^{1.3})$	$O(n^2)$	$O(n\log_2 n)\sim O(n^2)$	$O(1)$	不稳定
直接选择排序	$O(n^2)$	$O(n^2)$	$O(n^2)$	$O(1)$	不稳定
堆排序	$O(n\log_2 n)$	$O(n\log_2 n)$	$O(n\log_2 n)$	$O(1)$	不稳定
冒泡排序	$O(n)$	$O(n^2)$	$O(n^2)$	$O(1)$	稳定
快速排序	$O(n\log_2 n)$	$O(n^2)$	$O(n\log_2 n)$	$O(\log_2 n)$	不稳定
归并排序	$O(n\log_2 n)$	$O(n\log_2 n)$	$O(n\log_2 n)$	$O(n)$	稳定
基数排序（基于链式队列）	$O(mn)$	$O(mn)$	$O(mn)$	$O(n)$	稳定
基数排序（基于顺序队列）	$O(mn)$	$O(mn)$	$O(mn)$	$O(dn)$	稳定

1. 时间复杂度

从平均情况考虑，直接插入排序、直接选择排序和冒泡排序这三种简单排序方法属于第一类，其时间复杂度均为 $O(n^2)$；堆排序、快速排序和归并排序这三种排序方法属于第二类，其时间复杂度均为 $O(n\log_2 n)$；基数排序和谢尔排序介于这两者之间。若从最好情况考虑，则直接插入排序和冒泡排序的时间复杂度最好，均为 $O(n)$，其他算法的最好情况与相应的平均情况相同。若从最坏情况考虑，则快速排序的时间复杂度为 $O(n^2)$，直接插入排序、谢尔排序和冒泡排序虽然与相应的平均情况下相同，但系数大约增加一倍，所以运行速度将降低一半，最坏情况对直接选择排序、堆排序、归并排序和基数排序影响不大。若再考虑各种排序算法的时间复杂度的系数，则在第一类算法中，直接插入排序的系数最小，直接选择排序次之（但它的移动次数最小），冒泡排序最大，所以直接插入排序和直接选择排序比冒泡排序速度快；在第二类算法中，快速排序的系数最小，堆排序和归并排序次之，所以快速排序比堆排序和归并排序速度快。由此可知，在最好情况下，直接插入排序和冒泡排序最快；在平均情况下，快速排序最快；在最坏情况下，堆排序和归并排序最快；在 n 很大而关键字较小的情况下，基数排序较佳。

2. 空间复杂度

从空间复杂度看，基于顺序队列的基数排序所占的辅助空间最多，为 $O(d \times n)$，基于链式队列的基数排序和归并排序所占的辅助空间次之，为 $O(n)$，快速排序所占的辅助空间属于第三类，为 $O(\log_2 n)$，其他排序方法所占的辅助空间最少，为 $O(1)$。

3. 稳定性

从排序方法的稳定性看，所有排序方法可分为两类：一类是稳定的，它包括直接插入排序、冒泡排序、归并排序和基数排序；另一类是不稳定的，它包括谢尔排序、直接选择排序、快速排序和堆排序。

4. 算法简单性

从算法简单性看，直接插入排序、直接选择排序和冒泡排序这些算法都比较简单和直接，易于理解；而谢尔排序、堆排序、快速排序、归并排序和基数排序这些算法都比较复杂。

5. 数据集中的元素个数

从待排序数据集中的元素个数 n 的大小看，n 越小，采用简单排序方法越合适，n 越大，采用复杂排序方法越合适。因为 n 越小，n^2 与 $n\log_2 n$ 的差距越小。

6. 元素本身信息量的大小

从元素本身信息量的大小看，元素本身信息量越大，表明占用的存储空间越多，移动记录时所花费的时间就越多，所以对元素的移动次数较多的算法不利。例如，在三种简单排序算法中，直接选择排序移动元素的次数为 n 数量级，其他两种为 n^2 数量级，所以当元素本身的信息量较大时，对直接选择排序算法有利，而对其他两种算法不利。基数排序中元素的移动次数也较大，所以在元素本身的信息量较大时不利，在其他算法中，元素本身信息量的大小，对它们的影响区别不大。

以上从六个方面对各种排序方法进行了比较和分析，那么如何在实际的排序问题中分主次地考虑它们呢？首先考虑排序对稳定性的要求，若要求稳定，则只能在稳定方法中选取，否则可以从所有方法中选取；然后要考虑待排序元素个数 n 的大小，若 n 较大，则在复杂方法中选取，否则在简单方法中选取；最后考虑其他因素。大致结论如下，供读者选择内排序方法时参考。

第一，对稳定性有要求。

（1）当待排序元素个数 n 较小，元素或基本有序或分布较随机，且要求稳定时，采用直接插入排序为宜。

（2）当待排序元素个数 n 较大，内存空间允许时，采用归并排序为宜。

（3）当待排序元素个数 n 较大，关键字较小时，可采用基数排序。

第二，对稳定性没有要求。

（1）当待排序元素个数 n 较小时，采用直接选择排序为宜，若关键字不接近逆序，也可采用直接插入排序。

（2）当待排序元素个数 n 较大，关键字分布可能会出现正序或逆序的情况，且对稳定性没有要求时，采用堆排序或归并排序为宜。

（3）当待排序元素个数 n 较大，关键字分布较随机时，采用快速排序为宜。

9.8　外　排　序

9.8.1　外存信息的存取

外排序就是对外存文件中的记录进行排序的过程，排序结果仍然被放到原有文件中。因此，外排序需要不断进行外存信息的读/写。

外存文件排序包括磁盘文件排序和磁带文件排序两种，本节只讨论磁盘文件排序的问题。

每个磁盘文件的存储空间逻辑上是按字节从 0 开始顺序编址的。若一个文件中存放有 n 个记录，每个记录占有 b 个字节，则每个记录的首字节地址为 $(i–1)\times b$，其中 $1\leq i\leq n$。此文件按字节计算出的大小为 $n\times b$，按记录计算出的大小为 n，通常文件的长度是指文件中所含的记录数，所以该文件的大小为 n。

当用文件流对象打开一个磁盘文件后，系统就为其分配一个文件指针，调用文件流类中的移动文件指针的成员函数可以使文件指针指向文件中的任何位置，该位置就是对文件进行信息存取操作的首字节地址。当向文件中存取一个具有 b 个字节的信息块后，其文件指针自动由原来的位置向后移动 b 个字节的位置，以便用户存取下一个信息块。当然，若在进行下一次文件存取前，用户把文件指针移向了其他位置，接着存取信息就会从这个新位置开始。当文件指针移动到最后一个字节位置之后时，若再从文件中读出信息，就读到了文件的结束标记（每个文件的最后都会有这个结束标记），此时用于读出信息的文件流对象将返回 0。

外存文件与内存信息块之间的信息交换实际上是通过内存文件缓冲区实现的。当打开每个文件时，系统在内存中至少为其分配一个缓冲区，每个缓冲区的大小（所含的字节数）为外存中一个物理记录块的大小，对于一般的计算机而言，其大小为 1~4kB。当向文件中写入信息时，首先是把它写入对应的文件缓冲区中，待文件缓冲区写满后，系统才一次性地把整个缓冲区的内容写到外存上。当从文件中读出信息时，首先在该文件所对应的内存缓冲区中查找，若找到则不需要访问外存，直接从缓冲区中取出使用即可，否则访问一次外存，把包含访问信息的整个物理记录块全部读入内存文件缓冲区中，然后再从文件缓冲区中读出使用，即读入内存变量或数组中。

因为进行一次外存访问操作，即把一个物理信息块从磁盘读入内存或从内存写入磁盘，与在内存中传送同样大小的信息量操作相比，从时间上要高出 2~3 个数量级，所以在进行文件操作时要使得设计出的算法能够尽量减少访问外存的次数。因此，在文件操作中要尽量读写文件中相邻位置上的信息，从而达到减少外存访问次数的目的。

对于外存磁盘文件，因为能够随机存取任何字节位置或记录位置上的信息，所以逻辑结构及操作与使用内存数组相类似，在数组上采用的各种内排序方法都能够用于外排序中，考虑到要尽量减少访问外存的次数，尽量存取相邻位置上的数据，所以在外排序中最适合使用归并排序方法。

内存归并排序在开始时是把数组中的每个元素均看作长度为 1 的有序子序列（归并段），也就是说，在进行归并排序过程中，归并段的长度从 1 开始，依次为 2，4，8，…，直到归并段的长度 len 大于等于待排序的记录数 n 为止。在对外存文件的归并排序中，初始归并段的长度通常不是从 1 开始，而是从一个确定的长度（如 100）开始，这样能够有效地减少归并趟数和访问外存的次数，提高外排序速度。这要求在对磁盘文件归并排序之前首先要利用一种内排序方法，按照初始归并段确定的长度在原文件上依次建立好每个有序子序列，然后再调用对文件的归并排序算法完成排序。

9.8.2　外排序的过程

外排序基本上由两个相对独立的阶段组成。首先，按可用内存大小，将外存上含有 n 个记录的文件分成若干长度为 len 的子文件或**段**，依次读入内存并利用有效的内排序方法对它们进行排序，并将排序后得到的有序子文件重新写入外存，通常称这些有序子文件为**归并段**或**顺串**；然后，对这些归并段进行逐趟归并，使归并段（有序的子文件）逐渐由小变大，直到得到整个有序文件为止。

假设待排序的文件有 4500 个记录，均存放在磁盘上，提供的内存缓冲区只可容纳 750 个记录，页块（磁盘信息存取的单位）长度为 250 个记录。排序过程可进行如下。

（1）每次对 3 个页块（750 个记录）进行内排序，整个文件得到 6 个归并段 $R_1 \sim R_6$（初始归并段），这可用前面介绍的内排序法来实现，把这 6 个归并段存放到磁盘上。

（2）取 3 个内存页块，每块可容纳 250 个记录。把其中两块作为输入缓冲区，另一块作为输出缓冲区。先对归并段 R_1 和 R_2 进行归并，为此，可把这两个归并段中每一个归并段的第一个页块读入输入缓冲区。再把输入缓冲区的这两个归并段的页块加以归并（内排序的二路归并过程），送入输出缓冲区。当输出缓冲区满时，就把它写入磁盘；当一个输入缓冲区腾空时，便把同一归并段中的下一页块读入，这样不断进行，直到归并段 R_1 与归并段 R_2 归并完成为止。在 R_1 和 R_2 的归并完成之后，再归并 R_3 和 R_4，最后归并 R_5 和 R_6。归并过程已对整个文件的所有记录扫描了一遍。扫描一遍意味着文件中每一个记录被读写一次（从磁盘读入内存一次，并从内存写到磁盘一次），并在内存中参加一次归并。这一遍扫描所产生的结果为 3 个归并段，每个段含 6 个页块，共 1500 个记录。再用上述方法把其中两个归并段归并起来，结果得到一个大小为 3000 个记录的归并段。最后把这个归并段和剩下的那个长为 1500 个记录的归并段进行归并，从而得到所求的排序文件。如图 9.15 所示显示了这个归并过程。

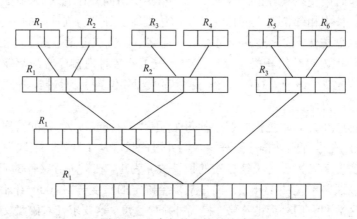

图 9.15　6 个归并段的归并过程

从归并过程可见，扫描的遍数对于归并过程所需要的时间起着关键的作用。在这个例子中，除了在内排序形成初始归并段时需做一遍扫描外，各归并段的归并还需 8/3 遍扫描，其中把 6 个长为 750 个记录的归并段归并为 3 个长为 1500 个记录的归并段需要扫描 1 遍；把 2 个长为 1500 个记录的归并段归并为 1 个长为 3000 个记录的归并段需要扫描 2/3 遍；把 1 个长为 3000 个记录的归并段与另一个长为 1500 个记录的归并段进行归并需要扫描 1 遍。

由此可见，要提高磁盘排序速度很重要的是减少对数据的扫描遍数，可采用多路归并的方法来减少扫描遍数。另外，在生成初始归并段时，可采用一种算法，在扫描一遍的前提下，使得所生成的各个归并段具有更大的长度。这样减少了初始归并段的个数，有利于在归并时减少对数据的扫描遍数。为了叙述方便，先讨论多路归并，然后再讨论初始归并段的生成。

9.8.3 多路平衡归并

图 9.15 所示的归并过程基本上是二路平衡归并的算法。一般来说，如果初始归并段有 m 个，那么这样的归并树就有 $\lceil \log_2 m \rceil + 1$ 层，要对数据进行 $\lceil \log_2 m \rceil$ 遍扫描。采用 k 路平衡归并时，相应的归并树有 $\lceil \log_k m \rceil + 1$ 层，要对数据进行 $\lceil \log_k m \rceil$ 遍扫描。

当进行内部归并时，在 k 个记录中选择最小者，需要顺序比较 $k-1$ 次。每趟归并 u 个记录需要做 $(u-1)(k-1)$ 次比较，s 趟归并总共需要的比较次数为

$$s(u-1)(k-1) = \lceil \log_k m \rceil (u-1)(k-1)$$

$$= \frac{\lceil \log_2 m \rceil (u-1)(k-1)}{\lceil \log_2 k \rceil}$$

其中，$\lceil \log_2 m \rceil (u-1)$ 在初始归并段个数 m 与记录个数 u 一定时是常量，而 $(k-1)/\lceil \log_2 k \rceil$ 在 k 增大时趋于无穷大。因此，增大归并路数 k 会使内部归并的时间增大。若 k 增大到一定的程度，就会抵消掉由减少读写磁盘次数而赢得的时间。然而，若在进行 k 路归并时利用"**败者树**"，则可在 k 个记录中选取关键字最小的记录时仅进行 $\lceil \log_2 k \rceil$ 次比较，从而使总的归并时间减少。

下面讨论利用败者树实现多路平衡归并的方法。

败者树是一棵有 k 个叶子结点的完全二叉树，叶子结点存储记录，非叶子结点可由关键字和它对应的记录地址构成，为讨论方便起见，设非叶子结点的结构为

关键字，输入有序段的路号

对 k 个输入有序段进行 **k 路平衡归并**的方法如下。

（1）取每个输入有序段的第一个记录作为败者树的叶子结点，建立初始败者树；将叶子结点进行两两比较，在双亲结点中记录比赛的败者（关键字较大者），而让胜者去参加更高一层的比赛，如此在根结点之上胜出的"冠军"是关键字最小者。

（2）胜出的记录写至输出归并段，在对应的叶子结点处，补充其输入有序段的下一个记录，若该有序段变空，则补充一个大关键字（比所有记录关键字都大，设为 k_{max}）的虚记录。

（3）调整败者树，选择新的关键字最小的记录：从补充记录的叶子结点向上与双亲结点的关键字比较，败者留在该双亲结点，胜者继续向上，直至树根的双亲。

（4）若胜出的记录关键字等于 k_{max}，则归并结束；否则转（2）继续。

例如，设有 5 个初始归并段，它们中各记录的关键字分别是

R_1：$\{17,21,\infty\}$，R_2：$\{5,44,\infty\}$，R_3：$\{10,22,\infty\}$，R_4：$\{29,32,\infty\}$，R_5：$\{15,56,\infty\}$

其中，∞ 是段结束标志。利用败者树进行 5 路平衡归并排序的过程如图 9.16（a）所示。其中，5 个叶子结点是各归并段 $R_1 \sim R_5$（编号分别为 1~5）在归并过程中当前记录的关键字，各非叶子结点保存两个孩子结点中关键字大的记录。从图中可知，将 R_1 和 R_2 的两个叶子结点做关键字比较，关键字较大者即败者是 17，产生双亲结点（17,1），表示败者来自 R_1。将 R_3 和 R_4 的两个叶子结点做关键字比较，关键字较大者即败者是 29，产生双

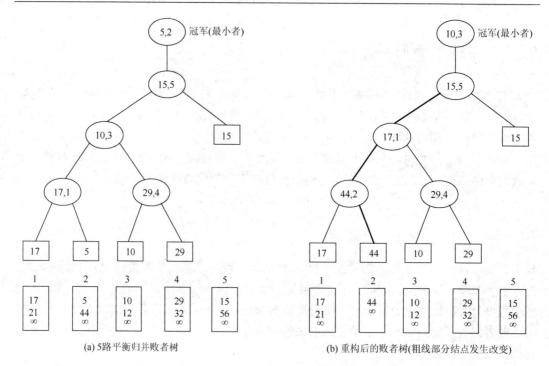

(a) 5路平衡归并败者树

(b) 重构后的败者树(粗线部分结点发生改变)

图 9.16 利用败者树选最小记录

亲结点（29,4），表示败者来自 R_4。将两次比较的胜者即（5,2）和（10,3）进行比较，产生双亲结点（10,3）。最后将前面比较产生的胜者（5,2）和 R_5 的叶子结点进行比较，产生双亲结点（15,5）。最后的冠军为（5,2），将其写至输出归并段。

在败者树中，输出全局优胜者即冠军后，对树的调整十分容易。调整的过程是，将所有进入树的叶子结点与双亲结点进行比较，较大者（败者）存放到双亲结点中，较小者（胜者）与上一级的祖先结点再进行比较，此过程不断进行一直到根结点，最后把新的全局优胜者写至输出归并段。

对于本例，将（5,2）写至输出归并段后，在 R_2 中补充下一个记录 44，调整败者树，采用上面的方法选择新的关键字最小的记录（10,3），如图 9.16（b）所示。

从上例看到，k 路平衡归并的败者树的深度为 $\lceil \log_2 k \rceil$，在每次调整找下一个具有最小关键字的记录时，最多做 $\lceil \log_2 k \rceil$ 次关键字比较。因此，利用败者树在 k 个记录中选择最小者，只需要进行 $O(\lceil \log_2 k \rceil)$ 次关键字比较，这时归并总共需要的比较次数为

$$
\begin{aligned}
s(u-1)\lceil \log_2 k \rceil &= \lceil \log_k m \rceil (u-1)\lceil \log_2 k \rceil \\
&= \lceil \log_2 m \rceil (u-1)\lceil \log_2 k \rceil / \lceil \log_2 k \rceil \\
&= \lceil \log_2 m \rceil (u-1)
\end{aligned}
$$

这样，关键字比较次数与 k 无关，总的内部归并时间不会随 k 的增大而增大。因此，只要内存空间允许，增大归并路数 k，将有效地减少归并树的深度，从而减少读写磁盘的次数，提高外排序的速度。

9.8.4　初始归并段的生成

采用前面介绍的常规内排序方法，可以实现初始归并段的生成，但所生成的归并段的大小正好等于一次能放入内存中的记录个数，显然存在局限性。如果采用前面所述的败者树方法，可以使初始归并段的长度增大。这里介绍一种称为**置换——选择排序**的方法用于生成长度较大的初始归并段。

置换——选择排序法生成初始归并段时，内部排序基于选择排序，同时在此过程中伴随记录的输入和输出，生成的初始归并段长度超过平均数，且长度可能各不相同。其基本步骤如下。

（1）从待排文件 Fin 中按内存工作区 WA 的容量 w 读入 w 个记录，设归并段编号 $i = 1$。

（2）使用败者树从 WA 中选出关键字最小的记录 R_{min}。

（3）将 R_{min} 记录输出到 Fout 中，作为当前归并段的一个成员。

（4）若 Fin 不空，则从 Fin 中读入下一个记录 x，放在 R_{min} 所在的工作区位置，代替 R_{min}。

（5）在工作区中所有大于或等于 R_{min} 的记录中选择出最小记录作为新的 R_{min}，转（3），直到选不出这样的 R_{min}。

（6）设 $i = i + 1$，开始一个新的归并段。

（7）若工作区已空，则初始归并段已全部产生，否则转（2）。

假设磁盘文件共有 18 个记录，记录的关键字分别为{15,4,97,64,17,32,108,44,76,9,39,82,56,31,80,73,255,68}，内存工作区可容纳 5 个记录，用置换——选择排序法生成初始归并段的过程如表 9.3 所示。

表 9.3　初始归并段的生成过程

读入记录	内存工作区状态	R_{min}	输出之后的初始归并段状态
15,4,97,64,17	15,4,97,64,17	4($i=1$)	归并段 1: {4}
32	15,32,97,64,17	15($i=1$)	归并段 1: {4,15}
108	108,32,97,64,17	17($i=1$)	归并段 1: {4,15,17}
44	108,32,97,64,44	32($i=1$)	归并段 1: {4,15,17,32}
76	108,76,97,64,44	44($i=1$)	归并段 1: {4,15,17,32,44}
9	108,76,97,64,9	64($i=1$)	归并段 1: {4,15,17,32,44,64}
39	108,76,97,39,9	76($i=1$)	归并段 1: {4,15,17,32,44,64,76}
82	108,82,97,39,9	82($i=1$)	归并段 1: {4,15,17,32,44,64,76,82}
56	108,56,97,39,9	97($i=1$)	归并段 1: {4,15,17,32,44,64,76,82,97}
31	108,56,31,39,9	108($i=1$)	归并段 1: {4,15,17,32,44,64,76,82,97,108}
80	80,56,31,39,9	9(没有大于等于108 的记录,$i=2$)	归并段 1: {4,15,17,32,44,64,76,82,97,108} 归并段 2: {9}
73	80,56,31,39,73	31($i=2$)	归并段 1: {4,15,17,32,44,64,76,82,97,108} 归并段 2: {9,31}
255	80,56,255,39,73	39($i=2$)	归并段 1: {4,15,17,32,44,64,76,82,97,108} 归并段 2: {9,31,39}
68	80,56,255,68,73	56($i=2$)	归并段 1: {4,15,17,32,44,64,76,82,97,108} 归并段 2: {9,31,39,56}

续表

读入记录	内存工作区状态	R_{min}	输出之后的初始归并段状态
	80,255,68,73	68($i=2$)	归并段 1: {4,15,17,32,44,64,76,82,97,108} 归并段 2: {9,31,39,56,68}
	80,255,73	73($i=2$)	归并段 1: {4,15,17,32,44,64,76,82,97,108} 归并段 2: {9,31,39,56,68,73}
	80,255	80($i=2$)	归并段 1: {4,15,17,32,44,64,76,82,97,108} 归并段 2: {9,31,39,56,68,73,80}
	255	225($i=2$)	归并段 1: {4,15,17,32,44,64,76,82,97,108} 归并段 2: {9,31,39,56,68,73,80,255}

共产生两个初始归并段，归并段 1 为{4,15,17,32,44,64,76,82,97,108}，归并段 2 为{9,31,39, 56,68,73,80,255}。

9.8.5　最佳归并树

采用置换——选择排序法生成初始归并段的长度不等，在进行逐趟 k 路平衡归并时对归并段的组合不同，会导致归并过程中对外存的读/写次数不同。为提高归并的时间效率，有必要对各归并段进行合理的搭配组合。按照最佳归并树的设计，可以使归并过程中对外存的读/写次数最少。

归并树是描述归并过程中的 k 叉树。因为每一次做 k 路平衡归并都需要有 k 个归并段参加，所以归并树只包含度为 0 和度为 k 的结点的标准 k 叉树。设有 13 个长度不等的初始归并段，其长度（记录个数）序列为{0,0,1,3,5,7,9,13,16,20,24,30,38}，其中长度为 0 的是空归并段。对它们进行 3 路平衡归并时的归并树如图 9.17 所示。

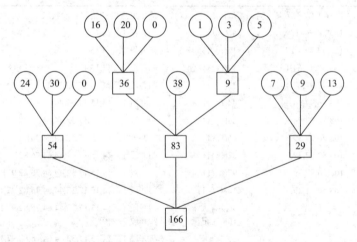

图 9.17　3 路平衡归并的归并树

此归并树的带权路径长度为

$$WPL = (24 + 30 + 38 + 7 + 9 + 13)\times 2 + (16 + 20 + 1 + 3 + 5)\times 3 = 377$$

因为在归并树中，各叶子结点代表参加归并的各初始归并段，叶子结点上的权值即该初始归并段中的记录个数，根结点代表最终生成的归并段，叶子结点到根结点的路径长度表示在归并过程中的读记录次数，各非叶子结点代表归并出来的新归并段，则归并树的带权路径长度 WPL 为归并过程中的总读记录次数。因此，在归并过程中总的读/写记录次数为 $2 \times WPL = 754$。

　　不同的归并方案所对应的归并树的带权路径长度各不相同，为了使得总的读/写次数达到最少，需要改变归并方案，重新组织归并树，让其路径长度 WPL 尽可能短。所有归并树中最小路径长度 WPL 的归并树称为**最佳归并树**。为此，可将哈夫曼树的思想扩充到 k 叉树的情形。在归并树中，让记录个数少的初始归并段最先归并，记录个数多的初始归并段最晚归并，就可以建立总的读/写次数达到最少的最佳归并树。

　　例如，假设有 11 个初始归并段，其长度（记录个数）序列为 {49,9,35,18,4,12,23,7,21,14,26}，做 4 路平衡归并。为使归并树成为一棵正则四叉树，可能需要补入空归并段。补空归并段的原则为，若参加归并的初始归并段有 n 个，做 k 路平衡归并。因为归并树是只有度为 0 和度为 k 的结点的正则 k 叉树，设度为 0 的结点有 n_0（$= n$）个，度为 k 的结点有 n_k 个，则有 $n_0 = (k-1)n_k + 1$。因此，可以得出 $n_k = (n_0-1)/(k-1)$。如果该除式能整除，即 $(n_0-1) \% (k-1) = 0$，则说明这 n_0 个叶子结点（初始归并段）正好可以构造 k 叉归并树，不需加空归并段。此时，内结点有 n_k 个。如果 $(n_0-1) \% (k-1) = u \neq 0$，则对于这 n_0 个叶子结点，其中的 u 个不足以参加 k 路平衡归并。因此，除了有 n_k 个度为 k 的内结点之外，还需增加一个内结点。它在归并树中代替了一个叶子结点的位置，被代替的叶子结点加上刚才多出的 u 个叶子结点，再加 $k-u+1$ 个记录个数为零的空归并段，就可以建立归并树。

　　因此，最佳归并树是带权路径长度最短的 k 阶哈夫曼树，构造步骤如下。

　　（1）若 $(n_0-1) \% (k-1) \neq 0$，则需附加 $(k-1) - (n_0-1) \% (k-1)$ 个长度为 0 的虚段，以使每次归并都可以对应 k 个段。

　　（2）按照哈夫曼树的构造原则（权值越小的结点离根结点越远）构造最佳归并树。

　　在前面的例子中，$n_0 = 11$，$k = 4$，$(11-4) \% (4-1) = 1 \neq 0$，因此需要附加 $(k-1) - (n_0-1) \% (k-1) = 2$ 个长度为 0 的虚段，第一次归并为 $(n-1) \% (k-1) + 1 = 2$，则构造的 4 阶哈夫曼树（最佳归并树）如图 9.18 所示，它的带权路径长度 WPL 为 726。

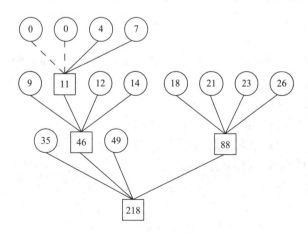

图 9.18　4 路最佳归并树示例

本 章 小 结

　　本章主要包括内排序和外排序两方面的内容，重点内容是内排序，因为外排序的基础也是内排序。在学习各种内排序时，学习的思路是，算法基本思想 → 操作实例 → 算法描述 → 时间和空间性能分析 → 适用情况。通过分析简单排序方法（直接插入排序、直接选择排序、冒泡排序等）的缺点及产生缺点的原因，引入改进的排序方法（谢尔排序、堆排序、快速排序等）。

　　排序算法体现了较高超的算法设计技术和算法分析技术，从技能应用的角度，本章要求：深刻理解各种排序算法的设计思想，并能应用排序算法的设计思想解决和排序相关的问题，从而提高解决问题的能力；对改进的算法，分析其改进的着眼点是什么，自己能否从某一个方面改进一个排序算法，从而提高算法设计的能力；学习完各类排序方法后，对它们进行综合对比，从而得出自己的看法，在实际中可以根据实际情况选取合适的排序方法。

习　题　9

一、选择题

　　1. 在所有排序方法中，关键字比较的次数与元素的初始排列次序无关的是＿＿＿＿＿＿。

　　A. 谢尔排序　　　　B. 起泡排序　　　　C. 插入排序　　　　D. 选择排序

　　2. 设有 1000 个无序的元素，希望用最快的速度挑选出其中前 10 个最大的元素，最好选用＿＿＿＿＿＿排序法。

　　A. 起泡排序　　　　B. 快速排序　　　　C. 堆排序　　　　D. 基数排序

　　3. 在待排序的元素序列基本有序的前提下，效率最高的排序方法是＿＿＿。

　　A. 插入排序　　　　B. 选择排序　　　　C. 快速排序　　　　D. 归并排序

　　4. 排序方法中，从未排序序列中依次取出元素与已排序序列（初始时为空）中的元素进行比较，将其放入已排序序列的正确位置上的方法，称为＿＿＿＿＿＿。

　　A. 谢尔排序　　　　B. 起泡排序　　　　C. 插入排序　　　　D. 选择排序

　　5. 用某种排序方法对线性表（25，84，21，47，15，27，68，35，20）进行排序时，元素序列的变化情况如下：

　　（1）25，84，21，47，15，27，68，35，20

　　（2）20，15，21，25，47，27，68，35，84

　　（3）15，20，21，25，35，27，47，68，84

　　（4）15，20，21，25，27，35，47，68，84

　　则所采用的排序方法是＿＿＿＿＿＿。

　　A. 选择排序　　　　B. 谢尔排序　　　　C. 归并排序　　　　D. 快速排序

　　6. 下述几种排序方法中，要求内存量最大的是＿＿＿＿＿＿。

A. 插入排序　　　　B. 选择排序　　　　C. 快速排序　　　　D. 归并排序

7. 快速排序方法在_____情况下最不利于发挥其长处。

A. 要排序的数据量太大　　　　B. 要排序的数据中含有多个相同值

C. 要排序的数据已基本有序　　D. 要排序的数据个数为奇数

8. 在下列算法中，_____算法可能出现出现情况：在最后一趟开始之前，所有元素都不在其最终的位置上。

A. 堆排序　　　　B. 冒泡排序　　　　C. 插入排序　　　　D. 快速排序

9. 在堆排序过程中，由 n 个待排序的元素建成初始堆需要_____次筛选。

A. n　　　　B. $n/2$　　　　C. $\log_2 n$　　　　D. $n-1$

10. 排序趟数与序列原始状态有关的排序方法是_____排序法。

A. 插入　　　　B. 选择　　　　C. 归并　　　　D. 快速

二、填空题

1. 在对一组记录（54，38，96，23，15，72，60，45，83）进行直接插入排序时，当把第 7 个记录 60 插入到有序表时，为寻找插入位置需比较_____。

2. 在利用快速排序方法对一组记录（54，38，96，23，15，72，60，45，83）进行快速排序时，递归调用而使用的栈所能达到的最大深度为_____，共需递归调用的次数为_____，其中第二次递归调用是对_____一组记录进行快速排序。

3. 在堆排序，快速排序和归并排序中，若只从存储空间考虑，则应首先选取_____方法，其次选取_____方法，最后选取_____方法；若只从排序结果的稳定性考虑，则应选取_____方法；若只从平均情况下排序最快考虑，则应选取_____方法；若只从最坏情况下排序最快并且要节省内存考虑，则应选取_____方法。

4. 在插入排序、谢尔排序、选择排序、快速排序、堆排序、归并排序和基数排序中，排序是不稳定的有_____。

5. 在堆排序和快速排序中，若原始记录接近正序或反序，则选用_____，若原始记录无序，则最好选用_____。

6. 在插入和选择排序中，若初始数据基本正序，则选用_____；若初始数据基本反序，则选用_____。

7. _____不需要进行元素关键字的比较。

8. 从一个无序序列建立一个堆的方法是：首先将要排序的所有关键字分放到一棵_____的各个结点中，然后从 $i=$_____的结点 K_i 开始，逐步把 K_{i-1}，K_{i-2}，…，K_1 为根的子树排成堆，直到以 K_1 为根的树排成堆，就完成了建堆的过程。

9. 外排序中两个相对独立的阶段是_____和_____。

10. 设输入的关键字满足 $K_1 > K_2 > \cdots > K_n$，缓冲区大小为 m，用置换——选择排序法可产生_____个初始归并段。

三、简述题

1. 在执行某种排序算法的过程中出现了关键字朝着最终排序序列相反的方向移动，从而认为该排序算法是不稳定的，这种说法对吗？为什么？

2. 设数据元素关键字序列为{503，087，512，061，908，170，897，275，653，426}，分别写出执行下列排序算法时，各趟排序的关键字序列：

（1）直接插入排序；

（2）希尔排序（增量 d[1]=5）；

（3）直接选择排序；

（4）堆排序；

（5）冒泡排序；

（6）快速排序；

（7）归并排序；

（8）基数排序。

3. 设待排序的关键字序列{28，13，72，85，39，41，6，20}。按二分法插入排序算法已使前七个记录有序，中间结果如图 9.19 所示：

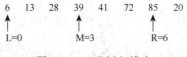

图 9.19 二分插入排序

试在此基础上，沿用上述表达方式，给出继续采用二分法插入第 8 个记录的比较过程，并回答下列问题：

（1）使用二分法插入排序所要进行的比较次数，是否与待排序的记录的初始状态有关？

（2）在一些特殊情况下，二分法插入排序比直接插入排序要执行更多的比较。这句话对吗？

4. 我们知道，对于 n 个元素组成的线性表进行快速排序时，所需进行的比较次数与这 n 个元素的初始排序有关。

（1）当 $n=7$ 时，在最好情况下需进行多少次比较？请说明理由。

（2）当 $n=7$ 时，给出一个最好情况的初始排序的实例。

（3）当 $n=7$ 时，在最坏情况下需进行多少次比较？请说明理由。

（4）当 $n=7$ 时，给出一个最坏情况的初始排序的实例。

5. 判断下列序列是否是堆(可以是小根堆，也可以是大根堆，若不是堆，请将它们调整为堆)。

（1）100，85，98，77，80，60，82，40，20，10，66

（2）100，98，85，82，80，77，66，60，40，20，10

（3）100，85，40，77，80，60，66，98，82，10，20

（4）10，20，40，60，66，77，80，82，85，98，100

6. 对于快速排序的非递归算法，可用队列（而不用堆栈）实现吗？为什么？

7. 若 n 个元素的关键字序列初始分别为正序和逆序时，进行直接插入排序、冒泡排序、直接选择排序各需要的关键字比较次数和元素的移动次数是多少？

8. 将两个长度为 n 的有序表归并为一个长度为 $2n$ 的有序表，最少需要多少次关键字的比较？最多需要多少次关键字的比较？并说明两个归并表具有什么特征时，会出现关键字比较次数最多或最少的情况。

9. 对 n 个元素序列进行奇偶交换排序的过程是：第 1 趟对所有的奇数 i，将 A[i]与A[i+1]进行比较，若 A[i]>A[i+1]，则将两者交换；第 2 趟对所有的偶数 i，将 A[i]与 A[i+1]进行比较，若 A[i]>A[i+1]，则将两者交换；第 3 趟，对所有的奇数 i；第 4 趟，对所有的偶数 i……依此类推，直到整个序列有序为止。

（1）请问奇偶交换排序的结束条件是什么？

（2）若对关键字序列{10,8,15,2,7,13,4}进行奇偶交换排序，写出每一趟排序的结果；

（3）分别分析当关键字序列初始分别为正序和逆序两种情况下，奇偶交换排序所需的关键字的比较次数。

10. 给出一组关键字集合{12,2,16,30,8,28,4,10,20,6,18}，设内存工作区可容纳 4 个记录，写出用置换——选择排序法得到的全部初始归并段。

11. 置换——选择排序法得到的归并段长（k 字节数）为{37,34,300,41,70,120,35,43}。画出将这些磁盘文件进行归并后的4阶最佳归并树，计算归并后的读写字节数，每读写 1 字节计为 1。

四、算法设计题

1. 在带头结点的单链表上，编写一个实现直接插入排序的算法。

2. 直接选择排序的算法是不稳定的，这主要是由于每次从无序元素区选出最小元素后，与无序区的第一个元素交换而引起的。如果在选出最小元素后，将它前面的无序元素依次后移，然后再将最小元素放在有序区的后面，这样就能保证稳定性。请按这种思想改写直接选择排序算法。

3. 请编写一个双向冒泡排序算法，即相邻两趟排序向相反方向冒泡。

4. 编写一个实现奇偶交换排序过程的算法。奇偶交换排序的算法思想是：若第一趟对所有偶数的 i，将 A[i].key 和 A[i+1].key 进行比较，第二趟对所有奇数的 i，将 A[i].key 和 A[i+1].key 进行比较，每次比较时若有 A[i].key>A[i+1].key，则将二者交换，以后重复上述二趟过程交换进行，直至整个数组有序。

5. 编写一个非递归的快速排序算法。

6. 有一种简单的排序算法叫计数排序。这种排序算法对一组待排序的表（用数组表示）行排序，并将排序结果存放到另一个新的表中。计数排序算法针对表中的每个元素，扫描待排序的表一遍，统计表中有多少个元素的关键字比该元素的关键字小。假设针对某一元素，统计出来的计数值为 c，那么，这个元素在新的有序表中的合适的存放位置即为 c（必须注意的是表中所有待排序的关键字互不相同）。给出计数排序的算法。

7. 已知关键字序列为{$K_1,K_2,K_3,\cdots,K_{n-1}$}是大根堆。

（1）试写一算法将{$K_1,K_2,K_3,\cdots,K_{n-1},K_n$}调整为大根堆；

（2）利用（1）的算法写一个建大根堆的算法。

8. 编写一个基于顺序循环队列的基数排序算法。

9. 有 n 个元素存储在带头结点的双向链表中，现用双向冒泡排序法对其按上升序进行排序，请写出这种排序的算法。

10. 借助于快速排序的算法思想，在一组无序的记录中查找给定关键字值等于 key 的记录。设此组记录存放于数组 r[l..h]中。若查找成功，则输出该记录在 r 数组中的位置及其值，否则显示"not find"信息。请编写出算法并简要说明算法思想。

第10章 文　件

10.1　文件概述

10.1.1　文件的存储介质

目前常用的外存储器有磁带存储器和磁盘存储器两种。前者为顺序存取的存储设备，后者为直接存取的存储设备。

1. 磁带存储器

磁带是薄薄涂上一层磁性材料的一条窄带。现在使用的磁带大多数有 1/2 in[①]宽，最长可达 3600 ft[②]，绕在一个卷盘上。使用时，将磁带盘放在磁带存储器上，驱动器控制磁带盘转动，带动磁带向前移动。通过读/写头读出磁带上的信息或者将信息写入磁带，如图 10.1 所示。

在 1/2 in 宽的带面上可以记录 9 位或 7 位二进制信息（通常称为 9 道带或 7 道带），每一横排表示一个字符，其中 8 位或 6 位表示字符，另一位作为奇偶校验位。

磁带不是连续运转设备，而是一种启停设备，它可以根据读/写需要随时启动和停止。由于读/写信息应在旋转稳定状态下进行，而磁带从启动到稳定旋转或从旋转到静止都需要一个"启停时间"（加速或减速的过渡时间），为了适应启停时间，信息在磁带上不能连续存放，而要在相邻两个"字符组"之间留出一定长度（通常为 1/4～1/3 in）的空白区，称为"间隙

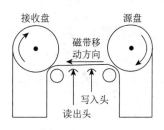

图 10.1　磁带结构示意图

IRG"，两个间隙之间的字符组称为一个**物理记录**或者**页块**。页块是内外存信息交换的单位，内存中用来暂时存放页块的区域称为**缓冲区**。

磁带是一种顺序存取设备，存取时间与数据在磁带上的位置及当前读/写头所在的位置有关，而且差别很大，可从几毫秒到几分钟，与磁带录音机相似。

总而言之，信息量大是磁带的主要优点，只能顺序存取造成的速度慢是磁带的主要缺点。因此，磁带主要用来存储那些数据量大、修改少、进行顺序存取的文件系统中的文件，如地震勘探数据文件，不用来存储数据库文件。

---

① 1 in=2.54 cm。

② 1 ft=3.048×10^{-1} m。

2. 磁盘存储器

　　磁盘是一个与唱片类似的扁平的圆盘，盘面划分成许多称为**磁道**的圆圈，数据就存储在磁道上。因为磁道的圆圈为同心圆，所以磁头可以径向快速定位，因此，磁盘支持直接存取功能。一片磁盘可以有两个存储面。通常若干个盘片构成盘组，最顶上和最底下盘片的外侧面不存储数据，其余用于存储数据的盘面称为记录盘面，简称**记录面**，每个记录面上有一个读/写磁头。盘组装在磁盘驱动器的主轴上，可绕主轴高速旋转，当磁道从读/写磁头下通过时，即可读入或写出数据。磁盘分为活动头盘和固定头盘。活动头盘的所有读/写磁头装在一个活动臂上同时移动。常用的磁盘多为活动头盘，其结构如图 10.2 所示。

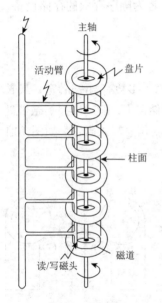

　　磁盘盘组各个盘面上直径相同的磁道组成一个**柱面**，柱面的个数就是盘面上的磁道数，一般每面上有 300～400 道。每个磁道又可分为若干弧段，称为**扇面**。磁盘信息存取的单位为一个扇面的字符组，称为一个**页块**，因此在磁盘上标明一个信息需用一个三维地址，即柱面号、盘面号和页块号。其中，柱面号确定读/写磁头的径向运动位置，页块号确定圆盘的转动位置，而盘面号确定是哪一个盘面。

　　为了访问一块信息，首先必须移动活动臂使磁头移动到所需柱面（称为定位或寻查），然后等待页块起始位置转到读/写磁头下，最后读写所需信息。所需时间由这三个动作所需时间组成。

　　由于磁盘的旋转速度很快，读/写磁盘信息的时间主要花在移动磁头上，在磁盘上存放信息时，应集中在一个柱面域相邻的几个柱面上，以求在读/写信息时尽量减少磁头来回移动的次数，以避免不必要的寻查时间。

图 10.2　活动头盘结构示意图

　　总之，与磁带相比，磁盘最大的优点是存取速度快，既能顺序存取，又能随机存取。

10.1.2　文件的基本概念

　　文件（file）是由存储在某种介质上的大量性质相同的记录（数据元素）构成的集合。可按记录的不同类型分为操作系统中的文件和数据库中的文件两类。

　　操作系统中的文件仅是一维连续字符序列，无结构、无解释。

　　数据库中的文件是带有结构的记录的集合，此类记录由一个或多个数据项组成。记录中能唯一确定（或识别）一个记录的数据项或数据项的组合，称为**主关键字**。若文件中每个记录含有的信息长度相同，则称这类记录为**定长记录**，由这类记录组成的文件称作**定长记录文件**；若文件中含有信息长度不等的不定长记录，则称作**不定长记录文件**。

上述文件中的记录称为**逻辑记录**，它是用户表示和存取信息的单位。**物理记录**则指外存信息存取的单位（一个页块内的信息）。在物理记录和逻辑记录之间可能存在下列三种关系：

（1）一个物理记录存放一个逻辑记录；

（2）一个物理记录包含多个逻辑记录；

（3）多个物理记录表示一个逻辑记录。

总之，用户读/写一个记录是指逻辑记录，查找对应的物理记录则是操作系统的职责。

数据库文件可以按照记录中关键字的多少，分为**单关键字文件**和**多关键字文件**。若文件中的记录只有一个唯一标识记录的主关键字，则称为单关键字文件；若文件中的记录除了含有一个主关键字外，还含有若干个次关键字，则称为多关键字文件，记录中所有非关键字的数据项称为记录的属性。

对**文件的操作**主要有两类：检索和修改。

文件的检索是检索文件中的某条或某些记录。其检索方式主要有如下三种。

（1）顺序存取，检索当前记录的下一条记录。

（2）直接存取，存取第 i 个记录。

（3）按关键字检索，按照所给文件关键字的值检索关键字值满足条件的记录。这种记录的检索方式主要是对数据库文件而言，有四种检索情况：①单一条件检索，检索关键字值等于给定值的记录。例如，检索学号为 0221 的学生记录。②区域检索，检索关键字值在某个范畴内的记录。例如，检索某班数学考试成绩≥80 分且<90 分的学生记录。③函数检索，给定某关键字的某个函数，检索符合条件的记录。例如，检索某班数学考试成绩低于全班平均成绩的学生记录。④组合条件检索，检索以上三种检索式的布尔运算构成的组合条件的记录。例如，检索某班数学考试成绩≥90 分且性别为女的学生记录。

文件的修改包括插入一个记录、删除一个记录和更新一个记录三种操作。

（1）记录的插入，在文件的指定位置插入一个新的记录。文件位置的指定是记录的检索功能，记录的插入实际是在记录检索功能的基础上增加插入一条新记录的功能。

（2）记录的删除，把文件中指定位置的记录删除。这通常有两种情况：①删除文件中的第 i 条记录。这实际是在检索第 i 条记录功能的基础上增加删除该条记录的功能。②删除文件中符合给定条件的记录。这里的给定条件和按关键字检索中的四种情况相同，即在按关键字检索功能的基础上增加删除对应记录的功能。

（3）记录的更新，把文件中指定位置的记录修改更新。这通常有两种情况：①更新文件中第 i 条记录的某些数据项值，即在检索文件中第 i 条记录功能的基础上增加更新该条记录某些数据项值的功能。②更新文件中符合给定条件的记录的某些数据项值。这里的给定条件和按关键字检索中的四种情况相同，即在按关键字检索功能的基础上增加更新对应记录某些数据项值的功能。

文件的物理结构指的是文件在外存储器中的不同组织方式。文件可以有各种各样的组织方式，其基本方式有四种，即顺序组织、索引组织、哈希组织和链组织。一个特定的文件应采用何种物理结构应综合考虑各种因素，如存储介质的类型、记录的类型和大小、关键字的数目及对文件做何种操作等。

10.2　顺 序 文 件

顺序文件是记录按其在文件中的逻辑顺序依次进入存储介质而建立起来的，即顺序文件中物理记录的顺序和逻辑记录的顺序是一致的。顺序文件在存储介质中有两种实现结构：

（1）顺序结构。与顺序表类似，按存储介质的绝对地址顺序存放物理记录，此时文件的物理顺序即文件的逻辑顺序。

（2）链结构。与链表类似，每一个记录中都包含一个指向下一个记录位置的指针，物理记录之间的次序由指针链接表示。

顺序文件中的记录若按主关键字递增或递减有序，则称为**顺序有序文件**；否则，称为**顺序无序文件**。顺序有序文件能方便顺序文件的检索和更新等操作。

顺序文件是根据记录的序号或记录的相对位置来进行存取的文件组织方式，其特点是：

（1）存取第 i 个记录，必须先搜索在其前的 $i-1$ 个记录；

（2）插入新的记录只能加在文件末尾；

（3）若要更新文件的某个记录，必须将整个文件进行复制。

1. 存储在顺序存取设备上的顺序文件

一切存储在顺序存取设备上的文件，都是顺序文件。磁带是一种典型的顺序存取设备，因此存放在磁带上的文件也只能是顺序文件，这是由磁带的物理特性决定的。磁带文件适合于文件的数据量大、平时记录变化少、只做批量修改的情况，即在积累了一批更新要求之后，统一进行一次性处理，即批处理。在对磁带文件做修改时，一般需用另一条复制带将原带上不变的记录复制一遍，同时在复制的过程中插入新的记录和用更改后的新记录代替原记录写入。

批处理的工作原理如图 10.3 所示。首先需根据修改请求建立一个事务文件，文件中的记录至少应包含操作类别（插入、删除、更新）和关键字两项，除删除操作外，对于插入和更新的操作还应包括主文件记录中的其他全部数据项。为了便于批处理的进行，要求主文件和事务文件都按主关键字有序，由于事务文件的记录一般是按提出修改请求的次序形成的，不一定有序，则在批处理之前首先应对事务文件进行（按主关键字）排序，然后与主文件归并，生成新主文件。

归并时，顺序读入主文件和事务文件中的记录，比较它们的关键字，按事务文件记录中提出的要求对主文件的记录进行相应修改。对于主文件中没有修改请求的记录（当前读入的主文件记录的关键字小于当前读入的事务文件记录的关键字），则将它直接写入新的主文件；更新和删除则要求两个当前读入的记录的关键字相匹配，应要求删去的记录不再写入新的主文件，更新的要按更新后的新记录写入（这里及以后介绍的更新都不包括更新关键字，修改关键字可用删除和插入来完成）；插入记录则按关键字大小顺序插入即可。

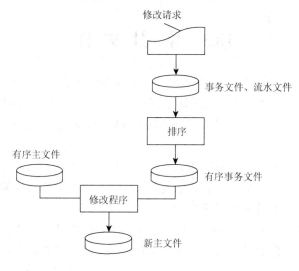

图 10.3　批处理作业示意图

上述批处理过程与两个有序表的归并相类似，但有两点不同：一是事务文件中对同一主关键字可能有多个记录（针对同一记录的多次修改请求）；二是归并时首先要判别修改类型并检验修改请求的合法性，如不能删除或更新主文件中不存在的主关键字的记录，不能插入主文件中已有的主关键字的记录等。

顺序文件的优点是连续存取时速度快，批处理效率高，节省存储空间（除存储文件本身外，不需要其他附加存储）。它的缺点是随机处理效率低，特别是对更新要求一般不做随机处理。顺序文件通常用来存储有历史保留价值的海量数据，如气象部门的逐日气象记录数据。

2. 存储在直接存取设备上的顺序文件

存储在磁盘等直接存取设备上的顺序文件的处理方法和存储在顺序存取设备上的文件相同，此外由于设备本身所具有的可进行随机存取的特性，它还可以对文件记录进行随机存取和修改。

对直接存取设备上的顺序文件可按记录号或关键字进行随机存取，如果是顺序有序文件，并且记录大小相等，还可应用二分查找进行快速存取。更新记录时，如果更新后的记录不比原记录大，则可在原存储位置上进行随机修改。随机删除记录需采用暂做删除标记的方式加以解决，待进行批处理时才真正将它们删除。插入记录时，为了减少数据移动，可用下述两种方法进行：一是最初在每个页块中预留空闲空间，插入时，只在块内移动记录，但只能解决少量记录的插入；二是将插入记录先存在一个附加文件中。这样，又给查找增加了麻烦，查找时，同时要查附加文件和主文件。当附加文件较小时，可先查附加文件，在未查到之后再去查主文件。当附加文件达到一定规模时，就应做一次批处理，把附加文件和主文件进行归并，此时应同时删去做过已删除标记的记录，并在新主文件产生之后删去老主文件。

10.3 索 引 文 件

为了提高文件的检索效率，可以采用索引方法组织文件。在存储介质中除了存储文件本身外，另外建立一个指示文件逻辑记录和物理记录之间一一对应关系的由关键字构成的称为**索引表**的文件，由文件本身（或称**主文件**）和索引表一起构成的文件称为**索引文件**。

索引表中的每一项称为一个**索引项**，无论主文件是否按关键字有序，索引表中的索引项总是按关键字有序。若主文件中的记录也是按关键字有序，则称作**索引有序文件**；若主文件中的记录无序，则称作**索引无序文件**。

对索引无序文件，由于主文件中的记录是无序的，必须对主文件中的每一个记录都建立一个索引项，称为**稠密索引**。当主文件很大时，主文件的稠密索引构成的索引表通常也比较大。

对索引有序文件，由于主文件中的记录已按关键字有序，故不必为每个记录都保存一个索引项，通常是把记录分成组，对每一组记录建立一个索引项，这样构成的索引表称作**非稠密索引**或稀疏索引。

索引表是由系统程序自动生成的。在记录输入建立数据区的同时建立一个索引表，表中的索引项按记录输入的先后次序排列，待全部记录输入完毕后再对索引表进行排序。

索引文件建立时，开辟一个索引区，一般固定在某个磁盘的一个或多个磁道上。写入一个记录到数据区时，在索引区相应登入一个索引项，即把该记录的主关键字和记录的存储地址写入索引区。文件建立后，将索引区中的索引读入内存中的缓冲区，按关键字进行内部排序，最后将排序好的索引项顺序地写回到磁盘上的索引区。

这样建立的是稠密索引，只适合于文件中记录的个数较小的情况。例如，对应于图 10.4（a）的数据文件，其索引表如图 10.4（b）所示，而图 10.4（c）为文件记录输入过程中建立的索引表。

物理记录号	职工号	姓 名	职 务	其他
101	29	张 珊	程序员	.
103	05	李 四	维修员	.
104	02	王 红	程序员	.
105	38	刘 琪	分析员	.
108	31		.	.
109	43		.	.
110	17		.	.
112	48		.	.

(a) 数据文件

	关键字	物理记录号
1	02	104
	05	103
	17	110
2	29	101
	31	108
	38	105
3	43	109
	48	112

(b) 索引表

关键字	物理记录号
29	101
05	103
02	104
38	105
31	108
43	109
17	110
48	112

(c) 文件记录输入过程中建立的索引表

图 10.4 索引非顺序文件示例

　　索引文件的检索方式为直接存取或按关键字（进行简单询问）存取，检索过程和前面讨论的索引查找相类似，分两步进行：首先将外存上含有索引区的页块读入内存，查找所需记录的物理地址；然后，根据该物理地址，把数据区中相应的页块读入内存，检索该页块得到所要检索的记录。若索引表不大，则可将索引表一次读入内存，由此在索引文件中进行检索只需访问外存两次，即一次读索引，一次读记录。并且因为索引表是有序的，所以对索引表的查找可采用效率较高的二分查找法。

　　索引文件的修改也容易进行。删除一个记录时，仅需删去相应的索引项；插入一个记录时，应将记录置于数据区的末尾，同时在索引表中插入索引项；更新记录时，应将更新后的记录置于数据区的末尾，同时修改索引表中相应的索引项。

　　当文件中记录数目很大时，索引表也很大，以致一个物理块容纳不下。在这种情况下查阅索引仍要多次访问外存。为此，可以对索引表建立一个索引表，因为索引表是有序的，所以新建的索引表只需是稀疏索引，不再需要稠密索引。这个新建的索引表称为**查找表**。若查找表中的索引项还很多，可建立更高一级的查找表，通常最高有三级查找表。

　　上述的多级索引是一种静态索引，各级索引均为顺序表结构。其结构简单，但修改很不方便，每次修改都要重组整个索引。因此，当数据文件在使用过程中记录变动较多时，应采用动态索引，如二叉排序树（或平衡二叉树）、B_树等，这些树表结构的动态索引的主要优点是，插入、删除都很方便。又由于它本身是层次结构，则无须建立多级索引，而且建立索引表的过程即排序的过程。通常，当数据文件的记录数不很多，内存容量足以容纳整个索引表时可采用二叉排序树（或平衡二叉树）作为索引，其查找性能已在第 8 章中进行了详细讨论。反之，当文件很大时，索引表（树表）本身也在外存，则查找索引时尚需多次访问外存，并且，访问外存的次数恰为查找路径上的结点数。显然，为减少访问外存的次数，就应尽量缩减索引表的深度。因此，此时宜采用 m 叉的 B_树作为索引表。m 的选择取决于索引项的多少和缓冲区的大小。总之，因为访问外存的时间比内存中检索的时间大许多，所以对外存中索引表的查找性能主要取决于访问外存的次数，即索引表的深度。

10.4　ISAM 文 件

　　ISAM 为 Index Sequential Access Method 的缩写，ISAM 文件是采用索引顺序存取方法的文件。这里的顺序包含了文件有序的概念。ISAM 是一种专门为磁盘存取设计的文件组织形式，采用静态索引结构。因为磁盘是以盘组、柱面和磁道三级地址存取的设备，所以对磁盘上的数据文件用索引顺序存取方法建立盘组、柱面、磁道三级基本索引。对同一盘组上建的 ISAM 文件，应包括一级或多级主索引、柱面索引、磁道索引和主文件。

　　在 ISAM 文件中，存储的数据文件先按关键字排序，然后先集中放在一个柱面上，当一个柱面放满时再集中放在相邻的另一个柱面上。对于同一个柱面，则应按盘面的次序依次存放。图 10.5 为存放在盘组上的一个 ISAM 文件的例子。柱面基本区中的主文件按关键字有序，因此可对每个磁道上的记录建立一个磁道索引项，一个柱面上的所有磁道索引

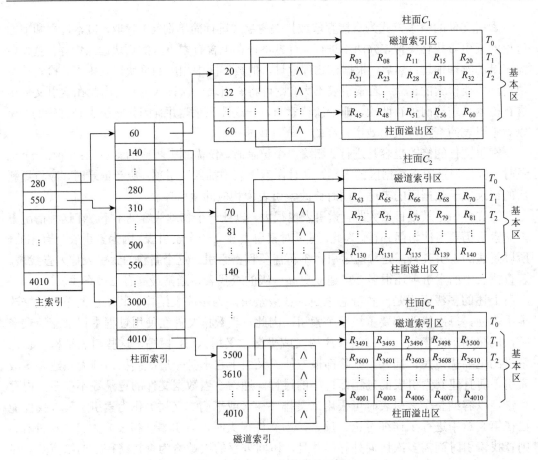

图 10.5　ISAM 文件结构示例

项形成一个**磁道索引**。然后对每个磁道索引块（同属一个柱面的磁道索引块）建立一个柱面索引项，盘组上对应主文件的所有柱面索引项形成**柱面索引**。若柱面索引较大，再建立称作**主索引**的柱面索引的索引。此例只有一级主索引，当文件的柱面索引很大，使得一级主索引也很大时，主索引可建立多级。当然，若柱面索引较小，也可不建主索引，以减小索引深度。

由图 10.5 可见，每个柱面分为磁道索引区、基本区和柱面溢出区三部分。磁道索引区用来存放该柱面的磁道索引，通常规定该柱面最前面的磁道 T_0 为磁道索引区。由 T_1 开始的若干个磁道用来存放主文件的记录，称为**基本区**。每个柱面最后的若干个磁道称为**柱面溢出区**，这是为插入记录所设置的。每个柱面溢出区由该柱面基本区中各个磁道共享。柱面溢出区为有序链表结构，简称溢出链表。

每个磁道索引项有四项，即基本索引项关键字、基本索引项指针、溢出索引项关键字和溢出索引项指针，其结构见图 10.6，其中基本索引项关键字为对应磁道在基本区中最末一个记录的关键字（该磁道的最大关键字），基本索引项指针指示该磁道中第一个记录在基本区中的位置；溢出索引项关键字为对应溢出链表的最大关键字，溢出索引项指针为对应溢出链表的头指针。

图 10.6　磁道索引项结构

每个柱面索引项有两项：关键字和指针。关键字为对应柱面（对应磁道索引块）中最后一个记录的关键字（该柱面的最大关键字），指针指示对应柱面上的磁道索引首地址。如前所述，磁道索引放在对应柱面的第一个磁道，即指针指示对应柱面第一个磁道中磁道索引的起始地址。

数据文件初始建立时，磁道索引的溢出索引项均为空，各个柱面溢出区也均为空。图 10.5 所示的 ISAM 文件就是一个这样的例子。当有新的记录插入时，需要重组某个磁道的记录，并将该磁道最后一个记录移入该柱面的溢出链表中，同时修改对应磁道索引的基本索引项和溢出索引项内容。例如，依次将记录 R_{64}、R_{74}、R_{76} 插入图 10.5 所示的文件中之后，柱面 C_2 的磁道索引及 C_2 柱面中主文件记录存储位置的变化情况如图 10.7 所示。当插入 R_{64} 时，因为关键字排序有 63<64<65，所以应将它插在 C_2 柱面 T_1 磁道上第二个记录的位置上，而 T_1 磁道上从记录 R_{65} 开始的所有记录依次后移一个位置；于是 T_1 磁道上的最后一个记录 R_{70} 被移入柱面溢出区。由于 T_1 磁道上的最大关键字由 70 变成了 68，它的溢出链表也由空表变成为含有一个记录 R_{70} 的链表，将磁道索引中对应磁道索引项中的基本索引项关键字由 70 改成 68，将溢出索引项关键字置为 70，并将溢出索引项指针指向 C_2 柱面溢出区中记录 R_{70} 的起始地址。插入记录 R_{74} 和 R_{76} 的过程与上述插入记录 R_{64} 的过程类同，只是溢出链表要求有序，所以先后由基本区移入柱面溢出区的记录 R_{81} 和 R_{79} 要有序存放。

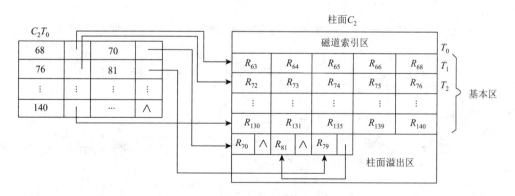

图 10.7　ISAM 文件记录的插入和溢出处理

在 ISAM 文件中删除记录的操作比较简单，只要找到待删除的记录，在其存储位置上加个删除标志即可，而不需要移动记录和修改索引。

记录检索有成功和失败两种情况。在 ISAM 文件中记录检索成功时的检索路径有两种：

（1）若被检索记录在某柱面的基本区中，则检索路径为主索引 → 柱面索引 → 某磁道索引 → 某柱面基本区中某磁道有序表的顺序扫描；

（2）若被检索记录在某柱面的溢出区中，则检索路径为主索引 → 柱面索引 → 某磁道索引 → 某柱面有序溢出链表的顺序扫描。

在 ISAM 文件中记录检索失败时的检索路径也有两种：

（1）主索引 → 柱面索引 → 某磁道索引 → 某柱面基本区中某磁道有序表的顺序扫描 → 检索失败；

（2）主索引 → 柱面索引 → 某磁道索引 → 某柱面有序溢出链表的顺序扫描 → 检索失败。

例如，要在图 10.5 所示文件中检索记录 R_{65}，先查主索引，因为 65＜280，所以进入柱面索引的第一个索引块；因为 65＜140，又进入磁道索引的第二个索引块；因为 65＜70，又进入 C_2 柱面 T_1 磁道；对 T_1 磁道按有序顺序表法查找，检索到记录 R_{65} 后成功返回。

10.5 VSAM 文 件

VSAM 是 Virtual Storage Access Method（虚拟存储存取方法）的缩写。这种存取方法利用了操作系统的虚拟存储器的功能，给用户提供方便。对用户来说，文件只有控制区间和控制区域等逻辑存储单位，与外存储器中柱面、磁道等具体存储单位没有必然的联系。用户在存取文件中的记录时，不需要考虑这个记录的当前位置是否在内存，也不需要考虑何时执行对外存进行"读/写"的指令。

就文件的组织方式来说，VSAM 文件和 ISAM 文件的相同点是都采用索引顺序文件组织方式，其不同点是 ISAM 文件采用静态索引结构，而 VSAM 文件采用 B$^+$ 树的动态索引结构。

VSAM 文件的结构如图 10.8 所示。它由三部分组成：索引集、顺序集和数据集。

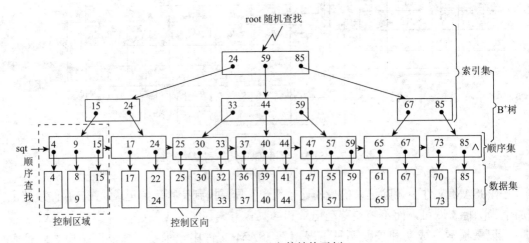

图 10.8 VSAM 文件结构示例

　　文件的记录均存放在数据集中，数据集中的一个结点称为**控制区间**，它是一个 I/O 操作的基本单位，它由一组连续的存储单元组成。控制区间的大小可随文件不同而不同，但同一文件上控制区间的大小相同。每个控制区间含有一个或多个按关键字递增有序排列的记录。顺序集和索引集一起构成一棵 B^+ 树，为文件的索引部分。顺序集中存放每个控制区间的索引项，每个控制区间的索引项由两部分信息组成，即该控制区间中的最大关键字和指向控制区间的指针。若干相邻控制区间的索引项形成顺序集中的一个结点，结点之间用指针相连接，而每个结点又在其上一层的结点中建有索引，且逐层向上建立索引。所有的索引项都由最大关键字和指针两部分信息组成，这些高层的索引项形成 B^+ 树的非终端结点。因此，VSAM 文件既可在顺序集中进行顺序存取，又可从最高层的索引（B^+ 树的根结点）出发进行按关键字存取。顺序集中一个结点连同其对应的所有控制区间形成一个整体，称作**控制区域**。每个控制区间可视为一个逻辑磁道，而每个控制区域可视为一个逻辑柱面。

　　与 ISAM 文件不同的是，VSAM 文件不设柱面溢出区，解决记录插入的方法是在文件初始建立时留下一定的空间。预留空间使用两种方法：一种方法是每个控制区间初建时不填满记录，如图 10.8 中的控制区间定义为存放 3 条记录，而初建时每个控制区间最多只放 2 条记录；另一种方法是在每个控制区域中留有一些全空的控制区间，如图 10.8 中有一个这样的全空的控制区间。

　　在 VSAM 文件中记录的插入有四种情况。

　　（1）新记录能直接插入相应的控制区间中，但需要修改顺序集中的索引项；

　　（2）新记录插入的控制区间未满，但需把其中关键字大于插入记录关键字的记录后移；

　　（3）新记录要插入的控制区间中记录已满，此时要进行控制区间的分裂，即将近乎一半的记录移到同一控制区域中全空的控制区间中，并修改顺序集中相应的索引；

　　（4）新记录要插入的控制区域中已没有全空的控制区间，要进行控制区域的分裂，此时顺序集中的结点也要分裂。

　　记录的删除过程与插入过程相反，当要删除记录时，先查找到该记录，然后将该记录右面的记录顺序左移以使空闲空间连续，同时删除相应的控制信息。若删除后该控制区间不再含有记录，则回收作为空闲空间使用，同时删除顺序集中相应的索引项。

　　与 ISAM 文件相此，VSAM 文件具有如下优点：

　　（1）动态地分配和释放存储空间；

　　（2）不需要对文件进行重组；

　　（3）插入新记录后对新记录的查找时间和对原有记录的查找时间相同。

　　基于 B^+ 树的 VSAM 文件通常作为大型索引有序文件的标准组织方式。

10.6　哈　希　文　件

　　哈希文件也称为**散列文件**，是利用哈希存储方式组织的文件，也称为**直接存取文件**。

它类似于哈希表，即根据文件记录的关键字的特点设计一种哈希函数和处理冲突的方法，从而将记录散列到外存介质上。

与哈希表不同的是，对于文件来说，磁盘上的文件通常是成组存放的，若干个记录组成一个存储单位，在哈希文件中，这个存储单位叫作**桶**。假若一个桶能存放 m 个记录，这就是说，m 个同义词的记录可以存放在同一地址的桶中，而当第 $m+1$ 个同义词出现时才发生"溢出"。处理溢出也可采用哈希表中处理冲突的各种方法，但对哈希文件，主要采用链地址法。

当发生"溢出"时，需要将第 $m+1$ 个同义词存放到另一个桶中，通常称此桶为**溢出桶**；相对地，称前 m 个同义词存放的桶为**基桶**。溢出桶和基桶大小相同，相互之间用指针相链接，当溢出桶中的同义词记录再溢出时，需要生成第二个溢出桶存放溢出同义词记录，溢出桶之间也用指针相连。当在基桶中没有找到待查记录时，就顺指针指到溢出桶中进行查找。因此，希望同一散列地址的溢出桶和基桶在磁盘上的物理位置不要相距太远，最好在同一个柱面上。例如，某一文件有 20 个记录，其关键字集合为{2,23,5,26,1,3,24,18,27,12,7,9,4,19,6,16,33,11,10,13}。桶的容量 $m=3$，桶数 $b=7$。用除留余数法作哈希函数 $H(key)=key\%7$。当发生冲突时，采用链接溢出桶，则由此得到的哈希文件如图 10.9 所示。

在哈希文件中进行查找时，首先根据给定值求得哈希地址（基桶号），将基桶的记录读入内存进行顺序查找，若找到关键字等于给定值的记录，则查找成功；若基桶内无待查记录且其指针域为空，则文件内不含有待查记录，查找失败；若基桶内无待查记录且其指针域不为空，则根据指针域的值的指示将溢出桶的记录读入内存，继续进行顺序查找，若在某个溢出桶中查找到待查记录，则查找成功，若所有该同义词溢出桶链内均未查找到待查记录，则查找失败。

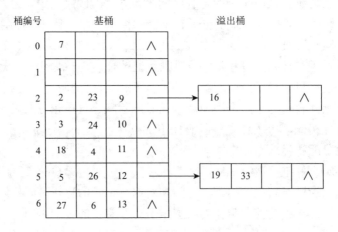

图 10.9　哈希文件示例

在哈希文件中删除记录时，和哈希表一样，仅需对被删记录做一标记即可。

总之，哈希文件的优点是，文件随机存放，记录不需要进行排序；插入、删除方便，存取速度快，不需要索引区，节省存储空间。其缺点是，不能进行顺序存取，只能按关键字随机存取，且询问方式限于简单询问，并且在经过多次的插入、删除之后，也可能造成文件结构不合理，即溢出桶满而基桶内多数为被删除的记录，此时也需要重组文件。

10.7　多关键字文件

以上各节介绍的都是只含有一个主关键字的文件。为了提高查找效率，还需要对被查询的次关键字建立相应的索引，这种包含有多个次关键字索引的文件称为**多关键字文件**。次关键字索引本身可以是顺序表，也可以是树表。下面讨论两种多关键字文件的组织方法。

10.7.1　多重表文件

多重表文件是将索引方法和链接方法相结合的一种组织方式，它对每个需要查询的次关键字建立一个索引，同时将具有相同次关键字的记录链接成一个链表，并将此链表的头指针、链表长度及次关键字作为索引的一个索引项。通常多重表文件的主文件是一个顺序文件。

例如，图 10.10（a）所示为一个多重表文件。其中，主关键字是职工号，次关键字是性别、职务和工资。在图中，分别将具有相同性别、职务和工资的记录链在一起，由此形成的性别、职务和工资索引如图 10.10（b）～（d）所示。有了这些索引，便易于处理各种有关次关键字的查询。例如，若要查询工资在 1000～1500 元的职工，只要在工资索引表上查找 1000～1500 元这一项，然后从它的链表头指针出发，列出该链表中所有记录即可。

物理地址	职工号	姓名	性别	性别链	职务	职务链	工资/元	工资链
1	110	张平	男	5	工人	2	800	2
2	200	王英	女	3	工人	6	950	∧
3	240	李秀梅	女	4	干部	5	1500	∧
4	314	刘芳	女	6	工程师	∧	1800	∧
5	316	孙大海	男	∧	干部	3	1300	3
6	400	吴伟	女	∧	工人	∧	1000	5

(a) 多重表文件

次关键字	头指针	长度
男	1	2
女	2	4

(b) 性别索引

次关键字	头指针	长度
工人	1	3
干部	3	2
工程师	4	1

(c) 职务索引

次关键字	头指针	长度
<1000	1	2
1000～1500	6	3
>1500	4	1

(d) 工资索引

图 10.10　多重表文件示例

多重链表文件易于构造，也易于修改。如果不要求保持链表的某种次序，则插入一个新记录是容易的，此时可将记录插在链表的头指针之后。但是，要删去一个记录却很烦琐，需在每个次关键字的链表中删去该记录。

10.7.2　倒排文件

倒排文件和多重表文件的区别在于具有相同次关键字的记录不进行链接，而是在相应的次关键字索引项中直接列出这些记录的物理地址或记录号。这样的索引表称为**倒排表**。由主文件和倒排表共同组成倒排文件。例如，图 10.10（a）的倒排表如图 10.11 所示。

次关键字	物理地址
男	1,5
女	2,3,4,6

次关键字	物理地址
工　人	1,2,6
干　部	3,5
工程师	4

次关键字	物理地址
<1000	1,2
1000～1500	3,5,6
>1500	4

(a) 性别倒排表　　　　　　　　(b) 职务倒排表　　　　　　　　(c) 工资倒排表

图 10.11　倒排文件索引示例

设置倒排表，为某些复杂的布尔查询提供了方便。例如，提出"男性职工或者职务为工人的职工有哪些？"这样的布尔查询，在多重链表中，需要对男性链表和工人链表分别进行一遍查询。由于同一记录可能既是男性职工又是工人职工，像这样的记录就被访问了两次。然而在倒排文件中，只需要对满足查询条件的记录访问一次。首先由性别倒排表得到男性记录的地址（指针）的集合 {1,5}，又由职务倒排表得到工人记录的地址的集合 {1,2,6}；再求这个集合的"or"运算得

$$\{1,5\} \cup \{1,2,6\} = \{1,2,5,6\}$$

由此可知，地址分别为 1、2、5、6 的记录就是满足上述查询条件的记录。最后再去记录区读取记录。显然，对于某些查询，甚至可以不必访问文件的记录本身，只需查询倒排表就可获得正确的回答。

在插入和删除记录时，倒排表也要做相应的修改，值得注意的是倒排表中具有同一次关键字的物理地址是有序排列的，则修改时要做相应的移动。

倒排表的缺点是维护困难。在同一索引表中，不同的关键字，其记录数不同，各倒排表的长度不等，同一倒排表中各项长度也不等。

10.8　文件的应用举例

上述介绍的文件的几种存储结构，在网络信息组织和检索中得到了广泛的应用。例

如，在基于字索引的全文检索系统中，其中索引库的建立应用了倒排索引结构和哈希表查找技术。

在基于单汉字索引所建立的倒排文件中，针对每个有检索意义的汉字，需要记录以下信息：出现该字的文档总数、出现该字的文档号列表、在每个文档中该字出现的位置总数及位置列表。因为这些信息都是不定长的，不同的字及不同的文档之间差别很大，所以为了节省存储空间，需要使用多级索引来存储这些信息，如图 10.12 所示。

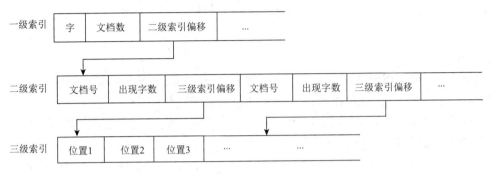

图 10.12　字索引的倒排文件存储结构

其中，所有汉字按照构造的哈希函数计算的哈希地址存放，这对每一个汉字的快速定位非常有好处，第二、三级索引是倒排文件的主要部分。其中，三级索引就是每个汉字的倒排表，其结构如图 10.13 所示，其中字符 i 对应的字表记录了该字符在源文档中所出现的位置 P_{ix}，在有些系统中，位置采用字符相对于文档头的偏移字符数表示。建立字表索引时，需要扫描整个源文档，对出现的每一个有效字符，计算其在文档中出现的位置，并将该位置的值加入对应的字表中。

检索一个字符串时，如两个字的字符串 XY（其中 X、Y 表示任意的汉字字符），假设 X 的位置为 P_x，如果字符串 XY 在源文档中出现，则 Y 的位置 P_y 必定等于 $P_x + 1$（1 为两个汉字间的字符距离）。在索引库中，X 的字表中将包含 P_x，而 Y 的字表中也必然包含 $P_x + 1$。进行检索时，扫描 X 和 Y 各自对应的字表，若文档中有该词出现，则 X 对应的字表中必定有位置值 P_x，Y 对应的字表中存在位置值 P_y，使得 $P_y = P_x + 1$ 成立，每查到一对这样的位置值，就是检索到字符串 XY 一次，扫描完两字的字表，就可以检索出该字符串的所有出现。

关键字	物理地址		
中	P_{11}	P_{12}	P_{13} …
大	P_{21}	P_{22}	P_{23} …
⋮			
记	P_{i1}	P_{i2}	P_{i3} …
⋮			
加	P_{j1}	P_{j2}	P_{j3} …

图 10.13　汉字倒排表结构

本 章 小 结

本章主要介绍文件的基本概念及常用的文件的组织形式,对于文件的基本概念主要把握文件的定义、文件的分类及文件的基本操作。而对于文件的存储结构，主要从顺序存储、索引存储、哈希组织和链组织四个方面把握，而这四种存储结构，与前面所述的有些内容是相似的，不同之处是文件存储在外存中，所以有些结构相对而言要复杂一些，如磁盘索引文件与磁盘的结构密切相关。在学习文件的组织形式时，着重把握每种文件的存储结构及其相关操作。

习　题　10

一、选择题

1. 哈希文件使用哈希函数将记录的关键字值计算转化为记录的存放地址，因为哈希函数是一对一的关系，则选择好的_____方法是哈希文件的关键。

A. 哈希函数　　　B. 除余法中的质数　　　C. 冲突处理　　　D. 哈希函数和冲突处理

2. ISAM 文件和 VASM 文件属于_____。

A. 索引非顺序文件　　　B. 索引顺序文件　　　C. 顺序文件　　　D. 散列文件

3. 删除 ISAM 记录时，一般_____。

A. 只做删除标志　　　　　　　B. 需要移动记录

C. 需要改变指针　　　　　　　D. 一旦删除就要做整理

4. 倒排文件的主要优点是_____。

A. 便于进行插入和删除运算　　　　B. 便于节省存储空间

C. 便于进行文件合并　　　　　　　D. 能大大提高基于次关键字的检索速度

5. 影响文件检索效率的一个重要因素是_____。

A. 逻辑记录的大小　　　　　　　B. 物理记录的大小

C. 访问外存的次数　　　　　　　D. 备和读写速度

6. 对于索引顺序文件，索引表中的每个索引项对应主文件中的_____。

A. 一条记录　　　B. 多条记录　　　C. 所有记录　　　D. 三条以下记录

7. 对文件进行直接存取的依据是_____。

A. 按逻辑记录号去存取某个记录

B. 按逻辑记录号的关键字去存取某个记录

C. 按逻辑记录的结构去存取某个记录

D. 按逻辑记录的具体内容去存取某个记录

8. 直接存取文件的特点是_____。

A. 记录按关键字排序　　　　　　　　　　B. 记录可以进行顺序存取

C. 存取速度快但占用较多的存储空间　　　D. 记录不需要排序且存取效率高

二、填空题

1. 文件可按其记录的类型不同而分成两类，即_____和_____文件。

2. 数据库文件按记录中关键字的多少可分成_____和_____两种文件。

3. 从文件在存储器上的存放方式来看，文件的物理结构往往可区分为四类，即

_____ , _____ 和 _____ 。

4. 顺序文件中，要存取第 i 个记录，必须先存取 _____ 个记录。

5. VSAM 系统是由 _____ 、 _____ 和 _____ 构成的。

6. 索引顺序文件既可以顺序存取，也可以 _____ 存取。

7. 建立索引文件的目的是 _____ 。

8. VSAM（虚拟存储存取方法）文件的优点是：动态地 _____ ，不需要文件进行 _____ ，并能较快地 _____ 进行查找。

9. 顺序文件是指记录按进入文件的先后顺序存放，其 _____ 相一致。

10. 一个索引文件中的索引表都是按 _____ 有序的。

三、简述题

1. 文件存储结构的基本形式有哪些？一个文件采用何种存储结构应考虑哪些因素？

2. 什么是索引顺序文件？

3. 索引顺序存取方法（ISAM）中，主文件已按关键字排序，为何还需要主关键字索引？

4. 分析 ISAM 文件和 VSAM 文件的应用场合、优缺点等。

5. 简单比较文件的多重表和倒排表组织方式各自的特点。

6. 为什么文件的倒排表比多重表组织方式节省空间？

7. 试比较顺序文件、索引非顺序文件、索引顺序文件、哈希文件的存储代价，检索、插入、删除记录时的优点和缺点。

8. 已知两个各包含 n 和 m 个记录的排好序的文件能在 $O(n+m)$ 时间内合并为一个包含 $n+m$ 个记录的排好序的文件。当有多于两个排好序的文件要被合并在一起时，只需重复成对地合并便可完成。合并的步骤不同，所需花费的记录移动次数也不同。现有文件 F1，F2，F3，F4，F5，各有记录数为 20，30，10，5 和 30，试找出记录移动次数最少的合并步骤。

9. 设有一个职工文件如图 10.14 所示。其中，主关键字为职工号。若将职工文件组织成多重表文件，请写出主文件结构及性别索引、职业索引、年龄索引（5 岁为一个年龄段）、工资索引（500 为一个工资段）。

10. 根据图 10.14 所示的文件，对下列查询列出主索引和相应的倒排索引，再写出查找结果关键字。

（1）男性职工；

（2）月工资超过 1000 元的职工；

（3）职业为实验员的男性职工；

（4）年龄超过 30 岁且职业为教师的女性职工。

记录地址	职工号	姓名	性别	年龄	职业	籍贯	月工资
10032	034	刘激扬	男	29	教师	山东	720
10068	064	蔡晓莉	女	40	教师	辽宁	1200
10104	073	朱力	男	26	实验员	广东	480
10140	081	洪伟	男	36	教师	北京	1400
10176	092	卢声凯	男	28	教师	湖北	900
10212	123	林德庚	男	39	教师	江西	480
10248	140	熊南苏	女	27	教师	上海	1000
10284	175	吕颖	女	48	实验员	江苏	580
10320	209	袁秋慧	女	32	教师	广东	1350

图 10.14　职工文件

参 考 文 献

高一凡，2008. 数据结构算法解析. 北京：清华大学出版社.

何军，胡元义，2003. 数据结构 500 题. 北京：人民邮电出版社.

黄国瑜，叶乃菁，2001. 数据结构. 北京：清华大学出版社.

李春葆，陶红梅，金晶，等，2007. 数据结构与算法教程. 北京：清华大学出版社.

李春葆，尹为民，李蓉蓉，等，2009. 数据结构教程（第 3 版）. 北京：清华大学出版社

李春葆，2000. 数据结构习题与解析（C 语言篇）. 北京：清华大学出版社.

王红梅，胡明，王涛，2007. 数据结构（C++版本）教师用书. 北京：清华大学出版社.

王晓东，2008. 数据结构（C++语言版）. 北京：科学出版社.

徐孝凯，2006. 数据结构实用教程（第二版）. 北京：清华大学出版社.

严蔚敏，陈文博，2001. 数据结构及应用算法教程. 北京：清华大学出版社.

严蔚敏，吴伟民，1997. 数据结构（C 语言版）. 北京：清华大学出版社.

叶核亚，2008. 数据结构（Java 版）. 北京：电子工业出版社.

朱战立，张选平，2006. 数据结构要点与解题. 西安：西安交通大学出版社.

附录　用面向对象的方法（C++的类）描述顺序表类

有关顺序表的基本操作参见第 2 章顺序表的抽象数据类型，这里不再介绍。在设计顺序表类时，有三个私有数据成员：list 指针指向顺序表的数据，maxsize 是顺序表的当前容量，length 指出顺序表中当前数据元素的个数。另外，初始化顺序表的功能由构造函数实现（分配 maxsize 大小的空间，由 list 指针指向它），撤销顺序表的功能由析构函数实现（释放由 list 指针所指向的空间）。顺序表的其他基本运算由该类中其他成员函数实现。顺序表类的定义如下。

```cpp
typedef int ElemType;//顺序表中数据元素为 int
# include "stdlib.h"//该文件包含 malloc()、realloc()和 free()等函数
# include "iomanip.h"//该文件包含标准输入、输出流 cin 和 cout 及控制符
setw()
class   SeqList {                              //顺序表类
        private:
                ElemType    *list;             //存储数据的指针
                int maxsize;                   //顺序表的最大容量
                int length;                    //当前元素的个数
        public:
                SeqList(int max=0);            //构造函数，用于初始化顺序表
                ~ SeqList(void);               //析构函数，用于释放分配的空间
                bool ListEmpty(void);          //判断顺序表是否为空
                int ListLength(void);          //求表长
                void ListTraverse(void);  //输出顺序表
                int LocateElem(int I,ElemType e);              //查找元素
                void   ListInsert(ElemType &item,  int i);     //插入元素
                ElemType   ListDelete(int i);                  //删除元素
                ElemType   GetElem(int i);                     //取表中某个元素值
        };

SeqList::SeqList(int max)
{
        maxsize=max;
        length=0;
```

```cpp
        list=new    ElemType[maxsize];
  }

  SeqList:: ~ SeqList(void)
  {
        delete []list;
  }

bool SeqList::ListEmpty(void)
{
    if(length==0)return true;
    else return false;
}

int SeqList::ListLength(void)
{
    return length;
}

void SeqList::ListTraverse(void)
{
    if(!  ListEmpty())
    for(int i=0;i<length;i++)
        cout<<setw(4)<<list[i];
    cout<<endl;
}

void SeqList::ListInsert(ElemType &item,int i)
{
if(length==maxsize)
  {
  cout<<"顺序表已满无法插入! "<<endl;
 exit(0);
}
if(i<0||i>length)
 {
  cout<<" 参数 i 越界出错! "<<endl;
  eExit(0);
```

```
    }
  for(int j=length;j>i;j--)
    list[j]=list[j-1];
    list[i]=item;
    length++;
  }

  ElemType SeqList::ListDelete(int i)
  {
  if(length==0)
  {
    cout<<"顺序表已空无法删除!"<<endl;
   exit(0);
  }
  if(i<0||i>length-1)
  {
   cout<<" 参数 i 越界出错!"<<endl;
   exit(0);
  }
  ElemType x=list[i];
  for(int j=i;j<length-1;j++)
      list[j]=list[j+1];
  length--;
  return x;
  }

  ElemType SeqList::GetElem(int i)
  {
    if(i<0||i>length-1)
    {
    cout<<" 参数 i 越界出错!"<<endl;
    exit(0);
    }
  return list[i];
  }
```

说明：（1）类的成员变量通常设计成私有（private）访问权限，类的成员函数通常设计成公有（public）访问权限。

（2）构造函数要完成对象定义及初始化赋值。对于动态顺序存储结构来说，构造函数要完成三件事，即确定数组的最大元素个数，为动态数组申请内存空间，初始化当前元素个数。其中，数组的最大元素个数通过参数给出，这样可使类具有灵活性。

（3）对于动态数组存储结构来说，析构函数要释放动态申请的内存空间。

在设计好 SeqList 类后，可以定义该类的对象，并通过这个对象调用成员函数来实现顺序表的功能。例如，可设计如下主函数测试顺序表的有关操作。

```cpp
void main()
{
    SeqList mylist(100);
    int i,a[]={6,8,16,2,34,56,7,10,22,45};
    for(i=0;i<10;i++)
    mylist.ListInsert(a[i],i);              //插入 10 个元素
    cout<<"插入后顺序表:";
    mylist.ListTraverse();                  //输出顺序表
    mylist.ListDelete(4);                   //删除第 5 个元素
    cout<<"删除后顺序表:";
    mylist.ListTraverse();                  //输出顺序表
}
```

程序执行后输出结果如下：

删除前的顺序表为:6　8　16　2　34　56　7　10　22　45

删除后顺序表：　　6　8　16　2　56　7　10　22　45